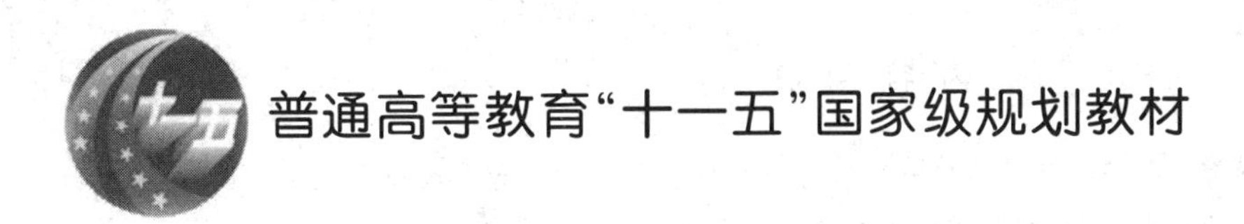

射频电路基础

（第二版）

赵建勋　邓　军　编著

西安电子科技大学出版社

内 容 简 介

本书按照教育部电子信息科学与电气信息类基础课程教学指导分委员会关于“电子线路(Ⅱ)”的基本要求，详细讲述了射频设备中各种基本电路的设计思想、工作原理、分析计算和实践应用。

全书共分10章，包括射频电路导论、谐振功率放大器、正弦波振荡器、噪声与小信号放大器、振幅调制与解调、混频、角度调制与解调、数字调制与解调、反馈与控制、数字频率合成。本书体例结构清晰严谨，内容和表现形式简明多样，并对关键知识做了小结，适合教学和自学。在理论基础上，主要章节联系实际，介绍了集成器件与应用电路、PSpice仿真的硬件和软件实践等内容。

本书可作为本科生教材或教学参考书，供高等院校电子工程、通信工程等专业使用，也可供相关专业的工程技术人员参考。

★本书配有电子教案，需要者可登录出版社网站，免费下载。

图书在版编目(CIP)数据射频电路基础/赵建勋，邓军编著．—2版．—西安：西安电子科技大学出版社，2018.8(2022.7重印)
ISBN 978-7-5606-4982-5

Ⅰ．① 射…　Ⅱ．① 赵…　② 邓…　Ⅲ．① 射频电路—电路设计
Ⅳ．① TN710.02

中国版本图书馆CIP数据核字(2018)第178031号

责任编辑　杨　薇　秦志峰
出版发行　西安电子科技大学出版社(西安市太白南路2号)
电　　话　(029)88202421　88201467　　邮　　编　710071
网　　址　www.xduph.com　　电子邮箱　xdupfxb001@163.com
经　　销　新华书店
印刷单位　陕西日报社
版　　次　2018年8月第2版　2022年7月第8次印刷
开　　本　787毫米×1092毫米　1/16　印张24
字　　数　572千字
印　　数　13 001～15 000册
定　　价　55.00元
ISBN 978-7-5606-4982-5/TN

XDUP 5284002-8

* * * 如有印装问题可调换 * * *

前　言

《射频电路基础》是普通高等教育“十一五”国家级规划教材，覆盖教育部电子信息科学与电气信息类基础课程教学指导分委员会2004年版“电子线路(Ⅱ)”的基本要求。在总结吸收国内外同类教材优点的同时，考虑到教学难点和现阶段学生的知识基础与学习特点，本书在体系结构、内容和表现形式上做了新的尝试，以期满足教学改革和创新的需要。

本书共分10章，参考学时为48～64学时。基于应用目的，本书各章与射频设备的基本结构对应，便于学生在学习过程中逐步建立对整机的认识。全书主要内容包括第二章谐振功率放大器、第三章正弦波振荡器、第五章振幅调制与解调、第六章混频、第七章角度调制与解调。以上各章详细讲述了相关电路的信号分析、设计思想、工作原理和计算分析等。噪声与小信号放大器和反馈与控制也是现代射频设备的基本结构，分别在第四章和第九章介绍有关概念和原理，可以部分教学；第八章数字调制与解调和第十章数字频率合成分别介绍射频电路在数字通信技术中的各种典型应用，以及高性能频率源的设计原理，可以选择教学。

保留、整理和重组经典理论，适当引入新鲜内容，并使二者有机结合，适合教学和自学，这是编著本书的目的。本书的撰写主要考虑了以下五个方面：

(1) 以概念、原理的理解和电路分析等基础知识为重点，文字论述简明扼要，重点突出，体现教学内容清晰明了的体系结构。

(2) 充分利用数学表述，分析翔实、具体，用简单明确的数学分析体现基础知识的规律性。

(3) 选取适当的例题，与文字论述、数学表述和问题分析构成严谨的体系结构，提供翔实的解题过程，在理论和习题之间搭建学习桥梁，通过解题强化对概念、原理的理解，用多变的题目扩展和补充电路分析，巩固对基础知识规律性的认识，达到触类旁通、举一反三的学习效果。

(4) 通过集成器件与应用电路举例，给出典型集成电路的内部和外围电路中以及典型分立元件电路中概念、原理的具体实现形式和电路设计应该考虑的主要问题，突出硬件应用方面的实践。

(5) 通过PSpice仿真举例，给出基于软件平台的典型射频电路的设计版图、模拟步骤和分析结果，突出软件应用方面的实践。

第一章射频电路导论介绍了射频电路在无线电远程通信中的应用。本章补充介绍了雷达、蓝牙和射频识别中的射频电路，扩展了读者对射频电路应用领域的认识。在“模拟电子技术”等课程的知识基础上，本章通过比较小信号工作时和大信号工作时晶体管的输出电流频率分量的变化，引入了非线性电路的概念。

第二章谐振功率放大器讲述了非线性电路的第一种典型应用。本章以文字论述和数学分析为主，辅以适量的图解分析和例题。学习时应重点理解谐振功放的工作原理，掌握近似计算分析方法。本章还介绍了谐振功放电路设计的基本要求和匹配网络，以及丁类、戊类功率放大器和功率分配与合成技术。

第三章正弦波振荡器讲述了非线性电路的第二种典型应用。首先，以反馈环路对电压振幅和相位的变换为基础，通过文字论述和数学分析，研究了反馈式振荡器的三种振荡条件；其后，以相位平衡条件和振幅起振条件在各种振荡器中的具体形式为主线，分析了LC正弦波振荡器、石英晶体振荡器与RC正弦波振荡器的工作原理和计算分析方法；本章还研究了振荡器的频率稳定度，介绍了负阻型振荡器以及振荡器中的特殊振荡现象。

第五章振幅调制与解调讲述了非线性电路在线性频谱搬移中的应用。鉴于学生在这个阶段已经通过“信号与系统”等课程的学习掌握了信号的时域和频域形式以及傅立叶变换，本章首先通过时域和频域的数学表述和分析，在认识三种振幅调制信号的波形和频谱的基础上，研究了非线性电路调幅的基本原理，并引申出其特例，即线性时变电路调幅；其后，以基本原理的乘法器实现为主线，分析了典型的振幅调制电路；本章还通过数学分析研究了包络检波与同步检波的设计原理和电路实现。以信号频谱的变化为观察点，本章在频域上直观形象地介绍了平衡对消技术。本章引入了一定量的例题，作为体系结构的重要组成部分，扩展和补充了振幅调制与解调的电路类型，明确了分析步骤和计算方法。

第六章混频讲述了基于线性时变电路的乘法器混频。本章首先从泰勒级数和傅立叶级数分解的角度研究了线性时变电路混频的工作原理；其后，以时变静态电流、时变电导和混频跨导为中心概念，以混频后信号的频谱提取为目标，分析了典型的乘法器混频电路。本章通过一定量的例题扩展和补充了混频的电路类型，明确了分析步骤和计算方法。本章还研究了混频干扰和失真，以及混频指标。

第七章角度调制与解调讲述了非线性电路在非线性频谱搬移中的应用。本章以数学表述和分析为主，在时域研究了调频信号与调相信号的表达式和主要参数，在频域分析了它们的频谱结构和带宽。鉴于角度调制与解调的体系结构比较复杂，出于简化结构、降低理解难度的目的，本章将原理研究和电路分析合二为一，把内容重组为调频和鉴频两大部分，把调相和鉴相分别作为间接调频和相位鉴频的基础加以介绍，把变容二极管调频和调相电路以及各种鉴频和鉴相电路都作为应用部分，跟随原理研究展开分析。通过这样的处理，本章的体系结构从常见的并行展开变为分支展开，从而理顺了层次，避免了内容的交叉和重复，便于理解，不易混淆，降低了教学难度。为了扩展和补充电路类型，明确分析步骤和计算方法，本章也引入了一定量的例题。

第八章数字调制与解调讲述了应用于数字频带传输的调制与解调。在认识数字调制信号的基础上，本章在电路结构层面研究了如何实现二进制和多进制振幅键控（ASK）调制与解调、频移键控（FSK）调制与解调以及相移键控（PSK）调制与解调。本章补充了信号的波形和功率谱，在时域和频域上直观形象地展现了信号的处理过程，与电路结构相辅相成，共同说明数字调制与解调的原理。本章还介绍了正交振幅调制（QAM）、偏移四进制 PSK（OQPSK）调制和最小频移键控（MSK）调制。

第四章、第九章和第十章，作者根据知识特点和教学需要合理地安排了体系结构、内容和表现形式，方便教学。

本书第一、二、三、五、六、七、八章和附录 A、B 由赵建勋编著，第四、九、十章由邓军编著，各章的 PSpice 仿真内容由朱天桥编著。赵建勋负责统稿。

高如云、陆曼如、张企民老师为本书提供了丰富资料，孙肖子老师悉心指导了本书写作。本书在编写过程中得到了西安电子科技大学电子工程学院和西安电子科技大学出版社的大力支持。在此表示衷心感谢。

由于作者知识水平和教学经验有限，加之创新尝试，书中难免存在不妥之处，恳请广大读者批评指正。

作　者

2018 年 4 月

目　　录

第一章　射频电路导论

“射频”一词的英文为“radio frequency”，即无线电频率。为了实现无线电远程传输信息、无线电探测和测距、无线电近距离组网和数据传输以及无线电无接触识别等功能，人们先后发明和发展了无线电远程通信、雷达、蓝牙和射频识别等技术设备。其中，包含晶体管、场效应管等有源器件的电路称为电子线路，而实现无线电的发射、接收以及信息的加载和提取的电子线路则称为射频电路。

表 1.1 列出了目前常用的无线电频率的划分和使用情况。

表 1.1　无线电频率的划分和使用

名称	符号	频率范围	波长范围	典 型 用 途
极低频	ELF	3～30 Hz	100～10 Mm	深海潜艇通信
超低频	SLF	30～300 Hz	10～1 Mm	深海潜艇通信
特低频	ULF	300～3000 Hz	1000～100 km	地波通信，地震早期预警
甚低频	VLF	3～30 kHz	100～10 km	浅海潜艇通信，无线电导航，无线电时钟
低频	LF	30～300 kHz	10～1 km	调幅广播，导航信标，业余无线电
中频	MF	300～3000 kHz	1000～100 m	调幅广播，导航信标，业余无线电，航海通信，航空通信
高频	HF	3～30 MHz	100～10 m	短波广播，业余无线电，雷达
甚高频	VHF	30～300 MHz	10～1 m	调频广播，电视，业余无线电，雷达
特高频	UHF	300～3000 MHz	1000～100 mm	电视，移动电话，无线网络，卫星通信，业余无线电，中继通信，雷达
超高频	SHF	3～30 GHz	100～10 mm	无线网络，卫星通信，中继通信，雷达
极高频	EHF	30～300 GHz	10～1 mm	微波通信，射电天文，遥感，雷达

从表 1.1 中可以看出，射频覆盖的频率范围很广，根据频率从低到高，射频可分为以下三类：

(1) 低于 300 kHz 的为低频范围，包括极低频、超低频、特低频、甚低频和低频五个频段；

(2) 300 kHz ～ 300 MHz 为高频范围，包括中频、高频和甚高频三个频段；

(3) 频率高于300 MHz 的范围为微波范围，包括特高频、超高频和极高频三个频段。

相应地，射频电路也根据上述频率分为低频电子线路、高频电子线路和微波电子线路三类。

1.1 射频电路的应用

虽然射频电路系统的具体设备多种多样，组成和复杂程度不同，但系统的最基本结构相同，如图 1.1.1 所示，包括发射机和接收机两个主要部分。

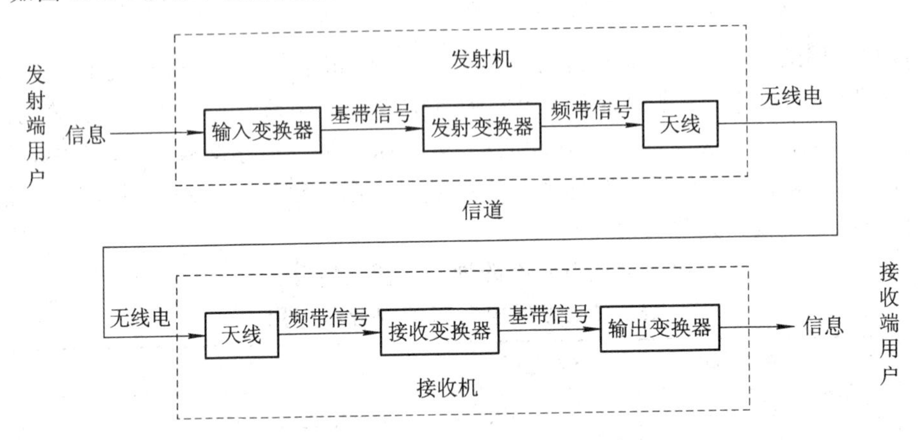

图 1.1.1 射频电路系统的最基本结构

图 1.1.1 中，信道即无线电波的传输媒质，如空气、真空、海水、地表。

发射机的作用是把发射端用户要发送的信息经过输入变换器，变换为电信号，如话筒的语音、摄像头的图像和各种传感器的感应信号读数，都要变换为电压或电流，这样的电信号称为基带信号。接下来，为了适合在信道传输，发射机需要根据信道的特点(如信道对各种频率的无线电波的反射和衰减)，把基带信号经过发射变换器，生成适合信道传输的频带信号。最后，发射机需要把频带信号送上天线，变成无线电发射到信道中。

接收机和发射机的功能与工作顺序正好相反。首先，置于信道中的天线从无线电感应出频带信号，再通过接收变换器，从频带信号中恢复基带信号，基带信号最后经过输出变换器，产生语音、图像和传感器的感应信号读数，分别通过扬声器、显示器、液晶面板等提供给接收端用户。

下面以无线电远程通信、雷达、蓝牙和射频识别为例，具体介绍这些代表性系统中射频电路的基本结构和工作过程。

1.1.1 无线电远程通信

无线电远程通信起始于意大利人马可尼从 1895 年开始的室外电磁波通信实验，最初的目的是实现无线电报。经过 100 多年的发展，无线电远程通信从无线电报发展到无线电广播、电视、移动通信等，逐步覆盖了陆地、海洋和太空，从固定通信发展到移动通信，从模拟通信发展到数字通信。无线电广播、电视和移动通信使用的无线电频率为 300 kHz～3000 MHz。

图 1.1.2 给出了无线电广播和电视系统的基本结构。

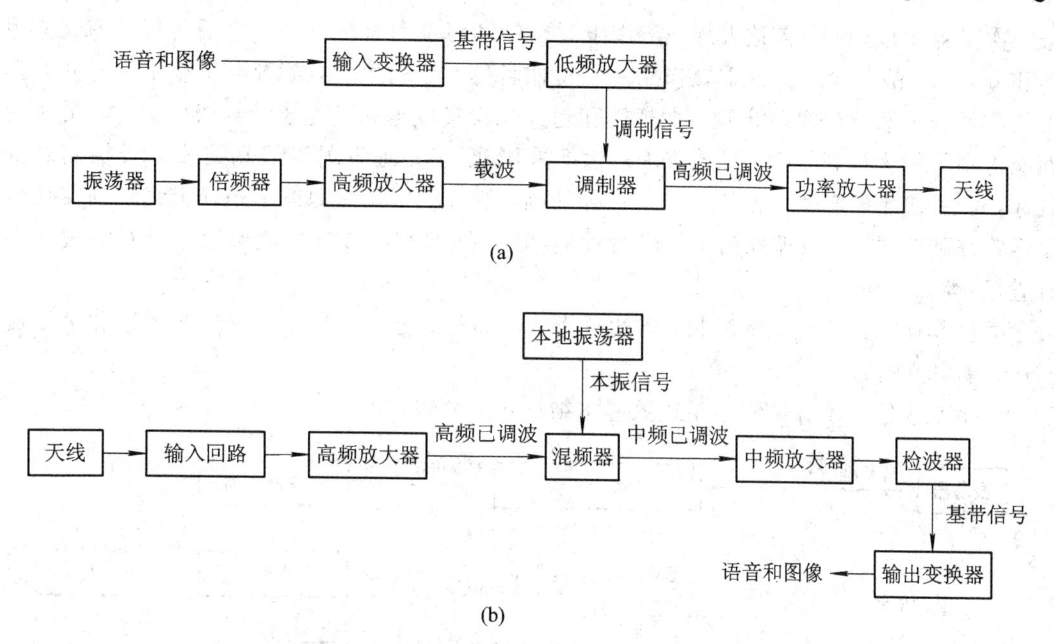

图 1.1.2　无线电广播和电视系统的基本结构

(a) 发射机；(b) 接收机

发射机中，语音和图像经过输入变换器，如话筒和摄像机，转换为基带信号，又经过低频放大器，获得足够的功率，成为调制信号。振荡器产生频率稳定度较好的信号，经过倍频器后，获得符合信道传输要求的高频信号，再经过高频放大器，得到足够的功率，成为载波。接下来，调制器用调制信号改变载波的参数，如振幅、频率或相位，使输出信号参数反映调制信号的变化规律，从而携带了调制信号的信息，成为高频已调波。最后，高频已调波经过功率放大器，获得足够的功率，送上天线发射。

接收机中，天线的感应电流首先经过输入回路，输入回路从诸多信号中选择输出需要接收的高频已调波，经过高频放大器提高其功率。本地振荡器产生一个本振信号。混频器输出的中频已调波的频率等于本振信号的频率和高频已调波的频率之差，但是中频已调波的参数变化规律和高频已调波一样，仍然携带了调制信号的信息。接收不同频率的高频已调波时，本振信号的频率随之调整，以保证中频已调波的频率不变，这样中频放大器的工作频率和增益就不需要随时调整，便于电路性能的优化，这种接收方式称为超外差接收。中频已调波经过中频放大器的功率放大，送入检波器，恢复出调制信号(即基带信号)。最后，基带信号经过输出变换器(如扬声器和显示器)，输出语音和图像。

上述工作过程中，发射机的核心任务是通过调制使低频基带信号变为高频已调波，而接收机的核心任务是对已调波检波以恢复基带信号。之所以要进行调制和检波，主要是考虑到高频已调波适合在空气和太空中以无线电波形式远程传输，而且高频已调波波长较短，有利于发射天线和接收天线的小型化。另外，可以利用不同频率的已调波区分不同的基带信号，以分别接收，避免混淆。

1.1.2　雷达

雷达的工作原理基于 1886 年德国人赫兹验证的电磁波的产生、接收和目标散射现象。

第二次世界大战期间，雷达大规模应用于对空中和海上目标的探测，包括目标的有无、距离和方向，在战争中发挥了重要作用。二战时期和二战结束后，随着电子技术的进步，如天线收发开关和磁控管的出现、大规模和超大规模集成电路和电子计算机的问世，雷达的性能得到了极大提高，功能日趋强大，包括采用双/多基地发射天线和接收天线探测隐身目标，采用脉冲多普勒工作体制获得目标的频域信息，采用有源电子扫描天线阵列实现多目标跟踪和攻击，以及低探测率的隐身性能和实现同时多功能（如地形跟踪和对空搜索同时进行）等。

根据其使用的无线电的波长，雷达分为米波雷达、分米波雷达、厘米波雷达和毫米波雷达，频率范围为 3 MHz～300 GHz。

图 1.1.3 给出了脉冲雷达系统的基本结构。

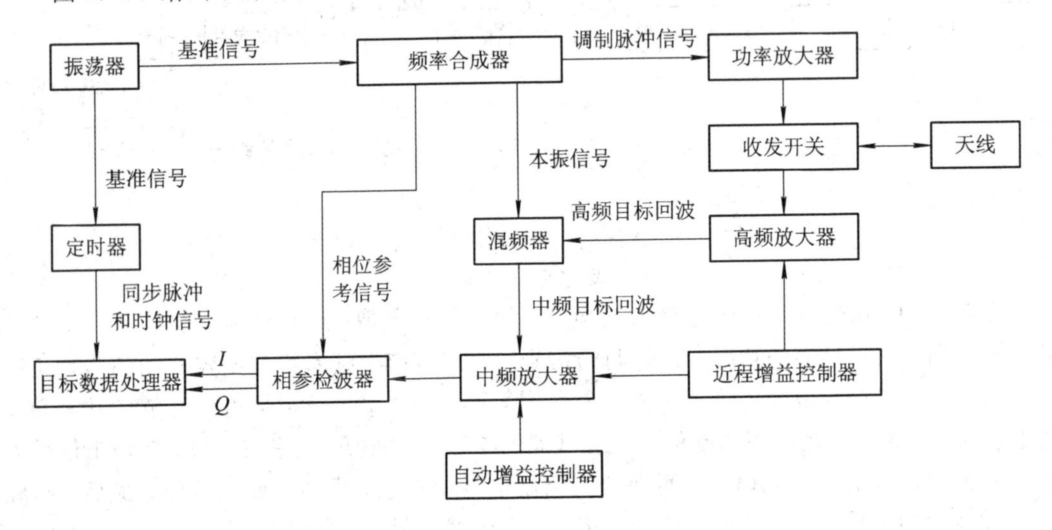

图 1.1.3　脉冲雷达系统的基本结构

脉冲雷达系统中，振荡器产生频率精确且稳定度很高的基准信号。定时器根据基准信号产生系统的各种同步脉冲和时钟信号。频率合成器根据基准信号产生调制脉冲信号、本振信号和相位参考信号。在发射阶段，调制脉冲信号经过功率放大器获得足够的功率，通过收发开关送上天线发射。此时，收发开关关闭接收机，避免大功率的调制脉冲信号泄漏到接收机。在接收阶段，收发开关打开接收机，高频目标回波进入高频放大器提高其功率，再输入混频器与本振信号混频，输出中频目标回波，经过相参检波器，得到反映运动目标多普勒频移的正交信号 I、Q，送入目标数据处理器。

接收机中，还需要用到自动增益控制器（AGC）和近程增益控制器（STC）。AGC 使中频目标回波信号在相参检波前有稳定的功率，而且基本不受温度等环境因素的影响；STC 则对近距离和雷达散射截面积较大的目标回波信号作适当衰减，控制相参检波前中频目标回波信号的幅度。

1.1.3　蓝牙

瑞典的爱立信公司在 1994 年前后开始探索移动电话及其附属设备的无线电接口技术，IBM、英特尔、诺基亚和东芝公司于 1998 年加入，共同研发低功耗的无线电近距离组网和数据传输技术及协议标准，并将其正式命名为蓝牙，暗喻其统一无线局域网通信标准的前景。蓝牙可实现移动电话、笔记本电脑、移动存储设备、键盘、鼠标、打印机、耳机等设备之间随时随地的无线连接，同时也方便设备与因特网之间的高效率通信，并实现通信内容和通信功能的多样化，构建资源共享的局部个人网络。蓝牙工作在全球通用的2.4 GHz工业、科学和医学(ISM)频段，采用高斯频移键控(GFSK)调制，利用时分双工传输方案，最大数据传输速率为1 Mb/s，最大传输距离为10 m，支持点对点及点对多点通信，通过采用跳频、短数据包和自适应发射功率来进行调节以提高抗干扰能力，系统最大跳频速率为1600跳/s，在2.402～2.480 GHz之间采用79个间隔1 MHz的频点。

图1.1.4给出了一种蓝牙无线电单元的基本结构。蓝牙无线电单元包括基带处理器和无线电收发器。基带处理器用来实现系统同步时钟，发射数据和接收数据的准备和处理，无线电收发器的控制(如发射功率调节和跳频选择)以及与蓝牙主机的数据交换等。

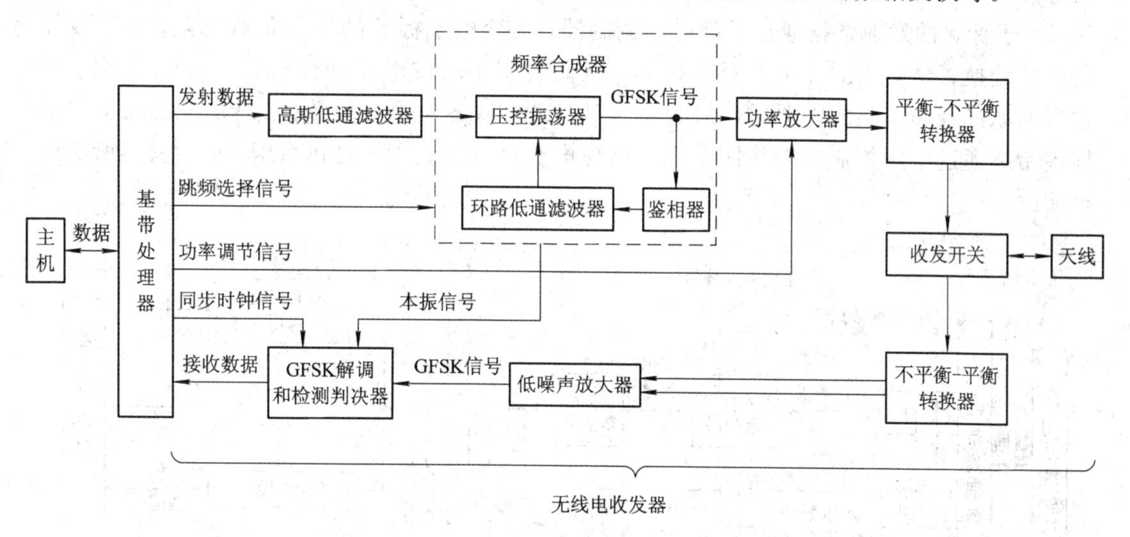

图1.1.4　一种蓝牙无线电单元的基本结构

无线电收发器中，鉴相器、环路低通滤波器和压控振荡器构成频率合成器，生成跳频载波。在发射阶段，发射数据经过高斯低通滤波器，改变压控振荡器的振荡频率，生成GFSK信号，即已调波，经过功率放大器和平衡-不平衡转换器后，收发开关接到发射端，GFSK信号送上天线发射。在接收阶段，收发开关接到接收端，GFSK信号经过不平衡-平衡转换器和低噪声放大器，用频率合成器提供的本振信号解调，再经过检测判决器，生成接收数据，并与系统时钟同步。

1.1.4　射频识别

射频识别(RFID)的应用可以追溯到第二次世界大战，为了对雷达发现的空中目标进行敌我识别，英国于1939年开始在自己的飞机上安装具有RFID功能的系统，对己方雷达发射的微波查询信号做出应答。1948年，Harry Stockman在Proceedings of the I. R. E. (Institute of Radio Engineers)上发表了有关RFID实用研究的具有里程碑意义的论文《Communication by Means of Reflected Power》，预言了RFID的实用前景。此后30年，科技进步使得RFID的大规模应用成为现实。现在RFID系统广泛应用于出入检查、电子收费、物品管理、物流跟踪、交通管理和调度等各种军用和民用领域。

RFID 的射频信号的发射和接收在阅读器和电子标签之间进行。根据射频信号在二者之间的耦合方式，RFID 系统分为电感耦合和电磁反向耦合两种类型。

图 1.1.5 是一种电感耦合 RFID 系统阅读器和电子标签的基本结构，阅读器和电子标签都包括基带处理器和无线电收发器。基带处理器负责发射数据的编码和加密，以及接收数据的解码和解密，阅读器的基带处理器还需要负责数据协议处理和与应用系统软件的数据交换，电子标签的基带处理器还需要完成数据存储和读取。当数据从阅读器向电子标签传输时，阅读器的无线电收发器通过振荡器产生载波，调制器用发射数据生成振幅键控(ASK)信号，经过功率放大器，送到线圈 1。线圈 1 和电子标签的线圈 2 可以分别看做一个变压器的原边和副边，线圈 2 上通过电感耦合得到的 ASK 信号经过 ASK 解调和检测判决器，获得接收数据。当数据从电子标签向阅读器传输时，阅读器在线圈 1 上提供载波电流，电子标签的发射数据通过负载电阻调制器，改变电子标签的等效负载电阻，经过变压器阻抗变换，改变线圈 1 上的反射电阻，从而改变了载波电压振幅，生成 ASK 信号，经过带通滤波器和高频放大器后，ASK 解调和检测判决器给出接收数据。上述过程中，电子标签始终通过电压控制器对线圈 2 上的感应电压进行整流、限幅和稳压，从而获得所需的电能。

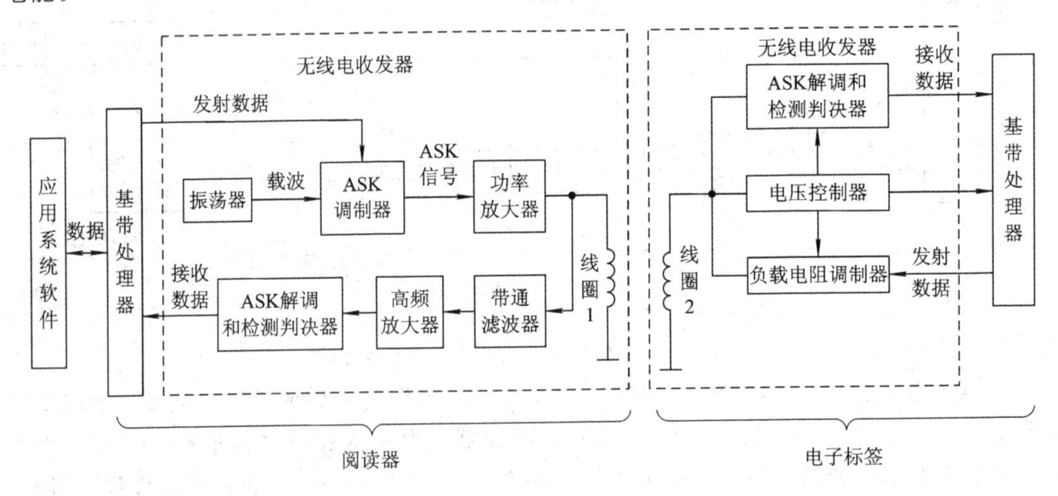

图 1.1.5 电感耦合 RFID 系统阅读器和电子标签的基本结构

为了实现阅读器线圈和电子标签线圈之间的电感耦合工作原理，两个线圈之间的距离必须远小于工作频率对应的波长，所以电感耦合 RFID 系统的工作频率较低，典型频率有 125 kHz、225 kHz 和 13.56 MHz，作用距离较小，典型距离在 10～20 cm 以内。电磁反向耦合 RFID 系统利用阅读器和电子标签之间电磁波的发射、接收和反射实现数据传输，所以工作频率较高，典型频率有 433 MHz、915 MHz、2.45 GHz 和 5.8 GHz，作用距离较大，典型距离在 4～6 m 以上。

图 1.1.6 是一种电磁反向耦合 RFID 系统阅读器和电子标签的基本结构，为了提高数据传输的频带利用率和抗干扰能力，采用了正交振幅调制(QAM)信号取代 ASK 信号。阅读器通过频率合成器和功率分配器分别为调制和解调提供载波和本振信号。当数据从电子标签向阅读器传输时，电子标签通过负载阻抗调制器改变电子标签的阻抗(包括大小和相

位)，对阅读器发射的载波进行正交振幅调制，调制后的 QAM 信号反射回阅读器，携带了电子标签的数据。阅读器在天线前加接了环形器以隔离阅读器发射的载波和接收的 QAM 信号。

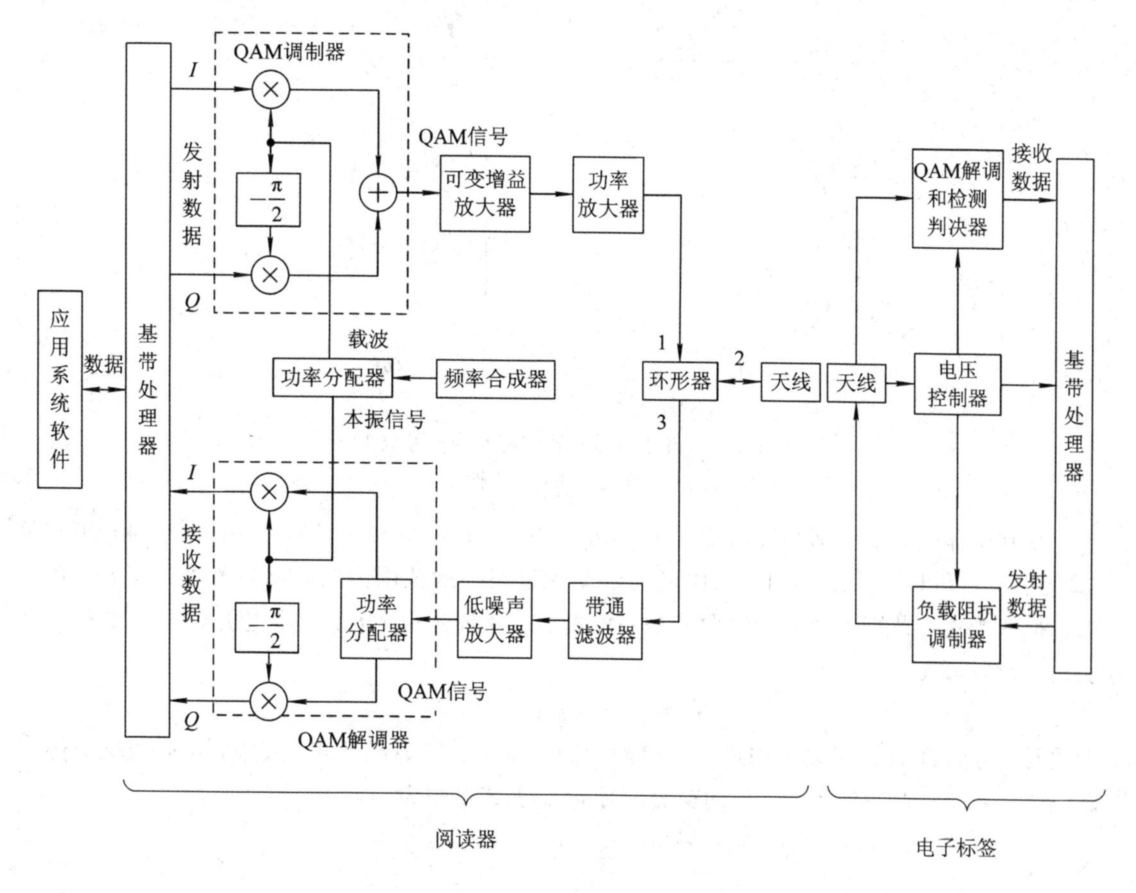

图 1.1.6　电磁反向耦合 RFID 系统阅读器和电子标签的基本结构

1.2　射频电路的非线性特点

非线性电路在射频电路中应用非常普遍，射频电路的主要组成部分，包括振荡、倍频、功率放大、调制、混频和解调都是用非线性电路完成的。非线性电路的输入信号和输出信号之间成非线性关系。晶体管、场效应管放大器在大信号状态下工作时，由于有源器件转移特性的非线性，会使得输出电流和输入电压之间表现出非线性关系。

图 1.2.1(a)和图(b)给出了晶体管的转移特性。直流偏置电压 U_{BEQ} 作为横坐标，确定了转移特性曲线上直流静态工作点 Q 的位置，Q 的纵坐标是晶体管没有交流输入电压时输出的集电极静态电流 I_{CQ}。图 1.2.1 中对比了输入交流电压后小信号和大信号两种情况下，线性放大和非线性放大输出的集电极电流 i_C 的波形。小信号线性放大时，i_C 与输入电压 u_{BE} 波形一致，而大信号非线性放大时，i_C 和 u_{BE} 的波形有明显差别。

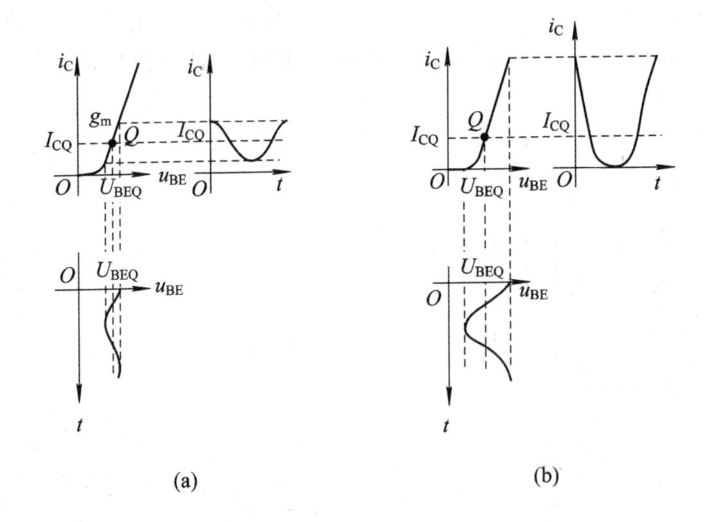

图 1.2.1　基于晶体管转移特性的信号放大
（a）线性放大；（b）非线性放大

现在给晶体管提供两个交流输入电压 $u_1=U_{1m}\cos\omega_1 t$ 和 $u_2=U_{2m}\cos\omega_2 t$。小信号工作（即振幅 U_{1m}和 U_{2m}都很小）时，工作点只在 Q 附近很小的范围内沿转移特性曲线运动，可以近似认为这个范围内转移特性曲线是一段直线，电路是线性电路。集电极电流 i_C 的解析表达式可以写为

$$i_C=a_0+a_1(u_1+u_2)$$

上式是转移特性曲线以 Q 为中心，在 Q 附近的一阶泰勒级数展开式。其中，a_0 是集电极静态电流 I_{CQ}，a_1 是晶体管在 Q 处的交流跨导 g_m。上式可写为

$$\begin{aligned}i_C&=a_0+a_1(u_1+u_2)\\&=a_0+a_1u_1+a_1u_2\\&=a_0+a_1U_{1m}\cos\omega_1 t+a_1U_{2m}\cos\omega_2 t\end{aligned}$$

其中，a_1u_1 和 a_1u_2 是 u_1 和 u_2 分别输入时输出的交流电流，相加得到它们同时输入时产生的输出，所以，以上线性电路适用叠加定理，而且 i_C 的交流成分中只存在和输入信号频率相同的频率分量，即 $a_1U_{1m}\cos\omega_1 t$ 和 $a_1U_{2m}\cos\omega_2 t$。

如果增大 U_{1m}和 U_{2m}，使电路进入大信号状态工作，则工作点的运动范围扩大，在这个大范围内，转移特性曲线不再近似为直线，电路变成了非线性电路。为了体现这个非线性关系，集电极电流 i_C 至少应该用转移特性曲线在 Q 附近的二阶泰勒级数展开，即

$$\begin{aligned}i_C&=a_0+a_1(u_1+u_2)+a_2(u_1+u_2)^2\\&=a_0+a_1u_1+a_1u_2+a_2u_1^2+a_2u_2^2+2a_2u_1u_2\\&=a_0+a_1u_1+a_2u_1^2+a_1u_2+a_2u_2^2+2a_2u_1u_2\end{aligned}$$

其中，$a_1u_1+a_2u_1^2$ 和 $a_1u_2+a_2u_2^2$ 是 u_1 和 u_2 分别输入时输出的交流电流。可以发现，u_1 和 u_2 同时输入时，输出的交流电流除了 $a_1u_1+a_2u_1^2$ 和 $a_1u_2+a_2u_2^2$ 外，还有 $2a_2u_1u_2$，这一项的出现说明叠加定理不适用于非线性电路。从频域上看，利用三角函数的降幂公式和积化和差公式，整理 i_C 得到：

$$i_C = a_0 + \frac{a_2}{2}(U_{1m}^2 + U_{2m}^2) + a_1 U_{1m}\cos\omega_1 t + a_1 U_{2m}\cos\omega_2 t$$
$$+ a_2 U_{1m} U_{2m}\cos(\omega_1 + \omega_2)t + a_2 U_{1m} U_{2m}\cos(\omega_1 - \omega_2)t$$
$$+ \frac{a_2}{2}U_{1m}^2\cos 2\omega_1 t + \frac{a_2}{2}U_{2m}^2\cos 2\omega_2 t$$

结果中除了和输入信号频率相同的频率分量外，还出现了包括 $\omega_1+\omega_2$ 和 $\omega_1-\omega_2$ 等新的频率分量。

时域上不满足叠加定理，频域上输出新的频率分量，这是非线性电路区别于线性电路的显著特征。在线性电路中，一旦出现了这些新的频率分量，就说明电路有非线性失真，应该尽量减小和消除，而非线性电路利用的正是这些新的频率分量。以上分析结果中，如果采用滤波器输出 $a_2U_{1m}U_{2m}\cos(\omega_1+\omega_2)t$ 和 $a_2U_{1m}U_{2m}\cos(\omega_1-\omega_2)t$，则得到了 u_1 和 u_2 相乘的结果 $2a_2u_1u_2$，这样用晶体管放大器就实现了乘法器，而乘法器是射频电路中调制、混频和解调的关键电路。

1.3 本书的主要内容、组织结构和学习要求

本书的主要内容是射频电路中种类最多、应用最广泛、技术含量高、理论体系完整的高频电子线路，兼顾应用于无线电发射与接收系统的低频电子线路和微波电子线路，重点研究非线性电路的工作原理、设计思想、计算方法和分析规律。

本书的组织结构和简要内容如下：

(1) 谐振功率放大器。这部分介绍谐振功放的工作原理、工作状态、功率和效率的计算，以及电路设计。

(2) 正弦波振荡器。这部分介绍正弦波振荡器的振荡条件以及各种类型正弦波振荡器中振荡条件的实现，计算振荡频率，推导振幅起振条件，分析正弦波振荡器的频率稳定度。

(3) 噪声与小信号放大器。这部分介绍射频电路噪声的来源与特性、各种主要元器件的噪声等效电路模型、噪声系数和等效噪声温度的计算方法，并分析散射参数和各类射频小信号放大器的特点和设计方法。

(4) 振幅调制与解调。这部分介绍振幅调制信号的分类、参数、频谱和功率分布，各种振幅调制和解调的原理，以及各种典型实现电路和相关计算。

(5) 混频。这部分介绍混频的原理、各种典型实现电路和相关计算，并分析混频的各种干扰。

(6) 角度调制与解调。这部分介绍调频信号和调相信号的时域参数、频谱和功率分布，各种频率调制和相位调制的原理，变容二极管调频和调相电路，以及调频信号和调相信号解调的各种原理和实现电路。

(7) 数字调制与解调。这部分介绍二进制和多进制振幅键控(ASK)、频移键控(FSK)与相移键控(PSK)调制与解调的原理，分析各种解调方法的误码率，并介绍正交振幅(QAM)调制、偏移 QPSK(OQPSK)调制和最小频移键控(MSK)调制的原理。

(8) 反馈与控制。这部分介绍自动增益控制电路、自动频率控制电路和自动相位控制(锁相环)电路的特点、结构和应用。

(9) 数字频率合成。这部分介绍数字频率合成的实现技术及其应用、主流的数字锁相频率合成技术和直接数字频率合成技术。

虽然非线性电路在射频电路中可以完成多种功能，但是都是基于非线性器件的传输特性设计的，所以不同的非线性电路在工作原理和电路结构上有很多共性，对它们的分析过程也有相似的规律性，学习本书需要从共性上认识各种非线性电路，从规律性上掌握分析过程。

非线性电路用非线性代数方程和非线性微积分方程进行数学描述，模型的精确求解，尤其是解析结果的获得比较困难，所以需要采用工程近似方法，根据实际情况对元器件的性能和电路的工作条件进行合理近似，以此为基础，用简单的模型获得有实用意义的结果，如定性分析电路功能，并在一定误差范围内给出定量的计算结果。除了学习各种典型的非线性电路外，近似处理在工程分析过程中的合理应用是通过学习本书要掌握的重要思想方法。

本 章 小 结

本章讲述了射频电路的定义、频谱范围、应用及特点。

(1) 射频电路用来实现无线电的产生、接收以及信息的加载和提取。根据无线电的频率，射频电路分为低频电子线路、高频电子线路和微波电子线路三类。

(2) 射频电路包括发射机和接收机两个主要部分。在不同的应用中，发射机和接收机的具体构成有所不同，但基本上，发射机包括振荡器、倍频器、高频放大器、调制器、功率放大器、输入变换器、天线、电源等；接收机包括输入回路、高频放大器、本地振荡器、混频器、中频放大器、检波器、输出变换器、天线、电源等。

(3) 射频电路的主要功能，包括振荡、倍频、功率放大、调制、混频和解调都是用非线性电路完成的。非线性电路的输出信号中会出现有用的新的频率分量。对非线性电路的分析，不适宜采用叠加定理。

思考题和习题

1-1　什么是射频电路？其主要用途是什么？

1-2　射频电路系统中，发射机和接收机的作用是什么？

1-3　短波广播的波长范围为 11.5～130.4 m，为了避免相邻电台之间的干扰，电台之间的频率差至少为 9 kHz，则短波广播最多可以容纳多少个电台？

1-4　无线电广播的发射机中调制的目的是什么？接收机采用超外差接收的优点是什么？

1-5　雷达系统中的频率合成器在信号发射和接收中的功能是什么？

1-6　在通用的 ISM 频段内，蓝牙无线电单元采用什么方式提高抗干扰能力？

1-7　查找资料，画出一种 RFID 阅读器的无线电单元的基本结构，分析其中各部分的功能。

1-8　无线电广播和电视系统的基本结构中，哪些功能的实现采用了非线性电路？

1-9　与线性电路相比，非线性电路有哪些特征？

1-10　图 P1-1(a)和图(b)中，晶体管的转移特性相同，分别工作在小信号状态和大信号状态。

(1) 通过几何投影的方法近似作出集电极电流 i_C 的波形。

(2) 判断两种情况下 i_C 的平均值是否为集电极静态电流 I_{CQ}。

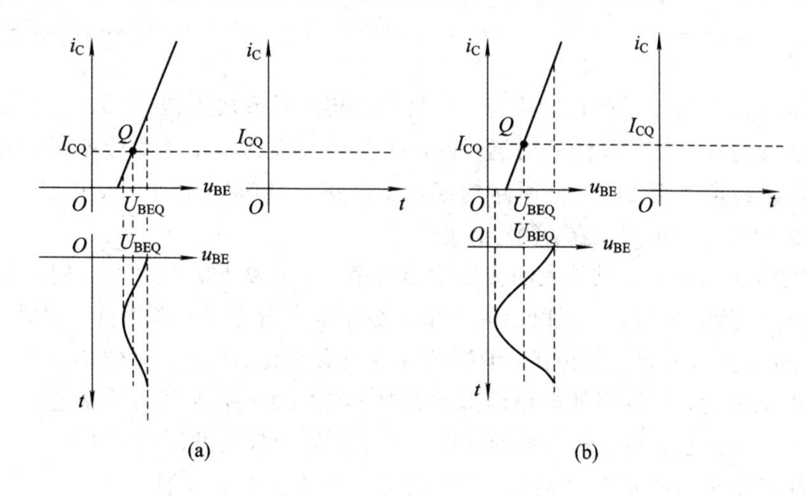

图 P1-1

第二章 谐振功率放大器

为了把无线电信号发射较远的距离，发射机需要用功率放大器(简称功放)放大信号的功率，并使功放的输出端与天线的阻抗匹配，以获得最大的功率传输效率。对常见的窄带信号，功放电路经常使用 LC 谐振回路构成负载网络，对信号选频滤波并实现阻抗匹配，这样的电路称为谐振功率放大器，简称谐振功放。

谐振功放需要为天线提供较大的交流输出功率，千瓦以下的功率可以用晶体管放大器或 VMOS 场效应管放大器，千瓦以上的功率一般用电子管作为有源器件。同时，与甲类和乙类即 A 类和 B 类功率放大器相比，谐振功放需要有更高的效率。高效率不但节约无线电便携设备的电池消耗，而且降低电路内部尤其是器件的功耗，保证大功率电路的正常工作和器件的安全。综合考虑功率和效率的需要，谐振功放经常被设计成丙类即 C 类功率放大器。此外还有丁类即 D 类功率放大器，以及戊类即 E 类功率放大器。

2.1 谐振功率放大器的工作原理

因为涉及信号的非线性变换和有源器件工作状态的转换，所以不能用传统的基于器件模型的电路分析来完整认识谐振功率放大器。谐振功放的工作原理需要在原理电路的基础上，通过图解法和解析法，在时域和频域上综合分析。

2.1.1 原理电路

谐振功率放大器的原理电路如图 2.1.1 所示，电路采用晶体管作为有源器件，这样的晶体管也称为功率管。输入回路和输出回路共用晶体管的发射极，构成共发射极组态，可以实现倍数较大的电压、电流和功率放大。直流偏置电压 U_{BB} 和电压源电压 U_{CC} 为晶体管提供直流偏置。前级电路提供的被放大功率的交流信号用交流输入电压 u_b 代表，U_{BB} 和 u_b 叠加产生晶体管的输入电压 u_{BE}。u_{BE} 经过晶体管放大产生集电极电流 i_C，i_C 流过电感 L、电

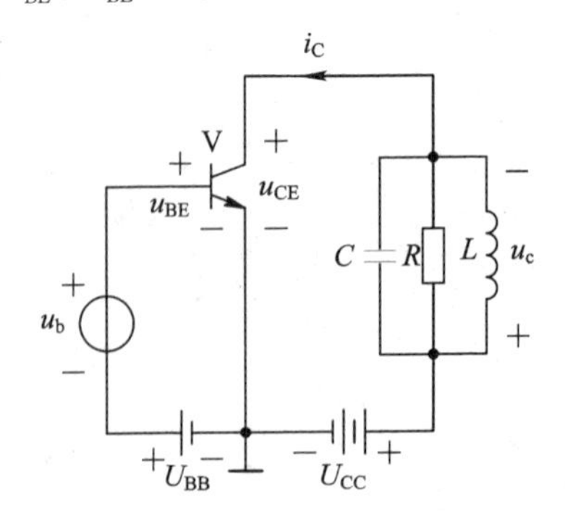

图 2.1.1 谐振功率放大器的原理电路

容 C 和电阻 R 构成的 LC 并联谐振回路，在回路两端生成交流输出电压 u_c，u_c 代表放大功率后的交流信号。谐振时，LC 并联谐振回路的谐振频率 ω_0 与交流信号的频率 ω 相等，u_c 的方向与 i_C 的方向一致，晶体管的输出电压 u_{CE} 等于 U_{CC} 和 u_c 反向叠加。

2.1.2　波形变换

晶体管的转移特性如图 2.1.2 所示。大信号工作时，集电极电流 i_C 变化范围较大，i_C 和输入电压 u_{BE} 的关系可以近似为两段直线，分别代表晶体管的放大区和截止区。两段直线连接点的 u_{BE} 为晶体管的导通电压 $U_{BE(on)}$，放大区的转移特性曲线的斜率为晶体管的交流跨导 g_m。

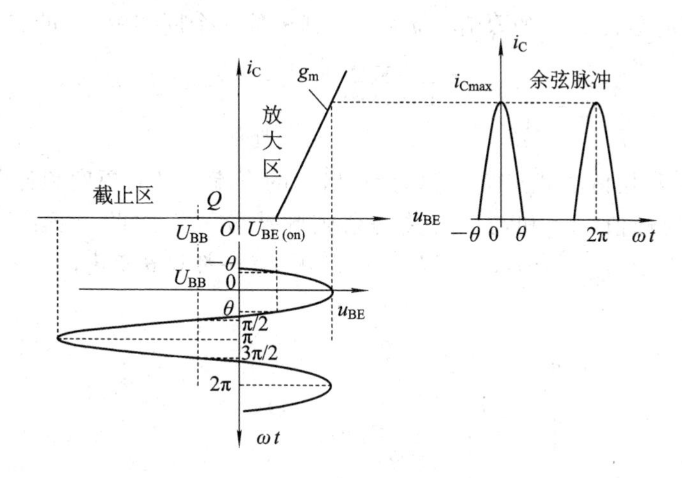

图 2.1.2　谐振功率放大器的波形变换

u_{BE} 的波形是以 U_{BB} 为中心、按 u_b 规律变化的结果，即 $u_{BE}=U_{BB}+u_b=U_{BB}+U_{bm}\cos\omega t$。这里取 u_b 为振幅为 U_{bm}、频率为 ω 的单频信号，一个周期的 ωt 变化范围为 2π。为了提高效率，把直流电压源提供的直流功率尽可能多地转化为交流功率，谐振功率放大器的直流静态工作点 Q 设置在截止区，即要求 $U_{BB}<U_{BE(on)}$。将 u_{BE} 的波形投影到转移特性曲线上，得到工作点的动态范围，该动态范围上，工作点纵坐标随时间的变化给出了 i_C 的波形。由于 $U_{BB}<U_{BE(on)}$，只有 u_b 较大，使 $u_{BE}>U_{BE(on)}$ 时，工作点才进入放大区，晶体管导通，给出 i_C 的非零值，其余时间晶体管截止，$i_C=0$。晶体管导通对应的 ωt 可以从 $-\theta$ 变化到 θ，θ 称为通角。从图 2.1.2 中 u_{BE} 的波形上可以看出，$\omega t=\theta$ 时，$u_{BE}=U_{BE(on)}$，$\omega t=\pi/2$ 时，$u_{BE}=U_{BB}$，因为 $U_{BB}<U_{BE(on)}$，所以 $\theta<\pi/2$。根据通角，这里的谐振功放属于丙类即 C 类功率放大器，通过降低直流静态工作点的高度，减小直流功耗来提高效率。谐振功放输出的集电极电流 i_C 是不完整的余弦波，只截取了完整的余弦波上方不到一半的范围，这样的波形称为余弦脉冲，每个脉冲的角度范围为 2θ，重复频率为 ω，电流峰值记为 i_{Cmax}。i_{Cmax} 可以根据 u_{BE} 的最大值 u_{BEmax} 和交流跨导 g_m 计算：$i_{Cmax}=g_m(u_{BEmax}-U_{BE(on)})=g_m(U_{BB}+U_{bm}-U_{BE(on)})$。

2.1.3　选频滤波

谐振功率放大器的交流输出电压 u_c 应该和交流输入电压 u_b 一样，是完整的余弦波，所以不能简单地用一个负载电阻直接把余弦脉冲形式的集电极电流 i_C 转换成余弦脉冲电压，而需要分析 i_C 的频谱结构，用负载网络对其选频滤波，得到并输出余弦波电压。

作为周期信号，i_C 可以分解为各个频率分量叠加的形式，即

$$i_C = I_{C0} + I_{c1m}\cos\omega t + I_{c2m}\cos 2\omega t + I_{c3m}\cos 3\omega t + \cdots$$

其中，I_{C0} 为直流分量，即 i_C 的时间平均值，其他各项都是交流分量。交流分量包括频率为 ω 的基波分量 $I_{c1m}\cos\omega t$、频率为 2ω 的二次谐波分量 $I_{c2m}\cos 2\omega t$，以及后续的各个高次谐波分量。各个交流分量单独都是余弦波，频率是 ω 的整数倍，振幅各不相同。

在放大区，晶体管的转移特性近似为直线，u_{BE} 和 i_C 是线性关系。在通角范围内，如 ωt 从 $-\theta$ 到 θ 时，i_C 可以用 $\cos\omega t$ 的线性函数如 $a\cos\omega t + b$ 描述，并利用 $\omega t=0$ 时 $i_C=i_{Cmax}$ 和 $\omega t=\theta$ 时 $i_C=0$ 确定参数 a、b 的取值。ωt 从 $-\pi$ 到 π 的一个周期中，i_C 的表达式为

$$i_C = \begin{cases} i_{Cmax}\dfrac{\cos\omega t - \cos\theta}{1-\cos\theta} & (-\theta \leqslant \omega t \leqslant \theta) \\ 0 & (\text{其他}) \end{cases}$$

参考附录 A，利用傅立叶变换，可以计算出 i_C 的直流分量的幅度和各个交流分量的振幅，它们都是 i_C 的峰值 i_{Cmax} 和与 θ 有关的余弦脉冲分解系数的乘积：$I_{C0}=i_{Cmax}\alpha_0(\theta)$，$I_{c1m}=i_{Cmax}\alpha_1(\theta)$，$I_{c2m}=i_{Cmax}\alpha_2(\theta)$，…。$I_{C0}$，$I_{c1m}$，$I_{c2m}$，…都随 θ 变化，$\theta=\pi/3$ 时，i_C 的频谱如图 2.1.3 所示。

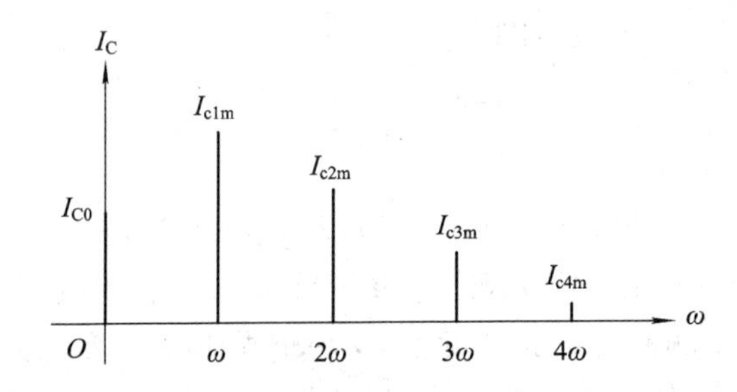

图 2.1.3　通角 $\theta=\pi/3$ 时集电极电流 i_C 的频谱

谐振功率放大器的负载网络可以是一个 LC 并联谐振回路，其阻抗的频率特性使其成为一个阻抗性质的带通滤波器，对 i_C 选频滤波，使 i_C 中一个交流分量单独产生余弦波的交流输出电压。LC 并联谐振回路的阻抗 $\dot{Z}_e$ 的频率特性如图 2.1.4 所示。谐振频率 ω_0 由电感 L 和电容 C 决定：$\omega_0=1/\sqrt{LC}$。谐振时，$\dot{Z}_e$ 成为一个纯电阻 R_e，R_e 称为谐振电阻。图 2.1.1 中，如果 L 和 C 都是理想无耗的，即电感没有内阻，电容没有漏电流，则 $R_e \approx R$。LC 回路的带宽 BW_{BPF} 可以用 3 分贝带宽描述，即从 ω_0 向两边展开，当幅频特性的取值从 R_e 下降到 $0.707R_e$ 时得到的带宽。为了提高选频滤波的质量，要求 BW_{BPF} 较窄，保证集电极电流 i_C 流过 LC 回路时，只有一个频率分量可以位于通频带内，其他频率分量都距离通频带较远。

当 LC 并联谐振回路的谐振频率 ω_0 等于交流输入电压 u_b 的频率 ω 时，LC 回路对集电极电流 i_C 中的基波分量 $I_{c1m}\cos\omega t$ 谐振，对该电流表现为谐振电阻 R_e，在回路两端得到交流电压 $u_c=R_e I_{c1m}\cos\omega t=U_{cm}\cos\omega t$。对 i_C 中其他的频率分量，LC 回路则失谐而近似为短路，不能得到交流输出电压。上述选频滤波的频域描述如图 2.1.5 所示。经过选频滤波，回路两端的交流输出电压只有 i_C 的基波分量产生的频率为 ω 的余弦波。

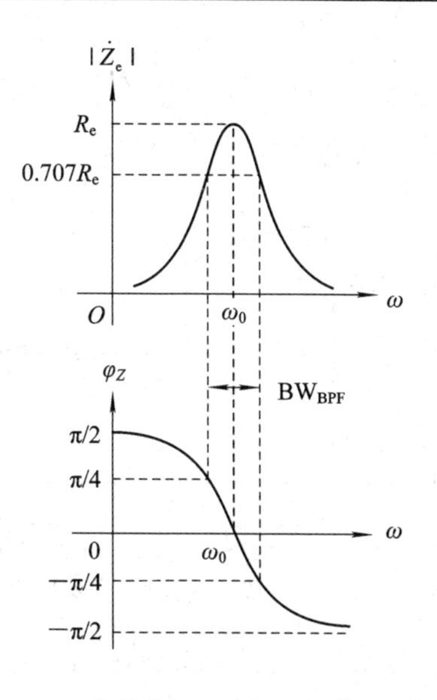

图 2.1.4　LC 并联谐振回路的阻抗 $\dot{Z}_e=|\dot{Z}_e|e^{j\varphi_Z}$ 的幅频特性和相频特性

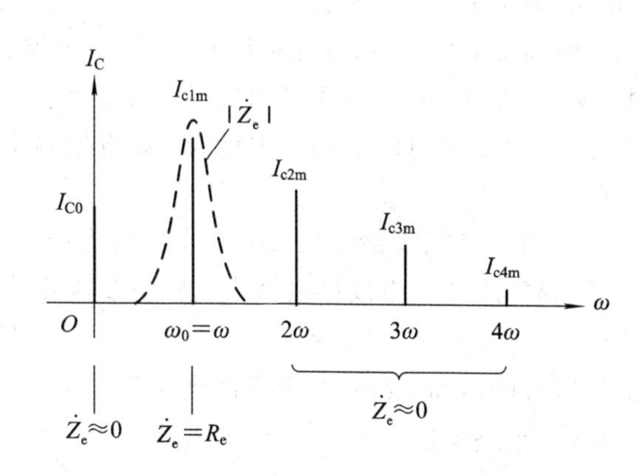

图 2.1.5　用 LC 并联谐振回路的阻抗 $\dot{Z}_e$ 的频率特性对集电极电流 i_C 选频滤波

类似地，如果 LC 回路的谐振频率等于 u_b 的频率的整数倍，如 $\omega_0=n\omega(n=2，3，4，\cdots)$，则 LC 回路对 i_C 中的 n 次谐波分量 $I_{cnm}\cos n\omega t$ 谐振，而对其他频率分量失谐。选频滤波后，回路两端的交流输出电压 $u_c=R_e I_{cnm}\cos n\omega t=U_{cm}\cos n\omega t$。于是，电路在放大功率的同时也提高了频率，可以实现倍频功放。

2.1.4　功率和效率

谐振功率放大器输出回路的电压和电流明显大于输入回路，可以近似地只分析输出回路来研究功率和效率。

在输出回路中，电压源 U_{CC} 提供给电路的功率称为直流输入功率。U_{CC} 给出的电流主要是集电极电流 i_C，其时间平均值为余弦脉冲的直流分量 I_{C0}，直流输入功率为

$$P_E=I_{C0}U_{CC}\tag{2.1.1}$$

LC 并联谐振回路上的交流功率是谐振功放提供给后级电路的功率，称为交流输出功率。在基波输出，即 LC 回路的谐振频率 ω_0 等于交流输入电压 u_b 的频率 ω 时，谐振电阻 R_e 上的交流电流为 i_C 中的基波分量 $I_{c1m}\cos\omega t$，交流电压 $u_c=U_{cm}\cos\omega t$，交流输出功率为

$$P_o=\frac{1}{2}I_{c1m}U_{cm}=\frac{1}{2}I_{c1m}^2R_e=\frac{1}{2}\frac{U_{cm}^2}{R_e}\tag{2.1.2}$$

直流输入功率是电压源提供的总功率，除去交流输出功率提供给后级电路外，剩下的功率消耗在电路内部，又因为晶体管集电结上反偏电压最大，又流过完整的集电极电流，所以功率消耗主要集中在集电结上，这部分功率称为集电结消耗功率。根据能量守恒，集电结消耗功率 $P_C=P_E-P_o$。设计电路时，集电结消耗功率不能超过所选晶体管允许的最大功耗，以保证管子不被烧坏。

谐振功放的集电极效率是有用的交流输出功率与总的直流输入功率的比值，参考式(2.1.1)和式(2.1.2)，有

$$\eta_C = \frac{P_o}{P_E} = \frac{1}{2}\frac{I_{c1m}}{I_{C0}}\frac{U_{cm}}{U_{CC}} = \frac{1}{2}\frac{i_{Cmax}\alpha_1(\theta)}{i_{Cmax}\alpha_0(\theta)}\frac{U_{cm}}{U_{CC}} = \frac{1}{2}\frac{\alpha_1(\theta)}{\alpha_0(\theta)}\frac{U_{cm}}{U_{CC}} = \frac{1}{2}g_1(\theta)\xi \tag{2.1.3}$$

其中，$g_1(\theta)=\alpha_1(\theta)/\alpha_0(\theta)$，称为波形函数，其与通角$\theta$的关系如图2.1.6所示。

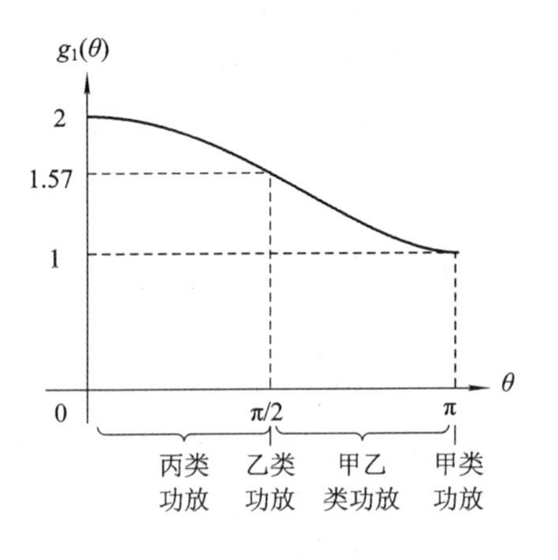

图2.1.6　波形函数$g_1(\theta)$与通角θ的关系

图2.1.6中，θ从0变化到π，包含了甲类、甲乙类、乙类和丙类功率放大器的情况。从甲类功放到丙类功放，随着θ的减小，$g_1(\theta)$增大，集电极效率η_C不断提高。

式(2.1.3)中，$\xi=U_{cm}/U_{CC}$，称为电压利用系数，为了提高η_C，U_{cm}应该尽量增大。从图2.1.1中可以看出，U_{cm}最大时，$u_{CE}=U_{CC}-U_{cm}=U_{CE(sat)}$，$U_{CE(sat)}$是晶体管的饱和压降，大于零但远小于$U_{CC}$，如果将其忽略，则$\xi\approx1$。

如果设$\xi=1$，则$\eta_C=\frac{1}{2}g_1(\theta)$。图2.1.6中，甲类功放的$\theta=\pi$，$g_1(\theta)=1$，最大效率$\eta_{Cmax}=50\%$；乙类功放的$\theta=\pi/2$，$g_1(\theta)=1.57$，$\eta_{Cmax}=78.5\%$；丙类功放的$\theta<\pi/2$，$g_1(\theta)>1.57$，$\eta_{Cmax}>78.5\%$。

2.2　谐振功率放大器的工作状态

在同一通角下，由于晶体管工作点的运动轨迹不同，谐振功率放大器可以有不同的工作状态，各种工作状态下的输出电压和电流参数的变化特征不一样，功率和效率也有区别。调整通角和工作状态可以使输出电压和电流参数的变化特征符合需要，并获得合适的功率和效率。

2.2.1　动特性曲线

在晶体管的输出特性坐标系中，工作点的运动轨迹称为动特性曲线，根据动特性曲线的特点可以定义谐振功率放大器的工作状态。

动特性曲线如图2.2.1所示。作为参考，输入电压u_{BE}的波形被画在输出特性坐标系的右边，其中，直流电压U_{BB}和交流输入电压$u_b=U_{bm}\cos\omega t$是相加关系。因为放大区中输出特性曲线的高度与u_{BE}呈线性关系，所以可以调整u_{BE}的波形使其上的工作点与对应的输出特性曲线等高。第二个参考是晶体管的输出电压u_{CE}的波形，其中，直流电压U_{CC}和交流输出电压$u_c=U_{cm}\cos\omega t$是相减关系：$u_{CE}=U_{CC}-u_c=U_{CC}-U_{cm}\cos\omega t$。

$\omega t=0$时，$u_{BE}=U_{BB}+U_{bm}=u_{BEmax}$，$u_{CE}=U_{CC}-U_{cm}=u_{CEmin}$，$u_{BEmax}$对应的输出特性曲线上，横坐标为$u_{CEmin}$的点A是动特性曲线的起点。工作点在输出特性坐标系中运动时，其纵坐标i_C随输出特性曲线的高度变化，而输出特性曲线的高度与u_{BE}呈线性关系，于是，i_C的变化量与u_{BE}的变化量$u_b=U_{bm}\cos\omega t$呈正比，即与$\cos\omega t$呈正比，记为$\Delta i_C=k_i\cos\omega t$。工作点横坐标$u_{CE}$的变化量是$U_{cm}\cos\omega t$，也与$\cos\omega t$呈正比，记为$\Delta u_{CE}=k_u\cos\omega t$。如果将$\cos\omega t$

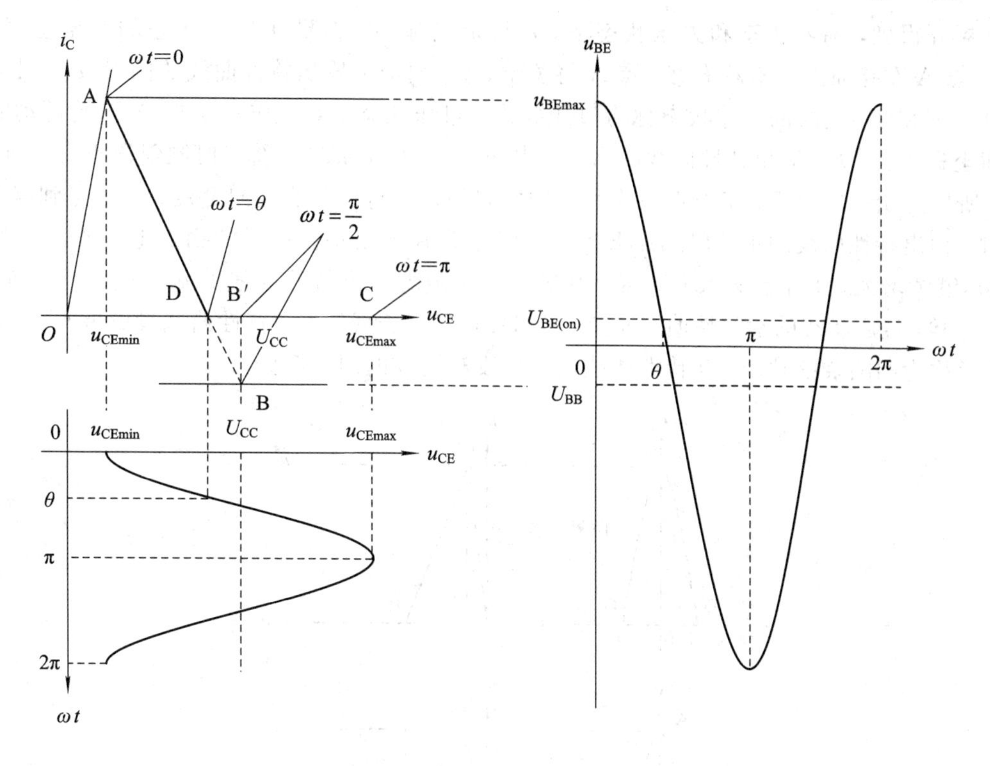

图 2.2.1　动特性曲线

作为参数，以 Δi_C 和 Δu_{CE} 作为坐标的变化量，$\omega t>0$ 时，工作点的运动轨迹是一条直线，起点是 A，斜率为 k_i/k_u。只需要再找一点，就可以连线画出这一段直线轨迹。当 $\omega t=\pi/2$ 时，$u_{BE}=U_{BB}$，$u_{CE}=U_{CC}$，可以根据输出特性曲线的高度与 u_{BE} 的关系外推出 U_{BB} 对应的输出特性曲线，其上横坐标为 U_{CC} 的点是点 B。因为 $U_{BB}<U_{BE(on)}$，U_{BB} 对应的输出特性曲线和点 B 都位于横轴下方，用来辅助作图。A、B 两点相连，得到一段直线。$0<\omega t\leqslant\theta$ 即 $u_{BE}\geqslant u_{BE(on)}$ 时，工作点在放大区沿此直线运动，$\omega t=\theta$ 时到达点 D。$\omega t>\theta$ 即 $u_{BE}<u_{BE(on)}$ 时，工作点脱离此直线进入截止区，沿横轴运动。假设还有一个虚拟的工作点仍然沿此直线运动，则截止区的工作点和虚拟的工作点的横坐标相等，它们同时到达点 B′ 和 B。当 $\omega t>\pi/2$ 时，工作点在截止区继续沿横轴向右，直到 $\omega t=\pi$ 时，工作点到达横坐标为 $u_{CE}=U_{CC}+U_{cm}=u_{CEmax}$ 的点 C，C 即为动特性曲线的终点。在交流信号的后半周期，即 $\pi<\omega t\leqslant 2\pi$ 时，工作点沿动特性曲线从 C 返回到 A。图 2.2.1 所示的动特性曲线由两段直线构成，两段直线分别位于放大区和截止区，在拐点 D 处相连。

2.2.2　工作状态

根据动特性曲线的起点 A 的位置，可以定义三种谐振功率放大器的工作状态。如图 2.2.2 所示，如果点 A 位于 u_{BEmax} 对应的输出特性曲线的拐点，即在晶体管的放大区和饱和区之间，此时的工作状态称为临界状态。如果点 A 位于 u_{BEmax} 对应的输出特性曲线的水平段上，即完全进入放大区，此时的工作状态称为欠压状态。在临界状态的基础上，减小交流输出电压的振幅 U_{cm} 就减小了动特性曲线的横向范围，点 A 右移而动特性曲线的终点 C 对称左移，这样就进入欠压状态。集电极电流 i_C 的波形由动特性曲线在纵轴上的投影沿时间展开得到，临界状态和欠压状态下，i_C是余弦脉冲。如果在临界状态的基础上增大U_{cm}，点A左移而点C对称右移，点A将位于u_{BEmax}对应的输出特性曲线的倾斜段上，即完全进入饱和区，此时的工作状态称为过压状态。过压状态下，工作点从点A开始运动时，其横坐标u_{CE}增大，输出特性曲线的水平段从u_{BEmax}对应的高度下降，但倾斜段重合在饱和区，所以开始一段时间，工作点在饱和区中倾斜的输出特性曲线上向上走，一直走到点E。此时，输出特性曲线的水平段和点E等高，即点E在输出特性曲线的拐点上。之后，横坐标u_{CE}继续增大，工作点进入放大区，其纵坐标则随着输出特性曲线的水平段的下降而减小。这样，过压状态的动特性曲线是A、E、D、C四点连线，该动特性曲线投影展开得到的i_C波形称为凹陷余弦脉冲，动特性曲线的AE段对应i_C的凹陷部分。

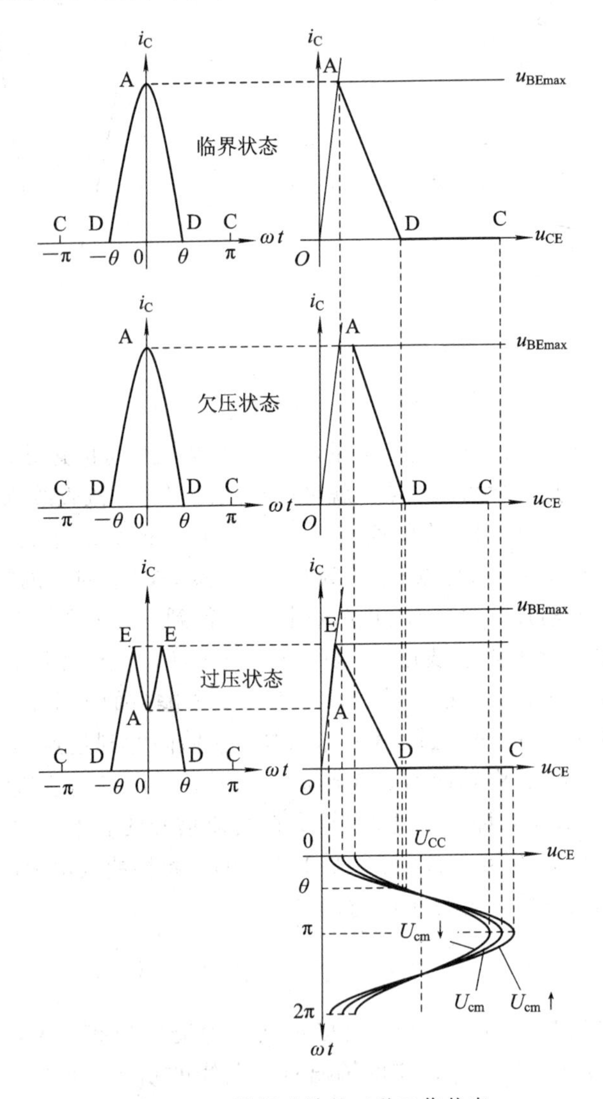

图 2.2.2 谐振功放的三种工作状态

欠压状态和临界状态下，谐振功放的晶体管工作在放大区和截止区；过压状态下，晶体管工作在放大区、截止区和饱和区。过压状态下，i_C的余弦脉冲带有凹陷，凹陷余弦脉冲可以视为两个余弦脉冲的叠加，可以通过它们各自的峰值和通角计算各个频率分量，叠加

得到 i_C 的频谱。

2.2.3 最佳工作状态

保持通角不变时，在临界状态、欠压状态和过压状态下，谐振功率放大器的交流输出功率和集电极效率发生变化，功率最大同时效率最高的工作状态为最佳工作状态。

图 2.2.2 中，谐振功放的通角不变，通过调整交流输出电压的振幅 U_{cm} 获得三种工作状态，再根据集电极电流 i_C 的波形，获得三种工作状态下基波分量的振幅 I_{c1m} 的大小关系，最后根据式(2.1.2)和式(2.1.3)，得到三种工作状态下功率和效率的比较结果，如表 2.2.1 所示。

表 2.2.1 同一通角下三种工作状态下交流输出电压、电流的振幅、功率和效率的比较

参数	临界状态	欠压状态	过压状态
交流输出电压振幅 U_{cm}	较大	较小	较大
交流输出电流振幅 I_{c1m}	较大	较大	较小
交流输出功率 P_o	较大	较小	较小
集电极效率 η_C	较大	较小	较大

从临界状态到欠压状态，U_{cm} 减小较多。因为饱和区的输出特性曲线斜率很大，所以从临界状态到过压状态，U_{cm} 的增加量不大。临界状态和欠压状态的 i_C 波形一样，峰值 i_{Cmax} 和通角 θ 都不变，所以 I_{c1m} 相同。到了过压状态，i_C 波形出现凹陷，I_{c1m} 需要在原值基础上减去凹陷部分产生的振幅，减小较多。交流输出功率 P_o 根据 I_{c1m} 和 U_{cm} 的相乘关系做比较。因为维持 θ 不变，而且直流电压源电压 U_{CC} 不变，所以集电极效率 η_C 的比较结果和 U_{cm} 的比较结果相同。

表 2.2.1 的比较结果说明，临界状态功率最大，效率最高，是最佳工作状态。过压状态也有较高的集电极效率，在弱过压时，即谐振功放刚从临界状态进入过压状态时，U_{cm} 增加比 I_{c1m} 减小对 P_o 的作用更明显，所以开始 P_o 会略有增加，但随着过压的加深，P_o 迅速减小。

临界状态并非谐振功放唯一可选的工作状态。有些应用场合，谐振功放工作中负载有变化，为了提供比较稳定的交流输出电压，就需要使谐振功放工作在过压状态，限制 U_{cm} 的变化。

2.2.4 工作状态的调整

谐振功率放大器的工作状态取决于动特性曲线的起点 A 的位置，点 A 在 u_{BEmax} 对应的输出特性曲线上横坐标为 u_{CEmin} 的位置。$u_{CEmin}=U_{CC}-U_{cm}=U_{CC}-I_{c1m}R_e$，$u_{BEmax}=U_{BB}+U_{bm}$，根据这两个公式，可以选择易于调整的参数决定点 A 的位置，从而改变工作状态。参数包括谐振电阻 R_e、电压源电压 U_{CC}、直流偏置电压 U_{BB} 和交流输入电压的振幅 U_{bm}。如图 2.1.2 所示，谐振功放的通角 θ 只与输入回路的电压有关，这四个参数中，R_e 和 U_{CC} 在输出回路上，保持 U_{BB} 和 U_{bm} 不变，调整 R_e 和 U_{CC} 时 θ 不变，U_{BB} 和 U_{bm} 在输入回路上，调整它们会引起 θ 的变化。

1. 负载特性

保持其他三个参数不变，只调整谐振电阻 R_e，谐振功率放大器的工作状态、输出电流和电压、功率和效率的变化称为负载特性。

R_e增大时，交流输出电压的振幅$U_{cm}=I_{c1m}R_e$随之增大，参考u_{CE}的波形，动特性曲线的变化如图 2.2.3 所示。起点 A 在u_{BE}对应的输出特性曲线的水平段上左移到拐点，再进入倾斜段，终点 C 则等水平距离右移。谐振功放的工作状态从欠压状态开始，R_e增大到一定值时处于临界状态，之后进入过压状态。

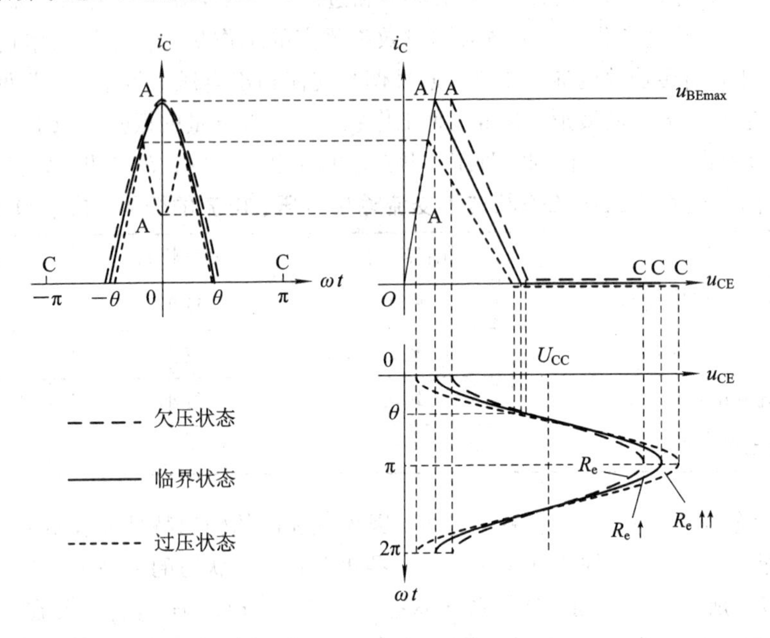

图 2.2.3　负载特性引起的工作状态的变化

图 2.2.3 也给出了集电极电流i_C的变化。从欠压状态到临界状态，i_C的峰值i_{Cmax}不变，通角θ也不变，由这两个参数决定的i_C波形不变，是同样的余弦脉冲。进入过压状态，i_C出现凹陷，凹陷将随着过压的加深而变深。

R_e增大时，与功率和效率有关的输出电流和电压参数的变化如图 2.2.4(a)所示。从欠压状态到临界状态，因为i_C余弦脉冲波形不变，所以其中的直流分量的幅度I_{C0}和基波分量的振幅I_{c1m}不变。进入过压状态，随着凹陷的出现和变深，I_{C0}和I_{c1m}都减小。交流输出电压的振幅$U_{cm}=I_{c1m}R_e$，欠压状态下I_{c1m}不变，U_{cm}随着R_e的增大而增大，过压状态下I_{c1m}减小而R_e增大，U_{cm}基本不变。

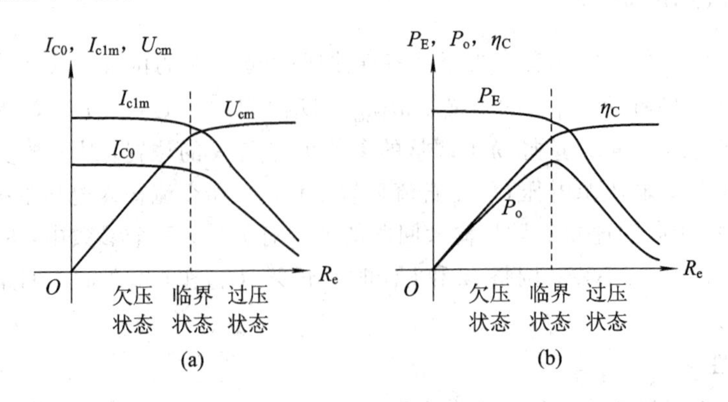

图 2.2.4　负载特性引起的输出电流和电压参数、功率和效率的变化

R_e增大时，有关功率和效率的变化如图 2.2.4(b)所示。直流输入功率 $P_E = I_{C0}U_{CC}$，与 I_{C0}的变化一致。交流输出功率 $P_o = 0.5I_{c1m}U_{cm}$，欠压状态下 I_{c1m}不变，P_o与 U_{cm}的变化一致，过压状态下 U_{cm} 基本不变，P_o与 I_{c1m} 的变化一致。集电极效率 $\eta_C = 0.5g_1(\theta)\xi = 0.5g_1(\theta)U_{cm}/U_{CC}$，与 U_{cm}的变化一致。

2. 集电极调制特性

保持其他三个参数不变，只调整电压源电压 U_{CC}，谐振功率放大器的工作状态、输出电流和电压、功率和效率的变化称为集电极调制特性。在振幅调制时，可以利用这一特性，让谐振功放在放大功率的同时生成普通调幅信号，这种方法称为集电极调幅。

U_{CC}增大时，参考 u_{CE}的波形，动特性曲线的变化如图 2.2.5 所示。起点 A 在 u_{BE}对应的输出特性曲线的倾斜段上上移到拐点，再进入水平段，终点 C 则等水平距离右移。谐振功放的工作状态从过压状态开始，U_{CC}增大到一定值时处于临界状态，之后进入欠压状态。

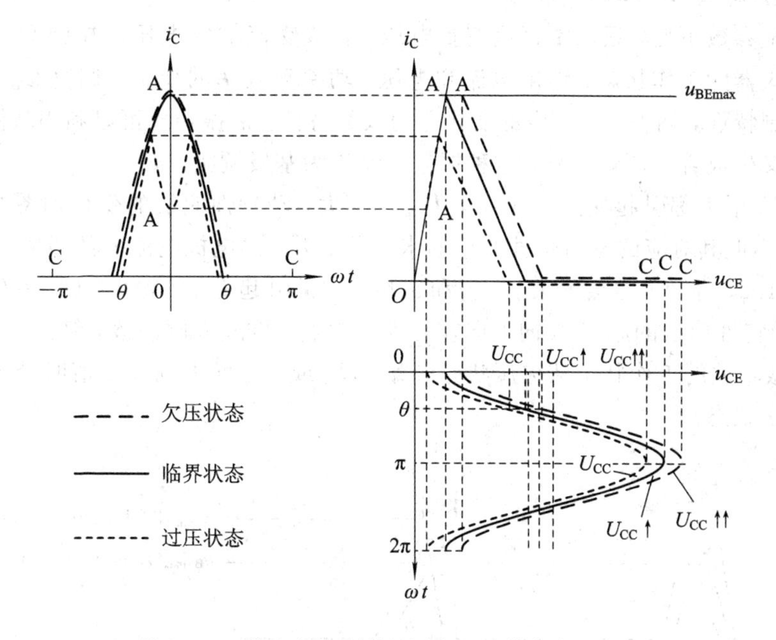

图 2.2.5　集电极调制特性引起的工作状态的变化

图 2.2.5 也给出了集电极电流 i_C的变化。过压状态下，i_C波形是凹陷余弦脉冲，凹陷随着过压的减弱而变浅，到临界状态消失。进入欠压状态，i_C的峰值 i_{Cmax}和通角 θ 都不变，i_C是同样的余弦脉冲。

U_{CC}增大时，与功率和效率有关的输出电流和电压参数的变化如图 2.2.6(a)所示。从过压状态到临界状态，随着凹陷的变浅和消失，I_{C0}和 I_{c1m}都增大。进入欠压状态，i_C余弦脉冲波形不变，I_{C0}和 I_{c1m}也不变。$U_{cm} = I_{c1m}R_e$，与 I_{c1m}的变化一致。

U_{CC}增大时，有关功率和效率的变化如图 2.2.6(b)所示。直流输入功率 $P_E = I_{C0}U_{CC}$，过压状态下，随着 I_{C0}和 U_{CC}的增大，P_E按平方率增大，欠压状态下 I_{C0}不变，P_E随着 U_{CC}的增大而线性增大。交流输出功率 $P_o = 0.5I_{c1m}U_{cm}$，过压状态下，随着 I_{c1m}和 U_{cm}的增大，P_o按平方率增大，欠压状态下 I_{c1m}和 U_{cm}基本不变，P_o也基本不变。集电极效率 $\eta_C = 0.5g_1(\theta)\xi = 0.5g_1(\theta)U_{cm}/U_{CC}$，过压状态下，随着 U_{cm}和 U_{CC}的增大，η_C基本不变，欠压状态下，U_{cm}基本不变，η_C随着 U_{CC}的增大而减小。

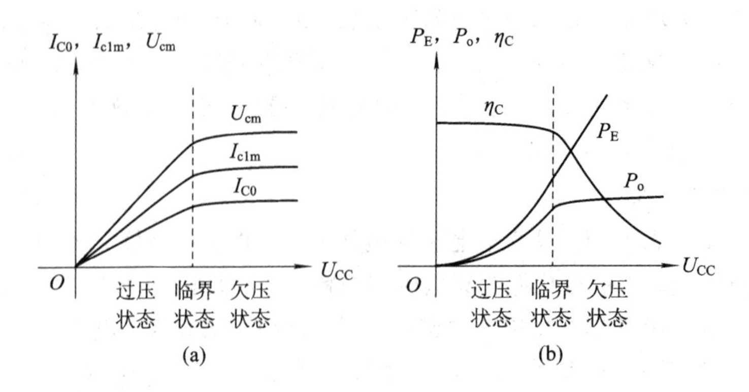

图 2.2.6　集电极调制特性引起的输出电流和电压参数、功率和效率的变化

3. 基极调制特性和放大特性

保持其他参数不变，只调整直流偏置电压 U_{BB} 或交流输入电压的振幅 U_{bm}，也会引起谐振功率放大器的工作状态、输出电流和电压、功率和效率的变化。调整 U_{BB} 产生的变化称为基极调制特性，调整 U_{bm} 产生的变化称为放大特性。谐振功放可以利用基极调制特性，既放大功率又生成普通调幅信号，这种振幅调制称为基极调幅。

U_{BB} 或 U_{bm} 增大都引起 $u_{BEmax}=U_{BB}+U_{bm}$ 的增大，动特性曲线的变化如图 2.2.7 所示。u_{BEmax} 增大时不但其对应的输出特性曲线的水平段上升，集电极电流 i_C 的峰值 i_{Cmax} 增大，而且根据图 2.1.2，通角 θ 也会增大。i_{Cmax} 和 θ 的增大又引起 I_{c1m} 的增大，$U_{cm}=I_{c1m}R_e$ 随之增大。所以，动特性曲线的起点 A 向上向左移动到拐点，再进入倾斜段，终点 C 则等水平距离右移。谐振功放的工作状态从欠压状态开始，U_{BB} 或 U_{bm} 增大到一定值时处于临界状态，之后进入过压状态。

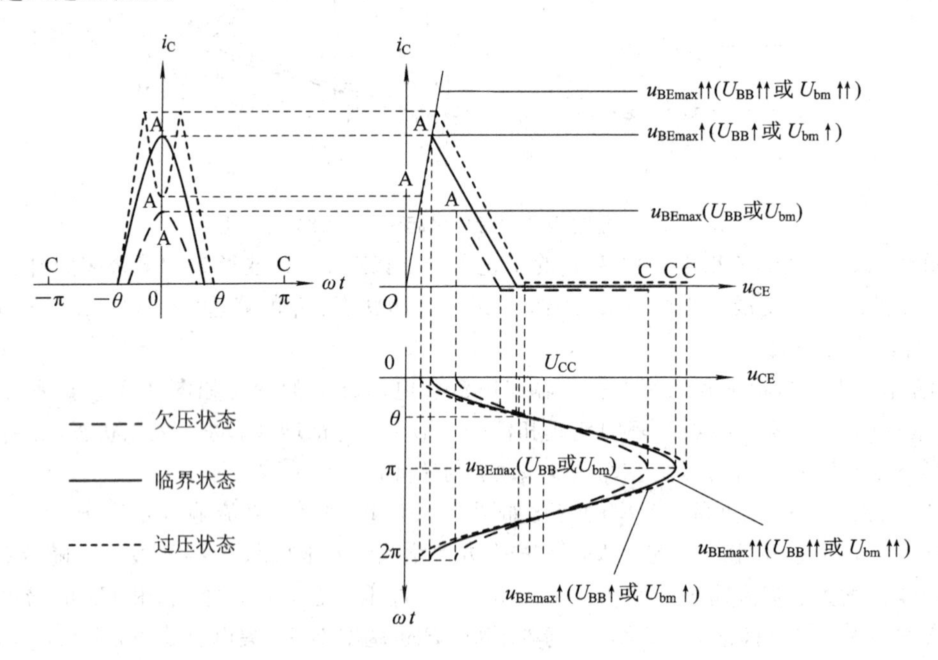

图 2.2.7　基极调制特性和放大特性引起的工作状态的变化

图 2.2.7 也给出了 i_C 的变化。从欠压状态到临界状态，i_C 是余弦脉冲，i_{Cmax} 和 θ 都增大。进入过压状态，θ 继续增大，i_C 出现凹陷，随着过压的加深，凹陷的底部变低而两边变高。

U_{BB} 或 U_{bm} 增大时，与功率和效率有关的输出电流和电压参数的变化如图 2.2.8(a)所示。从欠压状态到临界状态，i_C 余弦脉冲的 i_{Cmax} 和 θ 都增大，I_{C0} 和 I_{c1m} 也增大。进入过压状态，凹陷的余弦脉冲的底部和两边反向变化，I_{C0} 和 I_{c1m} 基本不变。$U_{cm}=I_{c1m}R_e$，与 I_{c1m} 的变化一致。

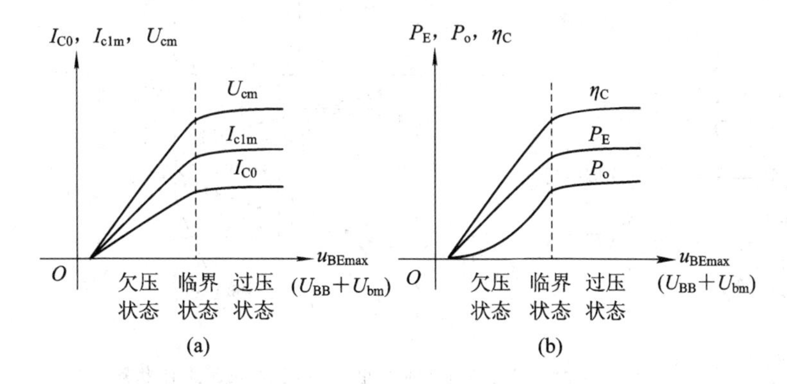

图 2.2.8　基极调制特性和放大特性引起的输出电流和电压参数、功率和效率的变化

U_{BB} 或 U_{bm} 增大时，有关功率和效率的变化如图 2.2.8(b)所示。直流输入功率 $P_E=I_{C0}U_{CC}$，与 I_{C0} 的变化一致。交流输出功率 $P_o=0.5I_{c1m}U_{cm}$，欠压状态下，随着 I_{c1m} 和 U_{cm} 的增大，P_o 按平方率增大，过压状态下，I_{c1m} 和 U_{cm} 基本不变，P_o 也基本不变。集电极效率 $\eta_C=0.5g_1(\theta)\xi=0.5g_1(\theta)U_{cm}/U_{CC}$，与 U_{cm} 的变化一致。

【例 2.2.1】 谐振功率放大器工作在临界状态。为了提高集电极效率 η_C，需要调整直流偏置电压 U_{BB} 和谐振电阻 R_e。两个参数应该如何调整？调整以后，谐振功放的功率如何变化？

解　参考式(2.1.3)，提高 η_C 需要增大波形函数 $g_1(\theta)$，又需要减小通角 θ。根据基极调制特性，减小 U_{BB} 可以减小 θ，所以第一步调整是减小 U_{BB}。调整前与调整后的动特性曲线如图 2.2.9 所示。U_{BB} 减小后，不但 θ 减小，而且 u_{BEmax} 减小使集电极电流 i_C 的峰值 i_{Cmax} 减小，i_C 中的基波分量振幅 I_{c1m} 减小，所以交流输出电压的振幅 U_{cm} 也减小，动特性曲线的起点 A 向下向右移动，终点 C 则等水平距离左移。

第一步调整得到的动特性曲线说明此时的谐振功放工作在欠压状态，还可以继续利用负载特性，通过增大 R_e 来增大 U_{cm}，调整到临界状态，进一步提高集电极效率。第二步调整后的动特性曲线如图 2.2.9 所示。

经过两步调整，谐振功放以较小的 θ 和较高的 η_C，再次工作在临界状态。式(2.1.3)中，η_C 还与 U_{cm} 有关。但是，因为晶体管的饱和区中，转移特性曲线的斜率很大，所以调整前后的两个临界状态下的 U_{cm} 近似相等，η_C 主要取决于 θ。

I_{c1m} 在第一步调整中减小，在第二步调整中不变，两步调整后，U_{cm} 基本不变，根据式(2.1.2)，交流输出功率 P_o 将下降。

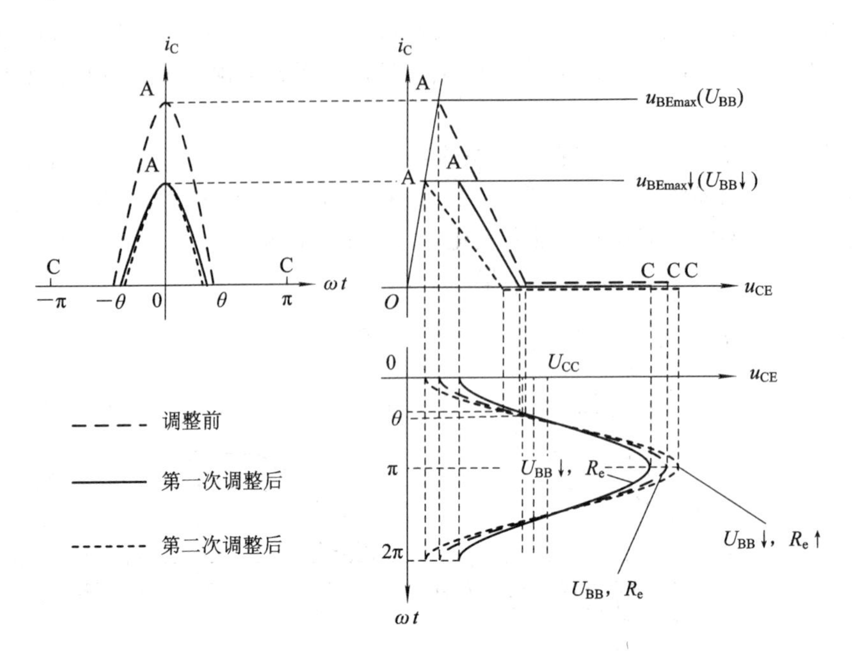

图 2.2.9 直流偏置电压 U_{BB} 和谐振电阻 R_e 联调工作状态

2.3 谐振功率放大器的高频特性

交流信号频率 f 较高时，受到极间电容如发射结电容 $C_{b'e}$ 的影响，晶体管的共发射极交流电流放大倍数 β 会随着 f 的增加而减小，当 β 下降 -3 dB 即最大值的 0.707 倍时，对应的频率为上限频率 f_β。分析谐振功率放大器的工作原理和工作状态时，所用的晶体管的伏安特性为静态特性，适用于交流信号频率较低即 $f < 0.5f_\beta$ 的情况。交流信号频率较高即 $f > 0.5f_\beta$ 时，静态特性不能够完整描述晶体管的电流和电压之间的关系，对谐振功放的分析还需要考虑基区渡越效应、基区体电阻、饱和压降，以及引线电感和极间电容等因素的影响。

1. 基区渡越效应的影响

晶体管工作时，输入电压 u_{BE} 作用到发射结，发射区的注入电流扩散过发射结，再经过基区到达集电结，漂移过集电结，进入集电区，形成收集电流，产生集电极电流 i_C。交流信号的频率较低时，晶体管的电流和电压同步变化，u_{BE} 变化引起 i_C 变化所需的时间与信号周期相比可以忽略不计，i_C 和 u_{BE} 同时增大或减小。交流信号的频率较高时，载流子电流经过基区所需的渡越时间与信号周期相比不可忽略，载流子漂移过集电结的时间也不可忽略，导致 i_C 的变化滞后于 u_{BE} 的变化，加之载流子运动不规则，渡越时间分散，会造成谐振功放的 i_C 峰值减小，通角变大，导致基波分量振幅减小，交流输出功率和集电极效率随之降低。

2. 基区体电阻的影响

因为基区渡越效应，谐振功放放大高频信号时，集电极电流 i_C 峰值减小且滞后于 u_{BE} 的变化，也滞后于与 u_{BE} 同步的发射极电流 i_E，这导致基极电流 i_B 增大。i_B 增大使得基区变宽，发射结变窄而阻抗明显减小。输入电压 u_{BE} 作用到基区体电阻 $r_{bb'}$ 和发射结阻抗上，发

射结阻抗减小导致 u_{BE} 作用到发射结的有效电压下降，这会进一步降低交流输出功率。

3. 饱和压降的影响

谐振功放在高频、大功率放大时，由于频率高且基极电流较大，功率管的饱和压降 $U_{CE(sat)}$ 也会增大，如频率为几十兆赫兹时，$U_{CE(sat)}>3$ V，频率为几百兆赫兹时，$U_{CE(sat)}>5$ V。电源电压 U_{CC} 不变时，$U_{CE(sat)}$ 增大导致交流输出电压的最大振幅 $U_{cm}=U_{CC}-U_{CE(sat)}$ 减小，从而减小交流输出功率和集电极效率。

4. 引线电感和极间电容的影响

高频放大时，引线电感和极间电容对谐振功放的影响显著。特别是在共发射极组态中，发射极引线电感的影响最为明显，因为发射极电流在其上产生的反馈电压将导致电压增益下降，减小交流输出功率。极间电容如发射结电容 $C_{b'e}$ 使输入阻抗减小，寄生反馈增加，导致谐振功放工作不稳定。

设计谐振功率放大器时，为了减小基区渡越效应、基区体电阻和饱和压降的影响，需要选取特征频率远高于交流信号频率、饱和压降变化较小的功率管。为了减小引线电感和极间电容的影响，宜采用分布参数电路取代集总参数电路，并为电路选用超高频器件。

2.4　谐振功率放大器的综合分析

对谐振功率放大器作综合分析，需要用通角联系输入回路和输出回路的电压，设计和改变动特性曲线，调整工作状态，达到大功率和高效率输出的目的。

【例 2.4.1】 谐振功率放大器和晶体管的输出特性如图 2.4.1 所示。电压源电压 $U_{CC}=12$ V，直流偏置电压 $U_{BB}=0.5$ V，晶体管的导通电压 $U_{BE(on)}=0.7$ V，交流跨导 $g_m=2$ S，交流输入电压 $u_b=0.4\cos\omega t$ V，谐振电阻 $R_e=64.1\ \Omega$。计算通角 θ，确定谐振功放的工作状态，计算交流输出功率 P_o 和集电极效率 η_C，画出动特性曲线、集电极电流 i_C 和晶体管输出电压 u_{CE} 的波形。

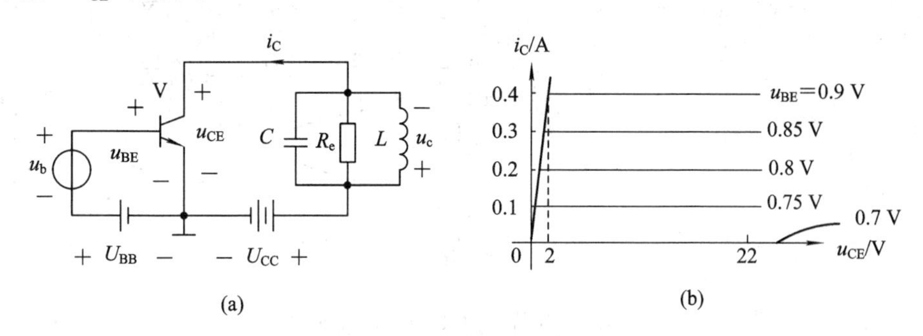

图 2.4.1　谐振功率放大器和晶体管的输出特性

解　晶体管的输入电压 $u_{BE}=U_{BB}+U_{bm}\cos\omega t$，当 $\omega t=\theta$ 时，$u_{BE}=U_{BE(on)}$，所以

$$\theta=\arccos\frac{U_{BE(on)}-U_{BB}}{U_{bm}}=\arccos\frac{0.7\ \text{V}-0.5\ \text{V}}{0.4\ \text{V}}=\frac{\pi}{3}\ \text{rad}$$

假设晶体管导通时一直工作在放大区，则 i_C 的峰值

$$i_{Cmax}=g_m(U_{BB}+U_{bm}-U_{BE(on)})=2\ \text{S}\times(0.5\ \text{V}+0.4\ \text{V}-0.7\ \text{V})=0.4\ \text{A}$$

i_C 的基波分量的振幅

$$I_{c1m}=i_{Cmax}a_1(\theta)=0.4\ A\times a_1(\pi/3)=156\ mA$$

交流输出电压 u_c的振幅

$$U_{cm}=R_eI_{c1m}=64.1\ \Omega\times156\ mA=10\ V$$

晶体管的输出电压 u_{CE}的最小值

$$u_{CEmin}=U_{CC}-U_{cm}=12\ V-10\ V=2\ V$$

$$u_{BEmax}=U_{BB}+U_{bm}=0.9\ V$$

其对应的输出特性曲线上横坐标为 u_{CEmin}的点是曲线的拐点，所以假设正确，谐振功放处于临界状态。

i_C的直流分量的幅度

$$I_{C0}=i_{Cmax}a_0(\theta)=0.4\ A\times a_0(\pi/3)=87.2\ mA$$

直流输入功率

$$P_E=I_{C0}U_{CC}=87.2\ mA\times12\ V=1.05\ W$$

交流输出功率

$$P_o=0.5I_{c1m}U_{cm}=0.5\times156\ mA\times10\ V=0.78\ W$$

集电极效率

$$\eta_C=P_o/P_E=0.78\ W/1.05\ W=74.3\%。$$

动特性曲线、i_C和 u_{CE}的波形如图 2.4.2 所示。动特性曲线的拐点 D 的横坐标 $u_{CE(D)}$根据 $u_{CE}=U_{CC}-U_{cm}\cos\omega t$ 计算：当 $\omega t=\theta$ 时，

$$u_{CE(D)}=U_{CC}-U_{cm}\cos\theta=12\ V-10\ V\times\cos(\pi/3)=7\ V$$

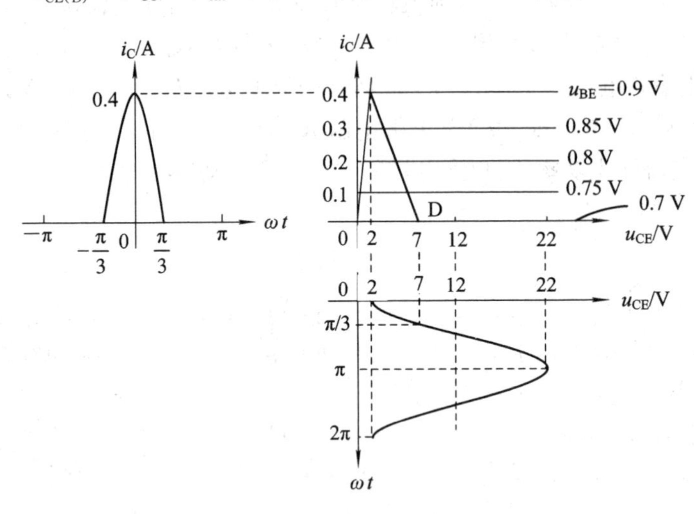

图 2.4.2 动特性曲线、i_C和 u_{CE}的波形

【例 2.4.2】 谐振功率放大器及其动特性曲线如图 2.4.3 所示。晶体管的导通电压 $U_{BE(on)}=0.6$ V。计算通角 θ、交流输出功率 P_o和集电极效率 η_C，计算直流偏置电压 U_{BB}和交流输入电压 u_b的振幅 U_{bm}。为使谐振功放工作在临界状态，谐振电阻 R_e应如何调整？画出调整后的动特性曲线。

解 晶体管的输出电压 u_{CE}的最大值 $u_{CEmax}=32$ V，最小值 $u_{CEmin}=8$ V，电压源电压为

$$U_{CC}=(u_{CEmax}+u_{CEmin})/2=(32\ V+8\ V)/2=20\ V$$

交流输出电压 u_c的振幅

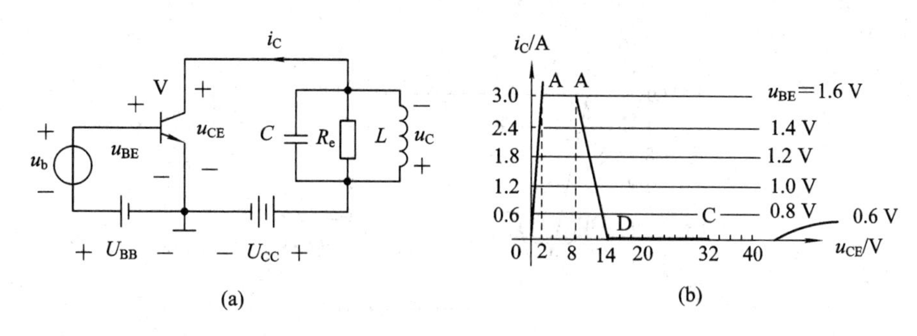

图 2.4.3 谐振功率放大器及其动特性曲线

$$U_{cm}=(u_{CEmax}-u_{CEmin})/2=(32\ \text{V}-8\ \text{V})/2=12\ \text{V}$$

动特性曲线的拐点 D 的横坐标

$$u_{CE(D)}=14\ \text{V},\ u_{CE}=U_{CC}-U_{cm}\cos\omega t$$

当 $\omega t=\theta$ 时，

$$u_{CE}=U_{CE(D)}，所以$$

$$\theta=\arccos\frac{U_{CC}-U_{CE(D)}}{U_{cm}}=\arccos\frac{20\ \text{V}-14\ \text{V}}{12\ \text{V}}=\frac{\pi}{3}\ \text{rad}$$

集电极电流 i_C 的峰值 $i_{Cmax}=3$ A，直流分量的幅度

$$I_{C0}=i_{Cmax}a_0(\theta)=3\ \text{A}\times a_0(\pi/3)=0.654\ \text{A}$$

直流输入功率

$$P_E=I_{C0}U_{CC}=0.654\ \text{A}\times 20\ \text{V}=13.1\ \text{W}$$

i_C 的基波分量的振幅

$$I_{c1m}=i_{Cmax}a_1(\theta)=3\ \text{A}\times a_1(\pi/3)=1.17\ \text{A}$$

交流输出功率

$$P_o=0.5I_{c1m}U_{cm}=0.5\times 1.17\ \text{A}\times 12\ \text{V}=7.02\ \text{W}$$

集电极效率

$$\eta_C=P_o/P_E=7.02\ \text{W}/13.1\ \text{W}=53.6\%。$$

动特性曲线起点 A 对应的晶体管输入电压 u_{BE} 的最大值为

$$u_{BEmax}=U_{BB}+U_{bm}=1.6\ \text{V} \tag{2.4.1}$$

又有

$$\theta=\frac{\pi}{3}\ \text{rad}=\arccos\frac{U_{BE(on)}-U_{BB}}{U_{bm}}=\arccos\frac{0.6\ \text{V}-U_{BB}}{U_{bm}} \tag{2.4.2}$$

式(2.4.1)与式(2.4.2)联立求解，得到 $U_{BB}=-0.4$ V，$U_{bm}=2$ V。

根据负载特性，为使谐振功放工作在临界状态，R_e 应增大。调整前，$R_e=U_{cm}/I_{c1m}=12\ \text{V}/1.17\ \text{A}=10.3$ W。调整后的动特性曲线如图 2.4.4 所示，起点 A 左移到 $u_{CEmin}=2$ V 处，终点 C 右移到 $u_{CEmax}=38$ V 处。此时，$U_{cm}=(u_{CEmax}-u_{CEmin})/2=(38\ \text{V}-2\ \text{V})/2=18$ V，I_{c1m} 不变，$R_e=U_{cm}/I_{c1m}=18\ \text{V}/1.17\ \text{A}=15.4$ W。

图 2.4.4 中，为了确定调整后动特性曲线的拐点 D，沿原动特性曲线在放大区的一段画出延长线，又因为点 B 的横坐标 $u_{CE}=U_{CC}$，所以再从 U_{CC} 的位置向下画出垂线，延长线与垂线的交点即为点 B，在 $U_{BB}=-0.4$ V 对应的输出特性曲线上。调整 R_e 时点 B 的位置

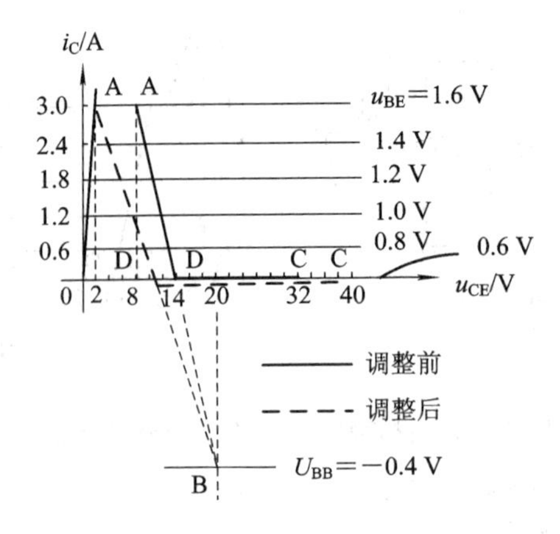

图 2.4.4　动特性曲线的调整

不变，新动特性曲线的起点与之连线，得到拐点 D 的新位置。

从图 2.4.4 中可以看出，当 $\theta<\pi/2$ 时，U_{BB}对应的输出特性曲线在横轴下方，此时调整 R_e则拐点 D 的位置有变化；当 $\theta=\pi/2$ 时，$U_{BB}=U_{BE(on)}$，其对应的输出特性曲线在横轴上，点 B 和点 D 重合，此时调整 R_e则 D 的位置不变。

2.5　谐振功率放大器的电路设计

谐振功率放大器的电路设计用实际电路实现原理电路中的输入回路和输出回路。

原理电路中，输入回路把直流偏置电压 U_{BB}和交流输入电压 u_b作为两个理想的、没有内阻的电压源，通过串联实现晶体管的输入电压 $u_{BE}=U_{BB}+u_b$。在输入回路上，基极电流 i_B也是余弦脉冲，等于集电极电流 i_C除以晶体管的共发射极电流放大倍数 β。i_B余弦脉冲也可以分解为直流分量 I_{B0}和交流分量 i_b，i_b包括基波分量 $I_{b1m}\cos\omega t$ 和各次谐波分量，I_{B0}和 i_b共用输入回路，都流过 U_{BB}和 u_b两个电压源。

实际的 U_{BB}和 u_b并非理想的电压源，都存在内阻，u_b还采用交流耦合电容隔直流，所以不能直接串联 U_{BB}和 u_b实现直流和交流的电压叠加和电流叠加，而要为 U_{BB}和 I_{B0}、u_b和 i_b分别设计直流通路和交流通路。在直流通路中，I_{B0}将 U_{BB}与晶体管的基极和发射极连接；在交流通路中，i_b将 u_b与晶体管的基极和发射极连接。在直流通路和交流通路叠加成的完整电路中，I_{B0}和 i_b分流，I_{B0}不流过 u_b或流过 u_b时被短路，i_b不流过 U_{BB}。I_{B0}和 i_b在晶体管的基极和发射极叠加，实现 $u_{BE}=U_{BB}+u_b$。

输出回路的电路设计需要解决类似的问题，所以输入回路的电路设计也适用于输出回路的电路设计。此外，因为实际电路只使用一个电压源 U_{CC}，输入回路还需要用电路来实现直流偏置电压 U_{BB}。当实际的负载电阻不等于谐振功放需要的谐振电阻时，输出回路还需要用输出匹配网络来实现阻抗变换。

2.5.1　基极馈电和集电极馈电

输入回路中实现直流和交流的电流叠加和电压叠加的电路设计称为基极馈电，输出回路中相应的电路设计称为集电极馈电。

基极馈电包括串联馈电和并联馈电两种基本形式，如图 2.5.1 所示。两种馈电都采用高频扼流圈 L_c 和旁路电容 C_{BP} 引入直流偏置电压 U_{BB}。高频扼流圈是一个缠绕在铁氧体芯上或空心的电感，匝数一般为几十到几百，自感一般为几毫亨。高频扼流圈对直流和低频信号近似短路，对高频信号近似开路。旁路电容一般以微法为单位，其作用与高频扼流圈相反，对直流和低频信号开路，对高频信号短路。高频扼流圈 L_c 和旁路电容 C_{BP} 配合使用，通过其相反的阻抗，使直流电流 I_{B0} 和交流电流 i_b 分流。

串联馈电如图 2.5.1(a)所示。对 I_{B0} 而言，L_c 短路而 C_{BP} 开路，I_{B0} 流过 U_{BB}。I_{B0} 的路径为直流通路，直流通路中，直流偏置电压 U_{BB} 与基极和发射极连接。交流输入电压 u_b 经过变压器耦合引入输入回路，I_{B0} 流过 u_b 时被变压器的副边短路。对 i_b 而言，L_c 开路而 C_{BP} 短路，i_b 不流过 U_{BB}。i_b 的路径为交流通路，交流通路中，u_b 与基极和发射极连接。在基极和发射极，I_{B0} 和 i_b 叠加。

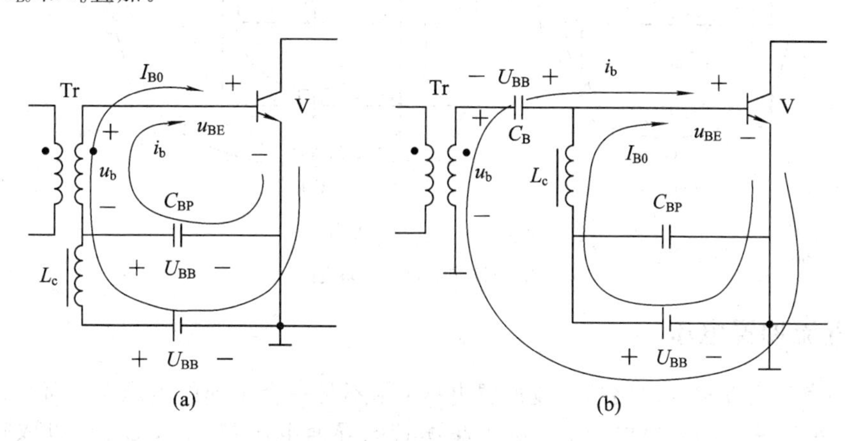

图 2.5.1 基极馈电

(a) 串联馈电；(b) 并联馈电

U_{BB} 通过 L_c 对 C_{BP} 充电，C_{BP} 上的电压为 U_{BB}。虽然 i_b 流过 C_{BP} 时引起电量的一定变化，但因 C_{BP} 较大，所以电压变化很小，基本保持为 U_{BB}。C_{BP} 上的 U_{BB} 与变压器副边上的 u_b 首尾相连，两端接到基极和发射极，所以晶体管的输入电压 $u_{BE}=U_{BB}+u_b$。

在形式上，电压源 U_{BB} 的正极通过 L_c 的直流短路，与变压器副边上的电压源 u_b 的负极连接，而 u_b 的正极和 U_{BB} 的负极分别与基极和发射极连接。从基极到发射极，晶体管的外围电路中 u_b 和 U_{BB} 两个电压源构成串联关系，所以这种电路设计称为串联馈电。

并联馈电如图 2.5.1(b)所示，电路中添加了一个交流耦合电容 C_B。I_{B0} 通过 L_c 的短路和 C_B、C_{BP} 的开路流过 U_{BB}，形成直流通路，直流通路连接 U_{BB} 与基极和发射极。i_b 通过 L_c 的开路和 C_B 的短路，经过接地端绕过 U_{BB}，形成交流通路，交流通路连接 u_b 与基极和发射极。I_{B0} 和 i_b 在基极和发射极叠加。

U_{BB} 通过 L_c 和变压器的副边对 C_B 充电，C_{BP} 较大，i_b 流过时电压变化很小，基本保持为 U_{BB}。C_B 上的 U_{BB} 与变压器副边上的 u_b 首尾相连，两端接到基极和发射极，晶体管的输入电压 $u_{BE}=U_{BB}+u_b$。

在形式上，电压源 U_{BB} 的正极通过 L_c 的直流短路与基极连接，电压源 u_b 的正极通过 C_B 的交流短路也与基极连接，U_{BB} 和 u_b 的负极则都与发射极连接。从基极到发射极，晶体管的外围电路中 u_b 和 U_{BB} 两个电压源构成并联关系，所以这种电路设计称为并联馈电。

集电极馈电也有串联馈电和并联馈电两种基本形式，如图 2.5.2 所示，I_{C0}和 i_c代表集电极电流 i_C中的直流分量和交流分量。串联馈电的交流通路中，高频扼流圈 L_c被交流耦合电容 C_{BP}短路，L_c不影响电感 L 和电容 C 构成的并联谐振回路的谐振频率。并联馈电的交流通路中，L_c和交流耦合电容 C_C串联，再并联到 LC 回路上，所以 L_c和 C_C的分布参数会影响谐振频率。串联馈电的 LC 回路上的直流电位为 U_{CC}，并联馈电的 LC 回路上的直流电位为零，所以后者在调整和使用中更安全方便。

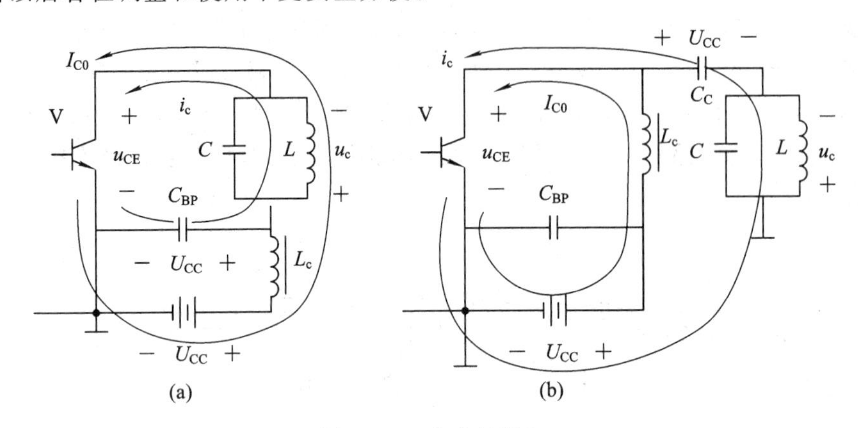

图 2.5.2　集电极馈电
(a) 串联馈电；(b) 并联馈电

2.5.2　直流偏置电压

谐振功率放大器输入回路的直流偏置电压 U_{BB}不是一个单独的电压源，而是通过电路来产生的。小于 π/2 的通角要求 U_{BB}小于晶体管的导通电压 $U_{BE(on)}$，U_{BB}可以取较小的正值，也可以取负值或零，分别称为正偏压、负偏压和零偏压。

正偏压 U_{BB}需要用电压源电压 U_{CC}经过分压式偏置实现。图 2.5.3(a)以串联馈电为例，给出了 U_{BB}的产生电路。其中，两个电阻 R_{B1}和 R_{B2}对 U_{CC}分压，获得 U_{BB}。为了减小 R_{B1}和 R_{B2}的功耗，R_{B1}和 R_{B2}取值较大，U_{BB}不能简单地按电阻串联的分压比计算。可以根据戴维南定理，把分压式偏置电路等效处理，如图 2.5.3(b)所示，则有

$$U_{BB}=\frac{R_{B2}}{R_{B1}+R_{B2}}U_{CC}-I_{B0}(R_{B1}\parallel R_{B2})$$

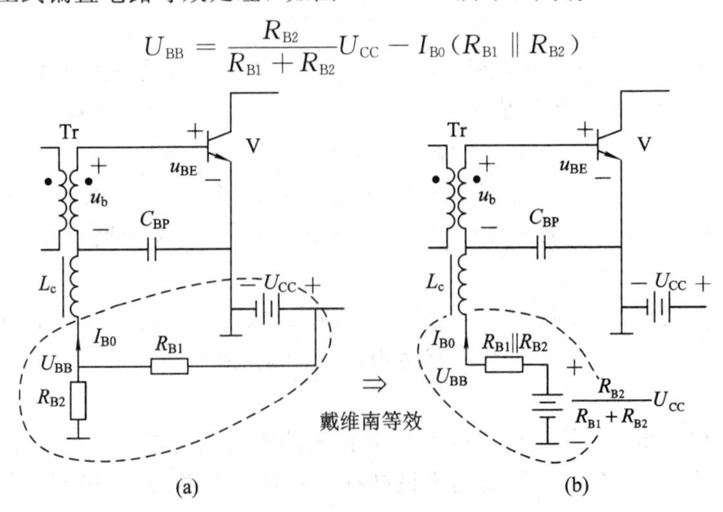

图 2.5.3　分压式偏置实现正偏压

类似于N沟道结型场效应管放大器的直流偏置，负偏压U_{BB}也可以用自给偏置，通过直流电流流过电阻来实现。图2.5.4(a)以并联馈电为例，给出了U_{BB}的产生电路，原来U_{BB}位置的电压源替换为电阻R_B。根据晶体管三个电极上的直流电流I_{B0}、I_{C0}和I_{E0}在电路中的分布，可以看到I_{B0}自右向左流过R_B，所以$U_{BB}=-I_{B0}R_B$，这种自给偏置称为基极自给偏置。如果把接地端移到电阻的另一端，则电路如图2.5.4(b)所示，流过电阻的直流电流是发射极直流电流I_{E0}，即发射极电流i_E余弦脉冲中的直流分量，此时，$U_{BB}=-I_{E0}R_E$，这种自给偏置称为发射极自给偏置。

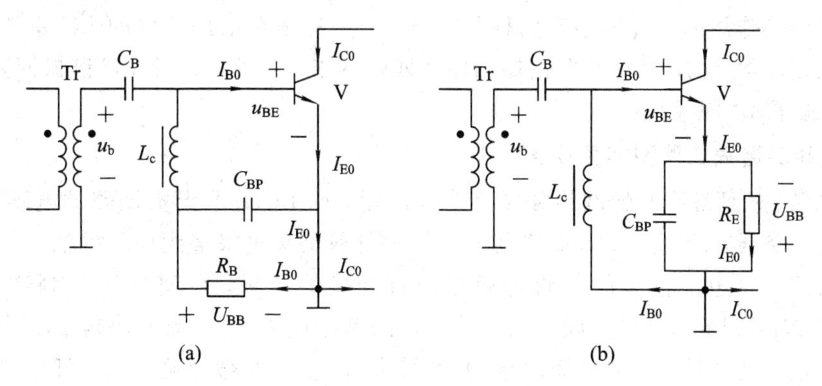

图2.5.4　自给偏置实现负偏压

(a) 基极自给偏置；(b) 发射极自给偏置

如果将图2.5.3(a)中的电阻R_{B1}右端接地，则在串联馈电中实现负偏压$U_{BB}=-I_{B0}(R_{B1}\parallel R_{B2})$，如果再将两个电阻短路，则实现零偏压，如图2.5.5(a)所示。零偏压时U_{BB}实际不存在，基极的交流电流i_b也可以流过U_{BB}原来的位置，所以电路中去掉了分流直流电流I_{B0}和交流电流i_b的高频扼流圈L_c和旁路电容C_{BP}。图2.5.4(a)和(b)中，将R_B和R_E短路，则负偏压演变为零偏压，如图2.5.5(b)所示。电路中去掉了C_{BP}，但保留了L_c和交流耦合电容C_B，继续起分流I_{B0}和i_b的作用。

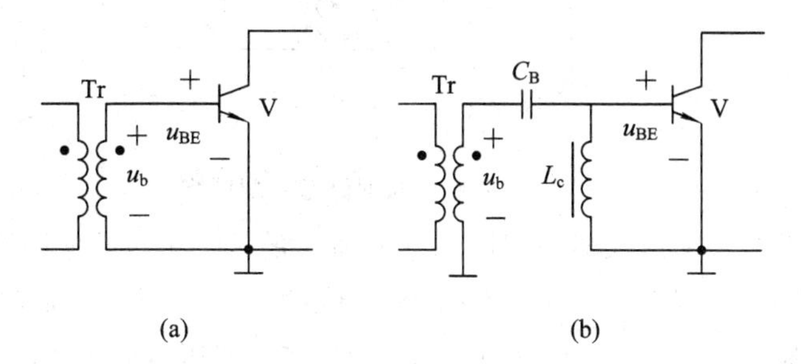

图2.5.5　零偏压的实现

(a) 串联馈电；(b) 并联馈电

谐振功率放大器采用自给偏置获得负偏压U_{BB}时，输入回路能自动调整，稳定输出回路的结果。如交流输入电压u_b的振幅U_{bm}因为某种原因增大时，则基极电流i_B的余弦脉冲增大，使得I_{B0}和I_{E0}增大，从而U_{BB}减小。U_{bm}增大和U_{BB}减小的共同作用下，晶体管的输入电压u_{BE}中超过导通电压$U_{BE(on)}$的部分基本不变，经过转移特性变换后，集电极电流的波形，包括峰值和通角基本不变，从而动特性曲线、工作状态、输出电流和电压参数、功率和效率也都基本不变。

2.5.3 匹配网络

谐振功率放大器在临界状态下功率最大，效率最高，而临界状态对应的谐振电阻有确定取值。当谐振功放的后级电路等效的负载电阻不等于该谐振电阻时，直接接入电路就会改变谐振功放的工作状态。此时，需要通过匹配网络做阻抗变换，把后级电路等效的负载电阻变为临界状态对应的谐振电阻。谐振功放也可以根据要求工作在欠压状态或过压状态，也要通过阻抗变换获得各个状态需要的谐振电阻。

起阻抗变换作用的匹配网络有两种基本设计：一种是在谐振功放的 LC 并联谐振回路基础上添加变压器，构成 LC 并联谐振回路型匹配网络。一种是修改 LC 谐振回路的结构，构成 LC 滤波器型匹配网络。

1. LC 并联谐振回路型匹配网络

LC 并联谐振回路型匹配网络如图 2.5.6 所示，原 LC 并联谐振回路的电感 L 作为变压器的原边，变压器的副边接入负载电阻 R_L，晶体管的集电极连到原边的抽头上。原边和副边的匝数比、原边上抽头的位置都决定阻抗变换的结果。调整原边和副边的匝数比 $(N_1+N_2)/N_3$ 可以修改 LC 并联谐振回路两端的谐振电阻 R_{eo}，既而决定 LC 回路作为带通滤波器的选频滤波性能，如品质因数 Q_e 和带宽 BW_{BPF}。匝数比确定后，可以调整电容 C 使谐振频率 f_0 为交流信号的频率，获得基波输出电压。在这个基础上，调整抽头位置，改变抽头和 LC 回路下端之间的谐振电阻，直到其取值为谐振功放需要的谐振电阻 R_e。LC 回路谐振时，顺时针或逆时针方向的回路电流远大于抽头上的电流，调整抽头位置对选频滤波性能影响较小。

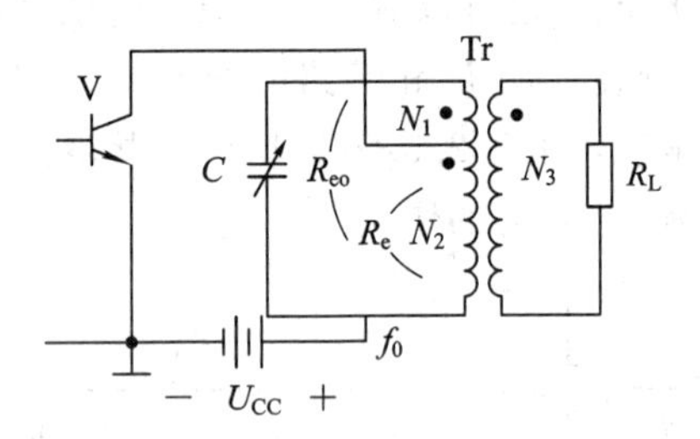

图 2.5.6　并联谐振回路型匹配网络

【例 2.5.1】 谐振功率放大器采用图 2.5.6 所示的 LC 并联谐振回路型匹配网络，谐振频率 $f_0=30$ MHz，带宽 $BW_{BPF}=1.5$ MHz，电容 $C=100$ pF，谐振功放工作在临界状态，对应的谐振电阻 $R_e=250\ \Omega$，负载电阻 $R_L=100\ \Omega$，变压器原边的匝数 $N_1+N_2=60$。计算 N_1、N_2 和副边的匝数 N_3。

解　LC 回路的品质因数为

$$Q_e=\frac{f_0}{BW_{BPF}}=\frac{30\ \text{MHz}}{1.5\ \text{MHz}}=20$$

特性阻抗为

$$\rho=\frac{1}{2\pi f_0 C}=\frac{1}{2\pi\times 30\ \text{MHz}\times 100\ \text{pF}}=53.1\ \Omega$$

LC 回路两端的谐振电阻为

$$R_{eo} = Q_e \rho = 20 \times 53.1\ \Omega = 1062\ \Omega$$

从 R_L 变换到 R_{eo}，有

$$R_{eo} = \left(\frac{N_1 + N_2}{N_3}\right)^2 R_L$$

所以

$$N_3 = (N_1 + N_2)\sqrt{\frac{R_L}{R_{eo}}} = 60\sqrt{\frac{100\ \Omega}{1062\ \Omega}} \approx 18\ \text{匝}$$

从 R_{eo} 变换到 R_e，有

$$R_e = \left(\frac{N_2}{N_1 + N_2}\right)^2 R_{eo}$$

所以

$$N_2 = (N_1 + N_2)\sqrt{\frac{R_e}{R_{eo}}} = 60\sqrt{\frac{250\ \Omega}{1062\ \Omega}} \approx 29\ \text{匝}$$

故 $N_1 = (N_1 + N_2) - N_2 = 60$ 匝 -29 匝 $=31$ 匝。

2. *LC* 滤波器型匹配网络

LC 滤波器型匹配网络是修改 *LC* 谐振回路的结构，利用其阻抗构成低通滤波器、高通滤波器或带通滤波器，对集电极电流滤波产生交流输出电压作用到负载电阻 R_L 上。适当的电路结构和电感、电容的取值使 R_L 折算到晶体管的集电极和发射极之间时等于谐振功放需要的谐振电阻 R_e。

LC 滤波器型匹配网络的设计基础是阻抗的串并联等效变换。如图 2.5.7 所示，电阻 R_s 和电抗 X_s 串联，电阻 R_p 和电抗 X_p 并联，如果串联和并联对外等效，则需要它们的阻抗相等，即 $R_s + jX_s = R_p \parallel jX_p$。由此得到四个元件取值的变换关系为

$$R_p = R_s(1 + Q_e^2) \tag{2.5.1}$$

$$X_p = X_s\left(1 + \frac{1}{Q_e^2}\right) \tag{2.5.2}$$

$$Q_e = \frac{|X_s|}{R_s} = \frac{R_p}{|X_p|} \tag{2.5.3}$$

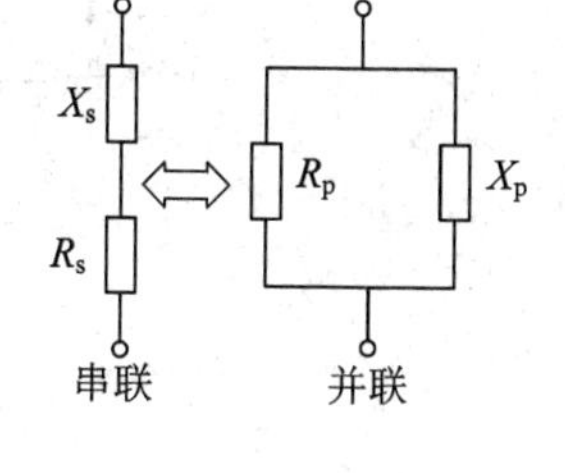

图 2.5.7　串并联等效变换

其中，Q_e 为滤波器的品质因数，取值一般大于 1。从式(2.5.1)和式(2.5.2)可以看出，并联电阻 R_p 大于串联电阻 R_s，并联电抗 X_p 则与串联电抗 X_s 性质相同，或者都为电感，或者都为电容。

根据串并联等效变换，如果负载电阻 R_L 小于谐振电阻 R_e，应该将 R_L 作为 R_s，串联 X_s，从串联变换为并联后得到较大的 R_p 作为 R_e。根据 $R_s = R_L$ 和 $R_p = R_e$，首先由式(2.5.1)计算 Q_e，再根据式(2.5.3)计算 X_s。这时，并联结构中存在式(2.5.2)给出的 X_p，需要再添加一个相反性质的电抗 $-X_p$，使之与 X_p 并联谐振，则谐振电阻就是 R_e。上述电路设计过程如图 2.5.8(a)所示。因为谐振频率为交流信号的频率，所以可以继续计算 X_s 和 $-X_p$ 对应的电抗取值，得到具体的滤波器。

根据 $-X_p$ 与 X_s 是电感还是电容，图 2.5.8(b)给出了两种具体的滤波器。当 $-X_p$ 为电感 L，X_s 为电容 C 时，两个元件构成高通滤波器；当 $-X_p$ 为电容 C，X_s 为电感 L 时，两个元件构成低通滤波器。

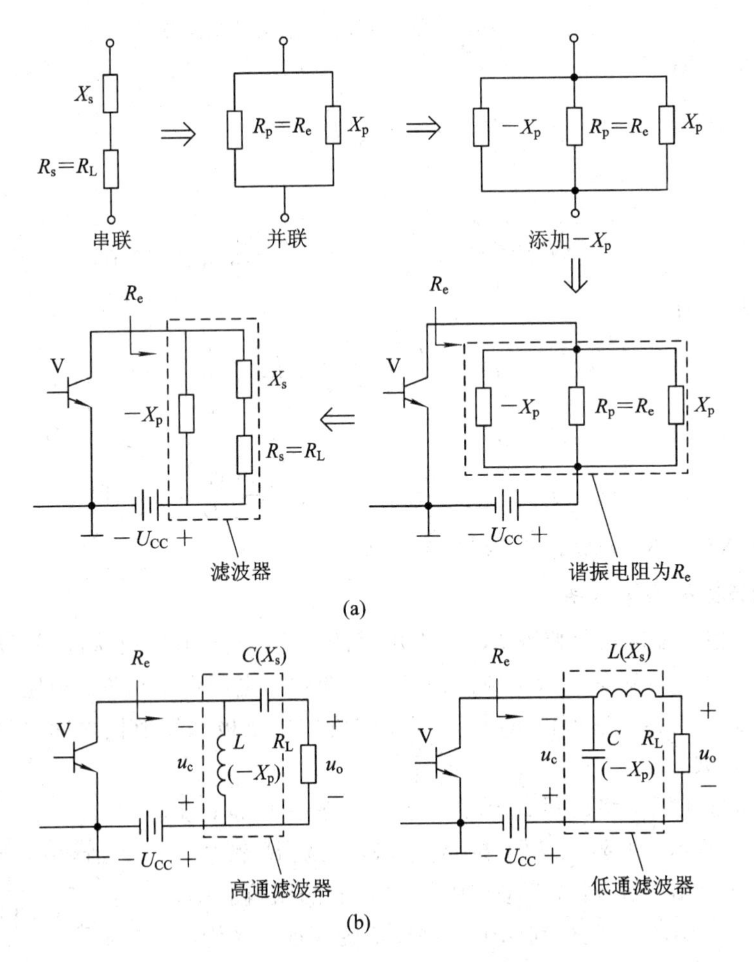

图 2.5.8　串联—并联变换

(a) 电路设计；(b) 滤波器结构

如果负载电阻 R_L 大于谐振电阻 R_e，应该将 R_L 作为 R_p，并联 X_p，从并联变换为串联后得到较小的 R_s 作为 R_e。根据 $R_p=R_L$ 和 $R_s=R_e$，首先由式(2.5.1)计算 Q_e，再根据式(2.5.3)计算 X_p。这时，串联结构中存在式(2.5.2)给出的 X_s，需要再添加一个相反性质的电抗 $-X_s$，使之与 X_s 串联谐振，则谐振电阻就是 R_e。上述电路设计过程如图 2.5.9(a)所示。因为谐振频率为交流信号的频率，所以可以继续计算 X_p 和 $-X_s$ 对应的电抗取值，得到具体的滤波器。

根据 $-X_s$ 与 X_p 是电容还是电感，图 2.5.9(b)给出了两种具体的滤波器。当 $-X_s$ 为电容 C，X_p 为电感 L 时，两个元件构成高通滤波器，并添加一高频扼流圈 L_c 构成直流通路；当 $-X_s$ 为电感 L，X_p 为电容 C 时，两个元件构成低通滤波器。

图 2.5.8(b)和图 2.5.9(b)的滤波器称为 L 型匹配网络。经过 L 型匹配网络，负载电阻 R_L 对谐振功率放大器的集电极电流 i_C 中的基波分量 $I_{c1m}\cos\omega t$ 表现为谐振电阻 R_e，得到交流输出功率，i_C 中的其他频率分量则被滤波。如果 L 型匹配网络是低通滤波器，则 i_C 中的直流分量 I_{C0} 会在 R_L 上产生直流输出电压，二次谐波分量和高次谐波分量都被滤除。

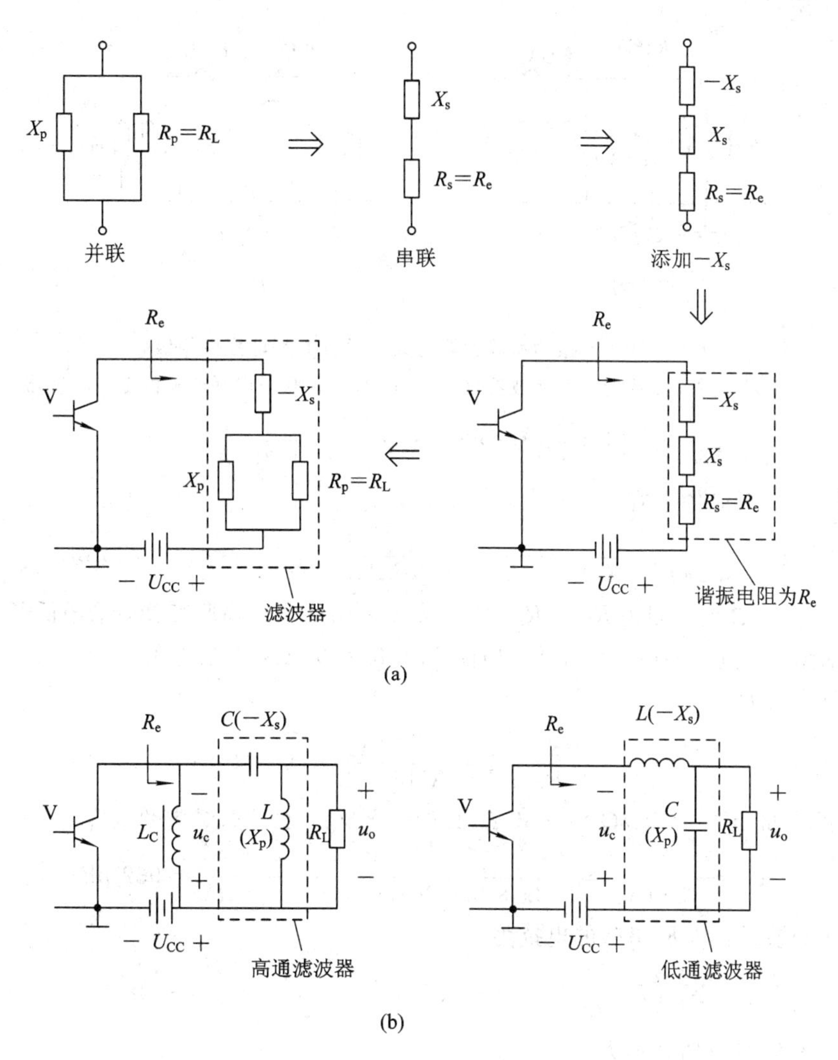

图 2.5.9　并联—串联变换

(a) 电路设计；(b) 滤波器结构

【例 2.5.2】 谐振功率放大器与天线级联，交流信号的频率 $f=5.6$ MHz，天线的等效负载电阻 $R_L=50\ \Omega$。当谐振功放的谐振电阻 $R_e=210\ \Omega$ 和 $R_e=13.5\ \Omega$ 时，分别设计 L 型匹配网络实现谐振功放与天线的阻抗变换。

解　当 $R_e=210\ \Omega$ 时，因为 $R_L<R_e$，所以应该采用串联—并联变换，又考虑抑制谐波的需要，故采用低通滤波器结构，电路如图 2.5.10(a)所示。

取串联电阻 $R_s=R_L=50\ \Omega$，并联电阻 $R_p=R_e=210\ \Omega$，滤波器的品质因数为

$$Q_e=\sqrt{\frac{R_p}{R_s}-1}=\sqrt{\frac{210\ \Omega}{50\ \Omega}-1}=1.79$$

与 R_s 串联的电抗 $X_s=R_sQ_e=50\ \Omega\times1.79=89.5\ \Omega$，$X_s$ 对应的电感为

$$L=\frac{X_s}{2\pi f}=\frac{89.5\ \Omega}{2\ \pi\times5.6\ \text{MHz}}=2.54\ \mu\text{H}$$

串联—并联变换后，与 R_p 并联的电抗为

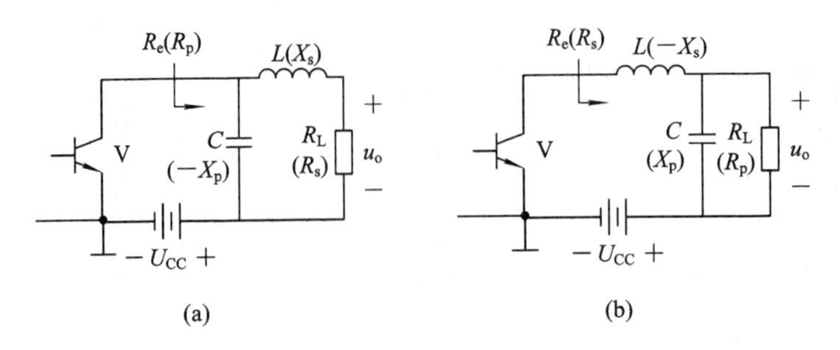

图 2.5.10　谐振功率放大器与天线通过 L 型匹配网络级联

(a) 基于串联—并联变换的低通滤波器设计；(b) 基于并联—串联变换的低通滤波器设计

$$X_p = X_s\left(1+\frac{1}{Q_e^2}\right) = 89.5\ \Omega \times \left(1+\frac{1}{1.79^2}\right) = 117\ \Omega$$

反性质电抗 $-X_p$ 对应的电容为

$$C = -\frac{1}{2\pi f(-X_p)} = -\frac{1}{2\pi \times 5.6\ \text{MHz} \times (-117\ \Omega)} = 243\ \text{pF}$$

当 $R_e = 13.5\ \Omega$ 时，因为 $R_L > R_e$，所以应该采用并联—串联变换，采用低通滤波器结构的电路如图 2.5.10(b)所示。取并联电阻 $R_p = R_L = 50\ \Omega$，串联电阻 $R_s = R_e = 13.5\ \Omega$，滤波器的品质因数为

$$Q_e = \sqrt{\frac{R_p}{R_s} - 1} = \sqrt{\frac{50\ \Omega}{13.5\ \Omega} - 1} = 1.64$$

与 R_p 并联的电抗 $X_p = -R_p/Q_e = -50\ \Omega/1.64 = -30.5\ \Omega$，$X_p$ 对应的电容为

$$C = -\frac{1}{2\pi f X_p} = -\frac{1}{2\pi \times 5.6\ \text{MHz} \times (-30.5\ \Omega)} = 932\ \text{pF}$$

并联—串联变换后，与 R_s 串联的电抗为

$$X_s = X_p\left(1+\frac{1}{Q_e^2}\right)^{-1} = -30.5 \times \left(1+\frac{1}{1.64^2}\right)^{-1} = -22.2\ \Omega$$

反性质电抗 $-X_s$ 对应的电感为

$$L = \frac{-X_s}{2\pi f} = \frac{-(-22.2\ \Omega)}{2\pi \times 5.6\ \text{MHz}} = 0.631\ \mu\text{H}$$

L 型匹配网络中，串联—并联变换将较小的负载电阻 R_L 变换为较大的谐振电阻 R_e，并联—串联变换将较大的 R_L 变换为较小的 R_e，这些变换适用于 R_L 和 R_e 差异较明显的情况。L 型匹配网络的品质因数 Q_e 由并联电阻 R_p 和串联电阻 R_s 计算，即取决于 R_L 和 R_e。R_L 和 R_e 接到 L 型匹配网络两端，匹配时消耗功率相等，因此 L 型匹配网络的有载品质因数 $Q_L = Q_e/2$，取值不能自由调整。信号传输时，Q_L 与信号的中心频率 f_0 和带宽 BW 的关系为 $Q_L = f_0/\text{BW}$，固定的 Q_L 限制了 L 型匹配网络对信号的滤波性能。

基于两级 L 型匹配网络的 Π 型匹配网络或 T 型匹配网络不仅适用于负载电阻和谐振电阻差异明显的情况，也适用于二者取值接近的情况。Π 型匹配网络或 T 型匹配网络通过低通滤波器和高通滤波器的级联，可以实现二阶低通、高通和带通滤波，并且可以自由确定品质因数，对信号的中心频率和带宽的适应性较好。

如图 2.5.11 所示，Π 型匹配网络可以等效为两级 L 型匹配网络的级联。第二级 L 型匹配网络的电抗 X_{p2} 和 X_{s2} 采用图 2.5.9 所示的并联—串联变换设计，将较大的负载电阻

R_L变换为较小的界面电阻 R。第一级 L 型匹配网络的电抗 X_{s1} 和 X_{p1} 采用图 2.5.8 所示的串联—并联变换设计，再将较小的 R 变换为较大的谐振电阻 R_e。根据式(2.5.1)，第一级和第二级 L 型匹配网络的品质因数分别为

$$Q_{e1} = \sqrt{\frac{R_e}{R} - 1} \tag{2.5.4}$$

和

$$Q_{e2} = \sqrt{\frac{R_L}{R} - 1} \tag{2.5.5}$$

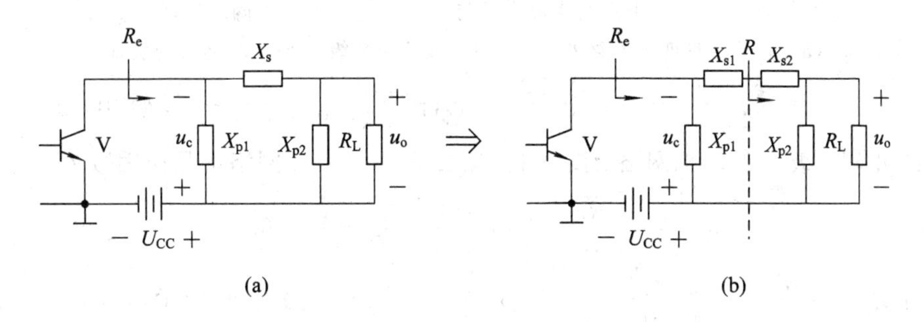

图 2.5.11　Π 型匹配网络

完整的 Π 型匹配网络的品质因数由 Q_{e1} 和 Q_{e2} 共同决定，Q_{e1} 与 Q_{e2} 中较大的可以近似决定 Π 型匹配网络的品质因数。Q_{e1} 和 Q_{e2} 可以根据信号的中心频率和带宽等参数确定，既而逐步计算匹配网络的各个元件的取值。

例如，当 $R_L < R_e$ 时，$Q_{e1} > Q_{e2}$，应该首先确定 Q_{e1}。如果信号的中心频率为 f_0，带宽为 BW，则有载品质因数 $Q_L = f_0/\mathrm{BW}$，可以取 $Q_{e1} = 2Q_L$，或者取 $Q_{e1} > \sqrt{R_e/R_L - 1}$，以满足 $R < R_L$ 和 $R < R_e$ 的条件。根据式(2.5.4)，有 $R = R_e/(1 + Q_{e1})^2$，根据式(2.5.3)，有 $|X_{s1}| = Q_{e1}R$ 和 $|X_{p1}| = R_e/Q_{e1}$，X_{s1} 和 X_{p1} 互为相反性质的电抗，至此设计出第一级 L 型匹配网络。接下来，根据式(2.5.5)计算 Q_{e2}，根据式(2.5.3)，有 $|X_{p2}| = R_L/Q_{e2}$ 和 $|X_{s2}| = Q_{e2}R$，X_{p2} 和 X_{s2} 互为相反性质的电抗，至此设计出第二级 L 型匹配网络。最后，取 $X_s = X_{s1} + X_{s2}$，完成 Π 型匹配网络的设计。

【例 2.5.3】 谐振功率放大器与天线级联的 Π 型匹配网络如图 2.5.12(a)所示，交流信号的中心频率 $f_0 = 9.6\ \mathrm{MHz}$，带宽 BW=2.7 MHz，天线的等效负载电阻 $R_L = 50\ \Omega$，谐振功放的谐振电阻 $R_e = 67.5\ \Omega$。计算 Π 型匹配网络的电感 L 和电容 C_1、C_2 的取值。

解　将 Π 型匹配网络等效为两级 L 型匹配网络，如图 2.5.12(b)所示，这是两个低通滤波器级联成的二阶低通滤波器。因为 $R_L < R_e$，所以首先确定第一级 L 型匹配网络的品质因数 Q_{e1}。滤波器的有载品质因数为 $Q_L = f_0/\mathrm{BW} = 9.6\ \mathrm{MHz}/2.7\ \mathrm{MHz} = 3.56$，取 $Q_{e1} = 2Q_L = 7.12$。界面电阻 $R = R_e/(1 + Q_{e1})^2 = 67.5\ \Omega/(1 + 7.12^2) \times 1.31\ \Omega$，电抗 $X_{s1} = Q_{e1}R = 7.12 \times 1.31\ \Omega = 9.33\ \Omega$，$X_{p1} = -R_e/Q_{e1} = -67.5\ \Omega/7.12 = -9.48\ \Omega$。$X_{s1}$ 对应的电感为

$$L_1 = \frac{X_{s1}}{2\pi f_0} = \frac{9.33\ \Omega}{2\pi \times 9.6\ \mathrm{MHz}} = 0.155\ \mu\mathrm{H}$$

X_{p1} 对应的电容为

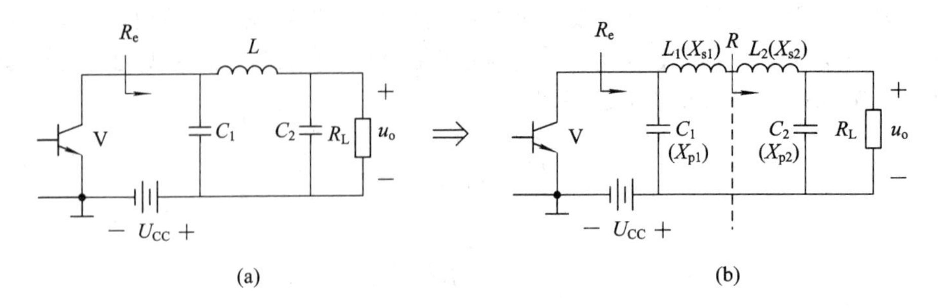

图 2.5.12 谐振功率放大器与天线通过 Π 型匹配网络级联

(a) 基于 Π 型匹配网络的设计；(b) 等效为两级 L 型匹配网络的设计

$$C_1 = -\frac{1}{2\pi f_0 X_{p1}} = -\frac{1}{2\pi \times 9.6\ \text{MHz} \times (-9.48\ \Omega)} = 1.75\ \text{nF}$$

至此设计出第一级 L 型匹配网络。接下来，第二级 L 型匹配网络的品质因数为

$$Q_{e2} = \sqrt{\frac{R_L}{R} - 1} = \sqrt{\frac{50\ \Omega}{1.31\ \Omega} - 1} = 6.10$$

电抗 $X_{p2} = -\frac{R_L}{Q_{e2}} = -\frac{50\ \Omega}{6.10} = -8.20\ \Omega$，$X_{s2} = Q_{e2}R = 6.10 \times 1.31\ \Omega = 7.99\ \Omega$。$X_{p2}$ 对应的电容为

$$C_2 = -\frac{1}{2\pi f_0 X_{p2}} = -\frac{1}{2\pi \times 9.6\ \text{MHz} \times (-8.20\ \Omega)} = 2.02\ \text{nF}$$

X_{s2} 对应的电感为

$$L_2 = \frac{X_{s2}}{2\pi f_0} = \frac{7.99\ \Omega}{2\pi \times 9.6\ \text{MHz}} = 0.132\ \mu\text{H}$$

至此设计出第二级 L 型匹配网络。最后，Π 型匹配网络的电感 $L = L_1 + L_2 = 0.155\ \mu\text{H} + 0.132\ \mu\text{H} = 0.287\ \mu\text{H}$。

如图 2.5.13 所示，T 型匹配网络也可以等效为两级 L 型匹配网络的级联，但两级 L 型匹配网络的前后顺序与 Π 型匹配网络中相反。第二级 L 型匹配网络的电抗 X_{s2} 和 X_{p2} 采用图 2.5.8 所示的串联—并联变换设计，将较小的负载电阻 R_L 变换为较大的界面电阻 R。第一级 L 型匹配网络的电抗 X_{p1} 和 X_{s1} 采用图 2.5.9 所示的并联—串联变换设计，再将较大的 R 变换为较小的谐振电阻 R_e。根据式(2.5.1)，第一级和第二级 L 型匹配网络的品质因数分别为

$$Q_{e1} = \sqrt{\frac{R}{R_e} - 1} \tag{2.5.6}$$

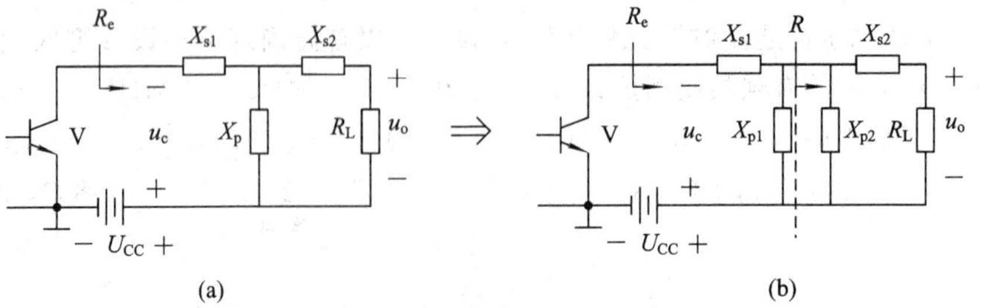

图 2.5.13 T 型匹配网络

和
$$Q_{e2}=\sqrt{\frac{R}{R_L}-1} \tag{2.5.7}$$

Q_{e1}和Q_{e2}共同决定T型匹配网络的品质因数，T型匹配网络的品质因数近似与Q_{e1}、Q_{e2}中较大的有关，匹配网络的元件取值也基于品质因数计算。

例如，当$R_L < R_e$时，$Q_{e2} > Q_{e1}$，应该首先确定Q_{e2}。如果信号的中心频率为f_0，带宽为BW，则有载品质因数$Q_L=f_0/\text{BW}$，可以取$Q_{e2}=2Q_L$，或者取$Q_{e2}>\sqrt{R_e/R_L-1}$，以满足$R > R_L$和$R > R_e$的条件。根据式(2.5.7)，有$R=R_L(1+Q_{e2}^2)$，根据式(2.5.3)，有$|X_{s2}|=Q_{e2}R_L$和$|X_{p2}|=R/Q_{e2}$，X_{s2}和X_{p2}互为相反性质的电抗，至此设计出第二级L型匹配网络。接下来，根据式(2.5.6)计算Q_{e1}，根据式(2.5.3)，有$|X_{p1}|=R/Q_{e1}$和$|X_{s1}|=Q_{e1}R_e$，X_{p1}和X_{s1}互为相反性质的电抗，至此设计出第一级L型匹配网络。最后，取$X_p=X_{p1} \parallel X_{p2}$，完成T型匹配网络的设计。

【例2.5.4】 谐振功率放大器与天线级联的T型匹配网络如图2.5.14(a)所示，交流信号的频率$f=33$ MHz，天线的等效负载电阻$R_L=50\ \Omega$，谐振功放的谐振电阻$R_e=290\ \Omega$。计算T型匹配网络的电感L_1、L和电容C_2的取值。

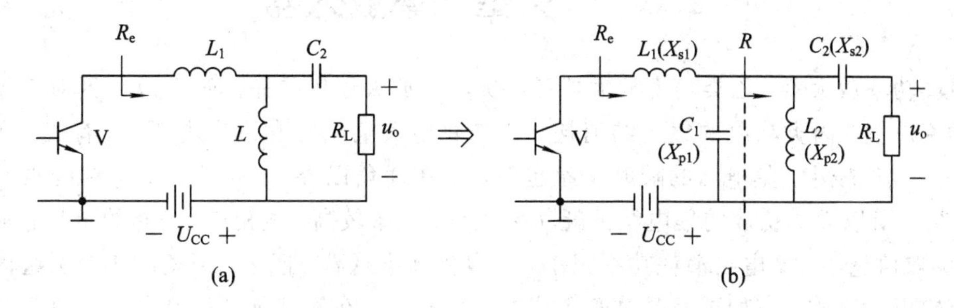

图2.5.14　谐振功率放大器与天线通过T型匹配网络级联

(a) 基于T型匹配网络的设计；(b) 等效为两级L型匹配网络的设计

解　将T型匹配网络等效为两级L型匹配网络，如图2.5.14(b)所示，这是一个低通滤波器和一个高通滤波器级联而成的二阶带通滤波器。因为$R_L < R_e$，所以首先确定第二级L型匹配网络的品质因数Q_{e2}。$Q_{e2}>\sqrt{R_e/R_L-1}=\sqrt{290\ \Omega/50\ \Omega-1}=2.19$，取$Q_{e2}=3.5$。界面电阻$R=R_L(1+Q_{e2}^2)=50\ \Omega\times(1+3.5^2)=663\ \Omega$，电抗$X_{s2}=-Q_{e2}R_L=-3.5\times 50\ \Omega=-175\ \Omega$，$X_{p2}=R/Q_{e2}=663\ \Omega/3.5=189\ \Omega$。$X_{s2}$对应的电容为

$$C_2=-\frac{1}{2\pi f X_{s2}}=-\frac{1}{2\pi\times 33\ \text{MHz}\times(-175\ \Omega)}=27.6\ \text{pF}$$

X_{p2}对应的电感为

$$L_2=\frac{X_{p2}}{2\pi f}=\frac{189\ \Omega}{2\pi\times 33\ \text{MHz}}=0.912\ \mu\text{H}$$

至此设计出第二级L型匹配网络。接下来，第一级L型匹配网络的品质因数为

$$Q_{e1}=\sqrt{\frac{R}{R_e}-1}=\sqrt{\frac{663\ \Omega}{290\ \Omega}-1}=1.13$$

电抗$X_{p1}=-\dfrac{R}{Q_{e1}}=-\dfrac{663\ \Omega}{1.13}=-587\ \Omega$，$X_{s1}=Q_{e1}R_e=1.13\times 290\ \Omega=328\ \Omega$。$X_{p1}$对应的电容为

$$C_1=-\frac{1}{2\pi f X_{p1}}=-\frac{1}{2\pi\times 33\ \text{MHz}\times(-587\ \Omega)}=8.22\ \text{pF}$$

X_{s1}对应的电感为

$$L_1=\frac{X_{s1}}{2\pi f}=\frac{328\ \Omega}{2\pi\times 33\ \text{MHz}}=1.58\ \mu\text{H}$$

至此设计出第一级 L 型匹配网络。最后，C_1和 L_2并联，通过阻抗等效，T 型匹配网络的电感 $L=3.58\ \mu\text{H}$。

LC 并联谐振回路型匹配网络和 LC 滤波器型匹配网络都实现阻抗变换，使谐振功率放大器可以将最佳工作状态下的最大功率高效率地传输给负载。匹配网络同时兼容滤波功能，有效抑制谐波分量和干扰。上述匹配网络位于谐振功放和负载之间，称为输出匹配网络。类似的匹配网络也用于谐振功放输入端，实现前级电路与谐振功放的阻抗变换和滤波，称为输入匹配网络。谐振功放作为推动级，后接输出级功率放大器时，也需要类似的匹配网络实现级联，这个位置的匹配网络称为极间耦合匹配网络。

2.6 开关型功率放大器

甲类功率放大器、乙类功率放大器和丙类功率放大器依靠晶体管在放大区对交流信号实现功率放大。丙类功放的集电结消耗功率与集电极电流 i_C和输出电压 u_{CE}有关，在通角以内，u_{CE}取值较小，集电结的瞬时功率也较小，在通角以外，i_C很小，集电结的瞬时功率几乎为零，所以丙类功放的集电结消耗功率较小，效率较高。通角越小，i_C的余弦脉冲范围内 u_{CE}的取值越小，集电结消耗功率越小，集电极效率越高。但是，通角减小会引起丙类功放交流输出功率减小。如果使晶体管工作在开关状态，在深度饱和区和截止区之间转换状态，则 i_C的非零范围内即深度饱和区中 u_{CE}的取值很小，而 u_{CE}的非零范围内即截止区中 i_C的取值接近于零，于是可以进一步提高效率。同时，因为通角固定为 $\pi/2$，所以交流输出功率较大。这样的功率放大器称为开关型功率放大器，又分为丁类和戊类功率放大器。

2.6.1 丁类功率放大器

丁类功率放大器即 D 类功率放大器由两个晶体管构成电路，晶体管用作电子开关，输入电压为方波或振幅较大的正弦波。在交流信号前半周期或后半周期，两个管子轮流导通和截止，导通的晶体管工作在深度饱和区，提供半个周期的功率输出，截止的晶体管与负载隔离，两个管子互补输出，负载得到完整的交流信号。根据工作原理，丁类功放分为电流开关型和电压开关型。

1. 电流开关型丁类功率放大器

电流开关型丁类功率放大器的原理电路如图 2.6.1(a)所示。频率为 ω 的交流输入电压 u_b经过变压器 Tr，在副边产生一对反相的电压，分别使两个晶体管 V_1和 V_2一个导通，另一个截止。电压源 U_{CC}经过扼流圈 L_c提供恒定电流 I_{C0}，流过导通的晶体管的集电极，所以 V_1和 V_2的集电极电流 i_{C1}和 i_{C2}是反相的频率为 ω 的方波，取值是 I_{C0}或 0。i_{C1}和 i_{C2}的基波分量构成连续的电流 $I_{c1m}\cos\omega t$，流过 LC 并联谐振回路，如图 2.6.1(b)所示。LC 回路的谐振频率为 ω，两端产生输出电压 $u_o=U_{cm}\cos\omega t$，与 $I_{c1m}\cos\omega t$ 一起把功率传递到负载电阻

R_L上。在交流信号的前半周期，V_1导通而V_2截止，V_1的输出电压$u_{CE1}=U_{CE(sat)}$，V_2的输出电压$u_{CE2}=u_{CE1}+u_o=U_{CE(sat)}+U_{cm}\cos\omega t$，电感$L$的中心抽头A处的电位$u_A=u_{CE1}+0.5u_o=u_{CE2}-0.5u_o=U_{CE(sat)}+0.5U_{cm}\cos\omega t$；在交流信号的后半周期，$V_2$导通而$V_1$截止，$u_{CE2}=U_{CE(sat)}$，$u_{CE1}=u_{CE2}-u_o=U_{CE(sat)}-U_{cm}\cos\omega t$，$u_A=u_{CE1}+0.5u_o=u_{CE2}-0.5u_o=U_{CE(sat)}-0.5U_{cm}\cos\omega t$。$u_{CE1}$、$u_{CE2}$和$u_A$的波形如图2.6.1(c)所示。

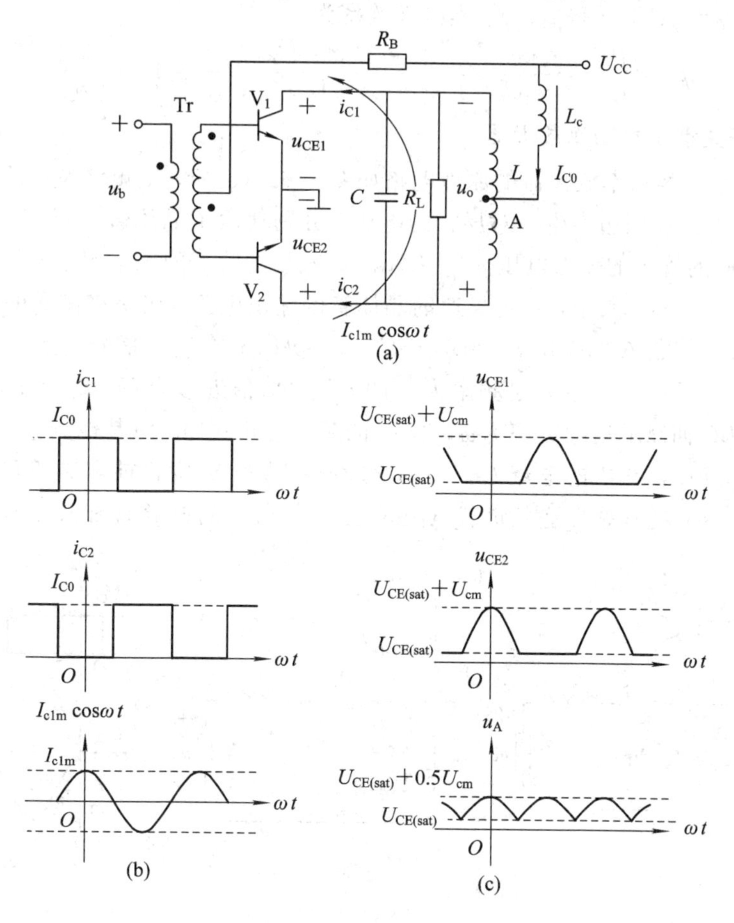

图2.6.1　电流开关型丁类功率放大器

(a) 原理电路；(b) 电流波形；(c) 电压波形

i_{C1}和i_{C2}的基波分量的振幅为

$$I_{c1m}=\frac{U_{cm}}{R_L}=\frac{1}{\pi}\int_{-\pi}^{\pi}i_{C1}\cos\omega t\ \mathrm{d}\omega t=\frac{1}{\pi}\int_{-\frac{\pi}{2}}^{\frac{\pi}{2}}I_{C0}\cos\omega t\ \mathrm{d}\omega t$$

得

$$I_{C0}=\frac{\pi}{2}\frac{U_{cm}}{R_L}$$

直流输入功率为

$$P_E=I_{C0}U_{CC}=\frac{\pi}{2}\frac{U_{cm}}{R_L}U_{CC}$$

交流输出功率为

$$P_o = \frac{1}{2}\frac{U_{cm}^2}{R_L}$$

u_A的平均值等于U_{CC}，即

$$U_{CC} = \frac{1}{2\pi}\int_{-\pi}^{\pi} u_A \, d\omega t = 4\,\frac{1}{2\pi}\int_{0}^{\frac{\pi}{2}} (U_{CE(sat)} + 0.5U_{cm}\cos\omega t)\, d\omega t$$

得u_o的振幅$U_{cm}=\pi(U_{CC}-U_{CE(sat)})$。集电极效率为

$$\eta_C = \frac{P_o}{P_E} = \frac{1}{\pi}\frac{U_{cm}}{U_{CC}} = \frac{1}{\pi}\frac{\pi(U_{CC}-U_{CE(sat)})}{U_{CC}} = 1-\frac{U_{CE(sat)}}{U_{CC}} \tag{2.6.1}$$

2. 电压开关型丁类功率放大器

电压开关型丁类功率放大器的原理电路如图2.6.2(a)所示。频率为ω的交流输入电压u_b经过变压器Tr，在副边产生一对反相的电压，分别使两个晶体管V_1和V_2一个导通，另一个截止。导通的管子的输出电压$u_{CE}=U_{CE(sat)}$，截止的管子的$u_{CE}=U_{CC}-U_{CE(sat)}$，等效电路如图2.6.2(b)所示，其中，$R_s$为导通的晶体管的输出电阻。在交流信号的前半周期，$V_1$导通而$V_2$截止，节点A的电位$u_A=U_{CC}-U_{CE(sat)}\approx U_{CC}$；在交流信号的后半周期，$V_2$导通而$V_1$截止，$u_A=U_{CE(sat)}\approx 0$。$u_A$是频率为$\omega$的方波，取值近似为$U_{CC}$或0。$u_A$加在$LC$串联谐振回路上，$LC$回路的谐振频率为$\omega$，对$u_A$的基波分量短路，对其他分量开路。输出电压$u_o=U_{cm}\cos\omega t$，$LC$回路中的电流$I_{c1m}\cos\omega t$分别由$V_1$和$V_2$提供前半周期和后半周期的波形，$u_o$和$I_{c1m}\cos\omega t$把功率传递到负载电阻$R_L$上。$u_A$和$u_o$的波形如图2.6.2(c)所示。

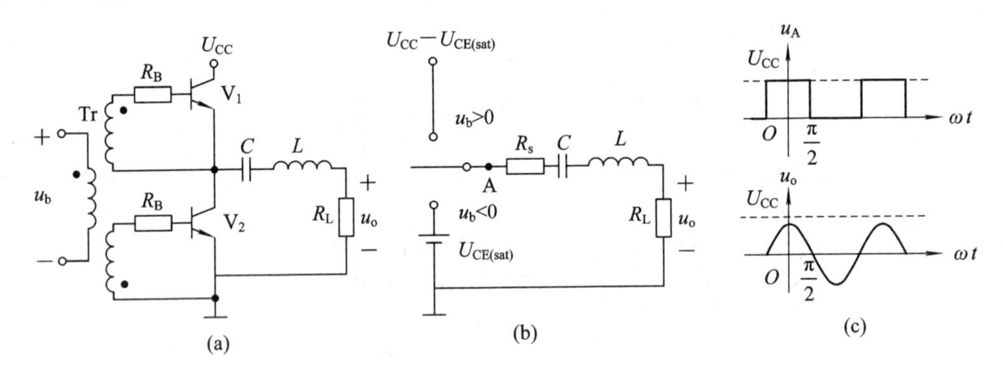

图 2.6.2　电压开关型丁类功率放大器

(a) 原理电路；(b) 等效电路；(c) 电压波形

u_A的基波分量振幅经过R_s和R_L的串联分压，得到u_o的振幅为

$$U_{cm} = \frac{R_L}{R_s+R_L}\frac{1}{\pi}\int_{-\pi}^{\pi} u_A\cos\omega t\, d\omega t = \frac{R_L}{R_s+R_L}\frac{1}{\pi}\int_{-\frac{\pi}{2}}^{\frac{\pi}{2}} U_{CC}\cos\omega t\, d\omega t = \frac{2}{\pi}\frac{R_L}{R_s+R_L}U_{CC}$$

$I_{c1m}\cos\omega t$的振幅为

$$I_{c1m} = \frac{U_{cm}}{R_L} = \frac{2}{\pi}\frac{U_{CC}}{R_s+R_L}$$

只有在交流信号的前半周期，V_1导通，U_{CC}才提供$I_{c1m}\cos\omega t$，电流平均值为

$$I_{C0} = \frac{1}{2\pi}\int_{-\frac{\pi}{2}}^{\frac{\pi}{2}} I_{c1m}\cos\omega t\, d\omega t = \frac{I_{c1m}}{\pi} = \frac{2}{\pi^2}\frac{U_{CC}}{R_s+R_L}$$

直流输入功率为

$$P_E = I_{C0}U_{CC} = \frac{2}{\pi^2}\frac{U_{CC}^2}{R_s + R_L}$$

交流输出功率为

$$P_o = \frac{1}{2}\frac{U_{cm}^2}{R_L} = \frac{2}{\pi^2}\frac{R_L}{(R_s + R_L)^2}U_{CC}^2$$

集电极效率为

$$\eta_C = \frac{P_o}{P_E} = \frac{R_L}{R_s + R_L} \tag{2.6.2}$$

式(2.6.1)和式(2.6.2)说明，因为 $U_{CE(sat)} \ll U_{CC}$，$R_s \ll R_L$，所以丁类功率放大器可以获得很高的效率，效率可以接近 90%。

2.6.2　戊类功率放大器

因为晶体管的集电极和发射极之间存在极间电容，管子在导通和截止之间转换状态也需要时间，所以当交流信号的频率较高，达到兆赫兹以上，或交流信号振幅较小时，丁类功率放大器的晶体管集电极电流 i_C 和输出电压 u_{CE} 中，方波的上升沿和下降沿比较明显，在一个周期内占用时间较多。在上升沿和下降沿的时间段内 i_C 和 u_{CE} 同时不为零，而且 i_C 的相位略微超前 u_{CE}，这会产生集电结消耗功率而降低效率，如图 2.6.3 所示。

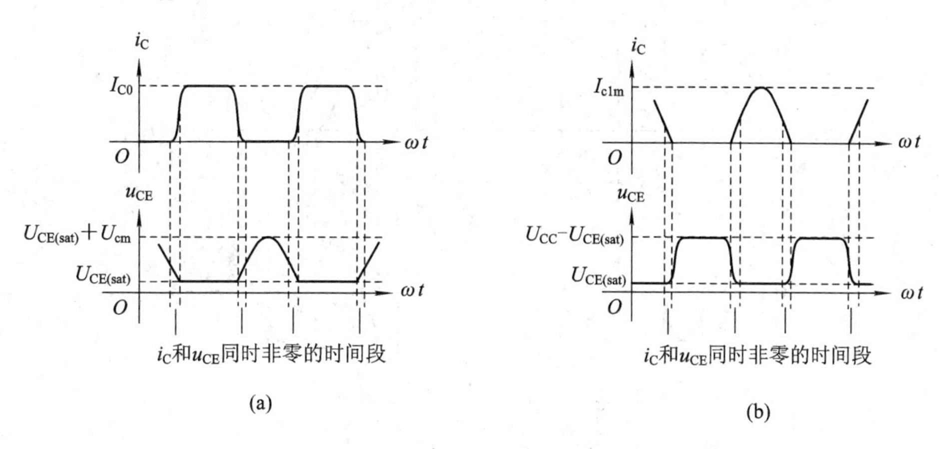

图 2.6.3　i_C 和 u_{CE} 产生集电结消耗功率

(a) 电流开关型丁类功率放大器；(b) 电压开关型丁类功率放大器

为了进一步提高效率，可以设计负载网络，调整波形，使 i_C 和 u_{CE} 不同时存在非零值，从而明显降低集电结消耗功率。另外，为了避免发生两个晶体管在转换状态的时间内出现同时导通或截止的情况，电路只用一个晶体管。这样的开关型功率放大器称为戊类功率放大器，即 E 类功率放大器。

戊类功率放大器的原理电路如图 2.6.4(a)所示。电压源 U_{CC} 经过扼流圈 L_c 提供恒定电流 I_{C0}，流过晶体管的集电极。C_s 是晶体管集电极和发射极之间的极间电容，C_1 用以补偿 C_s。C_s 和 C_1 从 I_{C0} 中分出交流电流，调整集电极电流 i_C 的波形。电感 L_2 和电容 C_2 构成高品质因数 Q_e 的 LC 串联谐振回路，谐振频率为交流信号的频率 ω。经过 LC 回路的选频滤波，晶体管输出电压 u_{CE} 在负载电阻 R_L 上产生输出电压 u_o。补偿电抗 jX 用于使 i_C 和 u_{CE} 正交。负载网络的参数设计包括计算并选择合适的 Q_e、C_1、L_2、C_2、X 和 R_L。与后级电路连接时，可以通过匹配网络做阻抗变换，得到所需的 R_L。

有关的电流和电压波形如图 2.6.4(b)所示。$0<\omega t<\alpha$ 时，晶体管导通，$u_{CE}=0$；$\alpha<\omega t<\gamma$ 时，晶体管截止，C_s 和 C_1 充电，u_{CE} 上升；$\gamma<\omega t<\beta$ 时，晶体管仍然截止，C_s 和 C_1 放电，u_{CE} 下降；$\omega t=\beta$ 时，晶体管再次导通。

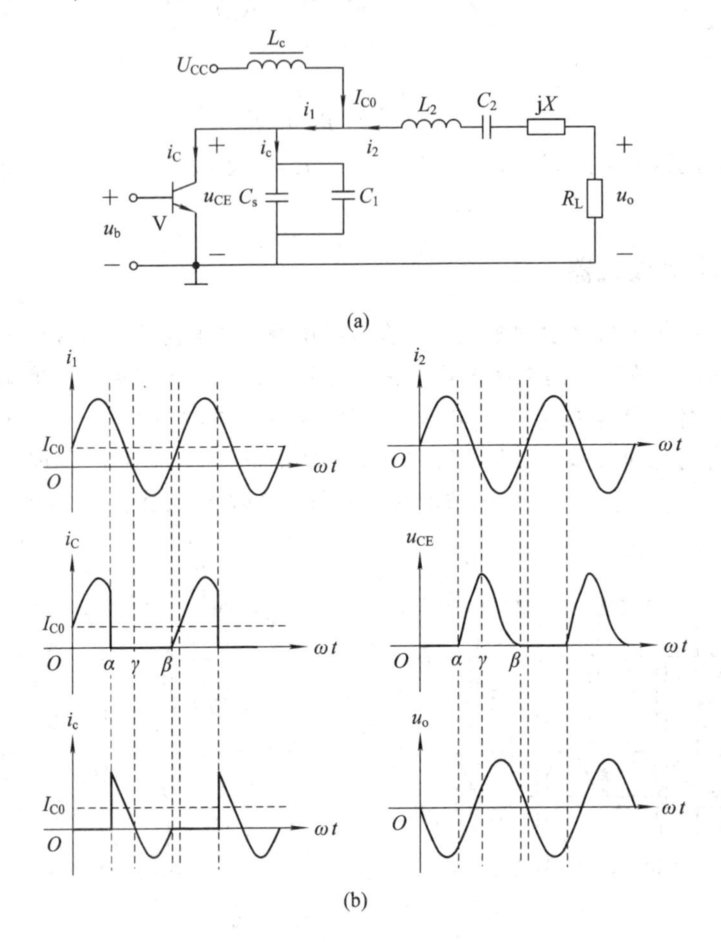

图 2.6.4　戊类功率放大器

(a) 原理电路；(b) 电流和电压波形

因为 i_C 和 u_{CE} 的非零值在时间上几乎没有重叠，戊类功放的效率可以接近 100%，而且工作频率较高，达到微波波段。

2.7　功率分配与合成

为了进一步提高输出功率，除了使用大功率有源器件，还经常把信号源的输入功率分配到多个功率放大单元上，并将多个功放单元的输出功率合成后加到负载上，通过功率叠加实现较大的增益。图 2.7.1 所示的功放器采用了 7 个 3 dB 增益的功放单元、3 个两路功率分配单元和 3 个两路功率合成单元。每个功率分配单元将 10 W 的输入功率分为两路各 5 W 的输出功率，每个功率放大单元将 5 W 的输入功率放大为 10 W 的输出功率，功率合成单元将两路 10 W 的输入功率合成为 20 W 的输出功率，再将两路 20 W 的输入功率合成为 40 W 的输出功率。

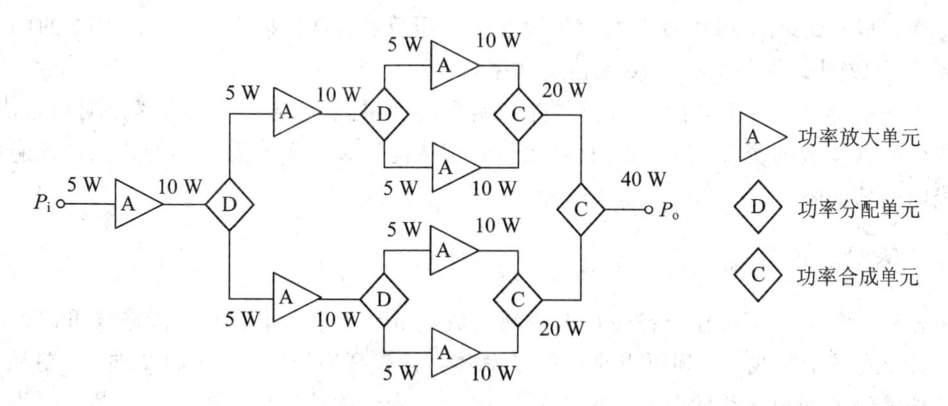

图 2.7.1　采用功率分配与合成的功率放大器

功率分配和功率合成可以用魔 T 混合网络实现，如图 2.7.2 所示，网络有 A、B、C、D 4 个端点，前级电路用信号源等效，包括电压源 u_s 和内阻 R_s，后级电路等效为负载电阻 R_L。用作功率分配时，A 端和 B 端各接一个 R_L，C 端接信号源，则 C 端的输入功率 P_i 平均分配给 A、B 端的 R_L，D 端无输出功率，此时 A、B 端的端电压同相，称为同相功率分配。如果 D 端接信号源，则 P_i 也平均分配给 A、B 端的 R_L，C 端无输出功率，此时 A、B 端的端电压反相，称为反相功率分配。用作功率合成时，A 端和 B 端接相同的信号源且端电压

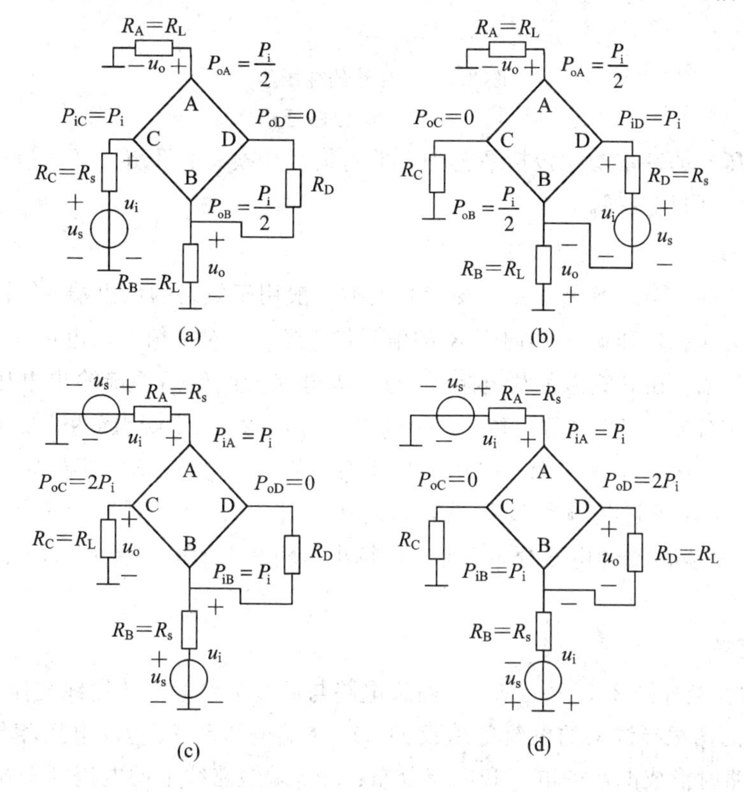

图 2.7.2　魔 T 混合网络用作功率分配与合成

(a) 同相功率分配；(b) 反相功率分配；(c) 同相功率合成；(d) 反相功率合成

同相，C 端接 R_L，则 A、B 端的两个输入功率 P_i 合成到 C 端的 R_L，D 端无输出功率，称为同相功率合成。如果 A 端和 B 端的信号源使端电压反相，D 端接 R_L，则 A、B 端的两个输入功率 P_i 合成到 D 端的 R_L，C 端无输出功率，称为反相功率合成。

在不同的频段，有不同的电路和器件来实现魔 T 混合网络。实现功率分配与合成时，传输线变压器构成的魔 T 混合网络具有频带宽、结构简单、插入损耗小的特点，普遍应用于无线电通信设备。

2.7.1 传输线变压器

传输线变压器是用传输线在磁环上绕制制成，如图 2.7.3(a)所示，传输线可以是同轴电缆、双绞线或带状线，磁环可以是镍锌铁氧体，具有高磁导率，1 端和 2 端、3 端和 4 端分别是传输线的两根导线的两端。图 2.7.3(b)所示为传输线变压器的电路符号。因为导线长度远小于信号的波长，所以两根导线上的电流等值反向，1、3 端电压和 2、4 端电压相等。

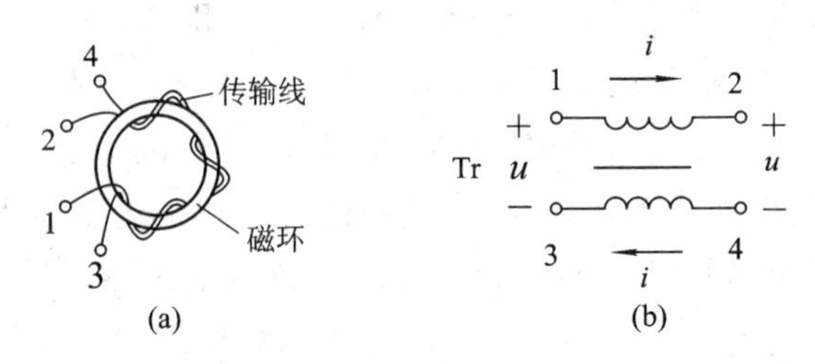

图 2.7.3 传输线变压器
(a) 结构；(b) 电路符号

传输线变压器的基本功能包括平衡—不平衡信号变换、不平衡—平衡信号变换、4∶1 阻抗变换和 1∶4 阻抗变换。

1. 信号变换

如图 2.7.4(a)所示，平衡—不平衡信号变换一般用于电路的输出端，传输线变压器的前级电路等效为包括电压源 u_s 和内阻 R_s 的信号源，提供一对平衡输出电压 $u_o/2$ 和 $-u_o/2$，经过传输线变压器，在等效为负载电阻 R_L 的后级电路上产生不平衡输出电压 u_o。根据变压器两端的电压分布，可以计算出传输线上的电压为 $u_o/2$，1、3 端为负极，2、4 端为正极。

如图 2.7.4(b)所示，不平衡—平衡信号变换一般用于电路的输入端，前级电路提供的不平衡输入电压 u_i 经过传输线变压器，到后级电路上变为一对平衡输入电压 $u_i/2$ 和 $-u_i/2$。根据变压器两端的电压分布，可以计算出传输线上的电压为 $u_i/2$，1、3 端为正极，2、4 端为负极。

2. 阻抗变换

1∶4 阻抗变换如图 2.7.5(a)所示，前级电路与后级电路通过传输线变压器连接，因为传输线变压器的两根导线上的电流等值反向，1、3 端电压和 2、4 端电压相等，在 4 端悬空，1、4 端短路时形成图示的电压和电流分布：1、4 端短路线上的电流等于 3、4 端导线上的电流 i，输入电流等于 1、2 端导线电流加 1、4 端短路线电流，即 $i_i=2i$；4、3 端电压等于 1、3 端电压 u，输出电压等于 2、4 端电压加 4、3 端电压，即 $u_o=2u$。负载电阻 $R_L=$

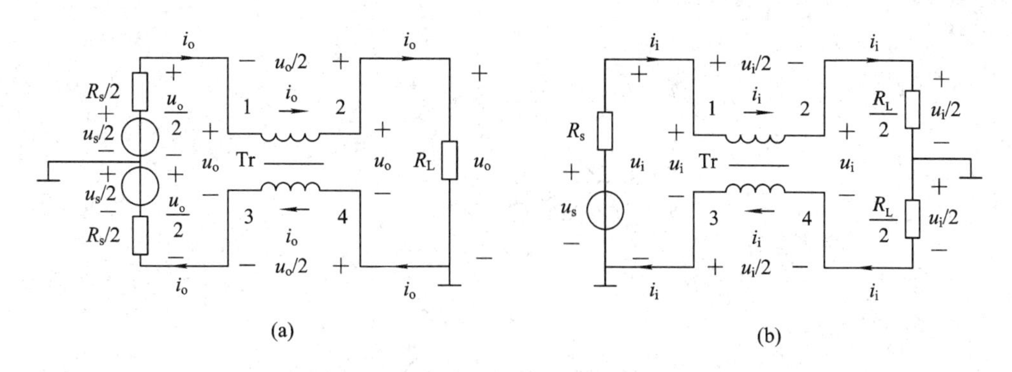

图 2.7.4　传输线变压器用作信号变换

(a) 平衡—不平衡信号变换；(b) 不平衡—平衡信号变换

$u_o/i_o=2u/i$，输入电阻 $R_i=u_i/i_i=u/2i=R_L/4$，于是传输线变压器后接的电阻反射到前端，取值变为原来的 1/4。

4∶1 阻抗变换如图 2.7.5(b)所示，在 3 端悬空，2、3 端短路时形成图示的电压和电流分布：2、3 端短路线上的电流等于 3、4 端导线上的电流 i，输出电流等于 1、2 端导线电流加 2、3 端短路线电流，即 $i_o=2i$；3、4 端电压等于 2、4 端电压 u，输入电压等于 1、3 端电压加 3、4 端电压，即 $u_i=2u$。负载电阻 $R_L=u_o/i_o=u/(2i)$，输入电阻 $R_i=u_i/i_i=2u/i=4R_L$，于是传输线变压器后接的电阻反射到前端，取值变为原来的 4 倍。

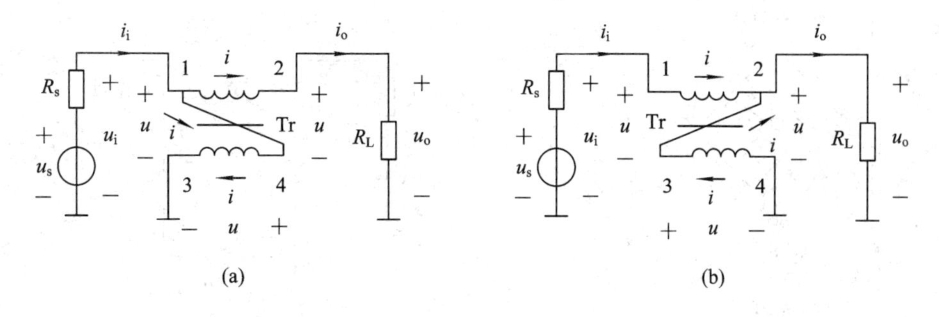

图 2.7.5　传输线变压器用作阻抗变换

(a) 1∶4 阻抗变换；(b) 4∶1 阻抗变换

2.7.2　魔 T 混合网络功率分配与合成

传输线变压器构成的魔 T 混合网络如图 2.7.6 所示，在实现功率分配与合成的同时，传输线变压器还用作阻抗变换，实现信号源与负载的匹配，即负载电阻反射到信号源界面的电阻与信号源内阻相等，信号源的输出功率达到最大。

1. 功率分配

将图 2.7.6 所示的魔 T 混合网络代入图 2.7.2(a)，结果如图 2.7.7(a)所示。因为 C 端到 A 端和 C 端到 B 端分别通过传输线的两根导线连接，A 端和 B 端经过同样的负载电阻 R_L 接地，电阻 R_D 跨接在 A 端和 B 端，所以电路结构对称，又因为信号源所接的 C 端在对称面上，所以电路中形成偶对称的电压和电流分布，即对称位置的电压和电流等值同向。于是 R_D 两端电位相等，其上没有电压、电流和输出功率，信号源的输入功率平均分配

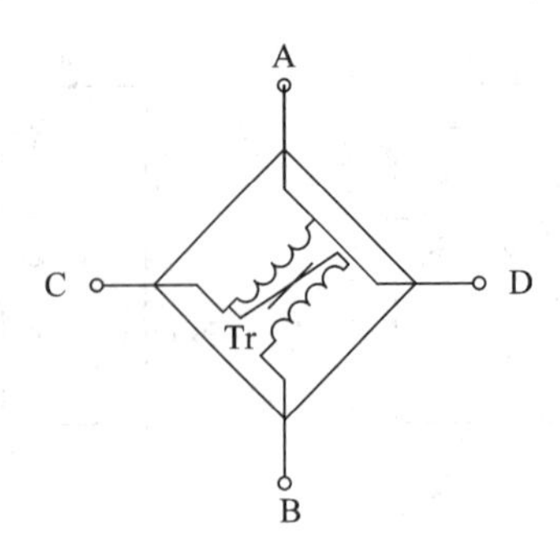

图 2.7.6　传输线变压器构成的魔 T 混合网络

到 A 端和 B 端的两个 R_L 上。根据图示的输入电流 i_i 的路径和方向，可以判断 A 端和 B 端的端电压同相，电路实现同相功率分配。

等效电路如图 2.7.7(b)所示，因为 R_D 上的电压 $2u$ 为零，所以 $u=0$，信号源界面的输入电阻 $R_i=u_i/i_i=(u+i_oR_B)/i_i=(u+iR_B)/2i=R_B/2=R_L/2$。因此，为了实现匹配，要求信号源的内阻 $R_s=R_i=R_L/2$，即 $R_C=R_A/2=R_B/2$。

从图 2.7.7(a)和图 2.7.7(b)中可以看出，同相功率分配时，输出电流 $i_o=i_i/2$，输出电压则与输入电压相等，即 $u_o=u_i$。

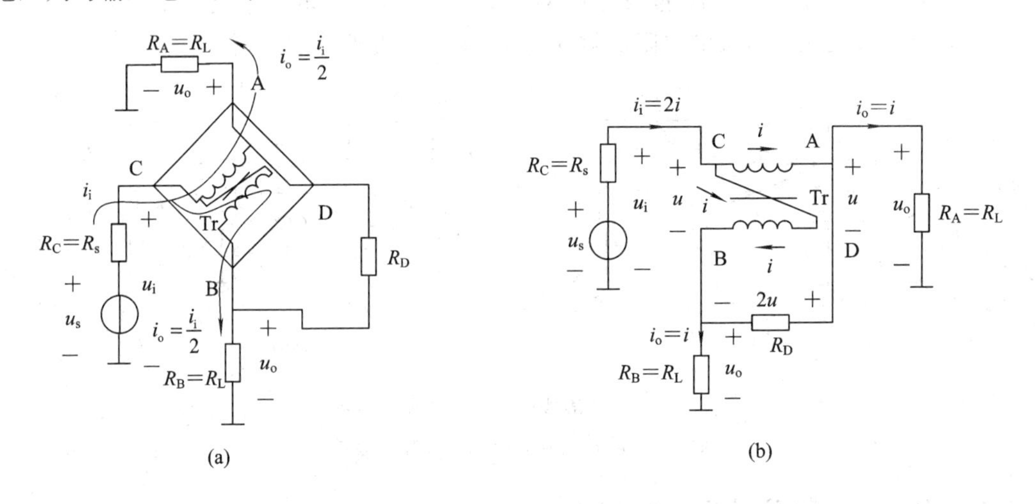

图 2.7.7　同相功率分配

(a) 原电路；(b) 等效电路

将图 2.7.6 所示的魔 T 混合网络代入图 2.7.2(b)，结果如图 2.7.8(a)所示。同样因为电路结构对称，又因为信号源跨接在对称的 A 端和 B 端，所以在电路中形成奇对称的电压和电流分布，即对称位置的电压和电流等值反向。对称面上的 R_C 上没有电压、电流和输出功率，信号源的输入功率平均分配到 A 端和 B 端的两个 R_L 上。根据图示的输入电流 i_i 的路径和方向，可以判断 A 端和 B 端的端电压反相，电路实现反相功率分配。

等效电路如图 2.7.8(b)所示，因为 R_C 上的电流 $2i$ 为零，所以 $i=0$，信号源界面的输入电阻 $R_i=u_i/i_i=(i_oR_A+i_oR_B)/i_i=[(i_i+i)R_A+(i_i-i)R_B]/i_i=R_A+R_B=2R_L$。因此，为了实现匹配，要求信号源的内阻 $R_s=R_i=2R_L$，即 $R_D=2R_A=2R_B$。

从图 2.7.8(a)和图 2.7.8(b)中可以看出，反相功率分配时，输出电流 $i_o=i_i$，输出电压则等于输入电压的一半，即 $u_o = u_i/2$。

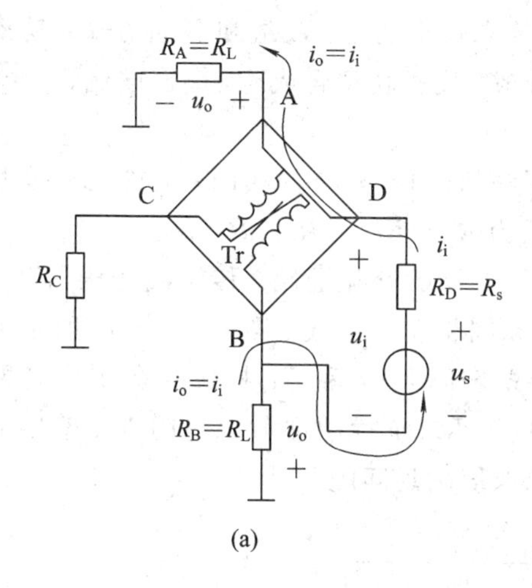

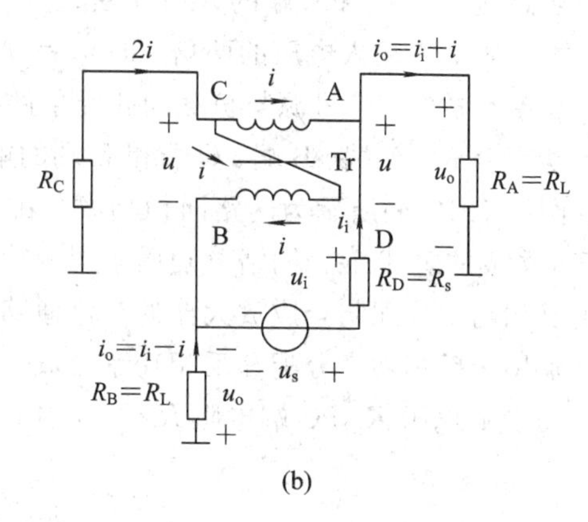

图 2.7.8　反相功率分配
(a) 原电路；(b) 等效电路

2. 功率合成

将图 2.7.6 所示的魔 T 混合网络代入图 2.7.2(c)和图 2.7.2(d)，结果分别如图 2.7.9(a)和图 2.7.9(b)所示。与同相和反相功率分配相比，这两个电路对调了信号源和负载电阻的位置，原来的负载电阻替换为信号源，原来的信号源替换为负载电阻。根据互易定理，反向使用的功率分配电路将实现功率合成。

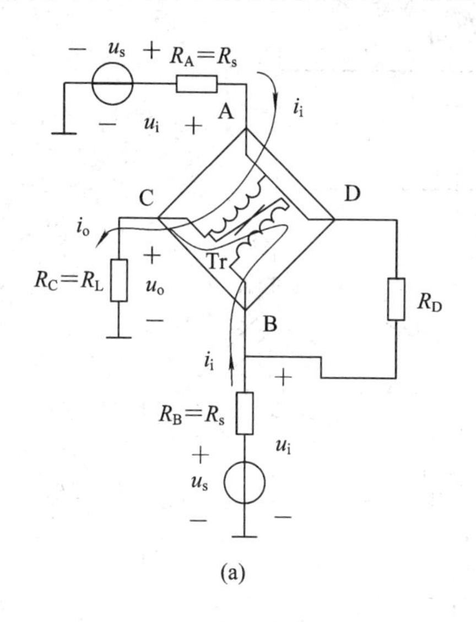

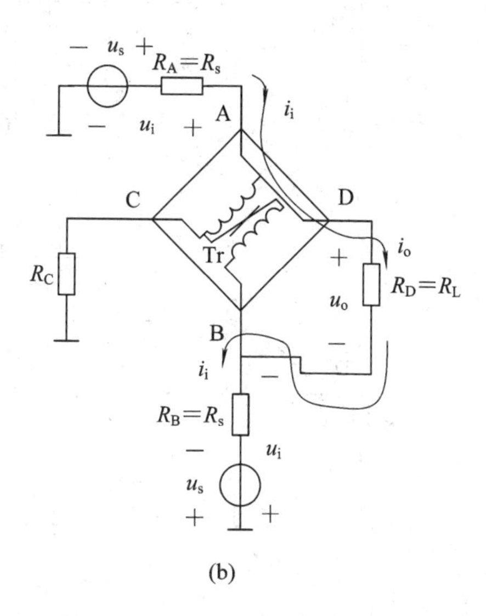

图 2.7.9　功率合成
(a) 同相功率合成电路；(b) 反相功率合成电路

图 2.7.9(a)中，A 端和 B 端接相同的信号源且端电压同相，在结构对称的电路中形成偶对称的电压和电流分布，跨接在 A 端和 B 端的电阻 R_D 两端的电位相等，其上没有电压、电流和输出功率，A 端和 B 端的输入功率合成到对称面上的电阻 R_C 上，实现同相功率合成。同相功率合成时，输出电流 $i_o = 2i_i$，输出电压则与输入电压相等，即 $u_o = u_i$。

图 2.7.9(b)中，A 端和 B 端的信号源使端电压反相，在结构对称的电路中形成奇对称的电压和电流分布，对称面上的 R_C上没有电压、电流和输出功率，A 端和 B 端的输入功率合成到跨接在 A 端和 B 端的 R_D上，实现反相功率合成。反相功率合成时，输出电流 $i_o=i_i$，输出电压则等于输入电压的两倍，即 $u_o=2u_i$。

功率合成时，信号源与负载的匹配条件和功率分配时的匹配条件相同，无论功率分配还是功率合成，A 端、B 端、C 端和 D 端的电阻关系为 $R_A=R_B=2R_C=R_D/2$。

图 2.7.10(a)所示为两路同相功率分配与合成放大器的交流通路，传输线变压器 Tr_1和 Tr_2构成的魔 T 混合网络分别用于同相功率分配和同相功率合成。图 2.7.10(b)所示为两路反相功率分配与合成放大器的交流通路，传输线变压器 Tr_1和 Tr_2构成的魔 T 混合网络分别用于反相功率分配和反相功率合成。信号源内阻 R_s、放大器的输入电阻 R_i、输出电阻 R_o、负载电阻 R_L、C 端电阻 R_C和 D 端电阻 R_D的取值满足匹配条件。

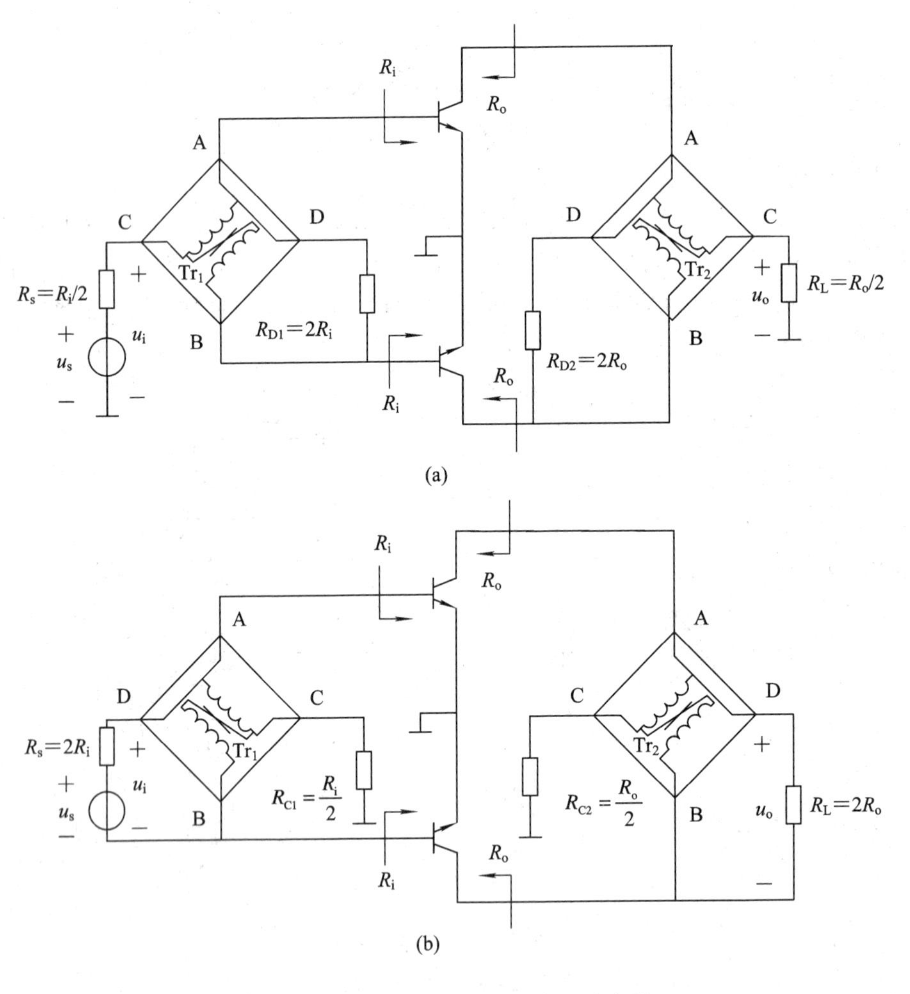

图 2.7.10　两路功率分配与合成放大器

(a) 同相功率分配与合成；(b) 反相功率分配与合成

2.8 集成器件与应用电路举例

图 2.8.1 所示为一工作频率为 160 MHz 的谐振功率放大器，向 50 Ω 的负载提供13 W 的功率，功率增益为 9 dB。基极采用自给偏置，由高频扼流圈 L_{c1} 的内阻产生很小的负偏压。集电极采用并联馈电，高频扼流圈 L_{c2} 和旁路电容 C_{BP} 引入直流电压 U_{CC}。放大器输入端采用 T 型匹配网络，调节电容 C_1 和 C_2 使功率管的输入阻抗在工作频率上变换为前级放大器要求的 50 Ω 匹配电阻。放大器的输出端采用 L 型匹配网络，调节电容 C_3 和 C_4，使 50 Ω 负载电阻在工作频率上变换为放大器要求的匹配电阻。

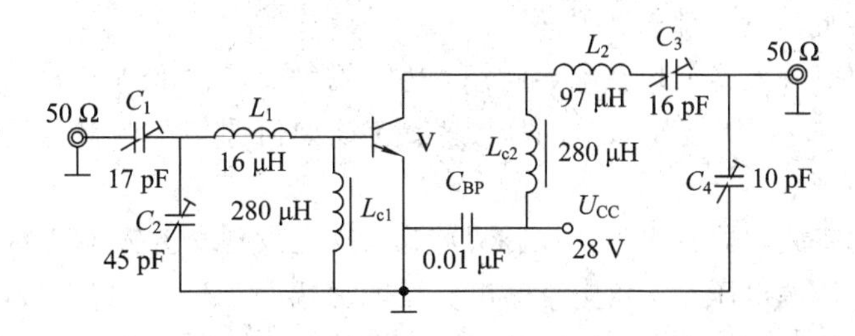

图 2.8.1 160 MHz 谐振功率放大器

本 章 小 结

本章讲述了谐振功率放大器的工作原理、工作状态、分析方法和电路设计。

(1) 谐振功放以丙类功率放大器为代表，通角小于 $\pi/2$，输出电流是余弦脉冲，经过 LC 并联谐振回路的选频滤波，得到正弦波输出电压。谐振功放通过减小直流功耗来提高效率。

(2) 谐振功放有临界、欠压和过压三种工作状态。工作状态与可调参数的关系具体表现为负载特性、集电极调制特性、基极调制特性和放大特性。工作状态会影响到交流输出电压的振幅和输出电流的各个频率分量的幅度或振幅，进而影响功率和效率。临界状态的功率最大，效率最高，是最佳工作状态。

(3) 谐振功放的工作状态可以用动态特性曲线描述。可以根据输入、输出信号的参数作出动态特性曲线；反之，可以根据动态特性曲线计算输入、输出信号的参数。可以用谐振功放输入回路的电压计算通角，也可以用输出回路的电压计算通角。

(4) 谐振功放的电路设计分为基极馈电和集电极馈电，二者的实现都有串联馈电和并联馈电两种基本形式。基极回路的负偏置电压可以通过自给偏置获得，自给偏置又分为基极自给偏置和发射极自给偏置两种设计。谐振功放通过输出匹配网络实现阻抗变换，以满足功率传输要求，匹配网络包括 LC 并联谐振回路型匹配网络和 LC 滤波器型匹配网络。

(5) 丁类和戊类功率放大器使晶体管工作在开关状态，丁类功放分为电流开关型和电压开关型，戊类功放进一步降低集电结消耗功率而提高效率。经过 LC 谐振回路的选频滤波，两种开关型功率放大器都可以产生正弦波输出电压。

(6) 传输线变压器可以实现平衡－不平衡信号变换、不平衡－平衡信号变换、1∶4 阻抗变换和 4∶1 阻抗变换。基于传输线变压器的魔 T 混合网络可以用于同相和反相功率分配与合成，实现多个功放单元的功率叠加。

思考题和习题

2-1 谐振功率放大器的电压源电压 $U_{CC}=24$ V，交流输出功率 $P_o=5$ W，集电极效率 $\eta_C=60\%$。计算集电结消耗功率 P_C 和集电极电流 i_C 的直流分量 I_{C0}。

2-2 谐振功率放大器工作在临界状态，通角 $\theta=\pi/3$，LC 并联谐振回路的谐振频率 ω_0 等于交流输入电压 u_b 的频率 ω 时，交流输出功率 $P_{o1}=14$ W。倍频功放时，调整 LC 回路使 $\omega_0=3\omega$，计算此时的交流输出功率 P_{o3}。

2-3 谐振功率放大器工作在临界状态，为了增大交流输出功率 P_o，需要调整交流输入电压的振幅 U_{bm} 和电压源电压 U_{CC}。两个参数应该如何调整？调整以后，谐振功放的集电极效率 η_C 如何变化？

2-4 谐振功率放大器原先工作在临界状态，现在发现交流输出功率 P_o 减小，集电极效率 η_C 增大，而电压源电压 U_{CC} 和交流输出电压的振幅 U_{cm} 不变，集电极电流 i_C 仍为余弦脉冲，峰值 i_{Cmax} 也不变。确定谐振功放现在的工作状态、发生变化的参数和参数的变化方向。

2-5 谐振功率放大器和晶体管的输出特性如图 P2-1 所示，电压源电压 $U_{CC}=24$ V，直流偏置电压 $U_{BB}=0.7$ V，晶体管的导通电压 $U_{BE(on)}=0.7$ V，交流输入电压 u_b 的振幅 $U_{bm}=0.4$ V，谐振电阻 $R_e=20\ \Omega$。计算通角 θ，确定谐振功放的工作状态，计算交流输出功率 P_o 和集电极效率 η_C，画出动特性曲线、集电极电流 i_C 和晶体管输出电压 u_{CE} 的波形。

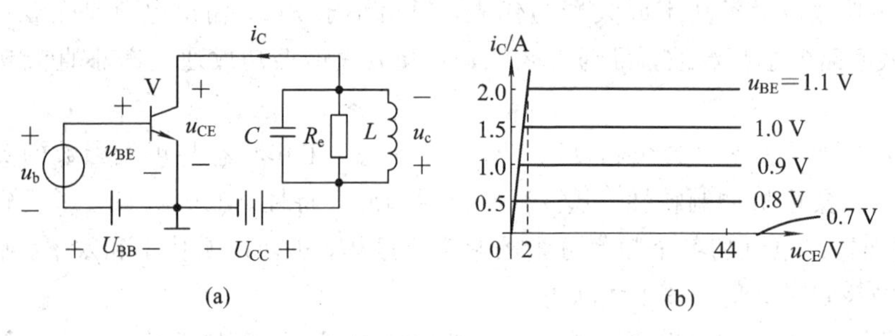

图 P2-1

2-6 谐振功率放大器中晶体管的输出特性如图 P2-2 所示，电压源电压 $U_{CC}=20$ V，直流偏置电压 $U_{BB}=-0.4$ V，晶体管的导通电压 $U_{BE(on)}=0.6$ V，交流输入电压的振幅 $U_{bm}=2$ V，交流输出电压的振幅 $U_{cm}=18$ V。计算通角 θ，确定谐振功放的工作状态，计算交流输出功率 P_o 和谐振电阻 R_e，画出动特性曲线。

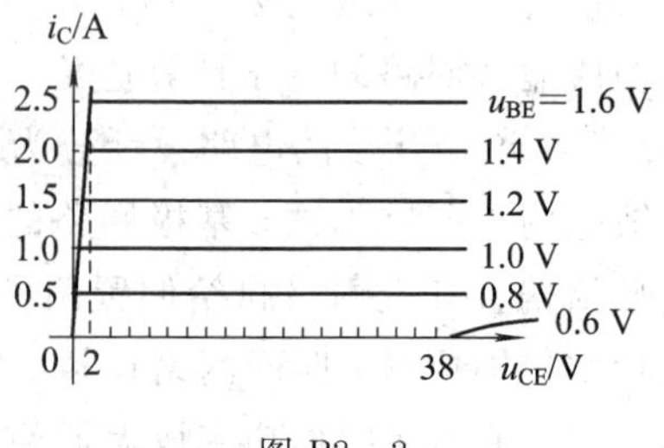

图 P2-2

2-7 谐振功率放大器和动特性曲线如图 P2-3 所示，晶体管的导通电压 $U_{BE(on)}=0.6$ V。计算电压源电压 U_{CC}、交流输出电压 u_c 的振幅 U_{cm}、通角 θ、直流偏置电压 U_{BB} 和交流输入电压 u_b 的振幅 U_{bm}。

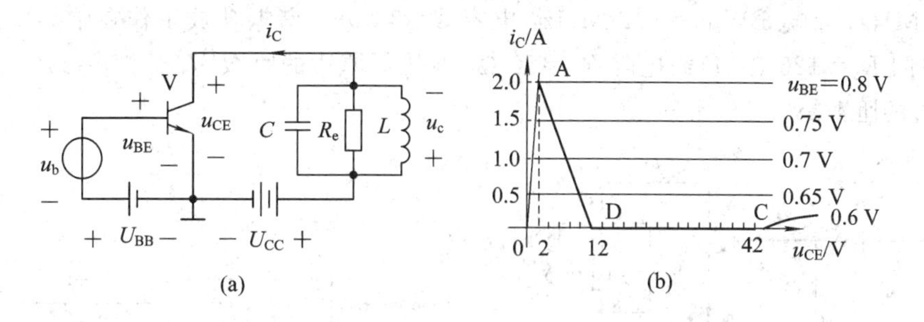

图 P2-3

2-8　谐振功率放大器的部分动特性曲线如图 P2-4 所示，电压源电压 $U_{CC}=24$ V。计算交流输出功率 P_o和谐振电阻 R_e。

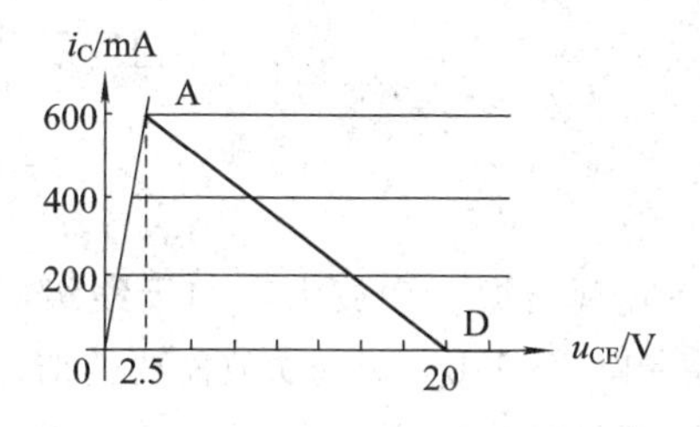

图 P2-4

2-9　谐振功率放大器和晶体管的转移特性如图 P2-5 所示，电压源电压 $U_{CC}=24$ V，直流偏置电压 $U_{BB}=0.2$ V，晶体管的导通电压 $U_{BE(on)}=0.6$ V，饱和压降 $U_{CE(sat)}=1$ V，LC 并联谐振回路的谐振频率 $\omega_0=2\pi\times10^6$ rad/s。

(1) 交流输入电压 $u_b=1.3\cos2\pi\times10^6 t$ V，谐振电阻 $R_e=100$ Ω。确定谐振功放的工作状态，计算交流输出功率 P_o和集电极效率 η_C。

(2) 交流输入电压 $u_b=1.3\cos\pi\times10^6 t$ V。R_e取何值时 P_o达到最大？计算 P_o的最大值。

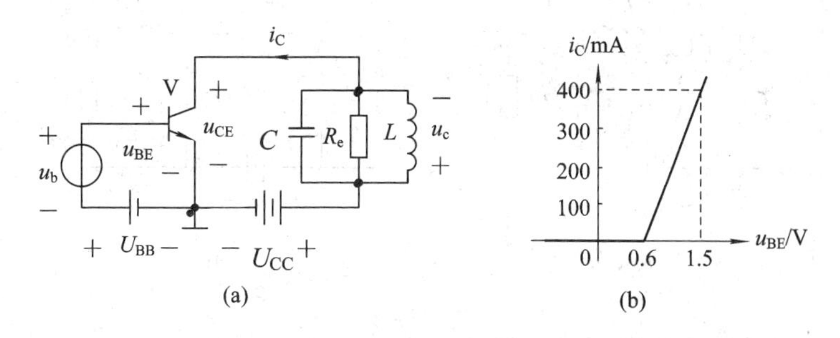

图 P2-5

2-10　谐振功率放大器如图 P2-6 所示。说明输入回路和输出回路的馈电形式、输入回路直流偏置电压 U_{BB}的实现方式。已知电压源电压 U_{CC}、交流输入电压 $u_b=U_{bm}\cos\omega t$、集电极电流 i_C、i_C余弦脉冲的峰值 i_{Cmax}和通角 θ、晶体管的共发射极电流放大倍数 β、电阻 R_B和谐振电阻 R_e，LC 并联谐振回路的谐振频率 $\omega_0=\omega$，写出图中各个节点的电位 $u_1\sim u_4$ 和电流 $i_1\sim i_6$的表达式并画出波形。

2-11　谐振功率放大器采用图 P2-7 所示的 LC 并联谐振回路型匹配网络，谐振频率

$f_0=105$ MHz，带宽 $BW_{BPF}=4.2$ MHz，电容 $C=33$ pF，谐振功放工作在临界状态，对应的谐振电阻 $R_e=125$ Ω，负载电阻 $R_L=50$ Ω，变压器原边的匝数 $N_1+N_2=110$。计算 N_1、N_2 和副边的匝数 N_3。

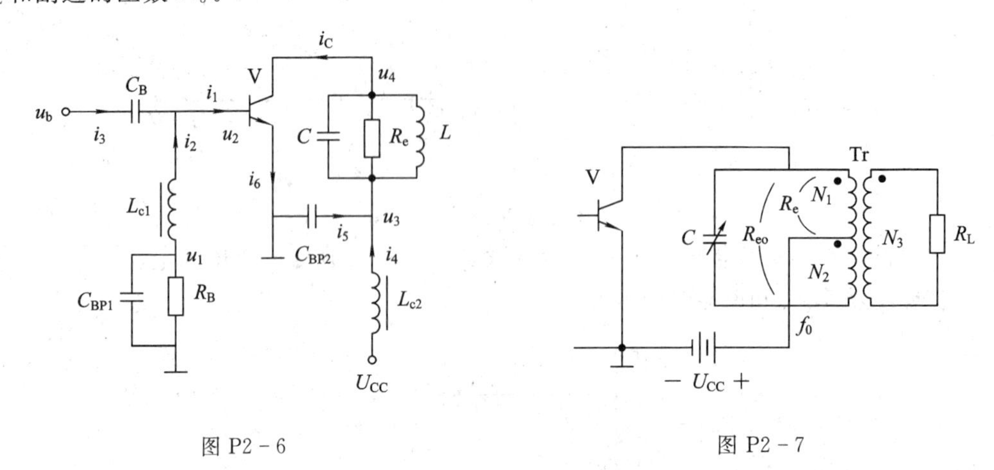

图 P2-6　　　　图 P2-7

2-12　用 L 型匹配网络实现谐振功率放大器与天线级联时的阻抗匹配，如图 P2-8 所示。已知交流信号的频率 $f=13.3$ MHz，谐振功放需要的谐振电阻为 R_e，天线等效的负载电阻为 R_L。根据以下的电阻取值和滤波要求选择电路，并计算其中电感 L 和电容 C 的取值。

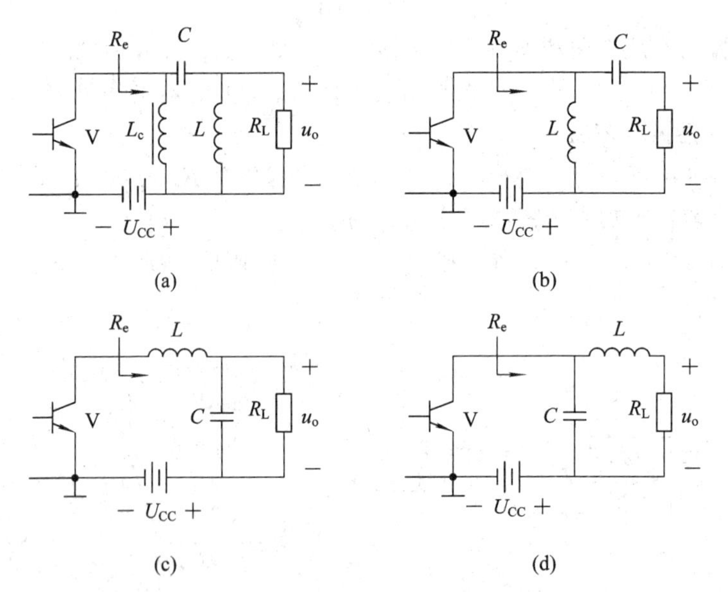

图 P2-8

(1) $R_e=200$ Ω，$R_L=50$ Ω，需要滤除谐波分量。

(2) $R_e=220$ Ω，$R_L=50$ Ω，需要滤除直流分量。

(3) $R_e=13$ Ω，$R_L=75$ Ω，需要滤除谐波分量。

(4) $R_e=17$ Ω，$R_L=75$ Ω，需要滤除直流分量。

2-13　用二阶滤波器实现谐振功率放大器与天线级联时的阻抗匹配，已知交流信号的频率 $f=8.5$ MHz，滤波器的有载品质因数 $Q_L=4$，谐振功放的谐振电阻 $R_e=15$ Ω，天线等效的负载电阻 $R_L=75$ Ω。

(1) 用图 P2-9(a)所示的 Π 型匹配网络，计算其中电容 C_1、C 和电感 L_2 的取值。

(2) 用图 P2-9(b)所示的 T 型匹配网络，计算其中电感 L_1、L_2 和电容 C 的取值。

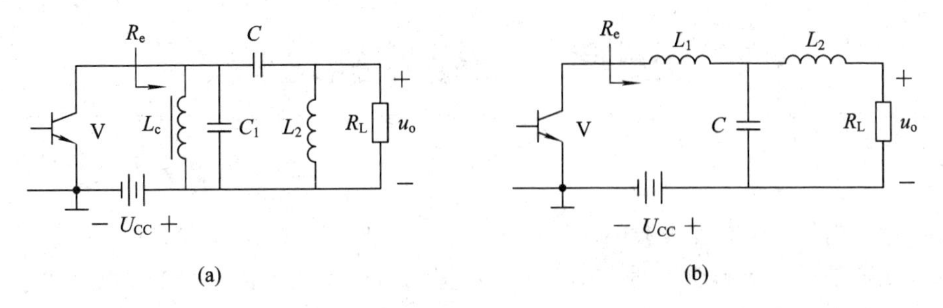

图 P2-9

2-14 电压源电压 $U_{CC}=24$ V，负载电阻 $R_L=50\ \Omega$，晶体管的饱和压降 $U_{CE(sat)}=1$ V，输出电阻 $R_s=2\ \Omega$。利用上述参数分别计算电流开关型和电压开关型丁类功率放大器的集电极效率 η_C。

2-15 两路功率分配与合成放大器如图 P2-10 所示，放大单元的输入电阻 $R_i=2.4$ kΩ，输出电阻 $R_o=40\ \Omega$。计算阻抗匹配时的信号源内阻 R_s、负载电阻 R_L，以及电阻 R_{D1}、R_{D2}、R_{C1} 和 R_{C2} 的取值。

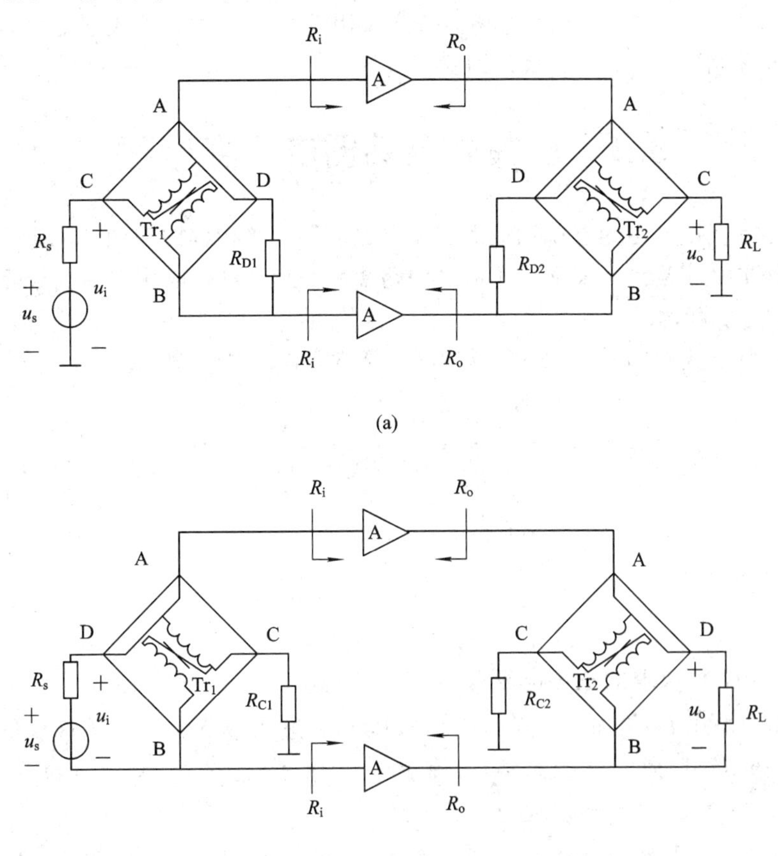

图 P2-10

第三章　正弦波振荡器

没有输入信号，仅需要直流电压源供电，就可以产生并输出一定波形、一定频率和一定功率的交流信号的电路称为振荡器。正弦波振荡器产生的交流信号为单频正弦波，具有振幅、频率和相位三个基本参数。

在无线电发射机中，需要用正弦波振荡器产生载波参与调制，得到已调波。在接收机中，需要用正弦波振荡器产生本振信号参与同步检波。在发射机、接收机和中继过程中，也经常用正弦波振荡器产生本振信号参与混频，改变已调波的载波频率。此外，正弦波振荡器广泛应用在无线电测量仪表中，如在示波器、频谱分析仪和网络分析仪中用作本机振荡器、标准信号源，等等。

上述应用都要求正弦波振荡器的频率精度和稳定度很高，能够在工作时间内和间断工作时维持频率不变。为此，正弦波振荡器普遍采用选频网络作为放大器的负载，结合反馈网络来建立和控制振荡频率，构成反馈式振荡器。

3.1　反馈式振荡器的工作原理

以放大器和反馈网络为基础构成的反馈式振荡器的结构框图如图 3.1.1 所示，放大器和反馈网络构成一个环路，表现电压信号的路径和变换，每个电压都用复振幅来体现各自的振幅和相位。实际的反馈式振荡器中，放大器的负载是选频网络，通过反馈支路的连接，选频网络还包括放大器的输入回路，反馈网络是选频网络的一部分。

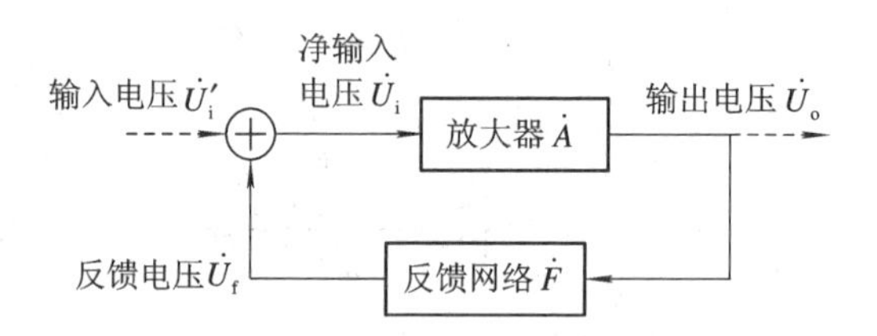

图 3.1.1　反馈式振荡器的结构框图

图 3.1.1 中，放大器的输出电压 $\dot{U}_o$ 进入反馈网络，产生反馈电压 $\dot{U}_f$，$\dot{U}_f$ 在放大器的输入端，与输入电压 $\dot{U}_i'$ 相加，得到净输入电压 $\dot{U}_i$，进入放大器。$\dot{U}_f$ 与 $\dot{U}_i'$ 的相加关系即 $\dot{U}_i=\dot{U}_f+\dot{U}_i'$ 确定了反馈为正反馈。形成振荡时，电路没有输入电压，即 $\dot{U}_i'$ 为零，$\dot{U}_f$ 提供全部的 $\dot{U}_i$。

反馈式振荡器有四个基本参数：开环增益、反馈系数、环路增益和闭环增益。开环增益 $\dot{A}$ 是除去反馈环路，开环时放大器的电压放大倍数，即 $\dot{A}=\dot{U}_o/\dot{U}_i$。$\dot{A}=Ae^{j\varphi_A}$，其中，$A=U_o/U_i$，是振幅放大倍数，$\varphi_A=\angle\dot{U}_o-\angle\dot{U}_i$，是 $\dot{U}_o$ 超前 $\dot{U}_i$ 的相位，代表放大器的相

移。反馈系数 $\dot{F}$ 是反馈网络的电压放大倍数，即 $\dot{F}=\dot{U}_f/\dot{U}_o$。$\dot{F}=Fe^{j\varphi_F}$，其中，$F=U_f/U_o$，是振幅放大倍数，$\varphi_F=\angle\dot{U}_f-\angle\dot{U}_o$，是 $\dot{U}_f$ 超前 $\dot{U}_o$ 的相位，代表反馈网络的相移。环路增益 $\dot{A}\dot{F}$ 是电压沿环路走一圈，经过放大器和反馈网络两次放大后得到的放大倍数。闭环增益 $\dot{A}_f=\dot{U}_o/\dot{U}_i'$，是把电路视为反馈式放大器时得到的电压放大倍数。根据 $\dot{A}$、$\dot{F}$ 和 $\dot{A}_f$ 的定义，有

$$\dot{A}_f=\frac{\dot{U}_o}{\dot{U}_i'}=\frac{\dot{U}_o}{\dot{U}_i-\dot{U}_f}=\frac{\dfrac{\dot{U}_o}{\dot{U}_i}}{1-\dfrac{\dot{U}_f}{\dot{U}_i}}=\frac{\dfrac{\dot{U}_o}{\dot{U}_i}}{1-\dfrac{\dot{U}_o}{\dot{U}_i}\dfrac{\dot{U}_f}{\dot{U}_o}}=\frac{\dot{A}}{1-\dot{A}\dot{F}}\tag{3.1.1}$$

式(3.1.1)描述了开环增益 $\dot{A}$、反馈系数 $\dot{F}$ 和闭环增益 $\dot{A}_f$ 的关系，称为反馈式振荡器的基本方程。基本方程表明，当设计满足 $\dot{A}\dot{F}=1$ 时，$\dot{A}_f=\dot{U}_o/\dot{U}_i'\to\infty$，即 $\dot{U}_i'=0$，$\dot{U}_i=\dot{U}_f$，电路可以不需要输入电压 $\dot{U}_i'$，用反馈电压 $\dot{U}_f$ 作为净输入电压 $\dot{U}_i$，就产生输出电压 $\dot{U}_o$，这种现象称为自激振荡。在自激振荡的基础上，如果再满足其他的必要条件，电路就可以产生、维持并输出正弦波电压，成为正弦波振荡器。

3.1.1　平衡条件

产生自激振荡必要的 $\dot{A}\dot{F}=1$ 称为平衡条件。因为 $\dot{A}=Ae^{j\varphi_A}$，$\dot{F}=Fe^{j\varphi_F}$，所以平衡条件可以分解为 $AF=1$ 和 $\varphi_A+\varphi_F=0$。$AF=1$ 是对放大器和反馈网络振幅放大倍数的要求，称为振幅平衡条件，$\varphi_A+\varphi_F=0$ 则是对放大器和反馈网络相移的要求，称为相位平衡条件。

1. 振幅平衡条件

因为 $A=U_o/U_i$，$F=U_f/U_o$，所以振幅平衡条件 $AF=1$ 与输出电压振幅 U_o、净输入电压振幅 U_i 和反馈电压振幅 U_f 有关。

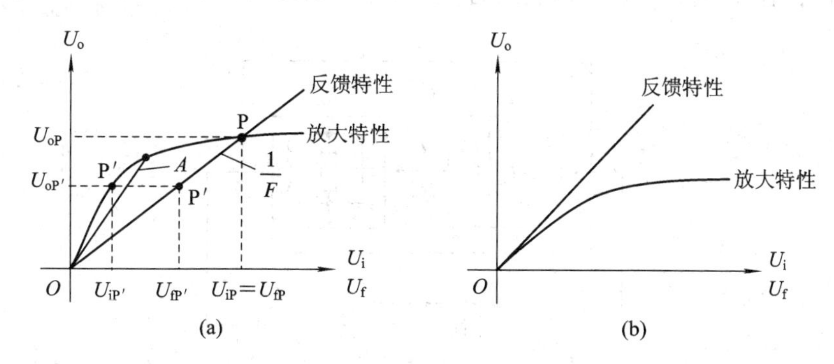

图 3.1.2　振幅平衡条件

(a) 满足振幅平衡条件的设计；(b) 不满足振幅平衡条件的设计

图 3.1.2(a)所示的坐标系中，纵轴是 U_o，横轴是 U_i，U_o与 U_i的关系曲线由放大器给出，称为放大特性曲线。放大特性曲线上的工作点与原点连线的斜率即为 A。当电压振幅较小时，放大器近似为一个线性放大器，关系曲线线性较好，此时 A 较大。随着电压振幅的增大，放大器逐渐表现出非线性放大的特点，输出信号中其他的频率分量陆续出现并不断加强，分走了越来越多的功率，与输入电压同频的输出电压的振幅则增加得渐趋缓慢，A 逐渐减小。所以，非线性放大器给出的放大特性整体表现为一条上凸的曲线。

图 3.1.2(a)所示的坐标系中，如果把横轴改为 U_f，则 U_o 与 U_f 的关系曲线由反馈网络给出，称为反馈特性曲线。反馈特性曲线上的工作点与原点连线的斜率即为 $1/F$。反馈网络一般是电抗网络，对 U_o 分压得到 U_f，所以 F 与电压振幅无关，反馈特性整体表现为一条直线。

在放大特性曲线与反馈特性曲线的交点 P 处，纵坐标为 U_{oP}，横坐标 $U_{iP}=U_{fP}$，于是

$$AF|_P=\frac{U_{oP}}{U_{iP}}\cdot\frac{U_{fP}}{U_{oP}}=1$$

从而振幅平衡条件成立。反之，在其他的工作点如 P′，虽然放大特性曲线上和反馈特性曲线上 P′的纵坐标 $U_{oP'}$ 相同，但横坐标 $U_{iP'}\neq U_{fP'}$，所以振幅平衡条件不成立。

对比说明，放大特性曲线与反馈特性曲线的交点 P 满足振幅平衡条件，是振荡器的工作点。点 P 的坐标 U_{oP}、U_{iP} 和 U_{fP} 都是有确定取值的振幅，所以振幅平衡条件决定了振荡振幅。

振幅平衡条件实现的前提是放大特性曲线和反馈特性曲线在坐标系的第一象限要有交点，如果出现了图 3.1.2(b)所示的情况，就无法实现振幅平衡条件，必须修改放大器或反馈网络的设计。

2. 相位平衡条件

相位平衡条件 $\varphi_A+\varphi_F=0$ 与放大器的相移 φ_A 和反馈网络的相移 φ_F 有关。图 3.1.3 中，放大器用有源器件晶体管和负载 LC 并联谐振回路代表，从静输入电压 $\dot{U}_i$ 到输出电压 $\dot{U}_o$，放大器做了两次信号变换。首先，晶体管把 $\dot{U}_i$ 变换为输出电流 $\dot{I}_o$，因为基区渡越效应等原因，将 $\dot{I}_o$ 超前 $\dot{U}_i$ 的相位记为晶体管的相移 φ_Y。其次，LC 回路利用其阻抗把 $\dot{I}_o$ 变换为 $\dot{U}_o$，$\dot{U}_o$ 超前 $\dot{I}_o$ 的相位记为负载的相移 φ_Z。所以，放大器的相移 $\varphi_A=\varphi_Y+\varphi_Z$，相位平衡条件又可以表示为 $\varphi_Y+\varphi_Z+\varphi_F=0$。因为 $\varphi_Y+\varphi_Z+\varphi_F$ 是信号在回路中走一圈受到的总相移 φ_Σ，所以相位平衡条件还可以表示为 $\varphi_\Sigma=0$。

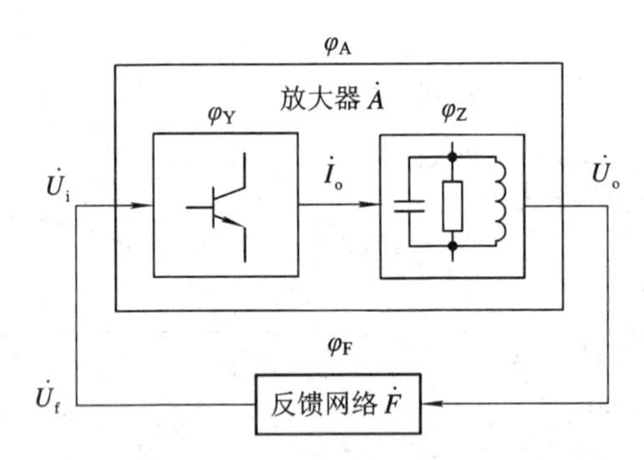

图 3.1.3　反馈式振荡器各部分的相移

当振荡频率远小于晶体管的特征频率时，φ_Y 基本不随频率变化，在振荡频率附近的窄带范围，φ_F 也基本不随频率变化，设 $\varphi_E=\varphi_Y+\varphi_F$，于是相位平衡条件要求 $\varphi_Z=-\varphi_E$。图 3.1.4 中给出了 LC 并联谐振回路作为负载时，其阻抗的相频特性，即 φ_Z 随频率的变化。在 φ_Z 曲线与 $-\varphi_E$ 曲线的交点 P 处，$\varphi_Z=-\varphi_E$，相位平衡条件成立。点 P 的横坐标 ω_{osc} 即为振荡频率，所以相位平衡条件决定了振荡频率。在 $\varphi_Z=0$ 的位置，LC 回路谐振，谐振频率为 ω_0。为了提供负的 φ_Z 以满足相位平衡条件，LC 回路略微失谐，ω_{osc} 略微大于 ω_0。

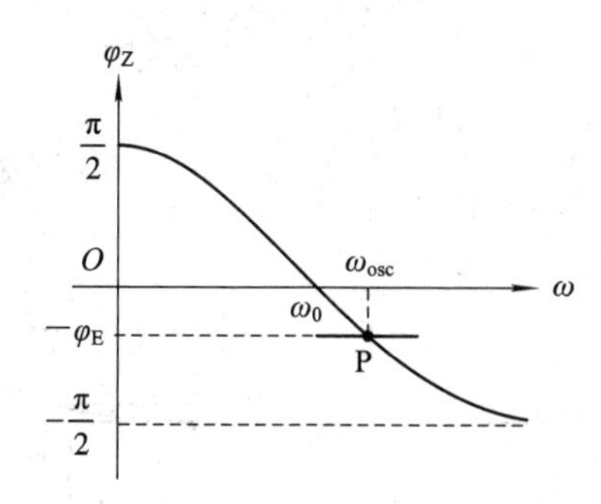

图 3.1.4　用 LC 并联谐振回路实现相位平衡条件

3.1.2　稳定条件

平衡条件是反馈式振荡器能够振荡的必要条件，根据平衡条件找到工作点后，该工作点还要满足稳定条件，保证工作点因为某种原因离开平衡位置后，能够经由电路自动调整，基本回到原平衡位置，这也是振荡器维持振荡的必要条件。稳定条件也可以用电压的振幅和相位来分别描述，分为振幅稳定条件和相位稳定条件。

1．振幅稳定条件

图 3.1.5(a)中，工作点 P 脱离了平衡位置，其接下来的运动轨迹可以根据放大器和反馈网络对电压振幅的变换来确定。首先，点 P 对应的净输入电压 U_{iP1} 经过放大器得到输出电压 U_{oP1}，即在图 3.1.5(a)中，以 U_{iP1} 为横坐标将点 P 投影到放大特性曲线上，得到点 P 新的位置，纵坐标为 U_{oP1}。其次，U_{oP1} 经过反馈网络得到反馈电压 U_{fP1}，即再以 U_{oP1} 为纵坐标将点 P 投影到反馈特性曲线上，得到点 P 新的位置，横坐标为 U_{fP1}。至此，电压沿回路走了一圈。在第二圈中，U_{fP1} 成为新的净输入电压 U_{iP2}，再经过放大器得到新的输出电压 U_{oP2}，U_{oP2} 再经过反馈网络得到新的反馈电压 U_{fP2}，点 P 也经过两次投影，运动到新的位置。以此类推，点 P 逐渐回到原来的平衡位置。所以，图 3.1.5(a)所示的放大特性曲线和反馈特性曲线的交点满足振幅稳定条件。

图 3.1.5(b)中，工作点 P 脱离平衡位置后，按照上述投影规律，在垂直方向上运动到放大特性曲线上，在水平方向上运动到反馈特性曲线上，结果点 P 没有回到原来的平衡位置，而是逐渐运动到原点，其坐标即各个电压的振幅逐渐减小到零，说明振荡减弱，最后消失。所以，图 3.1.5(b)所示的放大特性曲线和反馈特性曲线的交点不满足振幅稳定条件，必须修改放大器或反馈网络的设计。

对比图 3.1.5(a)和图 3.1.5(b)，满足振幅稳定条件时，交点处放大特性曲线的斜率小于反馈特性曲线的斜率，而不满足振幅稳定条件时，交点处放大特性曲线的斜率大于反馈特性曲线的斜率，可以根据这个几何特征给出振幅稳定条件的表达式。放大特性曲线可以表示为 $U_{\mathrm{o}}=AU_{\mathrm{i}}$，反馈特性曲线可以表示为 $U_{\mathrm{o}}=U_{\mathrm{f}}/F=U_{\mathrm{i}}/F$。点 P 在平衡位置时，根据振幅稳定条件对两条曲线的斜率要求，有

$$\left.\frac{\partial(AU_{\mathrm{i}})}{\partial U_{\mathrm{i}}}\right|_{\mathrm{P}}=\left.\left(\frac{\partial A}{\partial U_{\mathrm{i}}}U_{\mathrm{i}}+A\right)\right|_{\mathrm{P}}<\left.\frac{\partial(U_{\mathrm{i}}/F)}{\partial U_{\mathrm{i}}}\right|_{\mathrm{P}}=\frac{1}{F}$$

即

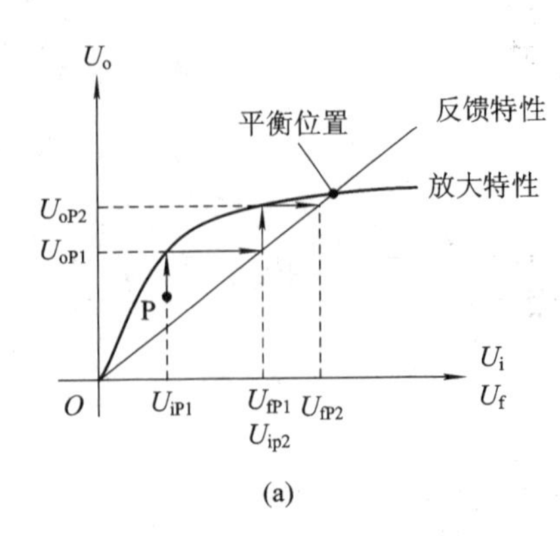

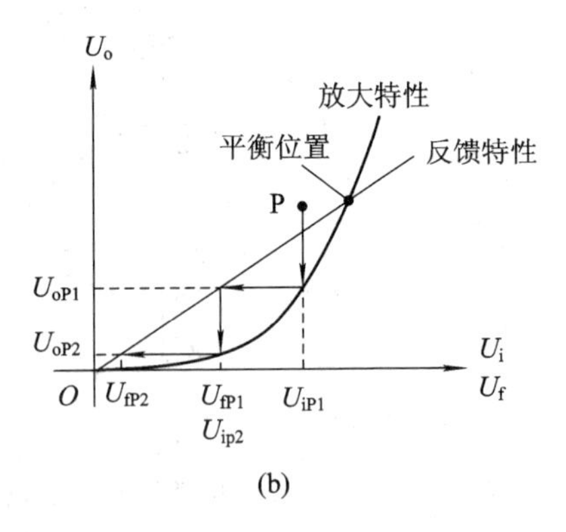

图 3.1.5　振幅稳定条件

(a) 满足振幅稳定条件的设计；(b) 不满足振幅稳定条件的设计

$$\frac{\partial A}{\partial U_\mathrm{i}} U_\mathrm{i} \bigg|_\mathrm{P} < \frac{1}{F} - A\,|_\mathrm{P}$$

因为点 P 在平衡位置，$AF|_\mathrm{P}=1$，所以不等式右端等于零。不等式左端的 U_i 是点 P 处的净输入电压振幅，大于零，所以振幅稳定条件简化为

$$\frac{\partial A}{\partial U_\mathrm{i}} \bigg|_\mathrm{P} < 0$$

2. 相位稳定条件

根据图 3.1.4，可以得到图 3.1.6 所示的总相移 $\varphi_\Sigma=\varphi_\mathrm{Z}+\varphi_\mathrm{E}$ 和频率 ω 的关系。图中，工作点 P 脱离了平衡位置，对应的频率为 ω_P1。电压沿回路走第一圈，总相移 $\varphi_{\Sigma\mathrm{P1}}\neq0$，于是频率发生变化，变化量为 $\Delta\omega_\mathrm{P1}=\varphi_{\Sigma\mathrm{P1}}/\Delta T_1$，其中，$\Delta T_1$ 为电压走第一圈需要的时间。以新的频率 $\omega_\mathrm{P2}=\omega_\mathrm{P1}+\Delta\omega_\mathrm{P1}$ 为横坐标，得到点 P 新的位置，纵坐标为电压沿回路走第二圈时新的总相移 $\varphi_{\Sigma\mathrm{P2}}$。$\varphi_{\Sigma\mathrm{P2}}$ 再产生新的频率变化量 $\Delta\omega_\mathrm{P2}=\varphi_{\Sigma\mathrm{P2}}/\Delta T_2$，其中，$\Delta T_2$ 为电压走第二圈需要的时间。$\Delta\omega_\mathrm{P2}$ 又使点 P 运动到新的位置。以此类推，点 P 逐渐回到原来的平衡位置，实现相位稳定条件。

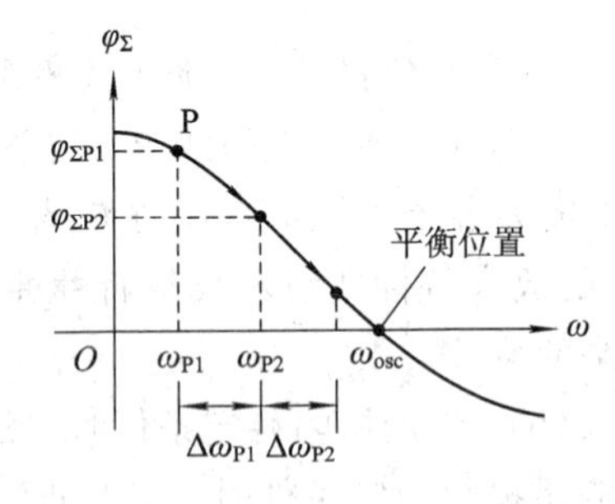

图 3.1.6　用 LC 并联谐振回路实现相位稳定条件

根据以上分析，如果点 P 对应的频率 ω_P 小于振荡频率 ω_osc，则需要总相移 $\varphi_{\Sigma\mathrm{P}}>0$ 以产生正的频率变化量进行位置修正，如果 ω_P 大于 ω_osc，则需要 $\varphi_{\Sigma\mathrm{P}}<0$ 以产生负的频率变化量进行位置修正。所以，相位稳定条件要求 φ_Σ 曲线在过零时斜率为负，即在平衡位置 P 处 $(\partial\varphi_\Sigma/\partial\omega)|_\mathrm{P}<0$。$\varphi_\Sigma$ 包括晶体管的相移 φ_Y、负载的相移 φ_Z 和反馈网络的相移 φ_F，其中，φ_Y 和 φ_F 基本不随频率变化，所以相位稳定条件还可以表示为 $(\partial\varphi_\mathrm{Z}/\partial\omega)|_\mathrm{P}<0$。

3.1.3 起振条件

有了平衡条件和稳定条件，振荡器还需要在直流电压作用下，能够从不振荡进入振荡，工作点进入平衡而且稳定的位置，这称为起振条件。起振条件也是振荡器产生振荡的必要条件，又分为振幅起振条件和相位起振条件。

1. 振幅起振条件

图 3.1.7(a)中，点 P 最初位于原点，根据振幅稳定条件可以判断原点是一个不稳定的位置，所以振荡器加直流电压后，在电磁感应产生的净输入电压 ΔU_i 作用下，点 P 脱离原点，而后不断在垂直方向上运动到放大特性曲线上，在水平方向上运动到反馈特性曲线上，逐渐运动到平衡而且稳定的位置。图 3.1.7(b)中，原点是一个稳定的位置，如果点 P 脱离原点，则会逐渐运动回来。

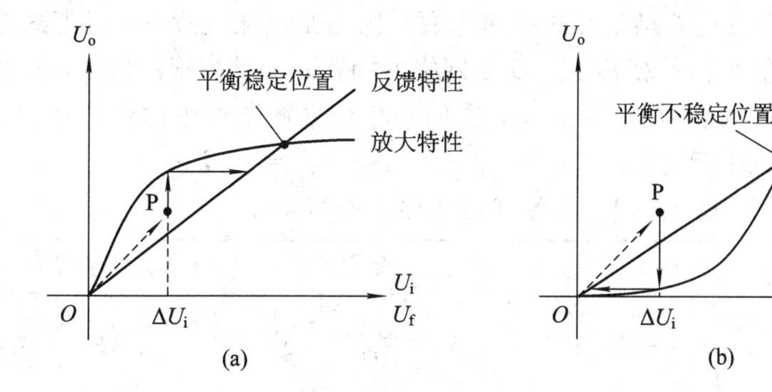

图 3.1.7 振幅起振条件

(a) 满足振幅起振条件的设计；(b) 不满足振幅起振条件的设计

对比图 3.1.7(a)和图 3.1.7(b)，满足振幅起振条件时，原点 O 处放大特性曲线的斜率应该大于反馈特性曲线的斜率，即

$$\left.\frac{\partial(AU_i)}{\partial U_i}\right|_O = \left.\left(\frac{\partial A}{\partial U_i}U_i + A\right)\right|_O > \frac{1}{F}$$

原点处 $U_i = 0$，所以振幅起振条件为

$$AF\,|_O > 1$$

振荡器中使用晶体管放大器时，往往需要使放大器的通角 θ 小于 $\pi/2$。此时的放大特性如图 3.1.8 中曲线③所示，原点附近放大特性曲线和反馈特性曲线的关系不满足振幅起振条件。为此，可以为晶体管设计自给偏置提供输入回路的直流偏置电压 U_{BB}，U_{BB} 中有部分负电压由基极或发射极电流中的直流电流通过电阻提供。刚起振时，直流电流较小，U_{BB} 大于晶体管的导通电压 $U_{BE(on)}$，此时 $\theta > \pi/2$，放大特性如图 3.1.8 中曲线①所示，其与反馈特性曲线的关系满足振幅起振条件。随着电压振幅的增大，直流电流增大，U_{BB} 减小，θ 也减小，直到 $U_{BB} < U_{BE(on)}$ 时，$\theta < \pi/2$。这一过程中，放大特性的变化如图 3.1.8 中曲线①、②、③所示。当投影到曲线③上时，点 P 已经运动到平衡而且稳定的位置附近，将继续运动到这一位置。这种设计通过自给偏置不断改变放大器的通角，最后实现了振幅起振条件。

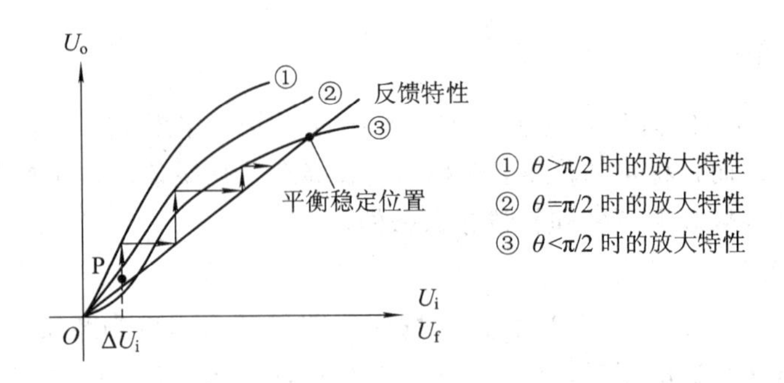

图 3.1.8　改变放大器的通角实现振幅起振条件

2. 相位起振条件

起振过程中，电压振幅从零开始不断增加，而起始频率即为振荡频率，在起振过程中并不改变，所以，起振过程也要满足相位平衡条件。因为是起振过程，所以把这个相位条件称为相位起振条件。放大器的相移 φ_A、反馈网络的相移 φ_F、晶体管的相移 φ_Y、负载的相移 φ_Z，以及总相移 φ_Σ 都与振幅的变化无关，它们和相位平衡条件中的各个相移相同，所以，相位起振条件也可以表示为 $\varphi_A+\varphi_F=0$、$\varphi_Y+\varphi_Z+\varphi_F=0$ 或 $\varphi_\Sigma=0$。

表 3.1.1　反馈式振荡器的必要条件

	平衡条件	稳定条件	起振条件
振幅条件	$AF\|_P=1$	$\left.\frac{\partial A}{\partial U_i}\right\|_P<0$	$AF\|_O>1$
相位条件	$\varphi_\Sigma=0$	$\left.\frac{\partial \varphi_\Sigma}{\partial \omega}\right\|_P<0$	$\varphi_\Sigma=0$

表 3.1.1 归纳了反馈式振荡器产生振荡的所有必要条件，其中，点 P 为工作点，位于平衡稳定位置，O 为原点。在正弦波振荡器的设计中，因为采用非线性放大器，所以开环增益 A 会随着净输入电压的振幅 U_i 的增大而减小，振幅稳定条件自然成立。电路只要满足振幅起振条件，振幅平衡条件也会因为 A 的减小而自然成立。正弦波振荡器通常采用 LC 并联谐振回路、RC 移相网络或 RC 选频网络作为负载并构成反馈网络，其相移均随着频率 ω 的增大而减小，相位稳定条件自然成立，电路只要满足相位平衡条件，则相位起振条件也自然成立。所以，表 3.1.1 列出的六个条件中，最主要的是相位平衡条件和振幅起振条件，满足了这两个条件，正弦波振荡器就可以振荡。

正弦波振荡器首先要在电路结构和元器件的类型上满足相位平衡条件，其次使元器件的参数满足振幅起振条件。相位平衡条件是绝对条件，代表电路设计是否正确，而振幅起振条件是相对条件，可以通过电路调试来实现。

3.2　*LC* 正弦波振荡器

LC 正弦波振荡器是最基础、最常用的正弦波振荡器，振荡频率一般在几百千赫兹到几百兆赫兹，适用于在无线电发射机中产生载波，在无线电接收机中产生本振信号，等等。

LC 正弦波振荡器用 LC 并联谐振回路作为放大器的负载并构成反馈网络，振荡频率接近谐振频率。LC 正弦波振荡器根据电路结构的特点，又可以分为变压器耦合式振荡器、三端式振荡器和差分对振荡器。

3.2.1　变压器耦合式振荡器

变压器耦合式振荡器在 LC 正弦波振荡器中引入变压器，放大器在变压器的原边上产生输出电压，在副边上感应出反馈电压，通过变压器的同名端决定反馈电压的相位，使其与净输入电压同相，实现相位平衡条件。同名端是相位平衡条件在变压器耦合式振荡器中的具体表现。图 3.2.1(a)所示为一变压器耦合式振荡器，采用高频扼流圈 L_c 和旁路电容 C_{BP} 引入电压源 U_{CC}，电阻 R_{B1}、R_{B2}、R_C 和 R_E 构成分压式偏置电路。晶体管放大器为共基极组态，基极通过交流耦合电容 C_B 交流接地。集电极为输出端，经过交流耦合电容 C_C，连接到负载即 LC 并联谐振回路。LC 回路接变压器，电感 L 是变压器的原边，上面是输出电压 $\dot{U}_o$，变压器的副边产生反馈电压 $\dot{U}_f$。$\dot{U}_f$ 经过交流耦合电容 C_E 所在的反馈支路，回到放大器的输入端，成为发射极上的净输入电压 $\dot{U}_i$。

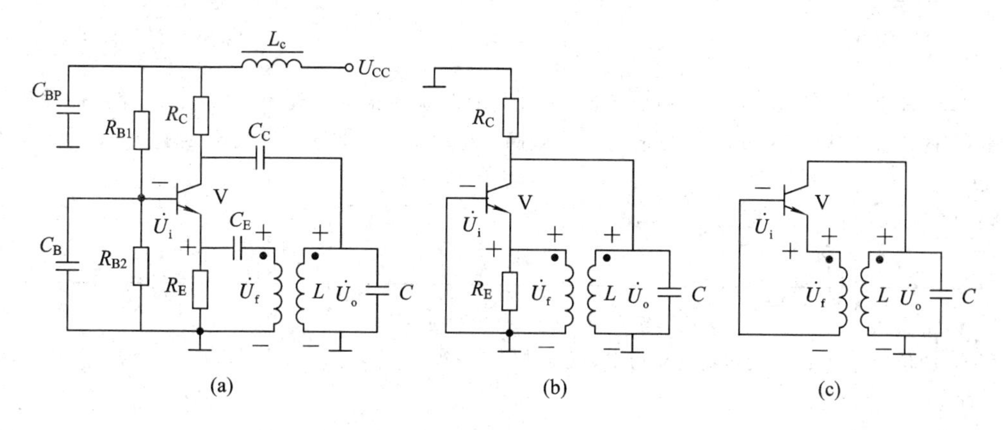

图 3.2.1　变压器耦合式振荡器

(a) 原电路；(b) 交流通路；(c) 简化交流通路

在不影响基于相位平衡条件的分析结果的前提下，为了降低分析难度，可以忽略次要因素，保留主要因素，把原电路处理成简化交流通路。简化交流通路是在交流通路中去掉电阻后得到的近似交流通路：如果电阻与邻近的电抗是并联关系，则将其开路；如果电阻与邻近的电抗是串联关系，则将其短路。图 3.2.1(a)所示电路的交流通路如图 3.2.1(b)所示，电阻 R_E 与变压器的副边并联，电阻 R_C 则与 LC 并联谐振回路并联，在简化交流通路中都开路，如图 3.2.1(c)所示。经过简化，交流通路中的交流信号，如净输入电压、输出电流、输出电压和反馈电压的相位略有变化，信号之间或者同相，或者反相。

信号在反馈式振荡器的回路中走一圈，起点的信号是净输入电压 $\dot{U}_i$，终点的信号是反馈电压 $\dot{U}_f$，总相移 φ_Σ 即为 $\dot{U}_f$ 与 $\dot{U}_i$ 的相位差，相位平衡条件 $\varphi_\Sigma=0$ 要求 $\dot{U}_f$ 与 $\dot{U}_i$ 同相。变压器耦合式振荡器需要在电路中标注出各个信号的位置和方向，信号的方向用瞬时极性表示，再根据 $\dot{U}_f$ 与 $\dot{U}_i$ 的方向确定变压器的同名端，实现相位平衡条件。其中，净输入电压、输出电流和输出电压的位置和方向需要根据不同组态的放大器对信号变换的特点来确定。表 3.2.1 以晶体管放大器为代表，给出了变压器耦合式振荡器中信号的标注步骤和方法。

表 3.2.1　变压器耦合式振荡器中信号的位置和方向

步骤	晶体管放大器的组态		
	共发射极	共基极	共集电极
1. 标注净输入电压 $\dot{U}_i$ 的位置和方向	$\dot{U}_i$ 加在基极与发射极之间，方向任选	$\dot{U}_i$ 加在发射极与基极之间，方向任选	$\dot{U}_i$ 加在基极与集电极之间，方向任选
2. 标注输出电流 $\dot{I}_o$ 的位置和方向	$\dot{I}_o$ 是集电极电流 $\dot{I}_c$，$\dot{I}_c$ 方向与 $\dot{U}_i$ 方向的关系如图所示 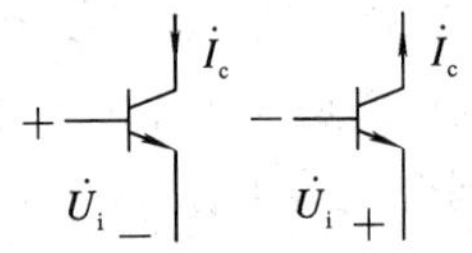	$\dot{I}_o$ 是集电极电流 $\dot{I}_c$，$\dot{I}_c$ 方向与 $\dot{U}_i$ 方向的关系如图所示 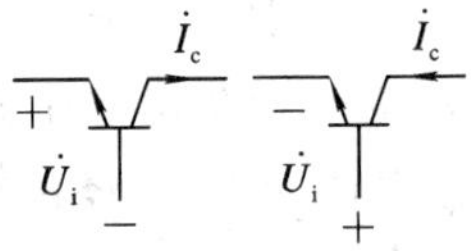	$\dot{I}_o$ 是发射极电流 $\dot{I}_e$，$\dot{I}_e$ 方向与 $\dot{U}_i$ 方向的关系如图所示 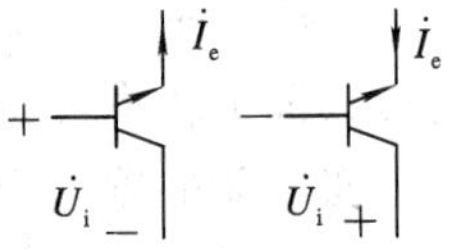
3. 标注输出电压 $\dot{U}_o$ 的位置和方向	$\dot{U}_o$ 在 $\dot{I}_c$ 流过的变压器线圈(原边)上，方向与 $\dot{I}_c$ 一致	$\dot{U}_o$ 在 $\dot{I}_c$ 流过的变压器线圈(原边)上，方向与 $\dot{I}_c$ 一致	$\dot{U}_o$ 在 $\dot{I}_e$ 流过的变压器线圈(原边)上，方向与 $\dot{I}_e$ 一致
4. 标注反馈电压 $\dot{U}_f$ 的位置和方向	$\dot{U}_f$ 在变压器的副边上，方向与 $\dot{U}_i$ 一致		

表 3.2.1 中，信号的同相和反相关系表现为信号方向一致或不一致，如 $\dot{U}_f$ 与 $\dot{U}_i$ 的正极连在一起，负极也连在一起，则说明它们同相。对共集电极放大器，完整的 $\dot{U}_i$ 加在基极与集电极之间，通过负反馈分出 $\dot{U}_i$ 的一小部分加在发射结上，带动放大器工作。因为第 4 步中 $\dot{U}_f$ 的方向已经按着相位平衡条件的要求标注，所以，再根据变压器原边和副边上的 $\dot{U}_o$ 和 $\dot{U}_f$ 的方向确定同名端，就完成了电路设计。

【例 3.2.1】 变压器耦合式振荡器的简化交流通路如图 3.2.2 所示，确定变压器的同名端，实现相位平衡条件。

解　图 3.2.2(a)中，放大器是共发射极放大器，净输入电压 $\dot{U}_i$ 加在基极与发射极之间，选择基极为正极，发射极为负极。输出电流是集电极电流 $\dot{I}_c$，参考 $\dot{U}_i$ 的方向，$\dot{I}_c$ 流入晶体管。输出电压 $\dot{U}_o$ 在 $\dot{I}_c$ 流过的线圈上，此线圈为变压器的原边，$\dot{U}_o$ 的方向与 $\dot{I}_c$ 一致。在变压器的副边上有反馈电压 $\dot{U}_f$，为了实现相位平衡条件，$\dot{U}_f$ 的方向与 $\dot{U}_i$ 一致。最后，变压器原边和副边上的 $\dot{U}_o$ 和 $\dot{U}_f$ 的方向相反，所以原边和副边的同名端分在两端，结果如图 3.2.3(a)所示。

图 3.2.2(b)中，放大器是共基极放大器，$\dot{U}_i$ 加在发射极与基极之间，选择发射极为正

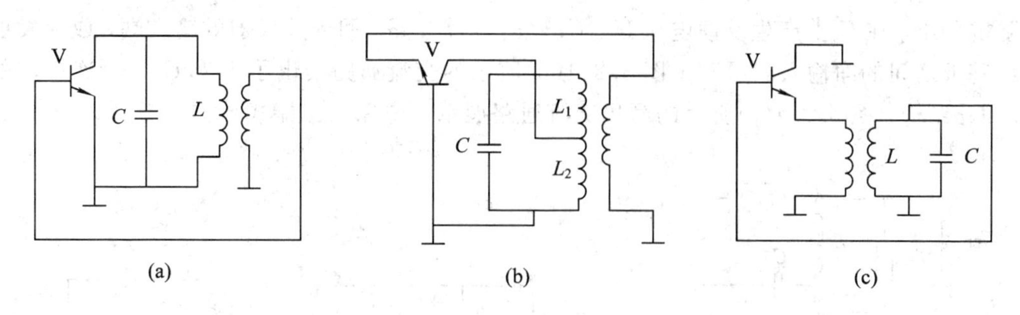

图 3.2.2　三个变压器耦合式振荡器的简化交流通路

极，基极为负极。输出电流是 $\dot{I}_c$，参考 $\dot{U}_i$ 的方向，$\dot{I}_c$ 流出晶体管。$\dot{I}_c$ 通过抽头流过变压器的原边，抽头把原边分为上下两个电感 L_1 和 L_2。根据 $\dot{I}_c$ 的方向可以确定 L_2 上的电压方向，该电压是集电极与基极之间的电压，即为 $\dot{U}_o$。变压器副边上的 $\dot{U}_f$ 与 $\dot{U}_i$ 方向一致。最后，根据 L_2 上 $\dot{U}_o$ 的方向和副边上 $\dot{U}_f$ 的方向确定同名端，结果如图 3.2.3(b)所示。

图 3.2.2(c)中，放大器是共集电极放大器，$\dot{U}_i$ 加在基极与集电极之间，选择基极为正极，集电极为负极。输出电流是发射极电流 $\dot{I}_e$，参考 $\dot{U}_i$ 的方向，$\dot{I}_e$ 流出晶体管。$\dot{U}_o$ 在 $\dot{I}_e$ 流过的变压器的原边上，方向与 $\dot{I}_e$ 一致。变压器副边上的 $\dot{U}_f$ 与 $\dot{U}_i$ 方向一致。最后，$\dot{U}_o$ 和 $\dot{U}_f$ 的方向相同，所以原边和副边的同名端在同一端，结果如图 3.2.3(c)所示。该电路中，电容 C 没有与变压器的原边并联，而是与副边并联，变压器和 LC 回路的前后次序交换。

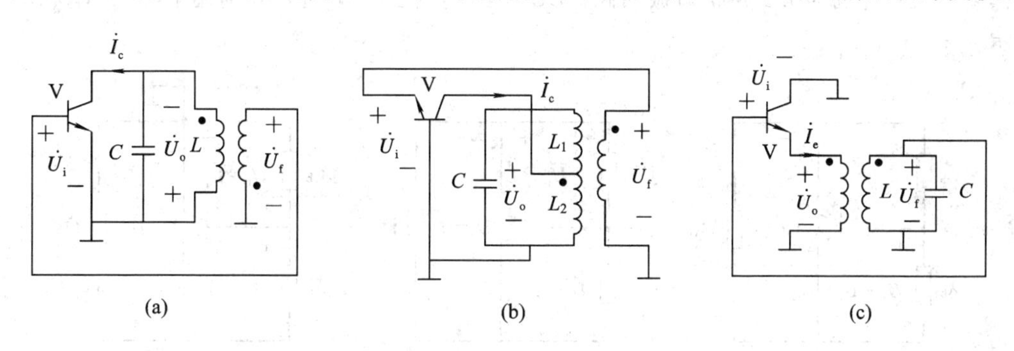

图 3.2.3　三个变压器耦合式振荡器的同名端

变压器耦合式振荡器可以通过变压器实现阻抗匹配，获得较大的输出效率和电压振幅，LC 并联谐振回路中的电容可以用可调电容调节振荡频率。但是，受到变压器分布参数的限制，这种振荡器的振荡频率较低，一般在几十兆赫兹以下。

3.2.2　三端式振荡器

三端式振荡器中，LC 并联谐振回路由三段阻抗通过三个节点首尾相接构成，有源器件如晶体管的三个电极与这三个节点分别连接，构成三端式结构。放大器在 LC 回路上产生输出电压，由反馈网络的阻抗分压获得反馈电压，通过阻抗的性质决定反馈电压的相位，使其与净输入电压同相，实现相位平衡条件。图 3.2.4(a)所示的三端式振荡器中，放大器为共基极放大器，通过电感 L 的直流短路，晶体管集电极的直流偏置电压为电压源电压 U_{CC}。LC 并联谐振回路由 L 和电容 C_1、C_2 为主构成，通过 C_C 和 C_B，交流连接在放大器的输出端即集电极和基极之间，连接的两个节点之间是输出电压 $\dot{U}_o$。$\dot{U}_o$ 经过 C_1、C_2 为主的阻抗分压，在 C_2 上产生反馈电压 $\dot{U}_f$。$\dot{U}_f$ 经过反馈支路，回到放大器的输入端，成为发射极和基极之间的净输入电压 $\dot{U}_i$。图 3.2.4(b)所示的交流通路给出了 L 和 C_1、C_2 连接成的 LC 回路结构，图 3.2.4(c)所示的简化交流通路展示了电路的三端式结构。

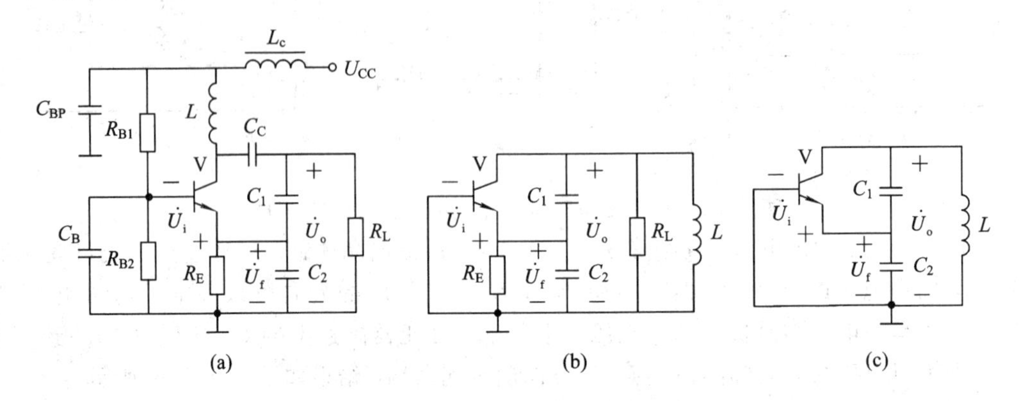

图 3.2.4　三端式振荡器

(a) 原电路；(b) 交流通路；(c) 简化交流通路

1. 三端式振荡器的相位平衡条件

三端式振荡器的简化交流通路都可以整理成图 3.2.5 所示的电路，其中的有源器件用晶体管代表，外围为 LC 并联谐振回路。LC 回路包含三个电抗，分别用 jX_{be}、jX_{ce} 和 jX_{cb} 表示。

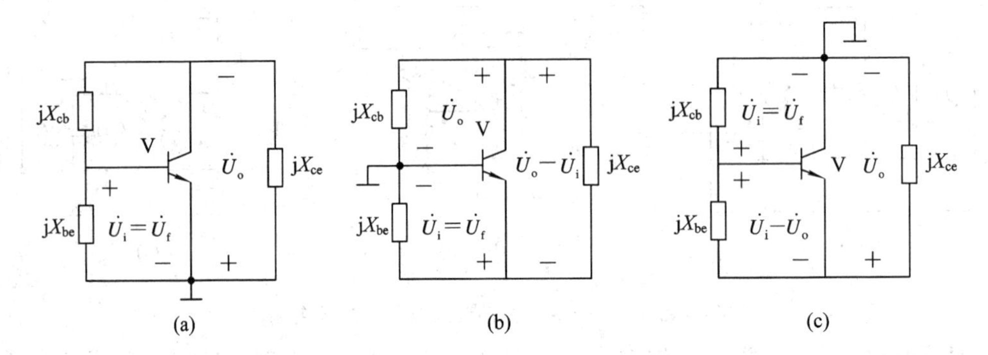

图 3.2.5　三端式振荡器中三个电压的位置和方向

(a) 放大器为共发射极组态；(b) 放大器为共基极组态；(c) 放大器为共集电极组态

为了实现相位平衡条件，三端式振荡器要求净输入电压 $\dot{U}_i$、反馈电压 $\dot{U}_f$ 和输出电压 $\dot{U}_o$ 既要满足放大器的电压放大和相位变换的特点，又要满足 LC 并联谐振回路上电压分布的特点。LC 回路近似谐振且品质因数较大时，回路电流远大于放大器与其连接的支路电流。以顺时针或逆时针为参考方向，LC 回路上所有电感上的电压近似同向，所有电容上的电压也近似同向，但电感电压与电容电压反向，沿回路电抗之和则近似为零。可以根据放大器的组态首先确定 $\dot{U}_i$ 和 $\dot{U}_o$ 的位置和方向，既而根据 LC 回路上的电压方向定性确定三个电抗 jX_{be}、jX_{ce} 和 jX_{cb} 的类型。三个电抗的类型是相位平衡条件在三端式振荡器中的具体表现。

图 3.2.5(a)中，共发射极放大器是反相放大器，沿时针方向 $\dot{U}_i$ 和 $\dot{U}_o$ 同向，因此 jX_{be} 和 jX_{ce} 是相同性质的电抗，而 jX_{cb} 则应该与它们性质相反，以构成 LC 并联谐振回路。如果

jX_{be}和jX_{ce}同为电容，则jX_{cb}为电感；如果jX_{be}和jX_{ce}同为电感，则jX_{cb}为电容。图3.2.5(b)中，共基极放大器是同相放大器，沿时针方向$\dot{U}_i$和$\dot{U}_o$反向，因此jX_{be}和jX_{cb}是相反性质的电抗。因为共基极放大器的电压放大倍数大于1，所以$\dot{U}_o$的大小大于$\dot{U}_i$，二者相减得到jX_{ce}上的电压$\dot{U}_o-\dot{U}_i$，沿时针方向该电压与$\dot{U}_i$同向，因此jX_{ce}和jX_{be}是相同性质的电抗。图3.2.5(c)中，共集电极放大器是同相放大器，沿时针方向$\dot{U}_i$和$\dot{U}_o$反向，因此jX_{cb}和jX_{ce}是相反性质的电抗。因为共集电极放大器的电压放大倍数略小于1，所以$\dot{U}_i$的大小大于$\dot{U}_o$，二者相减得到jX_{be}上的电压$\dot{U}_i-\dot{U}_o$，沿时针方向该电压与$\dot{U}_o$同向，因此jX_{be}和jX_{ce}是相同性质的电抗。

以上分析表明，不论晶体管放大器的组态，为了满足相位平衡条件，三端式振荡器需要在交流通路中，从发射极出去，连到基极和连到集电极的是相同性质的电抗，而从基极出去，连到发射极和连到集电极的是相反性质的电抗。这样的电路设计使得输出电压经过电抗分压产生的反馈电压和净输入电压同相，实现相位平衡条件，该设计简称为“射同基反”。如果三端式振荡器用的是场效应管放大器，则把晶体管的发射极、基极和集电极分别替换为场效应管的源极、栅极和漏极，实现相位平衡条件的电路设计简称为“源同栅反”。

满足“射同基反”的三端式振荡器有两种基本类型。图3.2.6(a)所示的简化交流通路中，LC并联谐振回路主要包括一个电感L和两个电容C_1和C_2。输出电压$\dot{U}_o$和反馈电压$\dot{U}_f$在C_1和C_2串联构成的电容支路上，具体位置和方向则取决于放大器的组态。因为是依靠C_1和C_2的串联分压从$\dot{U}_o$产生$\dot{U}_f$，C_1和C_2构成反馈网络，所以这种电路称为电容反馈三端式振荡器，简称电容三端式振荡器。图3.2.6(b)中，LC回路主要包括一个电容C和两个电感L_1和L_2。$\dot{U}_o$和$\dot{U}_f$在L_1和L_2串联构成的电感支路上，L_1和L_2的串联分压决定了

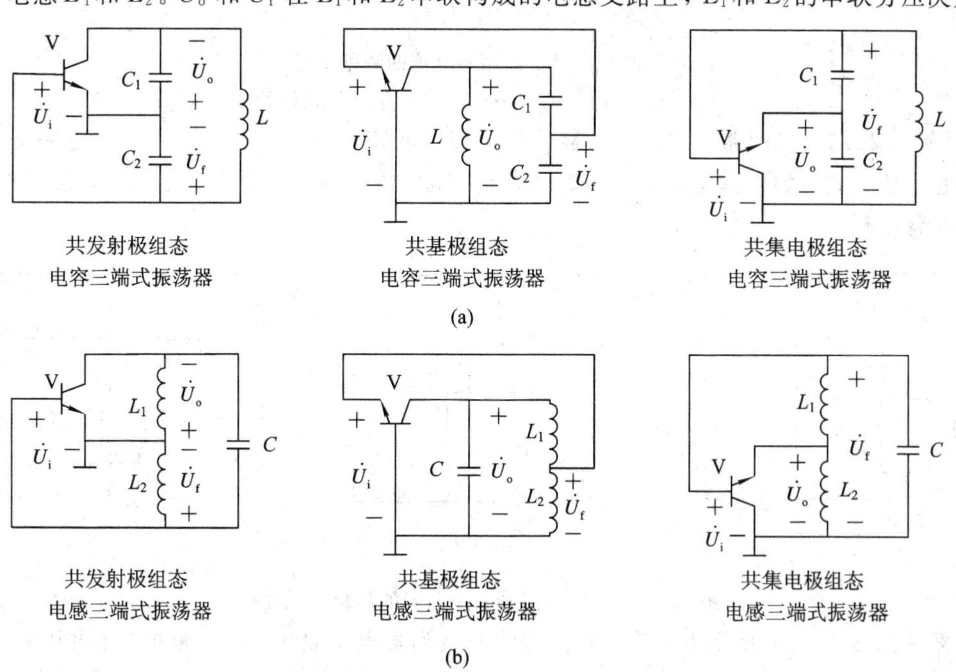

图3.2.6　基本类型的三端式振荡器的简化交流通路

(a) 三种放大器组态的电容三端式振荡器；(b) 三种放大器组态的电感三端式振荡器

二者关系，L_1 和 L_2 构成反馈网络，这种电路称为电感反馈三端式振荡器，简称电感三端式振荡器。

在三端式振荡器及其衍生电路如石英晶体振荡器中，经常通过多回路的设计来限制振荡频率的取值范围。多回路三端式振荡器把部分电抗替换为局部的 LC 并联谐振回路或 LC 串联谐振回路，这些 LC 回路失谐工作，等效为“射同基反”所需的电感或电容。忽略电阻时，LC 回路的电抗为 $\mathrm{j}X$，如果 $X>0$，则等效为电感，即 $\mathrm{j}X=\mathrm{j}\omega_{osc}L$，如果 $X<0$，则等效为电容，即 $\mathrm{j}X=-\mathrm{j}/(\omega_{osc}C)$，其中，$\omega_{osc}$ 为振荡频率。图 3.2.7(a)为 LC 并联谐振回路的电抗的频率特性，ω_0 为谐振频率。当 $\omega_{osc}<\omega_0$ 时，$X>0$，回路失谐并呈感性；当 $\omega_{osc}>\omega_0$ 时，$X<0$，回路失谐并呈容性。LC 串联谐振回路的电抗的频率特性如图 3.2.7(b)所示，当 $\omega_{osc}<\omega_0$ 时，$X<0$，回路失谐并呈容性；当 $\omega_{osc}>\omega_0$ 时，$X>0$，回路失谐并呈感性。为了满足“射同基反”，各个回路都用谐振频率限制了振荡频率的取值范围，振荡频率只能在所有范围的公共区间内取值。

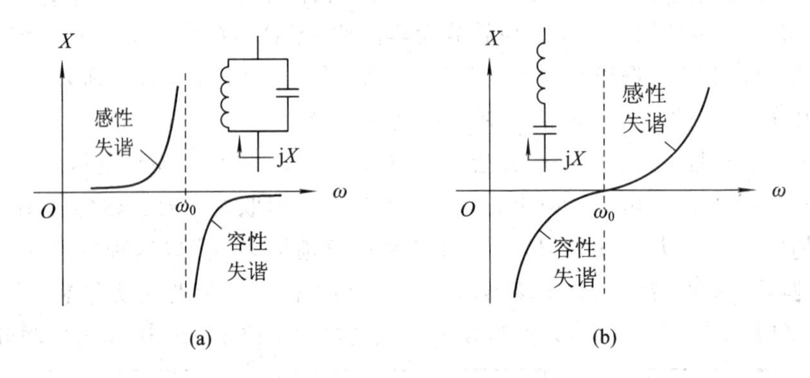

图 3.2.7　LC 回路的电抗的频率特性

(a) LC 并联谐振回路；(b) LC 串联谐振回路

【例 3.2.2】 多回路三端式振荡器的简化交流通路如图 3.2.8 所示，判断电路是否满足相位平衡条件。如果满足条件，确定振荡频率 ω_{osc} 的范围；如果不满足条件，说明原因，并提出修改措施。

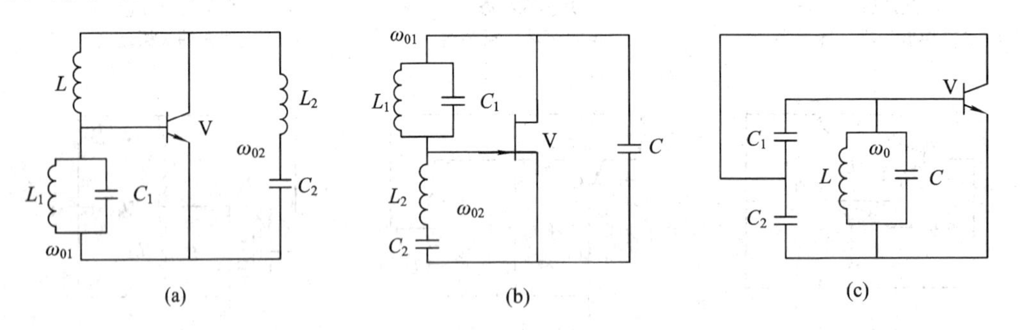

图 3.2.8　多回路三端式振荡器的简化交流通路

解　图 3.2.8(a)所示电路中，晶体管的基极到集电极是电感 L，根据“射同基反”，从基极到发射极的 LC 并联谐振回路应失谐并呈容性，从发射极到集电极的 LC 串联谐振回路也应失谐并呈容性。电感 L_1 和电容 C_1 构成的 LC 并联谐振回路的谐振频率 $\omega_{01}=1/\sqrt{L_1C_1}$，根据图 3.2.7(a)，容性失谐要求 $\omega_{osc}>\omega_{01}$。电感 L_2 和电容 C_2 构成的 LC 串联谐

振回路的谐振频率 $\omega_{02}=1/\sqrt{L_2C_2}$，根据图 3.2.7(b)，容性失谐要求 $\omega_{osc}<\omega_{02}$。所以该电路可以满足相位平衡条件，振荡频率的范围为 $\omega_{01}<\omega_{osc}<\omega_{02}$。作为前提，该区间应该存在，即 $1/\sqrt{L_1C_1}<1/\sqrt{L_2C_2}$，所以元件取值要满足 $L_1C_1>L_2C_2$。

图 3.2.8(b)所示电路中，场效应管的源极到漏极是电容 C，根据"源同栅反"，从源极到栅极的 LC 串联谐振回路应失谐并呈容性，从栅极到漏极的 LC 并联谐振回路应失谐并呈感性。该电路可以满足相位平衡条件，根据图 3.2.7，可以得到振荡频率的范围为

$$\omega_{osc}<\min(\omega_{01},\omega_{02})=\min\left(\frac{1}{\sqrt{L_1C_1}},\frac{1}{\sqrt{L_2C_2}}\right)$$

图 3.2.8(c)所示电路中，晶体管的发射极到集电极是电容 C_2，根据"射同基反"，发射极到基极的 LC 并联谐振回路应该容性失谐，而基极到集电极应该是电感而非电容 C_1，所以电路不符合"射同基反"的设计要求，不满足相位平衡条件。修改时，可以把 C_1 替换为电感，并使 LC 并联谐振回路容性失谐，构成电容三端式振荡器，或者把 C_2 替换为电感，并使 LC 并联谐振回路感性失谐，构成电感三端式振荡器。

2. 三端式振荡器的振荡频率和振幅起振条件

三端式振荡器的深入分析包括计算振荡频率并推导振幅起振条件对元器件参数的要求，以图 3.2.9(a)所示的共基极组态电容三端式振荡器为例，这里给出两种基本分析方法。图 3.2.4(a)也是共基极组态电容三端式振荡器，与其比较，图 3.2.9(a)的电路把电感 L 更改了位置，LC 并联谐振回路仍然由 L 和电容 C_1、C_2 为主构成。与 L 串联的 r 是电感的损耗电阻，电容的损耗相对较小，可以忽略。原来电感的位置增加了电阻 R_C，R_C 既用作直流偏置，也在交流通路中与负载电阻 R_L 并联，并与 r 折算出的空载谐振电阻 R_{e0} 并联，构成交流负载，如图 3.2.9(b)所示。$R_{e0}=L/(C_\Sigma r)$，C_Σ 为电容支路的总电容。可以对比图 3.2.9(b)与图 3.2.4(b)，看出两个电路的交流通路的差异。图 3.2.9(c)和图 3.2.4(c)所示的两个电路的简化交流通路相同。

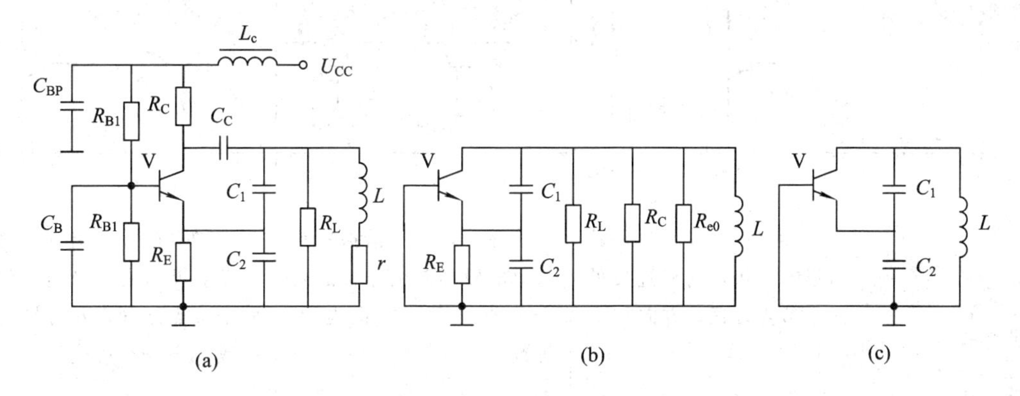

图 3.2.9　共基极组态电容三端式振荡器

(a) 原电路；(b) 交流通路；(c) 简化交流通路

第一种分析方法可以严格地计算振荡频率并推导振幅起振条件。图 3.2.9(b)所示的交流通路可以改画为图 3.2.10(a)所示的结构，并根据表 3.2.2 在电路中标注出净输入电压 $\dot{U}_i$、输出电压 $\dot{U}_o$ 和反馈电压 $\dot{U}_f$ 的位置和方向。放大器是共基极放大器，$\dot{U}_i$ 加在发射极与基极之间，选择发射极为正极，基极为负极。输出电流是集电极电流 $\dot{I}_c$，参考 $\dot{U}_i$ 的方

向，$\dot{I}_c$ 流出晶体管。$\dot{U}_o$ 在 LC 并联谐振回路与集电极和基极连接的两个节点之间，方向与 $\dot{I}_c$ 一致。在 LC 回路与 $\dot{U}_i$ 连接的两个节点之间是 $\dot{U}_f$，因为电路采用“射同基反”的设计满足了相位平衡条件，所以 $\dot{U}_f$ 的方向与 $\dot{U}_i$ 一致。

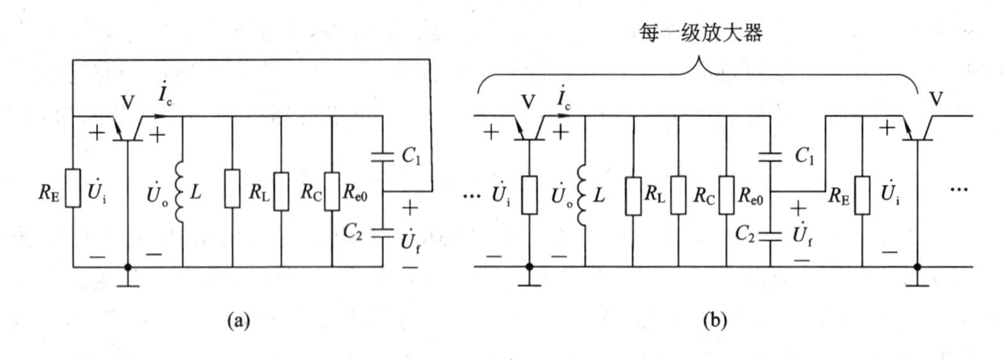

图 3.2.10　共基极组态电容三端式振荡器的交流通路

(a) 拆环前的结构；(b) 拆环后的结构

表 3.2.2　三端式振荡器中信号的位置和方向

步骤	晶体管放大器的组态		
	共发射极	共基极	共集电极
1. 标注净输入电压 $\dot{U}_i$ 的位置和方向	$\dot{U}_i$ 加在基极与发射极之间，方向任选	$\dot{U}_i$ 加在发射极与基极之间，方向任选	$\dot{U}_i$ 加在基极与集电极之间，方向任选
2. 标注输出电流 $\dot{I}_o$ 的位置和方向	$\dot{I}_o$ 是集电极电流 $\dot{I}_c$，$\dot{I}_c$ 方向与 $\dot{U}_i$ 方向的关系如图所示	$\dot{I}_o$ 是集电极电流 $\dot{I}_c$，$\dot{I}_c$ 方向与 $\dot{U}_i$ 方向的关系如图所示	$\dot{I}_o$ 是发射极电流 $\dot{I}_e$，$\dot{I}_e$ 方向与 $\dot{U}_i$ 方向的关系如图所示
3. 标注输出电压 $\dot{U}_o$ 的位置和方向	$\dot{U}_o$ 在 LC 并联谐振回路与集电极和发射极连接的两个节点之间，方向与 $\dot{I}_c$ 一致	$\dot{U}_o$ 在 LC 并联谐振回路与集电极和基极连接的两个节点之间，方向与 $\dot{I}_c$ 一致	$\dot{U}_o$ 在 LC 并联谐振回路与发射极和集电极连接的两个节点之间，方向与 $\dot{I}_e$ 一致
4. 标注反馈电压 $\dot{U}_f$ 的位置和方向	$\dot{U}_f$ 在 LC 并联谐振回路与 $\dot{U}_i$ 连接的两个节点之间，方向与 $\dot{U}_i$ 一致		

图 3.2.10(a)经过拆环得到的电路如图 3.2.10(b)所示，原交流通路等效成了一个多级放大器，各级放大器的电路结构和电压分布相同。$\dot{U}_i$ 经过前级放大器放大，产生 $\dot{U}_o$ 和 $\dot{U}_f$，$\dot{U}_f$ 又成为后级放大器的 $\dot{U}_i$。每一级放大器的交流等效电路如图 3.2.11 所示，其中的晶体管用共基极组态交流小信号模型取代，模型包括发射结交流电阻 r_e、结电容 $C_{b'e}$，以及电压控制电流源 $\dot{g}_m\dot{U}_{be}$，$\dot{U}_{be}$ 为发射结上的交流电压，$\dot{g}_m=g_m e^{j\varphi_Y}$ 为晶体管的交流跨导，其中引入了晶体管的相移 φ_Y。该晶体管模型是线性模型，适用于刚起振时交流信号振幅较小的情况，所以交流等效电路也适用于刚起振时的分析。因为决定振荡频率的相位平衡条件和相位起振条件相同，所以该交流等效电路可以用来计算振荡频率并推导振幅起振条件。在交流等效电路中，可以看到放大器的负载——完整的 LC 并联谐振回路，包括电感 L、电阻 R_L、R_C 和 R_{e0}、电容 C_1 和 C_2、电阻 R_E 和 r_e、电容 $C_{b'e}$。其中，R_E、r_e 和 $C_{b'e}$ 构成下级放大器的输入回路，代表拆环前放大器的输入回路通过反馈网络对其负载的影响。

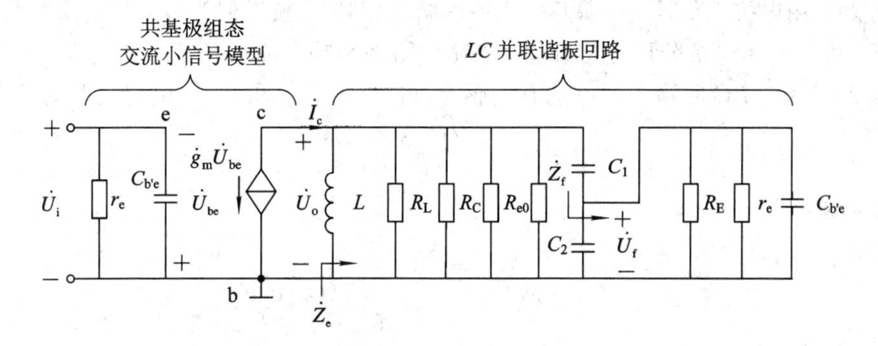

图 3.2.11　拆环后每一级放大器的交流等效电路

LC 回路的阻抗记为 $\dot{Z}_e$，C_2、R_E、r_e、$C_{b'e}$ 并联部分的阻抗记为 $\dot{Z}_f$。根据定义，放大器的开环增益 $\dot{A}$ 为放大器的电压放大倍数，即

$$\dot{A}=\frac{\dot{U}_o}{\dot{U}_i}=\frac{\dot{I}_c\dot{Z}_e}{-\dot{U}_{be}}=\frac{-\dot{g}_m\dot{U}_{be}\dot{Z}_e}{-\dot{U}_{be}}=\dot{g}_m\dot{Z}_e \tag{3.2.1}$$

反馈网络的反馈系数为

$$\dot{F}=\frac{\dot{U}_f}{\dot{U}_o}=\frac{\dot{Z}_f}{\dfrac{1}{j\omega C_1}+\dot{Z}_f}$$

$\dot{A}$、$\dot{F}$ 相乘的结果可以表示为

$$\begin{aligned}\dot{A}\dot{F}&=\dot{g}_m\dot{Z}_e\frac{\dot{Z}_f}{\dfrac{1}{j\omega C_1}+\dot{Z}_f}\\&=\mathrm{Re}(\dot{g}_m,L,R_L,R_C,R_{e0},C_1,C_2,R_E,r_e,C_{b'e},\omega)\\&\quad+\mathrm{Im}(\dot{g}_m,L,R_L,R_C,R_{e0},C_1,C_2,R_E,r_e,C_{b'e},\omega)\end{aligned} \tag{3.2.2}$$

其中，Re 和 Im 分别代表 $\dot{A}\dot{F}$ 的实部和虚部，它们都与括号中列出的元器件参数以及频率 ω 有关，有具体的表达式。

相位平衡条件 $\varphi_A+\varphi_F=0$ 说明 $\dot{A}\dot{F}$ 的虚部为零，即

$$\mathrm{Im}(\dot{g}_m,L,R_L,R_C,R_{e0},C_1,C_2,R_E,r_e,C_{b'e},\omega)=0 \tag{3.2.3}$$

式(3.2.3)是关于 ω 的方程，可以根据 Im 的具体表达式求解出振荡频率 ω_{osc}。式(3.2.2)

中，将 ω 用 ω_{osc} 替换，则其虚部为零，只剩实部，$\dot{A}\dot{F}$ 变为 AF。于是，振幅起振条件为

$$AF = \text{Re}(\dot{g}_{\text{m}}, L, R_{\text{L}}, R_{\text{C}}, R_{\text{e0}}, C_1, C_2, R_{\text{E}}, r_{\text{e}}, C_{\text{b'e}}, \omega_{\text{osc}}) > 1 \tag{3.2.4}$$

可以根据式(3.2.4)的具体表达式得到振幅起振条件对元器件参数的要求。

第一种分析方法计算的振荡频率和推导的振幅起振条件都是严格的结果，但是这种方法需要将电路中的电阻和电抗合到一起，写出有关阻抗的复杂表达式，振荡频率和振幅起振条件也合到一起做推导和计算，操作比较困难。为了降低分析难度，在工程应用中，可以采取第二种分析方法，通过近似处理，把电路中的电阻和电抗分离，只利用电抗计算振荡频率，再利用电阻推导振幅起振条件。

第二种分析方法把相位平衡条件中的三个较小的相移都近似为零。首先，晶体管的相移 φ_{Y} 被近似为零，于是交流跨导 $\dot{g}_{\text{m}}$ 恢复实数形式 g_{m}。其次，负载即 LC 并联谐振回路的相移 φ_{Z} 被近似为零，于是 LC 回路的阻抗 $\dot{Z}_{\text{e}}$ 变为谐振电阻 R_{e}，且振荡频率 ω_{osc} 变为谐振频率 ω_0，可以只用电抗近似计算。最后，反馈网络的相移 φ_{F} 被近似为零，于是反馈系数 $\dot{F}$ 成为实数 F，可以只用电抗分压近似计算，忽略电阻的影响。

图 3.2.11 中，LC 回路中的电抗有电感 L，电容 C_1、C_2 和 $C_{\text{b'e}}$，电容支路的总电容为

$$C_{\Sigma} = \frac{C_1(C_2 + C_{\text{b'e}})}{C_1 + (C_2 + C_{\text{b'e}})}$$

于是，振荡频率为

$$\omega_{\text{osc}} \approx \omega_0 = \frac{1}{\sqrt{LC_{\Sigma}}} = \frac{1}{\sqrt{L\dfrac{C_1(C_2 + C_{\text{b'e}})}{C_1 + (C_2 + C_{\text{b'e}})}}}$$

根据 $\dot{U}_{\text{f}}$ 和 $\dot{U}_{\text{o}}$ 的位置，与反馈系数有关的电抗有 C_1、C_2 和 $C_{\text{b'e}}$，反馈系数为

$$F \approx \frac{\dfrac{1}{\text{j}\omega(C_2 + C_{\text{b'e}})}}{\dfrac{1}{\text{j}\omega C_1} + \dfrac{1}{\text{j}\omega(C_2 + C_{\text{b'e}})}} = \frac{C_1}{C_1 + (C_2 + C_{\text{b'e}})} \tag{3.2.5}$$

因为 $\dot{g}_{\text{m}} = g_{\text{m}}$，$\dot{Z}_{\text{e}} = R_{\text{e}}$，式(3.2.1)演变为 $A = g_{\text{m}}R_{\text{e}}$，所以，振幅起振条件可以表示为

$$g_{\text{m}}R_{\text{e}}F > 1 \tag{3.2.6}$$

需要说明，$A = g_{\text{m}}R_{\text{e}}$ 中的 g_{m} 是放大器的交流输出电流与交流输入电压之比，即 g_{m} 为放大器的交流跨导，因为该电路中放大器和晶体管的输入电压相同，输出电流也相同，所以 g_{m} 就取晶体管的交流跨导。式(3.2.6)中的谐振电阻 R_{e} 可以根据能量守恒计算。R_{e} 位于输出电压 $\dot{U}_{\text{o}}$ 的位置，上面的电压就是 $\dot{U}_{\text{o}}$。图 3.2.11 中，电阻 R_{L}、R_{C} 和 R_{e0} 上的电压也是 $\dot{U}_{\text{o}}$，电阻 R_{E} 和 r_{e} 上是反馈电压 $\dot{U}_{\text{f}}$。在 R_{e} 上消耗的交流功率等于电路中实际的各个电阻消耗的交流功率之和，即

$$\frac{1}{2}\frac{U_{\text{o}}^2}{R_{\text{e}}} = \frac{1}{2}\frac{U_{\text{o}}^2}{R_{\text{L}}} + \frac{1}{2}\frac{U_{\text{o}}^2}{R_{\text{C}}} + \frac{1}{2}\frac{U_{\text{o}}^2}{R_{\text{e0}}} + \frac{1}{2}\frac{U_{\text{f}}^2}{R_{\text{E}}} + \frac{1}{2}\frac{U_{\text{f}}^2}{r_{\text{e}}}$$

$$\frac{1}{R_{\text{e}}} = \frac{1}{R_{\text{L}}} + \frac{1}{R_{\text{C}}} + \frac{1}{R_{\text{e0}}} + \frac{F^2}{R_{\text{E}}} + \frac{F^2}{r_{\text{e}}}$$

即

$$R_{\text{e}} = R_{\text{L}} \parallel R_{\text{C}} \parallel R_{\text{e0}} \parallel \frac{R_{\text{E}} \parallel r_{\text{e}}}{F^2} \tag{3.2.7}$$

将式(3.2.5)和式(3.2.7)代入式(3.2.6)，得到振幅起振条件的具体表达式，给出了对元

器件参数的要求

$$g_m\left\{R_L \parallel R_C \parallel R_{e0} \parallel \frac{R_E \parallel r_e}{\left[\dfrac{C_1}{C_1+(C_2+C_{b'e})}\right]^2}\right\}\frac{C_1}{C_1+(C_2+C_{b'e})}>1 \qquad (3.2.8)$$

因为采用"射同基反"的设计满足了相位平衡条件，所以电路能否振荡取决于振幅起振条件是否满足。式(3.2.8)表明，较大的 g_m、R_L、R_C、R_{e0} 和 R_E 有利于起振，由 C_1、C_2 和 $C_{b'e}$ 决定的 F 既出现在表达式中的分母上，也单独作为一个乘积项，所以 F 的取值应该适中，太大或太小都会破坏振幅起振条件。

【例 3.2.3】 共发射极组态电容三端式振荡器如图 3.2.12(a)所示，已知晶体管的交流输入电阻 r_{be}、发射结电容 $C_{b'e}$ 和交流跨导 g_m，其余元件参数在图中给出。推导振荡频率 ω_{osc} 和振幅起振条件的表达式。

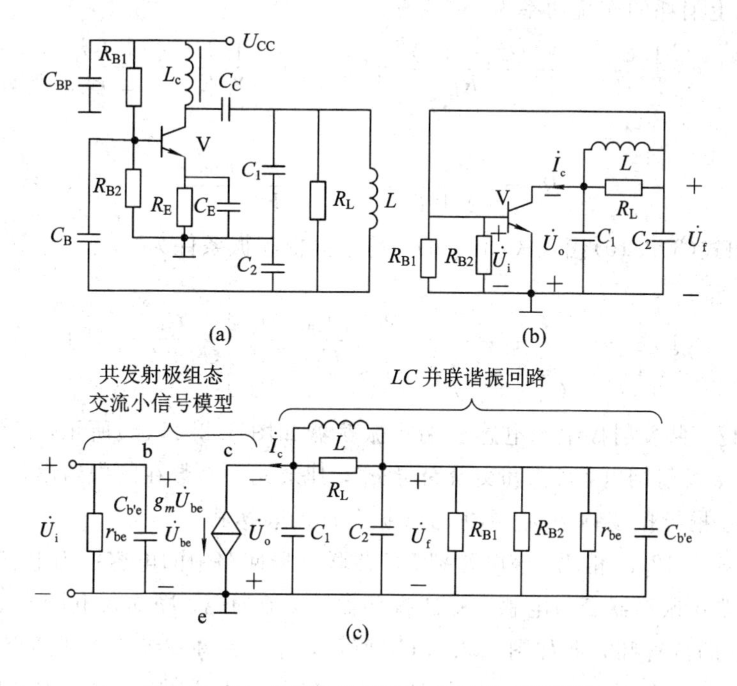

图 3.2.12　共发射极组态电容三端式振荡器

(a) 原电路；(b) 交流通路；(c) 拆环后每一级放大器的交流等效电路

解　原电路中，高频扼流圈 L_c 配合旁路电容 C_{BP} 引入电压源 U_{CC}，并使集电极直流偏置电压为 U_{CC}。交流通路如图 3.2.12(b)所示，根据表 3.2.2 在电路中标注出净输入电压 $\dot{U}_i$、输出电压 $\dot{U}_o$ 和反馈电压 $\dot{U}_f$ 的位置和方向。放大器是共发射极放大器，$\dot{U}_i$ 加在基极与发射极之间，选择基极为正极，发射极为负极。输出电流是集电极电流 $\dot{I}_c$，参考 $\dot{U}_i$ 的方向，$\dot{I}_c$ 流入晶体管。$\dot{U}_o$ 在 LC 并联谐振回路与集电极和发射极连接的两个节点之间，方向与 $\dot{I}_c$ 一致。在 LC 回路与 $\dot{U}_i$ 连接的两个节点之间是 $\dot{U}_f$，$\dot{U}_f$ 的方向与 $\dot{U}_i$ 一致。经过拆环，每一级放大器的交流等效电路如图 3.2.12(c)所示，其中晶体管用共发射极组态交流小信号模型取代，模型包括交流输入电阻 r_{be}、结电容 $C_{b'e}$，以及电压控制电流源 $g_m\dot{U}_{be}$，g_m 为晶体管的交流跨导，放大器和晶体管的输入电压相同，输出电流也相同，所以 g_m 也是放大器的交流跨导，$\dot{U}_{be}$ 为发射结上的交流电压。

图 3.2.12(c)中，电容支路的总电容为

$$C_{\Sigma}=\frac{C_1(C_2+C_{b'e})}{C_1+(C_2+C_{b'e})}$$

于是，振荡频率为

$$\omega_{osc}\approx\omega_0=\frac{1}{\sqrt{LC_{\Sigma}}}=\frac{1}{\sqrt{L\dfrac{C_1(C_2+C_{b'e})}{C_1+(C_2+C_{b'e})}}}$$

根据 $\dot{U}_f$ 和 $\dot{U}_o$ 的位置，反馈系数为

$$F\approx\frac{\dfrac{1}{j\omega(C_2+C_{b'e})}}{\dfrac{1}{j\omega C_1}}=\frac{C_1}{C_2+C_{b'e}} \tag{3.2.9}$$

在谐振电阻 R_e上消耗的交流功率为

$$\frac{1}{2}\frac{U_o^2}{R_e}=\frac{1}{2}\frac{(U_o+U_f)^2}{R_L}+\frac{1}{2}\frac{U_f^2}{R_{B1}}+\frac{1}{2}\frac{U_f^2}{R_{B2}}+\frac{1}{2}\frac{U_f^2}{r_{be}}$$

即

$$R_e=\frac{R_L}{(1+F)^2}\parallel\frac{R_{B1}\parallel R_{B2}\parallel r_{be}}{F^2} \tag{3.2.10}$$

将式(3.2.9)和式(3.2.10)代入式(3.2.6)，得到振幅起振条件为

$$g_m\left[\frac{R_L}{\left(1+\dfrac{C_1}{C_2+C_{b'e}}\right)^2}\parallel\frac{R_{B1}\parallel R_{B2}\parallel r_{be}}{\left(\dfrac{C_1}{C_2+C_{b'e}}\right)^2}\right]\frac{C_1}{C_2+C_{b'e}}>1$$

【例 3.2.4】 共发射极组态电感三端式振荡器如图 3.2.13(a)所示，已知晶体管的交流输入电阻 r_{be}、发射结电容 $C_{b'e}$和交流跨导 g_m，其余元件参数在图中给出，不计电感 L_1和 L_2之间的互感。推导振荡频率 ω_{osc}和振幅起振条件的表达式。

解 与图 3.2.12(a)相比，该电路把 LC 并联谐振回路中的电容换为电感，电感换为电容，从电容三端式振荡器变为电感三端式振荡器。交流通路、净输入电压 $\dot{U}_i$、输出电压 $\dot{U}_o$ 和反馈电压 $\dot{U}_f$ 的位置和方向如图 3.2.13(b)所示，拆环后每一级放大器的交流等效电路如图 3.2.13(c)所示。在 LC 回路中，L_2与晶体管的发射结电容 $C_{b'e}$并联，但是因为电感三端式振荡器的振荡频率较低，$C_{b'e}$的阻抗远大于 L_2的阻抗，所以可以认为 $C_{b'e}$近似开路。

图 3.2.13(c)中，电感支路的总电感 $L_{\Sigma}=L_1+L_2$，于是，振荡频率为

$$\omega_{osc}\approx\omega_0=\frac{1}{\sqrt{L_{\Sigma}C}}=\frac{1}{\sqrt{(L_1+L_2)C}}$$

根据 $\dot{U}_f$ 和 $\dot{U}_o$ 的位置，反馈系数为

$$F\approx\frac{j\omega L_2}{j\omega L_1}=\frac{L_2}{L_1} \tag{3.2.11}$$

在谐振电阻 R_e上消耗的交流功率为

$$\frac{1}{2}\frac{U_o^2}{R_e}=\frac{1}{2}\frac{(U_o+U_f)^2}{R_L}+\frac{1}{2}\frac{U_f^2}{R_{B1}}+\frac{1}{2}\frac{U_f^2}{R_{B2}}+\frac{1}{2}\frac{U_f^2}{r_{be}}$$

即

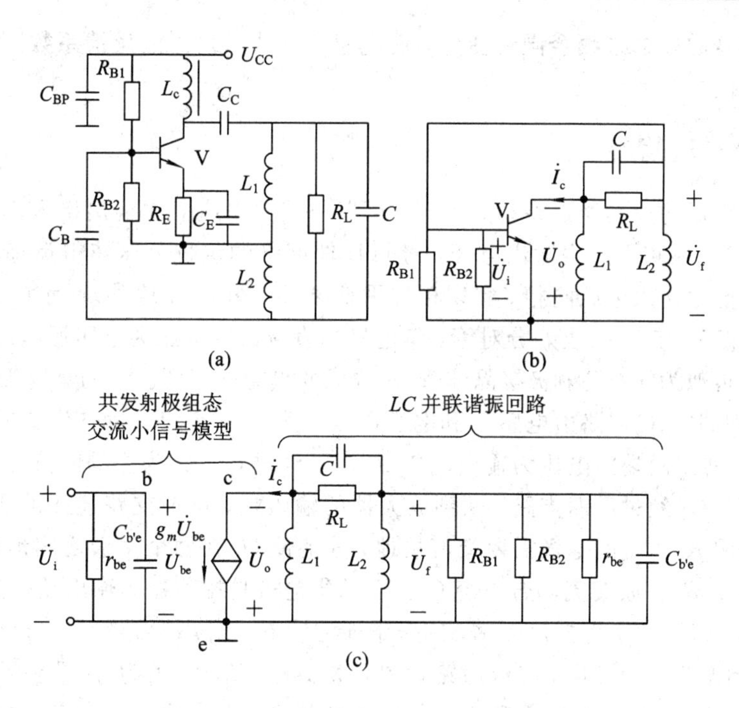

图 3.2.13　共发射极组态电感三端式振荡器

(a) 原电路；(b) 交流通路；(c) 拆环后每一级放大器的交流等效电路

$$R_e = \frac{R_L}{(1+F)^2} \parallel \frac{R_{B1} \parallel R_{B2} \parallel r_{be}}{F^2} \tag{3.2.12}$$

将式(3.2.11)和式(3.2.12)代入式(3.2.6)，得到振幅起振条件为

$$g_m \left[\frac{R_L}{\left(1+\frac{L_2}{L_1}\right)^2} \parallel \frac{R_{B1} \parallel R_{B2} \parallel r_{be}}{\left(\frac{L_2}{L_1}\right)^2} \right] \frac{L_2}{L_1} > 1$$

对比例 3.2.3 的电容三端式振荡器和例 3.2.4 的电感三端式振荡器，可以得出如下结论。

电容三端式振荡器的反馈网络主要由如图 3.2.12 所示的电容 C_1、C_2 和 $C_{b'e}$ 构成，电容对高次谐波呈现的阻抗较小，谐波的反馈电压也较小，因此对振荡产生的基波的影响较小，基波的正弦波质量较好。有源器件的极间电容，如晶体管的极间电容 $C_{b'e}$ 还有 C_{ce} 与 C_1 和 C_2 并联，共同决定振荡频率、反馈系数和振幅起振条件。振荡频率较高时，C_1 和 C_2 取值很小，甚至可以不用，完全由 $C_{b'e}$ 和 C_{ce} 构成电容支路，所以电容三端式振荡器的振荡频率较高，可以达到上千兆赫兹。

电感三端式振荡器的反馈网络主要由如图 3.2.13 所示的电感 L_1 和 L_2 构成，电感对高次谐波呈现的阻抗较大，谐波的反馈电压较大，对振荡产生的基波的正弦波波形影响较大。晶体管的极间电容 $C_{b'e}$ 和 C_{ce} 与 L_1 和 L_2 并联。振荡频率较低时，$C_{b'e}$ 和 C_{ce} 的阻抗较大，影响较小。振荡频率较高时，$C_{b'e}$ 和 C_{ce} 的影响较大，与 L_1 和 L_2 构成多回路三端式振荡器，为了维持各个 LC 并联谐振回路的感性，振荡频率要小于其谐振频率，所以电感三端式振荡器的振荡频率较低，只能达到几十兆赫兹。但是，通过调整电容来改变振荡频率时，电容三端式振荡器的反馈系数会同时变化，而电感三端式振荡器的反馈系数则不受影响，调整频率更为方便。

3.2.3 差分对振荡器

差分对振荡器的放大器是差动放大器，可以单端输出或双端输出接入 LC 并联谐振回路，放大器在 LC 回路上产生输出电压，经过反馈网络的阻抗分压获得反馈电压，反馈支路使反馈电压与净输入电压同相，实现相位平衡条件。图 3.2.14(a)所示的差分对振荡器中，两个晶体管 V_1 和 V_2 构成差分对管，集电极的直流偏置电压为电压源电压 U_{CC}，基极的直流偏置电压近似为零，发射极接晶体管 V_3 构成的单管电流源。V_2 的集电极单端输出，接 LC 并联谐振回路，LC 回路由电感 L 和电容 C_1、C_2 为主构成，R_{e0} 为空载谐振电阻，代表电感的损耗，LC 回路两端的电压为输出电压 $\dot{U}_o$。$\dot{U}_o$ 经过 C_1、C_2 为主的阻抗分压，在 C_1 上产生反馈电压 $\dot{U}_f$。$\dot{U}_f$ 经过反馈支路，回到放大器的输入端，反馈支路连接的 V_1 的基极到接地端之间有电阻 R_B，V_2 的基极需要交流接地，才能使 $\dot{U}_f$ 在两个基极之间形成净输入电压 $\dot{U}_i$，所以给 V_2 的 R_B 并联交流耦合电容 C_B。V_1 的集电极是振荡器的输出端，也接了一个 LC 并联谐振回路，谐振频率为振荡频率，用作带通滤波器，该 LC 回路不参与反馈，所接负载电阻 R_L 不影响振荡器的工作。交流通路如图 3.2.14(b)所示，因为 $\dot{U}_i$ 是差模输入电压，所以 V_1 和 V_2 的发射极交流电流 $\dot{I}_{e1}$ 和 $\dot{I}_{e2}$ 反向，构成横向的连续电流，不流过电流源，电流源在交流通路中开路。

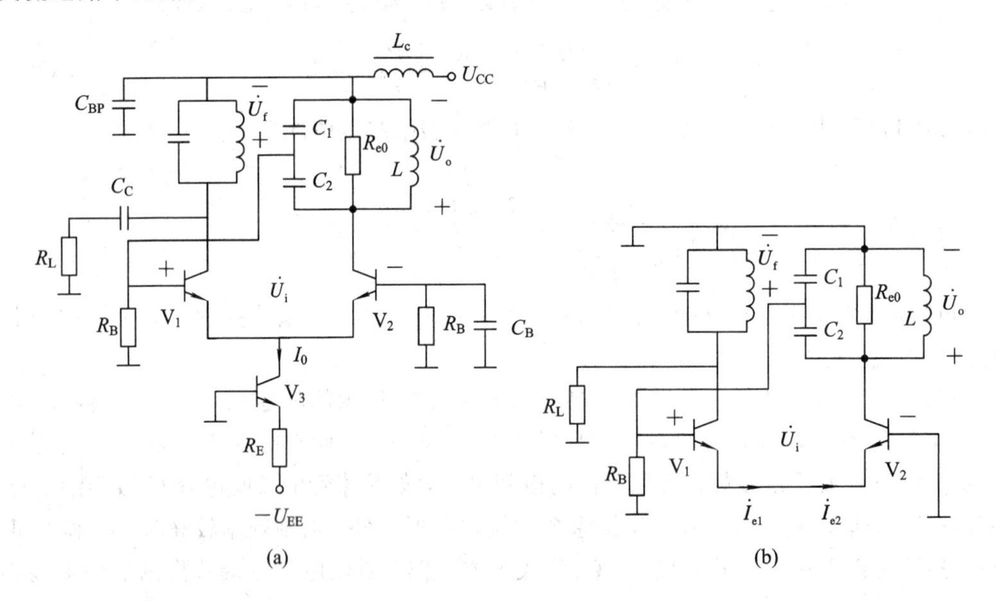

图 3.2.14 差分对振荡器

(a) 原电路；(b) 交流通路

根据电路是单端输出还是双端输出，反馈网络由电容构成还是电感构成，可以把差分对振荡器分为四种结构，如图 3.2.15 所示。

为简明起见，图 3.2.15 中，代表电感损耗的空载谐振电阻 R_{e0} 并联入负载电阻 R_L，并将 R_L 直接接入 LC 并联谐振回路。根据表 3.2.3，电路中标注出了净输入电压 $\dot{U}_i$、输出电

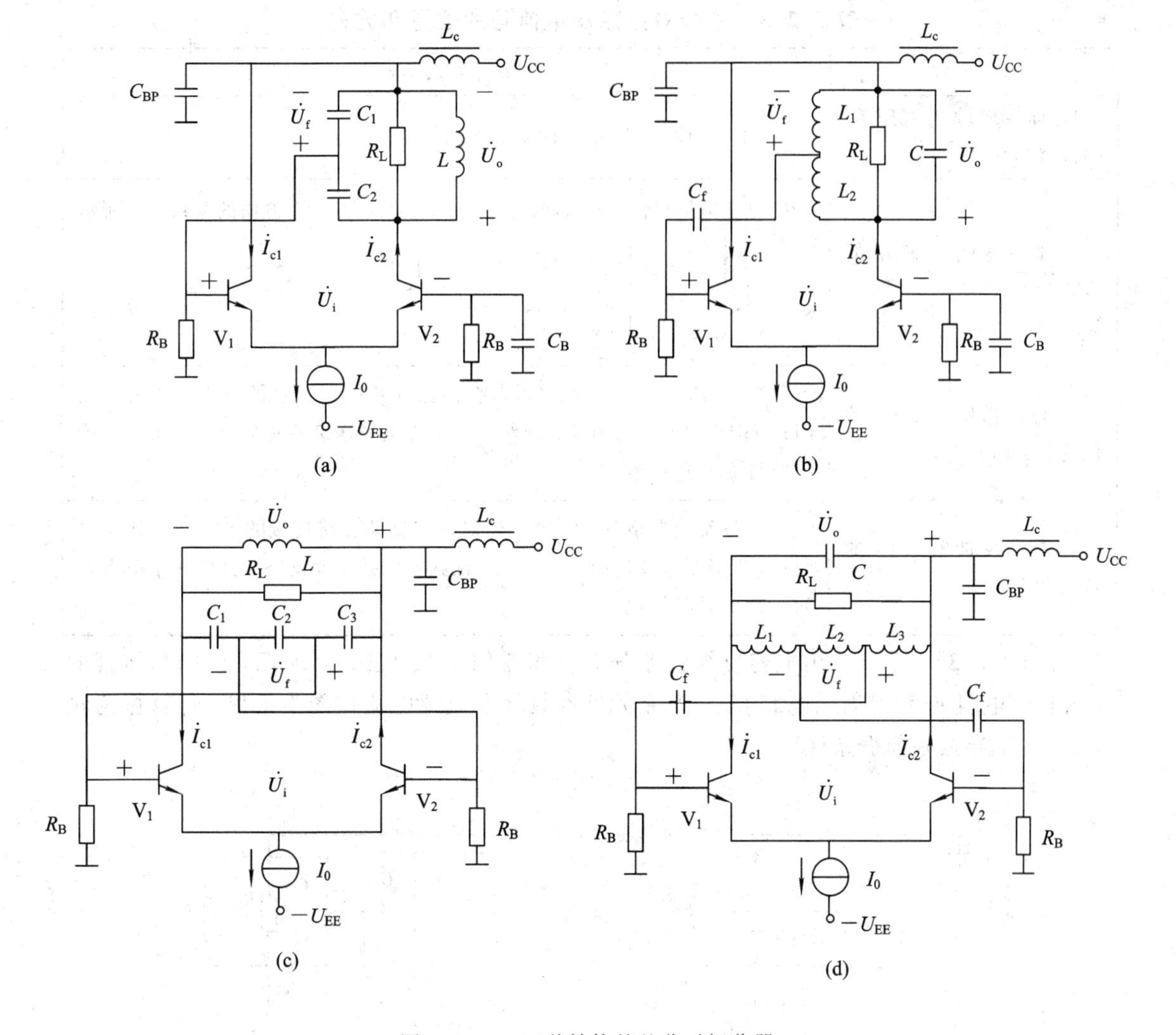

图 3.2.15　四种结构的差分对振荡器

(a) 单端输出电容反馈；(b) 单端输出电感反馈；(c) 双端输出电容反馈；(d) 双端输出电感反馈

压 $\dot{U}_o$ 和反馈电压 $\dot{U}_f$ 的位置和方向。单端输出和双端输出的电感反馈式差分对振荡器需要在反馈支路接入交流耦合电容 C_f，隔离电感支路和基极上不相等的直流偏置电压。图 3.2.15 所示的四个电路的 $\dot{U}_f$ 与 $\dot{U}_i$ 同向，都满足相位平衡条件。从电路设计上看，为了满足相位平衡条件，单端输出的差分对振荡器需要反馈支路从一个晶体管的集电极所接的 LC 并联谐振回路上连接到另一个晶体管的基极，双端输出的差分对振荡器有两条反馈支路，它们从 LC 回路上出来，互相交叉，再连到两个晶体管的基极上。

差分对振荡器计算振荡频率和推导振幅起振条件的方法与三端式振荡器类似。因为每个晶体管都是基极输入，集电极输出，所以晶体管的模型应该用共发射极组态交流小信号模型。振幅起振条件 $g_mR_eF>1$ 中的 g_m 是差动放大器的交流跨导，不同于晶体管的交流跨导。

表 3.2.3　差分对振荡器中信号的位置和方向

步　　骤	差分对振荡器
1. 标注净输入电压 $\dot{U}_i$ 的位置和方向	$\dot{U}_i$ 加在晶体管 V_1 和 V_2 的基极之间，方向任选
2. 标注输出电流 $\dot{I}_o$ 的位置和方向	$\dot{I}_o$ 是集电极电流 $\dot{I}_{c1}$ 或(和)$\dot{I}_{c2}$，$\dot{I}_{c1}$、$\dot{I}_{c2}$ 的方向与 $\dot{U}_i$ 方向的关系如图所示 + $\dot{I}_{c1}$ $\dot{I}_{c2}$ − $\dot{U}_i$ V_1 V_2　　− $\dot{I}_{c1}$ $\dot{I}_{c2}$ + $\dot{U}_i$ V_1 V_2
3. 标注输出电压 $\dot{U}_o$ 的位置和方向	单端输出时，$\dot{U}_o$ 在 LC 并联谐振回路和集电极连接的节点与接地端之间；双端输出时，$\dot{U}_o$ 在 LC 回路与两个集电极连接的两个节点之间。$\dot{U}_o$ 的方向与 $\dot{I}_{c1}$、$\dot{I}_{c2}$ 一致
4. 标注反馈电压 $\dot{U}_f$ 的位置和方向	有一条反馈支路时，$\dot{U}_f$ 在 LC 回路与反馈支路连接的节点与接地端之间；有两条反馈支路时，$\dot{U}_f$ 在 LC 回路与两条反馈支路连接的两个节点之间。$\dot{U}_f$ 的方向与 $\dot{U}_i$ 一致

【例 3.2.5】 单端输出电容反馈式差分对振荡器如图 3.2.16(a)所示，已知晶体管的交流输入电阻 r_{be} 和发射结电容 $C_{b'e}$，其余元件参数和电流源电流在图中给出。计算振荡频率 ω_{osc} 并推导振幅起振条件。

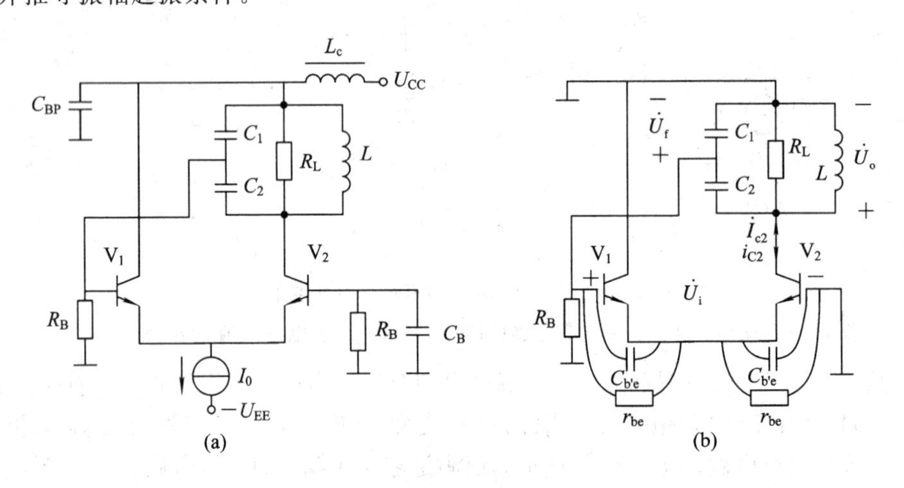

图 3.2.16　单端输出电容反馈式差分对振荡器
(a) 原电路；(b) 交流通路

解　交流通路如图 3.2.16(b)所示，为明确起见，电路画出了晶体管 V_1 和 V_2 的输入回路的 r_{be} 和 $C_{b'e}$。根据表 3.2.3 在电路中标注出净输入电压 $\dot{U}_i$、输出电压 $\dot{U}_o$ 和反馈电压 $\dot{U}_f$ 的位置和方向。$\dot{U}_i$ 加在 V_1 和 V_2 的基极之间，左边的基极为正极，右边的基极为负极。输出电流是集电极电流 $\dot{I}_{c2}$，参考 $\dot{U}_i$ 的方向，$\dot{I}_{c2}$ 流出 V_2。$\dot{U}_o$ 在 LC 并联谐振回路与集电极连接的节点与接地端之间，方向与 $\dot{I}_{c2}$ 一致。LC 回路与反馈支路连接的节点与接地端之间是 $\dot{U}_f$，$\dot{U}_f$ 的方向与 $\dot{U}_i$ 一致。

LC 回路中的电抗有电感 L，电容 C_1、C_2 和两个 $C_{b'e}$，两个 $C_{b'e}$ 串联，再与 C_1 并联。

电容支路的总电容为

$$C_{\Sigma}=\frac{C_2\left(C_1+\dfrac{C_{b'e}}{2}\right)}{C_2+\left(C_1+\dfrac{C_{b'e}}{2}\right)}$$

于是，振荡频率为

$$\omega_{osc}\approx\omega_0=\frac{1}{\sqrt{LC_{\Sigma}}}=\frac{1}{\sqrt{L\dfrac{C_2\left(C_1+\dfrac{C_{b'e}}{2}\right)}{C_2+\left(C_1+\dfrac{C_{b'e}}{2}\right)}}}$$

根据 $\dot{U}_f$ 和 $\dot{U}_o$ 的位置，反馈系数为

$$F\approx\frac{\dfrac{1}{j\omega\left(C_1+\dfrac{C_{b'e}}{2}\right)}}{\dfrac{1}{j\omega C_2}+\dfrac{1}{j\omega\left(C_1+\dfrac{C_{b'e}}{2}\right)}}=\frac{C_2}{C_2+\left(C_1+\dfrac{C_{b'e}}{2}\right)}\tag{3.2.13}$$

放大器的交流跨导 g_m 可以根据差动放大器的电流方程计算。刚起振时，交流信号振幅较小，差动放大器工作在线性区，以流入晶体管为正方向，V_2 的集电极电流为

$$i_{C2}=\frac{I_0}{2}\left(1-\text{th}\,\frac{u_i}{2U_T}\right)\approx\frac{I_0}{2}\left(1-\frac{u_i}{2U_T}\right)$$

其中，U_T 为热电压。i_{C2} 即为放大器的输出电流，将其对放大器的输入电压即净输入电压 u_i 求导，得

$$g_m=\left|\left.\frac{\partial i_{C2}}{\partial u_i}\right|_{u_i=0}\right|=\frac{I_0}{4U_T}\tag{3.2.14}$$

图 3.2.16(b)中，电阻 R_L 上的电压是 $\dot{U}_o$，电阻 R_B 上的电压是 $\dot{U}_f$，两个 r_{be} 串联，两端的电压也是 $\dot{U}_f$。在谐振电阻 R_e 上消耗的交流功率为

$$\frac{1}{2}\frac{U_o^2}{R_e}=\frac{1}{2}\frac{U_o^2}{R_L}+\frac{1}{2}\frac{U_f^2}{R_B}+\frac{1}{2}\frac{U_f^2}{2r_{be}}$$

即

$$R_e=R_L\parallel\frac{R_B\parallel 2r_{be}}{F^2}\tag{3.2.15}$$

将式(3.2.13)～式(3.2.15)代入式(3.2.6)，得到振幅起振条件为

$$\frac{I_0}{4U_T}\left\{R_L\parallel\frac{R_B\parallel 2r_{be}}{\left[\dfrac{C_2}{C_2+\left(C_1+\dfrac{C_{b'e}}{2}\right)}\right]^2}\right\}\frac{C_2}{C_2+\left(C_1+\dfrac{C_{b'e}}{2}\right)}>1$$

【例 3.2.6】 双端输出电感反馈式差分对振荡器如图 3.2.17(a)所示，已知晶体管的交流输入电阻 r_{be} 和发射结电容 $C_{b'e}$，其余元件参数和电流源电流在图中给出，不计电感

L_1、L_2和L_3之间的互感。计算振荡频率ω_{osc}并推导振幅起振条件。

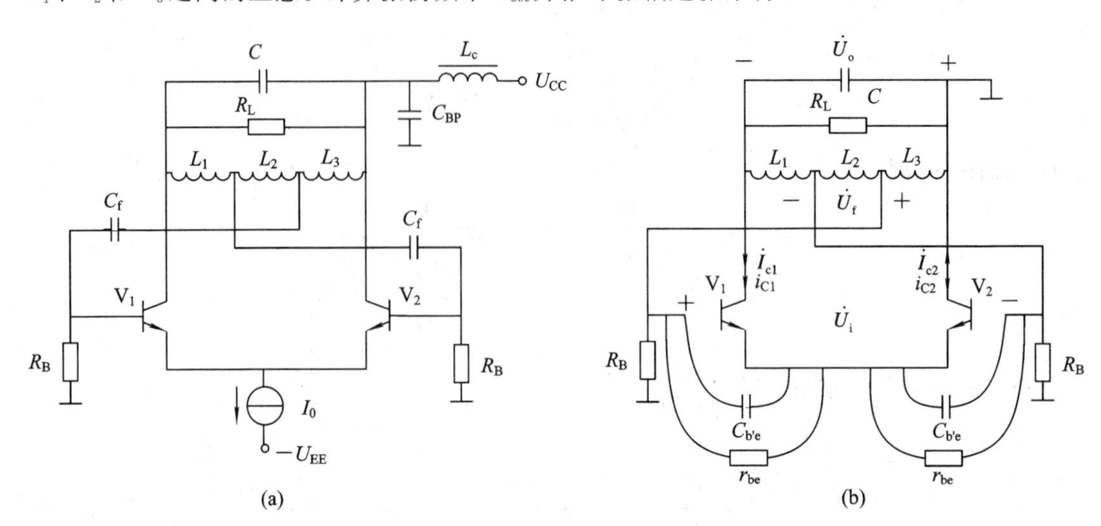

图 3.2.17 双端输出电感反馈式差分对振荡器

(a) 原电路；(b) 交流通路

解 交流通路如图 3.2.17(b)所示，电路画出了晶体管 V_1和 V_2的输入回路的 r_{be}和 $C_{b'e}$。根据表 3.2.3 在电路中标注出净输入电压 $\dot{U}_i$、输出电压 $\dot{U}_o$ 和反馈电压 $\dot{U}_f$ 的位置和方向。$\dot{U}_i$ 加在 V_1和 V_2的基极之间，左边的基极为正极，右边的基极为负极。输出电流是集电极电流 $\dot{I}_{c1}$和 $\dot{I}_{c2}$，参考 $\dot{U}_i$ 的方向，$\dot{I}_{c1}$流入晶体管，$\dot{I}_{c2}$流出晶体管，$\dot{I}_{c1}$和 $\dot{I}_{c2}$在 LC 并联谐振回路形成从右向左的输出电流。$\dot{U}_o$ 在 LC 回路与两个集电极连接的两个节点之间，方向与 $\dot{I}_{c1}$、$\dot{I}_{c2}$一致。LC 回路与两个反馈支路连接的两个节点之间是 $\dot{U}_f$，$\dot{U}_f$ 的方向与 $\dot{U}_i$一致。

LC 回路中的电抗有电感 L_1、L_2和 L_3、电容 C 和两个 $C_{b'e}$。因为电感反馈式差分对振荡器的振荡频率较低，$C_{b'e}$的阻抗远大于与之并联的电感的阻抗，所以可以认为 $C_{b'e}$近似开路。电感支路的总电感为

$$L_\Sigma = L_1 + L_2 + L_3$$

于是，振荡频率为

$$\omega_{osc} \approx \omega_0 = \frac{1}{\sqrt{L_\Sigma C}} = \frac{1}{\sqrt{(L_1 + L_2 + L_3)C}}$$

根据 $\dot{U}_f$ 和 $\dot{U}_o$ 的位置，反馈系数为

$$F \approx \frac{j\omega L_2}{j\omega L_1 + j\omega L_2 + j\omega L_3} = \frac{L_2}{L_1 + L_2 + L_3} \tag{3.2.16}$$

在差动放大器的线性区，以流入晶体管为正方向，V_1和 V_2的集电极电流分别为

$$i_{C1} = \frac{I_0}{2}\left(1 + \text{th}\frac{u_i}{2U_T}\right) \approx \frac{I_0}{2}\left(1 + \frac{u_i}{2U_T}\right)$$

$$i_{C2} = \frac{I_0}{2}\left(1 - \text{th}\frac{u_i}{2U_T}\right) \approx \frac{I_0}{2}\left(1 - \frac{u_i}{2U_T}\right)$$

将 i_{C1}或 i_{C2}对净输入电压 u_i求导，得放大器的交流跨导为

$$g_m = \left| \left.\frac{\partial i_{C1}}{\partial u_i}\right|_{u_i=0} \right| = \left| \left.\frac{\partial i_{C2}}{\partial u_i}\right|_{u_i=0} \right| = \frac{I_0}{4U_T} \tag{3.2.17}$$

图 3.2.17(b)中，电阻 R_L上的电压是 $\dot{U}_o$，两个电阻 R_B通过接地端串联，两端的电压是 $\dot{U}_f$，两个 r_{be}串联，两端的电压也是 $\dot{U}_f$。在谐振电阻 R_e上消耗的交流功率为

$$\frac{1}{2}\frac{U_o^2}{R_e}=\frac{1}{2}\frac{U_o^2}{R_L}+\frac{1}{2}\frac{U_f^2}{2R_B}+\frac{1}{2}\frac{U_f^2}{2r_{be}}$$

即

$$R_e = R_L \parallel \frac{2R_B \parallel 2r_{be}}{F^2} \tag{3.2.18}$$

将式(3.2.16)～式(3.2.18)代入式(3.2.6)，得到振幅起振条件为

$$\frac{I_0}{4U_T}\left\{R_L \parallel \frac{2R_B \parallel 2r_{be}}{\left(\dfrac{L_2}{L_1+L_2+L_3}\right)^2}\right\}\frac{L_2}{L_1+L_2+L_3}>1$$

从差动放大器的电流方程可知，输出电流只有基波和奇次谐波，没有偶次谐波，所以差分对振荡器的反馈电压中的谐波分量较少，有助于提高正弦波的波形质量。大信号工作时，输出电流近似为方波，晶体管近似工作在开关状态，输出电阻较大，提高了 LC 并联谐振回路的品质因数。单端输出时，两个晶体管各自接 LC 回路，一个构成振荡器，另一个接负载电阻，这种设计较好地隔离了负载与振荡器。

3.2.4　*LC* 正弦波振荡器的频率稳定度

正弦波振荡器的振荡频率会因为诸如元器件老化、温度变化、电压不稳定、噪声和干扰等因素而发生变化。频率稳定度可以用$|\Delta\omega_{osc}/\omega_{osc}|$来量化，其中，$\omega_{osc}$为振荡频率的统计平均值，精度较高时 ω_{osc}等于设计值，$\Delta\omega_{osc}$为各种原因造成的振荡频率的变化量。$|\Delta\omega_{osc}/\omega_{osc}|$是振荡频率的相对变化量，取值越小，说明频率稳定度越高。

振荡频率取决于相位平衡条件，频率稳定度也与相位平衡条件的各种构成因素有关。对 LC 正弦波振荡器，LC 并联谐振回路的阻抗为

$$\dot{Z}_e \approx \frac{R_e}{1+\mathrm{j}2Q_e\dfrac{\Delta\omega}{\omega_0}}$$

其中，R_e为谐振电阻，Q_e为品质因数，ω_0为谐振频率，$\Delta\omega=\omega_{osc}-\omega_0$，$|\Delta\omega|$远小于 ω_0。φ_Z为 $\dot{Z}_e$ 的相角，其表达式为

$$\varphi_Z \approx -\arctan 2Q_e\frac{\Delta\omega}{\omega_0}=-\arctan 2Q_e\frac{\omega_{osc}-\omega_0}{\omega_0} \tag{3.2.19}$$

相位平衡条件要求 $\varphi_Z=-\varphi_E$，φ_E是晶体管的相移 φ_Y与反馈网络的相移 φ_F之和。将 $\varphi_Z=-\varphi_E$代入式(3.2.19)，解出振荡频率

$$\omega_{osc}=\omega_0\left(1+\frac{1}{2Q_e}\tan\varphi_E\right) \tag{3.2.20}$$

式(3.2.20)经过微分和近似，得到振荡频率的相对变化量为

$$\frac{\Delta\omega_{osc}}{\omega_{osc}}\approx\frac{\Delta\omega_0}{\omega_0}-\frac{1}{2Q_e^2}\tan\varphi_E\Delta Q_e+\frac{1}{2Q_e\cos^2\varphi_E}\Delta\varphi_E \tag{3.2.21}$$

为了提高 LC 正弦波振荡器的频率稳定度，即减小$|\Delta\omega_{osc}/\omega_{osc}|$，首先可以采用 Q_e较大而 φ_E较小的设计，这样，式(3.2.21)等号右边的后两项中，ΔQ_e和 $\Delta\varphi_E$的系数的绝对值变

小，减小了 ΔQ_e 和 $\Delta\varphi_E$ 对频率稳定度的影响。式(3.2.21)等号右边的第一项 $\Delta\omega_0/\omega_0$ 又称为 LC 回路的标准性，$|\Delta\omega_0/\omega_0|$ 越小，频率稳定度越高，这就需要 LC 回路的元件参数稳定。除了采用不易老化的 LC 回路元件，采取恒温、稳压、隔离措施外，还可以通过电路的优化设计来减小元件参数变化特别是有源器件的极间电容对频率稳定度的影响。

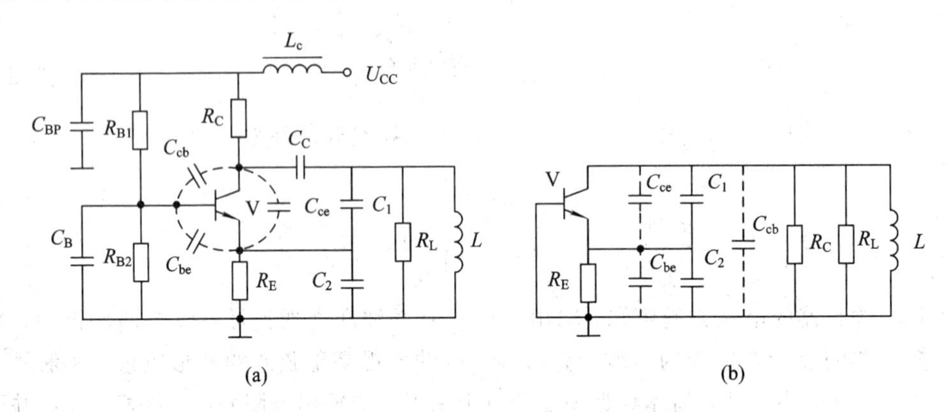

图 3.2.18　考虑晶体管极间电容的电容三端式振荡器

(a) 原电路；(b) 交流通路

以图 3.2.18 所示的电容三端式振荡器为例，晶体管的三个电极之间的电容记为 C_{be}、C_{ce} 和 C_{cb}，C_{be} 和 C_{ce} 分别与电容 C_2 和 C_1 并联，C_{cb} 则并联到电容支路两端。在极间电容的影响下，振荡频率为

$$\omega_{osc} \approx \omega_0 = \frac{1}{\sqrt{LC_\Sigma}} = \frac{1}{\sqrt{L\left[\dfrac{(C_1+C_{ce})(C_2+C_{be})}{(C_1+C_{ce})+(C_2+C_{be})}+C_{cb}\right]}}$$

C_{be}、C_{ce} 和 C_{cb} 的取值随晶体管的温度、电极间的直流电压和电极上的直流电流变化，这些因素在晶体管内部，振荡器的工作过程中不易控制。为了减小晶体管极间电容的变化对 ω_{osc} 的影响，可以修改 LC 回路的结构，减小 C_{be}、C_{ce} 和 C_{cb} 对总电容 C_Σ 的贡献，代表性电路有克拉拨振荡器和席勒振荡器。

1. 克拉拨振荡器

克拉拨振荡器的基本设计思想是在原电容支路上串联一个较小的电容，总电容近似为此小电容，这样晶体管极间电容对总电容和振荡频率的影响就可以忽略不计。

在电容三端式振荡器基础上设计的克拉拨振荡器如图 3.2.19 所示，原电容支路上串联的电容是 C_3，交流耦合电容 C_C 的隔直流作用也由 C_3 完成。电容的关系满足 $C_3 \ll C_1$ 且 $C_3 \ll C_2$，所以 C_3 远小于原电容支路的电容，即

$$C_3 \ll \frac{(C_1+C_{ce})(C_2+C_{be})}{(C_1+C_{ce})+(C_2+C_{be})}+C_{cb}$$

接入 C_3 后，电容支路的总电容为

$$C_\Sigma = \left[\left(\frac{(C_1+C_{ce})(C_2+C_{be})}{(C_1+C_{ce})+(C_2+C_{be})}+C_{cb}\right)^{-1}+\frac{1}{C_3}\right]^{-1} \approx C_3$$

振荡频率为

$$\omega_{osc} \approx \omega_0 = \frac{1}{\sqrt{LC_\Sigma}} \approx \frac{1}{\sqrt{LC_3}}$$

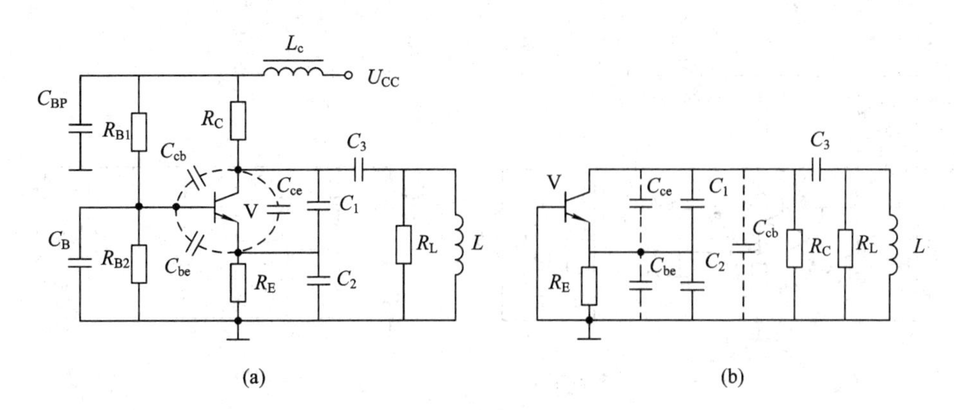

图 3.2.19　克拉拨振荡器

(a) 原电路；(b) 交流通路

不难看出，C_3越小，C_Σ越接近于C_3，克拉拨振荡器的频率稳定度越高。但是，C_3的接入会对振幅起振条件造成一定影响。可以推导出图 3.2.19 所示的克拉拨振荡器的振幅起振条件为

$$g_m\left\{\frac{R_E}{\left[\dfrac{C_1+C_{ce}}{(C_1+C_{ce})+(C_2+C_{be})}\right]^2}\parallel R_C\parallel\frac{R_L}{\left[1+\left(\dfrac{(C_1+C_{ce})(C_2+C_{be})}{(C_1+C_{ce})+(C_2+C_{be})}+C_{cb}\right)\cdot\dfrac{1}{C_3}\right]^2}\right\}$$
$$\times\frac{C_1+C_{ce}}{(C_1+C_{ce})+(C_2+C_{be})}>1 \tag{3.2.22}$$

式(3.2.22)中，大括号里为谐振电阻R_e的表达式。C_3越小，则R_e越小，越难满足振幅起振条件。

为了解决这个问题，可以在克拉拨振荡器中用不是很小的C_3串联接入电容支路，保证实现振幅起振条件。因为C_3不很小，稳定频率的效果有限，所以再给电容支路并联一个大电容，总电容近似为该大电容，这样也可以忽略晶体管极间电容对总电容和振荡频率的影响，这就是席勒振荡器的设计思想。

2. 席勒振荡器

在克拉拨振荡器基础上设计的席勒振荡器如图 3.2.20 所示，原电容支路上并联的电容是C_4。在克拉拨振荡器的电容关系$C_3\ll C_1$且$C_3\ll C_2$的基础上，席勒振荡器要求$C_4\gg C_3$，电容支路的总电容为

$$C_\Sigma=\left[\left(\frac{(C_1+C_{ce})(C_2+C_{be})}{(C_1+C_{ce})+(C_2+C_{be})}+C_{cb}\right)^{-1}+\frac{1}{C_3}\right]^{-1}+C_4\approx C_3+C_4\approx C_4$$

振荡频率为

$$\omega_{osc}\approx\omega_0=\frac{1}{\sqrt{LC_\Sigma}}\approx\frac{1}{\sqrt{LC_4}}$$

图 3.2.20 所示的席勒振荡器的振幅起振条件与图 3.2.19 所示的克拉拨振荡器的振幅起振条件相同，同为式(3.2.22)。因为C_4没有出现在公式中，所以C_4的接入和变化不影响振幅起振条件。席勒振荡器可以通过调整C_4来改变振荡频率，获得较大的振荡频率范围。

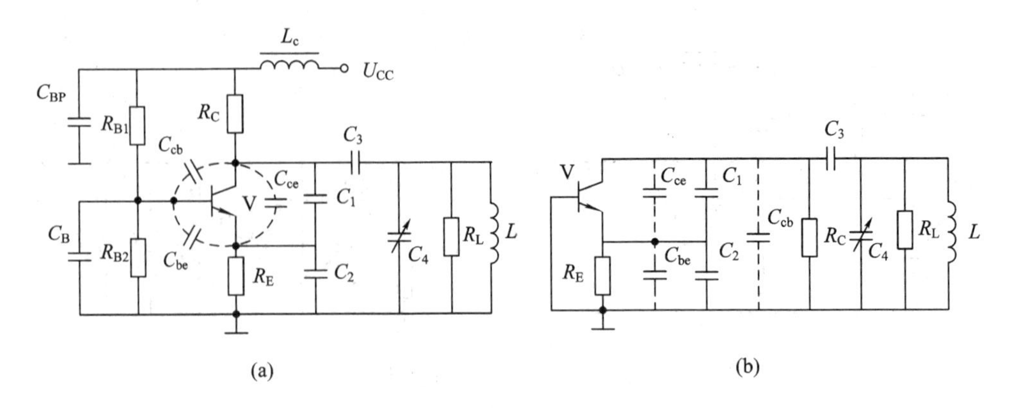

图 3.2.20　席勒振荡器

(a) 原电路；(b) 交流通路

3.3　石英晶体振荡器

LC 并联谐振回路选频滤波时，带宽内生成的电压都可以得到反馈，导致振荡频率在带宽内变化。引入负载电阻后，LC 回路的品质因数减小，带宽增大，频率稳定度会下降。因为这个固有特点，LC 正弦波振荡器的频率稳定度一般可以达到 10^{-4} 量级，进一步提高频率稳定度则需要在电路设计中引入品质因数较高的元件或电路，限制选频滤波带宽。

石英晶体振荡器在 LC 正弦波振荡器的基础上引入石英谐振器，利用其较高的品质因数选频稳频，使频率稳定度达到 10^{-6} 量级。因为这个优点，石英晶体振荡器更适用于对信号源频率稳定度要求较高的电路，如单片机和计算机的时钟电路、高精度信号发生电路、通信系统的主振荡电路，等等。

为了进一步提高石英晶体振荡器的频率稳定度，可以引入温度补偿电路，构成恒温晶体振荡器。或将石英谐振器置于恒温槽，槽中温度使石英谐振器的温度系数等于零。采取这些措施后，石英晶体振荡器的频率稳定度可以达到 10^{-9} 量级。

3.3.1　石英谐振器

石英晶体振荡器中的石英谐振器的材料基础是石英晶体，形状如图 3.3.1(a)所示。石英晶体是六棱柱椎体，穿过椎体对顶角的坐标轴记为 Z 轴，因为光线沿此轴方向通过石英晶体会产生偏振，所以 Z 轴又称为光轴。石英晶体的横截面为正六边形，穿过六边形对顶角的坐标轴记为 X 轴，因为石英晶体的形变会沿 X 轴方向在表面产生电荷，所以 X 轴又称为电轴。横截面上与 X 轴垂直的坐标轴穿过六边形对边，记为 Y 轴，因为在电场作用下，石英晶体沿 Y 轴方向的形变最明显，所以 Y 轴又称为机械轴。制作石英谐振器，首先需要在石英晶体中按一定角度切出一定大小和形状的晶体片，切割角度决定了晶体片的性能。如 AT 切割，要求切面围绕 X 轴旋转并与 Z 轴夹角为 $35°15'$，如图 3.3.1(b)所示。AT 切割的晶体片的适用工作频率是 500 kHz ～ 350 MHz。由于加工方便、晶体片较小、温度稳定性好，AT 切割的应用较为广泛。

基于天然的晶格结构，晶体片可以产生频率稳定度很高的机械振动，如厚度切变振动、伸缩振动、曲变振动，等等。晶体片具有一个独特的物理特性，称为压电效应：机械形变会使晶体片内部极化，在晶体片表面产生异性电荷，形成电压；外加到晶体片表面的电压又会反过来引起机械形变。压电效应使得机械能和电能可以相互转换，机械振动表现为电谐振。为了把电谐振引入电路，在晶体片的两个切面镀银，连接引脚，封装保护，制成石英谐振器，简称晶振。图 3.3.1(c)、(d)所示为谐振频率在 1 MHz 以上的石英谐振器的两种典型内部结构。

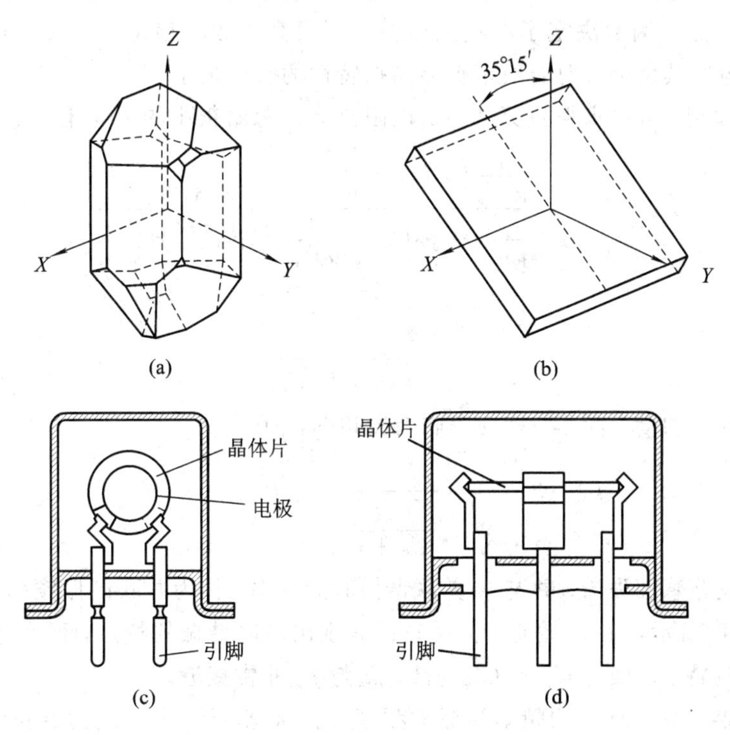

图 3.3.1　石英谐振器

(a) 石英晶体；(b) AT 切割的晶体片；(c) 双引脚晶振的内部结构；(d) 三、四引脚晶振的内部结构

图 3.3.2(a)所示为石英谐振器的电路符号和电路模型。石英谐振器可以在基音频率和近似为其整数倍的泛音频率上发生谐振，石英晶体振荡器选用基音或奇次泛音频率工作，分别称为基音晶振或泛音晶振。石英谐振器在所选频率附近的谐振特性可以用一个 LC 串

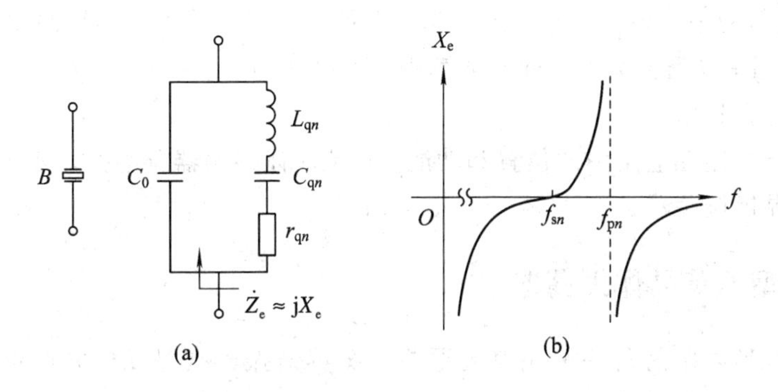

图 3.3.2　石英谐振器的电路符号、电路模型和阻抗的频率特性

并联谐振回路代表，其中包括四个元件。静态电容 C_0 代表电极和引线的电容，取值一般为几皮法。与 C_0 并联的是电感 L_{qn}、电容 C_{qn} 和电阻 r_{qn} 构成的串联支路，$n=1, 3, 5, \cdots$，$n=1$ 代表基音频率对应的 LC 串联支路，$n=3$ 代表三次泛音频率对应的 LC 串联支路，以此类推。其中，L_{qn} 取值在亨利量级，C_{qn} 量级在 10^{-3} pF，r_{qn} 则在一百欧姆左右。因为 L_{qn} 很大，C_{qn} 和 r_{qn} 很小，所以石英谐振器的基音和奇次泛音支路的品质因数很高，达到 10^5 量级，当振荡频率为基音或某个奇次泛音时，电路模型中其他的串联支路都因为失谐而近似为开路。很高的品质因数决定了石英晶体振荡器很高的频率稳定度。因为 C_0 远大于 C_{qn}，接入电路时，电路其余部分对石英谐振器谐振特性的影响很小。

根据电路模型，可以求得石英谐振器的阻抗 $\dot{Z}_e$。忽略很小的 r_{qn}，有

$$\dot{Z}_e \approx jX_e = \frac{\frac{1}{j\omega C_0}\left(j\omega L_{qn} + \frac{1}{j\omega C_{qn}}\right)}{\frac{1}{j\omega C_0} + j\omega L_{qn} + \frac{1}{j\omega C_{qn}}} = \frac{1}{j2\pi f C_0} \frac{1 - \frac{f_{sn}^2}{f^2}}{1 - \frac{f_{pn}^2}{f^2}}$$

式中

$$f_{sn} = \frac{1}{2\pi\sqrt{L_{qn} C_{qn}}}$$

为 $L_{qn}C_{qn}$ 串联支路的谐振频率，称为串联谐振频率，而

$$f_{pn} = \frac{1}{2\pi\sqrt{L_{qn}\frac{C_0 C_{qn}}{C_0 + C_{qn}}}} = f_{sn}\sqrt{1 + \frac{C_{qn}}{C_0}} \tag{3.3.1}$$

为 $L_{qn}C_{qn}$ 串联支路感性失谐、并与 C_0 并联谐振时的频率，称为并联谐振频率。X_e 的频率特性如图 3.3.2(b)所示，在 f_{sn} 附近，频率特性表现出串联谐振的特点，而在 f_{pn} 附近，则表现出并联谐振的特点。因为 $C_{qn} \ll C_0$，所以 f_{sn} 与 f_{pn} 非常接近。

石英谐振器产品上标注的频率为标称频率 f_N。对基音晶振，f_N 为石英谐振器的两个引脚并联指定的负载电容 C_L 时的新的并联谐振频率。因为 C_L 与 C_0 并联，参考式(3.3.1)，有

$$f_N = f_{s1}\sqrt{1 + \frac{C_{q1}}{C_L + C_0}}$$

不难看出 $f_{s1} < f_N < f_{p1}$，在 f_N 处，石英谐振器等效为电感。对泛音晶振，标称频率 f_N 为其串联 C_L 时的新的串联谐振频率，在 f_N 处，石英谐振器等效为选频短路线。于是，泛音晶振可以用 C_L 微调串联谐振频率。近似估算中，可以认为 $f_{sn} = f_N = f_{pn}$，将它们统称为基音频率或奇次泛音频率。

根据石英谐振器在电路中的位置和功能，石英晶体振荡器分为并联型石英晶体振荡器和串联型石英晶体振荡器。

3.3.2 并联型石英晶体振荡器

并联型石英晶体振荡器一般用基音晶振，石英谐振器代替 LC 并联谐振回路中的电感。根据图 3.3.2(b)所示的频率特性，振荡频率 f_{osc} 应该满足 $f_{s1} < f_{osc} < f_{p1}$。为了获得足够的电感，$f_{osc}$ 取值更接近 f_{p1}。由于 f_{s1} 与 f_{p1} 非常接近，所以 f_{osc} 的变化范围很小，而 X_e 的

变化范围很大，可以对较大范围的外接电容形成并联谐振，这保证了振荡频率的稳定度。反之，$f_{osc} < f_{s1}$或$f_{osc} > f_{p1}$时，石英谐振器容性失谐，如果用来代替LC回路中的电容，则会因为X_e随f_{osc}的变化不明显而导致频率稳定度下降，而且晶体片失效时，静态电容C_0仍然存在，可以维持振荡但频率错误。

图3.3.3所示为某数字频率计中的信号源，第一级电路为并联型石英晶体振荡器，放大器为共集电极放大器。交流通路中，电容C_2连接发射极和基极，电感L_1和电容C_1构成局部的LC并联谐振回路，通过交流耦合电容C_E连接发射极和集电极，基极和集电极之间则通过石英谐振器、电容C_3和C_4构成的支路连接，石英谐振器的标称频率为5 MHz。根据"射同基反"的设计要求，L_1C_1并联谐振回路应该失谐且呈容性。容性失谐要求振荡频率f_{osc}大于L_1C_1回路的谐振频率f_0，因为$f_0 = 4$ MHz，所以f_{osc}取标称频率5 MHz。

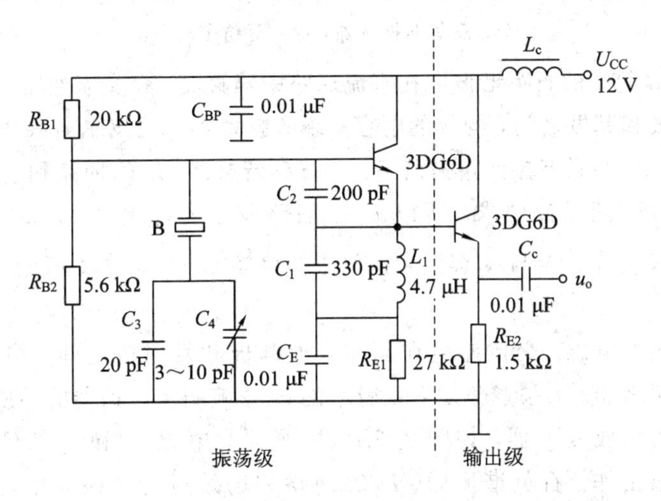

图3.3.3　使用并联型石英晶体振荡器的数字频率计信号源

电路中，电容C_3和C_4并联成23～30 pF的可调电容，用来微调振荡频率。调整C_4，当石英谐振器外接的电容等于标称频率指定的负载电容时，振荡频率就准确地等于标称频率。

L_1C_1回路用于抑制基音频率或较低的奇次泛音频率的振荡。如果所用的石英谐振器是泛音晶振，其基音频率为1 MHz，则5 MHz的标称频率为五次泛音频率。在基音频率和三次泛音频率处，L_1C_1回路感性失谐，不满足"射同基反"。更高的泛音频率如七次泛音频率虽然也大于f_0，但L_1C_1回路失谐更多，容性减弱，甚至近似短路，不易满足振幅起振条件，所以在满足"射同基反"的奇次泛音频率中取较低的作为振荡频率。基音频率越高，晶体片越薄，强度越差。如基音频率为1.615 MHz时，AT切割的晶体片的厚度为1 mm，基音频率为15 MHz时，晶体片的厚度为0.08 mm。太薄的晶体片不但制作困难，而且容易在机械振动中损坏，所以晶体片不易过薄，这就限制了石英谐振器的基音频率一般小于30 MHz，更高的振荡频率可以通过泛音晶振来实现，一般使用三次泛音、五次泛音或七次泛音。

【例3.3.1】　并联型石英晶体振荡器如图3.3.4(a)、(b)所示，石英谐振器的基音频率为1.4 MHz，其余元件参数在图中给出。计算振荡频率f_{osc}。

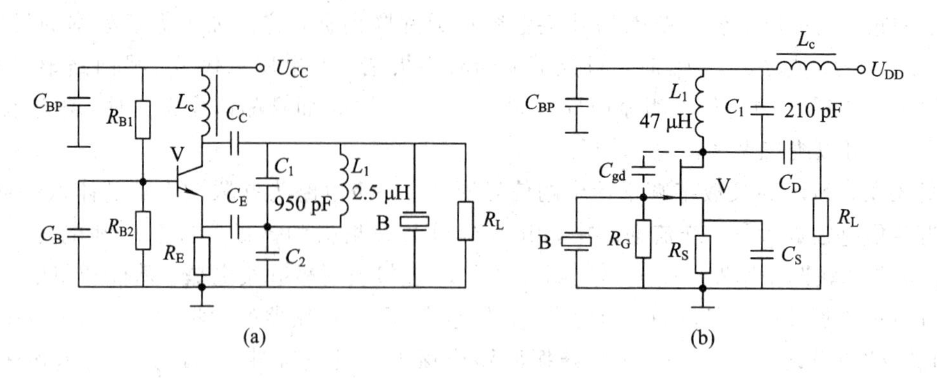

图 3.3.4　并联型石英晶体振荡器

(a) 皮尔斯振荡器；(b) 密勒振荡器

解　图 3.3.4(a)中的石英谐振器在直流通路中隔直流，在交流通路中用作电感，连接在晶体管的集电极和基极之间，构成的电容三端式振荡器称为皮尔斯振荡器。电感 L_1 和电容 C_1 构成的局部 LC 并联谐振回路失谐工作。石英谐振器、L_1C_1 回路和电容 C_2 与晶体管的连接满足"射同基反"的设计要求，所以 L_1C_1 回路应该容性失谐，L_1C_1 回路的谐振频率 $f_0=(2\pi\sqrt{L_1C_1})^{-1}=3.27\text{MHz}$，容性失谐要求振荡频率 $f_{osc}>f_0$，所以 f_{osc} 取三次泛音频率 4.2 MHz。

石英谐振器用作电感，交流连接在晶体管的基极和发射极之间，构成的电容三端式振荡器称为密勒振荡器。为了避免发射结较小的 r_{be} 影响石英谐振器的品质因数，可以用场效应管代替晶体管构成放大器，如图 3.3.4(b)所示。电感 L_1 和电容 C_1 构成的局部 LC 并联谐振回路失谐工作。石英谐振器、L_1C_1 回路和场效应管的极间电容 C_{gd} 与场效应管的连接满足"源同栅反"的设计要求，所以 L_1C_1 回路应该感性失谐，L_1C_1 回路的谐振频率 $f_0=(2\pi\sqrt{L_1C_1})^{-1}=1.60\ \text{MHz}$，感性失谐要求振荡频率 $f_{osc}<f_0$，所以 f_{osc} 取基音频率 1.4 MHz。

3.3.3　串联型石英晶体振荡器

串联型石英晶体振荡器一般使用泛音晶振，石英谐振器添加在正反馈支路中，构成一个谐振频率为串联谐振频率 f_{sn} 的 LC 串联谐振回路。原有的 LC 并联谐振回路在其通带生成各个频率的电压，其中，只有频率等于 f_{sn} 的电压被石英谐振器短路，通过反馈支路产生正反馈；其他频率的电压经过石英谐振器时，石英谐振器对其失谐，因为品质因数很高而近似为开路，形不成反馈。所以，电路的振荡频率 $f_{osc}=f_{sn}$。

图 3.3.5 所示为 BDZ－3－1 三路载波终端机主振荡器使用的串联型石英晶体振荡器。第一级放大器的 LC 并联谐振回路的谐振频率为 9 kHz，带宽较大，第一次选频获得 9 kHz 左右通带内的电压。该电压经过第二级放大器放大，又从正反馈支路回到第一级放大器的输入端。石英谐振器的标称频率为 9 kHz，带宽远远小于 LC 回路的带宽，经过石英谐振器的第二次选频，并通过负载电容 C_L 微调频率，可以使振荡频率 f_{osc} 准确等于 9 kHz。

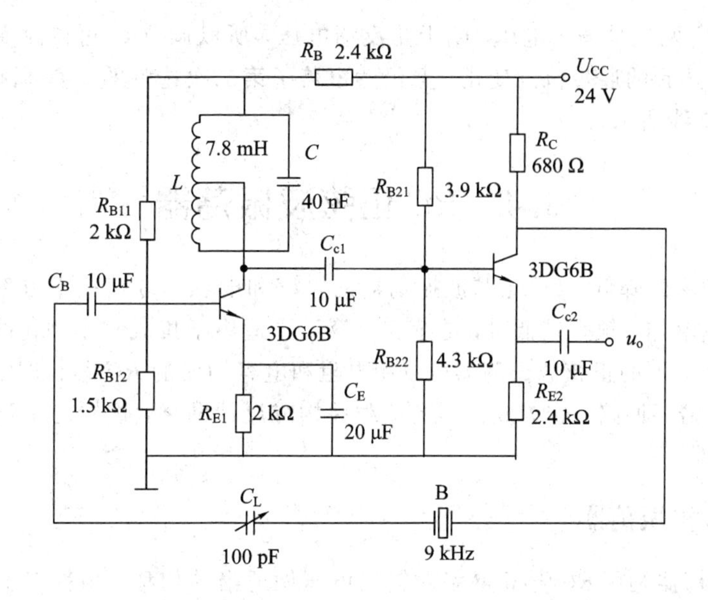

图 3.3.5　使用串联型石英晶体振荡器的 BDZ－3－1 三路载波终端机主振荡器

【例 3.3.2】 串联型石英晶体振荡器如图 3.3.6(a)所示，石英谐振器的基音频率为 4.9 MHz，其余元件参数在图中给出。计算振荡频率 f_{osc}，并说明调节电容 C_1 的作用。

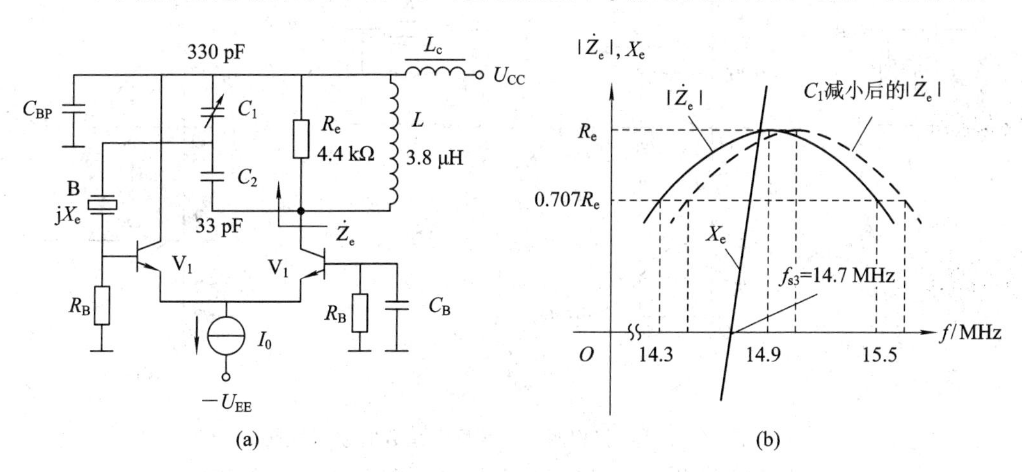

图 3.3.6　串联型石英晶体振荡器

(a) 原电路；(b) 一、二次选频过程

解　电感 L 和电容 C_1、C_2 构成 LC 并联谐振回路，谐振频率为

$$f_0=\frac{\omega_0}{2\pi}=\frac{1}{2\pi\sqrt{L\dfrac{C_1C_2}{C_1+C_2}}}=\frac{93.7\times10^6\ \text{rad/s}}{2\pi\ \text{rad}}=14.9\ \text{MHz}$$

品质因数 $Q_e=R_e/(\omega_0 L)=4.4\ \text{k}\Omega/(93.7\times10^6\ \text{rad/s}\times3.8\ \mu\text{H})=12.4$，带宽 $BW_{BPF}=f_0/Q=14.9\ \text{MHz}/12.4=1.2\ \text{MHz}$。如图 3.3.6(b)所示，$LC$ 回路的第一次选频可以在 14.3 ～ 15.5 MHz 的通带内生成各个频率的电压，石英谐振器的三次泛音的串联谐振频率 f_{s3} 约为 14.7 MHz，落在 LC 回路的通带内，经过石英谐振器的第二次选频，f_{osc}取 f_{s3}即 14.7 MHz。

电容 C_1 和 C_2 两端是输出电压，C_1 上是反馈电压，所以调节 C_1 可以改变反馈系数。C_1 变化后，第一次选频的通带范围变化，但仍然覆盖了第二次选频的 f_{s3}，所以 f_{osc} 不变，如图 3.3.6(b)中虚线所示。

3.4 *RC* 正弦波振荡器

随着振荡频率的降低，*LC* 正弦波振荡器的电感和电容的取值按平方率增大，元件的体积和重量相应增加，频率较低时，电感和电容不再适用于集成和小型化的电路。振荡频率为几十千赫兹以下的正弦波振荡器可以用电阻和电容构成的 *RC* 移相网络或 *RC* 选频网络取代 *LC* 并联谐振回路，作为放大器的负载并构成反馈网络，这样的正弦波振荡器称为 *RC* 正弦波振荡器。

3.4.1 *RC* 移相振荡器

RC 移相振荡器利用 *RC* 移相网络对输出电压做适当的相移，相移产生的反馈电压与净输入电压同相，满足相位平衡条件。*RC* 移相网络包括 *RC* 导前移相网络和 *RC* 滞后移相网络。

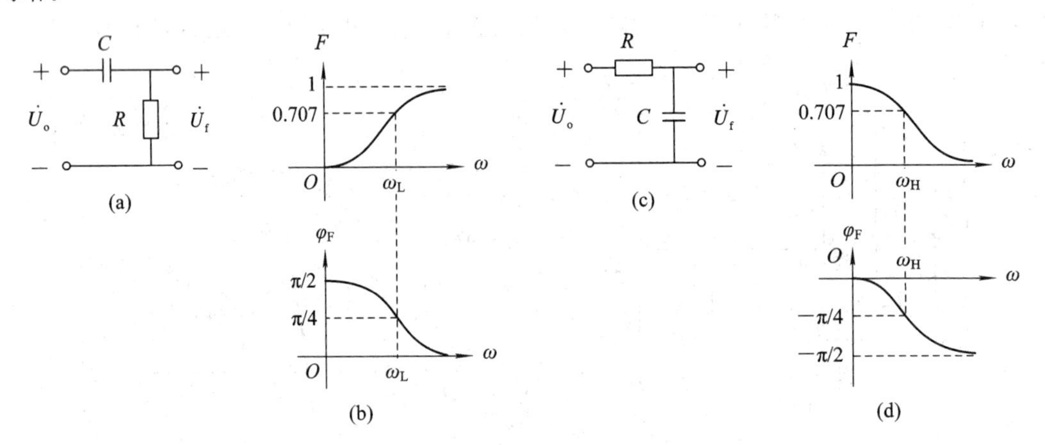

图 3.4.1 *RC* 移相网络及其反馈系数的频率特性

(a) *RC* 导前移相网络；(b) 导前移相网络的幅频特性和相频特性；

(c) *RC* 滞后移相网络；(d) 滞后移相网络的幅频特性和相频特性

RC 导前移相网络如图 3.4.1(a)所示，电容 *C* 和电阻 *R* 对输出电压 $\dot{U}_o$ 串联分压，在 *R* 上获得反馈电压 $\dot{U}_f$。反馈系数为

$$\dot{F}=\frac{\dot{U}_f}{\dot{U}_o}=\frac{R}{\dfrac{1}{j\omega C}+R}=\frac{j\omega RC}{1+j\omega RC}$$

$\dot{F}$ 的幅度和相移分别为

$$F=\frac{\omega RC}{\sqrt{1+(\omega RC)^2}}$$

$$\varphi_F=\frac{\pi}{2}-\arctan(\omega RC)$$

F 和 φ_F 与频率 ω 的关系如图 3.4.1(b)所示。幅频特性说明导前移相网络可以用作高通滤波器，其中的 $\omega_L = 1/(RC)$ 为下限频率，相频特性说明该网络的相移范围为 $\varphi_F \in (0, \pi/2)$，$\dot{U}_f$ 的相位超前 $\dot{U}_o$。

RC 滞后移相网络如图 3.4.1(c)所示，电阻 R 和电容 C 对输出电压 $\dot{U}_o$ 串联分压，在 C 上获得反馈电压 $\dot{U}_f$。反馈系数为

$$\dot{F} = \frac{\dot{U}_f}{\dot{U}_o} = \frac{\frac{1}{j\omega C}}{R + \frac{1}{j\omega C}} = \frac{1}{1 + j\omega RC}$$

$\dot{F}$ 的幅度和相移分别为

$$F = \frac{1}{\sqrt{1 + (\omega RC)^2}}$$

$$\varphi_F = -\arctan(\omega RC)$$

F 和 φ_F 与频率 ω 的关系如图 3.4.1(d)所示。幅频特性说明滞后移相网络可以用作低通滤波器，其中的 $\omega_H = 1/(RC)$ 为上限频率，相频特性说明该网络的相移范围为 $\varphi_F \in (-\pi/2, 0)$，$\dot{U}_f$ 的相位滞后于 $\dot{U}_o$。

RC 移相网络可以通过级联实现相位累加，扩展相移范围，实现相位平衡条件。在图 3.4.2(a)所示电路中，放大器为共发射极放大器，根据类似于 LC 正弦波振荡器中的方法标注出了净输入电压 $\dot{U}_i$ 和输出电压 $\dot{U}_o$ 的位置和方向。经过交流耦合电容 C_E 短路，$\dot{U}_i$ 的负极和 $\dot{U}_o$ 的正极都在接地端。共发射极放大器是反相放大器，$\dot{U}_o$ 与 $\dot{U}_i$ 反向。RC 移相网络包括三级导前移相网络，如图 3.4.2(b)所示。其中，第三级导前移相网络的电阻是放大器的输入电阻，参考图 3.2.12(c)所示的晶体管的共发射极组态交流小信号模型，该输入电阻由电阻 R_{B1}、R_{B2} 和晶体管的交流输入电阻 r_{be} 并联构成。因为振荡频率较低，模型中的结电容 $C_{b'e}$ 可以忽略不计。三级导前移相网络的相移范围为 $\varphi_F \in (0, 3\pi/2)$，当 $\varphi_F = \pi$ 时，反馈电压 $\dot{U}_f$ 与 $\dot{U}_o$ 反向而与 $\dot{U}_i$ 同向，满足相位平衡条件，$\varphi_F = \pi$ 对应的频率即为振荡频率 ω_{osc}，如图 3.4.2(c)所示。

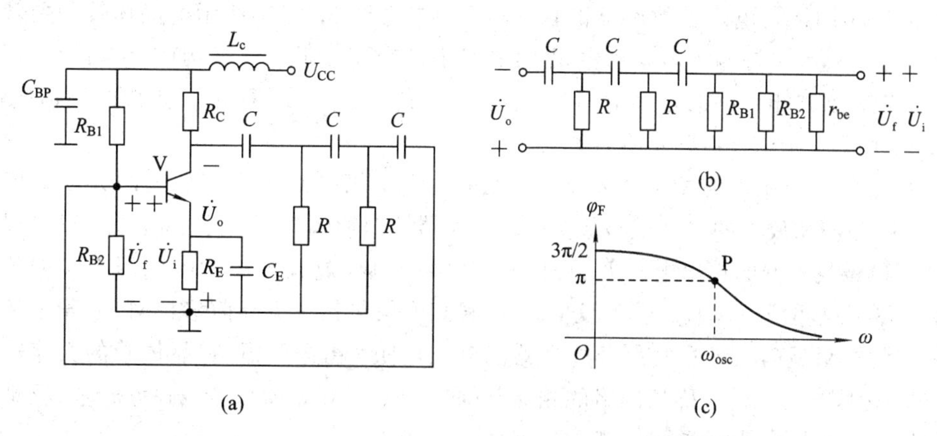

图 3.4.2　共发射极放大器和导前移相网络构成的 RC 移相振荡器

(a) 原电路；(b) 移相网络；(c) 相频特性和振荡频率

【例 3.4.1】 判断图 3.4.3 所示的 RC 移相振荡器是否满足相位平衡条件。

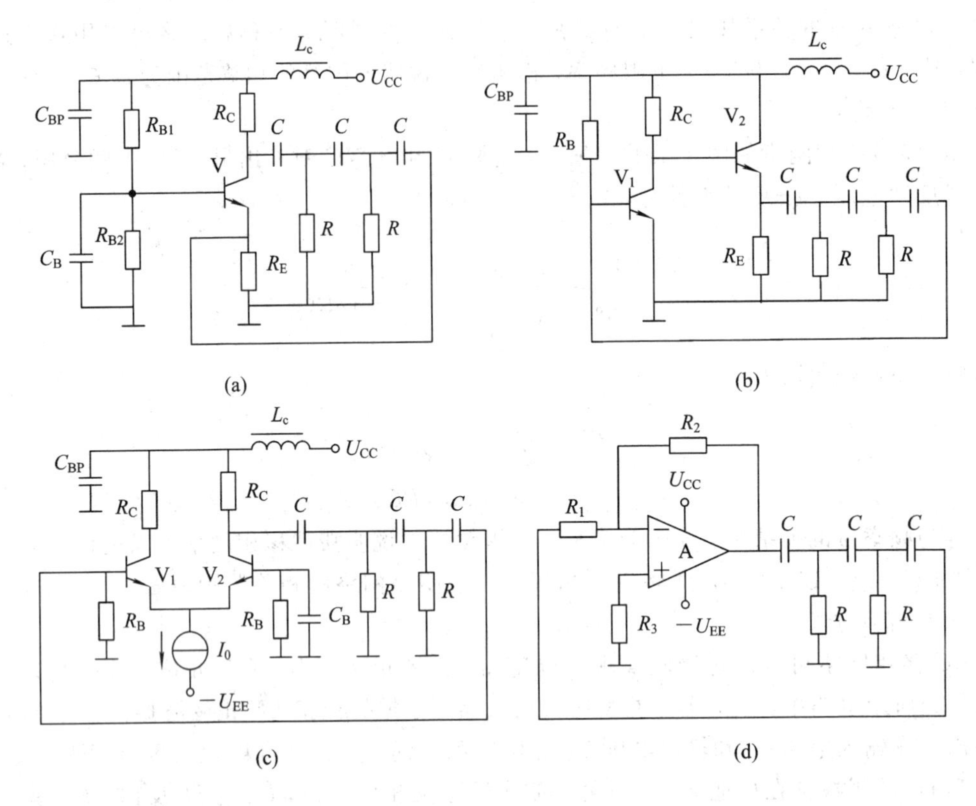

图 3.4.3　*RC* 移相振荡器

解　与 *LC* 正弦波振荡器一样，*RC* 正弦波振荡器也可以用瞬时极性表示信号的方向，用信号方向一致或不一致表现信号的同相和反相关系。

图 3.4.3(a)所示电路中，放大器为共基极放大器，净输入电压 $\dot{U}_i$ 和输出电压 $\dot{U}_o$ 的位置和方向如图 3.4.4(a)所示。经过交流耦合电容 C_B 短路，$\dot{U}_i$ 和 $\dot{U}_o$ 的负极都标注在接地端。共基极放大器是同相放大器，$\dot{U}_o$ 与 $\dot{U}_i$ 同向。*RC* 移相网络包括三级导前移相网络，第三级导前移相网络的电阻是放大器的输入电阻，参考图 3.2.11 所示的晶体管的共基极组态交流小信号模型，该输入电阻由电阻 R_E 和发射结交流电阻 r_e 并联构成，结电容 $C_{b'e}$ 忽略不计。三级导前移相网络的相移范围为 $\varphi_F \in (0, 3\pi/2)$，对 $\dot{U}_o$ 移相后获得的反馈电压 $\dot{U}_f$ 与 $\dot{U}_i$ 无法同向，所以该电路不满足相位平衡条件。

图 3.4.3(b)所示电路中，放大器为两级放大器，第一级为反相放大的共发射极放大器，第二级为同相放大的共集电极放大器。放大器的净输入电压 $\dot{U}_i$、输出电压 $\dot{U}_o$，以及第一级共发射极放大器的输出电压 $\dot{U}_{o1}$（即第二级共集电极放大器的输入电压 $\dot{U}_{i2}$）的位置和方向如图 3.4.4(b)所示，$\dot{U}_o$ 与 $\dot{U}_i$ 反向。*RC* 移相网络包括三级导前移相网络，第三级导前移相网络的电阻是第一级共发射极放大器的输入电阻，由电阻 R_B 和晶体管的交流输入电阻 r_{be} 并联构成。三级导前移相网络的相移范围为 $\varphi_F \in (0, 3\pi/2)$，当 $\varphi_F = \pi$ 时，反馈电压 $\dot{U}_f$ 与 $\dot{U}_o$ 反向而与 $\dot{U}_i$ 同向，满足相位平衡条件。

图 3.4.3(c)所示电路中，放大器为差动放大器，净输入电压 $\dot{U}_i$ 和输出电压 $\dot{U}_o$ 的位置和方向如图 3.4.4(c)所示。经过交流耦合电容 C_B 和旁路电容 C_{BP} 短路，$\dot{U}_i$ 和 $\dot{U}_o$ 的负极都标注在接地端，$\dot{U}_o$ 与 $\dot{U}_i$ 同向。第三级导前移相网络的电阻是放大器的输入电阻，参考图

3.2.16(b)，放大器的输入电阻由电阻 R_B 和两个晶体管的交流输入电阻 r_{be} 串并联构成。三级导前移相网络的相移范围为 $\varphi_F \in (0, 3\pi/2)$，对 $\dot{U}_o$ 移相后获得的反馈电压 $\dot{U}_f$ 与 $\dot{U}_i$ 无法同向，所以该电路不满足相位平衡条件。

图 3.4.3(d)所示电路中，放大器为反相比例放大器，净输入电压 $\dot{U}_i$ 和输出电压 $\dot{U}_o$ 的位置和方向如图 3.4.4(d)所示。反相比例放大器是反相放大器，$\dot{U}_o$ 与 $\dot{U}_i$ 反向。第三级导前移相网络的电阻是反相比例放大器的输入电阻 R_1。三级导前移相网络的相移范围为 $\varphi_F \in (0, 3\pi/2)$，当 $\varphi_F = \pi$ 时，反馈电压 $\dot{U}_f$ 与 $\dot{U}_o$ 反向而与 $\dot{U}_i$ 同向，满足相位平衡条件。

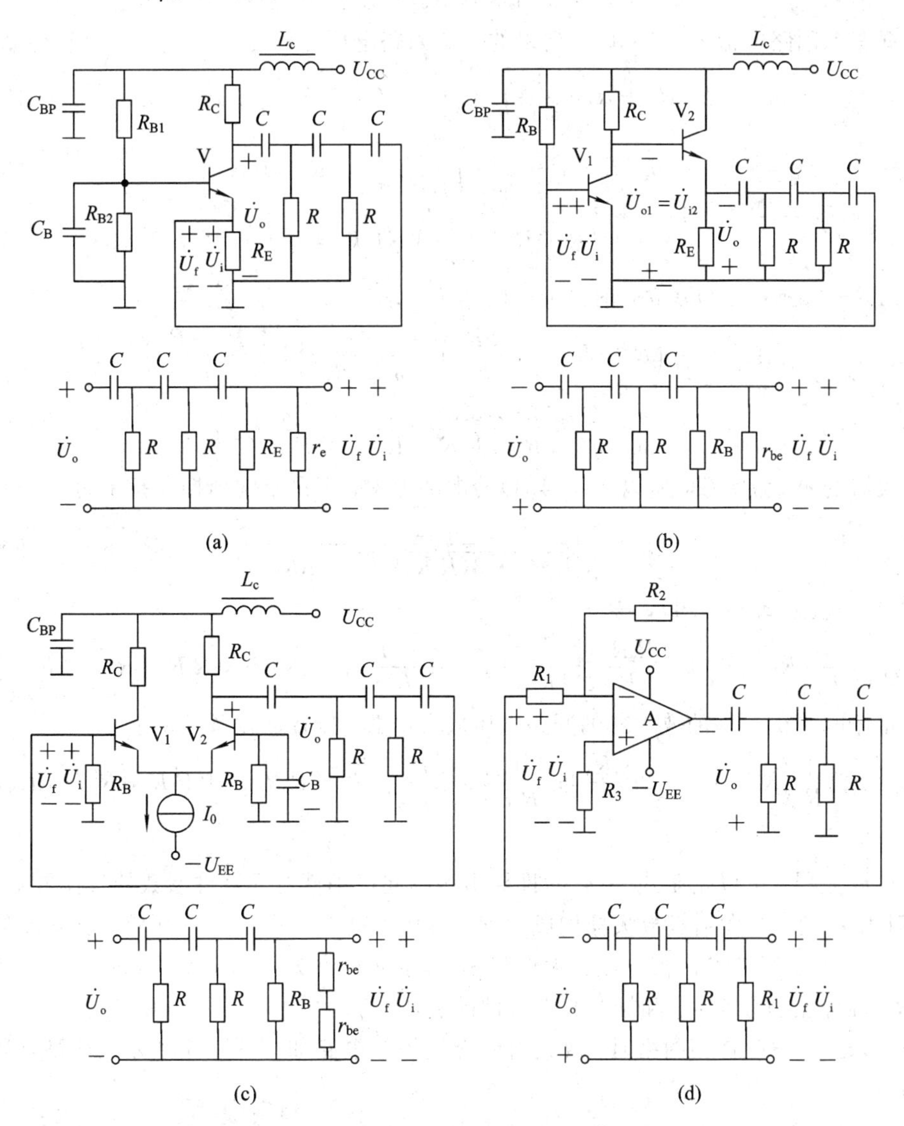

图 3.4.4　*RC* 移相振荡器的移相网络和电压变换

用类似于 *LC* 正弦波振荡器中使用的方法可以计算 *RC* 移相振荡器的振荡频率并推导振幅起振条件。设未连接 *RC* 移相网络的放大器的开路电压放大倍数为 A_{uo}，输入电阻为 R_i，输出电阻为 R_o。放大器连接常用的三级导前移相网络构成的 *RC* 移相振荡器的交流等效电路如图 3.4.5 所示。

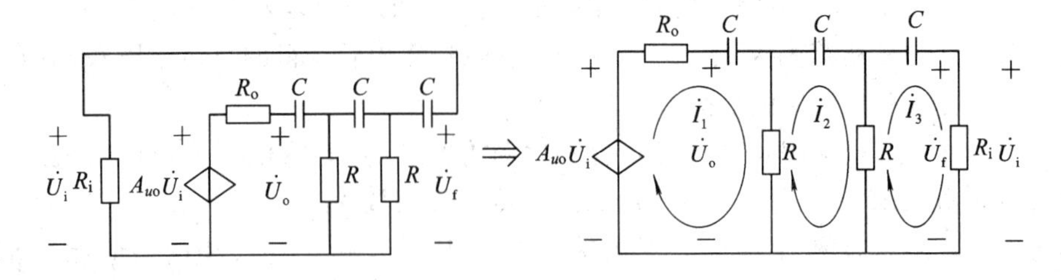

图 3.4.5 RC 移相振荡器的交流等效电路

根据三个回路电流 $\dot{I}_1$、$\dot{I}_2$ 和 $\dot{I}_3$ 列出的三个回路电压方程为

$$\dot{I}_1\left(R_o + R + \frac{1}{j\omega C}\right) - \dot{I}_2 R = A_{uo}\dot{U}_i = A_{uo}\dot{I}_3 R_i \tag{3.4.1}$$

$$\dot{I}_2\left(R + R + \frac{1}{j\omega C}\right) - \dot{I}_1 R - \dot{I}_3 R = 0 \tag{3.4.2}$$

$$\dot{I}_3\left(R + R_i + \frac{1}{j\omega C}\right) - \dot{I}_2 R = 0 \tag{3.4.3}$$

式(3.4.1) ~ 式(3.4.3)联立，消去 $\dot{I}_1$、$\dot{I}_2$ 和 $\dot{I}_3$，求解 A_{uo}，得

$$A_{uo} = \frac{1}{R_i}\left(R_i + R_o + 2\frac{R_i R_o}{R}\right) - \frac{1}{\omega^2 R_i R C^2}\left(4 + \frac{R_i + R_o}{R}\right) + \frac{1}{j\omega C}\left(\frac{3}{R_i} + \frac{3}{R} + \frac{3R_o}{R_i R} + \frac{R_o}{R^2} - \frac{1}{\omega^2 R_i R^2 C^2}\right) \tag{3.4.4}$$

低频放大器的 A_{uo} 为实数，所以式(3.4.4)的虚部为零，于是求解出振荡频率为

$$\omega_{osc} = \frac{1}{\sqrt{R_i R_o + 3(R_i R + R^2 + R R_o)}C} \tag{3.4.5}$$

将式(3.4.5)代入式(3.4.4)，得

$$A_{uo} = \frac{1}{R_i}\left(R_i + R_o + 2\frac{R_i R_o}{R}\right) - \frac{1}{R_i R}\left(4 + \frac{R_i + R_o}{R}\right)\left[R_i R_o + 3(R_i R + R^2 + R R_o)\right]$$

这是满足振幅平衡条件的放大器的开路电压放大倍数，振幅起振条件要求

$$|A_{uo}| > \left|\frac{1}{R_i}\left(R_i + R_o + 2\frac{R_i R_o}{R}\right) - \frac{1}{R_i R}\left(4 + \frac{R_i + R_o}{R}\right)\left[R_i R_o + 3(R_i R + R^2 + R R_o)\right]\right| \tag{3.4.6}$$

针对各种放大器，可以基于式(3.4.6)推导出振幅起振条件对元器件参数的具体要求。

【例 3.4.2】 共发射极放大器构成的 RC 移相振荡器如图 3.4.6 所示，已知晶体管的交流输入电阻 r_{be} 和共发射极电流放大倍数 β，其余元件参数在图中给出，$R_{B1} \parallel R_{B2} \gg r_{be}$，$R_C = R$。推导振荡频率 ω_{osc} 和振幅起振条件的表达式。

解 未连接 RC 移相网络时，放大器的交流等效电路如图 3.4.7 所示，开路电压放大倍数为

$$A_{uo} = \frac{\dot{U}_o}{\dot{U}_i} = \frac{-\beta\dot{I}_b R_C}{\dot{I}_b r_{be}} = -\frac{\beta R_C}{r_{be}} = -\frac{\beta R_o}{R_i}$$

其中，输入电阻 $R_i = R_{B1} \parallel R_{B2} \parallel r_{be} \approx r_{be}$，输出电阻 $R_o = R_C = R$。将 R_i 和 R_o 的表达式代入式(3.4.5)，得振荡频率为

$$\omega_{osc} = \frac{1}{\sqrt{4r_{be}R + 6R^2}C}$$

将 A_{uo}、R_i 和 R_o 的表达式代入式(3.4.6)，得振幅起振条件为

$$\beta > 29 + 23\frac{r_{be}}{R} + 4\frac{r_{be}^2}{R^2}$$

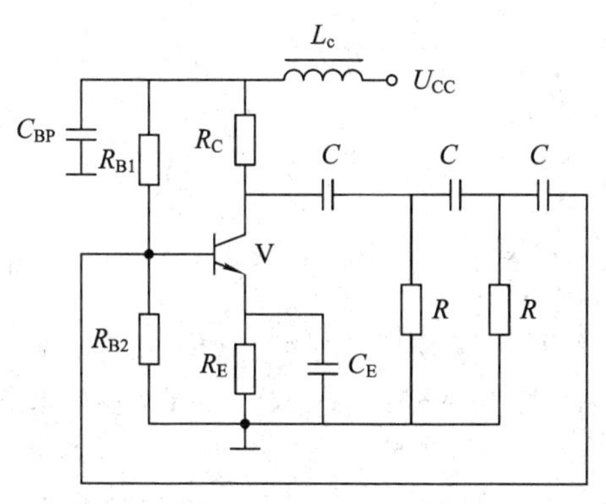

图 3.4.6　共发射极放大器构成的 RC 移相振荡器

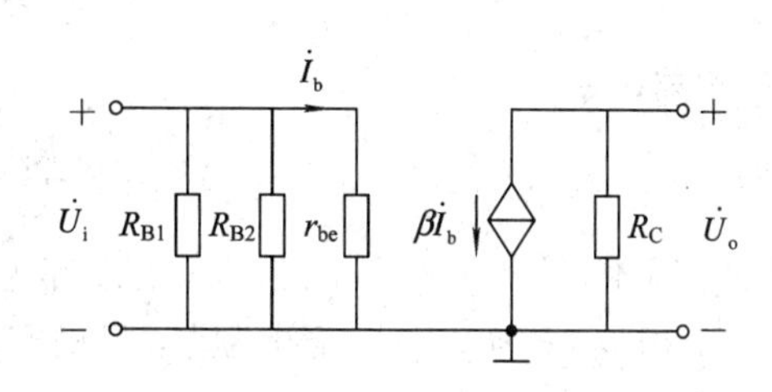

图 3.4.7　输出端开路时共发射极放大器的交流等效电路

【例 3.4.3】 反相比例放大器构成的 RC 移相振荡器如图 3.4.8 所示，元件参数在图中给出，$R_1 = R$。推导振荡频率 ω_{osc} 和振幅起振条件的表达式。

解　未连接 RC 移相网络时，反相比例放大器的开路电压放大倍数 $A_{uo} = -R_2/R_1 = -R_2/R$，输入电阻 $R_i = R_1 = R$，输出电阻 $R_o \approx 0$。将 R_i 和 R_o 的表达式代入式(3.4.5)，得振荡频率 $\omega_{osc} = 1/(\sqrt{6}RC)$。将 A_{uo}、R_i 和 R_o 的表达式代入式(3.4.6)，得振幅起振条件为 $R_2/R > 29$。

只用电阻和电容构成的无源 RC 移相网络级联时，因为后接的负载不同，各级网络的相移不均匀。如果采用有源 RC 移相网络，提高前后级之间的隔离度，则可以使各级相移相等，简化了电路分析。

图 3.4.9 所示电路用全通滤波器作为移相器，替换图 3.4.8 中的无源 RC 移相网络，每级移相器的电压放大倍数为

$$\dot{A}_{uf1} = \dot{A}_{uf2} = \frac{1 - j\omega RC}{1 + j\omega RC}$$

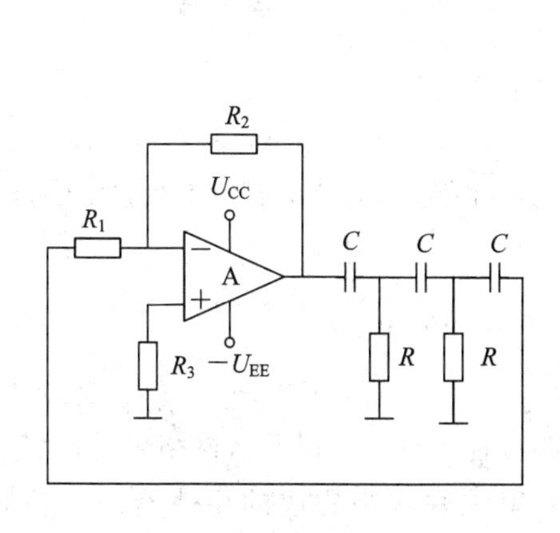

图 3.4.8　反相比例放大器构成的 RC 移相振荡器

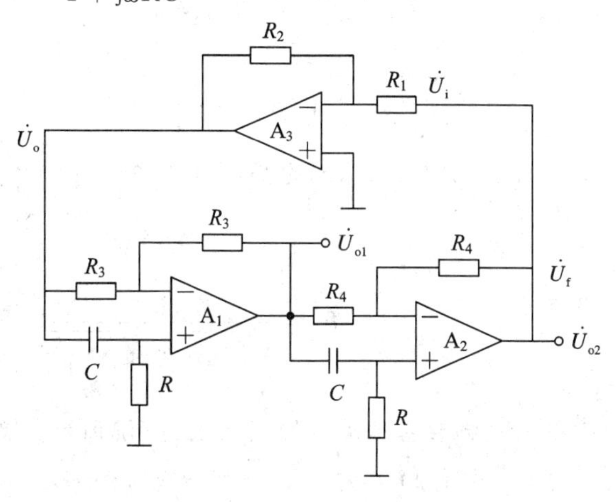

图 3.4.9　反相比例放大器构成的有源 RC 移相振荡器

反馈网络的反馈系数为

$$\dot{F}=\frac{\dot{U}_{\mathrm{f}}}{\dot{U}_{\mathrm{o}}}=\dot{A}_{uf1}\cdot\dot{A}_{uf2}=\left(\frac{1-\mathrm{j}\omega RC}{1+\mathrm{j}\omega RC}\right)^2$$

放大器的开环增益为

$$\dot{A}=\frac{\dot{U}_{\mathrm{o}}}{\dot{U}_{\mathrm{i}}}=-\frac{R_2}{R_1}$$

$\dot{A}$、$\dot{F}$ 相乘，得

$$\dot{A}\dot{F}=-\frac{R_2}{R_1}\left(\frac{1-\mathrm{j}\omega RC}{1+\mathrm{j}\omega RC}\right)^2 \tag{3.4.7}$$

相位平衡条件 $\varphi_{\mathrm{A}}+\varphi_{\mathrm{F}}=0$ 说明 $\dot{A}\dot{F}$ 的虚部为零，解得振荡频率 $\omega_{\mathrm{osc}}=1/(RC)$。式(3.4.7)中，将 ω 用 ω_{osc} 替换，则其虚部为零，只剩实部，$\dot{A}\dot{F}$ 变为 $AF=R_2/R_1$。于是，振幅起振条件为 $AF=R_2/R_1>1$。

该电路中，反相比例放大器的 $\varphi_{\mathrm{A}}=\pi$，所以反馈网络的 $\varphi_{\mathrm{F}}=-\pi$，每级移相器提供 $-\pi/2$ 的相移。第二级移相器前后的两路输出电压 $\dot{U}_{\mathrm{o1}}$ 和 $\dot{U}_{\mathrm{o2}}$ 相位差为 $\pi/2$，产生一对正交的正弦波。

3.4.2 *RC* 选频振荡器

RC 选频振荡器利用 *RC* 选频网络实现选频滤波，选频网络的幅频特性有类似于 *LC* 并联谐振回路的带通滤波特性，在通频带生成反馈电压，相频特性使中心频率处的反馈电压与净输入电压同相，满足相位平衡条件。常见的 *RC* 选频网络是 *RC* 串并联网络。

RC 串并联网络如图 3.4.10(a)所示，可以将其视为图 3.4.1 所示的 *RC* 导前移相网络和滞后移相网络的叠加。*RC* 串并联网络的反馈系数为

$$\dot{F}=\frac{\dot{U}_{\mathrm{f}}}{\dot{U}_{\mathrm{o}}}=\frac{R\ /\!/\ \dfrac{1}{\mathrm{j}\omega C}}{R+\dfrac{1}{\mathrm{j}\omega C}+R\ /\!/\ \dfrac{1}{\mathrm{j}\omega C}}=\frac{1}{3+\mathrm{j}\left(\dfrac{\omega}{\omega_0}-\dfrac{\omega_0}{\omega}\right)}$$

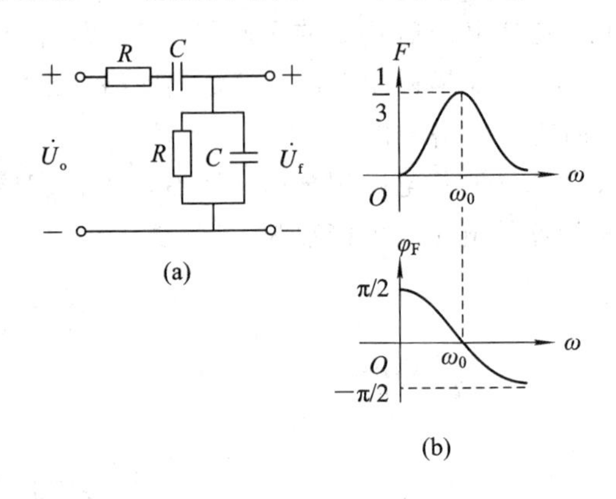

图 3.4.10 *RC* 串并联网络及其反馈系数的频率特性
(a) *RC* 串并联网络；(b) 网络的幅频特性和相频特性

其中，$\omega_0=1/(RC)$。$\dot{F}$ 的幅度和相移分别为

$$F=\frac{1}{\sqrt{9+\left(\dfrac{\omega}{\omega_0}-\dfrac{\omega_0}{\omega}\right)^2}},\quad \varphi_{\mathrm{F}}=-\arctan\frac{\dfrac{\omega}{\omega_0}-\dfrac{\omega_0}{\omega}}{3}$$

F 和 φ_{F} 与频率 ω 的关系如图 3.4.10(b)所示，幅频特性说明 *RC* 串并联网络可以用作带通滤波器，中心频率为 ω_0，带宽 $\mathrm{BW_{BPF}}\approx3\omega_0$。*RC* 串并联网络构成的振荡器的振荡频率 $\omega_{\mathrm{osc}}=\omega_0$，在 ω_0 处，$F=1/3$，$\varphi_{\mathrm{F}}=0$。$\varphi_{\mathrm{F}}=0$ 说明反馈电压与输出电压同相，为了满足相位平衡条件，输出电压也应该与净输入电压同相，所以这种振荡器必须采用同相放大器，如

共基极放大器、两级共发射极放大器、同相比例放大器，等等。

图 3.4.11(a)所示为同相比例放大器和 RC 串并联网络构成的 RC 选频振荡器，称为文氏桥振荡器。RC 串并联网络和电阻 R_1、R_2 构成电桥，集成运算放大器的同相输入端和反相输入端接在电桥的中点。RC 串并联网络是正反馈网络，R_1 和 R_2 构成负反馈网络，如图 3.4.11(b)所示。正、负反馈网络的两个反馈电压在电桥的中点，分别作用到集成运放的同相端和反相端。输出正弦波时，集成运放工作在线性放大区，同相端和反相端的电压几乎相等。

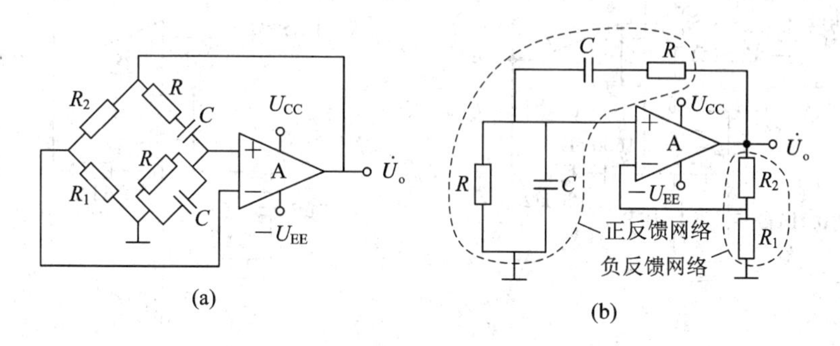

图 3.4.11　文氏桥振荡器

(a) 电桥形式；(b) 反馈网络形式

同相比例放大器的开环增益 $A=1+R_2/R_1$，在振荡频率 $\omega_{\text{osc}}=\omega_0$ 处，反馈系数 $F=1/3$，振幅平衡条件要求 $AF=(1+R_2/R_1)/3=1$，即 $R_2=2R_1$。在其他频率处，$F<1/3$，振幅平衡条件不成立，相位平衡条件也不满足，不能振荡。

振幅起振条件要求 $AF>1$，即 $R_2>2R_1$。为了兼顾振幅平衡条件，可以选 R_1 和 R_2 为热敏电阻，R_1 的阻值具有正温度系数而 R_2 的阻值具有负温度系数。起振时，R_1 和 R_2 上电流较小，温度较低，满足 $R_2>2R_1$ 的振幅起振条件。随着电压振幅的增大，R_1 和 R_2 上电流增大，R_1 增大而 R_2 减小，当 $R_2=2R_1$ 时，实现振幅平衡条件，此时的电压振幅达到最大。如果电压振幅继续增大，则 $R_2<2R_1$，使得 $AF<1$，电压振幅又会减小，所以热敏电阻也实现了振幅稳定条件。

除了热敏电阻，文氏桥振荡器也可以采用其他负反馈网络实现振幅起振条件、振幅平衡条件和振幅稳定条件。图 3.4.12(a)所示的电路采用一个工作在可变电阻区的 N 沟道结型场效应管接入负反馈网络。输出电压 $\dot{U}_o$ 经过二极管 VD、1 MΩ 电阻和 0.047 μF 的电容检波后，取出一个负直流电压，作为 JFET 的栅源极电压 u_{GS}，改变导电沟道的宽度，从而改变漏极和源极之间的电阻 r_{DS}。$\dot{U}_o$ 振幅越大，u_{GS} 越小，r_{DS} 越大，由此调整等效电阻 R_1，实现电路的起振、平衡和稳定。图 3.4.12(b)所示的电路采用两个二极管 VD_1 和 VD_2 反向并联入负反馈网络。起振时，$\dot{U}_o$ 振幅很小，VD_1 和 VD_2 都截止，等效电阻 R_2 较大。随着 $\dot{U}_o$ 振幅增大，VD_1 和 VD_2 逐渐导通，R_2 减小，直至平衡。之后，随着 $\dot{U}_o$ 振幅的变化，二极管的电阻也变化，继续调整 R_2，起到稳定振幅的作用。

与 LC 正弦波振荡器相比，由于 RC 移相网络和 RC 选频网络的品质因数较低，所使用的大电阻、大电容的稳定度较差，所以 RC 正弦波振荡器的频率稳定度和波形质量都低于 LC 正弦波振荡器。但是，RC 正弦波振荡器中不需要电感，电阻和电容的取值随着振荡频率的降低而线性增大，并非平方率增大，电路便于集成和小型化，所以普遍应用于产生音频以下的正弦波。

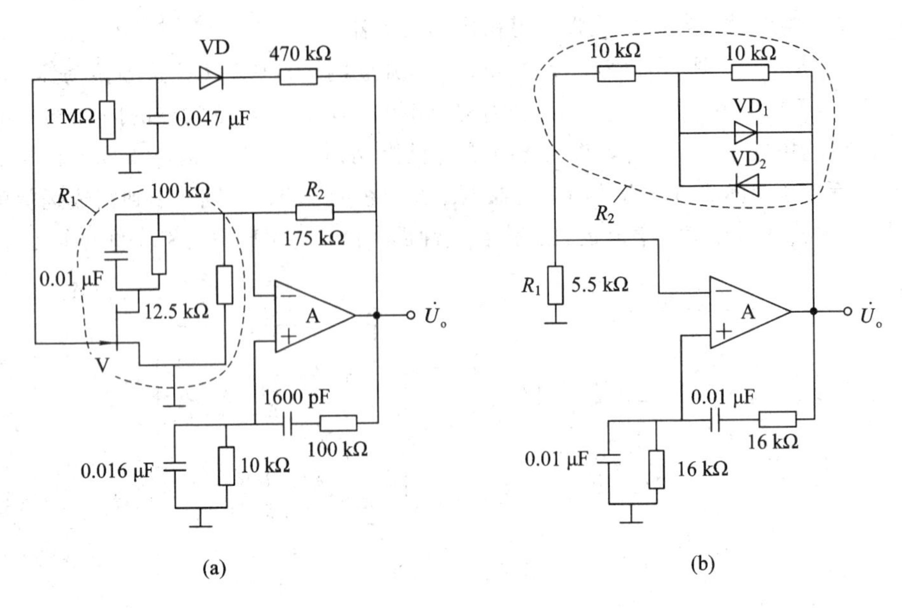

图 3.4.12　文氏桥振荡器

(a) 利用 N 沟道结型场效应管的可变电阻的设计；(b) 利用二极管的可变电阻的设计

3.5　负阻器件与负阻型 LC 正弦波振荡器

在较高的射频频段如微波频段，经常采用负阻器件作为有源器件，为 LC 谐振回路或谐振腔补充交流能量，产生并维持正弦波输出，这样的电路称为负阻型 LC 正弦波振荡器。

3.5.1　负阻器件

如图 3.5.1 所示，负阻器件的伏安特性曲线有一段的斜率为负值，将直流静态工作点 Q 设置在负阻区的中点，则交流信号使工作点在负阻区运动时，因为动态电阻 $-r$ 为负值，交流电压和交流电流反相，$-r$ 上消耗的交流功率为负值，即产生出交流功率。如同晶体管等有源器件一样，负阻器件的交流功率也是从直流功率转换过来的。

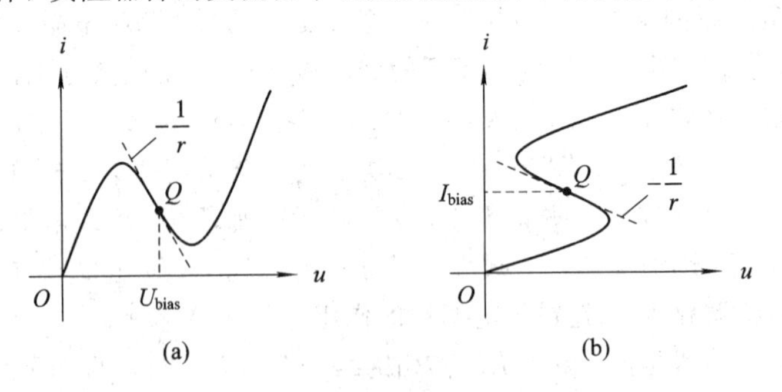

图 3.5.1　负阻器件的伏安特性

(a) 电压控制型；(b) 电流控制型

根据伏安特性的特点，负阻器件分为电压控制型和电流控制型。电压控制型负阻器件的每个电压对应唯一的电流，而每个电流可以对应多个电压，所以需要用直流偏置电压

U_{bias}确定唯一的直流静态工作点；电流控制型负阻器件的每个电流对应唯一的电压，而每个电压可以对应多个电流，所以需要用直流偏置电流 I_{bias}确定唯一的直流静态工作点。

常用的负阻器件包括耿氏二极管、隧道二极管和双基极二极管。耿氏二极管和隧道二极管具有电压控制型的伏安特性，双基极二极管则表现出电流控制型的伏安特性。

3.5.2　负阻型 *LC* 正弦波振荡器

设计负阻型 *LC* 正弦波振荡器时，为了便于为负阻器件提供直流偏置电压或直流偏置电流，并维持直流偏置电压和电流的稳定，可以为电压控制型负阻器件选择使用 *LC* 并联谐振回路，为电流控制型负阻器件选择使用 *LC* 串联谐振回路，如图 3.5.2 所示。

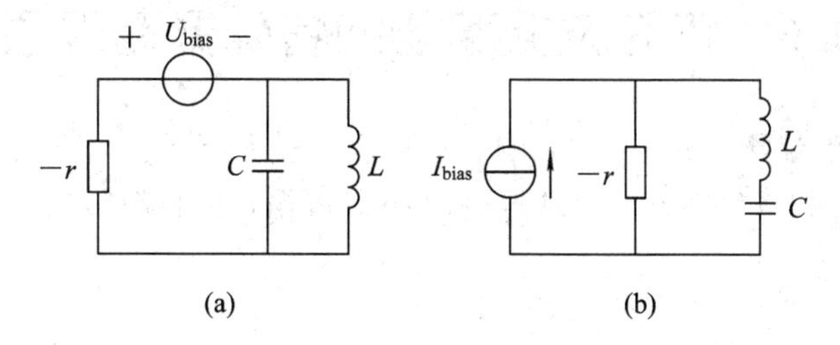

图 3.5.2　负阻器件的直流偏置与 *LC* 谐振回路

(a) 电压控制型；(b) 电流控制型

图 3.5.3(a)所示为使用耿氏二极管的微波谐振腔的电压控制型电路模型。耿氏二极管的负阻为$-r_d$，结电容为 C_d，管壳电容为 C_0，引线电感为 L_0。谐振腔用 *LC* 并联谐振回路等效，包括电感 L_r、电容 C_r和负载电阻 R_L。把所有的元件参数都折算到与耿氏二极管并联的支路上，得到如图 3.5.3(b)所示的简化电路模型，其中的 *LC* 并联谐振回路包括电感 *L*、电容 *C* 和不计$-r_d$时的谐振电阻 R_e。

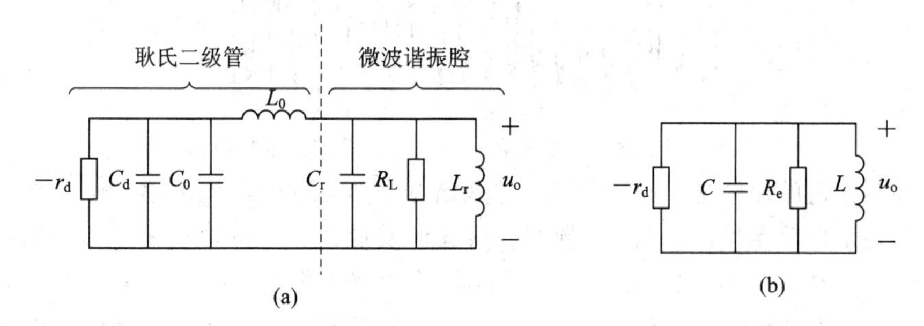

图 3.5.3　使用耿氏二极管的微波谐振腔的电压控制型电路模型

(a) 完整模型；(b) 简化模型

根据基尔霍夫电流定律，输出电压 u_o满足方程

$$\frac{d^2u_o}{dt^2}+\frac{1}{C}\left(\frac{1}{R_e}-\frac{1}{r_d}\right)\frac{du_o}{dt}+\frac{1}{LC}u_o=0$$

解得 $u_o=U_{om}e^{\alpha t}\cos\omega_{osc}t$，$u_o$是一个正弦波，其中

$$\alpha=\frac{R_e-r_d}{2R_e r_d C}$$

振荡频率为

$$\omega_{osc}=\sqrt{\frac{1}{LC}-\alpha^2}\tag{3.5.1}$$

u_o的振幅$U_{om}e^{\alpha t}$与α有关。当$r_d < R_e$时，$\alpha > 0$，u_o的振幅增大。随着振幅增大，工作点逐渐接近并超出负阻区的边缘，r_d增大。当$r_d = R_e$时，$\alpha = 0$，u_o的振幅达到最大。如果u_o的振幅继续增大，则$r_d > R_e$，$\alpha < 0$，u_o的振幅又会减小。所以，该电路最后工作在$r_d = R_e$的情况。此时，$\alpha = 0$，由式(3.5.1)可得振荡频率$\omega_{osc} = 1/\sqrt{LC}$。

负阻型LC正弦波振荡器的振荡频率较高，电路简单，温度特性较好，噪声较低。但是，受限于负阻器件的伏安特性，负阻型LC正弦波振荡器的频率稳定度不如反馈式振荡器，振幅也较不稳定。负阻器件不能放大交流信号，所以负阻型LC正弦波振荡器的输出功率较小。

3.6 正弦波振荡器的特殊振荡现象

由于元器件选择不当、分布参数影响、外来信号侵入等原因，正弦波振荡器可能会产生特殊的振荡现象，如寄生振荡、间歇振荡和频率占据，它们都影响电路的正常工作，需要准确识别并排除。

1. 寄生振荡

正弦波振荡器发生振荡频率外的低频振荡和高频振荡，低频振荡的频率远低于正常振荡频率，高频振荡的频率远高于正常振荡频率，低频振荡和高频振荡叠加到正常输出的波形上，造成波形的起伏和毛刺，这种现象称为寄生振荡，如图3.6.1所示。

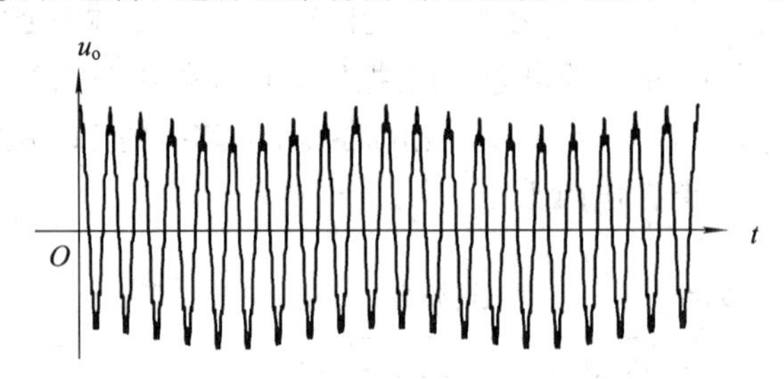

图3.6.1 发生寄生振荡的正弦波振荡器的输出波形

发生寄生振荡的原因是电路中除LC并联谐振回路之外的其他电感和电容构成了振荡回路并且也满足振荡条件。其中，低频寄生振荡涉及取值较大的电感和电容，如高频扼流圈、交流耦合电容、旁路电容，等等。为了排除低频寄生振荡，可以减少高频扼流圈的数量，选择扼流圈的电感量、交流耦合电容和旁路电容的电容量，确定振荡回路的结构并加接电阻增加回路损耗，直至振荡条件被破坏。高频寄生振荡涉及取值较小的电感和电容，包括器件的极间电容、引线电容和引线电感等分布参数，例如，隔直流电容和旁路电容在高频时受分布参数影响而变成电感，不能交流短路。为了排除高频寄生振荡，可以给晶体管的基极和集电极串联小电阻，增大引线间距，采用粗短引线，为隔直流电容和旁路电容并联几百皮法的小电容以在频率很高时维持电容特性并交流短路，合理布线以减小输出回路和输入回路的耦合。

2. 间歇振荡

LC正弦波振荡器开始工作时，振荡和直流偏置同时建立。从起振到平衡所需的振荡建立的时间与环路增益的大小AF和LC回路的品质因数Q_e有关：AF越大，Q_e越小，振荡建立越快；AF 越小，Q_e 越大，振荡建立越慢。直流偏置建立的快慢则与交流耦合电容的充放电时间常数 τ 有关，τ 越大，直流偏置建立越慢；τ 越小，直流偏置建立越快。当振荡建立较快而直流偏置建立较慢时，LC 正弦波振荡器会发生时而振荡、时而停顿的间歇振荡。

以图 3.6.2(a)所示的变压器耦合式振荡器为例，该电路中，放大器的通角小于 π，交流信号的一个周期中，晶体管将工作在放大区和截止区。反馈系数 F 为常数，用开环增益 A 描述的放大特性则与晶体管的直流偏置电压 U_{BE} 有关，$U_{BE}=U_{BB}-U_{EE}$，U_{BB} 和 U_{EE} 分别为基极直流电位和发射极直流电位，U_{EE} 也是交流耦合电容 C_E 上的直流电压。电源接通时，$U_{EE}=0$，U_{BE} 较大，放大特性曲线较高，如图 3.6.2(b)中曲线①所示，满足振幅起振条件 $AF>1$，净输入电压 u_i 的振幅 U_i 迅速增大，如图 3.6.2(c)中波形①所示。如果 C_E 和电阻 R_E 取值过大，则充放电时间常数 $\tau=R_EC_E$ 很大，导致 U_{EE} 增加很慢，U_{BE} 和放大特性基本不变。晶体管的输入电压 $u_{BE}=U_{BE}+u_i$，随着 U_i 增大，u_{BE} 小于导通电压 $U_{BE(on)}$ 的时间增加，晶体管在交流信号的一个周期里处于截止区的时间也增加，A 因而下降，当满足振幅平衡条件 $AF=1$ 时 U_i 趋于不变。因为晶体管工作在放大区和截止区，发射极电流 i_E 是余弦脉冲，时间平均值为 I_{E0}，所以 U_{EE} 的趋向值为 $I_{E0}R_E$。U_{EE} 缓慢增加后，U_{BE} 减小，放大特性曲线高度下降，如图 3.6.2(b)中曲线②所示，与反馈特性曲线的交点的横坐标 U_i 减小，u_i 如图 3.6.2(c)中波形②所示。最后，U_{BE} 减小到一定程度，放大特性高度下降到如图 3.6.2(b)中曲线③所示，因为 $AF<1$，U_i 很快减小到零，振荡停止，如图 3.6.2(c)中波形③所示。振荡停止后，电路中没有交流信号，C_E 通过 R_E 放电，U_{EE} 下降。U_{EE} 下降使得 U_{BE} 增加，放大特性曲线高度上升，当 $AF>1$ 时则再次起振。

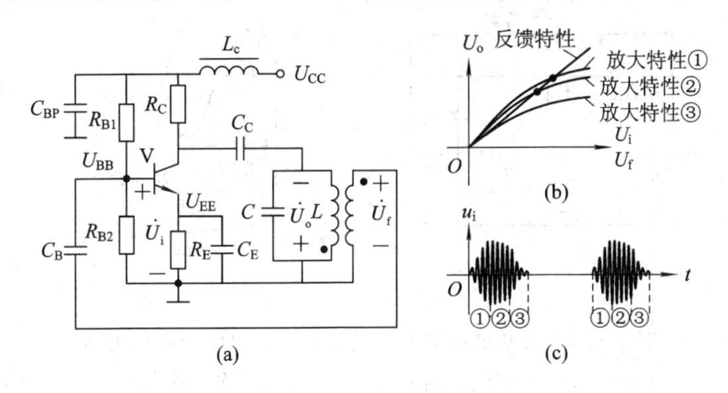

图 3.6.2 间歇振荡

(a) 原理电路；(b) 放大特性的变化；(c) 净输入电压的波形

为了排除间歇振荡，需要适当降低振荡建立速度，包括减小环路增益，增大品质因数，并且减小交流耦合电容的充放电时间常数，包括采用较小的交流耦合电容和与其并联的电阻。

3. 频率占据

LC 正弦波振荡器受到外来信号的干扰，如果干扰信号的频率 ω_s 接近于振荡器的振荡频率 ω_{osc}，振荡频率会偏离 ω_{osc}，向 ω_s 接近，即振荡频率受到 ω_s 的牵引。当 ω_s 足够接近 ω_{osc} 时，振荡频率会被牵引到与 ω_s 相等，这种现象称为频率占据。

以图 3.6.3(a)所示的共基极组态电容三端式振荡器为例，图 3.6.3(b)所示为没有干扰信号时的交流通路和信号矢量。信号包括净输入电压 $\dot{U}_i$、输出电流即集电极电流 $\dot{I}_c$、输

出电压 $\dot{U}_o$ 和反馈电压 $\dot{U}_f$，这些信号矢量均以振荡频率 ω_{osc} 为角速度围绕原点 O 逆时针旋转，信号矢量之间的夹角固定。$\dot{I}_c=\dot{g}_m\dot{U}_i$，$\dot{g}_m$ 为交流跨导，包含了晶体管的相移 φ_Y，所以 $\dot{I}_c$ 超前 $\dot{U}_i$ 的角度为 φ_Y；$\dot{U}_o=\dot{I}_c\dot{Z}_e$，$\dot{Z}_e$ 为 LC 并联谐振回路的阻抗，包含了失谐产生的相移 φ_Z，所以 $\dot{U}_o$ 滞后 $\dot{I}_c$ 的角度为 $|\varphi_Z|$；$\dot{U}_f=\dot{F}\dot{U}_o$，$\dot{F}$ 为反馈系数，包含了反馈网络的相移 φ_F，所以，$\dot{U}_f$ 超前 $\dot{U}_o$ 的角度为 φ_F。信号矢量体现了相位平衡条件：$\varphi_Z=-(\varphi_Y+\varphi_F)$，此时 $\dot{U}_i=\dot{U}_f$。

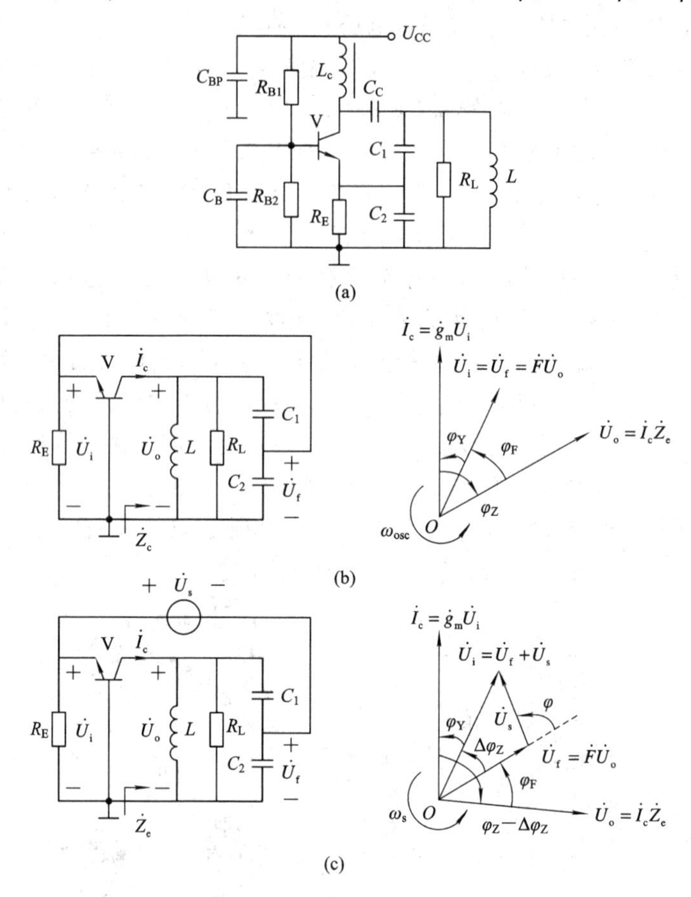

图 3.6.3 共基极组态电容三端式振荡器中的频率占据

(a) 原电路；(b) 没有干扰信号时的交流通路和信号矢量；(c) 有干扰信号时的交流通路和信号矢量

受到外来信号的干扰时，干扰信号用电压 $\dot{U}_s$ 表示，串联在反馈支路上，如图 3.6.3(c) 所示。此时，$\dot{U}_i=\dot{U}_f+\dot{U}_s$。如果 $\dot{U}_s$ 的频率 ω_s 大于 ω_{osc}，则 $\dot{U}_s$ 逆时针旋转的角速度 ω_s 大于其他信号矢量的旋转速度 ω_{osc}，于是 $\dot{U}_s$ 与 $\dot{U}_f$ 叠加后，$\dot{U}_i$ 的旋转速度增大，又因为 $\dot{I}_c=\dot{g}_m\dot{U}_i$、$\dot{U}_o=\dot{I}_c\dot{Z}_e$ 和 $\dot{U}_f=\dot{F}\dot{U}_o$，所以 $\dot{I}_c$、$\dot{U}_o$ 和 $\dot{U}_f$ 的旋转速度也一同增大，即振荡频率增大。反之，如果 ω_s 小于 ω_{osc}，则 $\dot{U}_i$、$\dot{I}_c$、$\dot{U}_o$ 和 $\dot{U}_f$ 的旋转速度都一同减小，即振荡频率减小。这是 $\dot{U}_s$ 破坏了原来的振荡频率处的相位平衡条件后，振荡器依靠相位稳定条件的负反馈原理做出的调整，调整持续到在新的振荡频率 ω_s 处再次建立相位平衡条件为止。此时，所有其他信号矢量的旋转速度与 $\dot{U}_s$ 相等，包括 $\dot{U}_s$ 在内的所有信号矢量之间的夹角固定，如图 3.6.3(c) 所示。再次平衡后，因为振荡频率变为 ω_s，LC 回路失谐产生的相移从 φ_Z 变为 $\varphi_Z-\Delta\varphi_Z$，变化量 $\Delta\varphi_Z$ 等于 $\dot{U}_s$ 造成的 $\dot{U}_i$ 和 $\dot{U}_f$ 之间的夹角。

设 $\dot{U}_s$ 与 $\dot{U}_f$ 之间的夹角为 φ，不难看出，当 $U_s \ll U_f$ 时，$\Delta\varphi_Z$ 很小，有

$$\Delta\varphi_Z \approx \tan\Delta\varphi_Z = \frac{U_s \sin\varphi}{U_f + U_s \cos\varphi} \approx \frac{U_s}{U_f}\sin\varphi \tag{3.6.1}$$

没有干扰信号时，由式(3.2.19)得 LC 并联谐振回路失谐产生的相移为

$$\varphi_Z \approx -\arctan 2Q_e \frac{\omega_{osc} - \omega_0}{\omega_0} \approx -2Q_e \frac{\omega_{osc} - \omega_0}{\omega_0} \tag{3.6.2}$$

其中，Q_e 为品质因数，ω_{osc} 为变化前的振荡频率，ω_0 为 LC 回路的谐振频率。有干扰信号时，振荡频率从 ω_{osc} 变为 ω_s，LC 回路失谐产生的相移为

$$\varphi_Z - \Delta\varphi_Z = -\arctan 2Q_e \frac{\omega_s - \omega_0}{\omega_0} \approx -2Q_e \frac{\omega_s - \omega_0}{\omega_0} \tag{3.6.3}$$

由式(3.6.2)和式(3.6.3)得

$$\Delta\varphi_Z \approx 2Q_e \frac{\omega_s - \omega_{osc}}{\omega_0} \tag{3.6.4}$$

由式(3.6.1)和式(3.6.4)得

$$2(\omega_s - \omega_{osc}) = \frac{\omega_0}{Q_e}\frac{U_s}{U_f}\sin\varphi \tag{3.6.5}$$

式(3.6.5)给出了以变化前的振荡频率 ω_{osc} 为中心的干扰信号的频率 ω_s 的取值范围。考虑到 φ 的变化，发生频率占据的干扰信号带宽即频率占据带宽为

$$\Delta\omega = 2\,|\,\omega_s - \omega_{osc}\,|_{max} = \frac{\omega_0}{Q_e}\frac{U_s}{U_f} \tag{3.6.6}$$

为了排除频率占据，除了切断或消弱外来信号的干扰外，也可以根据式(3.6.6)，增大品质因数以减小频率占据带宽，减小引入干扰信号的频率范围。

3.7　集成器件与应用电路举例

单片集成 LC 高频振荡器 E1648 的内部电路如图 3.7.1(a)所示，器件外围电路如图 3.7.1(b)所示。

E1648 的内部电路由三部分组成。第一部分是电源，由晶体管 V_{10}～V_{14} 组成直流电源馈给电路；第二部分是差分对振荡器部分，由晶体管 V_7、V_8、V_9 和引脚 10、12 外接的 LC 并联谐振回路构成，V_9 构成差动放大器的电流源电路；第三部分是输出部分，由晶体管 V_4 和 V_5 构成共射-共基组态放大器，放大 V_8 的集电极电压，放大后的电压再经晶体管 V_3 和 V_2 组成的差动放大器再次放大，最后经射随器 V_1 隔离，由引脚 3 输出。图 3.7.1(a)中，晶体管 V_6 构成直流负反馈电路，引脚 5 外接滤波电容 C_B。当 V_8 输出电压的振幅增加时，V_5 的发射极电压增加，V_6 的集电极直流电压减小，从而使电流源电流 I_0 减小，差动放大器的交流跨导 g_m 随之减小，限制了 V_8 输出电压的振幅，提高了振幅的稳定性。该电路的振荡频率 $\omega_{osc} \approx 1/\sqrt{L(C+C_i)}$，其中，$C_i$ 是引脚 10、12 的输入电容，产品手册给出 $C_i = 6$ pF。该振荡器的最高振荡频率可达 225 MHz。

集成振荡器具有外接元件少、稳定性高、可靠性好、调整使用方便等优点。由于目前集成电路技术的限制，其最高振荡频率还低于分立元件振荡器，电压和功率也难以做到分立元件振荡器的水平。但是，集成电路是微电子技术的发展方向，集成振荡器的性能将不断提高。

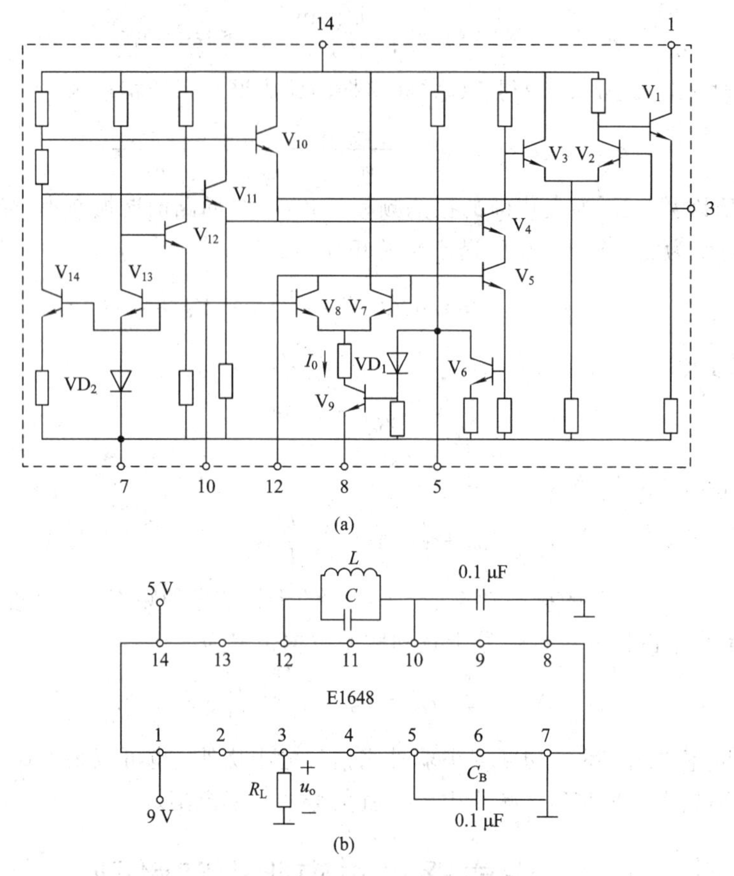

图 3.7.1 E1648 单片集成振荡器

(a) 内部电路；(b) 外围电路

3.8 PSpice 仿真举例

共基极组态电容三端式振荡器如图 3.8.1 所示，电路的瞬态分析参数设置如图 3.8.2 所示，瞬态分析结果如图 3.8.3 所示。瞬态分析的最大步长对振荡器仿真结果影响较大，

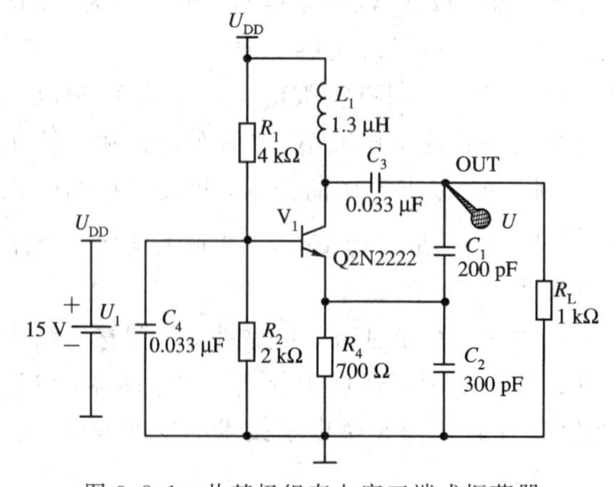

图 3.8.1 共基极组态电容三端式振荡器

如果步长不合适，则可能观测不到振荡波形，或波形质量较差。

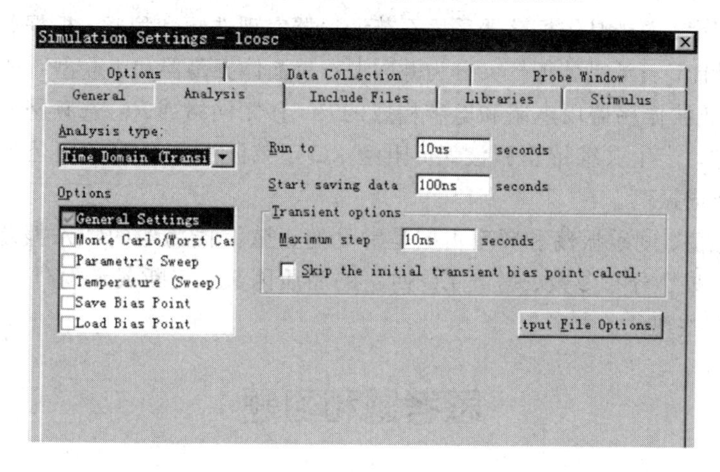

图 3.8.2　瞬态分析的参数设置

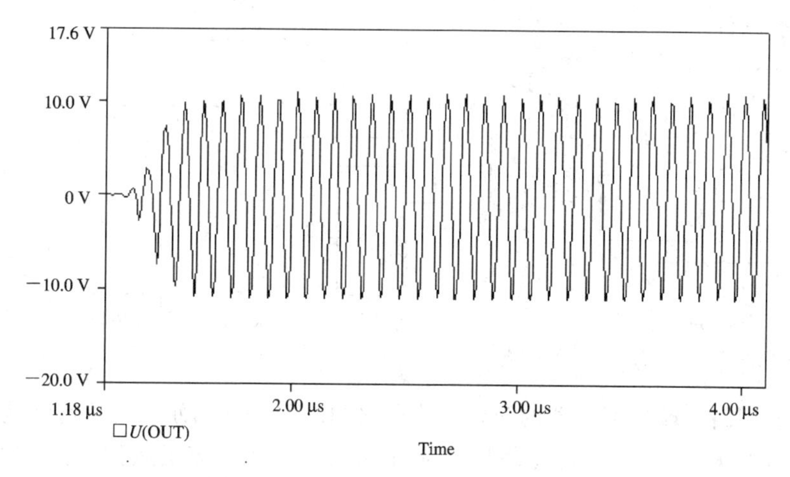

图 3.8.3　瞬态分析的输出电压波形

本章小结

本章讲述了正弦波振荡器的工作原理、振荡条件和实现电路，分析了频率稳定度和特殊振荡现象。

（1）反馈式正弦波振荡器是由放大器和反馈网络构成的正反馈环路，用反馈信号取代输入信号，实现无输入的振荡。振荡条件包括平衡条件、稳定条件和起振条件，分别提出了环路对振幅和相位传输的要求。其中，最主要的是相位平衡条件和振幅起振条件。

（2）LC 正弦波振荡器用 LC 并联谐振回路作为放大器的负载，并构成反馈网络。变压器耦合式振荡器用变压器的同名端实现相位平衡条件。三端式振荡器的相位平衡条件体现为“射同基反”或“源同栅反”的电路设计。用拆环得到的交流等效电路，能够严格计算三端式振荡器的振荡频率并推导振幅起振条件对元器件参数的要求；也可以采用工程近似，忽略环路各级相移，根据 LC 回路的谐振频率计算振荡频率，根据有源器件的交流跨导、谐振电阻和估算的反馈系数推导振幅起振条件。

(3) 克拉拨振荡器和席勒振荡器通过减小有源器件极间电容的影响来提高 LC 正弦波振荡器的频率稳定度。石英晶体振荡器采用石英谐振器实现选频和稳频，根据石英谐振器在电路中的位置和功能，石英晶体振器又分为并联型石英晶体振荡器和串联型石英晶体振荡器。

(4) RC 正弦波振荡器用电阻和电容构成的 RC 移相网络或 RC 选频网络作为放大器的负载和反馈网络，产生并维持正弦波。负阻型 LC 正弦波振荡器用负阻器件为 LC 回路补充交流能量，形成振荡。

(5) 寄生振荡、间歇振荡和频率占据是常见的正弦波振荡器的特殊振荡现象，通过正确选择元器件、减小分布参数、增大 LC 回路的品质因数、切断或消弱外来信号的干扰等方法可以排除这些现象。

思考题和习题

3－1　变压器耦合式振荡器的简化交流通路如图 P3－1 所示，确定变压器的同名端，实现相位平衡条件。

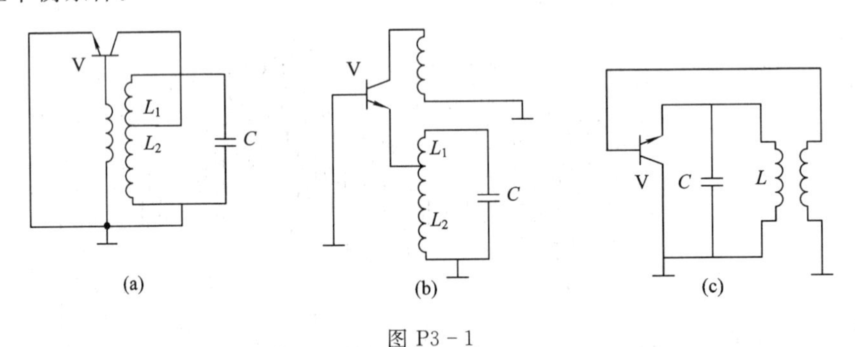

图 P3－1

3－2　多回路三端式振荡器的简化交流通路如图 P3－2 所示，判断电路是否满足相位平衡条件。如果满足条件，确定振荡频率 ω_{osc} 的范围；如果不满足条件，说明原因，并提出修改措施。

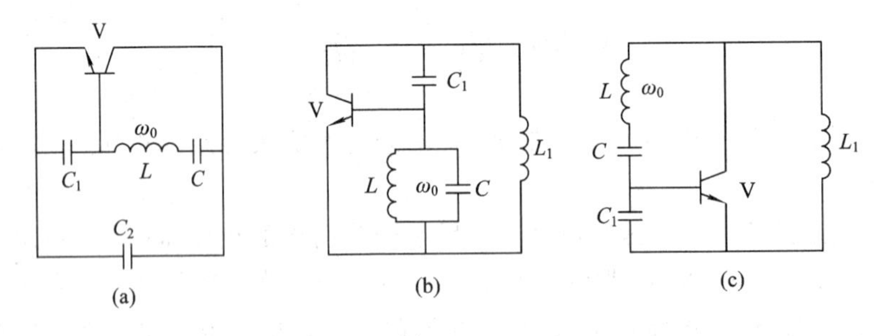

图 P3－2

3－3　多回路三端式振荡器的简化交流通路如图 P3－3 所示，确定满足相位平衡条件的振荡频率 ω_{osc} 的范围。

3－4　多回路三端式振荡器的简化交流通路如图 P3－4 所示，确定以下两种条件下的振荡频率 ω_{osc} 的范围。

(1) $L_1C_1>L_2C_2>L_3C_3$。

(2) $L_1C_1<L_2C_2<L_3C_3$。

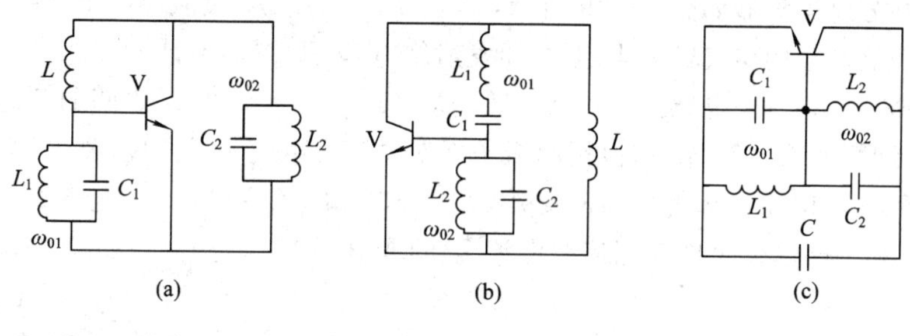

图 P3-3

3-5　共基极组态电感三端式振荡器如图 P3-5 所示，已知晶体管的交流输入电阻 r_e 和交流跨导 g_m，发射结电容 $C_{b'e}$忽略不计，其余元件参数在图中给出，不计电感 L_1 和 L_2 之间的互感。推导振荡频率 ω_{osc}和振幅起振条件的表达式。

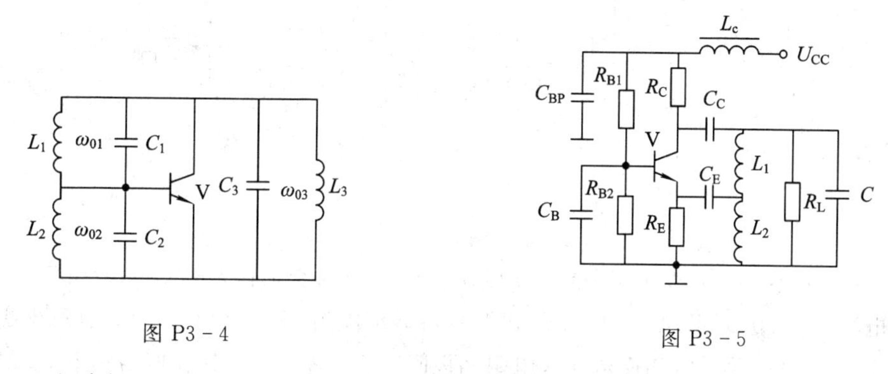

图 P3-4　　　　图 P3-5

3-6　电路如图 P3-6 所示，晶体管的发射结电容 $C_{b'e}$忽略不计。

(1) 已知振荡频率 f_{osc}=2.5 MHz，计算电感 L。

(2) 保持 f_{osc}和 L 不变，如何调整元件参数，才能使反馈系数 F 减小一半？

3-7　振荡频率为 ω_{osc}的共源极组态电感三端式振荡器如图 P3-7 所示，已知场效应管的交流跨导 g_m，忽略不计管子的输入阻抗，不计电感 L_1 和 L_2 之间的互感，电感的内阻 $r_1 \ll \omega_{osc} L_1$，$r_2 \ll \omega_{osc} L_2$。证明振幅起振条件为

$$g_m > \frac{r_1 + r_2}{\omega_{osc}^2 L_1 L_2}$$

3-8　振荡频率为 ω_{osc}的共源极组态电容三端式振荡器如图 P3-8 所示，已知场效应管的交流跨导 g_m，忽略不计管子的输入阻抗。证明振幅起振条件为 $g_m > \omega_{osc}^2 C_1 C_2 r$。

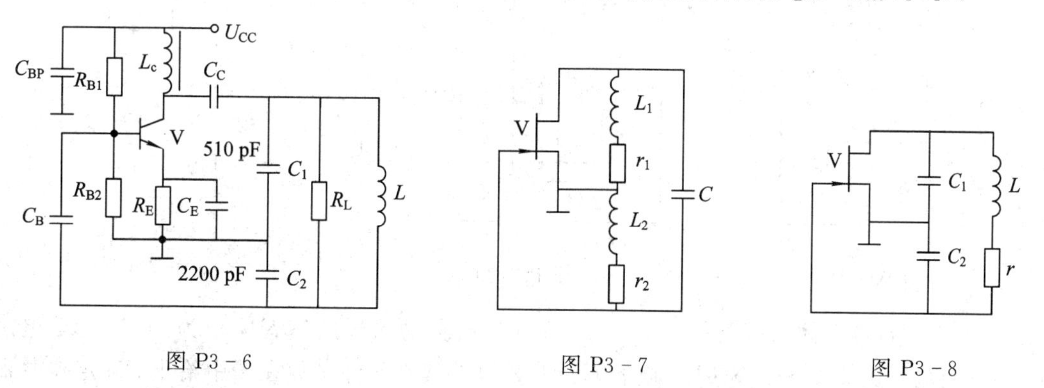

图 P3-6　　　　图 P3-7　　　　图 P3-8

3－9　差分对振荡器如图 P3－9 所示，电阻 $R_B=500\ \Omega$，负载电阻 $R_L=1\ \mathrm{k\Omega}$，热电压 $U_T=26\ \mathrm{mV}$，晶体管的交流输入电阻 r_{be} 和发射结电容 $C_{b'e}$ 忽略不计。

(1) 图 P3－9(a)中，电感 $L_1=3.8\ \mu\mathrm{H}$，$L_2=56\ \mu\mathrm{H}$，L_1 和 L_2 之间的互感不计，电容 $C=128\ \mathrm{pF}$。计算振荡频率 ω_{osc} 和振幅起振条件对电流源电流 I_0 的取值要求。

(2) 图 P3－9(b)中，电容 $C_1=330\ \mathrm{pF}$，$C_2=330\ \mathrm{pF}$，$C_3=33\ \mathrm{pF}$，电感 $L=8\ \mu\mathrm{H}$。计算振荡频率 ω_{osc} 和振幅起振条件对电流源电流 I_0 的取值要求。

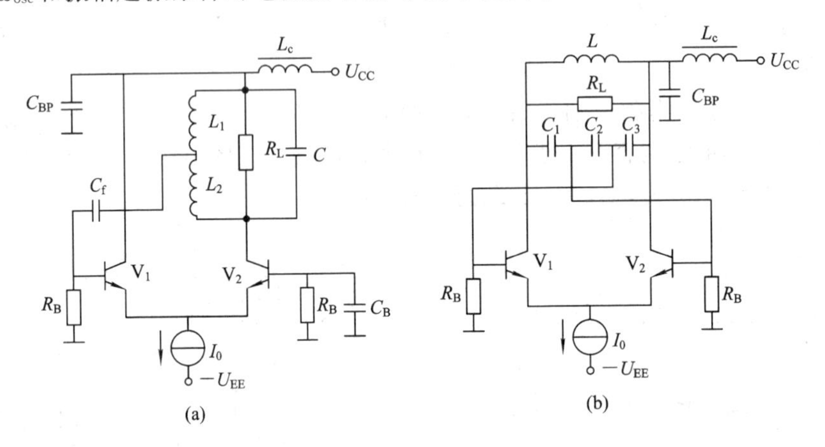

图 P3－9

3－10　克拉拨振荡器如图 P3－10 所示，晶体管的交流跨导 $g_m=8.2\ \mathrm{mS}$，电感 $L=80\ \mu\mathrm{H}$，电容 $C_1=2000\ \mathrm{pF}$，$C_2=2000\ \mathrm{pF}$，C_3 的可调范围为 58～100 pF，LC 并联谐振回路的品质因数 $Q_e=100$，晶体管的交流输入电阻和极间电容忽略不计。计算振荡频率 ω_{osc} 的范围。

3－11　席勒振荡器如图 P3－11 所示，电感 $L=20\ \mu\mathrm{H}$，电容 $C_2=2000\ \mathrm{pF}$，$C_3=51\ \mathrm{pF}$，$C_4=10\ \mathrm{pF}$，C_5 的可调范围为 9～35 pF，反馈系数 $F=0.36$，晶体管的交流输入电阻和极间电容忽略不计。计算振荡频率 ω_{osc} 的范围。

3－12　石英谐振器的电路模型如图 P3－12 所示，静态电容 $C_0=5\ \mathrm{pF}$，在基音频率对应的 LC 串联支路上，电感 $L_{q1}=20\ \mathrm{H}$，电容 $C_{q1}=7.25\times10^{-4}\ \mathrm{pF}$，电阻 r_{q1} 忽略不计，石英谐振器指定的负载电容 $C_L=30\ \mathrm{pF}$。计算该基音晶振的串联谐振频率 f_{s1}、并联谐振频率 f_{p1} 和标称频率 f_N，结果保留 6 位有效数字。

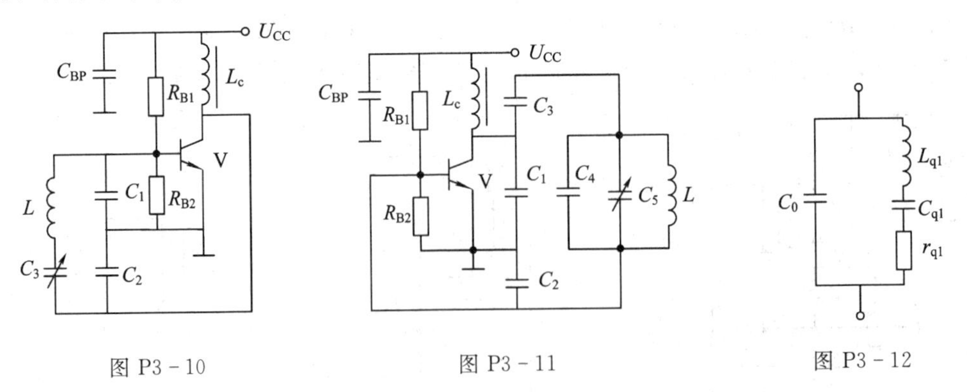

图 P3－10　　图 P3－11　　图 P3－12

3－13　石英晶体振荡器如图 P3－13 所示，石英谐振器的基音频率为 10 MHz，电感 L_1 的可调范围为 3.2～4.8 $\mu\mathrm{H}$，电容 $C_1=82\ \mathrm{pF}$，其余元件参数在图中给出。确定振荡器的类型，说明石英谐振器的作用，计算振荡频率 f_{osc}。

3－14　石英晶体振荡器如图 P3－14 所示，石英谐振器的基音频率为 3.6 MHz。确定振荡器的类型，说明石英谐振器的作用，计算振荡频率 f_{osc}。

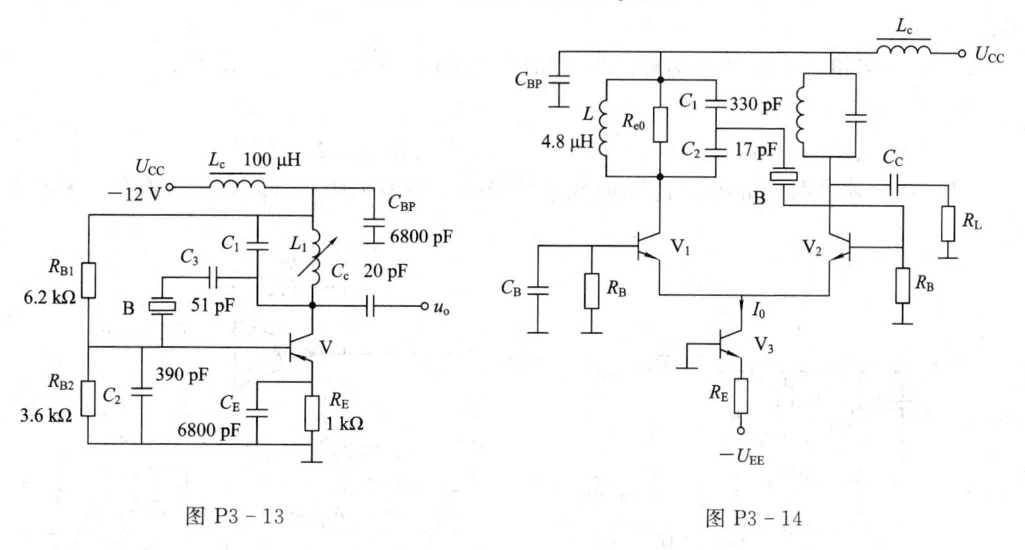

图 P3－13　　　　图 P3－14

3－15　串联型石英晶体振荡器如图 P3－15 所示，石英谐振器的基音频率为 1.9 MHz，电感 L_1 和 L_2 之间的互感不计。画出该电路的简化交流通路，计算振荡频率 f_{osc}。

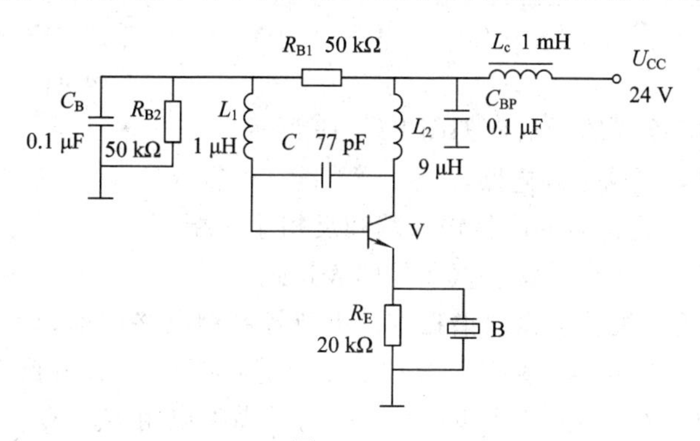

图 P3－15

3－16　判断图 P3－16 所示的 RC 移相振荡器是否满足相位平衡条件。

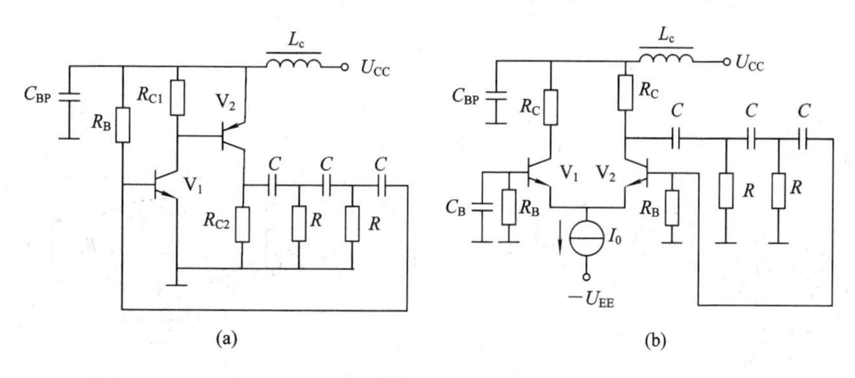

图 P3－16

3－17　共基极-共发射极组态放大器构成的 RC 移相振荡器如图 P3－17 所示，已知晶体管 V_1 的发射结交流电阻 r_{e1} 和交流跨导 g_{m1}、晶体管 V_2 的交流输入电阻 r_{be2} 和交流跨导 g_{m2}，其余元件参数在图中给出，$R_E \gg r_{e1}$，$R_{C2}=R$。推导振荡频率 ω_{osc} 和振幅起振条件的表达式。

3－18　反相比例放大器构成的有源 RC 移相振荡器如图 P3－18 所示。

（1）计算振荡频率 ω_{osc}。

（2）输出电压 $u_{o1}=20\cos\omega_{osc}t$ mV，写出输出电压 u_{o2} 的表达式。

（3）为了满足振幅起振条件和振幅平衡条件，热敏电阻 R_1 和 R_2 应该有什么样的温度特性？

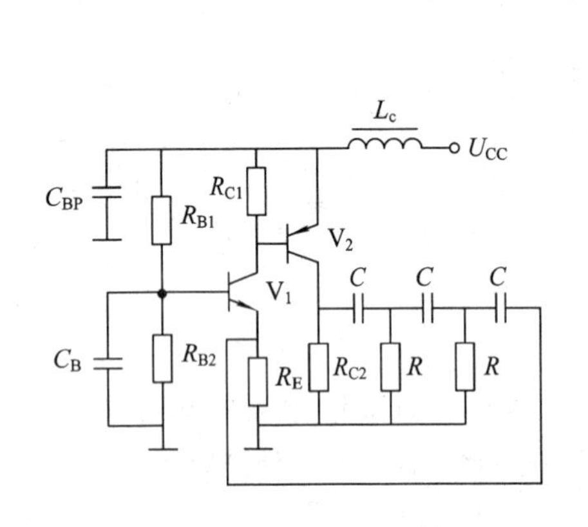

图 P3－17

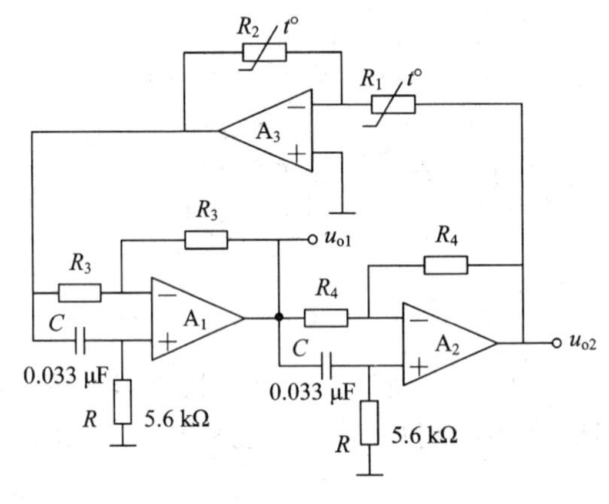

图 P3－18

3－19　文氏桥振荡器的元器件如图 P3－19 所示。

（1）连接元器件，构成正确电路。

（2）标出集成运算放大器的同相输入端和反相输入端。

（3）推导振荡频率 ω_{osc} 和振幅起振条件的表达式。

3－20　使用耿氏二极管的微波谐振腔的电流控制型电路模型如图 P3－20 所示，耿氏二极管的负阻为 $-r_d$，结电容、管壳电容和引线电感都折算入谐振腔等效的 LC 串联谐振回路，LC 回路包括电感 L、电容 C 和不计 $-r_d$ 时的谐振电阻 R_e。

（1）推导回路电流 i_o 满足的微分方程。

（2）求解振荡频率 ω_{osc}。

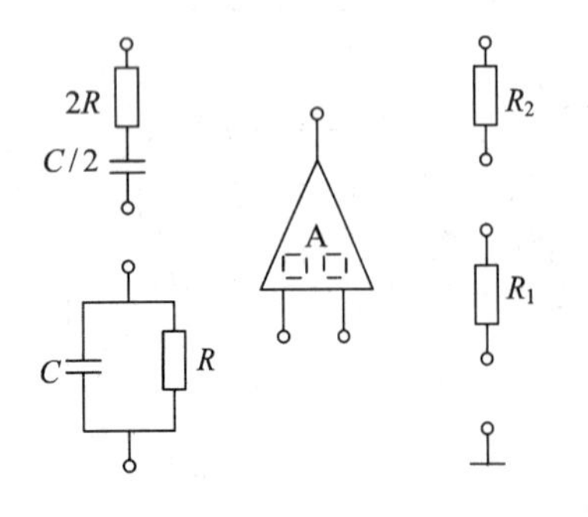

图 P3－19

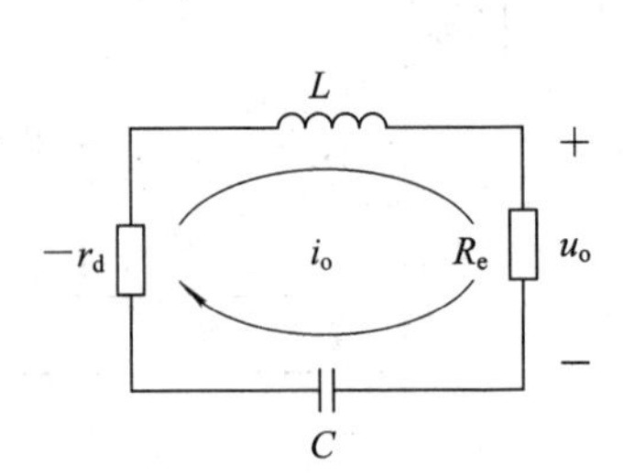

图 P3－20

第四章　噪声与小信号放大器

射频小信号放大器是射频通信设备中，尤其是接收机中的重要功能电路。其主要功能是对微弱信号进行不失真的放大，使信号达到足够的功率电平，可以提高接收机的接收灵敏度。

噪声与干扰泛指有用信号以外的其他一切无用信号。通常把有确定来源、有规律的来自外部与内部的扰动称为干扰；把系统内部产生的无规则的起伏扰动称为噪声。对于一个线性系统，当它工作在小信号状态时，它的许多性能指标都与噪声有关，如功率信噪比、误码率以及解调时的最低可调门限等。当将信号放大时，由于二极管和晶体管的非线性特性，会产生增益压缩、交叉调制和互相调制等一系列非线性失真。这些非线性失真限制了放大器所能放大的最小信号，因而使接收机的灵敏度有一极限值。对于大多数干扰而言，原则上可以通过合理设计和正确调整予以削弱或消除；噪声是一种随机信号，其频谱很宽，干扰能量分布于整个无线电工作频率范围内，相对难于消除。可见，噪声是影响接收机性能的主要因素。那么，对于要将微弱信号放大的小信号放大器来说，就要求其除了具有放大功能外，还要有一定的选频滤波、降低噪声的功能。

本章将介绍噪声的基本概念及其描述方法，并对射频调谐小信号放大器、宽带小信号放大器及低噪声小信号放大器进行探讨。

4.1　噪声来源和特性

通信发射机和接收机的灵敏度通常会受到噪声的限制。广义上，噪声的定义为：除了所希望的信号之外的一切信号。然而，该定义没有区分人工噪声(如 50 Hz 电源线的交流噪声)和来自于电路内部的难于消除的噪声。本章要讨论的是后者。

对放大器而言，简单的级联最终并不能使灵敏度有任何进一步的改善，这是因为噪声与信号一起被放大了。在音频系统中，噪声表现为连续的“嘶嘶”声，而在视频系统中噪声本身显示为模拟电视系统中特有的“雪花”效应。

那么，噪声究竟是从何而来的呢？

4.1.1　噪声来源

产生噪声的物理机理有很多，最常见的是热噪声，也称为约翰逊噪声或奈奎斯特噪声。这可以通过简单测量一个开路电阻上的电压来说明。如图 4.1.1 所示，测得的电压$u(t)$并不为零。也就是说，它的平均电压为零，但瞬时电压不为零。在温度高于绝对零度的情况下，电子的布朗运动会产生随机的瞬时电流，这些电流

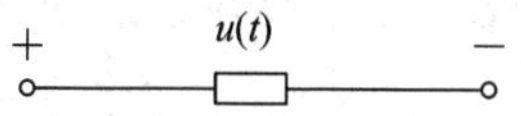

+　$u(t)$　−

图 4.1.1　开路电阻上的电压

会产生随机的瞬时电压，从而产生噪声功率。

电子管、半导体二极管、晶体管或场效应管中噪声的产生机理各不相同。例如，对于电子管，这些机理包括阴极电子发射的随机次数(又称为散粒噪声)、真空中的随机电子速率、阴极表面的非均匀发射和阳极的二次发射。类似地，对于二极管，电子和空穴的随机发射产生噪声。在晶体管中，还存在着分配噪声，也就是离开发射极的载流子在基极和集电极间所产生的波动。另外，还存在 $1/f$ 噪声(其中 f 表示频率)，或称为闪烁噪声，这是由处于基极-发射极 PN 结的基极少数载流子的表面复合而引起的。很明显，当频率接近直流时，闪烁噪声将急剧增加。在场效应管中，存在由沟道电阻产生的热噪声、$1/f$ 噪声和耦合到栅极的沟道噪声，它们也会被晶体管的增益所放大。在齐纳二极管和碰撞雪崩渡越时间二极管等器件中，发生电子雪崩时的反向击穿也会产生噪声。

总之，产生噪声的机理是很多的。然而，当系统工作在射频条件下时，两个最常见的噪声源是热噪声和散粒噪声。

4.1.2 噪声特性

在讨论噪声的特性时，以电阻的热噪声为例，下面的三个指标是最主要的。

(1) 频谱。由于电阻中电子的布朗运动产生随机的瞬时小电流脉冲的持续时间极短，因此它的频谱可以说在整个无线电频段上是趋于无穷大的。

(2) 功率谱密度。由于电流脉冲的随机性，其大小方向均不确定，不能用它们的电流谱密度叠加，因此引入功率谱密度 $S(f)$ 的概念。功率谱密度 $S(f)$ 表示单位频带内的功率，单位是 dBm/Hz(0 dBm 表示 1 mW 功率)。引入了功率谱，就可以避免叠加相位的不确定性。

以电流功率谱表示的噪声功率为 $P_I=\int_{f_1}^{f_2}S_I(f)\,\mathrm{d}f$，它是用电流量表示的功率谱密度在频带 f_2-f_1 内的积分值。以电压量表示的噪声功率为 $P_U=\int_{f_1}^{f_2}S_U(f)\,\mathrm{d}f$，它是用电压量表示的功率谱密度在频带 f_2-f_1 内的积分值。也可以用噪声电流均方值 $\overline{I_n^2}$ 和噪声电压均方值 $\overline{U_n^2}$ 表示在频带 $\Delta f=f_2-f_1$ 内单位电阻上的噪声功率。

在整个频段内功率谱密度为恒定值的噪声为白噪声，即 $S_I(f)=S_I$ 或 $S_U(f)=S_U$，因此对白噪声有：

$$\overline{I_n^2}=\int_{f_1}^{f_2}S_I(f)\,\mathrm{d}f=S_I\int_{f_1}^{f_2}\mathrm{d}f=S_I(f_2-f_1)$$

或

$$\overline{U_n^2}=\int_{f_1}^{f_2}S_U(f)\,\mathrm{d}f=S_U\int_{f_1}^{f_2}\mathrm{d}f=S_U(f_2-f_1)$$

(3) 等效噪声带宽。在功率谱密度为 $S_i(f)$ 的噪声通过电压传递函数 $H(f)$ 的线性时不变系统后，输出噪声功率谱密度 $S_o(f)=S_i(f)|H(f)|^2$，其中 $|H(f)|^2$ 是系统的功率传递函数。当白噪声通过线性系统后，输出噪声均方值电压(或电流)可表示为

$$\overline{U_n^2}=\int_0^{\infty}S_i(f)\,|H(f)|^2\,\mathrm{d}f=S_i\int_0^{\infty}|H(f)|^2\,\mathrm{d}f$$

它是输入功率谱密度 $S_i(f)$ 乘以功率传输函数在整个频段内的积分值。

通常将 $B_L=\frac{\int_0^{\infty}|H(f)|^2\mathrm{d}f}{H^2(f_0)}$ 称为线性系统的等效噪声带宽，如图 4.1.2 所示，它是高度为 $H^2(f_0)$(系统在中心频率点 f_0 的功率传输系统)，宽度为 B_L 的矩形。白噪声通过线性系统后的总噪声功率等于输入噪声功率谱密度 $S_i(f)$ 与 $H^2(f_0)$ 之积再乘以系统的等效噪声带宽 B_L。因此，系统的等效噪声带宽越大，输出噪声越大。

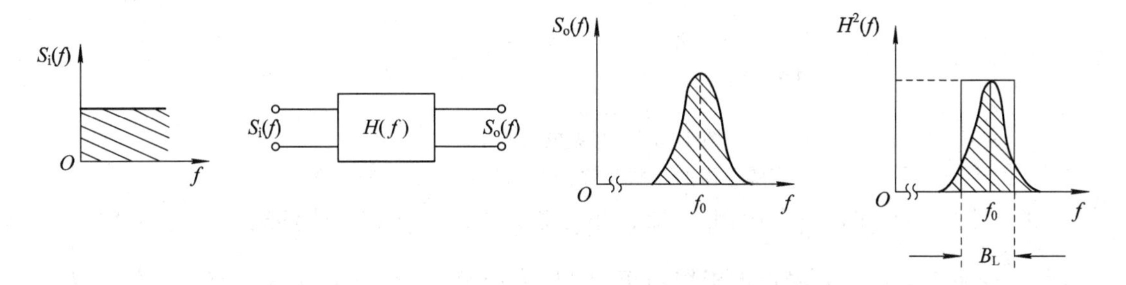

图 4.1.2　白噪声通过线性系统及等效噪声宽度

4.2　电路中元器件的噪声

电子电路中的器件主要有电阻、晶体管、场效应晶体管以及电容和电感等电抗元件。本节将分析这些元件的噪声大小及噪声等效电路。

4.2.1　电阻的热噪声及等效电路

温度为 T，阻值为 R 的电阻的噪声其电流功率谱密度 $S_I=4kT\frac{1}{R}$，电压功率谱密度 $S_U=S_IR^2=4kTR$，其中 $k=1.38\times10^{-23}$ J/K 是波尔兹曼常数。可见，电阻热噪声的功率谱密度与频率无关，因此是白噪声。

计算一个有噪电阻 R 在频带宽度为 B 的线形网络内的噪声时，可以看做阻值为 R 的理想无噪电阻与一噪声电流源并联，或阻值为 R 的理想无噪电阻与一噪声电压源串联，如图 4.2.1 所示。其中，噪声电流均方值 $\overline{I_n^2}=4kT\frac{1}{R}B$，噪声电压均方值 $\overline{U_n^2}=4kTRB$。当多个有噪电阻串联时，每个有噪电阻用相应的噪声电压源等效电路表示；当多个有噪电阻并联时，每个有噪电阻用相应的噪声电流源等效电路表示，如图 4.2.2 所示。

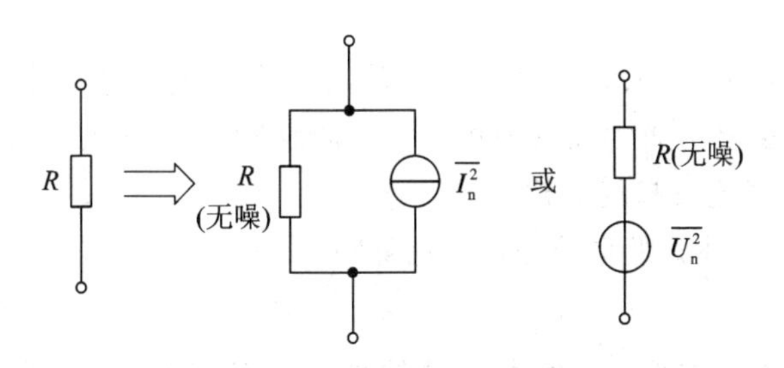

图 4.2.1　电阻的热噪声及等效电路

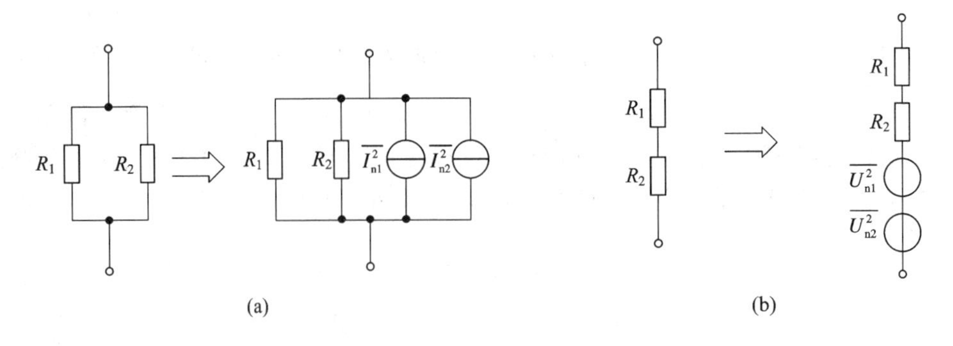

图 4.2.2　有噪电阻的串/并联

(a) 有噪电阻的并联等效；(b) 有噪电阻的串联等效

由电路理论可知，一个内阻为 R_s、电动势为 U_s 的信号源能够输出的最大功率为 $P_A=\dfrac{U_s^2}{4R_s}$，此功率称为信号源的资用功率，也称为额定功率。额定功率只与信号源本身有关，与负载无关，代表着信号源输出功率的最大能力。当负载与信号源内阻匹配时，即可得到此最大输出功率。与此相同，若把电阻 R 的热噪声作为噪声源，则当此噪声源的负载与 R 相匹配时，能输出最大噪声功率，此功率可称为该电阻热噪声源的资用噪声功率，也称为额定噪声功率。其值为

$$P_{nA}=\frac{4kTRB}{4R}=kTB$$

它与电阻本身的大小无关，仅与温度和系统带宽有关。

4.2.2　晶体管的噪声

1. 电阻热噪声

在晶体管中，载流子的不规则热运动会产生热噪声，其主要来源是基区体电阻 $r_{bb'}$。相比之下，发射区和集电区的热噪声很小，一般可以忽略不计。

2. 散粒噪声

晶体管外加偏压时，由于载流子穿过 PN 结的速度不同，使得单位时间内通过 PN 结的载流子数不同，从而引起 PN 结上的电流在某一平均值上有一微小的起伏。这种电流随机起伏所产生的噪声称为散粒噪声。理论和实践证明，散粒噪声与流过 PN 结的直流电流成正比。对于正向偏置的发射结，其散粒噪声的电流均方值：

$$I_{en}=2qI_{EQ}B_n \tag{4.2.1}$$

式中，q 是电子的电荷量($q=1.6\times10^{-19}$ C)，I_{EQ}是发射极的静态工作电流，B_n 为等效噪声带宽。由于晶体管的集电结通常加反向电压，反向饱和电流要比发射极正向电流小很多，因此集电极反向饱和电流引起的散粒噪声可忽略不计。

式(4.2.1)表明，晶体管的散粒噪声是白噪声。

3. 分配噪声

在晶体管基区，由于非平衡少数载流子的复合具有随机性，时多时少，起伏不定，使得集电极电流与基极电流的分配比例随机变化，从而引起集电极电流有微小变化。这种因

分配比例随机变化而产生的噪声称为分配噪声。集电极电流中分配噪声的电流均方值：

$$I_{cn}^2 = 2qI_{CQ}\left(1-\frac{|\alpha|^2}{\alpha_0}\right)B_n \tag{4.2.2}$$

式中，I_{CQ}是集电极的静态工作电流；α是晶体管共基极交流电流放大系数，其上限频率为f_α，低频取值为α_0。将$|\alpha|^2=\left|\alpha_0/\left(1+j\dfrac{f}{f_\alpha}\right)\right|^2$代入式(4.2.2)，经变换可得$I_{cn}^2$的另一种表示式：

$$I_{cn}^2 = 2qI_{CQ}(1-\alpha_0)F(f)B_n \tag{4.2.3}$$

式中：

$$F(f)=\frac{1}{1+\left(\dfrac{f}{f_\alpha}\right)^2}\left[1+\left(\frac{f}{\sqrt{1-\alpha_0}\,f_\alpha}\right)^2\right] \tag{4.2.4}$$

式(4.2.4)表明，晶体管的分配噪声不是白噪声，其功率谱密度是频率的函数。频率愈高，$|\alpha|^2$愈小，则分配噪声愈大。

4. 1/f 噪声

1/f噪声又称闪烁噪声或低频噪声，其特点是它的功率谱密度与工作频率近似成正比关系，所以它不是白噪声。1/f噪声的产生机理比较复杂，主要与半导体材料及其表面特性有关。由于1/f噪声在几千赫兹以下时比较显著，因此它主要影响晶体管的低频工作区。

在电子线路的噪声分析中，通常采用晶体管噪声等效电路。不同组态的晶体管有不同的噪声等效电路。当晶体管工作在高频范围时，其共基极组态的T型噪声等效电路如图4.2.3所示。图中，U_{bn}^2为基区体电阻$r_{bb'}$的热噪声，即$U_{bn}^2=4kTr_{bb'}B_n$；I_{en}^2为发射结散粒噪声，见式(4.2.1)；I_{cn}^2为集电极的分配噪声，见式(4.2.2)。因为晶体管工作在高频，所以等效电路中忽略了1/f噪声。需要指出的是，噪声等效电路中的r_e和$r_{b'c}$都是模拟出来的电阻，即分别模拟发射结和集电结上电压对电流的控制作用，因此它们都没有噪声。

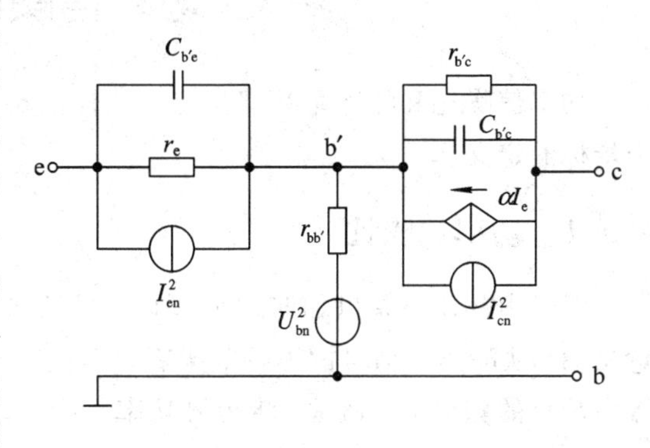

图4.2.3　共基极组态的晶体管T型噪声等效电路

理论分析表明，由于I_{cn}^2和I_{en}^2都与基区非平衡少子的不规则运动有关，因而它们是相关的，但又因两者的相关性很弱，故在近似分析时可以认为I_{cn}^2和I_{en}^2是统计独立的。

4.2.3　场效应管的噪声

场效应管漏、源之间的沟道电阻会产生热噪声。与一般电阻器不同，由于沟道电阻受到栅源电压的控制，因而它不是一个恒定电阻。若g_m表示场效应管的转移跨导，则沟道热噪声的电流均方值：

$$I_{nD}^2 = 4kT\left(\frac{2}{3}g_m\right)B_n$$

场效应管也存在 $1/f$ 噪声，反映在漏极端的噪声的电流均方值：

$$I_{\text{nf}}^2 = \eta I_{\text{D}} \left(\frac{1}{f}\right) B_{\text{n}}$$

式中，η 是与管子有关的系数；I_{D}是静态工作电流；f 表示频率。

在场效应管的噪声等效电路中，将沟道热噪声和 $1/f$ 噪声合并在一起，可用一个接在漏、源之间的噪声电流源 I_{Dn}^2来等效，如图 4.2.4 所示。由于 I_{Dn}^2和 I_{nf}^2互不相关，所以：

$$I_{\text{Dn}}^2 = I_{\text{nD}}^2 + I_{\text{nf}}^2 = 4kT\left(\frac{2}{3}g_{\text{m}}\right)B_{\text{n}} + \eta I_{\text{D}}\left(\frac{1}{f}\right)B_{\text{n}}$$

场效应管中的噪声源是栅极-漏极电流 I_{G} 产生的散粒噪声，在图 4.2.4 中用 I_{Gn}^2表示，其计算式为

$$I_{\text{Gn}}^2 = 2qI_{\text{G}}B_{\text{n}}$$

由于场效应管靠多数载流子导电，所以不存在分配噪声。

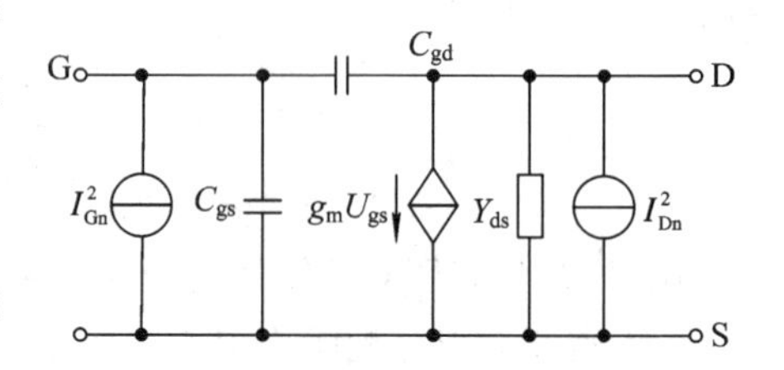

图 4.2.4　场效应管噪声等效电路

在以上噪声中，沟道热噪声的影响最大。在高频工作时，$1/f$ 噪声可以忽略不计。对于 MOS 场效应管，因栅极-漏极电流很小，所以 I_{Gn}^2极小，只有当信号源内阻很大时才考虑其影响。

4.3　功率信噪比和噪声系数

功率信噪比和噪声系数都是衡量线性电路本身噪声性能的指标，本节将分别介绍这两个指标的定义。

4.3.1　功率信噪比

对噪声的研究是以如何减小其对信号的影响为目的的。因此，离开信号谈噪声是没有意义的。从噪声对信号的影响效果看，不在于噪声电平绝对值的大小，而在于信号功率与噪声功率的相对值。通常，将信号功率与噪声功率之比定义为功率信噪比，记为 S/N，指在指定频带内，同一端口信号功率 P_{s} 和噪声功率 P_{n} 的比值，表示为 $P_{\text{s}}/P_{\text{n}}$。

功率信噪比是衡量一个信号质量优劣的指标。如果噪声功率和有用信号的输出功率在同一个数量级，甚至比信号功率还大，则此时信号将会被淹没在噪声之中，导致接收机很难恢复出有用信号。

当然，功率信噪比也可以用分贝表示，可写为 $10\ \lg(P_{\text{s}}/P_{\text{n}})$。

功率信噪比越大，说明信号质量越好。功率信噪比的最小允许值取决于具体应用设备的要求。例如，调幅收音机检波器输入端为 10 dB，调频收音机鉴频器输入端为 12 dB，电视接收机检波器输入端为 40 dB。当信号通过放大器时，会附加上电路中元器件的噪声，因此放大器输出端的功率信噪比总是小于输入端。

4.3.2　噪声系数

功率信噪比虽然反映了信号质量的好坏，却不能反映放大器或网络对信号质量的影

响，也不能表示放大器本身噪声性能的好坏。当信号通过无噪声的理想线性电路时，其输出的功率信噪比与输入的相等。若电路中含有有噪元件，则由于信号通过时附加了电路的噪声功率，因此输出的功率信噪比小于输入的功率信噪比，使输出信号的质量变坏。由此可见，输出功率信噪比相对于输入功率信噪比的变化可以确切地反映电路在传输信号时的噪声性能。噪声系数这一指标正在从这一角度引出的。

1. 噪声系数的定义

线性电路的噪声系数 N_F 的定义为：在标准信号源激励下输入端的功率信噪比 P_{si}/P_{ni} 与输出端的功率信噪比 P_{so}/P_{no} 的比值，即

$$N_F=\frac{P_{si}/P_{ni}}{P_{so}/P_{no}} \tag{4.3.1}$$

上述定义中，标准信号源是指输入端仅接有信号源及其内阻 R_s，并规定该内阻 R_s 在温度 $T=290$ K 时所产生的热噪声为输入端的噪声源。

噪声系数通常也用 dB 表示，即

$$N_F(\text{dB})=10\lg\frac{P_{si}/P_{ni}}{P_{so}/P_{no}} \tag{4.3.2}$$

对于无噪声的理想电路，$N_F=0$ dB；对于有噪声的电路，其 dB 值为一正数。

式(4.3.1)还可以表示为以下形式：

$$N_F=\frac{P_{no}}{\dfrac{P_{so}}{P_{si}}P_{ni}}=\frac{P_{no}}{K_F P_{ni}} \tag{4.3.3}$$

式中，$K_F=P_{so}/P_{si}$ 为功率增益。式(4.3.3)说明，噪声系数等于输出端的噪声功率与输入噪声在输出端产生的噪声功率($K_F P_{ni}$)的比值，而与输入信号的大小无关。事实上，电路输出端的噪声功率包括两部分，即 $K_F P_{ni}$ 和电路内部噪声在输出端产生的噪声功率 $P_{\Delta n}$。因此，噪声系数也可以表示为

$$N_F=\frac{P_{no}}{\dfrac{P_{so}}{P_{si}}P_{ni}}=\frac{P_{no}}{K_F P_{ni}}=\frac{K_F P_{ni}+P_{\Delta n}}{K_F P_{ni}}=1+\frac{P_{\Delta n}}{K_F P_{ni}} \tag{4.3.4}$$

式(4.3.1)、式(4.3.3)和式(4.3.4)是噪声系数的三种相互等效的表示式。在计算噪声系数时，可以根据具体情况，采用相应的公式。

应该指出的是，噪声系数只适用于线性电路。由于非线性电路输出端的功率信噪比会随输入端信号和噪声的大小而变化，因此不能反映电路本身附加噪声的性能。也就是说，噪声系数对非线性电路不适用。

2. 额定功率、额定功率增益与噪声系数

在线性电路的输入端，由于信号源电压与其内阻 R_s 产生的热噪声电压源相串联，如图 4.3.1 所示，因此电路输入端的功率信噪比与电路的输入阻抗大小无关。同理，输出端的功率信噪比也与负载电阻 R_L 无关。但是，如果实际电路的输入、输出端分别是匹配的(即 $R_i=R_s$，$R_o=R_L$)，这时利用额定功率和额定功率增益来计算或测量噪声系数往往比

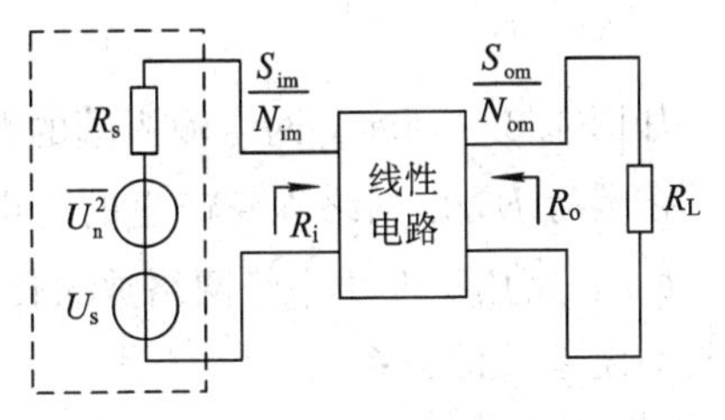

图 4.3.1　说明额定功率和额定功率增益的示意图

较简单。

额定功率(资用功率)是指信号源或噪声源所能输出的最大功率。在图 4.3.1 所示的电路中，当满足 $R_i=R_s$ 时，信号源最大输出功率(即信号额定功率 P_{sim})为

$$P_{sim}=\frac{U_s^2}{4R_s} \tag{4.3.5}$$

与此同时，输入噪声额定功率 P_{nim} 为

$$P_{nim}=\frac{\overline{U_n^2}}{4R_s}=\frac{4kTR_sB_n}{4R_s}=kTB_n \tag{4.3.6}$$

同理，当电路的输出电阻与负载匹配($R_o=R_L$)时，可得输出端的信号额定功率 P_{som} 和噪声额定功率 P_{nom}。

额定功率增益是指电路的输入端和输出端分别匹配时信号传输的功率增益。在图 4.3.1 所示的电路中，当 $R_i=R_s$，$R_o=R_L$ 时，其额定功率增益为

$$K_{Pm}=\frac{P_{som}}{P_{sim}}$$

电路的实际功率增益并不一定等于该额定值。当输入或输出端失配时，实际功率增益将小于额定功率。

利用额定功率和额定功率增益参数，噪声系数可表示为

$$N_F=\frac{P_{sim}/P_{nim}}{P_{som}/P_{nom}}=\frac{P_{nom}}{\dfrac{P_{som}}{P_{sim}}P_{nim}}=\frac{P_{nom}}{K_{Pm}P_{nim}} \tag{4.3.7}$$

将式(4.3.6)代入式(4.3.7)，可得：

$$N_F=1+\frac{P_{\Delta nm}}{K_{Pm}kTB_n}$$

式中，$P_{\Delta nm}$ 为输出端匹配时电路内部噪声在输出端产生的噪声功率。

3. 等效噪声温度

对于任何一个线性网络，如果它产生的噪声是白噪声，则可以用处于网络输入端、温度为 T_e 的电阻所产生的热噪声源来替代，从而把网络看做是无噪的。通常称 T_e 为该线性网络系统的等效噪声温度，见图 4.3.2 所示。

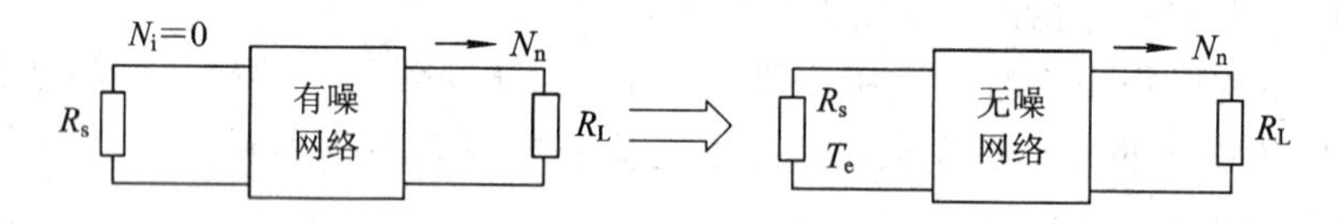

图 4.3.2 有噪网络的等效噪声温度

如图 4.3.2 所示，网络输入端的源内阻为 R_s，与输入阻抗匹配。该网络的功率增益为 G_P，带宽为 B，由网络本身产生的输出噪声功率为 P_n。由于温度为 T_e 的电阻的额定功率是 kT_eB，此热噪声功率经网络放大传输后为 P_n，显然，$P_n=kT_eBG_P$。因此，等效噪声温度与系统参数的关系为

$$T_e=\frac{P_n}{kBG_P}$$

由上式可看出，等效噪声温度与引用的电阻阻值无关。所以，引入噪声温度来描述系统噪

声的好处在于：在把系统噪声看做信号源内阻处于温度 T_e 所产生的热噪声功率 kT_eB 的同时，还可以把由天线引入的外部噪声也看做是由信号源内阻处于某一温度 T_a 所产生的热噪声功率 kT_aB，从而外部和内部噪声功率的叠加也就是等效噪声温度的相加。

4. 等效噪声温度与噪声系数的关系

等效噪声温度和噪声系数是用来描述同一个系统的内部噪声特性的两种不同的方法，接下来我们探讨它们之间的关系。

图 4.3.3 所示的信号源与网络匹配中，有噪放大器的参数是：带宽 B、功率增益 G_P 及等效噪声温度 T_e。设输入放大器的信号功率和噪声功率分别是 P_{si} 和 P_{ni}。P_{ni} 是由信号源内阻 R_s 处于标准噪声温度 T_0 所产生的热噪声，因此 $P_{ni}=kT_0B$。根据等效噪声温度的定义，有噪放大器的噪声可以折合到放大器的输入端，看做由信号源内阻处于温度 T_e 时产生的热噪声，而把放大器视为无噪的。经放大器传输后，设输出信号功率分别为 P_{so} 和 P_{no}，则有：

$$P_{no}=G_Pk(T_0+T_e)B$$

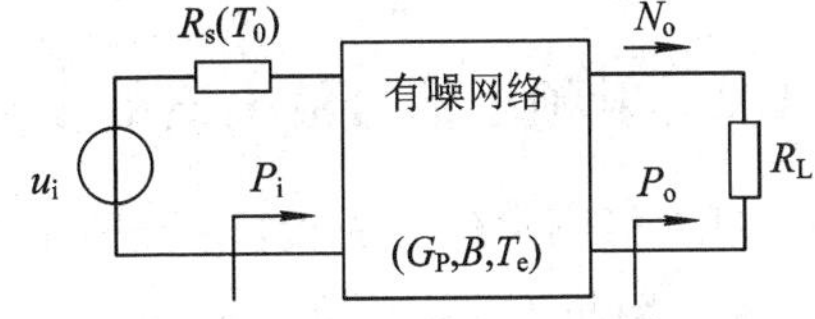

图 4.3.3　网络噪声系数与其等效噪声温度的关系

根据噪声系数的定义，可得：

$$N_F=\frac{P_{si}/P_{ni}}{P_{so}/P_{no}}=\frac{P_{si}/kT_0B}{G_PP_{si}/G_Pk(T_0+T_e)B}=1+\frac{T_e}{T_0}$$

或者

$$T_e=(N_F-1)T_0$$

由上式可知，对于一个无噪系统，由于 $N_F=1$，即噪声系数系数为 0 dB，因此它的等效噪声温度也为零。在应用时，对放大器和混频器，常用噪声系数来描述；对天线和接收机，常用等效噪声温度来描述。

4.4　射频小信号放大器

在无线通信系统中，到达接收机的射频信号电平多在微伏数量级，因此就需要用射频小信号放大器对这些微弱的射频信号进行放大。可见，射频小信号放大器是无线通信接收机的重要组成部分。在多数情况下，信号不是单一频率的，而是占有一定频谱宽度的频带信号。另外，在同一通道中，可能同时存在许多偏离有用信号频率的各种干扰信号，因此射频小信号放大器除了要有放大功能外，还必须具有选频功能。

此外，对于无线电系统中的小信号放大器而言，还要求有较低的噪声度。这就要靠低噪声放大器来实现。低噪声放大器主要用作接收机的输入级，其本身噪声的大小将会主导接收系统的整体噪声度。

4.4.1　射频小信号放大器的分类与组成

根据频带宽度，可将射频小信号放大器分为窄频带放大电路和宽频带放大电路两大类。

窄频带放大电路要求对中心频率在几十兆赫兹到几百兆赫兹(甚至是几吉赫兹)，并且带宽在几百千赫兹到几十兆赫兹内的微弱信号进行不失真放大，所以要求该电路不仅有一定的电压增益，而且要有选频能力。窄频带放大电路由晶体管、场效应管等有源器件提供电压增益，由 LC 谐振回路、陶瓷滤波器或声表面滤波器等器件实现选频功能。

宽频带放大电路要求对带宽在几千赫兹到几百兆赫兹(甚至是几吉赫兹)内的微弱信号进行不失真放大，因此要求其具有很低的下限截止频率(有时甚至要求到零频)和很高的上限截止频率。宽频带放大电路也是由晶体管、场效应管等有源器件提供电压增益。为了展宽工作频带，不但要求有源器件具有好的高频特性，而且在电路结构上也会采取一些改进措施，以达到宽带放大的要求。

总之，射频小信号放大器应由两部分组成：有源放大器件和无源选频网络，如图4.4.1 所示。

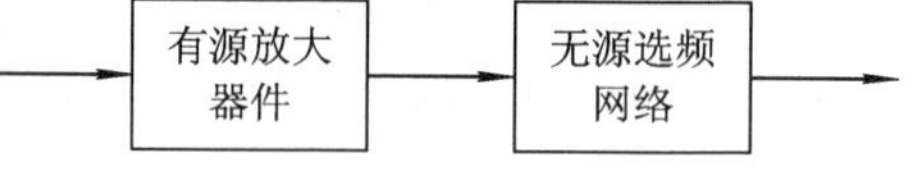

图 4.4.1　射频小信号放大器模型

有源放大器件和无源选频网络选用不同的电路，就可以组成不同形式的放大器。例如，按选频网络中的谐振回路，可分为单调谐放大器、双调谐放大器和参差调谐放大器；按晶体管的连接方式，可分为共基极、共集电极、共发射极调谐放大器等。

4.4.2　射频小信号放大器的主要技术指标

对于射频小信号放大器，要求具有低的噪声系数，足够的线性范围，合适的增益，输入、输出阻抗匹配，输入、输出之间有良好的隔离等。在移动通信设备中，还要求具有低的工作电源电压和低的功率消耗。特别要强调的是，所有这些指标都是互相联系的，有时甚至是矛盾的，所以在设计中就要采用折中的原则，兼顾各项指标。

1. 增益

增益表示放大器对输入有用信号的放大能力，定义为放大器输出信号与输入信号的比值。对于射频小信号选频放大器而言，通常用中心频率 f_0 上的电压增益 A_u 和功率增益 A_P 来表示，即

$$A_u = \frac{u_o}{u_i}, \quad A_P = \frac{P_o}{P_i}$$

式中，u_o、u_i 分别为放大器中心频率上输出、输入信号的电压有效值；P_o、P_i 分别为放大器中心频率上的输出、输入功率。增益也通常用分贝来表示。

需要强调的是，射频小信号放大器的增益要适中，过大会使下级混频器的输入太大，产生失真；过小则不利于抑制后面各级的噪声对系统的影响。一般要求放大器的增益是可以控制的，即通过改变放大器的工作点、负反馈量、谐振回路的 Q 值等参数来控制电路的增益，通常采用自动增益控制电路(将在第九章介绍)实现。

2. 通频带

通频带定义为放大器在中心频率的增益下降 3 dB 时的上限截止频率与下限截止频率之差，通常以 $BW_{0.707}$ 表示，如图 4.4.2 所示。

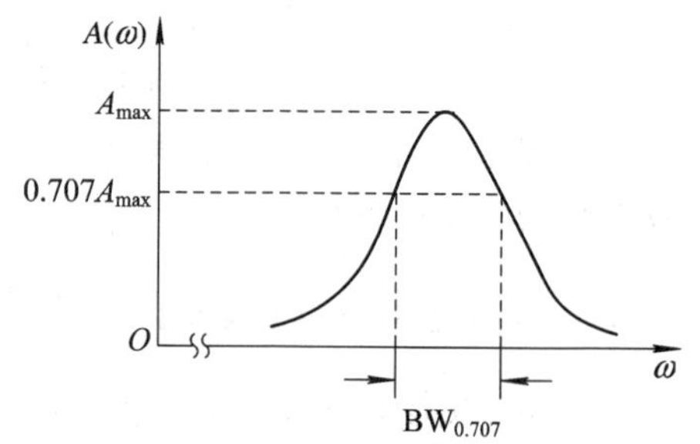

图 4.4.2　选频放大器的幅频特性

选择合适的通频带就是为了保证输入频带信号无失真地通过放大器，这就要求其增益频率响应特性必须有与信号带宽相适应的平坦宽度。

3. 选择性

选择性是指放大器对通频带以外的干扰信号的滤除能力或衰减抑制能力。选择性有两

种描述方法：一是用来表明对邻近信道选择性好坏的矩形系数；二是用来表明对带外某一特定干扰频率 f_N 的信号的抑制能力大小的抑制比。

矩形系数用 $K_{0.1}$ 来表示，其定义为

$$K_{0.1}=\frac{BW_{0.1}}{BW_{0.707}}$$

式中，$BW_{0.1}$ 是增益下降到最大值的 0.1 倍时的频带宽度。$BW_{0.1}$ 与 $BW_{0.707}$ 之间的频率范围称为过渡带。$K_{0.1}$ 间接反映了过渡带与通频带的频宽比。$K_{0.1}$ 越小，过渡带越窄，选择性越好。理想时 $K_{0.1}$ 等于 1，实际中 $K_{0.1}$ 总是大于 1。

抑制比用 α 表示，其定义为

$$\alpha=\frac{A_P(f_0)}{A_P(f_N)}$$

式中，$A_P(f_0)$ 是中心频率 f_0 上的功率增益；$A_P(f_N)$ 是某一特定干扰频率 f_N 上的功率增益。抑制比也可用分贝表示为

$$\alpha(\text{dB})=10\ \lg\frac{A_P(f_0)}{A_P(f_N)}$$

4. 线性范围

线性范围是指输出信号幅度-输入信号幅度关系曲线呈线性的范围，通常用 1 dB 压缩点和三阶互调截点（IP_3，Third - order Intercept Point）来度量。在射频小信号放大器中，器件的跨导随输入信号幅度的增加而减少，该现象称为增益压缩。对应于输入信号幅值 U_{im}，增益比线性放大增益下降 1 dB 的那一点就称为 1 dB 压缩点，如图 4.4.3 所示，它常用来衡量放大器的线性特性。

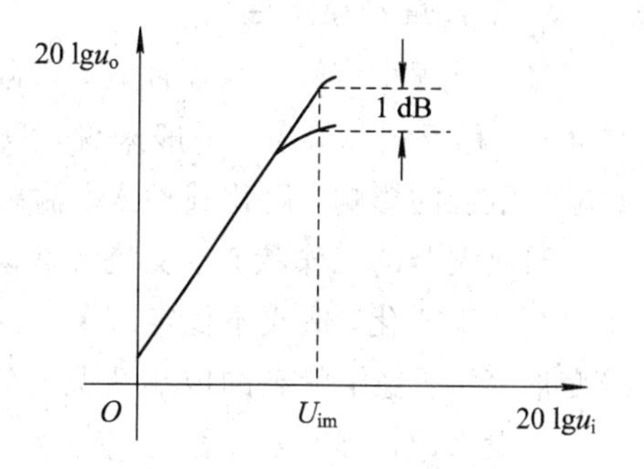

图 4.4.3　放大器的 1 dB 压缩点

当两个不同频率(令为 f_1、f_2)的信号输入到放大器时，由于器件的非线性，会产生许多组合频率分量，这些频率分量有可能落在放大器的通频带内。也就是说，输出的频率分量除了基波外，还可能有 $2f_1-f_2$ 和 $2f_2-f_1$ 等组合频率分量。对于有用信号 f_1(或 f_2)而言，这种情况就是互调干扰，会引起互调失真。如果是由非线性器件的三次方项引起的失真，则叫做三阶互调失真。通常用三阶互调截点 IP_3 来衡量三阶互调失真的程度。IP_3 定义为三阶互调功率达到和基波功率相等的点，此点对应的输入功率表示为 IIP_3，此点对应的输出功率表示为 OIP_3。

输出有效功率 P_o 与输入功率 P_i 成正比，而三阶互调输出功率与输入功率 P_i 的三次方呈正比。如图 4.4.4(a)所示，它们的相交点即为三阶互调截点 IP_3，用对数坐标方程可表示为

$$P_{o1}(\text{dB})=10\ \lg G_{P1}+10\ \lg P_i$$
$$P_{o3}(\text{dB})=10\ \lg G_{P3}+30\ \lg P_i$$

式中，G_{P1} 是放大器的功率增益，G_{P3} 为放大器的三阶互调功率增益，P_{o1} 是基波功率，P_{o3} 是三阶互调功率。显然，在以对数形式表示的坐标上，它们是两条直线，如图 4.4.4(b)所示，图中分别标出了 IIP_3 和 OIP_3 的位置。

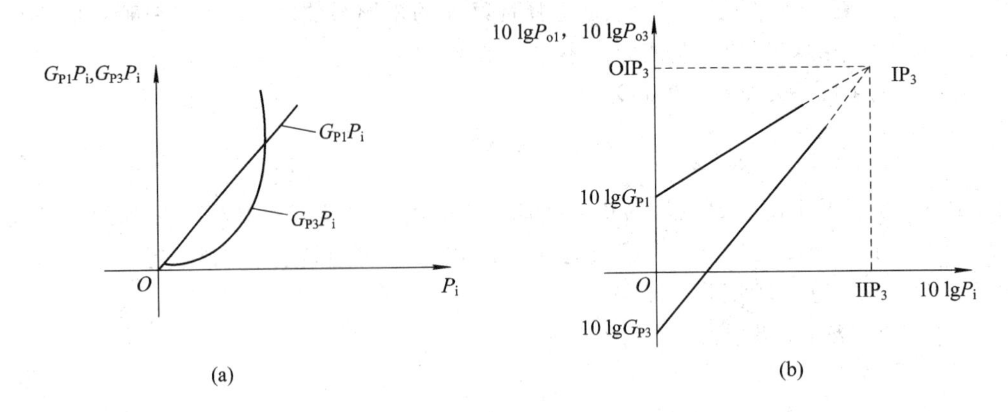

图 4.4.4　三阶互调截点 IP$_3$ 示意图

(a) P_i 与 $G_{P1}P_i$、$G_{P3}P_i$ 的关系；(b) 10 lgP_i 与 10 lgP_{o1}、10 lgP_{o3}的关系

在讨论射频小信号放大器的线性范围时要注意三个问题：一是线性范围与有源器件有关，例如场效应管是平方律特性，因此它的线性要比晶体管好；二是与电路结构有关，例如加负反馈、使用差分放大的形式等均能改善线性范围；三是输入端的阻抗匹配网络的选择也会影响线性范围。

5. 隔离度和稳定性

对于射频小信号放大器而言，其隔离度主要是指防止本振信号从混频器向天线的泄漏程度，又称反向隔离度。一般来说，只要放大器的反向隔离度好，就可减少输出负载变化对输入阻抗的影响，简化其输入、输出端匹配网络的调试过程。

当放大器的工作状态、交流参数以及其他电路元件参数发生变化时，放大器的主要性能也会发生变化，造成不稳定现象，表现为增益变化，中心频率偏移，通频带变窄，谐振曲线变形等。不稳定状态的极端情况是放大器自激振荡，导致放大器完全不能工作。

一般来说，可以采取稳定工作点、限制增益、选择反馈小的器件等方法来解决稳定性问题。寄生反馈是引起不稳定的主要原因，必须尽力找出寄生反馈的途径，力图消除一切可能产生反馈的因素。

6. 噪声系数

射频小信号放大器的输出噪声来源于其输入端和电路本身。噪声系数是用来描述放大器本身产生的噪声电平大小的一个参数。为减少放大电路的内部噪声，在设计与制作放大器时，应采用低噪声放大元器件，合适地选择工作状态和电路结构，使放大器在尽可能高的功率增益下其噪声系数最小。

以上指标要求相互间既有联系又有矛盾，比如提高增益会引起通频带变窄，稳定性降低。因此，实际中应根据具体情况分清主次、综合考虑，使放大器的总体性能指标满足系统要求。

4.5　射频小信号调谐放大器

调谐放大器的主要特点是晶体管集电极负载不是纯电阻，而是由 LC 组成的谐振电路。当谐振回路的自由振荡频率 f_0 与放大器输入信号频率相等时，放大器处于谐振工作状态，谐振回路呈现纯阻性，放大器具有最高增益。当输入信号频率高于或低于 f_0 时，放大器均失谐，增益下降。从电路形式上看，调谐放大器可分为单调谐放大器、双调谐放大器和参差调谐放大器。单调谐放大器的选择性不太好，但电路简单，调试方便。本节主要介绍单调谐放大器。

4.5.1　单级单调谐放大器

单级单调谐放大器的有源放大器件可使用晶体管、场效应管或射频集成电路；其无源选频网络是 LC 并联谐振回路。一个共发射极的晶体管单调谐放大器如图 4.5.1 所示。图中，R_{B1}、R_{B2}、R_E 是工作点偏置电阻；C_B 为耦合电容；C_E 为旁路电容；电感 L 的初级线圈 AB 端为 N_1，AC 端为 N_2，次级线圈为 N_3；电感 L 与电容 C 构成 LC 谐振电路，作为放大器的集电极负载，起选频作用，它采用抽头接入法，以减轻晶体管输出电阻对谐振电路 Q 值的影响；R_L 是放大器的负载，它可能是下一级电路输入端的等效输入电阻。

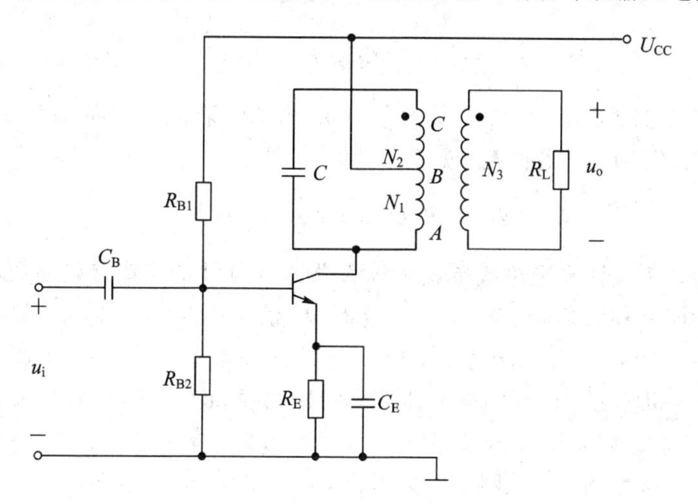

图 4.5.1　晶体管单调谐放大器

输入信号 u_i 产生晶体管的基极输入电流 I_b，通过晶体管放大，得到集电极电流 βI_b（相当于一个恒流源），可认为该恒流源直接加到 LC 并联谐振回路上。等效电路如图 4.5.2(a) 所示。图中，r_{ce}为晶体管 ce 极间输出电阻。考虑到 r_{ce}和 R_L 的影响后，LC 谐振回路就可以等效为一个 RLC 并联谐振回路，如图 4.5.2(b)所示。令 RLC 谐振回路的并联阻抗为 Z_{AC}，那么实际的集电极负载为变换到 AB 端的阻抗 Z_{AB}，它们的关系为

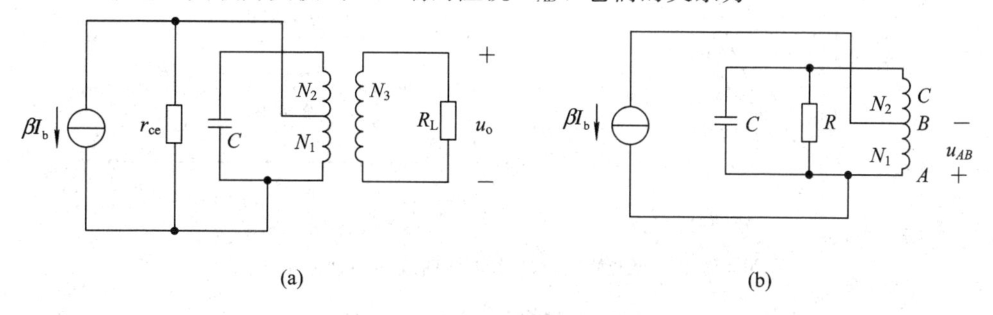

图 4.5.2　晶体管单调谐放大器集电极回路的等效电路

(a) LC 并联谐振回路；(b) RLC 并联谐振回路

$$Z_{AB} = Z_{AC}\left(\frac{N_1}{N_2}\right)^2 \tag{4.5.1}$$

设 R_L 上的输出电压为 u_o，集电极电压为 u_{AB}，则晶体管单调谐放大器的电压放大倍数：

$$A = \frac{u_o}{u_i} = \frac{u_o}{u_{AB}} \times \frac{u_{AB}}{u_i} = \frac{N_3}{N_1} \times \frac{\beta I_b Z_{AB}}{I_b r_i} \tag{4.5.2}$$

式中，r_i 为晶体管 be 极间的输入电阻。

将式(4.5.1)代入式(4.5.2)，得：

$$A = \beta\frac{Z_{AC}}{r_i}\left(\frac{N_1}{N_2}\right)^2\frac{N_3}{N_1} = \frac{\beta}{r_i}\left(\frac{N_1}{N_2}\right)\left(\frac{N_3}{N_2}\right)Z_{AC} \tag{4.5.3}$$

由式(4.5.3)可见，A 与 Z_{AC} 成正比。Z_{AC} 是频率的函数，对于不同频率的信号，Z_{AC} 是不同的。对于频率与谐振频率 f_0 相同的信号，Z_{AC} 最大，故此时 A 也最大。所以，A 的频率特性和 LC 并联谐振回路的相同。

谐振时，有：

$$Z_{AC} = R = r_{ce}\left(\frac{N_2}{N_1}\right)^2 /\!/ Q_0\omega_0 L /\!/ R_L\left(\frac{N_2}{N_3}\right)^2 = Q_L\omega_0 L \tag{4.5.4}$$

式中，Q_0 为 LC 谐振回路的空载品质因数，Q_L 为 LC 谐振回路的有载品质因数。将式(4.5.4)代入式(4.5.3)，得谐振电压放大倍数：

$$A_0 = \frac{\beta}{r_i}Q_L\omega_0 L\left(\frac{N_1}{N_2}\right)\left(\frac{N_3}{N_2}\right)$$

谐振电路的频率特性决定单级单调谐放大器的选频性能，其有载品质因数 Q_L 的值对放大器的选频性能有很大影响。当 $\omega_0 L$ 一定而 Q_L 值不同时，Q_L 越大，则 A_0 越大且幅频曲线较尖锐；Q_L 越小，则 A_0 越小且幅频曲线较平坦，如图 4.5.3(a)所示。

用 A/A_0 作为纵坐标，得到的放大器频率特性曲线如图 4.5.3(b)所示。图中，$A/A_0=1$ 点(若用分贝表示则为 0 dB)代表谐振点，$A/A_0=0.707$ 点(若用分贝表示则为 -3 dB)相当于通频带的上下截止频率。从图中可以看出，Q_L 越小，通频带 BW 越宽；Q_L 越大，BW 越窄。如果以某一频偏 Δf 为参考标准，则 Q_L 大，衰减量就大，即选择性好，Q_L 小，衰减量就小，即选择性差。

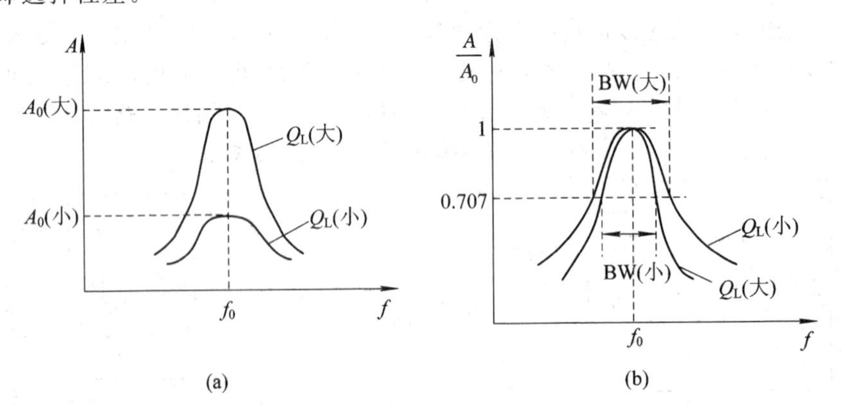

图 4.5.3　调谐放大器频率特性曲线的两种表示方法

(a) $A-f$ 曲线；(b) $\frac{A}{A_0}-f$ 曲线

4.5.2 调谐放大器的级联

在接收机中，当一级单调谐放大电路的选频性能和增益不能满足要求时，可以采用两级和多级单调谐放大器级联的方法，形成多级级联电路。级联后，放大器的增益、通频带和选择性都将发生变化。多级调谐放大器级联示意图如图 4.5.4 所示。

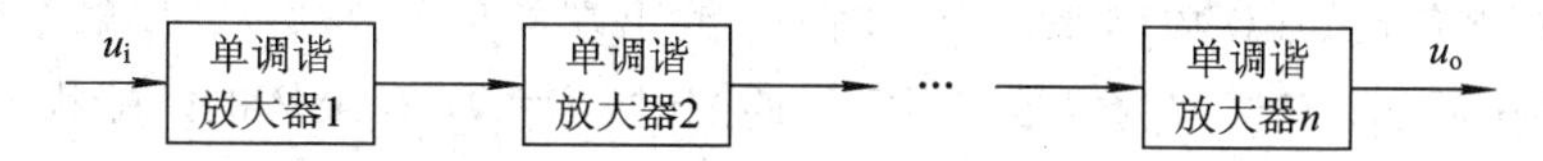

图 4.5.4 多级调谐放大器级联示意图

多级调谐放大器可调谐于同一频率或不同频率。通常将调谐于不同频率的级联方式叫做参差调谐。

多级调谐放大器的分析可采用单级单调谐放大器的分析方法分析每一级的特性，然后利用级联的方法研究其多级总特性。

一般来说，单调谐放大器的选择性较差，增益和通频带的矛盾比较突出。为了改善选择性和解决这个矛盾，可采用双调谐放大器和参差调谐放大器。对于这两类放大器，本书不作详细论述，读者可以参阅相关资料和文献。

4.6 *S* 参数与放大器设计

S 参数又称为散射参数，它最早应用于传输线理论，但在实际工程中，它是一组与功率相关的参数。*S* 参数用来描述事物分散成不同分量的大小及其分散的程度。它可以电压与电流为参数，以其入射和反射的概念来表示。*S* 参数对于射频电路设计和各种匹配网络设计甚为有用，尤其对于用于射频的有源器件在不同频率或偏压下的复杂状态，都可以由 *S* 参数加以定性。在放大器设计上，可以应用 *S* 参数简单方便地计算其增益、反馈损耗及工作稳定性等。

4.6.1 *S* 参数的定义

一组 *S* 参数有四个单元，分别为 S_{21}、S_{12}、S_{11} 和 S_{22}。其中，下标 1 代表输入端口，下标 2 代表输出端口。S_{21} 称为顺向传输系数，代表输出对输入的增益；S_{12} 称为逆向传输系数，代表输出端到输入端的逆向增益；S_{11} 和 S_{22} 分别称为输入反射系数和输出反射系数，体现输入端和输出端的反馈损耗。

小信号晶体管的 *S* 参数可随其偏压来设定，例如由共射极的静态工作点 $Q(U_{CE}, I_C)$ 及信号频率而定。通常 *S* 参数都是网络上相关电压之间的比值，但为了方便，可用一个共同的阻抗（一般取 50 Ω）作为参考基准。一个完整的 *S* 参数是以向量表示的，其中包括大小与相位。如图 4.6.1 所示，在一个双端口网络的两端口上各接 50 Ω 电阻时，若将 *S* 参数视为端口输入电压与输出电压的比值，则任何元器件在射频电路上的特性都可以准确地测量

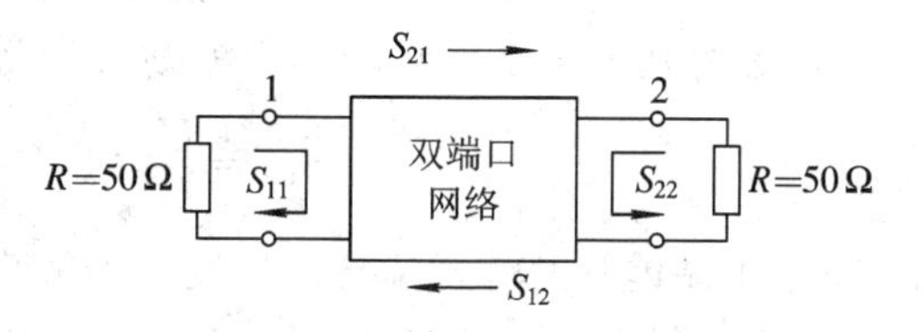

图 4.6.1 双端网络的传输与反射

得到。

S 参数虽常用于双端口网络，但对于三端口、四端口，乃至更多端口的网络，通常也适用。对 S 参数的相关计算，若用 dB 表示，则在运算上更为方便。

对于射频放大器，可应用有源器件的 S 参数来设计其输入/输出匹配网络，并求得其最大功率输出或增益。就 S 参数的应用原则而言，可将线性放大器视为一个双端口的“黑箱”，在两端口上各接 50 Ω 电阻来设定其输入、输出端的反射系数 Γ。反射系数 Γ 可用来表示端口的匹配状态。Γ 通常为复数，当完全匹配时，$\Gamma=0$；在最坏的匹配状态下，$\Gamma=1$。

4.6.2　S 参数的测量

图 4.6.2 所示为对一个小信号放大器的晶体管的 S 参数的测量装置图。

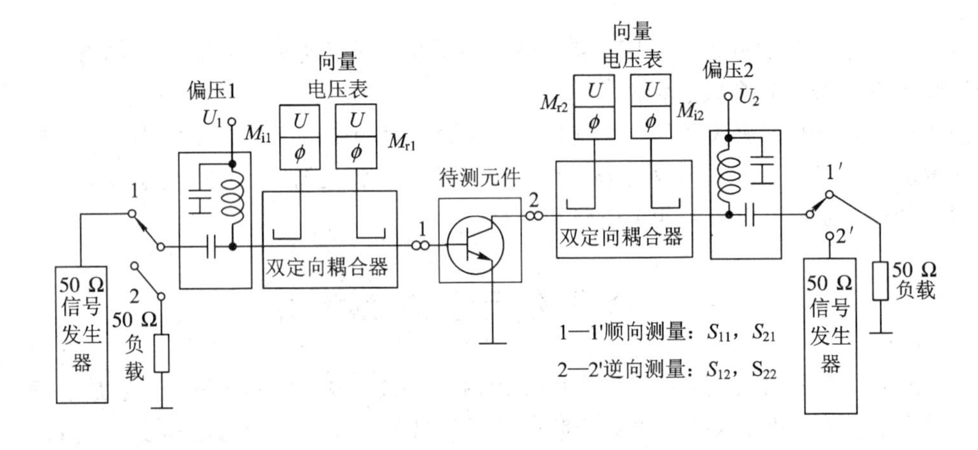

图 4.6.2　测试一晶体管的 S 参数的原理示意图

图中，晶体管采用发射极直接接地的共射极模式，工作于 A 类放大的工作点(U_{CE}，I_C)。晶体管的偏压分别由 U_1 和 U_2 提供，U_1 为基极偏压，用来调控基极电流，以获得所需的集电极电流 I_C；U_2 接在集电极，提供 U_{CE}偏压。输入高频信号由输出阻抗为 50 Ω 的信号发生器产生，经过双定向耦合器。在双定向耦合器上有两个输出：一个是在晶体管输入口的入射信号，另一个是在晶体管输入口的反射信号。这两个信号分别接至向量电压表 M_{i1} 和 M_{r1}，在 M_{i1} 上可测得入射电压的大小及相位 $U_{i1}\angle\theta_{i1}$，而在 M_{r1} 上可测得反射电压的大小及相位 $U_{r1}\angle\theta_{r1}$。在输出端，信号经过晶体管，再经过双定向耦合器后接至 50 Ω 负载。同样地，对于这一双定向耦合器的两个输出，一个在 M_{i2} 上可测得入射电压的大小及相位 $U_{i2}\angle\theta_{i2}$，另一个在 M_{r2} 上可测得反射电压的大小及相位 $U_{r2}\angle\theta_{r2}$。

由 S 参数的定义可知，$U_{r1}\angle\theta_{r1}$ 与 $U_{i1}\angle\theta_{i1}$ 的比值即为输入反射系数：

$$S_{11}=\frac{U_{r1}\angle\theta_{r1}}{U_{i1}\angle\theta_{i1}}=\frac{U_{r1}}{U_{i1}}\angle(\theta_{r1}-\theta_{i1})$$

S_{11} 描述了晶体管的输入端与信号发生器输出端的匹配状态，$|S_{11}|$越小，说明从信号发生器进入晶体管的功率被反射回来的越少。$|S_{11}|$恒小于 1。

顺向传输增益：

$$S_{21}=\frac{U_{r2}\angle\theta_{r2}}{U_{i1}\angle\theta_{i1}}=\frac{U_{r2}}{U_{i1}}\angle(\theta_{r2}-\theta_{i1})$$

S_{21}描述了晶体管的放大能力。

在测量S_{12}与S_{22}时，需将图 4.6.2 中的射频信号发生器与负载位置互换，按照确定S_{11}和S_{21}的方法，读取M_{i2}和M_{r2}的测量值。根据 S 参数的定义，得：

$$S_{22}=\frac{U_{r2}\angle\theta_{r2}}{U_{i2}\angle\theta_{i2}}=\frac{U_{r2}}{U_{i2}}\angle(\theta_{r2}-\theta_{i2})$$

S_{22}为输出反射系数，描述了晶体管的输出端负载的匹配状态。S_{22}也为恒小于 1 的数。

S_{12}为逆向传输增益，依据其定义可得：

$$S_{12}=\frac{U_{r1}\angle\theta_{r1}}{U_{i2}\angle\theta_{i2}}=\frac{U_{r1}}{U_{i2}}\angle(\theta_{r1}-\theta_{i2})$$

它表明了放大器逆向的隔离程度。S_{12}的值应越小越好。就放大器而言，顺向传输增益S_{21}宜大，而逆向传输增益S_{12}则以小为佳。这样就会使其从输出端到输入端，因反射而产生的耦合降至最低。

S 参数在计算时通常用其 dB 值表示，即

$$|S_{ij}|(\text{dB})=20\lg|S_{ij}|\quad(i,j=1,2)$$

4.6.3　放大器的 S 参数

用 S 参数设计放大器时，可将晶体管等有源器件看做一个“黑箱”，只知道其端口参数，然后从系统或网络的角度出发来设计放大器。通过 S 参数，可计算放大器的功率增益、反馈损耗、输入或输出阻抗以及在工作时产生振荡的可能性等。同时，也可借助 S 参数设计最佳的信号源阻抗或负载，作为放大器前后的共轭匹配，以提供最大的功率传输。此外，还可以用 S 参数来设计特定的信号源及负载阻抗，以获得所需的功率增益或噪声度。

1. S 参数与功率增益

在小信号放大器的设计中，所谓功率增益，通常是指输出功率对输入功率的比值。但在实际的放大器中，常因测量功率时所取位置不同而有多种不同定义的功率增益。图 4.6.3 所示为一个以双端口网络形式表示的放大器，输入端接信号源及其内阻，输出端接负载。

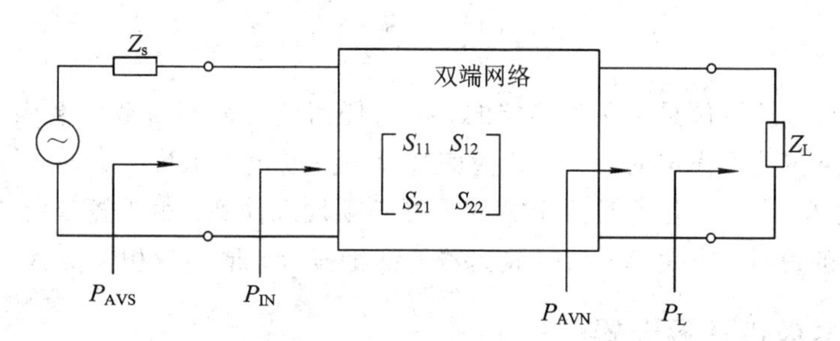

图 4.6.3　放大器双端口网络上的功率

图中标出了四个位置的功率，P_{AVS}为来自信号源的有效功率。P_{IN}为输入到双端口网络的功率。P_{AVN}为来自双端口网络的有效功率。P_L 为传输到负载的功率。

这里以 P_L 为输出功率，分别以 P_{AVS}与 P_{IN}为输入功率，或以 P_{AVN}为输出功率且以P_{AVS}为输入功率，于是可得三种功率增益：传送功率增益 $G_T=P_L/P_{AVS}$，工作功率增益$G_P=P_L/P_{IN}$和有效功率增益 $G_A=P_{AVN}/P_{AVS}$。

这三种功率增益又分别可以用有源器件的 S 参数、信号源反射系数和负载反射系数表示如下：

$$G_T=\frac{1-|\Gamma_s|^2}{|1-\Gamma_{IN}\Gamma_s|^2}|S_{21}|^2\frac{1-|\Gamma_L|^2}{|1-S_{22}\Gamma_L|^2}=\frac{1-|\Gamma_s|^2}{|1-S_{11}\Gamma_s|^2}|S_{21}|^2\frac{1-|\Gamma_L|^2}{|1-\Gamma_{OUT}\Gamma_L|^2}$$

$$G_P=\frac{1}{1-|\Gamma_{IN}|^2}|S_{21}|^2\frac{1-|\Gamma_L|^2}{|1-S_{22}\Gamma_L|^2}$$

$$G_A=\frac{1-|\Gamma_s|^2}{|1-S_{11}\Gamma_s|^2}|S_{21}|^2\frac{1}{1-|\Gamma_{OUT}|^2}$$

其中，$\Gamma_{IN}=S_{11}+\frac{S_{12}S_{21}\Gamma_L}{1-S_{11}\Gamma_L}$，$\Gamma_{OUT}=S_{22}+\frac{S_{12}S_{21}\Gamma_s}{1-S_{22}\Gamma_s}$，$\Gamma_s=\frac{Z_s-Z_o}{Z_s+Z_o}$，$\Gamma_L=\frac{Z_L-Z_o}{Z_L+Z_o}$。由于 $S_{12}\neq 0$，因此放大器的输出端对输入端存在反馈效应，于是 G_T 有两种形式。

图 4.6.4 所示为 Γ_s、Γ_L、Γ_{IN} 和 Γ_{OUT} 在双端口网络上呈现的位置。

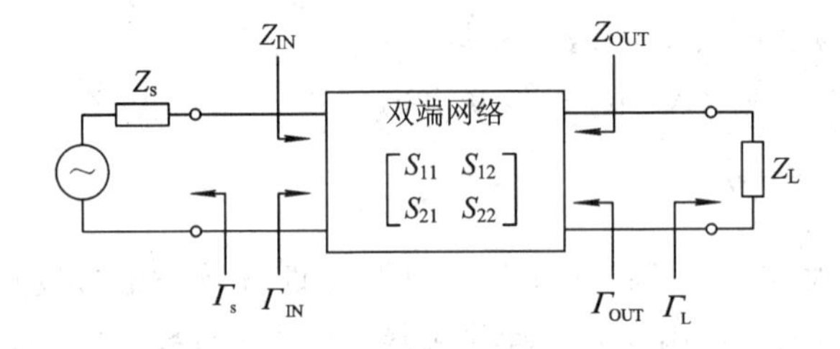

图 4.6.4　双端网络的输入与输出

2. S 参数与稳定性

在设计射频放大器时，一项必不可少的重要工作是评估振荡倾向。S 参数在这项工作中起到了重要作用。无条件稳定性指有源器件在其输入端和输出端接上任何阻抗后均能稳定工作。潜在性不稳定指有源器件与某些阻抗组合时，将会引发振荡。稳定性可利用由 S 参数导出的罗列特稳定因数 K 来判定。下面先定义一个参量：

$$\Delta=|S_{11}S_{22}-S_{12}S_{21}|$$

那么，罗列特稳定因数为

$$K=\frac{1+|\Delta|^2-|S_{11}|^2-|S_{22}|^2}{2|S_{12}||S_{21}|}$$

若 $K>1$，则有源器件是无条件稳定的，可与任何信号源阻抗或负载阻抗组合；反之，若 $K<1$，则是潜在性不稳定的，在与某些信号源阻抗或负载阻抗组合时，将会有引发振荡的可能。因而在 $K<1$ 时，信号源或负载的选择必须加以注意。由于篇幅所限，本书只介绍 $K>1$ 时放大器的设计，有关 $K<1$ 时放大器的详细设计，请参考相关文献。

4.6.4　用 S 参数设计放大器

本节以设计一个罗列特稳定因数 $K>1$ 时的并存共轭匹配放大器为例，说明 S 参数在放大器设计中的作用。所谓并存共轭匹配，是指输入端与输出端的反射系数都为共轭匹配，这样就可得到最大的功率输出。图 4.6.5 给出了一个并存共轭匹配放大器的设计框图，其要求的条件为 $\Gamma_{IN}=\Gamma_s^*$ 和 $\Gamma_{OUT}=\Gamma_L^*$，即

$$\Gamma_s^*=S_{11}+\frac{S_{12}S_{21}\Gamma_L}{1-S_{11}\Gamma_L},\quad \Gamma_L^*=S_{22}+\frac{S_{12}S_{21}\Gamma_s}{1-S_{22}\Gamma_s}$$

由上式可知，有源器件的实际输出阻抗与其对应的信号源阻抗有关。同样地，它的实际输入阻抗与其对应的负载有关。

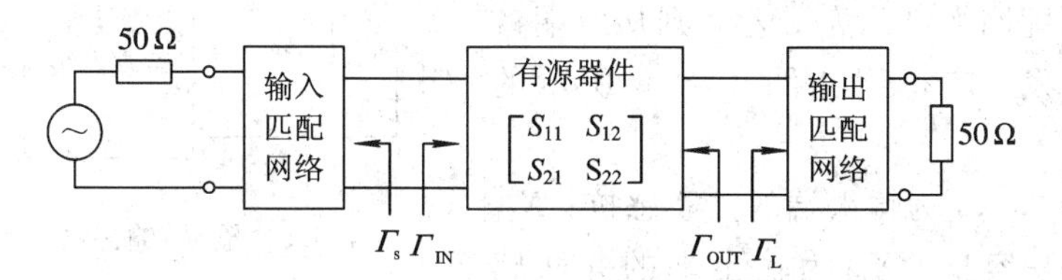

图 4.6.5　并存共轭匹配放大器的原理框图

Γ_s 和 Γ_L 都是 S 参数的函数，可描述此时所需的信号源阻抗与负载阻抗。设所需的反射系数分别为 Γ_{Ms} 和 Γ_{ML}，经计算得到结果后，可用以设计输入端和输出端的匹配网络。设计步骤如下：

（1）计算罗列特稳定因数 K，根据 K 是否大于 1 来判定有源器件是否为无条件稳定的。

（2）设参量 $B_1=1+|S_{11}|^2-|S_{22}|^2-|\Delta|^2$。

（3）设参量 $C_1=S_{11}-\Delta\cdot S_{22}^*$。

（4）计算输入端信号源反射系数：

$$\Gamma_{Ms}=\frac{B_1\pm\sqrt{B_1^2-4\mid C_1\mid^2}}{2C_1}$$

式中，“±”的选择视 B_1 的正负而定，若 B_1 大于零，则取“－”，否则取“＋”。

（5）设参量 $B_2=1+|S_{22}|^2-|S_{11}|^2-|\Delta|^2$。

（6）设参量 $C_2=S_{22}-\Delta\cdot S_{11}^*$。

（7）计算输出端负载反射系数：

$$\Gamma_{ML}=\frac{B_2\pm\sqrt{B_2^2-4\mid C_2\mid^2}}{2C_2}$$

式中，“±”的选择视 B_2 的正负而定，若 B_2 大于零，则取“－”，否则取“＋”。

（8）计算最大传送功率增益：

$$G_{Tmax}=\frac{(1-\mid\Gamma_{Ms}\mid^2)\mid S_{21}\mid^2(1-\mid\Gamma_{ML}\mid^2)}{\mid(1-S_{11}\Gamma_{Ms})(1-S_{22}\Gamma_{ML})-S_{12}S_{21}\Gamma_{ML}\Gamma_{Ms}\mid^2}$$

或

$$G_{Tmax}=\frac{\mid S_{21}\mid}{\mid S_{22}\mid}(K+\sqrt{K^2-1})$$

（9）设计输入端匹配网络。在史密斯图上绘出 Γ_{Ms}，从史密斯图中先找到 Γ_{Ms} 的顶点，再找到 Z_s(50 Ω)与输入端的串联容抗 X_{S1} 串联的轨迹，接下来找出 Z_s 与输入端的并联感抗 X_{P1} 并联的轨迹，再根据匹配网络的设计原则，由各轨迹及其交点求得所需的匹配网络。

（10）设计输出端匹配网络。在史密斯图上绘出 Γ_{ML}，从史密斯图中先找到 Γ_{ML} 的顶点 B，再找出 Z_L(50 Ω)与输出端的串联容抗 X_{S2} 串联的轨迹，接下来找出 Z_L 与输出端的并联感抗 X_{P2} 并联的轨迹，再根据匹配网络的设计原则，由各轨迹及其交点求得所需的匹配网络。

【例 4.6.1】 设计一工作于 50 Ω 端点的放大器，已知所用晶体管的 $U_{CEQ}=10$ V，$I_{CQ}=10$ mA，工作频率为 200 MHz 时的 S 参数为：$S_{11}=0.40\angle162°$，$S_{12}=0.04\angle60°$，$S_{21}=5.20\angle63°$，$S_{22}=0.35\angle-39°$。要求获得最大的功率增益。

解：放大器以并存共轭匹配设计。下面先求所需的 Γ_{Ms}、Γ_{ML} 和 G_{Tmax}，再设计匹配网络。可将输入/输出匹配网络设计为 L 型，则从双端口网络的角度出发，应得到如图 4.6.6 所示的框图。

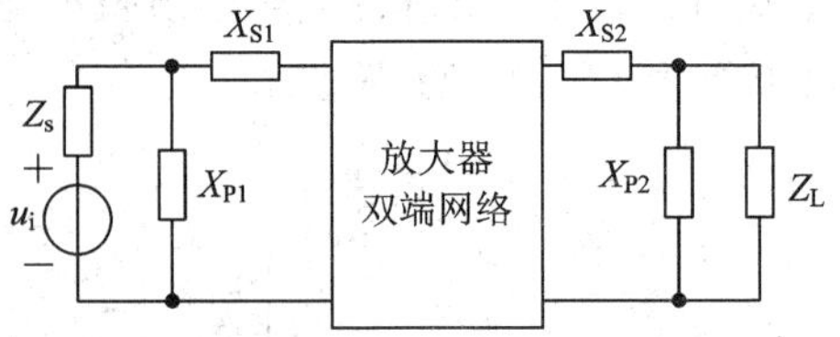

图 4.6.6 输入/输出的 L 型匹配网络

图 4.6.6 中，X_{P1} 为输入端的并联感抗；X_{S1} 为输入端的串联容抗；X_{P2} 为输出端的并联感抗；X_{S2} 为输出端的串联容抗。下面按步骤来设计该放大器。

(1) 由于：

$$\begin{aligned}\Delta &= |S_{11}S_{22} - S_{12}S_{21}| \\ &= (0.40\angle 162°)(0.35\angle -39°) - (0.04\angle 60°)(5.20\angle 63°) \\ &= 0.068\angle -57°\end{aligned}$$

于是：

$$\begin{aligned}K &= \frac{1 + |\Delta|^2 - |S_{11}|^2 - |S_{22}|^2}{2|S_{12}||S_{21}|} = \frac{1 + 0.068^2 - 0.40^2 - 0.35^2}{2 \times 5.20 \times 0.04} \\ &= 1.74 > 1\end{aligned}$$

可见，该晶体管是无条件稳定的。

(2) $B_1 = 1 + |S_{11}|^2 - |S_{22}|^2 - |\Delta|^2 = 1 + 0.40^2 - 0.35^2 - 0.068^2 = 1.033$

(3) $C_1 = S_{11} - \Delta \cdot S_{22}^* = (0.40\angle 162°) - (0.068\angle -57°)(0.35\angle 39°)$
$= 0.424\angle 162°$

(4) $\Gamma_{Ms} = \dfrac{B_1 - \sqrt{B_1^2 - 4|C_1|^2}}{2C_1} = \dfrac{1.033 - \sqrt{1.033^2 - 4 \times 0.424^2}}{2 \times 0.424\angle 162°} = 0.523\angle -162°$

(5) $B_2 = 1 + |S_{22}|^2 - |S_{11}|^2 - |\Delta|^2 = 1 + 0.35^2 - 0.40^2 - 0.068^2 = 0.958$

(6) $C_2 = S_{22} - \Delta \cdot S_{11}^* = (0.35\angle -39°) - (0.068\angle -57°)(0.40\angle -162°)$
$= 0.377\angle -39°$

(7) $\Gamma_{ML} = \dfrac{B_2 - \sqrt{B_2^2 - 4|C_2|^2}}{2C_2} = \dfrac{0.958 - \sqrt{0.958^2 - 4 \times 0.377^2}}{2 \times 0.377\angle -39°} = 0.487\angle 39°$

(8) $G_{Tmax} = \dfrac{|S_{21}|}{|S_{22}|}(K + \sqrt{K^2 - 1}) = \dfrac{5.20}{0.04}(1.74 + \sqrt{1.74^2 - 1}) = 411$

或

$$G_{Tmax}(\text{dB}) = 10\ \lg 411 = 26.1\ (\text{dB})$$

(9) 设计输入端匹配网络。将 $\Gamma_{Ms} = 0.49\angle 157.9°$画在阻抗圆图上，见图 4.6.7 中的 A 点，读出 A 点的归一化阻抗值 $Z_s = r_s + \mathrm{j}X_s$。接下来的过程如下：

找出 Z_s 与电抗 X_{S1} 串联的轨迹，即过 A 点沿等 r_s 画一弧 z_{AB}。将串联的 z_{AB} 变为并联的 y_{AB}，即以圆图中心为对称点，作出 z_{AB} 的中心对称弧 y_{AB}。找出图中 $Z_s = 50\ \Omega$ 与 X_{P1} 并联的轨迹，即过圆图中心沿等电导 $g = 1$ 画半圆，与弧 y_{AB} 相交于 M 点，弧长 MO 即为与 $Z_s = 50\ \Omega$ 并联的电抗 X_{P1} 的电纳值。所以，并联的感抗为 $\omega L_s = 61\ \Omega$。又已知 $\omega = 2\pi \times 200 \times 10^6$ rad/s，所以可得电感 $L_s = 49$ nH。作 M 点的中心对称点，在弧 z_{AB} 上得到点 N，弧长 NA 即为与 $Z_s = 50\ \Omega$ 串联的电抗 X_{S1} 的电纳值。由图可知，串联的容抗为 $X_{S1} = \dfrac{1}{\omega C_s} = 17.5\ \Omega$，所以可得电容 $C_s = 45$ pF。

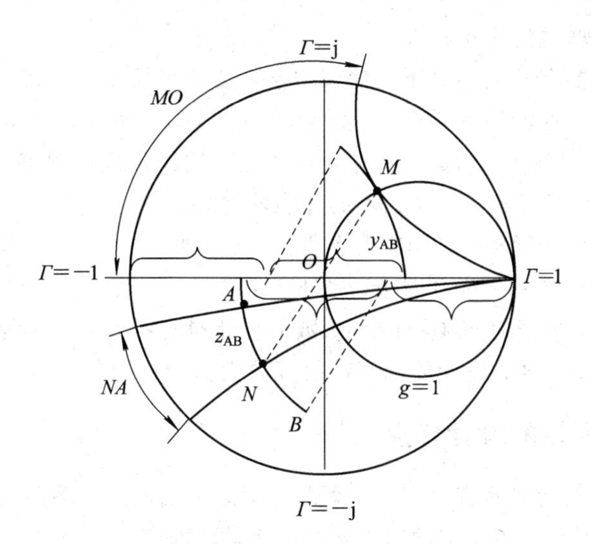

图 4.6.7 输入匹配网络的圆图设计

(10) 设计输出端匹配网络。与输入端匹配网络的设计方法相同，可得到输出端的并联电感为 $L_L=49.7$ nH，串联电容为 $C_L=12.4$ pF。

最后，可画出设计完成的放大器交流通路，如图 4.6.8 所示。

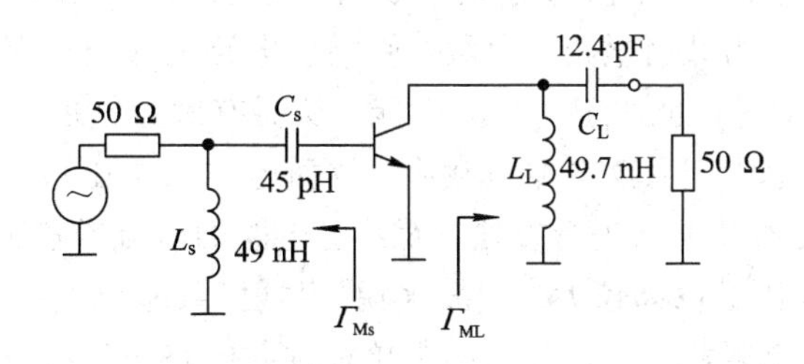

图 4.6.8 设计完成的放大器

4.7 宽频带小信号放大器

在设计射频小信号放大器时，有时会在相当大的通带频宽范围内，要求放大器的增益平顺一致，于是就引入了宽频带小信号放大器的设计。

4.7.1 宽频带放大器的特点

当射频放大电路的相对带宽小于10%时，通常称为窄带放大电路。射频窄带放大电路由于工作频率带宽较窄，因此可认为有源器件的 S 参数不随频率变化，输入与输出匹配电路对品质因数没有太严格的要求。窄带放大电路设计的首要目标是获得尽可能高的功率增益。

如果射频放大电路的相对带宽很高，则当工作频带宽度达到一个倍频程以上时，通常称为宽带放大电路。例如，工作在 0.1～2 GHz 的射频放大电路就属于宽带放大电路。与窄带放大电路所不同的是，宽带放大电路的设计目标为在工作频带内获得相对较平坦的功率增益，而不再是获得最大功率增益。在宽带放大电路的设计中，往往要以牺牲功率增益来换取宽频带的功率增益的平坦特性。

宽频带放大器既要有较大的电压及功率增益，又要有很宽的频带，所以常用增益和通频带的乘积作为衡量其性能的重要指标，称为增益带宽积，可表示为 $G\times \mathrm{BW}$ 或 $A_u f_H$。其中，f_H 为通频带的上限截止频率，因为宽频带放大器的下限截止频率 f_L 一般很低或为零，所以常常忽略。增益带宽积越大，放大器的性能就越好。

随着工作频带宽度的增加，射频有源器件的特性(如 S 参数)也会随之发生变化，这就给宽频带放大器的设计带来了许多困难。另外，在输入/输出匹配网络的设计中，也必须考虑频带展宽后的影响，需要对有源器件 S 参数的变化进行补偿，以获得较为平坦的功率增益。因此，宽带射频放大器的设计要比窄带射频放大器的设计复杂得多。

4.7.2 宽频带放大器的设计要点

相对于窄带射频放大器而言，在设计宽带射频放大器时，可采用的技术有组合电路技术、补偿性匹配电路技术、负反馈网络技术和平衡放大技术。

1. 组合电路技术

对于宽频带放大器而言，要求提高上限截止频率，展宽通频带，一般在集成的宽频带放大器内部广泛采用共射-共基组合电路。

在共射-共基组合电路中，上限截止频率取决于共射电路上限频率。利用共基电路输入阻抗小的特点，将其作为共射电路的负载，使共射电路的输出电阻大大减小，进而使密勒电容 C_M 也大大减小，这样就改善了高频性能，从而有效地扩展了共射电路亦即整个组合电路的上限截止频率。由于共射电路负载小，故而电路的电压增益会减小，但这一点可以利用电压增益较大的共基电路进行补偿，而共射电路的电流增益不会减小，因此整个组合电路的电流增益和电压增益都较大。一般来说，共射-共基电路的电压增益幅值与单极共射电路大致相同，但上限截止频率却提高为单极共射电路的几倍。

另外，采用共集-共基、共集-共射组合电路也可以提高上限截止频率。

2. 补偿性匹配电路技术

在设计宽频带放大器时，常遇到以下三个问题：

(1) $|S_{21}|$ 与 $|S_{12}|$ 会随信号频率的展宽而变动。典型的 $|S_{21}|$ 的变化是随频率的上升以一定的变率下降，而 $|S_{12}|$ 则以相同的变率随频率的上升而上升。图 4.7.1 描述了 $|S_{21}|$、$|S_{12}|$ 及 $|S_{21}S_{12}|$ 随频率而变的关系。其中，$|S_{21}S_{12}|$ 随频率的变动对放大器工作稳定性的影响最大。

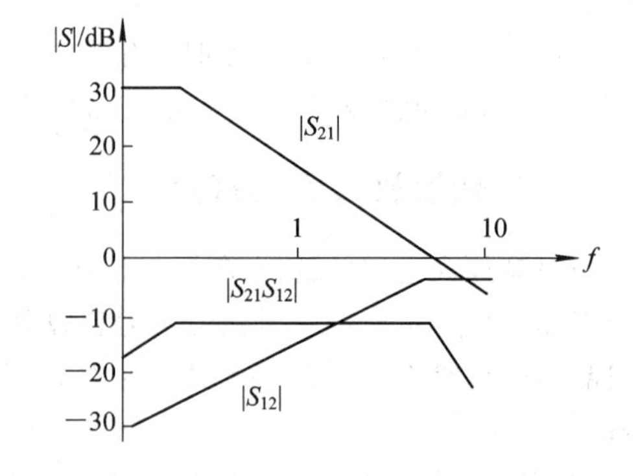

图 4.7.1 $|S_{12}|$、$|S_{21}|$ 及 $|S_{21}S_{12}|$ 的频率特性

(2) S_{11} 与 S_{22} 也会随频率而变，而且在宽频带中变化极为显著。

(3) 在宽频带放大器的频宽范围内，常有噪声度 N_F 及驻波系数 VSWR 等趋于恶劣状况出现。

为解决上述问题，常用于设计宽频带放大器的技术主要有两个：一是采用补偿性匹配网络；二是采用负反馈网络。

采用补偿性匹配网络的方法是：通过在放大器中设计失配的输入和输出匹配网络，补偿射频晶体管顺向电压传输系数$|S_{21}|$随频率的变化。

对于补偿性匹配网络，可采用史密斯图来进行分析设计。不过，由于过程较为繁复，因此常常要借助计算机进行设计。

匹配电路中元件的参数一般需要进行反复尝试和修改，使放大器在整个宽频带范围内具有尽可能平坦的功率增益。在现代频率补偿匹配网络中，已经开始使用无源集总器件构成复杂的匹配网络。在使用频率补偿网络时，由于在一些频段匹配电路处于阻抗失配状态，导致放大器输入或输出端口的 VSWR 增加，不利于前级和后级电路的设计。放大器输入和输出端口的阻抗失配是采用补偿性匹配电路技术的主要缺点。

3. 负反馈网络技术

把负反馈网络用于设计宽频带放大器，可使频带内的增益趋于平坦，也能降低输入和输出端的驻波系数 VSWR。同时，对于个别晶体管在 S 参数上的差异，也可利用负反馈网络加以调控。如果要求宽频带放大器的工作频宽超过 10 倍频程，频带内功率增益的波动小于 0.1 dB，则可采用补偿性匹配电路技术来补偿增益差异，但实际上该技术并不足以应付。此时就需要采用负反馈网络技术来进行设计。

最常用的负反馈技术有两个，分别为串联电阻反馈和旁路电阻反馈。图 4.7.2 所示为晶体管负反馈电路。

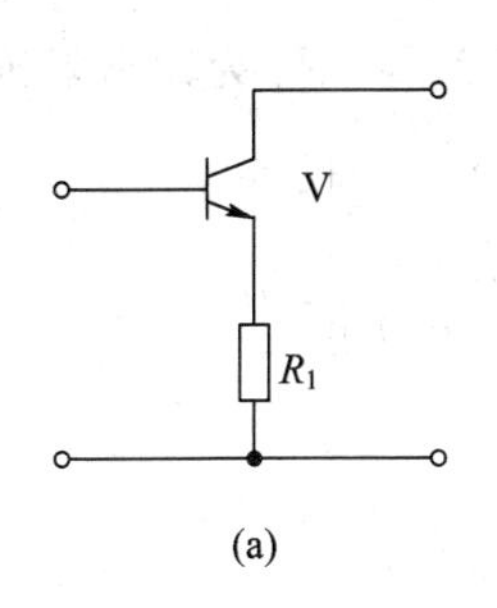

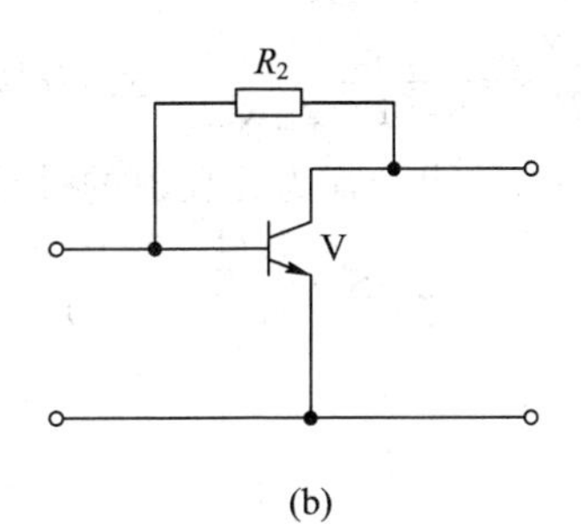

图 4.7.2　晶体管负反馈电路

(a) 串联电阻反馈；(b) 旁路电阻反馈

图 4.7.3 给出了晶体管的等效电路。将串联反馈电阻 R_1 与并联反馈电阻 R_2 分别接入等效电路，可得如图 4.7.4 所示的负反馈等效电路。

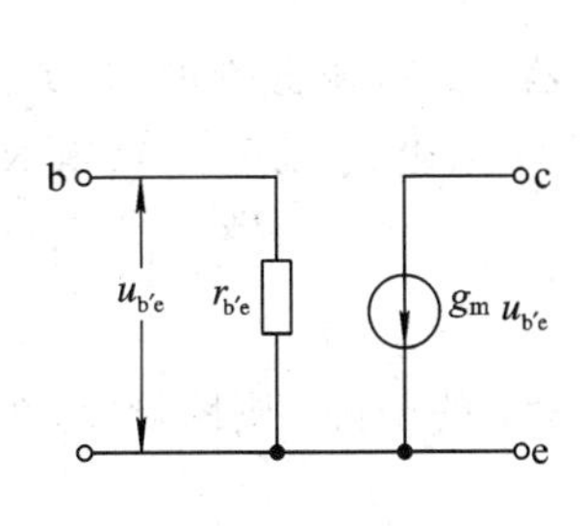

图 4.7.3　晶体管的等效电路

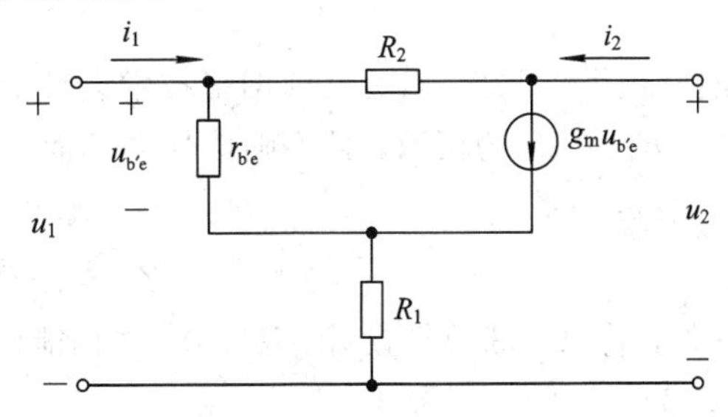

图 4.7.4　负反馈等效电路

负反馈网络以 y 参数的矩阵表示为

$$\begin{bmatrix} i_1 \\ i_2 \end{bmatrix} = \begin{bmatrix} y_{11} & y_{12} \\ y_{21} & y_{22} \end{bmatrix} \begin{bmatrix} u_1 \\ u_2 \end{bmatrix}$$

式中：

$$y_{11} = \frac{1}{R_2}$$

$$y_{12} = -\frac{1}{R_1}$$

$$y_{21} = \frac{g_m}{1 + g_m R_1} - \frac{1}{R_2}$$

$$y_{22} = \frac{1}{R_2}$$

再将 y 参数转换为 S 参数，可得：

$$S_{11} = \frac{1}{D}\left[1 - \frac{g_m Z_o^2}{R_2(1 + g_m R_1)}\right]$$

$$S_{12} = \frac{2Z_o}{DR_2}$$

$$S_{21} = \frac{1}{D}\left(\frac{-2g_m Z_o}{1 + g_m R_1} + \frac{2Z_o}{R_2}\right)$$

$$S_{22} = \frac{1}{D}\left[1 - \frac{g_m Z_o^2}{R_2(1 + g_m R_1)}\right]$$

其中，$D=1+\frac{2Z_o}{R_1}+\frac{g_m Z_o^2}{R_2(1+g_m R_1)}$，$g_m$ 为晶体管的交流跨导，Z_o 为输出阻抗。

假设输入端与输出端都为无反射的设计，当 VSWR=1 时，有：

$$S_{11} = S_{22} = \frac{1}{D}\left[1 - \frac{g_m Z_o^2}{R_2(1 + g_m R_1)}\right] = 0$$

可导出：

$$R_1 = \frac{Z_o^2}{R_2} - \frac{1}{g_m} \tag{4.7.1}$$

于是由以上各关系，将 S_{21}、S_{12} 中的 R_1 都换为 R_2，可得：

$$S_{21} = \frac{Z_o - R_2}{Z_o}$$

$$S_{12} = \frac{Z_o}{R_2 + Z_o}$$

由上面两式可知，以负反馈网络技术设计的宽频带放大器，其有源器件的 S 参数为定值，并以 R_2 及 Z_o 为函数，且不随信号频率而改变。再设 $g_m \gg 1$，由式(4.7.1)可得 R_1、R_2 与 Z_o 三者的关系为

$$Z_o = \sqrt{R_1 R_2}$$

另外，若以并联反馈设计，$R_1=0$，并仍能满足 $S_{11}=S_{22}=0$ 的条件，则跨导 g_m 的最小值 $g_{m,\min}$ 为

$$g_{m,\min} = \frac{R_2}{Z_o^2} = \frac{1 + |S_{21}|}{Z_o}$$

【例 4.7.1】 设计一宽频带射频晶体管放大器，以 50 Ω 系统为参考，已知晶体管的 $S_{21}=3.981$，计算所用晶体管的最小跨导 $g_{m,\min}$、并联反馈电阻 R_2 及传输功率增益。

解：

$$g_{m,\min}=\frac{1+|S_{21}|}{Z_o}=\frac{1+3.981}{50\ \Omega}=0.0996\ \text{mS}$$

$$R_2=Z_o(1+|S_{21}|)=50\ \Omega\times(1+3.981)=249\ \Omega$$

传输功率增益可由下式导出：

$$10\lg\left|\frac{Z_o-R_2}{Z_o}\right|^2=10\lg\left|\frac{50-249}{50}\right|^2=12\ \text{dB}$$

4. 平衡放大技术

该技术采用 3 dB 混合耦合器和两个射频放大电路构成对称电路，通过隔离入射信号和反射信号，实现降低输入和输出端口的驻波系数 VSWR。其电路结构示意图如图 4.7.5 所示。

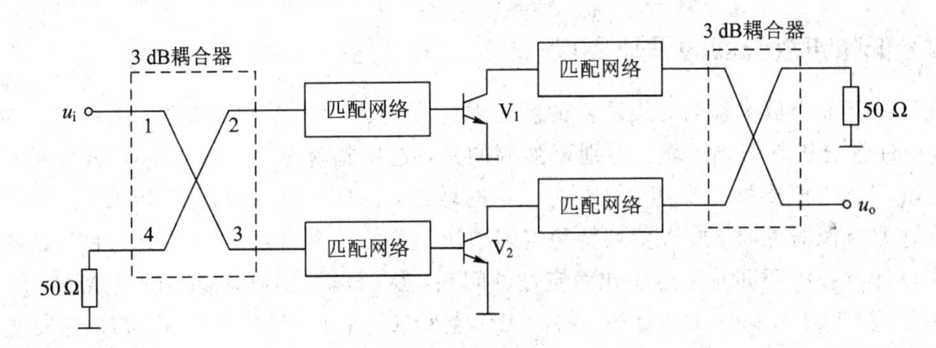

图 4.7.5　宽带平衡放大器

4.8 低噪声放大器

对于无线电系统中的小信号放大器来说，除了要求增益以外，还要求有一定的低噪声度 N_F。小信号放大器主要应用于接收机的前端，其本身噪声的大小将会主导整个接收系统的整体噪声度，因而它必须是一个低噪声的放大器。当然，对于低噪声放大器的设计而言，除了考虑噪声外，还应兼顾其增益及工作稳定性。

4.8.1 低噪声放大器的定义及特点

低噪声放大器(LNA)是噪声系数很低的放大器，一般用作各类无线电接收机的高频或中频前置放大器，以及高灵敏度电子探测设备的放大电路。在放大微弱信号的场合，放大器自身的噪声对信号的干扰可能很严重，因此希望减小这种噪声，以提高输出的功率信噪比。由放大器所引起的功率信噪比的恶化程度通常用噪声系数 N_F 来表示。理想放大器的噪声系数 $N_F=1$(0 dB)，其物理意义是输出信噪比等于输入信噪比。现代的低噪声放大器大多采用晶体管、场效应晶体管；微波低噪声放大器则采用变容二极管参量放大器。放大器的噪声系数还与晶体管的工作状态以及信源内阻有关。在工作频率和信源内阻均给定的情况下，噪声系数也和晶体管直流工作点有关。为了兼顾低噪声和高增益的要求，常采用共发射极-共基极级联的低噪声放大电路。

LNA 是射频接收机前端的主要部分，它主要有四个特点：

(1) LNA 位于接收机的最前端，这就要求其噪声越小越好。为了抑制后面各级噪声对系统的影响，还要求有一定的增益，但为了不使后面的混频器过载，产生非线性失真，它的增益又不宜过大。放大器在其工作频段内应该是稳定的。

(2) LNA 所接收的信号是很微弱的，所以 LNA 必定是一个小信号线性放大器，而且由于受传输路径的影响，信号的强弱又是变化的，在接收信号的同时可能伴随许多强干扰信号混入，因此要求有足够大的线性范围，且增益最好是可调节的。

(3) LNA 一般通过传输线直接和天线或天线滤波器相连，放大器的输入端必须和它们很好地匹配，以达到功率最大传输或噪声系数最小的目的，并保证滤波器的性能。

(4) 应具有一定的选频功能，抑制带外和镜像频率干扰，因此 LNA 一般是频带放大器。

就 LNA 的设计而言，在射频段有源器件最适合的参数就是 S 参数。

4.8.2 低噪声放大器的设计要点

在设计低噪声放大器时，最重要的就是要综合考虑噪声系数、增益、选择性、隔离度等指标，仔细分析其影响因素。特别要强调的是，这些指标是互相牵连，甚至是互相矛盾的。比如，LNA 既要抑制噪声，又要有一定的增益，因此，很少有恰好 50 Ω 的匹配情况，所以在选取有源器件时，应以罗列特稳定因数 $K>1$ 的无条件稳定为主要条件。这样就避免了在设计过程中要同时考虑工作稳定性的问题，从而增加了设计过程的复杂性。

一般地，对于任何一个晶体管，将其工作点 $Q(U_{CE}, I_C)$ 与信号源阻抗 R_s 进行适当组合，都会提供最低的噪声度。这一最佳信号源阻抗及工作点都可在晶体管的技术资料中获得。一般在单一信号频率下，当 U_{CE} 为一定值时，用 R_s 和 I_C 的组合表示其对应的噪声度。图 4.8.1 所示为某晶体管在 200 MHz 的工作频率下，R_s 与 I_C 组合得到的噪声度曲线，可根据需要选取。

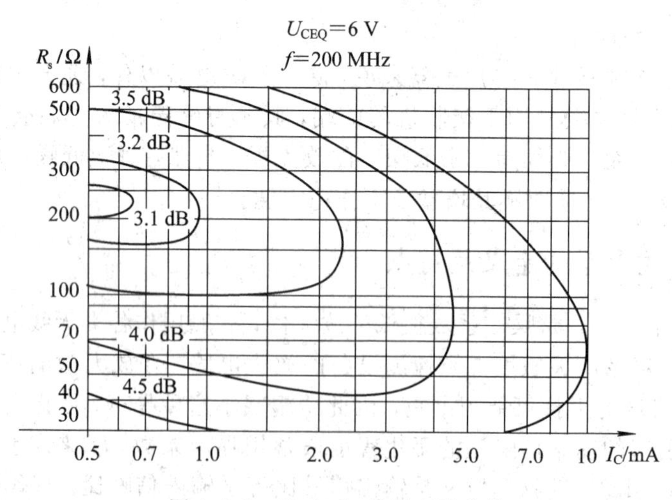

图 4.8.1 R_s 与 I_C 的噪声度曲线

另外，还有一个参数也常用来表述最低噪声度，即最佳信号源反射系数 Γ_{sO}，这一参数同样可由低噪声晶体管的技术资料获得。

LNA 常用的设计步骤如下：

(1) 选取晶体管。在设定的工作点 $Q(U_{CE}, I_C)$ 有最佳噪声度或最佳信号源反射系数 Γ_{sO}，并判定 $K>1$ 时为无条件稳定。

(2) 读取晶体管最低噪声度的 Γ_{sO}。

(3) 根据读到的 Γ_{sO}，设计信号源与晶体管输入端的阻抗匹配网络。

(4) 设计输出端的阻抗匹配网络。设以共轭匹配为条件，计算：

$$\Gamma_L = \Gamma_{OUT}^* = \left(S_{21} + \frac{S_{12}S_{21}\Gamma_{sO}}{1 - S_{11}\Gamma_{sO}}\right)^*$$

式中，Γ_L 为所需的负载反射系数；Γ_{OUT} 为晶体管输出端反射系数。接下来根据 Γ_L 设计输出匹配网络。

一般而言，若 Γ_{sO} 与晶体管的 S_{11}^* 接近，当属最佳，因而可同时得到最佳的噪声度以及最佳的 VSWR。这一状况在工作于 2 GHz 以上的 GaAs 场效应管中已相当普遍。

只有当 Γ_{sO} 与 S_{11}^* 相差很大时，最佳噪声度与最大输出功率无法兼得。在实际设计中，以低噪声场效应管为例，可在源极引线上加少量电感，使噪声系数 N_F 与 VSWR 之间取得折中。在信号频率为 2 GHz 以下时，该方法不仅对场效应管颇为有效，而且对晶体管也同样有效。不过，该方法使放大器的增益稍减，但对晶体管的稳定性则影响甚微。可以将场效应管源极引线或晶体管射极引线的接地距离加长来增加电感。当频率高于 2 GHz 时，这一方法将会对放大器的稳定性产生较大影响。另外，若所加的电感量过大，则无论频率高还是低，都可能有稳定性的问题，因而电感量的大小必须小心设定。

在低噪声放大器的设计上，务必同时顾及稳定性、噪声度及增益等指标。另外，对宽频带的低噪声放大器来说，增加源极或射极电感量的方法在较低频率时会降低增益而提升稳定性，在较高频率时会增加增益而降低稳定性。

4.9　集成器件与应用电路举例

射频小信号放大器可以用专用晶体管与其他元器件搭接而成，也可以采用专用集成器件实现，如 AT－32032 晶体管放大器、NJG1106KB2 和 AD8353。可以根据设计要求(如工作频率、低噪声放大、宽带放大、缓冲放大等)，分别采用不同的器件。

4.9.1　AT－32032 晶体管放大器

该电路使用的有源器件是低电流高性能 NPN 晶体管 AT－32032，它在电源电压为 2.7 V，电流为 5 mA 时，N_F 为 1.0～1.25 dB，增益为 7.5～15 dB，I_{CBO} 为 0.2 μA，I_{EBO} 为 1.5 μA，适合 900 MHz、1.8 GHz 等无线电系统应用。

当 AT－32032 工作在 900 MHz 时，可根据其技术手册的 S 参数值计算得 $K>1$，是无条件稳定的。

用 AT－32032 设计的 900 MHz 放大器如图 4.9.1 所示，其技术性能为：电源电压为 2.7～3 V，集电极电流(I_C)为 5 mA，传输到负载的功率 P_L(dB)为 13 dBm，增益 G_T(dB)为 15.5 dB，输出三阶截点(OIP$_3$)为 23 dBm，$|S_{21}|^2$ 为 11.5 dBm。

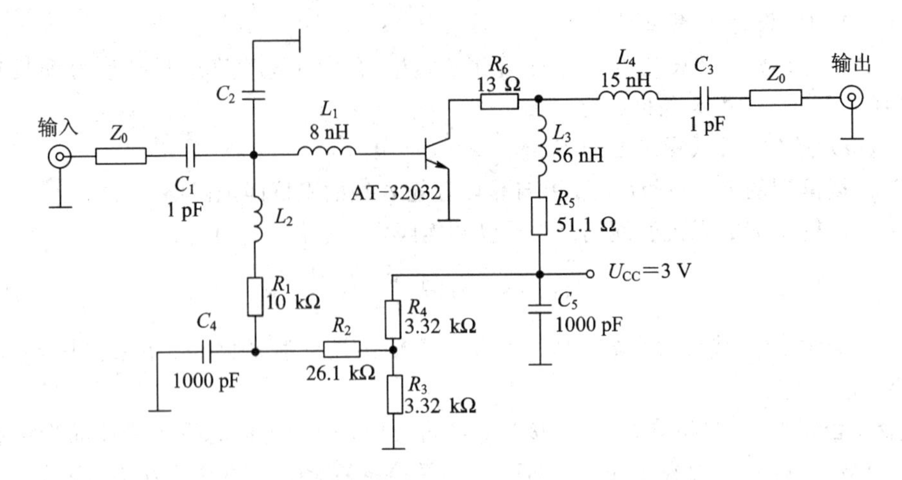

图 4.9.1　AT-32032 的应用电路

图 4.9.1 中，C_1、C_3、C_4 和 C_5 为片式电容器；C_2 用作开路调谐，在 PCB 板上长度约为 0.27～0.28 英寸(1 英寸≈2.54 厘米)；L_1、L_3 和 L_4 为片式电感器；L_2 可根据实际应用调节并选择其值；电阻均采用片式电阻器；Z_0 为 50 Ω 微带线。

4.9.2　NJG1106KB2 低噪声放大器

NJG1106KB2 是一个工作频率范围为 800 MHz～1 GHz 的 LNA 集成电路。该芯片内部具有自偏置电路和输入隔直电容，漏极电压为 2.5～5.5 V，工作电流为 2.5～3.4 mA，小信号增益为 15～19 dB，噪声系数 N_F 为 1.3～1.5 dB，输出功率 P_L(dB)为－4～0 dBm，输入三阶截点(IIP_3)为－8～－4 dBm，射频输入/输出 VSWR 为 1.5～2。

NJG1106KB2 采用 FLP6-B2 封装，封装尺寸为 2.1 mm×2.0 mm×0.75 mm。其内部电路如图 4.9.2 所示。图中，引脚 1 为射频信号输出和电源电压输入，需连接一个匹配网络；引脚 3 需连接外部旁路电容；引脚 2、4、5 为接地端，为获得好的射频接地性能，需使用多个通孔连接到地线；引脚 6 为射频信号输入端，连接一个匹配网络到该引脚端，不需要隔直电容。

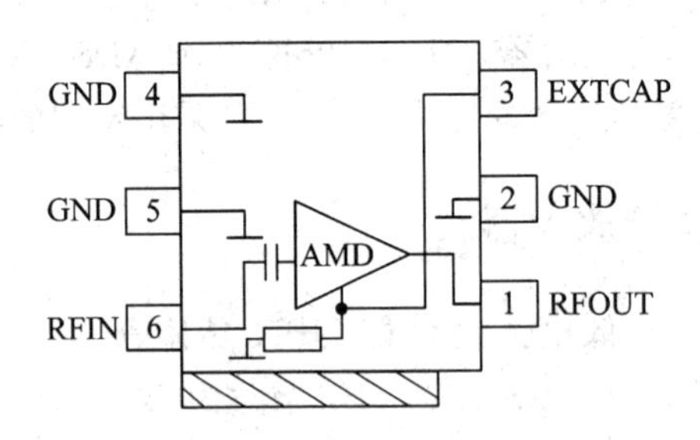

图 4.9.2　NJG1106KB2 的内部电路

基于 NJG1106KB2 的 800 MHz 低噪声放大电路如图 4.9.3 所示。图中，电感 L_4 是射频扼流圈；直流电源通过 L_3 和 L_4 加入到内部的 LNA；C_1 是隔直电容；C_2 和 C_3 是旁路电容；使用 L_1 来稳定放大器，在接近 400 MHz 的较低频段下拉输入阻抗；输入电路需要使用片式电感，封装为 1608；接地端需采用尽可能低的电感连接到地线。对于该应用电路，在制作 PCB 板时可采用 FR-4 材料，厚度为 0.2 mm，微带线宽为 0.4 mm(即输出端阻抗为 $Z_0=50\ \Omega$)。

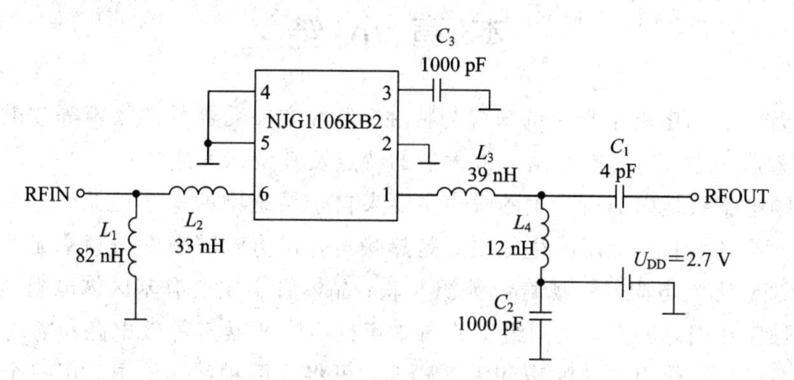

图 4.9.3　NJG1106KB2 的应用电路

4.9.3　AD8353 宽带放大器

AD8353 是一个宽带固定增益线性放大器，其工作频率范围为 1 MHz～2.7 GHz；增益为 15.6～19.8 dB；线性输出功率为 9 dBm；噪声系数 N_F 为 5.3～6.8 dB；输出功率 P_L 为 7.6～9.1 dBm；输出三阶截点(OIP_3)为 19.5～20.8 dBm；输入/输出引脚端内部匹配为 50 Ω；电源电压为 2.7～3.3 V；电流消耗为 35～48 mA。

AD8353 采用 LFCSP_VD-8 封装，封装尺寸为 2 mm×3 mm。其引脚封装如图 4.9.4 所示。图中，引脚 1、8 为器件地端，连接到低阻抗的接地板；引脚 2 不作连接；引脚 3 为射频信号输入端，必须采用交流耦合；引脚 4、5 为器件地端，不连接到低阻抗的接地板；引脚 6 为电源电压正极端；引脚 3 为射频信号输出端，必须采用交流耦合。

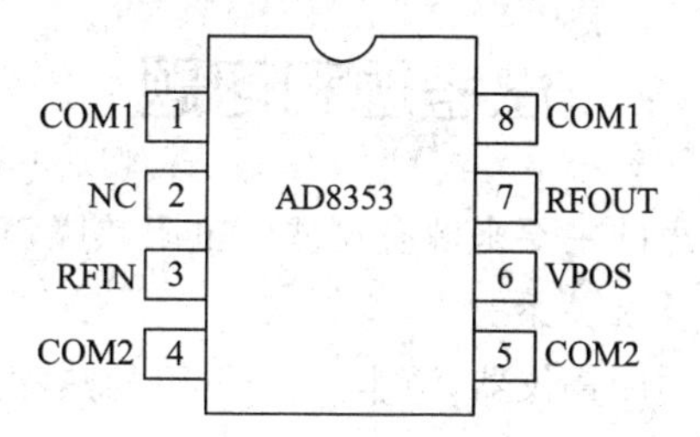

图 4.9.4　AD8353 的引脚封装

基于 AD8353 的 1 MHz～2.7 GHz 宽带放大电路如图 4.9.5 所示，当 VPOS 引脚端电压为 3 V 时，可以获得最大增益。

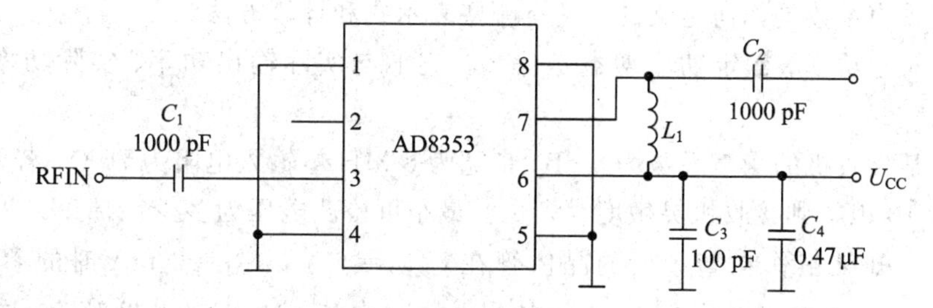

图 4.9.5　AD8353 的应用电路

图 4.9.5 中，电感 L_1 是射频扼流圈；C_3 和 C_4 是退耦电容；C_1 和 C_2 是 AC 耦合电容。

本 章 小 结

本章讲述了射频电路中噪声的来源与特性、各种主要元器件的噪声等效电路模型、噪声系数和等效噪声温度、射频小信号放大器的特点及其设计方法。

(1) 射频电路系统内部所产生的噪声主要来自于系统中的电子元器件。不同元器件产生噪声的机理各不相同。电阻产生的主要是热噪声，其功率谱密度与频率无关，计算时可将其等效为理想无噪电阻与一噪声电流源并联；晶体管中主要有基区体电阻热噪声、散粒噪声、分配噪声和闪烁噪声，不同组态的晶体管有不同的噪声等效电路；场效应管中主要存在着漏、源间沟道电阻的热噪声和闪烁噪声，可将这两种噪声合并，用一个接在漏、源之间的噪声电流源来对其等效。

(2) 噪声系数和等效噪声温度都能用来表征电路的噪声性能。通常，当电路内部噪声较大时，采用噪声系数比较方便。对于低噪声器件和低噪声电路，在衡量或比较其噪声性能时，采用等效噪声温度较为合适。

(3) 在设计射频小信号放大器时，可利用 S 参数对其有源器件在不同频率或偏压下的复杂状态进行定性，并计算其增益、反馈损耗及工作稳定性等指标。

(4) 就射频小信号放大器而言，除了放大功能外，还要求具有一定的频谱宽度和低噪声度。在宽带放大电路的设计中，往往要以牺牲功率增益来换取宽频带的功率增益的平坦特性。对于低噪声放大器，主要兼顾低噪声度和高增益。在射频段设计宽带放大器和低噪声放大器时，S 参数起到了重要的作用。

思考题和习题

4-1　通信接收机中噪声的主要来源有哪些？电阻热噪声的大小是如何描述的？噪声电压均方值与功率谱密度是什么关系？

4-2　有两台精度相同的测量仪器，测同一个电阻的热噪声电压，测量结果却不相同，分别为 5 μV 和 10 μV，这是为什么？

4-3　试计算 500 kΩ 电阻的均方值噪声电压和均方值噪声电流。将其并联 250 kΩ 电阻后，总的均方值噪声电压又为多少？（设温度 $T=290$ K，噪声带宽 $B=10^5$ Hz。）

4-4　噪声系数是如何定义的？它有哪些表示式和计算方法？

4-5　额定功率、额定功率增益是什么？它们与实际输出功率、实际功率增益有何差别？

4-6　某接收机的噪声系数为 5 dB，带宽为 8 MHz，输入电阻为 75 Ω，若要求输出功率信噪比为 10 dB，则接收机灵敏度为多少？最小可检测电压为多少？

4-7　已知某工作在高频段的晶体管在 $U_{CEQ}=6$ V，$I_{EQ}=2$ mA 时的参数为 $f_T=250$ MHz，$r_{bb'}=50$ Ω，$C_{b'c}=3$ pF，$\beta_0=60$，试求 $f=465$ kHz 时的共发射极 y 参数值。

4-8　接收机带宽为 30 kHz，噪声系数为 8 dB，解调器输入要求的最低功率信噪比为

$\left(\frac{S}{N}\right)_{\min}=15.5$，接收天线的等效噪声温度为 900 K。接收机所需最低输入信号功率为多少？若解调器要求的最低输入电压为 0.7 V，接收机的输入阻抗为 50 Ω，其射频前端总增益应为多少？

4-9　射频小信号放大器是如何分类的？它有哪些技术指标？

4-10　某晶体管在 10 GHz 时的 S 参数(以 50 Ω 电阻为参考)为：$S_{11}=0.45\angle 150°$，$S_{12}=0.01\angle -10°$，$S_{21}=2.05\angle 10°$，$S_{22}=0.40\angle -150°$。用它来构成放大器，源阻抗 $Z_s=20$ Ω，负载阻抗 $Z_L=30$ Ω，如图 P4-1 所示。求放大器输入、输出端的反射系数 Γ_{IN} 和 Γ_{OUT}，并计算放大器的功率增益。

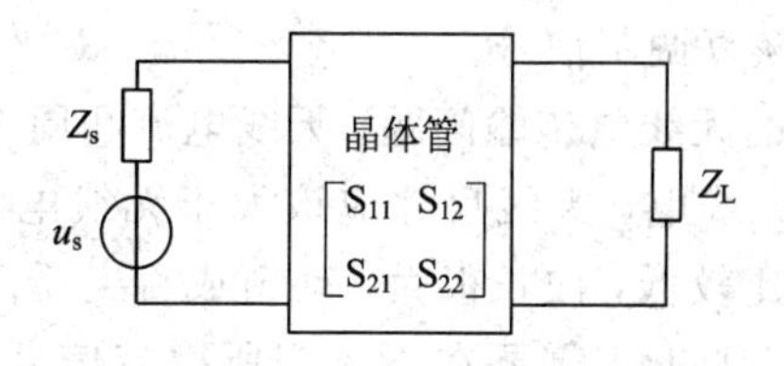

图 P4-1

4-11　对于一个射频小信号放大器的晶体管，其 S 参数的测量应注意哪些方面？

4-12　设计一工作于 50 Ω 端点的放大器，已知所用晶体管 $U_{CE}=5$ V，$I_C=15$ mA，且工作频率为 500 MHz 时的 S 参数为：$S_{11}=0.50\angle 175°$，$S_{12}=0.03\angle 60°$，$S_{21}=3.25\angle 60°$，$S_{22}=0.70\angle -45°$。要求获得最大的功率增益，并画出设计完成后的放大器原理电路图。

4-13　设计一宽频带射频晶体管放大器，以 50 Ω 系统为参考，已知晶体管的 $S_{21}=2.25\angle 45°$，计算所用晶体管的最小跨导 $g_{m,\min}$、并联反馈电阻 R_2 及传输功率增益。

第五章　振幅调制与解调

把语音、图像或数据生成的基带信号作为调制信号，另外产生载波，用调制信号改变载波的主要参数，使之按调制信号规律变化，生成已调波，这一过程称为调制。解调是调制的逆过程，是从已调波中恢复调制信号。

调制和解调解决了信号的无线电传输问题。天线电流和周围电磁场的电动力学过程证明，为了有效地发射和接收无线电，天线尺寸应该大于无线电波长的1/10。一般情况下，需要传输的基带信号的频率比较低，波长很大，动辄成百上千千米，不宜采用大型天线直接发射和接收。为了将天线小型化，需要在不改变所携带信息的前提下，改变信号频率，即把低频基带信号作为调制信号，通过调制生成高频已调波。因为其波长较短，所以可以设计小型天线实现发射和接收，接收的高频已调波再通过解调恢复调制信号。同时，考虑到无线电传输的衰减、反射和噪声，不同的信道有各自最适宜传输的频段，调制可以根据信道情况，把调制信号变换为该频段内的已调波，经过传输，再解调恢复调制信号。另外，为了避免多个信号之间的干扰，还经常将信道频段划分为不同的分频段，把多个调制信号分别调制成各个分频段上的不同已调波，对它们分别接收，解调恢复选定的调制信号。总之，调制和解调实现了天线小型化，方便了无线电传输信号，并可以选择已调波的频率，提高了传输质量，同时避免了信号之间的干扰。

5.1　调制的分类

根据调制信号和载波的不同，调制分为连续波模拟调制和脉冲调制。连续波模拟调制又分为振幅调制、频率调制和相位调制。

连续波模拟调制中，载波是正弦波，例如，由石英晶体振荡器产生，并经过倍频和功率放大得到的高频正弦信号，可以表示为

$$u_c = U_{cm}\cos(\omega_c t + \varphi)$$

其中，U_{cm}是振幅，ω_c 是频率，φ 是相位。为了分析方便，我们把调制信号简化为单频正弦信号，表示为

$$u_\Omega = U_{\Omega m}\cos \Omega t$$

用 u_Ω 改变 U_{cm}，生成振幅随 u_Ω 线性变化的已调波，这种调制称为振幅调制，简称调幅，记为 AM；用 u_Ω 改变 ω_c，生成频率随 u_Ω 线性变化的已调波，这种调制称为频率调制，简称调频，记为 FM；用 u_Ω 改变 φ，产生相位随 u_Ω 线性变化的已调波，这种调制称为相位调制，简称调相，记为 PM。频率调制和相位调制都改变了载波的总相角，统称为角度调制。这三种调制得到的已调波分别称为调幅信号、调频信号和调相信号。

图 5.1.1 中对比了调幅信号 u_{AM}、调频信号 u_{FM} 和调相信号 u_{PM} 的典型波形。可见，调

幅信号中，调制信号寄载在已调波的振幅上，形成振幅按调制信号规律变化的高频振荡；调频信号和调相信号是等幅的高频振荡，振荡频率和相位的变化体现了调制信号的变化规律。

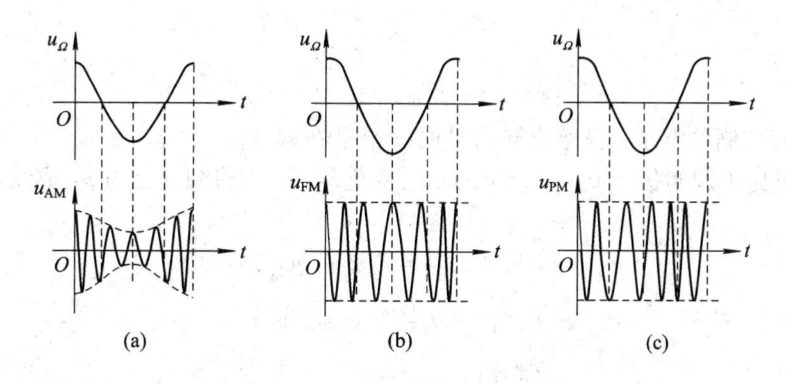

图 5.1.1 已调波波形

(a) 调幅信号；(b) 调频信号；(c) 调相信号

频域上，振幅调制把调制信号 u_Ω 的频谱从低频频段搬移到高频频段，成为调幅信号 u_{AM} 的频谱；振幅解调则把 u_{AM} 的频谱从高频频段搬移回低频频段，恢复 u_Ω 的频谱。u_Ω 包含多个频率分量时，以上频谱搬移不改变各个频率分量的相对振幅和频差，即信号的频谱结构不变，称为线性频谱搬移，如图 5.1.2 所示。

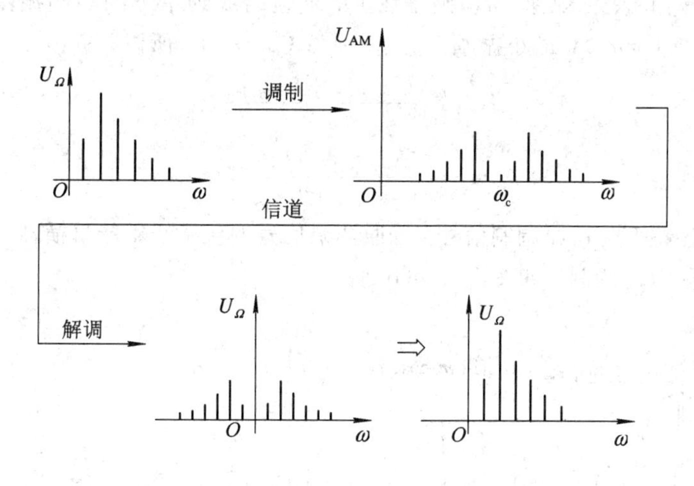

图 5.1.2 振幅调制和解调的线性频谱搬移

5.2 调幅信号

调幅信号分为普通调幅信号、双边带调幅信号和单边带调幅信号。下面分类介绍各种调幅信号的产生方式、时域表达式、波形、频谱和功率分布。

5.2.1 普通调幅信号

普通调幅信号可以经图 5.2.1 所示的过程产生。

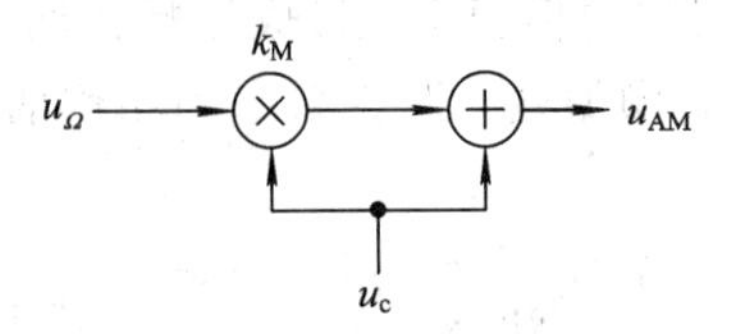

图 5.2.1　普通调幅信号的产生

根据振幅调制的要求，普通调幅信号的振幅是在载波 $u_c=U_{cm}\cos\omega_c t$ 的振幅 U_{cm} 的基础上，叠加正比于调制信号 $u_\Omega=U_{\Omega m}\cos\Omega t$ 的变化量，从而得到一个与 u_Ω 成线性关系的时变振幅，即

$$\begin{aligned}u_{sm}&=U_{cm}+ku_\Omega=U_{cm}+kU_{\Omega m}\cos\Omega t\\&=U_{cm}\left(1+k\frac{U_{\Omega m}}{U_{cm}}\cos\Omega t\right)\\&=U_{sm}(1+m_a\cos\Omega t)\end{aligned}$$

其中，$U_{sm}=U_{cm}$，$m_a=kU_{\Omega m}/U_{cm}$，称为调幅度，k 是由调制电路决定的比例常数，图 5.2.1 中乘法器的增益 $k_M=k/U_{cm}$。振幅调制不改变载波的频率 ω_c，所以普通调幅信号的时域表达式为

$$u_{AM}=U_{sm}(1+m_a\cos\Omega t)\cos\omega_c t \tag{5.2.1}$$

据此可以画出 u_{AM} 的波形，如图 5.2.2(a)所示。从图 5.2.2(a)中可以看出，上包络线和下包络线都体现了 u_Ω 的变化规律，u_{AM} 则是在上、下包络线约束下的高频振荡，振荡的最大振幅 $U_{sm,\max}=U_{sm}(1+m_a)$，最小振幅 $U_{sm,\min}=U_{sm}(1-m_a)$，所以，有：

$$U_{sm}=\frac{U_{sm,\max}+U_{sm,\min}}{2}$$

$$m_a=\frac{U_{sm,\max}-U_{sm,\min}}{U_{sm,\max}+U_{sm,\min}}$$

为了能根据振幅变化还原调制信号，普通调幅信号的包络线不能过横轴，即要求 $m_a\leqslant 1$。如果 $m_a>1$，则称为过调制，如图 5.2.2(b)所示。

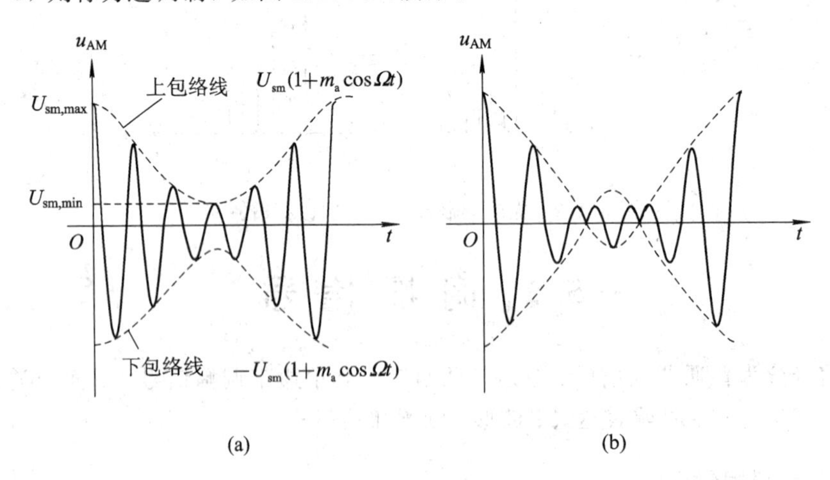

图 5.2.2　普通调幅信号的波形

(a) $m_a\leqslant 1$；(b) $m_a>1$

利用三角函数的积化和差公式，式(5.2.1)可以改写为

$$\begin{aligned}u_{\mathrm{AM}} &= U_{\mathrm{sm}}(1+m_{\mathrm{a}}\cos\Omega t)\cos\omega_{\mathrm{c}}t = U_{\mathrm{sm}}\cos\omega_{\mathrm{c}}t + m_{\mathrm{a}}U_{\mathrm{sm}}\cos\Omega t\cos\omega_{\mathrm{c}}t \\ &= U_{\mathrm{sm}}\cos\omega_{\mathrm{c}}t + \frac{1}{2}m_{\mathrm{a}}U_{\mathrm{sm}}\cos(\omega_{\mathrm{c}}+\Omega)t + \frac{1}{2}m_{\mathrm{a}}U_{\mathrm{sm}}\cos(\omega_{\mathrm{c}}-\Omega)t\end{aligned}$$

从而得到普通调幅信号的三个频率分量，如图 5.2.3 所示。

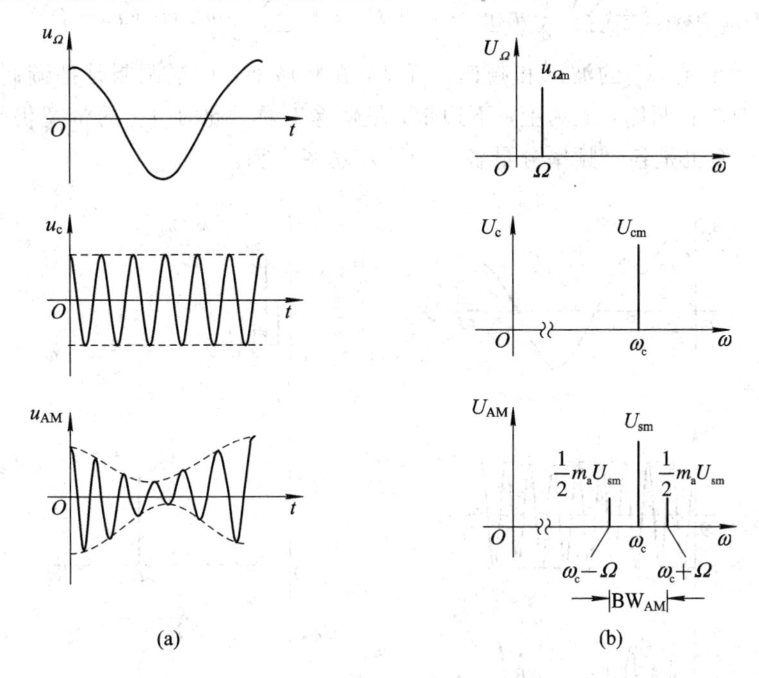

图 5.2.3　普通调幅信号的频谱

图中，频率 $\omega_c+\Omega$ 和 $\omega_c-\Omega$ 分别称为上边频和下边频，上、下边频分量的振幅 $m_aU_{sm}/2$ 都正比于调制信号 u_Ω 的振幅 $U_{\Omega m}$，与载频 ω_c 的频率差都是 u_Ω 的频率 Ω。所以，上、下边频分量携带了调制信号的全部信息，中间的载频分量则与调制信号无关。u_{AM}的带宽为

$$\mathrm{BW}_{\mathrm{AM}} = 2\Omega$$

发射普通调幅信号 u_{AM}时，天线系统等效为负载电阻 R_L，考虑到各个频率分量的正交关系，u_{AM}的总平均功率由各个频率分量各自的平均功率相加而成。其中，载波功率：

$$P_{\mathrm{c}} = \frac{1}{2}\frac{U_{\mathrm{sm}}^2}{R_{\mathrm{L}}}$$

边带功率：

$$P_{\mathrm{SB}} = \frac{1}{2}\frac{\left(\frac{1}{2}m_{\mathrm{a}}U_{\mathrm{sm}}\right)^2}{R_{\mathrm{L}}} + \frac{1}{2}\frac{\left(\frac{1}{2}m_{\mathrm{a}}U_{\mathrm{sm}}\right)^2}{R_{\mathrm{L}}} = \frac{1}{4}\frac{m_{\mathrm{a}}^2U_{\mathrm{sm}}^2}{R_{\mathrm{L}}}$$

总平均功率：

$$P_{\mathrm{AM}} = P_{\mathrm{c}} + P_{\mathrm{SB}} = P_{\mathrm{c}}\left(1+\frac{1}{2}m_{\mathrm{a}}^2\right) \tag{5.2.2}$$

以上考虑的调制信号 u_Ω 是单频信号，当 u_Ω 是包含 N 个频率分量的复杂调制信号时，可以表示为

$$u_\Omega = U_{\Omega\mathrm{m}}f(t) = \sum_{n=1}^{N}U_{\Omega\mathrm{m}n}\cos\Omega_n t$$

其中，$U_{\Omega m}$是最大振幅；$f(t)$代表归一化后 u_Ω 的变化规律，称为波形函数。经过类似的推导，生成的普通调幅信号为

$$
\begin{aligned}
u_{AM} &= U_{sm}\left(1+\sum_{n=1}^{N} m_{an}\cos\Omega_n t\right)\cos\omega_c t \\
&= U_{sm}\cos\omega_c t+\sum_{n=1}^{N}\frac{1}{2}m_{an}\cos(\omega_c+\Omega_n)t+\sum_{n=1}^{N}\frac{1}{2}m_{an}\cos(\omega_c-\Omega_n)t
\end{aligned}
$$

图 5.2.4 示出了 u_{AM}的波形和频谱。可见，在频域上，振幅调制是把调制信号的频谱搬移到了载频的左右两侧，成为上、下边带，呈镜像对称。此时 u_{AM}的带宽仍是 u_Ω 带宽的两倍，总平均功率也是各个频率分量各自的平均功率之和。

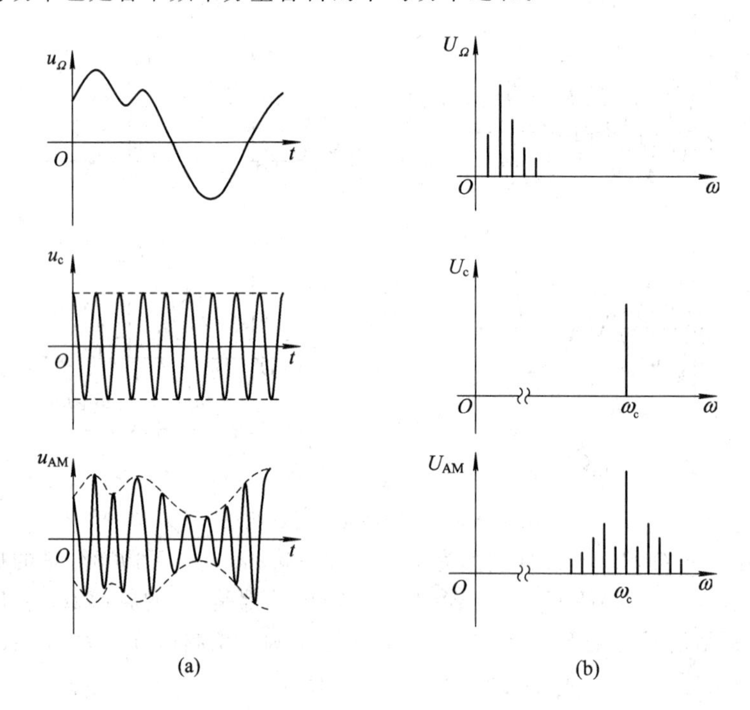

图 5.2.4　复杂调制信号生成的普通调幅信号

(a) 波形；(b) 频谱

5.2.2　双边带调幅信号

普通调幅信号中，载频分量不携带调制信号的信息，却占有大部分功率。即使调幅度 $m_a=1$，从式(5.2.2)可以看出，载频分量占有 2/3 的总平均功率。统计发现，一般通信中总功率超过 95%都用到了载频分量上。所以从功率利用角度来看，普通调幅信号是一种效率很低的振幅调制方式。

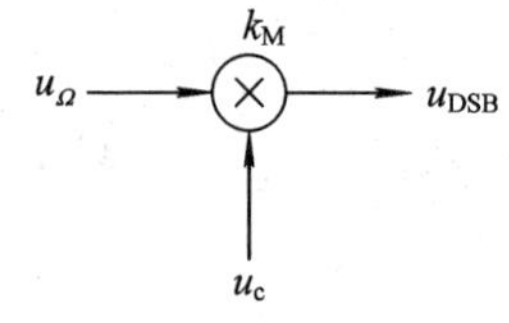

图 5.2.5　双边带调幅信号的产生

相对而言，去除载频分量，只保留上、下边频分量的双边带调幅就比较有效地利用了功率。双边带调幅信号的产生过程如图 5.2.5 所示。

据此可以写出双边带调幅信号的时域表达式

$$u_{\mathrm{DSB}}=k_{\mathrm{M}}u_{\Omega}u_{\mathrm{c}}=k_{\mathrm{M}}U_{\Omega\mathrm{m}}\cos\Omega tU_{\mathrm{cm}}\cos\omega_{\mathrm{c}}t=U_{\mathrm{sm}}\cos\Omega t\ \cos\omega_{\mathrm{c}}t \tag{5.2.3}$$

其中，$U_{\mathrm{sm}}\cos\Omega t=k_{\mathrm{M}}U_{\Omega\mathrm{m}}U_{\mathrm{cm}}\cos\Omega t$ 为时变振幅，U_{sm}为最大振幅。u_{DSB}的波形如图 5.2.6 所示。

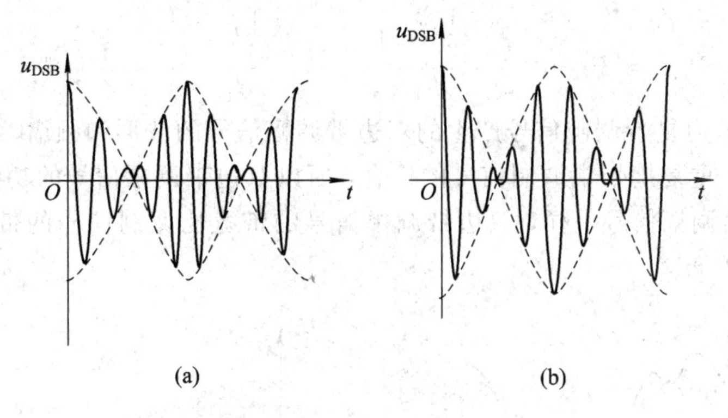

图 5.2.6　双边带调幅信号的波形

(a) $\cos\Omega t$ 和 $\cos\omega_{\mathrm{c}}t$ 同时过零；(b) $\cos\Omega t$ 和 $\cos\omega_{\mathrm{c}}t$ 不同时过零

从图 5.2.6 中可以看出，时变振幅决定的上、下包络线都过横轴，从而无法从振幅变化上还原调制信号。高频振荡在包络线过横轴(即 $\cos\Omega t$ 过零)时，会出现倒相，如果此时 $\cos\omega_{\mathrm{c}}t$ 也过零，则倒相表现为高频振荡返回原来的象限。

式(5.2.3)可以继续写为

$$u_{\mathrm{DSB}}=U_{\mathrm{sm}}\cos\Omega t\ \cos\omega_{\mathrm{c}}t=\frac{1}{2}U_{\mathrm{sm}}\cos(\omega_{\mathrm{c}}+\Omega)t+\frac{1}{2}U_{\mathrm{sm}}\cos(\omega_{\mathrm{c}}-\Omega)t$$

单频调制信号 u_{Ω} 生成的双边带调幅信号只有上边频和下边频两个频率分量，如图 5.2.7 所示，带宽为

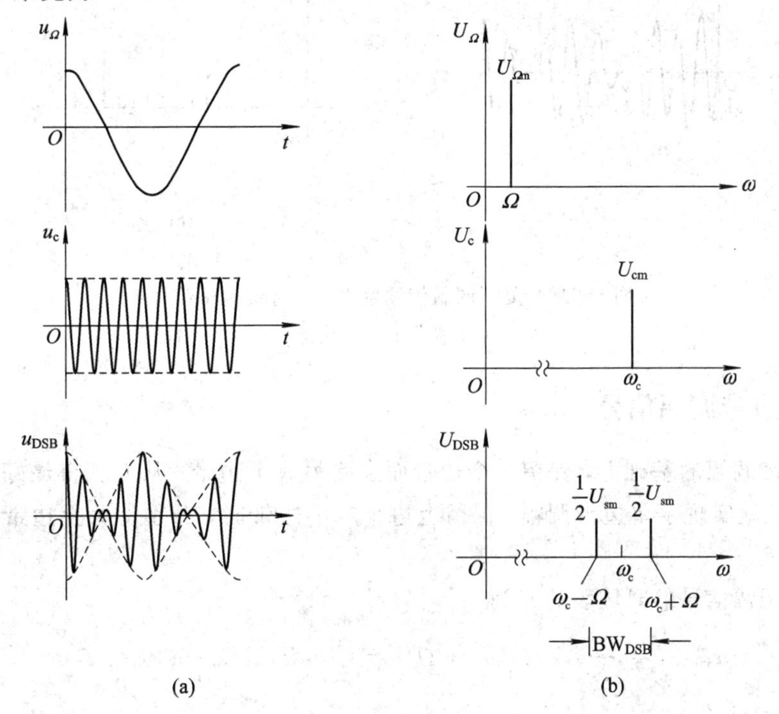

图 5.2.7　双边带调幅信号的频谱

$$BW_{DSB}=2\Omega$$

双边带调幅信号的总平均功率等于边带功率，即

$$P_{DSB}=P_{SB}=\frac{1}{2}\frac{\left(\frac{1}{2}U_{sm}\right)^2}{R_L}+\frac{1}{2}\frac{\left(\frac{1}{2}U_{sm}\right)^2}{R_L}=\frac{1}{4}\frac{U_{sm}^2}{R_L}$$

图 5.2.8 所示为复杂调制信号产生的双边带调幅信号的波形和频谱。由于上、下边带频谱呈镜像对称，重复携带了调制信号的信息，所以双边带调幅信号的功率利用效率仍然较低，而且同普通调幅信号一样，双边带调幅信号的带宽比调制信号的带宽增加了一倍，频带利用效率也较低。

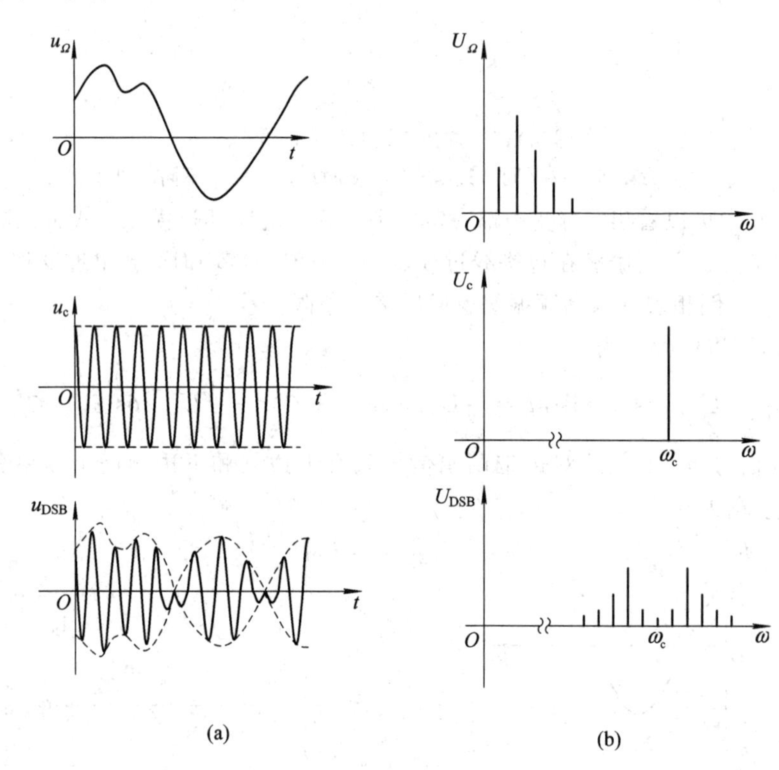

图 5.2.8 复杂调制信号生成的双边带调幅信号

(a) 波形；(b) 频谱

5.2.3 单边带调幅信号

在双边带调幅的基础上，保留一个边带而去除另一个边带，从而获得最好的功率利用和频带利用，就实现了单边带调幅。保留上边带或下边带时，分别称为上边带调幅或下边带调幅。

单边带调幅信号的时域表达式为

$$u_{SSB(U)}=\frac{1}{2}U_{sm}\cos(\omega_c+\Omega)t=\frac{1}{2}k_M U_{\Omega m}U_{cm}\cos(\omega_c+\Omega)t \qquad (5.2.4)$$

$$u_{SSB(L)}=\frac{1}{2}U_{sm}\cos(\omega_c-\Omega)t=\frac{1}{2}k_M U_{\Omega m}U_{cm}\cos(\omega_c-\Omega)t \qquad (5.2.5)$$

u_{SSB}的波形和频谱如图 5.2.9 所示，带宽为

$$\mathrm{BW}_{\mathrm{SSB}} = \Omega$$

单边带调幅信号的总平均功率等于上边频或下边频分量的平均功率，即

$$P_{\mathrm{SSB}} = P_{\mathrm{SSB(U)}} = P_{\mathrm{SSB(L)}} = \frac{1}{2}\,\frac{\left(\frac{1}{2}U_{\mathrm{sm}}\right)^2}{R_{\mathrm{L}}} = \frac{1}{8}\,\frac{U_{\mathrm{sm}}^2}{R_{\mathrm{L}}}$$

单边带调幅信号有两种基本的产生方法，分别称为滤波法和相移法。

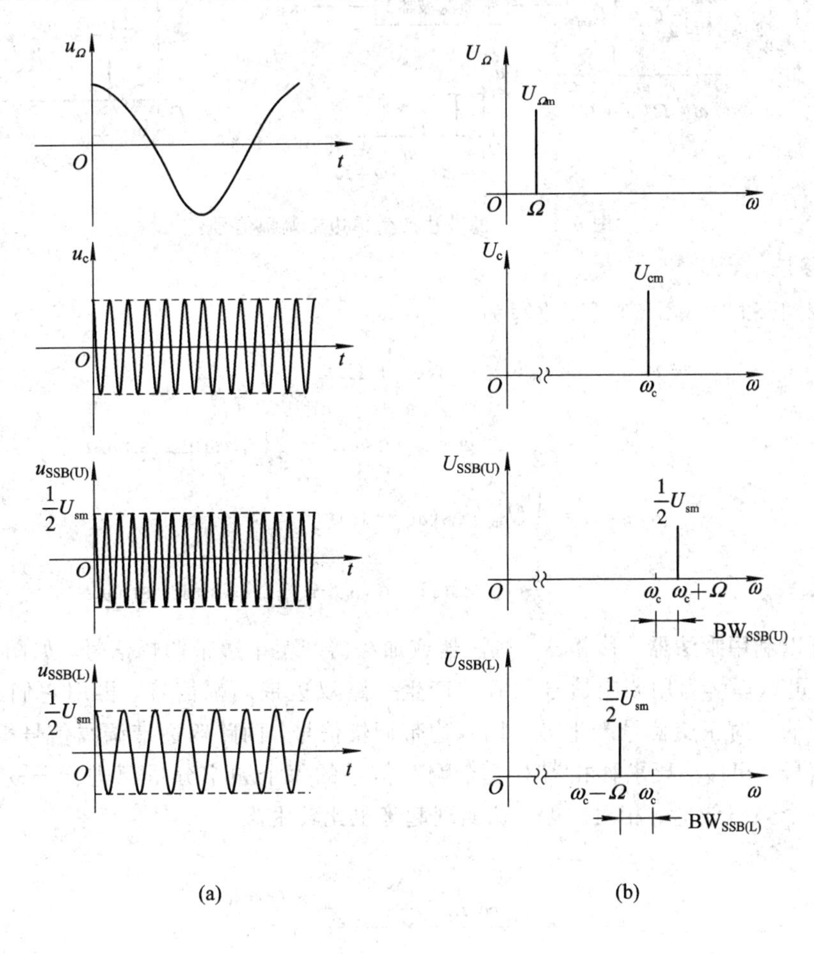

图 5.2.9　单边带调幅信号

（a）波形；（b）频谱

1. 滤波法

如图 5.2.10 所示，首先调制信号 u_{Ω} 和载波 u_{c} 经过乘法器产生双边带调幅信号 u_{DSB}，再让 u_{DSB}经过通频带只包含上边带的带通滤波器，则输出上边带调幅信号。如果带通滤波器的通频带只包含下边带，则得到下边带调幅信号。滤波法要求带通滤波器在上、下边带之间实现从通带到阻带的过渡，过渡频带是调制信号的最低频率的两倍，当最低频率很低时，过渡频带很小，要求带通滤波器的矩形系数接近于 1，这实现起来比较困难。

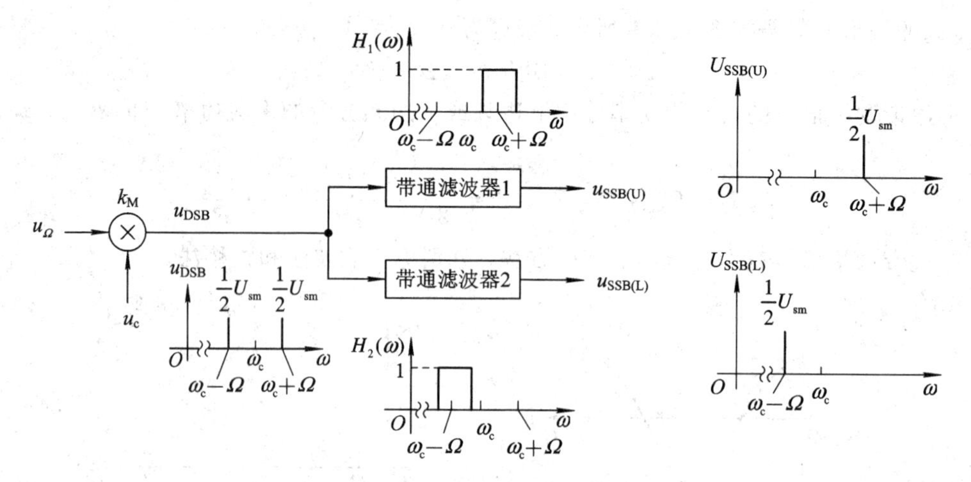

图 5.2.10 滤波法产生单边带调幅信号

2. 相移法

式(5.2.4)和式(5.2.5)可以改写为

$$u_{SSB(U)} = \frac{1}{2}U_{sm}\cos(\omega_c+\Omega)t$$

$$= \frac{1}{2}U_{sm}\cos\Omega t\ \cos\omega_c t - \frac{1}{2}U_{sm}\sin\Omega t\ \sin\omega_c t$$

$$u_{SSB(L)} = \frac{1}{2}U_{sm}\cos(\omega_c-\Omega)t$$

$$= \frac{1}{2}U_{sm}\cos\Omega t\ \cos\omega_c t + \frac{1}{2}U_{sm}\sin\Omega t\ \sin\omega_c t$$

据此可以利用乘法器、移相器、减法器或加法器产生单边带调幅信号，如图 5.2.11 所示。相移法可以理解为用调制信号和载波产生一路双边带调幅信号，再用它们经过 $-\pi/2$ 移相后得到的一对正交信号产生另一路双边带调幅信号，两路双边带调幅信号叠加得到单边带调幅信号。相移法要求移相器对复杂调制信号的每个频率分量都进行 $-\pi/2$ 的相移，而不改变各个频率分量的相对振幅，这实现起来也比较困难。

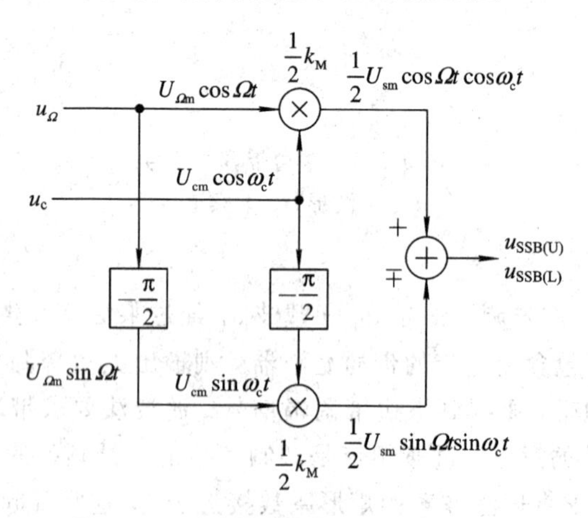

图 5.2.11 相移法产生单边带调幅信号

【例 5.2.1】 调幅信号 $u_{s1}=[2+\cos(2\pi\times10^3t)]\cos(\pi\times10^6t)$ V，$u_{s2}=1.5\cos(1.996\times10^6\pi t)+1.5\cos(2.004\times10^6\pi t)$ V。判断 u_{s1} 和 u_{s2} 的类型，确定载频和带宽，计算在单位负载电阻上产生的总平均功率。

解：

$$u_{s1}=[2+\cos(2\pi\times10^3t)]\cos(\pi\times10^6t)$$

$$=2[1+0.5\cos(2\pi\times10^3t)]\cos(\pi\times10^6t)\ \text{V}$$

是普通调幅信号，载波振幅 $U_{sm}=2$ V，调幅度 $m_a=0.5$。载频：

$$\omega_c=\pi\times10^6\ \text{rad/s}$$

调制信号频率 $\Omega=2\pi\times10^3$ rad/s，带宽：

$$\text{BW}_{\text{AM}}=2\Omega=2\times2\pi\times10^3\ \text{rad/s}=4\pi\times10^3\ \text{rad/s}$$

在单位负载电阻上，载波功率：

$$P_c=\frac{1}{2}U_{sm}^2=\frac{1}{2}\times(2\ \text{V})^2=2\ \text{W}$$

边带功率：

$$P_{SB}=\frac{1}{4}m_a^2U_{sm}^2=\frac{1}{4}\times0.5^2\times(2\ \text{V})^2=0.25\ \text{W}$$

总平均功率：

$$P_{AM}=P_c+P_{SB}=2\ \text{W}+0.25\ \text{W}=2.25\ \text{W}$$

$$u_{s2}=1.5\cos(1.996\times10^6\pi t)+1.5\cos(2.004\times10^6\pi t)$$

$$=3\cos(4\pi\times10^3t)\cos(2\pi\times10^6t)\text{V}$$

是双边带调幅信号，最大振幅 $U_{sm}=3$ V。载频：

$$\omega_c=2\pi\times10^6\ \text{rad/s}$$

调制信号频率 $\Omega=4\pi\times10^3$ rad/s，带宽：

$$\text{BW}_{\text{DSB}}=2\Omega=2\times4\pi\times10^3\ \text{rad/s}=8\pi\times10^3\ \text{rad/s}$$

在单位负载电阻上，总平均功率：

$$P_{DSB}=P_{SB}=\frac{1}{4}U_{sm}^2=\frac{1}{4}\times(3\ \text{V})^2=2.25\ \text{W}$$

【例 5.2.2】 调幅信号 u_{s1} 的波形如图 5.2.12(a)所示，判断其类型，写出时域表达式，并画出频谱。图 5.2.12(b)所示为调幅信号 u_{s2} 的频谱，判断其类型，写出时域表达式，并画出波形。

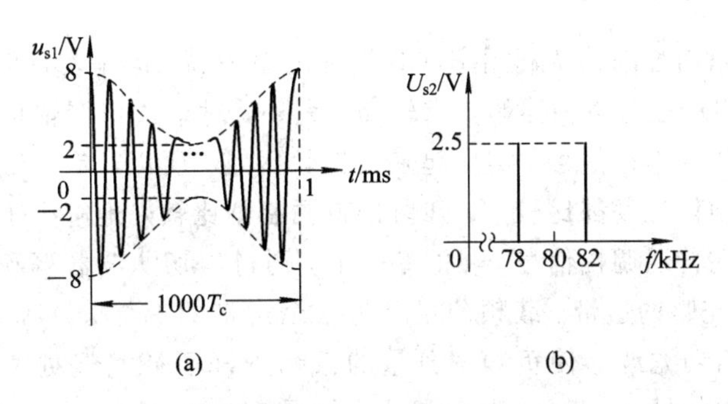

图 5.2.12　调幅信号

(a) u_{s1} 的波形；(b) u_{s2} 的频谱

解：u_{s1}是普通调幅信号，最大振幅$U_{sm,max}=8$ V，最小振幅$U_{sm,min}=2$ V。载波振幅和调幅度分别为

$$U_{sm}=\frac{U_{sm,max}+U_{sm,min}}{2}=\frac{8\text{ V}+2\text{ V}}{2}=5\text{ V}$$

$$m_a=\frac{U_{sm,max}-U_{sm,min}}{U_{sm,max}+U_{sm,min}}=\frac{8\text{ V}-2\text{ V}}{8\text{ V}+2\text{ V}}=0.6$$

调制信号频率：

$$\Omega=\frac{2\pi}{T}=\frac{2\pi}{1\text{ ms}}=2\pi\times10^3\text{ rad/s}$$

载频：

$$\omega_c=\frac{2\pi}{T_c}=\frac{2\pi}{1\text{ ms}/1000}=2\pi\times10^6\text{ rad/s}$$

根据以上参数，u_{s1}的时域表达式为

$$\begin{aligned}u_{s1}&=U_{sm}(1+m_a\cos\Omega t)\cos\omega_c t\\&=5[1+0.6\cos(2\pi\times10^3t)]\cos(2\pi\times10^6t)\text{ V}\end{aligned}$$

u_{s1}的频谱如图 5.2.13(a)所示。

u_{s2}是双边带调幅信号，其表达式为

$$\begin{aligned}u_{s2}&=2.5\cos(2\pi\times78\times10^3t)+2.5\cos(2\pi\times82\times10^3t)\\&=5\cos(2\pi\times2\times10^3t)\cos(2\pi\times80\times10^3t)\text{ V}\end{aligned}$$

u_{s2}的波形如图 5.2.13(b)所示。

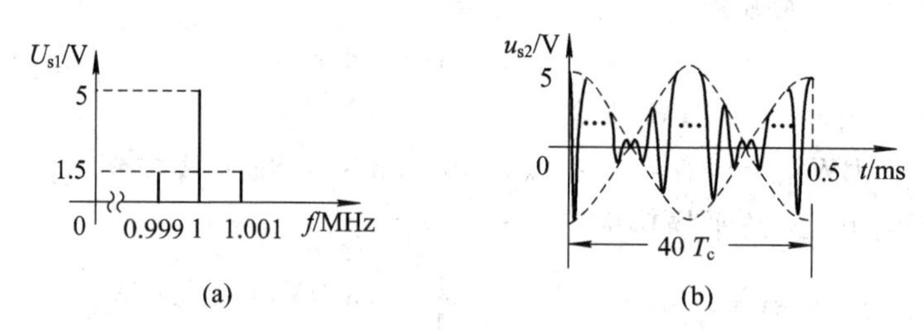

图 5.2.13 调幅信号

(a) u_{s1}的频谱；(b) u_{s2}的波形

5.2.4 残留边带调幅信号

虽然单边带调幅信号的功率利用率和频带利用率最高，但是实现时，滤波法对带通滤波器的要求较高，相移法对移相器的要求较高。另外，对单边带调幅信号同步检波时需要产生与载波同频同相的本振信号，实现起来也比较困难。所以，单边带调幅信号的发射机和接收机的设计和制作难度都比较大，残留边带调制则比较好地解决了上述问题。

残留边带调制在普通调幅信号u_{AM}的基础上，通过斜切滤波器得到残留边带调幅信号u_{VSB}。u_{VSB}包括一个完整的边带、载频分量和另一个边带的一部分。解调时，u_{VSB}的频谱被搬移到低频频段，斜切滤波器使负频率分量的振幅正好填补完整对应的正频率分量的振幅，从而获得与调制信号u_Ω完全一样的频谱，如图 5.2.14 所示。

残留边带调制的实现相对容易，有比较高的功率利用率和频带利用率，而且其中的载频分量也便于接收机同步检波时产生本振信号。

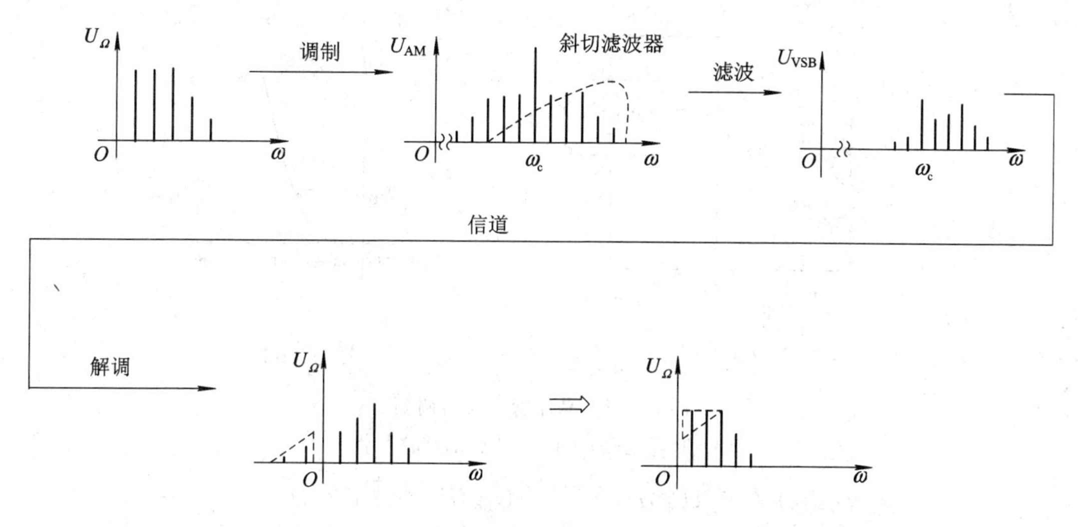

图 5.2.14　残留边带调制和解调的频谱搬移

5.3　振幅调制原理

图 5.2.1、图 5.2.5、图 5.2.10 和图 5.2.11 所示的调幅信号产生过程中，乘法器起关键作用。在时域上，乘法器完成调制信号和载波的相乘；在频域上，乘法器输出上边频分量和下边频分量，其振幅正比于调制信号的振幅，与载频的频率差等于调制信号的频率，携带了全部调制信号信息。上、下边频分量是乘法器产生的新的频率分量，所以乘法器是非线性电路，有非线性电路和线性时变电路两种基本设计。基于这两种设计的乘法器用于振幅调制时，振幅调制分别称为非线性电路调幅和线性时变电路调幅。

5.3.1　非线性电路调幅

大信号状态下工作时，晶体管和场效应管的转移特性(即输出电流与输入电压的关系)呈明显的非线性。利用这一特点，可以设计晶体管放大器和场效应管放大器，以调制信号和载波作为输入电压，输出电流中会出现许多新的频率分量，对其滤波，取出上边频分量和下边频分量，实现振幅调制。

1. 晶体管放大器调幅

图 5.3.1(a)所示为晶体管放大器调幅的原理电路，用来产生普通调幅信号 u_{AM}。电路中，直流电压源 U_{BB} 和 U_{CC} 设置晶体管的直流静态工作点 Q。调制信号 u_Ω 和载波 u_c 相加得到交流输入电压 u_{be}，与 U_{BB} 叠加后成为晶体管基极和发射极之间的输入电压 u_{BE}。在 u_{BE} 的作用下，晶体管产生集电极电流 i_C。

放大状态下，图 5.3.1(b)所示的晶体管的非线性转移特性在 Q 附近可以表达为一个非线性函数：

$$i_C = f(u_{BE})$$

以 U_{BB} 为 u_{BE} 变化的中心值，将 $f(u_{BE})$ 展开成泰勒级数：

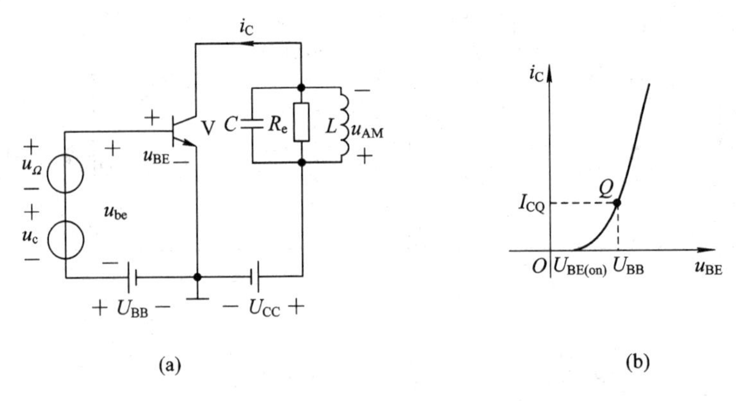

图 5.3.1　晶体管放大器调幅

(a) 原理电路；(b) 晶体管的转移特性

$$i_C = f(U_{BB}) + f'(U_{BB})u_{be} + \frac{1}{2}f''(U_{BB})u_{be}^2 + \frac{1}{6}f^{(3)}(U_{BB})u_{be}^3 + \cdots$$

$$= a_0 + a_1 u_{be} + a_2 u_{be}^2 + \sum_{n=3}^{\infty} a_n u_{be}^n$$

其中：

$$a_n = \frac{f^{(n)}(U_{BB})}{n!} \quad (n = 0, 1, 2, \cdots)$$

为了便于分析，同时保留 i_C 和 u_{BE}的非线性关系，对以上泰勒级数近似只保留前三项，得到：

$$i_C \approx a_0 + a_1 u_{be} + a_2 u_{be}^2 = a_0 + a_1(u_\Omega + u_c) + a_2(u_\Omega + u_c)^2$$
$$= a_0 + a_1 u_\Omega + a_1 u_c + a_2 u_\Omega^2 + a_2 u_c^2 + 2a_2 u_\Omega u_c \tag{5.3.1}$$

此时，i_C 的时域表达式中出现了 u_Ω 和 u_c 相乘的项 $2a_2 u_\Omega u_c$。借助于转移特性曲线，i_C 的波形可以从 u_{BE}的波形经过几何投影得到，如图 5.3.2 所示。

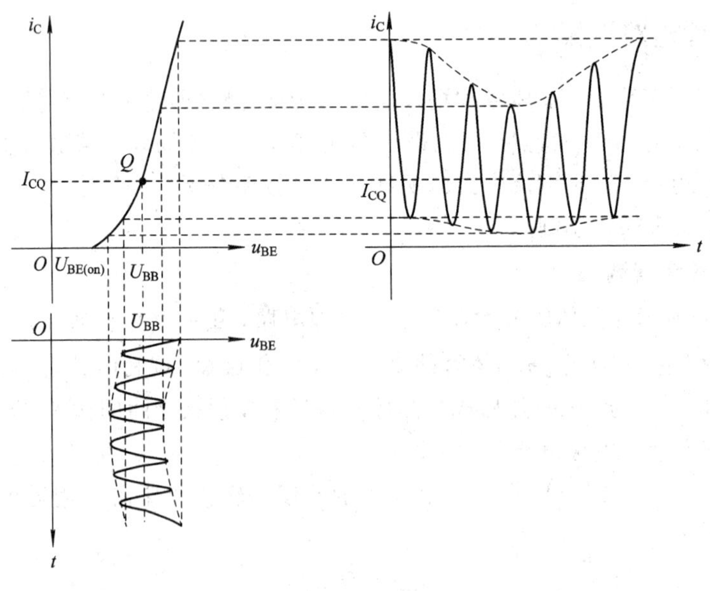

图 5.3.2　u_{BE}和 i_C 波形的几何投影关系

将 $u_\Omega=U_{\Omega m}\cos\Omega t$ 和 $u_c=U_{cm}\cos\omega_c t$ 代入式(5.3.1)，利用三角函数的降幂和积化和差，整理得到：

$$\begin{aligned}i_C &= a_0+\frac{a_2}{2}(U_{\Omega m}^2+U_{cm}^2)+a_1U_{\Omega m}\cos\Omega t+\frac{a_2}{2}U_{\Omega m}^2\cos 2\Omega t\\&\quad +a_1U_{cm}\cos\omega_c t+a_2U_{\Omega m}U_{cm}\cos(\omega_c+\Omega)t+a_2U_{\Omega m}U_{cm}\cos(\omega_c-\Omega)t\\&\quad +\frac{a_2}{2}U_{cm}^2\cos 2\omega_c t\end{aligned}$$

据此可以画出 i_C 的频谱，如图 5.3.3 所示。

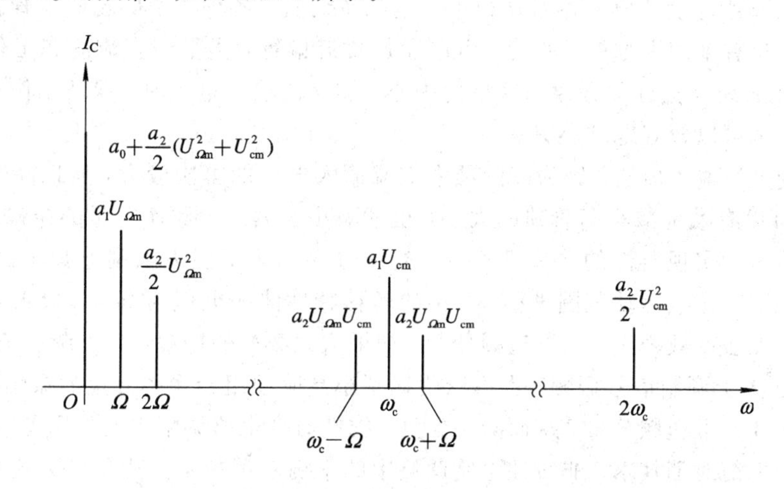

图 5.3.3　i_C 的频谱

$2a_2u_\Omega u_c$ 在频域上产生的上边频分量和下边频分量分别为 $a_2U_{\Omega m}U_{cm}\cos(\omega_c+\Omega)t$ 和 $a_2U_{\Omega m}U_{cm}\cos(\omega_c-\Omega)t$，它们之间还有载频分量 $a_1U_{cm}\cos\omega_c t$。接下来需要用带通滤波器，滤波输出这三个频率分量，并把结果变为电压。为此，用 LC 并联谐振回路作为带通滤波器，使中心频率 $\omega_0=\omega_c$，如果滤波器带宽等于信号带宽，即 $\mathrm{BW_{BPF}}=2\Omega$，谐振电阻为 R_e，则输出普通调幅信号：

$$\begin{aligned}u_{AM} &= R_e a_1U_{cm}\cos\omega_c t+0.707R_e a_2U_{\Omega m}U_{cm}\cos\left[(\omega_c+\Omega)t-\frac{\pi}{4}\right]\\&\quad +0.707R_e a_2U_{\Omega m}U_{cm}\cos\left[(\omega_c-\Omega)t+\frac{\pi}{4}\right]\\&= U_{sm}\left[1+m_a\cos\left(\Omega t-\frac{\pi}{4}\right)\right]\cos\omega_c t\end{aligned}$$

其中，$U_{sm}=R_e a_1U_{cm}$，$m_a=1.414\left(\frac{a_2}{a_1}\right)U_{\Omega m}$。

以上分析晶体管放大器的调幅原理时，忽略了 i_C 展开式中 $n\geqslant 3$ 的高阶项。当高阶项的取值较大，不可被忽略时，其产生的组合频率分量就会叠加在普通调幅信号上，导致输出电压失真。根据高阶项的组合频率分量的叠加位置，可以把失真分为包络失真和非线性失真。

(1) 包络失真。高阶项的组合频率分量可以叠加在载频分量和上、下边频分量上，使载频分量的振幅与调制信号的振幅发生联系，也使上、下边频分量的振幅不单纯正比于调制信号的振幅，这会使输出电压的包络线不完全按调制信号规律变化。这种失真称为包络失真，因为没有出现新的频率分量，所以包络失真属于线性失真。

(2) 非线性失真。高阶项的组合频率分量可以在上、下边频分量附近，因为接近带通滤波器的通频带，所以这些组合频率分量也会产生一定的电压，使输出电压中出现新的频率分量，产生非线性失真。

为了减小或消除包络失真和非线性失真，可以采用平方率器件，也可以改变交流输入电压，还可以采用平衡对消技术。

(1) 采用平方律器件。平方律器件的输出电流与输入电压之间为二次函数关系，电流展开式中交流输入电压的最高幂次为 2，没有高阶项，也就不存在高阶项引起的失真。所以，采用平方率器件设计放大器就从根本上消除了失真。各种类型的场效应管就是典型的平方律器件。没有采用平方律器件时，可以通过直流偏置，尽量使直流静态工作点位于器件的转移特性曲线上接近平方律的区域的中心，加交流输入电压时，保证工作点在平方律区域中运动，也可以较好地减小失真。

(2) 改变交流输入电压。因为高阶项中交流输入电压的幂次较大，所以减小交流输入电压的振幅可以有效地减小高阶项的大小，也就减小了其组合频率分量的振幅，从而减小了失真。但是为了实现器件的非线性作用，交流输入电压不能无限制地减小振幅；否则，小信号工作时，工作点运动范围过小，其中的转移特性曲线近似为直线，放大器基本上成为线性电路，无法有效产生上、下边频分量。如果增大载波的振幅，减小调制信号的振幅，使载波振幅远大于调制信号振幅，也可以明显减小高阶项组合频率分量的振幅，并使组合频率分量远离上、下边频分量，从而减小失真。线性时变电路调幅中就采用了这种方法。

(3) 采用平衡对消技术。非线性电路调幅中的平衡对消技术是用不同方式叠加调制信号和载波，分别输入到多个放大器，再将各个放大器的输出电流适当叠加，尽量使高阶项的组合频率分量反相叠加，对消为零，从而达到减小失真的目的。图 5.3.4 所示为一个采用四路两级平衡对消技术的非线性电路调幅的电路框图。

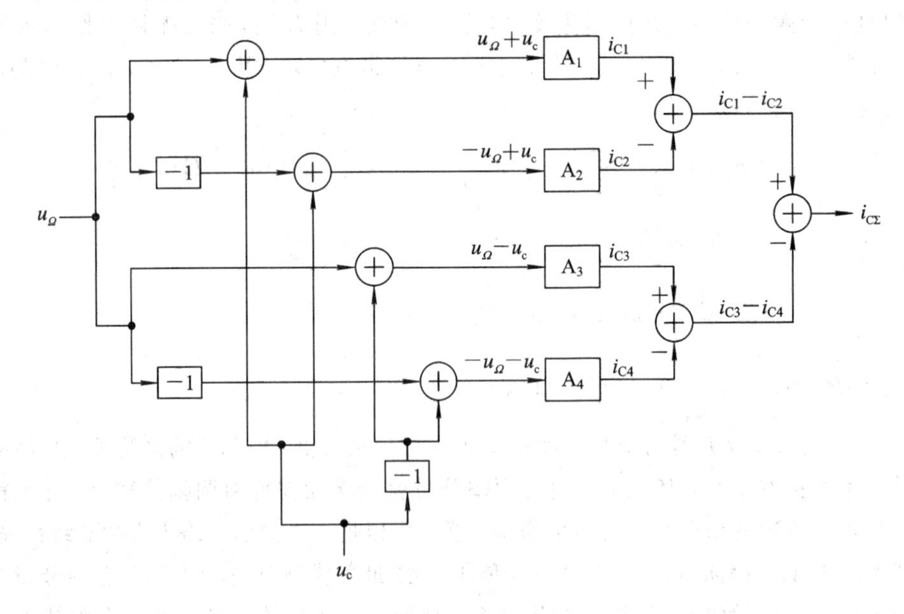

图 5.3.4　采用平衡对消技术的非线性电路调幅

为了近似分析，高阶项只保留 $n=3$ 和 $n=4$ 两项，四个晶体管放大器 $A_1\sim A_4$ 相同，

晶体管的集电极电流分别为

$$i_{C1} \approx \sum_{n=0}^{4} a_n (u_\Omega + u_c)^n$$

$$i_{C2} \approx \sum_{n=0}^{4} a_n (-u_\Omega + u_c)^n$$

$$i_{C3} \approx \sum_{n=0}^{4} a_n (u_\Omega - u_c)^n$$

$$i_{C4} \approx \sum_{n=0}^{4} a_n (-u_\Omega - u_c)^n$$

据此可以确定平衡对消过程前后电流的频谱，结果如图 5.3.5 所示。

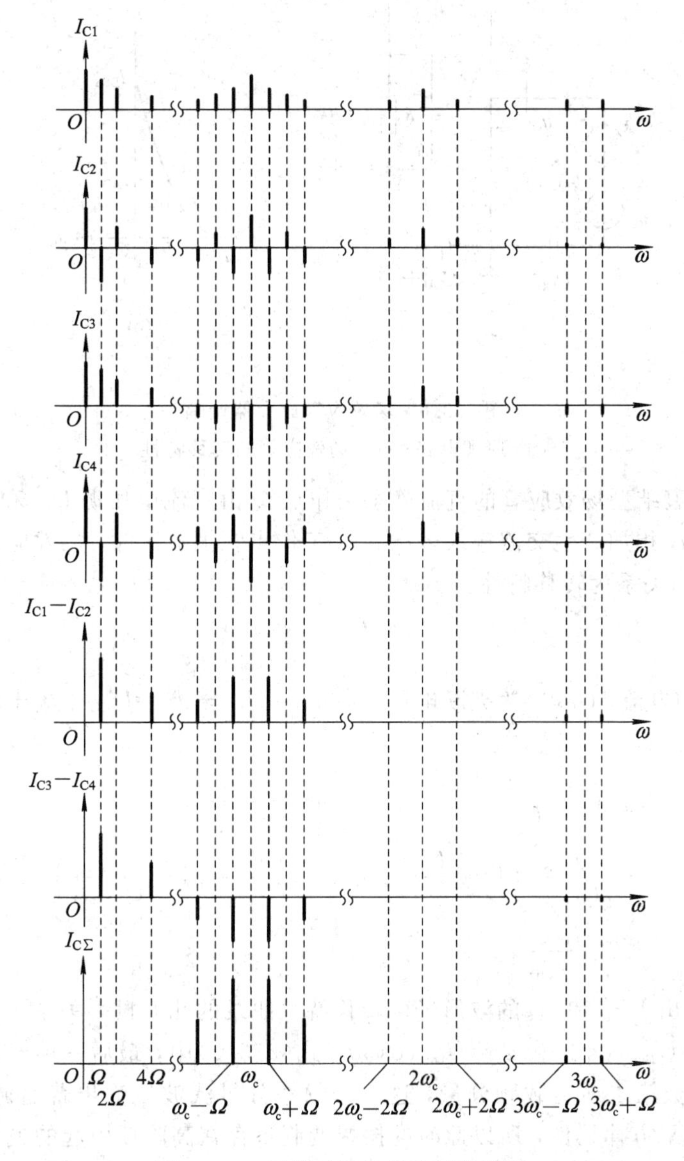

图 5.3.5　平衡对消过程的频谱分析

第一级平衡对消中，为了保留上、下边频分量，应尽量去除其他频率分量(包括载频分量)，使 i_{C1} 与 i_{C2} 相减，i_{C3} 与 i_{C4} 相减，分别得到 $i_{C1}-i_{C2}$ 和 $i_{C3}-i_{C4}$；第二级平衡对消中，为了去除两个低频分量，使 $i_{C1}-i_{C2}$ 与 $i_{C3}-i_{C4}$ 相减，得到总电流 $i_{C\Sigma}$，经过滤波器，即可获得双边带调幅信号。

在非线性电路设计中，经常采用平衡对消技术去除不需要的频率分量。本书将陆续介绍平衡对消技术的各种具体应用。

2. 场效应管放大器调幅

场效应管放大器调幅的原理电路和场效应管的非线性转移特性如图 5.3.6 所示。

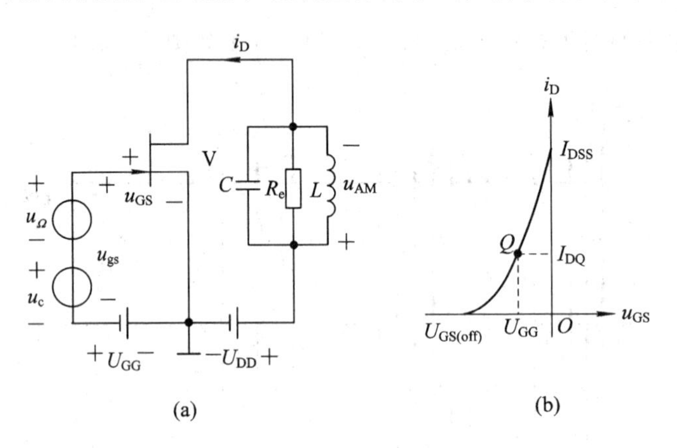

图 5.3.6　场效应管放大器调幅

(a) 原理电路；(b) 场效应管的转移特性

图中，N 沟道结型场效应管的直流静态工作点 Q 由直流电压源 U_{GG} 和 U_{DD} 设置。调制信号 u_Ω 和载波 u_c 相加产生交流输入电压 u_{gs}。工作点在恒流区时，场效应管的漏极电流 i_D 与输入电压 u_{GS} 的关系为转移特性：

$$i_D = I_{DSS}\left(1-\frac{u_{GS}}{U_{GS(off)}}\right)^2$$

其中，I_{DSS} 为饱和电流，$U_{GS(off)}$ 为夹断电压。将 $u_{GS}=U_{GG}+u_{gs}=U_{GG}+u_\Omega+u_c$ 代入上式，展开并整理，得到：

$$\begin{aligned} i_D = & I_{DSS}\left(1-\frac{U_{GG}}{U_{GS(off)}}\right)^2+\frac{I_{DSS}}{U_{GS(off)}^2}u_\Omega^2+\frac{I_{DSS}}{U_{GS(off)}^2}u_c^2 \\ & -2\frac{I_{DSS}}{U_{GS(off)}}\left(1-\frac{U_{GG}}{U_{GS(off)}}\right)u_\Omega-2\frac{I_{DSS}}{U_{GS(off)}}\left(1-\frac{U_{GG}}{U_{GS(off)}}\right)u_c \\ & +2\frac{I_{DSS}}{U_{GS(off)}^2}u_\Omega u_c \end{aligned} \tag{5.3.2}$$

图 5.3.7 给出了 i_D 和 u_{GS} 的波形经由转移特性曲线的几何投影关系。

考虑到 $u_\Omega=U_{\Omega m}\cos\Omega t$ 和 $u_c=U_{cm}\cos\omega_c t$，式(5.3.2)中，最后一项产生上边频分量和下边频分量，倒数第二项是载频分量，这三个频率分量滤波后输出普通调幅信号。显然，因为场效应管是平方律器件，所以此时的振幅调制不存在高阶项引起的失真。

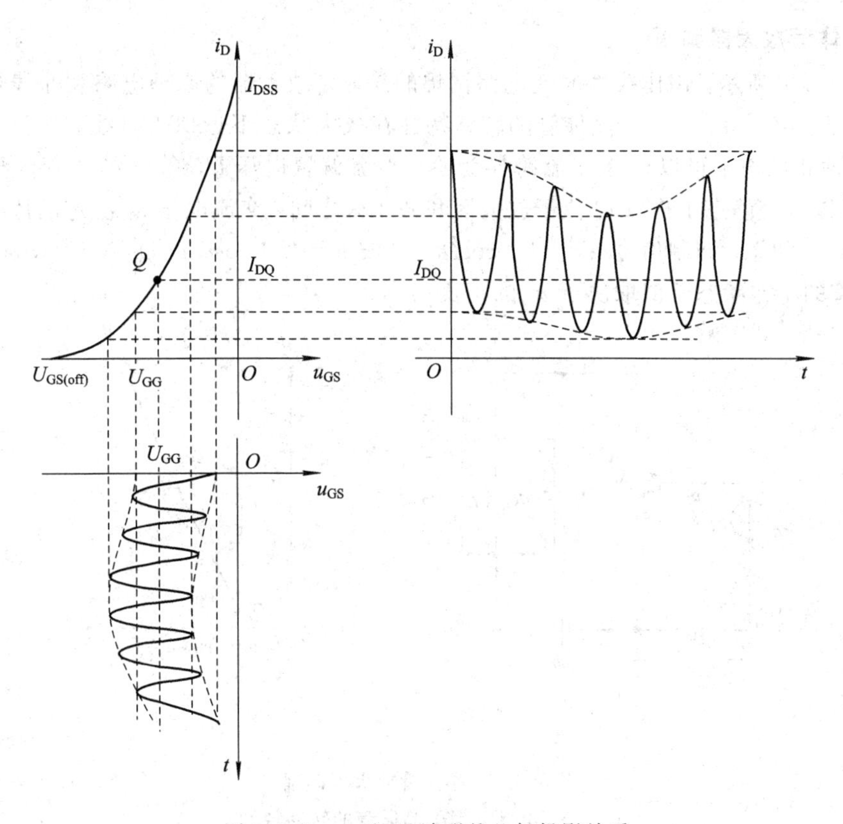

图 5.3.7　u_{GS}和 i_D 波形的几何投影关系

5.3.2　线性时变电路调幅

线性时变电路调幅仍然采用调制信号和载波叠加成为交流输入电压，共同产生输出电流，但是要求调制信号为小信号，载波为大信号。因为调制信号是小信号，所以输出电流和调制信号成线性数学关系，又因为载波是大信号，线性数学关系中的两个参数是与载波有关的时变参数，其中至少有一个与载波成非线性关系。线性时变电路调幅的输出电流中有上边频分量和下边频分量，对其滤波就可实现振幅调制。

线性时变电路调幅是非线性电路调幅在大信号载波和小信号调制信号条件下的特例。式(5.3.1)给出了晶体管放大器非线性电路调幅的输出电流 i_C。如果载波 $u_c=U_{cm}\cos\omega_c t$ 是大信号，而调制信号 $u_\Omega=U_{\Omega m}\cos\Omega t$ 是小信号，即 $U_{cm}\gg U_{\Omega m}$，则 i_C 中 a_1u_Ω 和 a_1u_c 相比，前者可以忽略，$a_2u_\Omega^2$ 和 $a_2u_c^2$ 相比，前者也可以忽略，于是，$i_C\approx a_0+a_1u_c+a_2u_c^2+2a_2u_cu_\Omega$，与 u_c 有关的两个时变参数 $a_0+a_1u_c+a_2u_c^2$ 和 $2a_2u_c$ 确定 i_C 和 u_Ω 成线性关系，而第一个时变参数 $a_0+a_1u_c+a_2u_c^2$ 则与 u_c 成非线性关系，此时非线性电路调幅演变成为线性时变电路调幅。

线性时变电路调幅的输出电流中，调制信号仅有的一次幂项产生上边频分量和下边频分量，没有调制信号的高次幂项在上、下边频处及其附近位置产生其他的组合频率分量，所以与非线性电路调幅相比，线性时变电路调幅的失真较小。晶体管放大器、场效应管放大器、差分对放大器、双差分对放大器以及二极管电路都可以用来实现线性时变电路调幅。

1. 晶体管放大器调幅

如图 5.3.8 所示，用作线性时变电路调幅的晶体管放大器的原理电路和非线性电路调幅中的原理电路一样。这里，晶体管的转移特性在放大状态下近似为直线，其斜率为交流跨导 g_m，截止状态下可以认为交流跨导为零。直流偏置电压 U_{BB} 等于晶体管的导通电压 $U_{BE(on)}$，所以直流静态工作点 Q 位于放大区和截止区之间，交流电压 u_{be} 决定晶体管处于放大状态或截止状态。调制信号 $u_\Omega = U_{\Omega m}\cos\Omega t$，载波 $u_c = U_{cm}\cos\omega_c t$，$U_{cm} \gg U_{\Omega m}$，$\omega_c \gg \Omega$，此时，晶体管的工作状态近似取决于 u_c 的正负。

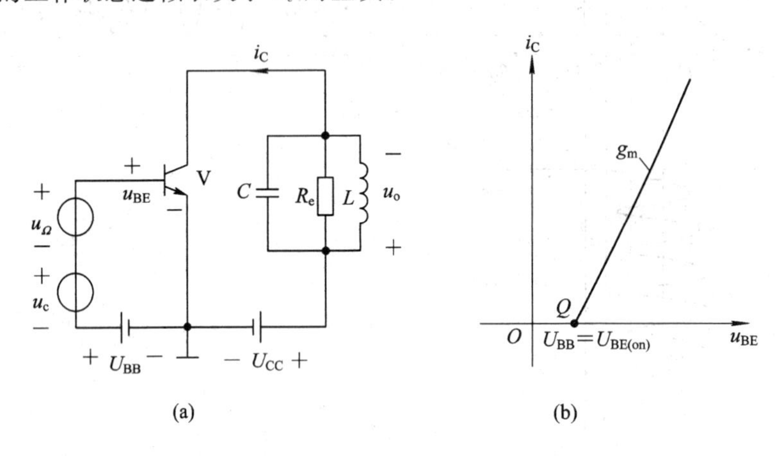

图 5.3.8　晶体管放大器调幅

(a) 原理电路；(b) 晶体管的转移特性

定义单向开关函数：

$$k_1(\omega_c t) = \begin{cases} 1 & (u_c > 0) \\ 0 & (u_c < 0) \end{cases}$$

其傅立叶级数展开式为

$$\begin{aligned} k_1(\omega_c t) &= \frac{1}{2} + \sum_{n=1}^{\infty}(-1)^{n-1}\frac{2}{(2n-1)\pi}\cos(2n-1)\omega_c t \\ &= \frac{1}{2} + \frac{2}{\pi}\cos\omega_c t - \frac{2}{3\pi}\cos 3\omega_c t + \cdots \end{aligned}$$

$k_1(\omega_c t)$的波形和频谱如图 5.3.9 所示。

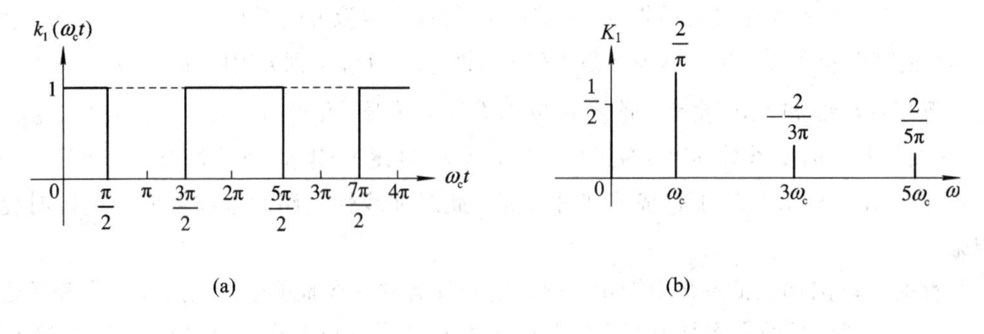

图 5.3.9　单向开关函数

(a) 波形；(b) 频谱

当 $u_c>0$ 时，晶体管处于放大状态，集电极电流 $i_C=g_m(u_\Omega+u_c)$；当 $u_c<0$ 时，晶体管处于截止状态，$i_C=0$。利用 $k_1(\omega_c t)$，有：

$$\begin{aligned} i_C &= g_m(u_\Omega+u_c)k_1(\omega_c t) \\ &= g_m k_1(\omega_c t)u_c + g_m k_1(\omega_c t)u_\Omega \\ &= I_0(t)+g(t)u_\Omega \end{aligned} \tag{5.3.3}$$

其中，$I_0(t)$是调制信号为零、交流输入电压仅有载波时有源器件的输出电流，称为时变静态电流；$g(t)$是调制信号为零、交流输入电压仅有载波时有源器件的交流跨导，称为时变电导。除了根据表达式 $I_0(t)=g_m k_1(\omega_c t)u_c$ 和 $g(t)=g_m k_1(\omega_c t)$可以做出 $I_0(t)$和 $g(t)$的波形外，也可以借助晶体管的转移特性和跨导特性，即 di_C/du_{BE}和 u_{BE}的关系，用 u_c 的波形经过几何投影得到，如图 5.3.10(a)、(b)所示。

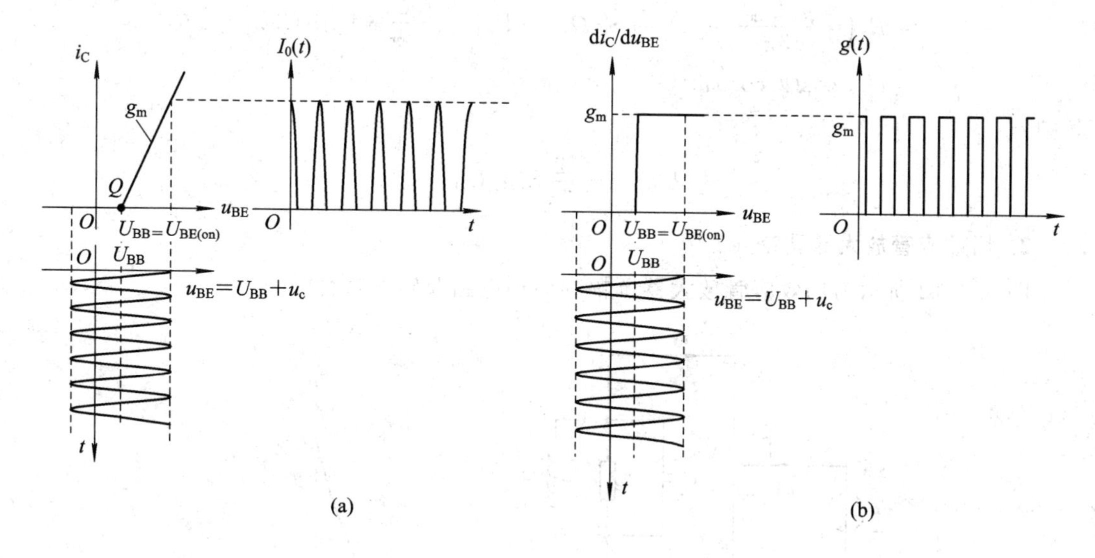

图 5.3.10　$I_0(t)$和 $g(t)$的波形

(a) u_c 和 $I_0(t)$波形的几何投影关系；(b) u_c 和 $g(t)$波形的几何投影关系

将 $u_\Omega=U_{\Omega m}\cos\Omega t$，$u_c=U_{cm}\cos\omega_c t$ 和 $k_1(\omega_c t)$的傅立叶级数展开式代入式(5.3.3)，可以作出 i_C 的频谱，如图 5.3.11 所示。

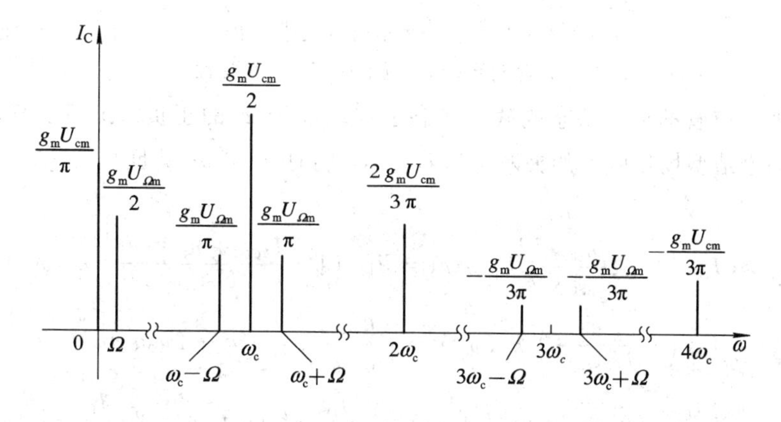

图 5.3.11　i_C 的频谱

当 LC 并联谐振回路的中心频率 $\omega_0=\omega_c$，带宽 $BW_{BPF}\gg 2\Omega$，谐振电阻为 R_e 时，输出普

通调幅信号：

$$\begin{aligned}u_o &= u_{AM} \\ &= R_e\frac{g_m U_{cm}}{2}\cos\omega_c t + R_e\frac{g_m U_{\Omega m}}{\pi}\cos(\omega_c+\Omega)t + R_e\frac{g_m U_{\Omega m}}{\pi}\cos(\omega_c-\Omega)t \\ &= U_{sm}(1+m_a\cos\Omega t)\cos\omega_c t\end{aligned}$$

其中：

$$U_{sm}=\frac{1}{2}R_e g_m U_{cm},\quad m_a=\frac{4}{\pi}\frac{U_{\Omega m}}{U_{cm}}$$

如果使 LC 回路的 $\omega_0=3\omega_c$，其他参数不变，则输出双边带调幅信号：

$$\begin{aligned}u_o &= u_{DSB} \\ &= R_e\left(-\frac{g_m U_{\Omega m}}{3\pi}\right)\cos(3\omega_c+\Omega)t + R_e\left(-\frac{g_m U_{\Omega m}}{3\pi}\right)\cos(3\omega_c-\Omega)t \\ &= U_{sm}\cos\Omega t\cos 3\omega_c t\end{aligned}$$

其中：

$$U_{sm}=-\frac{2}{3\pi}R_e g_m U_{\Omega m}$$

2. 场效应管放大器调幅

图 5.3.12 所示为场效应管放大器调幅的原理电路及转移特性。

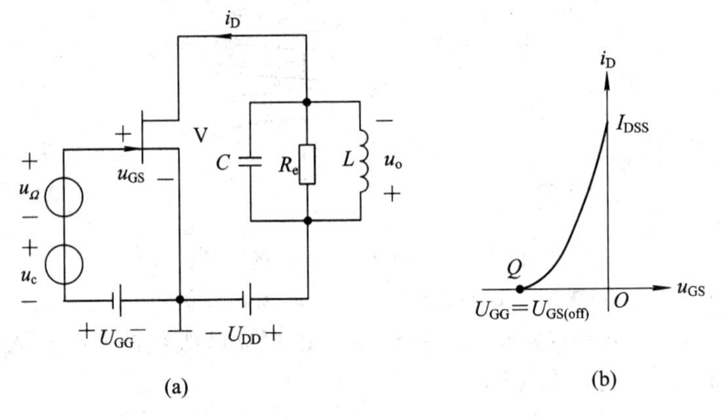

图 5.3.12 场效应管放大器调幅
(a) 原理电路；(b) 场效应管的转移特性

为了使场效应管的恒流状态或截止状态近似取决于 u_c 的正负，我们使直流偏置电压 U_{GG} 等于 N 沟道结型场效应管的夹断电压 $U_{GS(off)}$，同时 u_Ω 和 u_c 满足 $U_{cm}\gg U_{\Omega m}$，$\omega_c\gg\Omega$，则漏极电流：

$$\begin{aligned}i_D &\approx I_{DSS}\left(1-\frac{u_{GS}}{U_{GS(off)}}\right)^2 k_1(\omega_c t) = I_{DSS}\left(1-\frac{U_{GG}+u_\Omega+u_c}{U_{GS(off)}}\right)^2 k_1(\omega_c t) \\ &= I_{DSS}\left(-\frac{u_\Omega+u_c}{U_{GS(off)}}\right)^2 k_1(\omega_c t) = \frac{I_{DSS}}{U_{GS(off)}^2}(u_\Omega^2+u_c^2+2u_\Omega u_c)k_1(\omega_c t) \\ &\approx \frac{I_{DSS}}{U_{GS(off)}^2}(u_c^2+2u_\Omega u_c)k_1(\omega_c t) = \frac{I_{DSS}}{U_{GS(off)}^2}k_1(\omega_c t)u_c^2 + 2\frac{I_{DSS}}{U_{GS(off)}^2}k_1(\omega_c t)u_c u_\Omega \\ &= I_0(t)+g(t)u_\Omega\end{aligned}$$

其中，时变静态电流和时变电导分别为

$$I_0(t)=\frac{I_{DSS}}{U_{GS(off)}^2}k_1(\omega_c t)u_c^2$$

$$g(t)=2\frac{I_{DSS}}{U_{GS(off)}^2}k_1(\omega_c t)u_c$$

据此可以作出 $I_0(t)$和 $g(t)$的波形。借助场效应管的转移特性和跨导特性，即 $\mathrm{d}i_D/\mathrm{d}u_{GS}$和 u_{GS}的关系，也可以用 u_c 的波形经过几何投影得到 $I_0(t)$和 $g(t)$的波形，如图 5.3.13(a)、(b)所示。

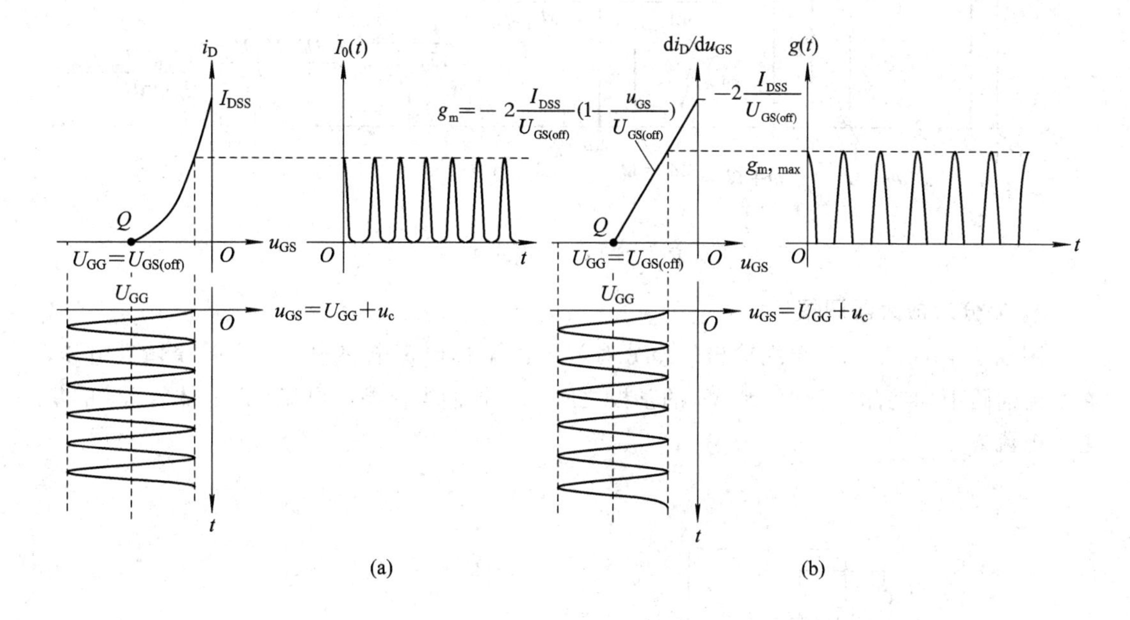

图 5.3.13　$I_0(t)$和 $g(t)$的波形

(a) u_c 和 $I_0(t)$波形的几何投影关系；(b) u_c 和 $g(t)$波形的几何投影关系

i_D 的频谱如图 5.3.14 所示。

根据 i_D 的频谱，设计 LC 并联谐振回路的中心频率和带宽，可以选择输出调幅信号。例如，当 LC 回路的中心频率 $\omega_0=\omega_c$，带宽 $\mathrm{BW_{BPF}}\gg 2\Omega$，谐振电阻为 R_e 时，输出普通调幅信号：

$$\begin{aligned}u_o&=u_{AM}\\&=R_e\frac{4I_{DSS}U_{cm}^2}{3\pi U_{GS(off)}^2}\cos\omega_c t+R_e\frac{I_{DSS}U_{cm}U_{\Omega m}}{2U_{GS(off)}^2}\cos(\omega_c+\Omega)t+R_e\frac{I_{DSS}U_{cm}U_{\Omega m}}{2U_{GS(off)}^2}\cos(\omega_c-\Omega)t\\&=U_{sm}(1+m_a\cos\Omega t)\cos\omega_c t\end{aligned}$$

其中：

$$U_{sm}=\frac{4}{3\pi}\frac{R_e I_{DSS}U_{cm}^2}{U_{GS(off)}^2}$$

$$m_a=\frac{3\pi}{4}\frac{U_{\Omega m}}{U_{cm}}$$

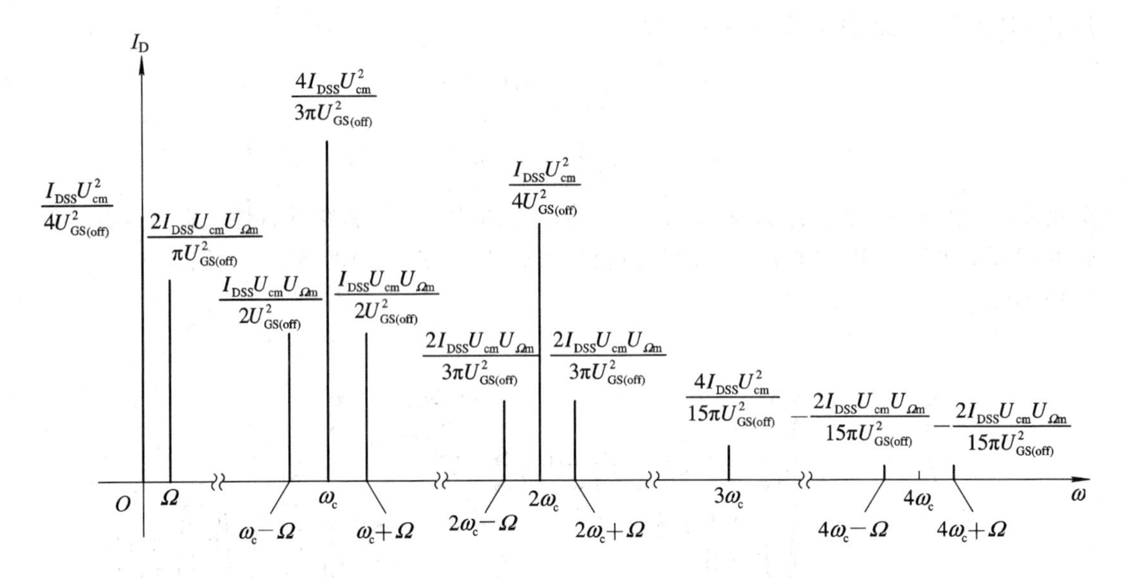

图 5.3.14 i_D 的频谱

3. 差分对放大器调幅

图 5.3.15(a)所示的单端输出的差分对放大器调幅原理电路中，u_c 为差模输入电压，在交流通路中加在晶体管 V_1 和 V_2 的基极之间；u_Ω 控制电流源的电流，即晶体管 V_3 的集电极电流 i_{C3}。

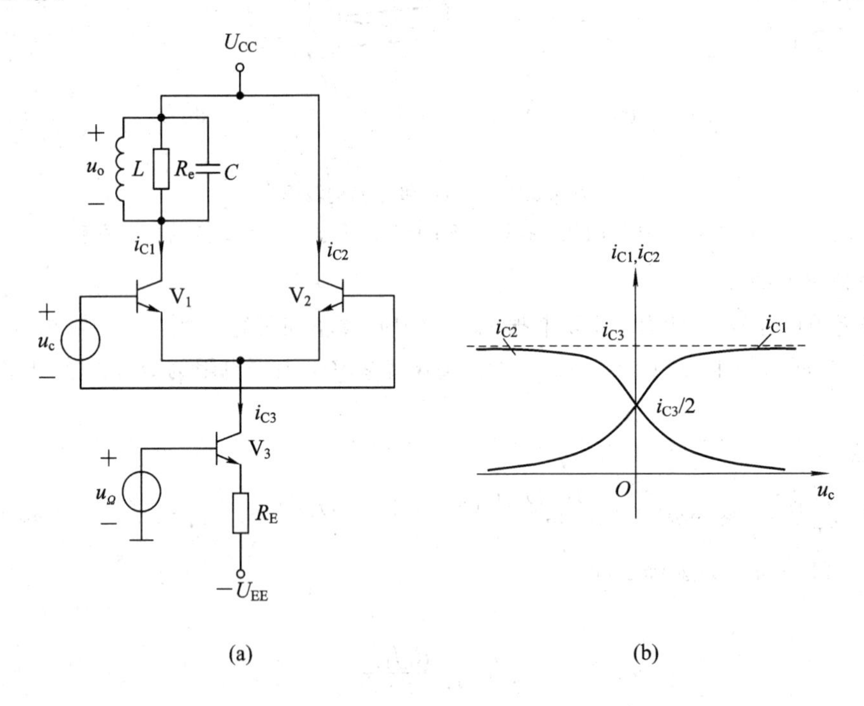

图 5.3.15 单端输出的差分对放大器调幅
(a) 原理电路；(b) 转移特性

图 5.3.15(b)所示的转移特性给出了 V_1 和 V_2 的集电极电流 i_{C1} 和 i_{C2} 与 u_c 和 i_{C3} 之间的关系。根据差分对放大器的电流方程，有：

$$i_{C1} = \frac{i_{C3}}{2}\left(1 + \text{th}\frac{u_c}{2U_T}\right) \tag{5.3.4}$$

其中，U_T 为热电压。对电流源进行分析可得到：

$$i_{C3} \approx i_{E3} = \frac{U_{EE} - U_{BE(on)} + u_\Omega}{R_E}$$

代入式(5.3.4)，得：

$$\begin{aligned} i_{C1} &= \frac{U_{EE} - U_{BE(on)} + u_\Omega}{2R_E}\left(1 + \text{th}\frac{u_c}{2U_T}\right) \\ &= \frac{U_{EE} - U_{BE(on)}}{2R_E}\left(1 + \text{th}\frac{u_c}{2U_T}\right) + \frac{1}{2R_E}\left(1 + \text{th}\frac{u_c}{2U_T}\right)u_\Omega \\ &= I_0(t) + g(t)u_\Omega \end{aligned}$$

其中：

$$I_0(t) = \frac{U_{EE} - U_{BE(on)}}{2R_E}\left(1 + \text{th}\frac{u_c}{2U_T}\right)$$

$$g(t) = \frac{1}{2R_E}\left(1 + \text{th}\frac{u_c}{2U_T}\right)$$

以下分三种情况讨论 $I_0(t)$ 和 $g(t)$ 中的双曲正切函数。

(1) 当 $U_{cm} < U_T$ 时，差动放大器工作在线性区，双曲正切函数近似为其自变量：

$$\text{th}\frac{u_c}{2U_T} \approx \frac{u_c}{2U_T}$$

(2) 当 $U_{cm} > 4U_T$ 时，差动放大器工作在开关状态，双曲正切函数的取值为 1 或 −1，即

$$\text{th}\frac{u_c}{2U_T} \approx k_2(\omega_c t) = \begin{cases} 1 & (u_c > 0) \\ -1 & (u_c < 0) \end{cases}$$

其中，$k_2(\omega_c t)$ 称为双向开关函数，其傅立叶级数展开式为

$$\begin{aligned} k_2(\omega_c t) &= \sum_{n=1}^{\infty}(-1)^{n-1}\frac{4}{(2n-1)\pi}\cos(2n-1)\omega_c t \\ &= \frac{4}{\pi}\cos\omega_c t - \frac{4}{3\pi}\cos 3\omega_c t + \frac{4}{5\pi}\cos 5\omega_c t - \cdots \end{aligned}$$

$k_2(\omega_c t)$ 的波形和频谱如图 5.3.16 所示。

(3) 当 U_{cm} 的取值介于情况(1)和情况(2)之间时，差动放大器工作在非线性区，双曲正切函数可以展开成傅立叶级数：

$$\text{th}\frac{u_c}{2U_T} = \sum_{n=1}^{\infty}\beta_{2n-1}\left(\frac{U_{cm}}{U_T}\right)\cos(2n-1)\omega_c t$$

傅立叶系数 $\beta_{2n-1}\left(\frac{U_{cm}}{U_T}\right)$ $(n=1, 2, 3, \cdots)$ 的取值见附录 B。附录 B 中，$x=\frac{U_{cm}}{U_T}$。

情况(1)下，i_{C1} 中包含频率为 ω_c、$\omega_c \pm \Omega$ 的载频分量和上、下边频分量；情况(2)和情况(3)下，i_{C1} 中包含频率为 $(2n-1)\omega_c$、$(2n-1)\omega_c \pm \Omega$ $(n=1, 2, 3, \cdots)$ 的载频分量和上、下边频分量。无论哪种情况都可以滤波输出普通调幅信号。

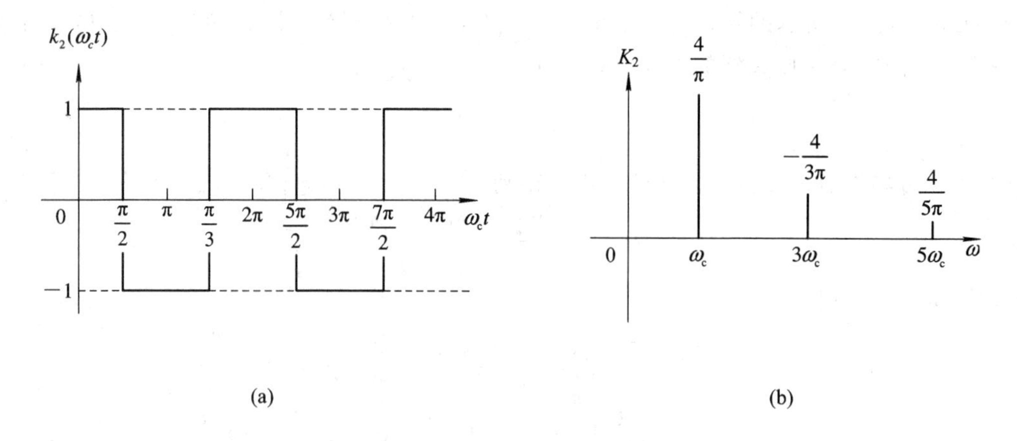

图 5.3.16　双向开关函数

(a) 波形；(b) 频谱

【例 5.3.1】 双端输出的差分对放大器调幅电路如图 5.3.17(a)所示，$u_\Omega = U_{\Omega m}\cos\Omega t$，$u_c = U_{cm}\cos\omega_c t$，分析该电路的工作原理。

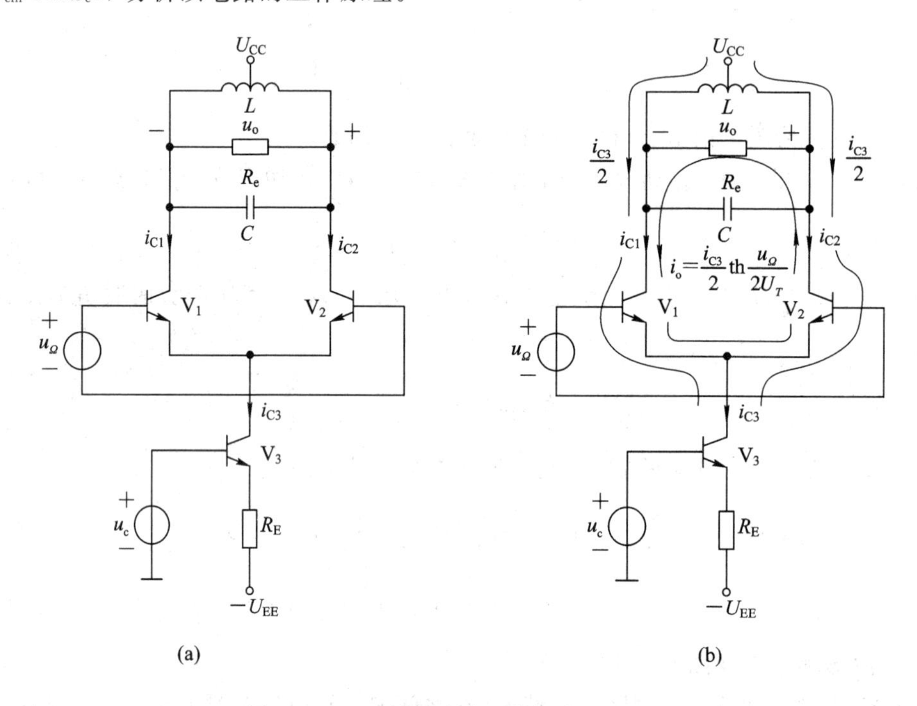

图 5.3.17　双端输出的差分对放大器调幅

(a) 电路；(b) 电流分布

解：根据差分对放大器的电流方程，晶体管 V_1 和 V_2 的集电极电流分别为

$$i_{C1} = \frac{i_{C3}}{2}\left(1 + \text{th}\frac{u_\Omega}{2U_T}\right) = \frac{i_{C3}}{2} + \frac{i_{C3}}{2}\text{ th}\frac{u_\Omega}{2U_T}$$

$$i_{C2} = \frac{i_{C3}}{2}\left(1 - \text{th}\frac{u_\Omega}{2U_T}\right) = \frac{i_{C3}}{2} - \frac{i_{C3}}{2}\text{ th}\frac{u_\Omega}{2U_T}$$

其中，晶体管 V_3 提供电流源电流：

$$i_{C3} = \frac{u_c - U_{BE(on)} + U_{EE}}{R_E}$$

i_{C1} 和 i_{C2} 的各个电流成分在电路中的分布如图 5.3.17(b)所示，输出电流：

$$i_o = \frac{i_{C3}}{2} \text{ th } \frac{u_\Omega}{2U_T}$$

将在 LC 并联谐振回路上产生输出电压 u_o，而 i_{C1} 和 i_{C2} 各自的 $i_{C3}/2$ 在 LC 回路中流向相反，产生的电压反向抵消，实现平衡对消，在 u_o 中去除了载频分量。当 $U_{\Omega m}<U_T$ 时，有：

$$i_o = \frac{i_{C3}}{2} \text{ th } \frac{u_\Omega}{2U_T} \approx \frac{i_{C3}}{2} \frac{u_\Omega}{2U_T} = \frac{u_c - U_{BE(on)} + U_{EE}}{2R_E} \frac{u_\Omega}{2U_T}$$

其中包括频率为 $\omega_c \pm \Omega$ 的上、下边频分量，对其滤波输出双边带调幅信号；当 $U_{\Omega m}<U_T$ 条件不满足时，$\text{th}\left(\frac{u_\Omega}{2U_T}\right)$ 包含 u_Ω 的谐波分量，和 u_c 相乘后频谱分布在 $\omega_c \pm \Omega$ 附近，如果滤波输出，则将使双边带调幅信号发生非线性失真。

双差分对放大器用作乘法器又称吉尔伯特乘法单元，其原理电路如图 5.3.18 所示。

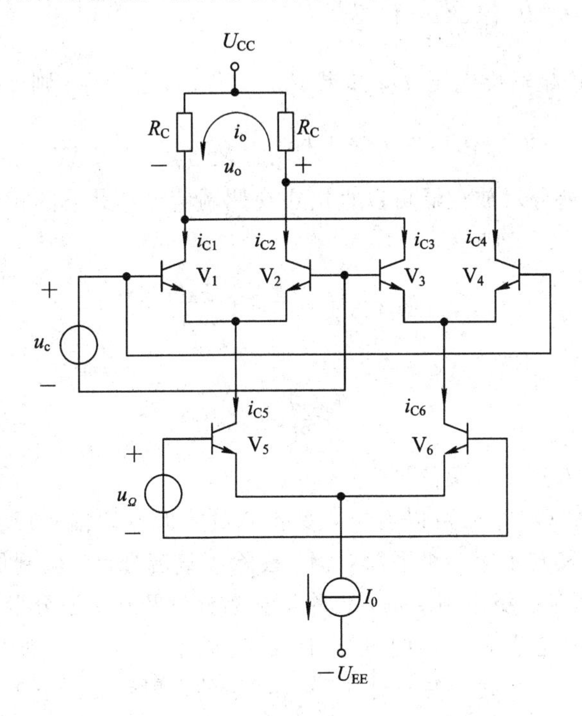

图 5.3.18　双差分对放大器调幅

图中，左边的差分对电路由晶体管 V_1、V_2 和 V_5 构成，右边的差分对电路由晶体管 V_3、V_4 和 V_6 构成，V_5 提供 V_1 和 V_2 的偏置电流，V_6 提供 V_3 和 V_4 的偏置电流。V_5 和 V_6 也构成差分对电路，由电流源提供偏置电流。

输出电流：

$$i_o = \frac{(i_{C1} + i_{C3}) - (i_{C2} + i_{C4})}{2} = \frac{(i_{C1} - i_{C2}) + (i_{C3} - i_{C4})}{2} \tag{5.3.5}$$

根据差分对放大器的电流方程，有：

$$i_{C1}-i_{C2}=\frac{i_{C5}}{2}\left(1+\text{th}\frac{u_c}{2U_T}\right)-\frac{i_{C5}}{2}\left(1-\text{th}\frac{u_c}{2U_T}\right)=i_{C5}\ \text{th}\frac{u_c}{2U_T} \tag{5.3.6}$$

$$i_{C3}-i_{C4}=\frac{i_{C6}}{2}\left(1-\text{th}\frac{u_c}{2U_T}\right)-\frac{i_{C6}}{2}\left(1+\text{th}\frac{u_c}{2U_T}\right)=-i_{C6}\ \text{th}\frac{u_c}{2U_T} \tag{5.3.7}$$

$$i_{C5}=\frac{I_0}{2}\left(1+\text{th}\frac{u_\Omega}{2U_T}\right)$$

$$i_{C6}=\frac{I_0}{2}\left(1-\text{th}\frac{u_\Omega}{2U_T}\right)$$

将以上结果代入式(5.3.5)，有：

$$\begin{aligned}i_o&=\frac{i_{C5}\ \text{th}\frac{u_c}{2U_T}-i_{C6}\ \text{th}\frac{u_c}{2U_T}}{2}=\frac{1}{2}(i_{C5}-i_{C6})\ \text{th}\frac{u_c}{2U_T}\\&=\frac{1}{2}\left[\frac{I_0}{2}\left(1+\text{th}\frac{u_\Omega}{2U_T}\right)-\frac{I_0}{2}\left(1-\text{th}\frac{u_\Omega}{2U_T}\right)\right]\text{th}\frac{u_c}{2U_T}\\&=\frac{I_0}{2}\ \text{th}\frac{u_\Omega}{2U_T}\ \text{th}\frac{u_c}{2U_T}\end{aligned} \tag{5.3.8}$$

i_o 流过两个电阻 R_C 产生输出电压 u_o，如果 $U_{\Omega m}<U_T$，$U_{cm}<U_T$，则

$$u_o=i_o(2R_C)\approx I_0R_C\frac{u_\Omega}{2U_T}\frac{u_c}{2U_T}=k_Mu_\Omega u_c$$

所以在小信号下，双差分对放大器可以直接实现调制信号和载波的相乘，输出双边带调幅信号；如果只有 $U_{\Omega m}<U_T$，则

$$i_o\approx\frac{I_0}{2}\frac{u_\Omega}{2U_T}\ \text{th}\frac{u_c}{2U_T}$$

进一步当 $U_{cm}>4U_T$ 时，有

$$i_o\approx\frac{I_0}{2}\frac{u_\Omega}{2U_T}k_2(\omega_ct)$$

都需要通过滤波输出双边带调幅信号。

由式(5.3.6)～式(5.3.8)可以看出，双差分对放大器调幅实现了两级平衡对消，式(5.3.6)和式(5.3.7)实现了第一级平衡对消，去除了直流分量、调制信号分量及其谐波分量，式(5.3.8)实现了第二级平衡对消，去除了载频分量及其谐波分量。

为了提高 u_Ω 的动态范围，在图 5.3.18 的基础上可以采用串联电流负反馈，如图 5.3.19 所示。当电阻 R_E 远大于差分对管 V_5 和 V_6 的发射结交流电阻 r_e 时，有：

$$i_{C5}\approx i_{E5}\approx\frac{I_0}{2}+\frac{u_\Omega}{R_E}$$

$$i_{C6}\approx i_{E6}\approx\frac{I_0}{2}-\frac{u_\Omega}{R_E}$$

于是：

$$i_o=\frac{i_{C5}-i_{C6}}{2}\ \text{th}\frac{u_c}{2U_T}=\frac{u_\Omega}{R_E}\ \text{th}\frac{u_c}{2U_T} \tag{5.3.9}$$

根据 i_{C5} 和 i_{C6} 大于零，可以确定 u_Ω 的动态范围：

$$-\frac{I_0}{2}R_E<u_\Omega<\frac{I_0}{2}R_E$$

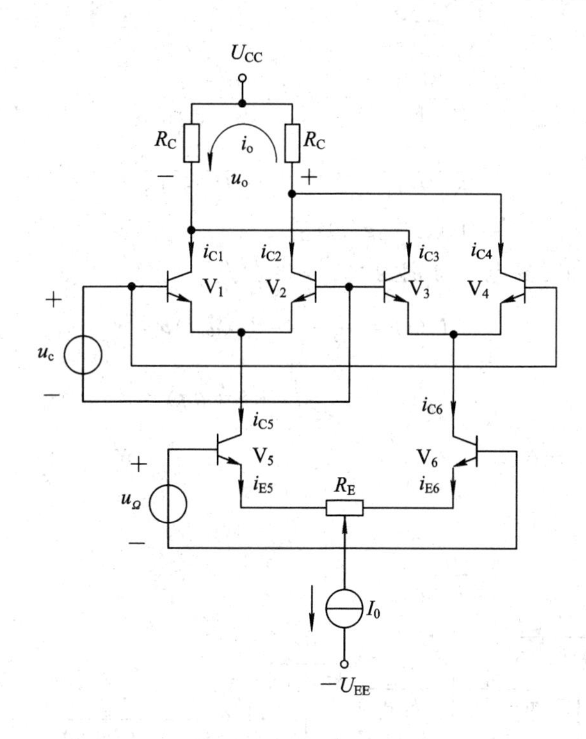

图 5.3.19　采用串联电流负反馈的双差分对放大器调幅

4. 二极管调幅

晶体管放大器调幅、场效应管放大器调幅和差分对放大器调幅都是有源器件调幅，可以获得调幅增益；二极管调幅是无源器件调幅，存在调幅损耗。图 5.3.20(a)所示的原理电路中，忽略二极管 V_D 的导通电压，并设带通滤波器的输入电阻已并联折算入负载电阻 R_L，则得到图 5.3.20(b)所示的 V_D 与 R_L 串联支路的伏安特性。导通状态下的伏安特性曲线近似为直线，斜率为$\dfrac{1}{R_L+r_D}$，r_D 为 V_D 的交流电阻。在 $U_{cm} \gg U_{\Omega m}$，$\omega_c \gg \Omega$ 时，V_D 的导通和截止近似取决于 u_c 的正负。

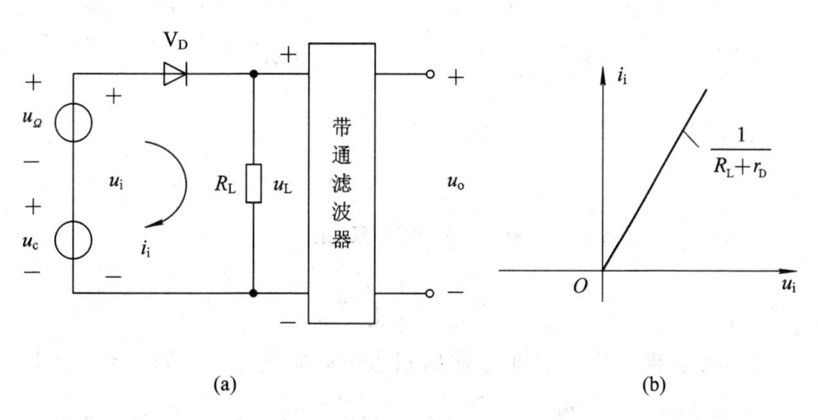

图 5.3.20　二极管调幅
(a) 原理电路；(b) 伏安特性

输入电流：

$$\begin{aligned} i_{\mathrm{i}} &\approx \frac{u_{\mathrm{i}}}{R_{\mathrm{L}}+r_{\mathrm{D}}} k_1(\omega_{\mathrm{c}} t)=\frac{u_{\Omega}+u_{\mathrm{c}}}{R_{\mathrm{L}}+r_{\mathrm{D}}} k_1(\omega_{\mathrm{c}} t) \\ &=\frac{1}{R_{\mathrm{L}}+r_{\mathrm{D}}} k_1(\omega_{\mathrm{c}} t) u_{\mathrm{c}}+\frac{1}{R_{\mathrm{L}}+r_{\mathrm{D}}} k_1(\omega_{\mathrm{c}} t) u_{\Omega} \\ &=I_0(t)+g(t) u_{\Omega} \end{aligned}$$

其中，时变静态电流和时变电导分别为

$$I_0(t)=\frac{1}{R_{\mathrm{L}}+r_{\mathrm{D}}} k_1(\omega_{\mathrm{c}} t) u_{\mathrm{c}}$$

$$g(t)=\frac{1}{R_{\mathrm{L}}+r_{\mathrm{D}}} k_1(\omega_{\mathrm{c}} t)$$

i_{i} 的频谱如图 5.3.21 所示。

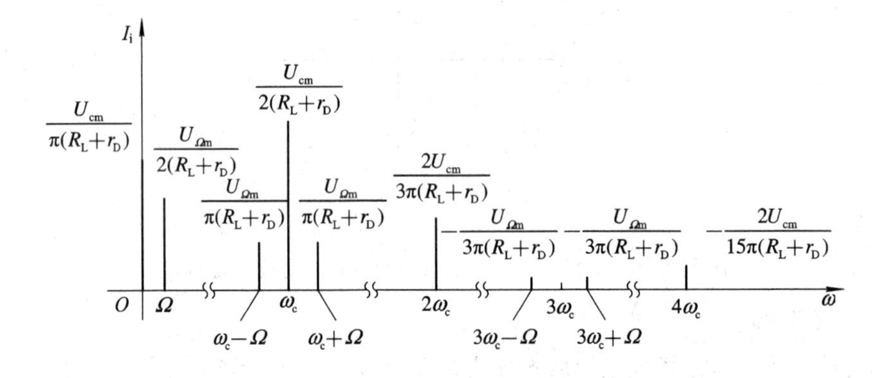

图 5.3.21 i_{i} 的频谱

i_{i} 在 R_{L} 上产生的负载电压 $u_{\mathrm{L}}=i_{\mathrm{i}}R_{\mathrm{L}}$ 是 i_{i} 的各个频率分量分别乘以 R_{L} 后得到的各个电压频率分量的叠加，u_{L} 经过中心频率 $\omega_0=(2n-1)\omega_{\mathrm{c}}(n=1, 2, 3, \cdots)$，带宽 $\mathrm{BW}_{\mathrm{BPF}}\geqslant 2\Omega$ 的带通滤波器，取出通频带内的频率分量，产生调幅信号。$n=1$ 时输出普通调幅信号：

$$\begin{aligned} u_{\mathrm{o}}=u_{\mathrm{AM}} &=k_{\mathrm{F}}\left[R_{\mathrm{L}} \frac{U_{\mathrm{cm}}}{2(R_{\mathrm{L}}+r_{\mathrm{D}})} \cos \omega_{\mathrm{c}} t+R_{\mathrm{L}} \frac{U_{\Omega \mathrm{m}}}{\pi(R_{\mathrm{L}}+r_{\mathrm{D}})} \cos (\omega_{\mathrm{c}}+\Omega) t\right. \\ &\left.\quad+R_{\mathrm{L}} \frac{U_{\Omega \mathrm{m}}}{\pi(R_{\mathrm{L}}+r_{\mathrm{D}})} \cos (\omega_{\mathrm{c}}-\Omega) t\right] \\ &=U_{\mathrm{sm}}(1+m_{\mathrm{a}} \cos \Omega t) \cos \omega_{\mathrm{c}} t \end{aligned}$$

其中：

$$U_{\mathrm{sm}}=\frac{1}{2} k_{\mathrm{F}} R_{\mathrm{L}} \frac{U_{\mathrm{cm}}}{R_{\mathrm{L}}+r_{\mathrm{D}}}$$

$$m_{\mathrm{a}}=\frac{4}{\pi} \frac{U_{\Omega \mathrm{m}}}{U_{\mathrm{cm}}}$$

式中，k_{F} 为滤波器的增益。当 $n>1$ 时，输出双边带调幅信号。例如，当 $\omega_0=3\omega_{\mathrm{c}}$ 时，有：

$$\begin{aligned} u_{\mathrm{o}}=u_{\mathrm{DSB}} &=k_{\mathrm{F}}\left[-R_{\mathrm{L}} \frac{U_{\Omega \mathrm{m}}}{3\pi(R_{\mathrm{L}}+r_{\mathrm{D}})} \cos (3\omega_{\mathrm{c}}+\Omega) t-R_{\mathrm{L}} \frac{U_{\Omega \mathrm{m}}}{3\pi(R_{\mathrm{L}}+r_{\mathrm{D}})} \cos (3\omega_{\mathrm{c}}-\Omega) t\right] \\ &=U_{\mathrm{sm}} \cos \Omega t \cos 3\omega_{\mathrm{c}} t \end{aligned}$$

其中：

$$U_{\mathrm{sm}}=-\frac{2}{3\pi}k_{\mathrm{F}}R_{\mathrm{L}}\frac{U_{\Omega\mathrm{m}}}{R_{\mathrm{L}}+r_{\mathrm{D}}}$$

【例 5.3.2】 采用平衡对消技术的二极管调幅电路如图 5.3.22(a)所示，Tr_1、Tr_2 和 Tr_3 是宽频变压器，Tr_1 和 Tr_3 为中心抽头。忽略二极管 V_{D1} 和 V_{D2} 的导通电压，V_{D1} 和 V_{D2} 的交流电阻为 r_D，$u_\Omega=U_{\Omega m}\cos\Omega t$，$u_c=U_{cm}\cos\omega_c t$，$U_{cm}\gg U_{\Omega m}$，$\omega_c\gg\Omega$。分析该电路的工作原理。

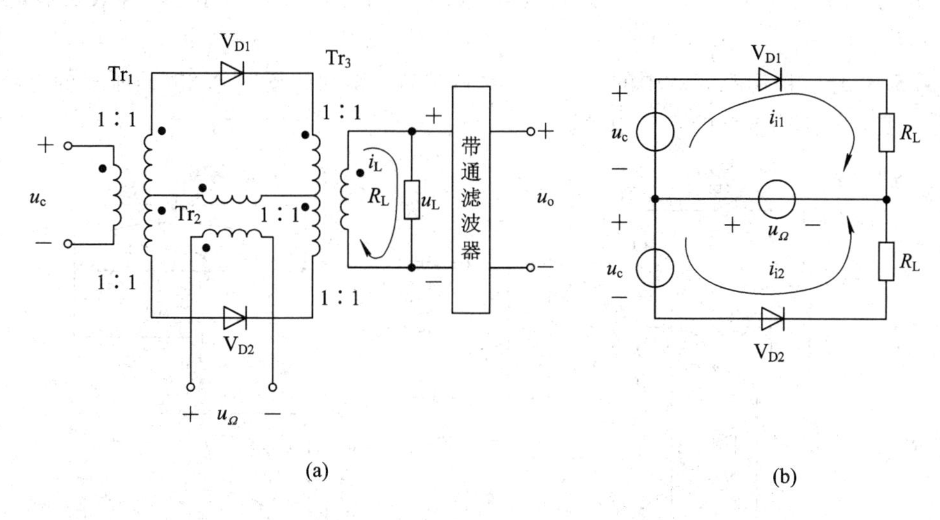

图 5.3.22 单平衡二极管调幅

(a) 电路；(b) 等效电路

解：去除变压器后的等效电路如图 5.3.22(b)所示。当 $u_c>0$ 时，V_{D1} 导通，V_{D2} 截止，上回路和下回路的输入电流：

$$i_{i1}=\frac{u_\Omega+u_c}{R_L+r_D},\quad i_{i2}=0$$

此时 Tr_3 原边的上半部分与副边电感耦合，负载电流：

$$i_L=i_{i1}=\frac{u_\Omega+u_c}{R_L+r_D}$$

当 $u_c<0$ 时，V_{D1} 截止，V_{D2} 导通，上回路和下回路的输入电流：

$$i_{i1}=0,\quad i_{i2}=\frac{u_\Omega-u_c}{R_L+r_D}$$

此时 Tr_3 原边的下半部分与副边电感耦合，负载电流：

$$i_L=-i_{i2}=-\frac{u_\Omega-u_c}{R_L+r_D}$$

在任意时刻，有：

$$\begin{aligned}i_L&=\frac{u_\Omega+u_c}{R_L+r_D}k_1(\omega_c t)-\frac{u_\Omega-u_c}{R_L+r_D}k_1(\omega_c t-\pi)\\&=\frac{u_c}{R_L+r_D}[k_1(\omega_c t)+k_1(\omega_c t-\pi)]+\frac{u_\Omega}{R_L+r_D}[k_1(\omega_c t)-k_1(\omega_c t-\pi)]\\&=\frac{u_c}{R_L+r_D}+\frac{u_\Omega}{R_L+r_D}k_2(\omega_c t)\end{aligned}$$

式中，利用了 $k_1(\omega_c t)+k_1(\omega_c t-\pi)=1$，$k_1(\omega_c t)-k_1(\omega_c t-\pi)=k_2(\omega_c t)$，前者去除了 i_L 中载频分量的谐波分量，后者去除了 i_L 中的调制信号分量，实现了平衡对消。i_L 中包含频率为 ω_c 和 $(2n-1)\omega_c\pm\Omega(n=1, 2, 3, \cdots)$ 的频率分量，在负载电阻 R_L 上产生的负载电压 u_L 经过中心频率 $\omega_0=(2n-1)\omega_c(n=1, 2, 3, \cdots)$，带宽 $BW_{BPF}\geqslant 2\Omega$ 的带通滤波器可以输出普通调幅信号或双边带调幅信号。

本例题中，变压器 Tr_3 原边的上半部分和下半部分轮流与副边电感耦合，匝数比都是 1∶1，负载电阻 R_L 经过 $(1:1)^2$ 的阻抗变换，反射到上、下回路，得到的等效负载电阻都是 R_L。

【例 5.3.3】 将例 5.3.2 中的 u_c 和 u_Ω 对调位置，得到如图 5.3.23(a)所示的电路，其他条件不变，分析该电路的工作原理。

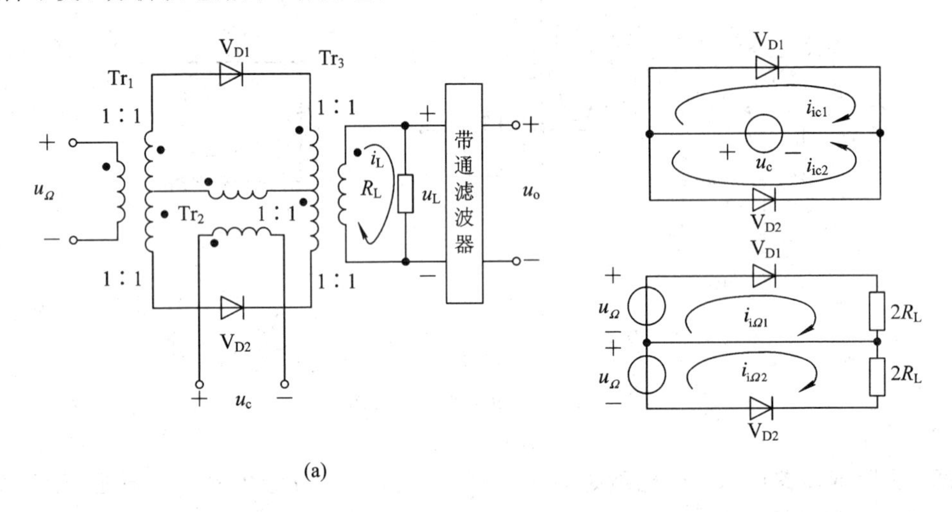

图 5.3.23 单平衡二极管调幅

(a) 电路；(b) $u_c>0$ 时的等效电路

解：本例题中，当 $u_c>0$ 时，二极管 V_{D1} 和 V_{D2} 同时导通，u_c 在上回路和下回路产生的输入电流 i_{ic1} 和 i_{ic2} 在变压器 Tr_3 的原边中方向相反，磁通抵消，所以 Tr_3 对载频分量没有电感耦合和阻抗变换，对 u_c 而言，上、下回路的等效负载电阻为零，相当于短路。此时，u_Ω 在 V_{D1} 和 V_{D2} 中产生的电流 $i_{i\Omega1}$ 和 $i_{i\Omega2}$ 在 Tr_3 的原边中方向相同，构成原边中的连续电流，Tr_3 对调制信号分量实现电感耦合和阻抗变换，负载电阻 R_L 经过 $(2:1)^2$ 的阻抗变换，反射到原边上的等效负载电阻为 $4R_L$，在上、下回路各为 $2R_L$。

图 5.3.23(b)是 $u_c>0$ 时的等效电路，根据叠加定理进行了线性分解，以体现对 u_c 和 u_Ω 不同的等效负载电阻。

根据以上分析可知，当 $u_c>0$ 时，i_{ic1} 和 i_{ic2} 对负载电流 i_L 没有影响，而 $i_{i\Omega1}$ 和 $i_{i\Omega2}$ 构成原边中的连续电流：

$$i_{i\Omega1}=i_{i\Omega2}=\frac{u_\Omega}{2R_L+r_D}$$

产生的负载电流：

$$i_L=\frac{2u_\Omega}{2R_L+r_D}$$

当 $u_c<0$ 时，V_{D1} 和 V_{D2} 同时截止，$i_L=0$，在任意时刻，有：

$$i_L=\frac{2u_\Omega}{2R_L+r_D}k_1(\omega_c t)$$

i_L 中包含频率为 $(2n-1)\omega_c\pm\Omega(n=1,2,3,\cdots)$ 的频率分量，在负载电阻 R_L 上产生的负载电压 u_L 经过中心频率 $\omega_0=(2n-1)\omega_c(n=1,2,3,\cdots)$，带宽 $BW_{BPF}\geqslant 2\Omega$ 的带通滤波器可以输出双边带调幅信号。

非线性器件调幅和线性时变电路调幅属于低电平调幅，主要用来产生小功率的调幅信号，包括双边带调幅信号和单边带调幅信号，经功率放大后再发送。另外一种调幅称为高电平调幅，其电路位于发射机末端，广泛采用谐振功率放大器，根据其调制特性，用调制信号控制集电极电压或基极电压，在实现功率放大的同时完成调幅，获得大功率的普通调幅信号，直接馈入天线发送。根据调制信号加在谐振功放的集电极回路或基极回路，高电平调幅分为集电极调幅和基极调幅。

5.3.3　集电极调幅

图 5.3.24(a)所示的集电极调幅原理电路中，输入交流电压为载波 u_c，谐振功率放大器集电极回路的偏置电压 u_{CC} 在直流偏置电压 U_{CC} 的基础上叠加了调制信号 u_Ω。在过压状态下，谐振功放的集电极调制特性近似为线性，决定了输出电压 u_o 的振幅 u_{sm} 近似按 u_Ω 规律变化，而 u_o 的高频振荡和 u_c 频率相同，相位相反，所以 u_o 成为普通调幅信号 u_{AM}，如图 5.3.24(b)所示。

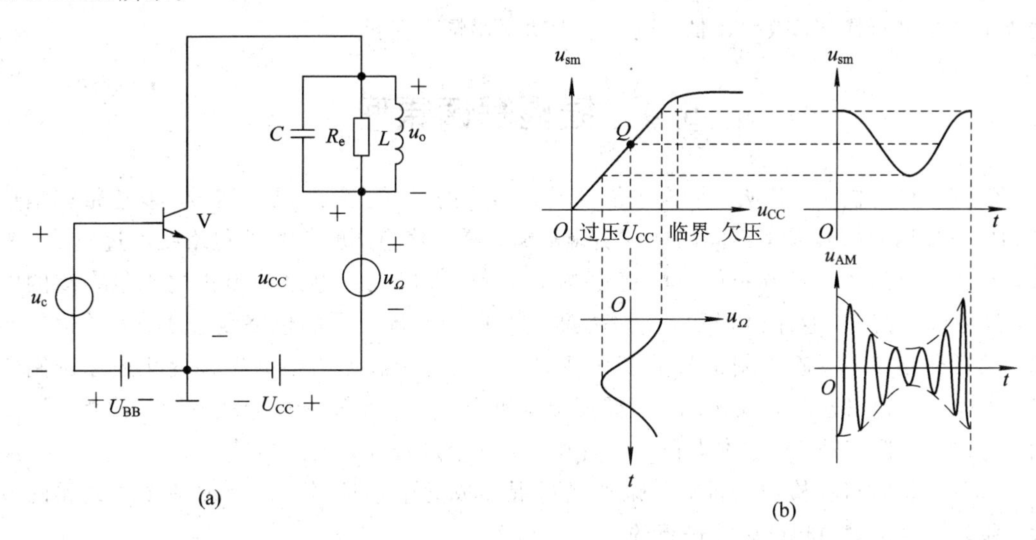

图 5.3.24　集电极调幅
(a) 原理电路；(b) 几何投影和波形

集电极调幅时，谐振功放工作在过压状态，效率较高，适用于大功率调幅发射机，但是产生的普通调幅信号的边带功率由调制信号供给，需要较大功率的调制信号接入集电极回路。

5.3.4　基极调幅

基极调幅原理电路如图 5.3.25(a)所示。图中，载波 u_c 仍然作为交流输入电压，输出

电压 u_o 的高频振荡和 u_c 同频反相。调制信号 u_Ω 和直流偏置电压 U_{BB}叠加，得到谐振功率放大器基极回路的偏置电压 u_{BB}。在欠压状态下，谐振功放的基极调制特性近似为线性，所以 u_o 的振幅 u_{sm}近似按 u_Ω 规律变化，u_o 成为普通调幅信号，过程如图 5.3.25(b)所示。

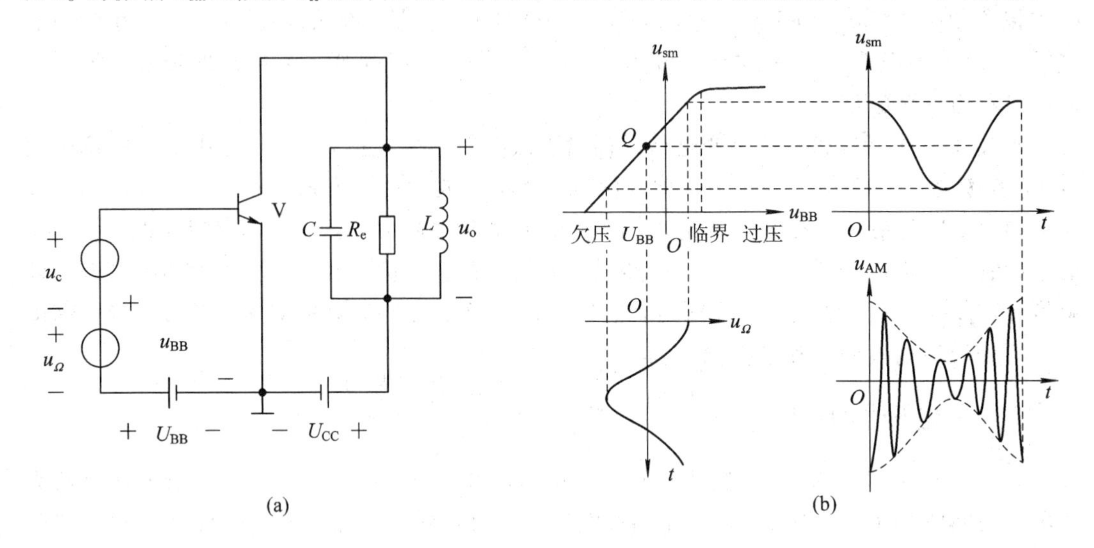

图 5.3.25 基极调幅

(a) 原理电路；(b) 几何投影和波形

基极调幅因为调制信号接入基极回路被放大，所以调制信号功率可以很小，但是谐振功放工作在欠压状态，效率较低，适用于小功率调幅发射机。

5.4 振幅解调原理

解调又称为检波，是从已调波中恢复调制信号的过程。普通调幅信号、双边带调幅信号和单边带调幅信号采用不同的原理实现解调。鉴于普通调幅信号的包络线不过横轴，其振幅变化完整地体现了调制信号的变化规律，所以可以设计电路输出正比于包络线的电压，还原调制信号，这个过程称为包络检波。双边带调幅信号的包络线过横轴，单边带调幅信号的包络线不反映调制信号的变化规律，因此对它们无法根据振幅变化还原调制信号，不能使用包络检波方式解调，而需要接收机产生一个与发射机的载波同频同相的同步信号，称为本振信号，利用本振信号实现检波，这个过程称为同步检波。

超外差接收机在检波之前，已调波经过混频成为中频信号，并经过中频放大器的放大，所以检波是对中频已调波进行的。

5.4.1 包络检波

常用的包络检波是二极管峰值包络检波，通过二极管把普通调幅信号变为单极性信号，再通过电阻电容网络取出其峰值信息。考虑到检波器与前级中频放大器的级联，包络检波还有并联型二极管包络检波和晶体管峰值包络检波两种设计。

1. 二极管峰值包络检波

如图 5.4.1(a)所示，选用导通电压 $U_{D(on)}$ 很小，交流电阻 r_D 也较小的二极管。当普通

调幅信号 u_{AM} 大于输出电压 u_o 时，二极管导通，u_{AM} 通过二极管对电容 C 充电，u_o 上升；当 $u_{AM}<u_o$ 时，二极管截止，C 通过电阻 R 放电，u_o 下降，直到当 u_{AM} 再次大于 u_o 时，又开始下一轮的充电。充电时，时间常数为 $r_D C$，取值较小，u_o 上升较快；放电时，时间常数为 RC，要求 $\omega_c^{-1} \ll RC \ll \Omega^{-1}$，则 u_o 下降的速度远大于包络线的变化，而远小于载波的变化。这样就得到了如图 5.4.1(b)所示的结果。图 5.4.1(b)中，u_o 的波形近似与 u_{AM} 的上包络线重合，只是叠加了高频波纹电压，经过滤波，就可以输出调制信号。

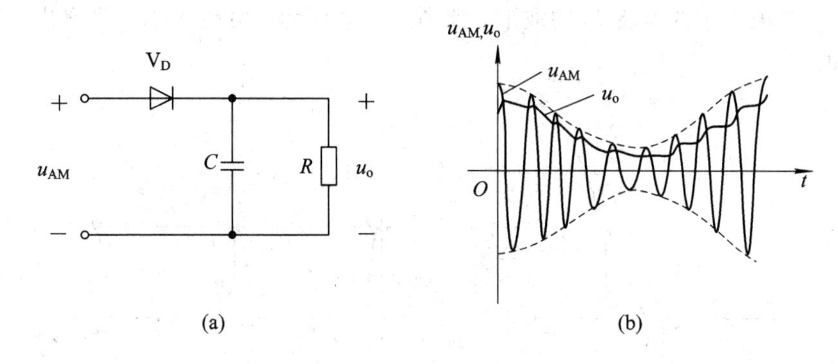

图 5.4.1　二极管峰值包络检波

(a) 原理电路；(b) 信号波形

图 5.4.1 中，电容 C 的取值应远大于二极管两端的等效电容，这样高频电压全部加到了二极管上，即 $u_D = u_{AM} - u_o$。如图 5.4.2 所示，二极管中的电流 i_D 包括低频分量和高频分量。低频分量的变化规律和调制信号近似一致，经过 R 可以输出调制信号。i_D 中的高频分量被 C 旁路，只能产生较小的高频波纹电压。

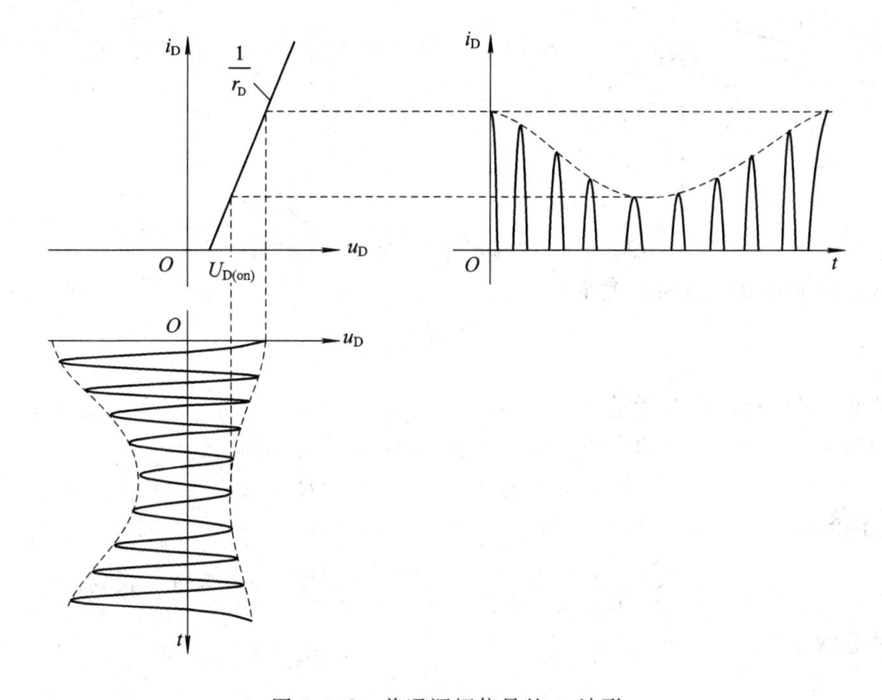

图 5.4.2　普通调幅信号的 i_D 波形

当元器件参数合适时，包络检波的高频波纹电压很小，将其忽略，则输出电压近似等

于普通调幅信号的上包络线，即

$$u_o \approx k_d u_{sm} = k_d U_{sm}(1 + m_a \cos\Omega t)$$

其中，k_d 小于且近似等于 1，称为检波增益。

下面求解 k_d。当调制信号为一直流电压时，普通调幅信号变化为等幅信号 $u_{AM} = U_{sm} \cos\omega_c t$，而检波输出近似为直流电压 U_O，二极管两端的电压 $u_D = u_{AM} - U_O$。因为工作在导通和截止的大信号状态，所以二极管的伏安特性可以用直线段来近似。经过几何投影，可以得到二极管中的电流 i_D 的波形，如图 5.4.3 所示。由图 5.4.3 可看出，i_D 是周期性余弦脉冲。

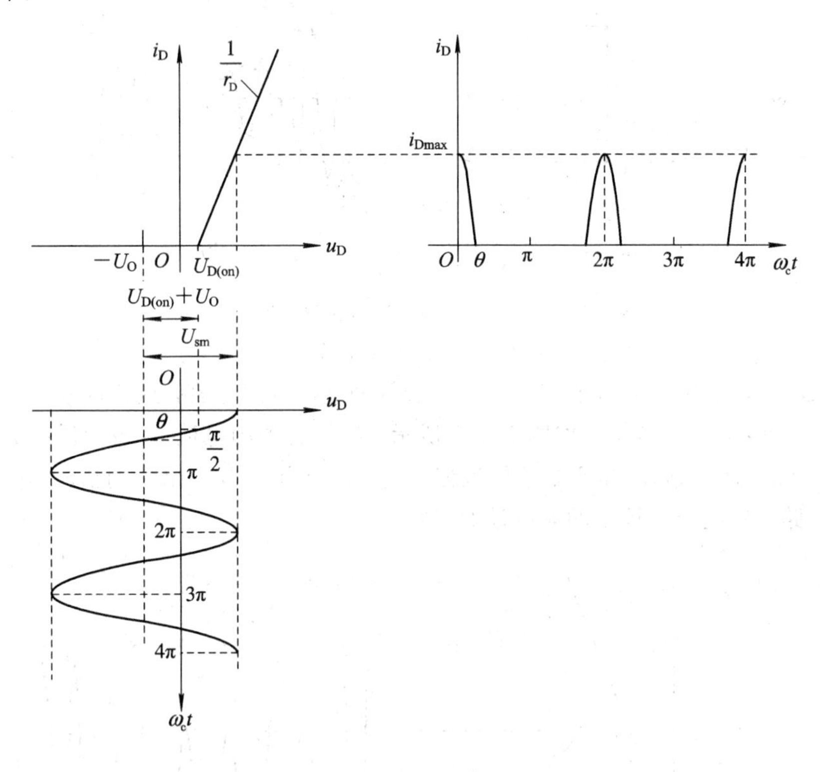

图 5.4.3　等幅普通调幅信号的 i_D 波形

二极管的通角 θ 满足如下关系：

$$\cos\theta = \frac{U_{D(on)} + U_O}{U_{sm}} \approx \frac{U_O}{U_{sm}} = k_d$$

所以，减小 θ 可以提高检波增益。

如前所述，U_O 由 i_D 中的直流分量 I_{D0} 流经电阻 R 产生，即

$$U_O = I_{D0}R = i_{Dmax}\alpha_0(\theta)R \tag{5.4.1}$$

其中，i_D 的峰值：

$$i_{Dmax} = \frac{U_{sm} - (U_{D(on)} + U_O)}{r_D} = \frac{U_{sm} - U_{sm}\cos\theta}{r_D} = \frac{U_{sm}}{r_D}(1 - \cos\theta)$$

余弦脉冲分解系数：

$$\alpha_0(\theta) = \frac{\sin\theta - \theta\cos\theta}{\pi(1 - \cos\theta)}$$

将 i_{Dmax} 和 $\alpha_0(\theta)$ 的表达式代入式(5.4.1)，得：

$$U_O = \frac{1}{\pi}\frac{U_{sm}R}{r_D}(\sin\theta - \theta\cos\theta) = k_d U_{sm} \approx U_{sm}\cos\theta$$

由此可得：

$$\frac{1}{\pi}\frac{R}{r_D}(\sin\theta - \theta\cos\theta) \approx \cos\theta$$

即

$$\tan\theta - \theta \approx \pi\frac{r_D}{R} \tag{5.4.2}$$

因为θ很小，所以：

$$\tan\theta \approx \theta + \frac{\theta^3}{3}$$

代入式(5.4.2)，得：

$$\theta \approx \sqrt[3]{\frac{3\pi r_D}{R}}$$

于是：

$$k_d \approx \cos\theta \approx \cos\sqrt[3]{\frac{3\pi r_D}{R}}$$

大信号状态工作时，k_d与信号强度无关，而与二极管的通角θ有关，r_D越小，R越大，则θ越小，k_d越接近于1。对于理想二极管，$k_d=1$。二极管峰值包络检波的检波增益接近于1是其主要优点。

在振幅为U_{sm}的等幅普通调幅信号的情况下，二极管峰值包络检波的输入电阻R_i等于U_{sm}与i_D中基波分量的振幅I_{D1m}之比，即

$$R_i = \frac{U_{sm}}{I_{D1m}} = \frac{U_{sm}}{i_{Dmax}\alpha_1(\theta)} \tag{5.4.3}$$

其中：

$$U_{sm} = \frac{U_O}{k_d} = \frac{i_{Dmax}\alpha_0(\theta)R}{k_d}$$

余弦脉冲分解系数：

$$\alpha_1(\theta) = \frac{\theta - \sin\theta\cos\theta}{\pi(1-\cos\theta)}$$

将U_{sm}和$\alpha_1(\theta)$的表达式以及$k_d \approx \cos\theta$代入式(5.4.3)，得：

$$R_i = \frac{(\tan\theta - \theta)R}{\theta - \sin\theta\cos\theta}$$

当$\theta \leqslant \pi/6$时，有：

$$R_i \approx \frac{R}{2}$$

对前级放大器，如中频放大器的谐振回路而言，R_i为等效的负载电阻，会降低谐振回路的品质因数，影响其选频功能，并消耗一部分交流功率，这是二极管峰值包络检波的主要缺点。

【例 5.4.1】 二极管峰值包络检波器如图 5.4.4(a)所示，二极管V_{D1}和V_{D2}的交流电阻$r_D=50\ \Omega$，输入普通调幅信号$u_{AM}=2[1+0.5\cos(4\pi\times10^3 t)]\cos(2\pi\times465\times10^3 t)$ V，

电阻 $R=10\ \text{k}\Omega$，电容 $C=0.01\ \mu\text{F}$。分析该电路能否实现检波，并计算输出电压 u_o 和输入电阻 R_i。

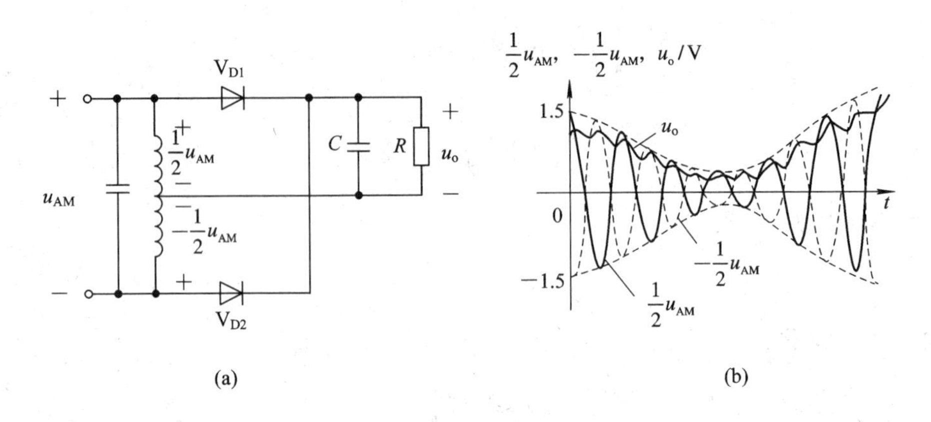

图 5.4.4 二极管峰值包络检波

(a) 电路；(b) 波形

解：上回路和下回路上分别作用有 $0.5u_{AM}$ 和 $-0.5u_{AM}$ 的输入电压。当 $u_{AM}>0$ 时，V_{D2} 截止，下回路断开，上回路的 $0.5u_{AM}$ 和 u_o 的比较结果决定 V_{D1} 的导通或截止，以及 C 的充电或放电；当 $u_{AM}<0$ 时，V_{D1} 截止，上回路断开，下回路的 $-0.5u_{AM}$ 和 u_o 的比较结果决定 V_{D2} 的导通或截止，以及 C 的充电或放电。有关波形如图 5.4.4(b)所示，电路能实现检波。

参考式(5.4.1)，因为余弦脉冲频率增加了一倍，所以式中的 U_O 也增加一倍，即 $U_O=2I_{D0}R=2i_{D\max}\alpha_0(\theta)R$，其中 θ 仍然取半个余弦脉冲的宽度。另外，将 U_{sm} 换为 $0.5U_{sm}$，则有

$$\cos\theta=\frac{U_{D(on)}+U_O}{0.5U_{sm}}\approx\frac{2U_O}{U_{sm}}=2k_d$$

经过类似推导，不难得到：

$$\theta\approx\sqrt[3]{\frac{3\pi r_D}{2R}}$$

代入有关参数，得 $\theta=0.287\ \text{rad}$。检波增益：

$$k_d\approx\frac{\cos\theta}{2}=\frac{\cos(0.287\ \text{rad})}{2}=0.480$$

输出电压：

$$\begin{aligned}u_o&=k_d u_{sm}=0.480\times2\times[1+0.5\cos(4\pi\times10^3t)]\ \text{V}\\&=0.960[1+0.5\cos(4\pi\times10^3t)]\ \text{V}\end{aligned}$$

R_i 可以根据能量守恒定理求解，在 R_i 上输入电压振幅的时间平均值为 U_{sm}，在 R 上输出电压的时间平均值 $U_{om}=k_dU_{sm}$，忽略 V_{D1} 和 V_{D2} 消耗的功率，有：

$$\frac{1}{2}\frac{U_{sm}^2}{R_i}=\frac{(k_dU_{sm})^2}{R}$$

所以

$$R_i=\frac{1}{2}\frac{R}{k_d^2}=\frac{1}{2}\times\frac{10\ \text{k}\Omega}{(0.480)^2}=21.7\ \text{k}\Omega$$

如果元件参数选择得不合适，则二极管峰值包络检波的输出电压与普通调幅信号的上

包络线会有明显差异，产生失真。检波失真主要有惰性失真和负峰切割失真。

1）惰性失真

增大电阻 R 可以提高二极管峰值包络检波的检波增益和输入电阻，但 R 增大的同时也增大了电容放电的时间常数 RC，导致电容放电速度减小。如图 5.4.5 所示，在电容放电的速度低于普通调幅信号 u_{AM} 上包络线下降速度的时间段 $t_1 \sim t_2$ 内，二极管 V_D 一直截止，输出电压 u_o 大于 u_{AM}，并按电容放电规律下降，而与 u_{AM} 无关，直到 $u_o < u_{AM}$ 时，V_D 重新导通，恢复包络检波功能。这种失真称为惰性失真。

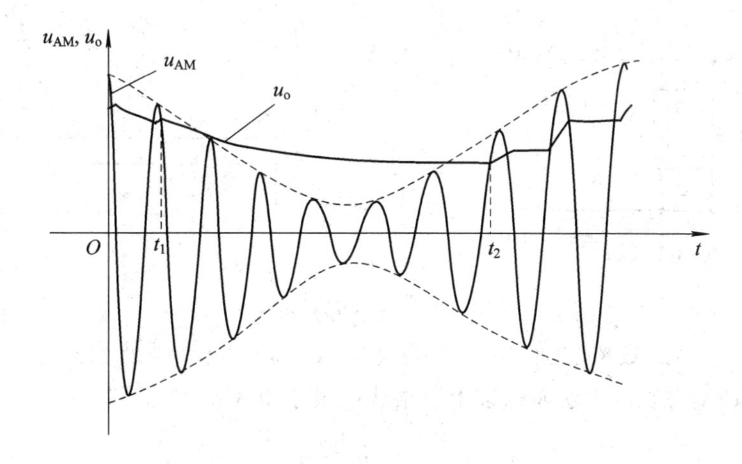

图 5.4.5　惰性失真

为了避免惰性失真，电容放电时，u_o 的下降速度要始终大于 u_{AM} 上包络线的下降速度。可以证明，对时间常数 RC 的要求为

$$RC \leqslant \frac{\sqrt{1-m_a^2}}{\Omega m_a}$$

调制信号频率 Ω 和调幅度 m_a 越小，包络线的变化越慢，就越不容易发生惰性失真，上式对 RC 的限制就越宽松。

2）负峰切割失真

设检波增益 $k_d=1$，则二极管峰值包络检波的输出电压：

$$u_o = U_{sm}(1 + m_a \cos\Omega t) = U_{sm} + m_a U_{sm} \cos\Omega t$$

u_o 包括直流分量 U_{sm} 和交流分量 $m_a U_{sm} \cos\Omega t$，后者代表调制信号。为了只把交流分量传输到后级电路，一般采用阻容耦合方式，通过一个交流耦合电容 C_c 实现级联，如图 5.4.6(a) 所示，其中后级电路用负载电阻 R_L 等效。

对交流电压，C_c 短路，所以交流电压 $m_a U_{sm} \cos\Omega t$ 加到了 R_L 上，而直流电压 U_{sm} 则全部加到了 C_c 上，于是 C_c 等效成一个直流电压源，通过 R 和 R_L 的串联分压，RC 并联支路相对于没有后级电路的情况存在一个限制电压：

$$\Delta U = \frac{R}{R_L + R} U_{sm}$$

等价电路如图 5.4.6(b)所示。当 $U_{sm}(1+m_a \cos\Omega t) - \Delta U < 0$ 时，二极管截止，$u_o=0$，产生如图 5.4.6(c)所示的失真，称为负峰切割失真。负峰切割失真与 R_L 和 m_a 有关，R_L 越小，则 ΔU 越大，而 m_a 越大，则上包络线的波谷越低，如果低于 ΔU，就会发生负峰切割失真。

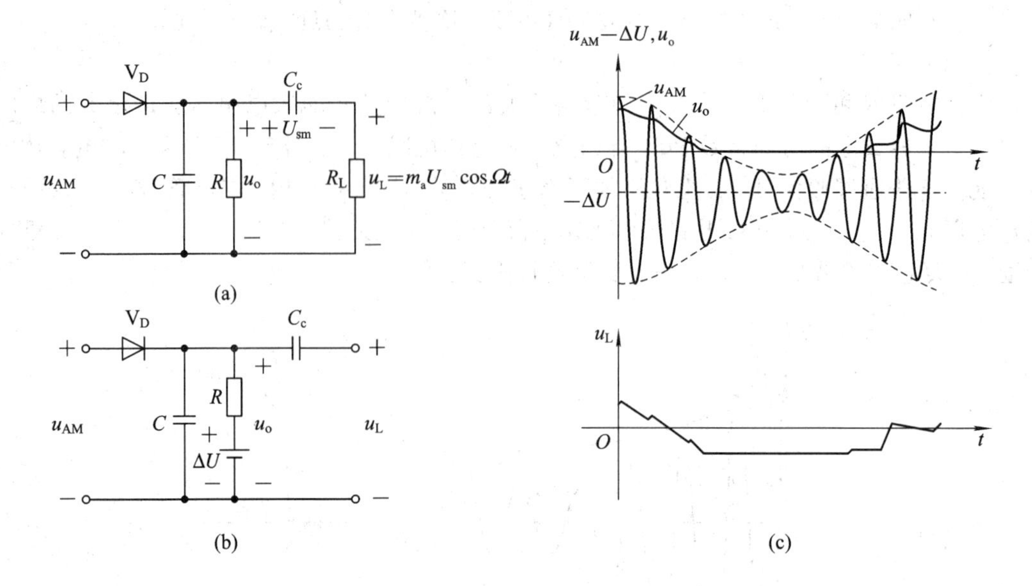

图 5.4.6 负峰切割失真

(a) 级联后级电路；(b) 等价电路；(c) 负峰切割失真的波形

避免负峰切割失真的方法是保证上包络线的最小值大于 ΔU，即

$$U_{sm}(1-m_a) \geqslant \Delta U = \frac{R}{R_L+R}U_{sm}$$

所以，对普通调幅信号的要求是：

$$m_a \leqslant \frac{R_L}{R+R_L}$$

在图 5.4.6(a)所示的电路中，检波电路负载网络的直流阻抗 $Z_L(0)=R$，对调制信号呈现的交流阻抗 $Z_L(\mathrm{j}\Omega)=R /\!/ R_L$，显然 $Z_L(\mathrm{j}\Omega)<Z_L(0)$。利用 $Z_L(0)$和 $Z_L(\mathrm{j}\Omega)$，上式也可写为

$$m_a \leqslant \frac{Z_L(\mathrm{j}\Omega)}{Z_L(0)}$$

所以设计电路使 $Z_L(\mathrm{j}\Omega)$接近于 $Z_L(0)$，也可以降低发生负峰切割失真的可能性。

【例 5.4.2】 二极管峰值包络检波器如图 5.4.7(a)所示，图中二极管 V_D 为理想二极管，电阻 $R=5\ \mathrm{k\Omega}$，普通调幅信号 u_{AM}的波形如图(b)所示。为了避免惰性失真和负峰切割失真，求对电容 C 和负载电阻 R_L 的取值要求。

解：C 放电时，输出电压 u_o 的变化规律为

$$u_o = U_0 \exp\left(-\frac{t-t_0}{RC}\right)$$

其中，U_0 是 t_0 时刻的输出电压。u_o 在 t_0 时刻的下降速度：

$$\left|\frac{\partial u_o}{\partial t}\right|_{t=t_0} = \left|-\frac{U_0}{RC}\exp\left(-\frac{t-t_0}{RC}\right)\right|_{t=t_0} = \frac{U_0}{RC}$$

该下降速度与 U_0 有关，U_0 的最小值 $U_{0\min}=5\ \mathrm{V}$，对应的最小下降速度：

$$\left|\frac{\partial u_o}{\partial t}\right|_{\min} = \frac{U_{0\min}}{RC}$$

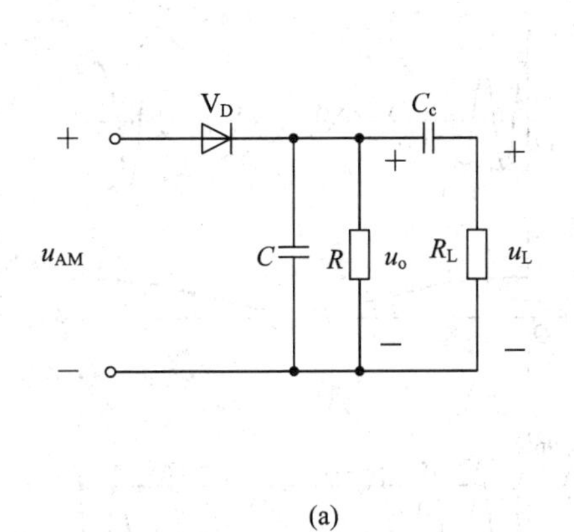

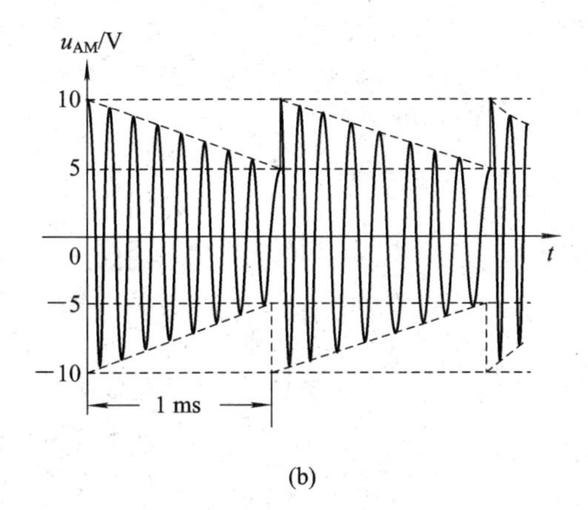

图 5.4.7　二极管峰值包络检波

(a) 电路；(b) 波形

为了避免惰性失真，该最小下降速度应该大于 u_{AM}上包络线的下降速度，即

$$\frac{U_{0\min}}{RC} \geqslant \left|\frac{\partial u_{sm}}{\partial t}\right|$$

所以：

$$C \leqslant \frac{U_{0\min}}{R\left|\frac{\partial u_{sm}}{\partial t}\right|} = \frac{5\ \text{V}}{5\ \text{k}\Omega \times \frac{10\ \text{V} - 5\ \text{V}}{1\ \text{ms}}} = 0.2\ \mu\text{F}$$

为了避免负峰切割失真，上包络线的最小值应该大于限制电压 ΔU，即

$$U_{sm,\min} \geqslant \Delta U = \frac{R}{R_L + R} U_O$$

其中，$U_{sm,\min}=5\ \text{V}$，$U_O=7.5\ \text{V}$ 是 u_o 中的直流分量。所以：

$$R_L \geqslant \left(\frac{U_O}{U_{sm,\min}} - 1\right)R = \left(\frac{7.5\ \text{V}}{5\ \text{V}} - 1\right) \times 5\ \text{k}\Omega = 2.5\ \text{k}\Omega$$

除惰性失真和负峰切割失真外，随着普通调幅信号的时变振幅 u_{sm}的增大，因为二极管伏安特性的非线性，二极管的交流电阻 r_D 减小，二极管两端的电压 u_D 相对减小，输出电压 u_o 则相对增加，所以 $u_o \approx k_d u_{sm}$中的检波增益会随着 u_{sm}的增大而增大，不再是常数，u_o 和 u_{sm}之间也不是严格的线性关系，u_o 中出现新的频率分量，造成非线性失真。当 u_{sm}较小时，二极管伏安特性的非线性更加明显，这一失真更为严重。只有提高检波器的输入电阻 R_i，使 u_{sm}较大，工作点位于二极管伏安特性曲线上较高的线性范围，非线性失真才不明显。一般地，应该保证 u_{sm}的最小值比二极管的导通电压 $U_{D(on)}$大 500 mV，即

$$U_{sm}(1 - m_a) - U_{D(on)} > 500\ \text{mV}$$

2. 并联型二极管包络检波

因为普通调幅信号、二极管和输出电压三者串联，所以二极管峰值包络检波又称为串联型二极管包络检波。前级中频放大器与检波器级联时可以采用阻容耦合方式，这时可以利用交流耦合电容构成检波器，如图 5.4.8(a)所示。这种设计中，普通调幅信号、二极管和输出电压三者为并联关系，所以称为并联型二极管包络检波。

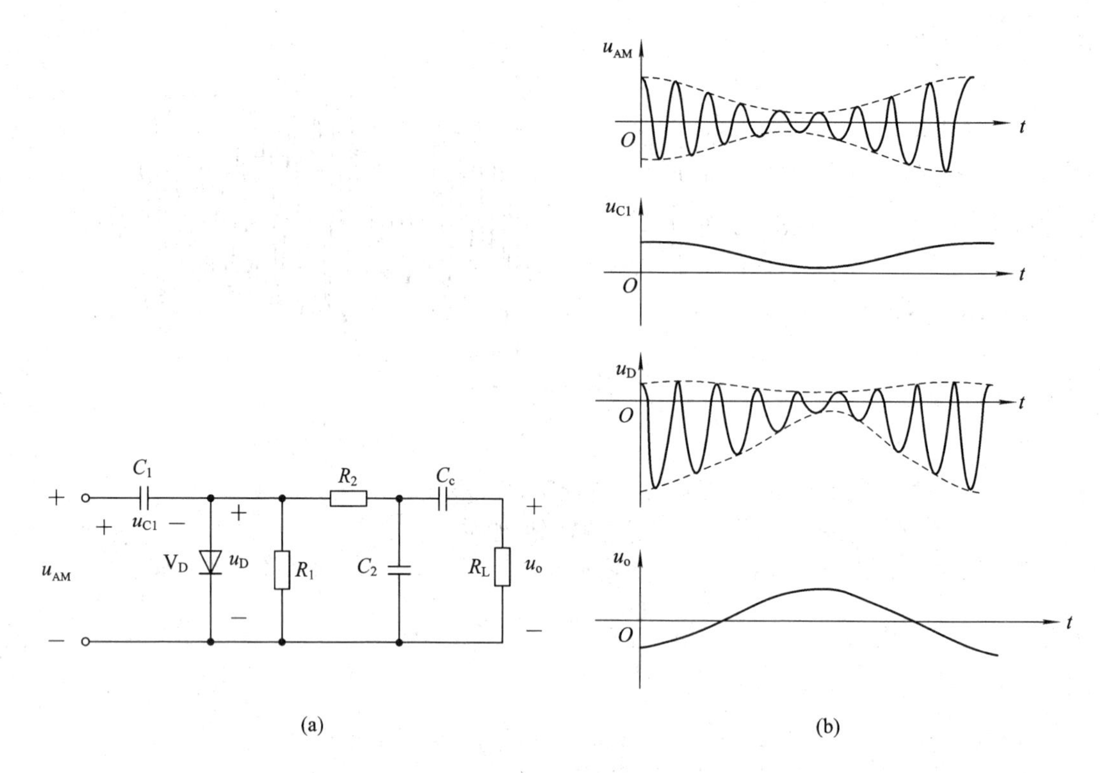

图 5.4.8 并联型二极管包络检波

(a) 原理电路；(b) 信号波形

普通调幅信号 u_{AM} 大于电容 C_1 上的电压 u_{C1} 时，二极管 V_D 导通，u_{AM} 对 C_1 充电，u_{C1} 上升；当 $u_{AM}<u_{C1}$ 时，二极管截止，C_1 通过电阻 R_1 放电，u_{C1} 下降，直到 u_{AM} 再次大于 u_{C1}，又开始下一轮的充电。只要选择 $R_1 \gg r_D$，则电容充电快而放电慢，这样，u_{C1} 的波形就为在 u_{AM} 的上包络线上叠加了高频波纹。二极管两端的电压 $u_D=u_{AM}-u_{C1}$，波形如图 5.4.8(b) 所示。u_D 需要经过电阻 R_2 和电容 C_2 构成的低通滤波器滤除高频分量，再经过交流耦合电容 C_C 去掉直流分量。输出电压 u_o 的波形与 u_{AM} 的下包络线按同样规律变化，经过反相，就可以输出调制信号。

并联型二极管包络检波的输入电阻 R_i 可以根据能量守恒进行计算。普通调幅信号为等幅信号(即 $u_{AM}=U_{sm}\cos\omega_c t$)时，输入检波器的功率为 $0.5U_{sm}^2/R_i$，电容 C_1 上的电压 $u_{C1}\approx U_{sm}$，忽略二极管 V_D 导通时的管压降，V_D 两端的电压 $u_D=u_{AM}-u_{C1}=U_{sm}\cos\omega_c t-U_{sm}$，包括振幅为 U_{sm} 的高频交流电压和直流电压 $-U_{sm}$，检波器输出端的直流电阻为 R_1，直流功耗为 U_{sm}^2/R_1，高频交流电阻为 $R_1 /\!/ R_2$，高频交流功耗为 $0.5U_{sm}^2/(R_1 /\!/ R_2)$，因此，有：

$$\frac{1}{2}\frac{U_{sm}^2}{R_i}=\frac{U_{sm}^2}{R_1}+\frac{1}{2}\frac{U_{sm}^2}{R_1 /\!/ R_2}$$

所以：

$$R_i=\frac{R_1(R_1 /\!/ R_2)}{R_1+2(R_1 /\!/ R_2)}$$

3. 晶体管峰值包络检波

为了提高中频放大器的增益，以及提高其谐振回路的品质因数，获得较好的选频功能，都需要尽量增大检波器的输入电阻 R_i；然而，二极管峰值包络检波为了避免产生惰性失真和负峰切割失真，R_i 的取值范围又受到限制，即 R_i 不能太大。

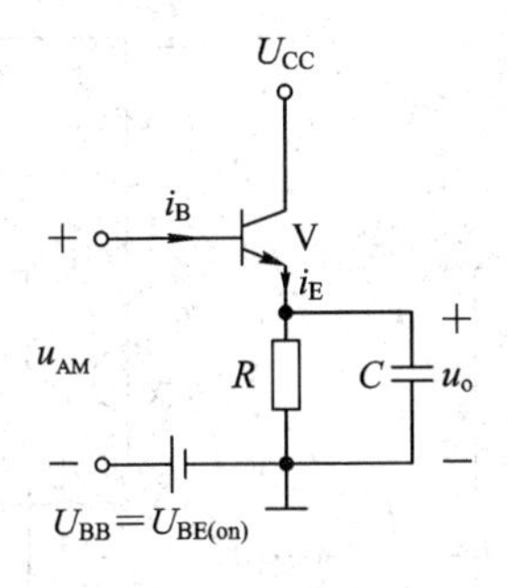

图 5.4.9 晶体管峰值包络检波

晶体管峰值包络检波利用晶体管的发射结代替二极管，实现峰值包络检波，如图 5.4.9 所示。图中，发射极电流 i_E 取代了原来二极管中的电流。由于晶体管的电流放大作用，检波器的输入电流即基极电流 $i_B=\dfrac{i_E}{1+\beta}$，β 为晶体管的共发射极电流放大倍数。晶体管峰值包络检波的输入电阻因输入电流的减小而增大，为二极管峰值包络检波的 $1+\beta$ 倍。

5.4.2 同步检波

同步检波需要用到与载波同频同相的本振信号。根据本振信号与已调波的作用关系，可以把同步检波分为乘积型同步检波和叠加型同步检波。前者本振信号与已调波是相乘关系，后者本振信号与已调波是叠加关系。这里的已调波可以是双边带调幅信号或单边带调幅信号。

1. 乘积型同步检波

乘积型同步检波的电路框图如图 5.4.10 所示。

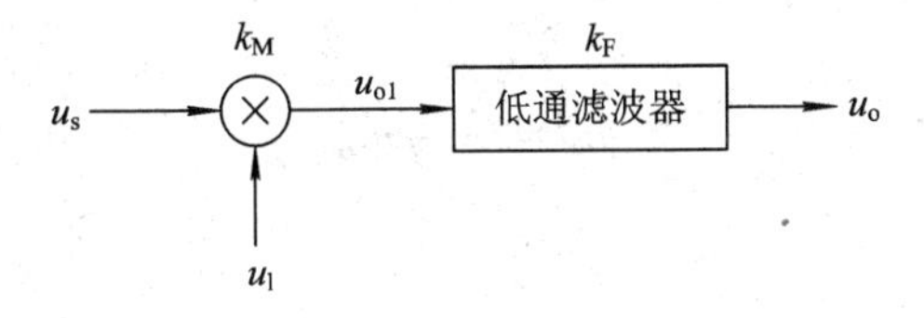

图 5.4.10 乘积型同步检波

与载波同步的本振信号 $u_l=U_{lm}\cos\omega_c t$，当已调波 u_s 是双边带调幅信号 $u_{DSB}=U_{sm}\cos\Omega t\cos\omega_c t$ 时，乘法器的输出电压：

$$\begin{aligned}u_{o1}&=k_M u_{DSB}u_l=k_M U_{sm}\cos\Omega t\cos\omega_c t U_{lm}\cos\omega_c t=k_M U_{sm}U_{lm}\cos\Omega t\cos^2\omega_c t\\&=\frac{1}{2}k_M U_{sm}U_{lm}\cos\Omega t+\frac{1}{4}k_M U_{sm}U_{lm}\cos(2\omega_c+\Omega)t+\frac{1}{4}k_M U_{sm}U_{lm}\cos(2\omega_c-\Omega)t\end{aligned}$$

u_{o1} 通过增益为 k_F 的低通滤波，输出电压就是调制信号：

$$u_o=\frac{1}{2}k_M k_F U_{sm}U_{lm}\cos\Omega t$$

当 u_s 是单边带调幅信号时，通过图 5.4.10 所示的过程同样可实现同步检波。

【例 5.4.3】 乘积型同步检波器如图 5.4.11(a)所示，单边带调幅信号 $u_s = U_{sm}\cos(\omega_c+\Omega)t$，本振信号 $u_l = U_{lm}\cos\omega_c t$，$U_{lm} \gg U_{sm}$。求输出电压 u_o。

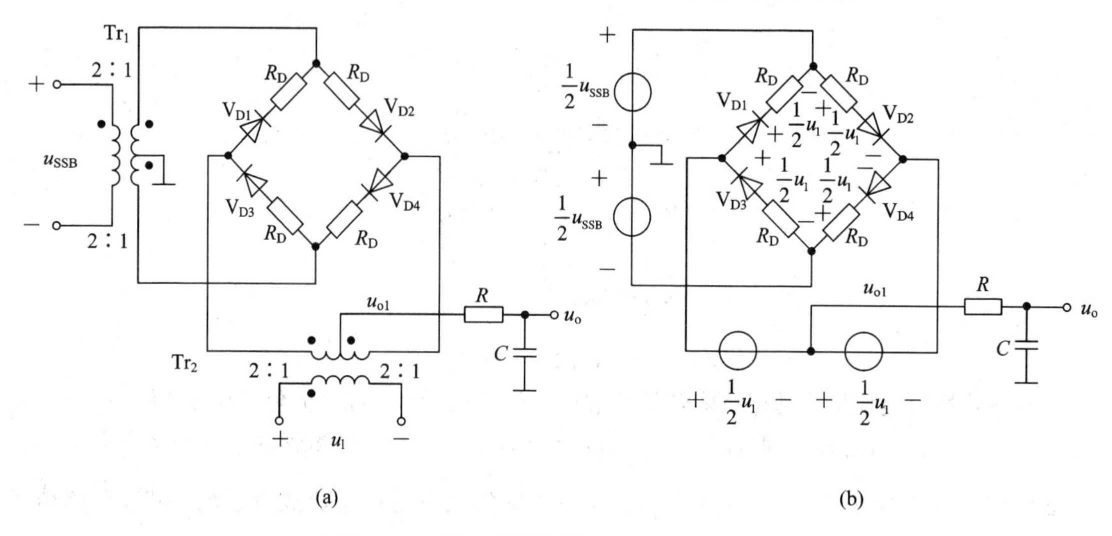

图 5.4.11 单边带调幅信号的乘积型同步检波

(a) 原电路；(b) 等效电路

解：该电路采用了二极管线性时变电路构成的乘法器和 RC 低通滤波器，与二极管串联的电阻 R_D 可以减小二极管伏安特性的非线性的影响。

去除变压器 Tr_1 和 Tr_2 后的等效电路如图 5.4.11(b)所示。二极管 $V_{D1}\sim V_{D4}$ 的导通和截止取决于 u_l 的正负。当 $u_l>0$ 时，V_{D1} 和 V_{D2} 导通，V_{D3} 和 V_{D4} 截止，V_{D1} 和 V_{D2} 支路上各有 $u_l/2$ 的压降，乘法器的输出电压：

$$u_{o1} = \frac{1}{2}u_{SSB}$$

当 $u_l<0$ 时，V_{D1} 和 V_{D2} 截止，V_{D3} 和 V_{D4} 导通，V_{D3} 和 V_{D4} 支路上各有 $u_l/2$ 的压降，乘法器的输出电压：

$$u_{o1} = -\frac{1}{2}u_{SSB}$$

在任意时刻，有：

$$\begin{aligned}u_{o1} &= \frac{1}{2}u_{SSB}k_2(\omega_c t)\\ &= \frac{1}{2}U_{sm}\cos(\omega_c+\Omega)t\left(\frac{4}{\pi}\cos\omega_c t-\frac{4}{3\pi}\cos 3\omega_c t+\cdots\right)\\ &= \frac{1}{\pi}U_{sm}\cos\Omega t+\cdots\end{aligned}$$

设 RC 低通滤波器的增益为 k_F，输出调制信号：

$$u_o = \frac{1}{\pi}k_F U_{sm}\cos\Omega t$$

乘积型同步检波中，当本振信号相对载波有频差 $\Delta\omega_c$ 和相移 φ 时，有：

$$u_l = U_{lm}\cos[(\omega_c+\Delta\omega_c)t+\varphi]$$

设已调波为双边带调幅信号 $u_{DSB}=U_{sm}\cos\Omega t\cos\omega_c t$，则乘法器的输出电压：

$$u_{o1}=k_M u_{DSB} u_l$$
$$=\frac{1}{2}k_M U_{sm} U_{lm}\cos\Omega t\cos(\Delta\omega_c t+\varphi)+\frac{1}{2}k_M U_{sm} U_{lm}\cos\Omega t\cos[(2\omega_c+\Delta\omega_c)t+\varphi]$$

低通滤波后，输出电压：

$$u_o=\frac{1}{2}k_M k_F U_{sm} U_{lm}\cos\Omega t\cos(\Delta\omega_c t+\varphi)$$
$$=\frac{1}{4}k_M k_F U_{sm} U_{lm}\{\cos[(\Omega+\Delta\omega_c)t+\varphi]+\cos[(\Omega-\Delta\omega_c)t-\varphi]\}$$

显然，输出电压受到 $\Delta\omega_c$ 和 φ 的影响，出现频率偏移和相位偏移，影响解调质量。所以在乘积型同步检波中，本振信号与载波必须严格同步，这个要求也适用于叠加型同步检波。

2. 叠加型同步检波

如图 5.4.12 所示，叠加型同步检波首先通过加法器，用已调波 u_s 和本振信号 u_l 叠加成普通调幅信号 u_{AM}，再对其进行包络检波。

当 u_s 是双边带调幅信号 u_{DSB}时，加法器的输出电压：

$$u_{o1}=u_{DSB}+u_l=U_{sm}\cos\Omega t\cos\omega_c t+U_{lm}\cos\omega_c t$$
$$=U_{lm}\left(1+\frac{U_{sm}}{U_{lm}}\cos\Omega t\right)\cos\omega_c t=u_{AM}$$

为了实现对 u_{AM} 的包络检波，要求 $U_{lm}\geqslant U_{sm}$。包络检波的输出电压为 $u_o=k_d U_{lm}[1+(U_{sm}/U_{lm})\cos\Omega t]$，$k_d$ 为检波增益。

在频域上，加法器在 u_{DSB}的上边频分量和下边频分量之间插入了 u_l，即载频分量，就得到了 u_{AM}的完整频谱，如图 5.4.13 所示。

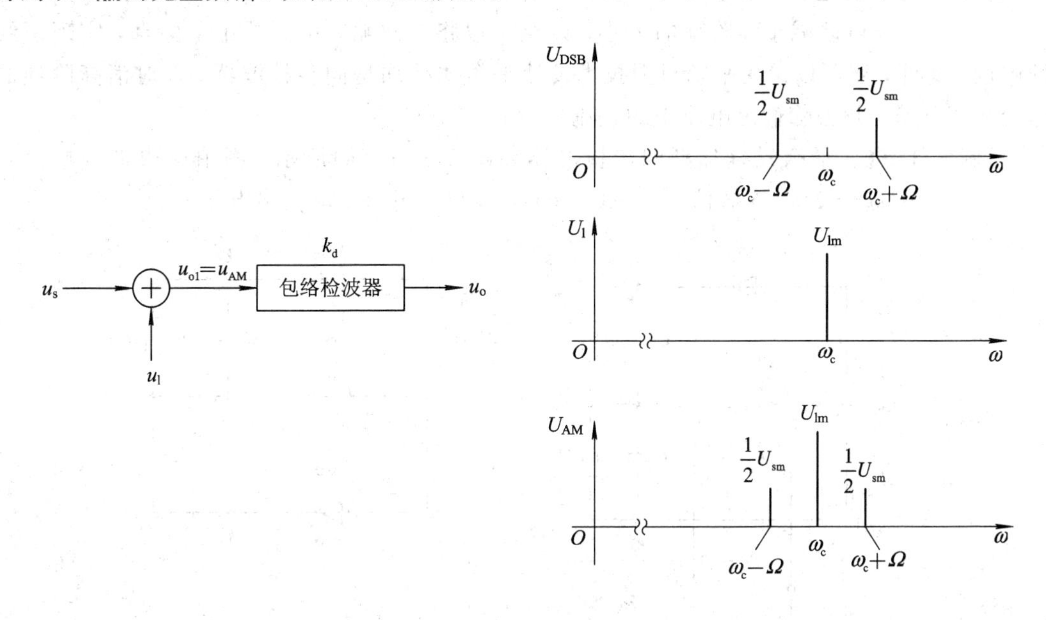

图 5.4.12　叠加型同步检波　　　图 5.4.13　u_{DSB}和 u_l 叠加成 u_{AM}

当 u_s 是单边带调幅信号 u_{SSB}时，和 u_l 叠加得不到完整的普通调幅信号，只有在满足一定条件时，才可以输出近似的普通调幅信号。以 u_{SSB}是上边带调幅信号为例，加法器的输出电压：

$$u_{o1} = u_{SSB} + u_l = U_{sm}\cos(\omega_c + \Omega)t + U_{lm}\cos\omega_c t$$
$$= (U_{sm}\cos\Omega t + U_{lm})\cos\omega_c t - U_{sm}\sin\Omega t\sin\omega_c t$$

设

$$U_{o1m} = \sqrt{(U_{sm}\cos\Omega t + U_{lm})^2 + (U_{sm}\sin\Omega t)^2} \tag{5.4.4}$$
$$\varphi = \arctan\frac{U_{sm}\sin\Omega t}{U_{sm}\cos\Omega t + U_{lm}}$$

则

$$u_{o1} = U_{o1m}(\cos\varphi\cos\omega_c t - \sin\varphi\sin\omega_c t) = U_{o1m}\cos(\omega_c t + \varphi) \tag{5.4.5}$$

设 $D=U_{sm}/U_{lm}$，则式(5.4.4)可以写为

$$U_{o1m} = U_{lm}\sqrt{1+D^2}\sqrt{1+\frac{2D}{1+D^2}\cos\Omega t}$$

当 $D\ll 1$ 时，第一个根式近似为1，第二个根式利用 $(1\pm x)^{1/2}\approx 1\pm\frac{x}{2}-\frac{x^2}{8}\pm\cdots(|x|\ll 1)$ 展开，有：

$$U_{o1m} \approx U_{lm}\left(1 + D\cos\Omega t - \frac{D^2}{2}\cos^2\Omega t + \cdots\right) \approx U_{lm}(1 + D\cos\Omega t) \tag{5.4.6}$$

代入式(5.4.5)，得：

$$u_{o1} \approx U_{lm}(1 + D\cos\Omega t)\cos(\omega_c t + \varphi) = u_{AM}$$

于是加法器输出近似的普通调幅信号，对其包络检波后输出电压 $u_o = k_d U_{lm}(1+D\cos\Omega t)$。

式(5.4.6)说明，$\cos^2\Omega t$、$\cos^3\Omega t$ 等高阶项产生的组合频率分量会叠加到 u_o 的频率分量上或在其附近，引起线性和非线性失真。单边带调幅信号的叠加型同步检波要求 $D\ll 1$，即 $U_{lm}\gg U_{sm}$，这样可以减小高阶项的大小，以至可以将其忽略，从而减小了失真，实现了线性解调。此外，还可以采用平衡对消技术设计平衡式叠加型同步检波器，以对消高阶项的组合频率分量，并去除输出电压中的直流分量。

【例 5.4.4】 平衡式叠加型同步检波器如图 5.4.14(a)所示，图中单边带调幅信号 $u_{SSB}=U_{sm}\cos(\omega_c+\Omega)t$，本振信号 $u_l=U_{lm}\cos\omega_c t$，$U_{lm}\gg U_{sm}$。求输出电压 u_o。

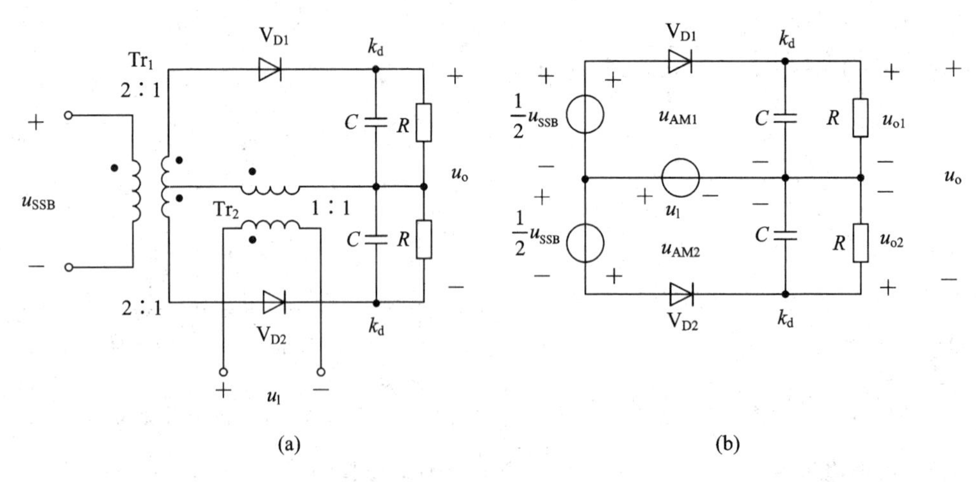

图 5.4.14 平衡式叠加型同步检波

(a) 原电路；(b) 等效电路

解：去除变压器 Tr_1 和 Tr_2 后的等效电路如图 5.4.14(b)所示。设 $D=0.5U_{sm}/U_{lm}$，则 $D\ll 1$。上回路中 $0.5u_{SSB}$ 和 u_l 叠加成近似的普通调幅信号：

$$u_{AM1} = U_{lm}\sqrt{1+D^2}\sqrt{1+\frac{2D}{1+D^2}\cos\Omega t}\cos(\omega_c t+\varphi)$$

$$\approx U_{lm}\left(1+D\cos\Omega t-\frac{D^2}{2}\cos^2\Omega t+\cdots\right)\cos(\omega_c t+\varphi)$$

上回路包络检波器的输出电压：

$$u_{o1} = k_d U_{lm}\left(1+D\cos\Omega t-\frac{D^2}{2}\cos^2\Omega t+\cdots\right)$$

下回路中 $-0.5u_{SSB}$ 和 u_l 叠加成近似的普通调幅信号：

$$u_{AM2} = U_{lm}\sqrt{1+D^2}\sqrt{1-\frac{2D}{1+D^2}\cos\Omega t}\cos(\omega_c t+\varphi)$$

$$\approx U_{lm}\left(1-D\cos\Omega t-\frac{D^2}{2}\cos^2\Omega t-\cdots\right)\cos(\omega_c t+\varphi)$$

下回路包络检波器的输出电压：

$$u_{o2} = k_d U_{lm}\left(1-D\cos\Omega t-\frac{D^2}{2}\cos^2\Omega t-\cdots\right)$$

经过平衡对消，输出电压：

$$u_o = u_{o1}-u_{o2} = k_d U_{lm}\left(1+D\cos\Omega t-\frac{D^2}{2}\cos^2\Omega t+\cdots\right)$$

$$-k_d U_{lm}\left(1-D\cos\Omega t-\frac{D^2}{2}\cos^2\Omega t-\cdots\right)$$

$$= k_d U_{lm} 2D\cos\Omega t = k_d U_{sm}\cos\Omega t$$

3. 本振信号的产生

双边带调幅信号 u_{DSB} 同步检波时，可以直接从 u_{DSB} 中提取本振信号，电路框图如图 5.4.15 所示。

u_{DSB} → 平方器 → u_{o1} → 带通滤波器 → u_{o2} → 二分频器 → u_l

图 5.4.15 用双边带调幅信号产生本振信号

设 $u_{DSB}=U_{sm}\cos\Omega t\cos\omega_c t$，平方器的输出电压：

$$u_{o1} = u_{DSB}^2 = (U_{sm}\cos\Omega t\cos\omega_c t)^2$$

$$= \frac{1}{4}U_{sm}^2+\frac{1}{4}U_{sm}^2\cos 2\Omega t+\frac{1}{4}U_{sm}^2\cos 2\omega_c t$$

$$+\frac{1}{8}U_{sm}^2\cos(2\omega_c+2\Omega)t+\frac{1}{8}U_{sm}^2\cos(2\omega_c-2\Omega)t$$

经过中心频率为 $2\omega_c$、带宽小于 4Ω 的带通滤波器，取出频率为 $2\omega_c$ 的电压 u_{o2}，再对其二分频，就得到了与载波同步的本振信号 u_l。

单边带调幅信号无法直接提取本振信号，往往需要发射机再发射一个振幅较小的载波，称为导频信号，接收机根据导频信号控制本振信号与其同步。

5.5 集成器件与应用电路举例

如同线性电路中的集成运算放大器，在非线性电路中，集成模拟乘法器是典型的通用模拟集成电路，其电路符号如图 5.5.1(a)所示。在理想情况下，输出电压和输入电压的关系为

$$u_o = k_M u_{i1} \times u_{i2}$$

其中，k_M 为增益。u_{i1} 和 u_{i2} 可以是双极性信号，组合起来，集成模拟乘法器可以有四个工作象限，如图 5.5.1(b)所示。

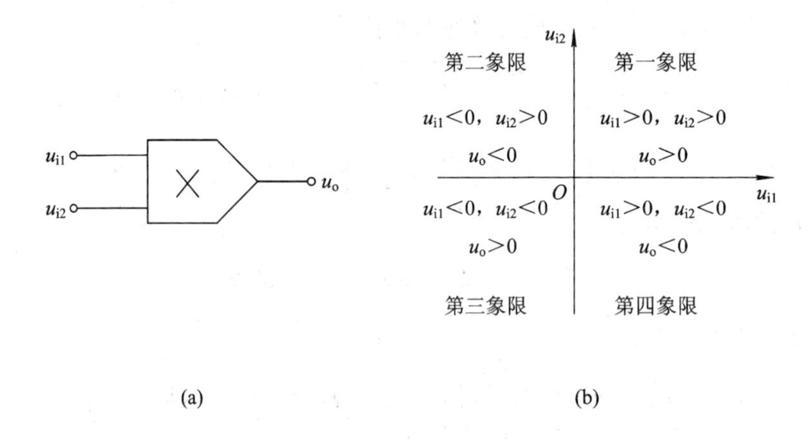

图 5.5.1 集成模拟乘法器
(a) 电路符号；(b) 工作象限

振幅调制与解调常用的四象限集成模拟乘法器包括 MC1596、MC1595、BB4213、BB4214、BG314、AD834 等。

对于分立元件振幅调制与解调的应用电路，为了提高其工作性能，需要解决诸如直流偏置电压、低频调制信号、高频载波和高频已调波彼此隔离和叠加，平衡对消电路的对称，减小器件温度特性的影响，克服管压降，减小失真等问题，因而在原理电路的基础上增加了许多典型的设计。

5.5.1 MC1596 调幅电路

集成模拟乘法器 MC1596 专用于调幅，实现调制信号与载波相乘。其内部电路如图 5.5.2 所示。实现调幅时，调制信号以差模方式输入引脚 1、4；载波以差模方式输入引脚 8、10；引脚 6、12 经过负载电阻接直流正电压源，并获得已调波；引脚 14 外接直流负电压源；引脚 5 经过电阻接地，控制差分对放大器的恒流源电流；引脚 2、3 可以外接电阻构成负反馈。

MC1596 的内部电路设计采用了双差分对放大器，相乘的两个输入电压 u_{i1} 和 u_{i2} 分别输入引脚 8、10 和引脚 1、4，由式(5.3.8)得输出电流：

$$i_o = \frac{I_0}{2}\ \text{th}\frac{u_{i1}}{2U_T}\ \text{th}\frac{u_{i2}}{2U_T}$$

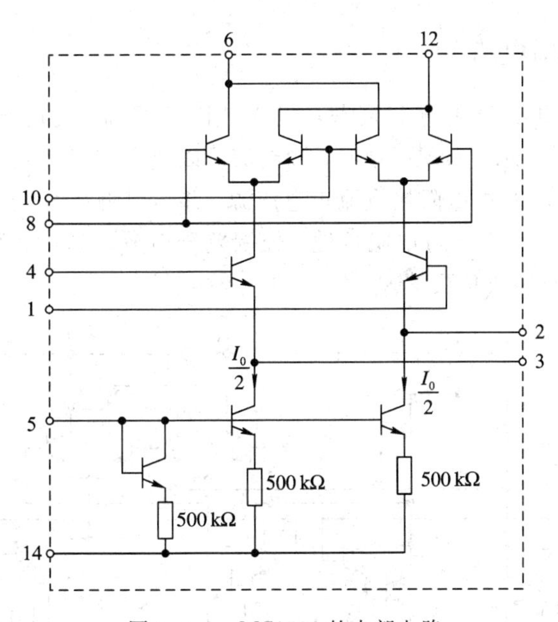

图 5.5.2　MC1596 的内部电路

当引脚 2、3 外接电阻 R_E 构成串联电流负反馈时，由式(5.3.9)得

$$i_o = \frac{u_{i2}}{R_E} \text{th} \frac{u_{i1}}{2U_T}$$

因此可以在 u_{i2} 的较大动态范围内实现相乘，u_{i2} 的动态范围扩展为 $-I_0R_E/2 < u_{i2} < I_0R_E/2$。

图 5.5.3 为一 MC1596 调幅电路。图中，通过电阻 $R_1 \sim R_4$ 和电位器 R_p 对电压源 $-U_{EE}$ 的分压和调节，在引脚 1、4 产生一差模直流电压 U_0，U_0 与载波 u_c 相乘产生载频分量，叠加到调制信号 u_Ω 与 u_c 相乘得到的双边带调幅信号上，从而输出电压 u_o 为普通调幅信号，调节 R_p 可以改变 U_0，从而改变调幅度 m_a。增大 R_1 和 R_2 从 750 Ω 到 10 kΩ，则 U_0 明显减小。当载波功率低于边带功率 40 dB 以上时，就实现了抑制载波的调幅，即双边带调幅。

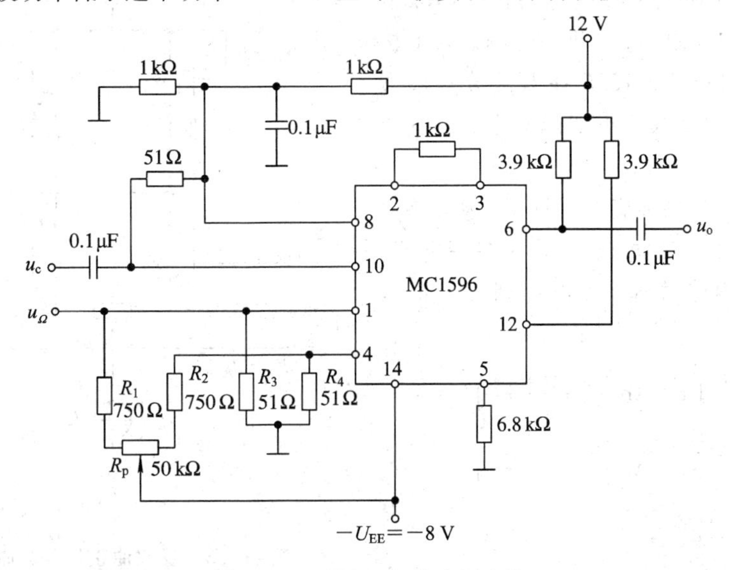

图 5.5.3　MC1596 的应用电路

5.5.2 MC1595调幅电路

集成模拟乘法器MC1595用于扩展载波动态范围的调幅，实现调制信号与载波相乘。其内部电路如图5.5.4所示。实现调幅时，调制信号以差模方式输入引脚9、12；载波输入引脚4、8；引脚1、2、14经过电阻接直流正电压源，并在引脚2、14获得已调波；引脚7外接直流负电压源；引脚3、13经过电阻接地，控制差分对放大器的恒流源电流；引脚5、6和引脚10、11外接电阻构成负反馈。

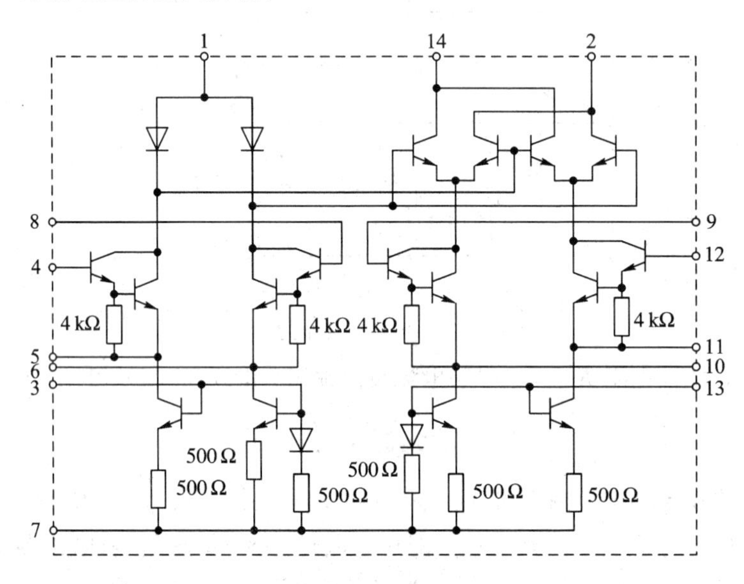

图5.5.4 MC1595的内部电路

将相乘的两个输入电压u_{i1}和u_{i2}分别输入引脚4、8和引脚9、12。参考MC1596的分析可知，引脚10、11外接电阻构成串联电流负反馈，可以扩展u_{i2}的动态范围。为了扩展u_{i1}的动态范围，MC1595在双差分对放大器前增加了u_{i1}的反双曲正切函数电路，其原理电路如图5.5.5所示。

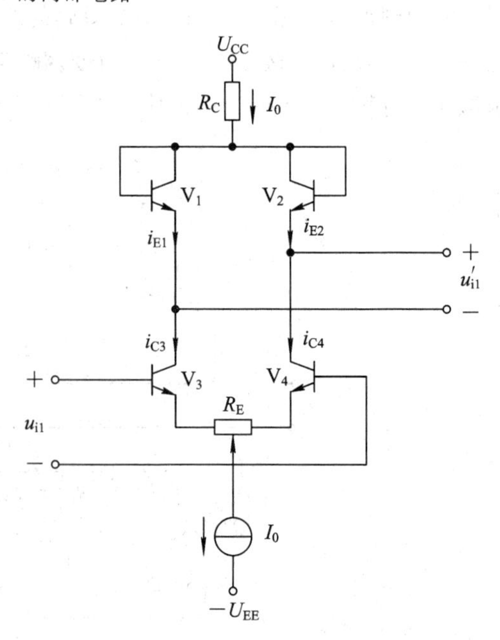

图5.5.5 反双曲正切函数原理电路

图5.5.5中，晶体管V_1和V_2构成差分对管，以电阻R_C上的电流I_0作为参考电流，结合晶体管的电流方程，可以得到V_1和V_2的发射极电流：

$$i_{E1}=\frac{I_0}{2}\left(1+\text{th}\,\frac{u_{BE1}-u_{BE2}}{2U_T}\right)$$

$$i_{E2}=\frac{I_0}{2}\left(1-\text{th}\,\frac{u_{BE1}-u_{BE2}}{2U_T}\right)$$

因此：

$$i_{E1}-i_{E2}=\frac{I_0}{2}\left(1+\text{th}\,\frac{u_{BE1}-u_{BE2}}{2U_T}\right)-\frac{I_0}{2}\left(1-\text{th}\,\frac{u_{BE1}-u_{BE2}}{2U_T}\right)$$

$$=I_0\,\text{th}\,\frac{u_{BE1}-u_{BE2}}{2U_T}=I_0\,\text{th}\,\frac{u_{i1}'}{2U_T}$$

又有：

$$i_{E1}-i_{E2}\approx i_{C3}-i_{C4}=\left(\frac{I_0}{2}+\frac{u_{i1}}{R_E}\right)-\left(\frac{I_0}{2}-\frac{u_{i1}}{R_E}\right)=\frac{2u_{i1}}{R_E}$$

所以：

$$I_0\,\text{th}\,\frac{u_{i1}'}{2U_T}=\frac{2u_{i1}}{R_E}$$

即

$$u_{i1}'=2U_T\,\text{arcth}\,\frac{2u_{i1}}{I_0R_E}$$

图 5.5.6 为 MC1595 调幅电路。图中，电位器 R_{p1} 和 R_{p2} 调节输入失调电压，保证当调制信号 u_Ω 或载波 u_c 为零时输出电压 u_o 为零；电位器 R_{p3} 调节反双曲正切函数电路的恒流源电流。MC1595 输出的一对反相电压差模输入到集成运算放大器 F004 构成的减法器，得到输出电压 u_o。受集成运放压摆率的影响，该电路的已调波频率一般不高于 1 MHz，频率更高时，可以用开关 S 把 MC1595 的输出切换到 LC 并联谐振回路上，LC 回路作为第二级网络，取代集成运放减法器，对 MC1595 的双端输出电压选频，得到 u_o。

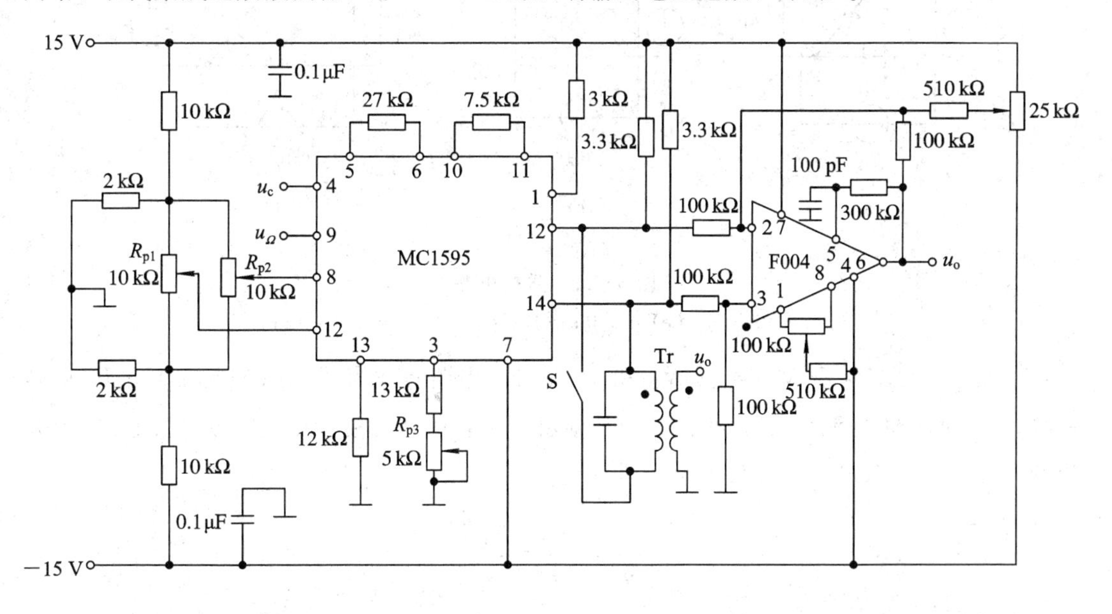

图 5.5.6　MC1595 的应用电路

5.5.3　二极管环形调制器

二极管环形调制器的原理电路如图 5.5.7 所示。

图 5.5.8(a)为简化后的等效电路。调制信号 $u_\Omega=U_{\Omega m}\cos\Omega t$，载波 $u_c=U_{cm}\cos\omega_c t$，在 $U_{cm}\gg U_{\Omega m}$，$\omega_c\gg\Omega$ 的条件下，该电路工作于线性时变状态。忽略二极管的导通电压，u_c 可决定四个二极管 $V_{D1}\sim V_{D4}$ 的导通和截止。

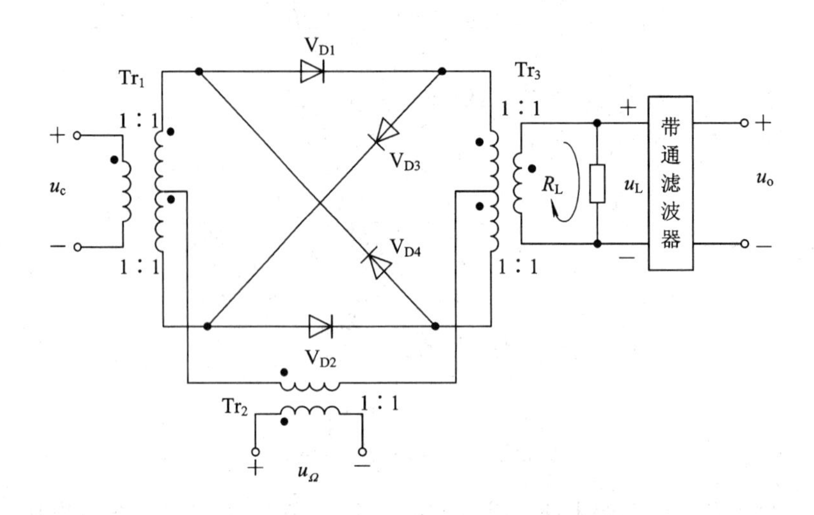

图 5.5.7 二极管环形调制器的原理电路

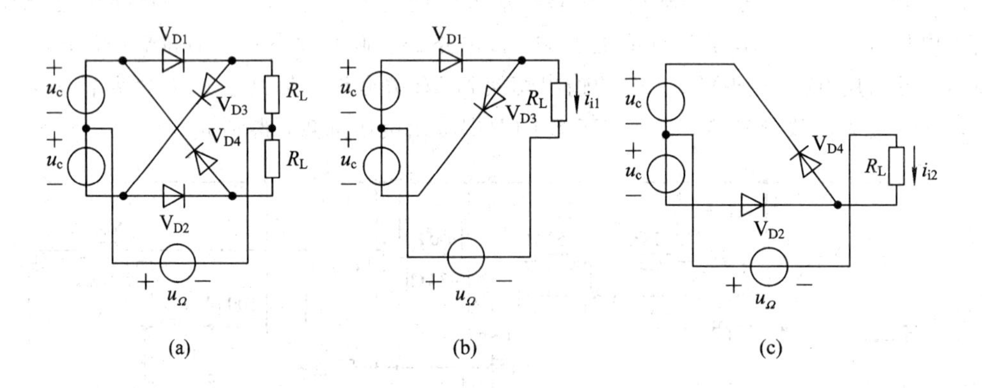

图 5.5.8 等效电路

(a) 完整电路；(b) $u_c>0$ 时的电路；(c) $u_c<0$ 时的电路

当 $u_c>0$ 时，V_{D1} 和 V_{D3} 导通，V_{D2} 和 V_{D4} 截止，电路等效为图 5.5.8(b)。当电压源 u_Ω 短接，只有两个电压源 u_c 时，两个 u_c 电压对称分配在两个二极管和电压源内阻上，$i'_{i1}=0$；当两个电压源 u_c 短接，只有电压源 u_Ω 时，有

$$i''_{i1}=\frac{u_\Omega}{\frac{r_D}{2}+R_L}=\frac{2u_\Omega}{2R_L+r_D}$$

根据叠加定理，输入电流：

$$i_{i1}=i'_{i1}+i''_{i1}=\frac{2u_\Omega}{2R_L+r_D}$$

而 $i_{i2}=0$，所以原理电路中的负载电流：

$$i_L=i_{i1}=\frac{2u_\Omega}{2R_L+r_D}$$

当 $u_c<0$ 时，V_{D1} 和 V_{D3} 截止，V_{D2} 和 V_{D4} 导通，电路等效为图 5.5.8(c)。可以得到：

$$i_L = i_{i2} = -\frac{2u_\Omega}{2R_L + r_D}$$

在任意时刻，有：

$$i_L = \frac{2u_\Omega}{2R_L + r_D} k_2(\omega_c t)$$

经过带通滤波器输出双边带调幅信号。与例 5.3.2 和例 5.3.3 的结果比较，二极管环形调制器去除了 i_L 中的载频分量和调制信号分量，平衡对消效果更好。

二极管环形调制器中，如果把 u_c 和 u_Ω 的位置对调，可以得到类似的结果。实际应用的二极管环形调制器如图 5.5.9 所示。为了保证载频分量被完全平衡对消，首先，四个二极管支路的阻抗应该完全一样，为此，电路给四个二极管分别接入了电阻和电容并联支路，电阻和电容分别对调制信号和载波构成通路，与二极管串联，减小了二极管交流电阻随温度变化引起的不对称性；其次，变压器 Tr_1 的副边和 Tr_2 的原边都有中心抽头，也应该做到上下对称，这可以通过微调电容 C_1 和 C_2 实现；最后，电路还通过电位器 R_{p1} 和 R_{p2} 整体调节电路的对称性。

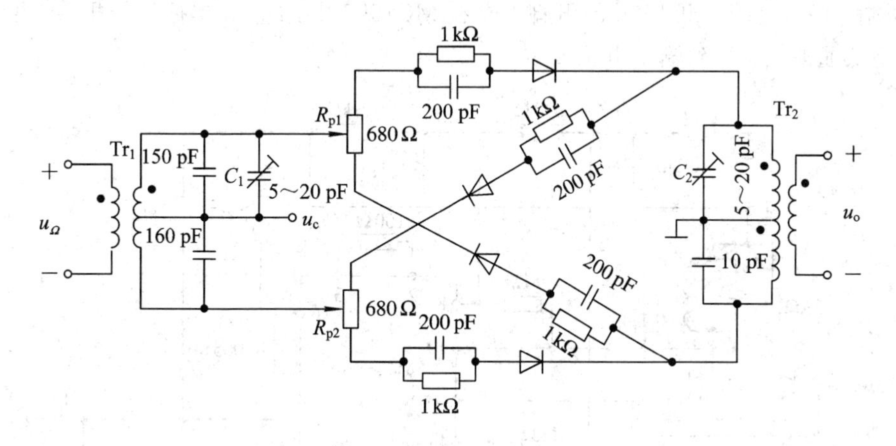

图 5.5.9　二极管环形调制器的应用电路

5.5.4　二极管峰值包络检波器

图 5.5.10 所示的二极管峰值包络检波器可以为 465 kHz 的中频普通调幅信号 u_{AM} 实现检波。图中，二极管 V_D 选用导通时伏安特性线性较好，单向导电性较好(即正向电阻小于 500 Ω，反向电阻大于 500 kΩ)，结电容较小的点接触型锗二极管，如 2AP1～2AP17；电压源 $-E$ 经过电阻 R_3、R_2 和电位器 R_p 给 V_D 提供直流偏置电压，使其工作在导通和截止之间的临界状态，克服二极管导通电压的影响，从而使 V_D 在交流信号较小时也能工作；原理电路中的电阻 R 分成电阻 R_1 和电位器 R_p，R_1+R_p 应远大于二极管的交流电阻 r_D，以减小通角，提高检波增益，同时也增大检波器的输入电阻；负载电阻 R_L 采用部分接入方式；R_p 的滑动端可以调节输出功率，滑动端越向下移，负载网络的直流阻抗越近似等于交流阻抗，从而在电路设计上降低了发生负峰切割失真的可能性；R_1 和电容 C_1 构成低通滤波器，用于去除输出电压 u_o 中的高频波纹；R_2 和电容 C_2 也构成低通滤波器，用于取出正比于 u_{AM} 信号平均振幅的直流电压，反馈到前级中频放大器，实现自动增益控制。

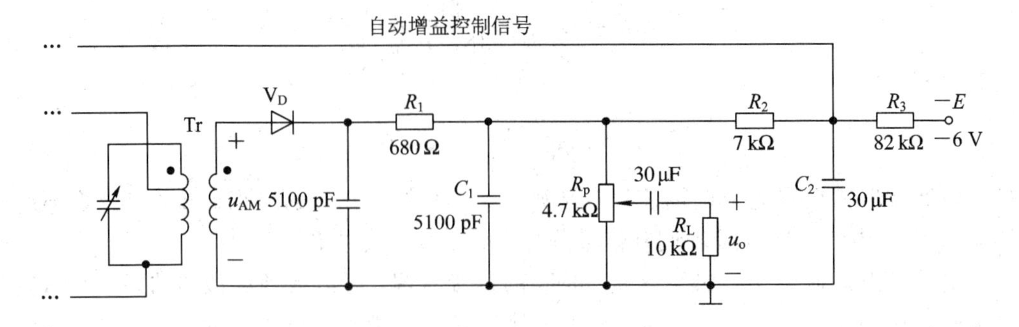

图 5.5.10　465 kHz 二极管峰值包络检波器

5.5.5　MC1596 乘积型同步检波器

MC1596 乘积型同步检波器如图 5.5.11 所示。图中，普通调幅信号 u_{AM} 分为两路：一路直接输入 MC1596 的引脚 1，另一路通过差分对放大器限幅放大，获得与 465 kHz 载波同步的本振信号，输入 MC1596 的引脚 10。在 MC1596 中，u_{AM} 和本振信号相乘，相乘结果经过 Π 型低通滤波，得到输出电压 u_o。

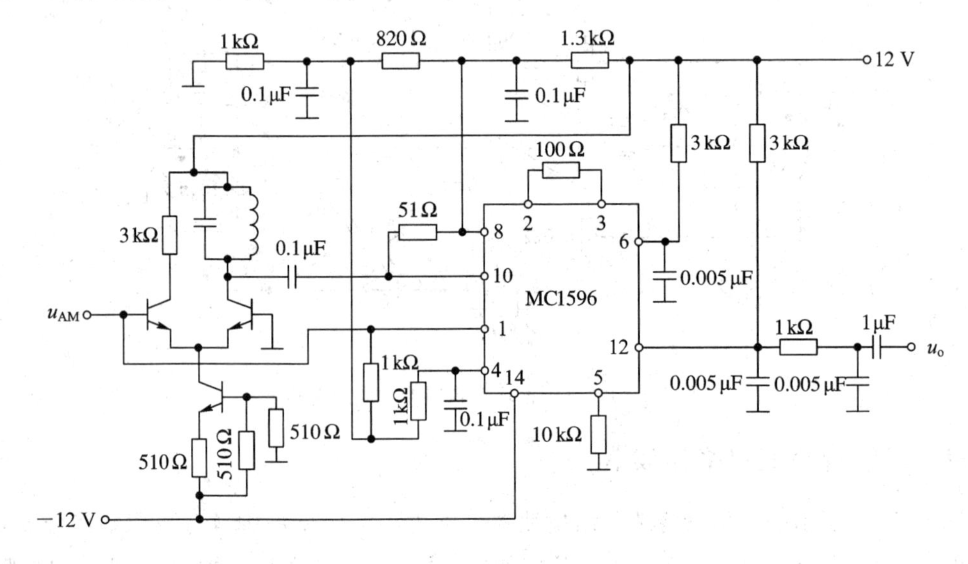

图 5.5.11　MC1596 乘积型同步检波器

5.5.6　二极管乘积型同步检波器

图 5.4.11(a)所示的原理电路对应的实际应用中的二极管乘积型同步检波器如图 5.5.12 所示。图中，电阻 R_{D1}～R_{D4} 分别与二极管 V_{D1}～V_{D4} 串联，用于减小二极管伏安特性的非线性产生的失真；电位器 R_{p1}、R_{p2} 和微调电容 C_1～C_4 用于平衡补偿，保证变压器 Tr_1 的副边上下对称，Tr_2 的副边左右对称，从而给每个二极管支路准确提供 1/2 的单边带调幅信号 u_{SSB} 和本振信号 u_l；相乘结果经过带宽为 20 kHz 的 RC 低通滤波，得到输出电压 u_o。

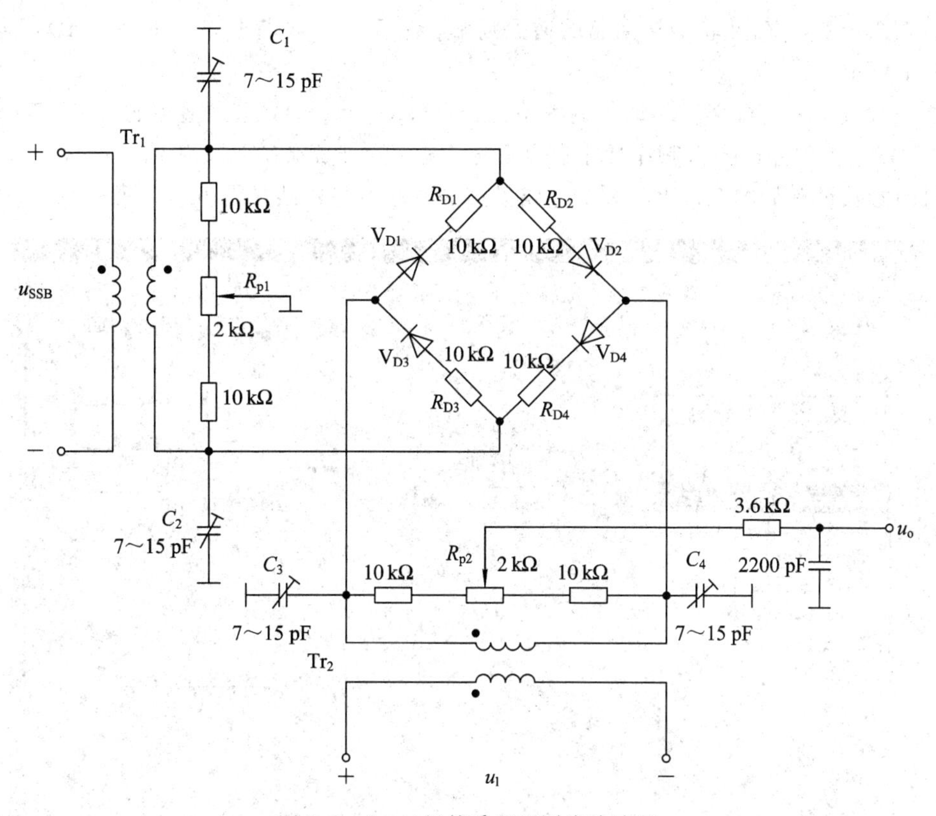

图 5.5.12　二极管乘积型同步检波器

5.6　PSpice 仿真举例

用差分对放大器构成的振幅调制电路如图 5.6.1 所示。

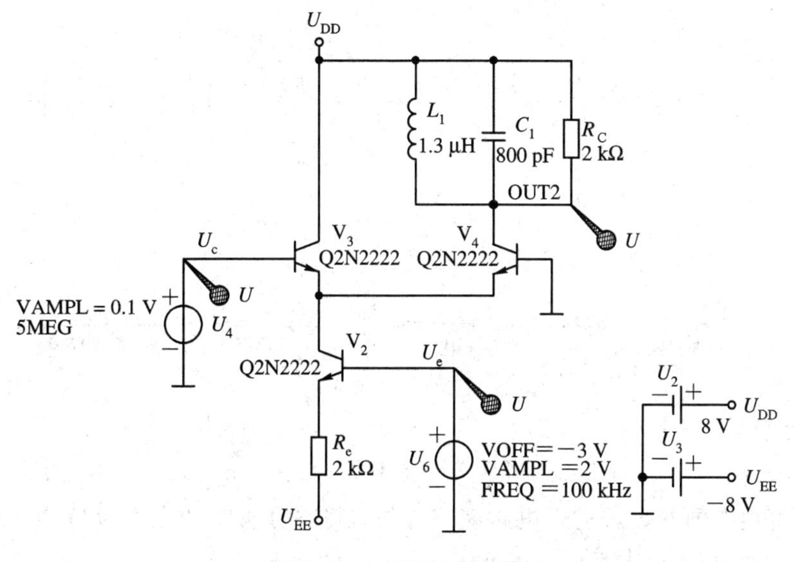

图 5.6.1　振幅调制电路

图 5.6.1 中，LC 并联谐振回路的谐振频率 $f_0=5$ MHz，谐振阻抗 $R_e=2$ kΩ，其他参数如图中所示。

首先对该电路进行交流小信号频率特性分析(AC Sweep)，选择适当的 L、C 值以便满足 LC 并联谐振回路的谐振频率要求。分析时，输入信号源必须为交流信号源 VAC。交流分析时的参数设置如图 5.6.2 所示，电路模拟的幅频特性曲线如图 5.6.3 所示。

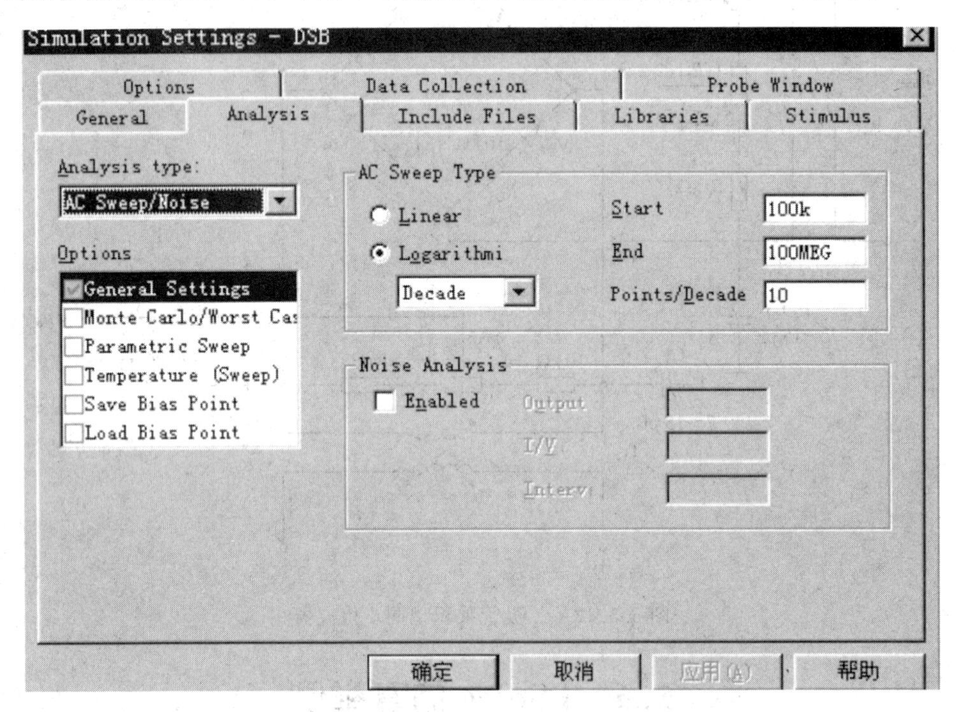

图 5.6.2　交流小信号频率特性分析时的参数设置

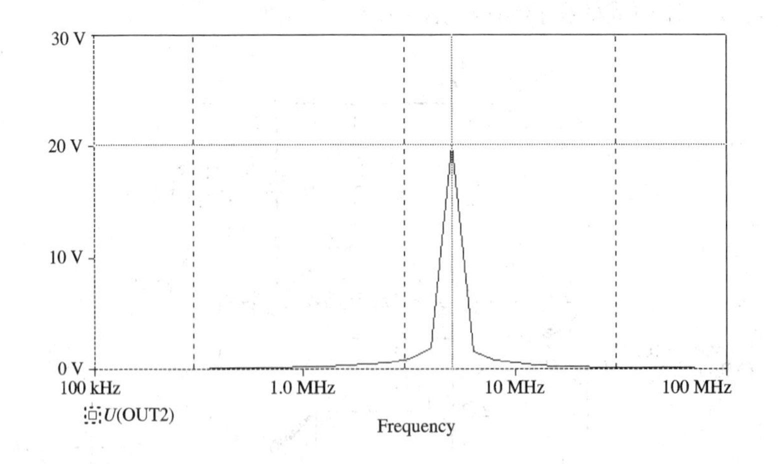

图 5.6.3　幅频特性曲线

在选择好电路的参数后进行电路瞬态分析，瞬态分析时的参数设置为：终止时间＝80 μs，开始时间＝0，最大步长＝10 ns。

分析结果如图 5.6.4 所示。

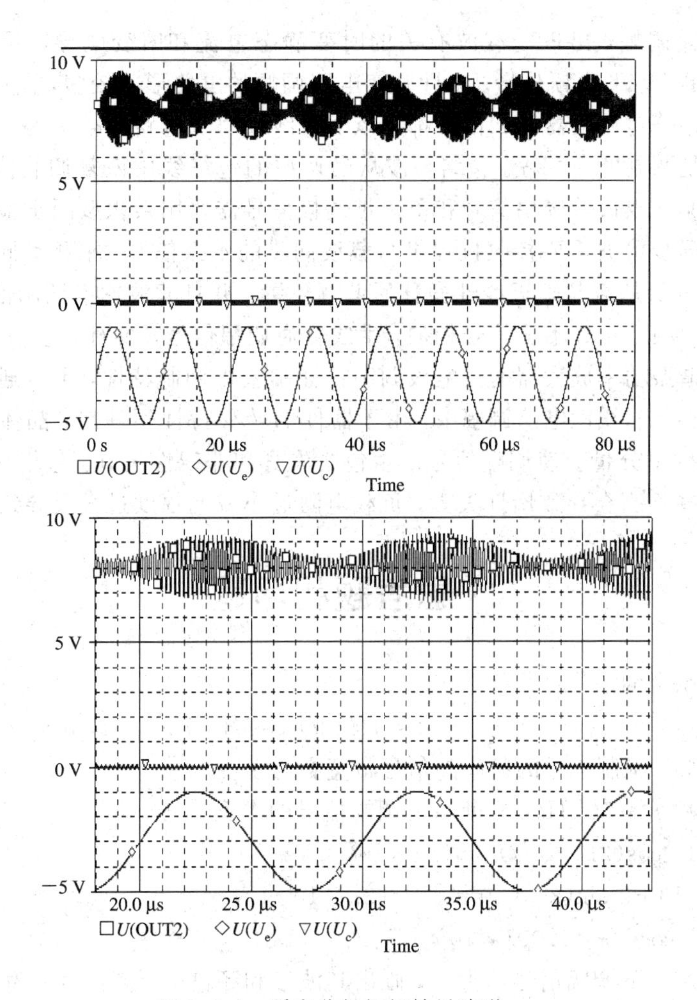

图 5.6.4　瞬态分析振幅结果波形

本 章 小 结

本章讲述了调幅信号的类型、振幅调制的原理和电路以及振幅解调的原理和电路。

(1) 调幅信号分为普通调幅信号、双边带调幅信号和单边带调幅信号。它们的产生过程、时域表达式、波形、频谱、带宽和功率分布不同，但都需要用乘法器把调制信号的频谱线性搬移到载频附近，调制信号的信息由调幅信号的上边频分量和下边频分量携带。普通调幅信号的包络线随调制信号线性变化，包含载频分量和上、下边频分量；双边带调幅信号是在普通调幅信号的基础上去除了不携带调制信号信息的载频分量，提高了功率利用率；单边带调幅信号则是在双边带调幅信号的基础上只保留一个边频分量，从而使得频带利用率和功率利用率都最高，但其产生过程也最复杂。

(2) 乘法器的实质是通过非线性电路实现频率变换，并通过滤波器保留需要的频率分量。可以用非线性电路和线性时变电路实现振幅调制。非线性电路调幅通过有源器件转移特性的非线性获得携带调制信号信息的上边频分量和下边频分量，电路包括晶体管放大器和场效应管放大器。在载波为大信号，调制信号为小信号的条件下，非线性电路调幅演变为线性时变电路调幅，出现与载波有关的时变静态电流和时变电导，后者与调制信号相乘，产生所需的上、下边频分量。线性时变电路调幅的电路形式较多，晶体管放大器、场效应管放大器、差分对放大器和二极管都可以实现线性时变电路调幅。

(3) 解调是调制的逆过程。包络检波从已调波的包络线中恢复调制信号，只适用普通调幅信号的解调。双边带调幅信号和单边带调幅信号需要用乘积型同步检波或叠加型同步检波来解调。同步检波需要接收机提供与载波同步的本振信号。乘积型同步检波把上边频分量和下边频分量从载频附近线性搬移回低频位置，并且滤波输出调制信号；叠加型同步检波用上、下边频分量和本振信号相加，生成普通调幅信号，再对其包络检波。

(4) 利用谐振功率放大器的集电极调制特性和基极调制特性，可以通过高电平调制产生普通调幅信号。非线性电路调幅中，由于器件的转移特性不理想，晶体管集电极电流的高阶项的组合频率分量会使调幅信号产生包络失真和非线性失真。包络检波中，电容放电的时间常数选择不当会导致惰性失真，负载电阻过小或调幅度过大会导致负峰切割失真。

思考题和习题

5-1　某电台的信号：

$$u_{\mathrm{AM}} = 10(1 + 0.2\ \sin 2513t)\ \cos(37.7 \times 10^6 t)\ \mathrm{mV}$$

则该电台的载频、调制信号的频率和信号带宽各为多少？

5-2　载频 $f_c = 10^6$ Hz，判断以下调幅信号的类型。

(1) $u_{s1} = 10\ \cos(2\pi\times10^3 t)\ \sin(2\pi\times10^6 t)$ V；

(2) $u_{s2} = [10+2\ \sin(2\pi\times10^3 t)]\ \sin(2\pi\times10^6 t)$ V；

(3) $u_{s3} = 2\ \cos(2\pi\times1.001\times10^6 t)$ V。

5-3　判断以下调幅信号的类型，画出其波形和频谱，计算信号带宽和 $R_L = 100\ \Omega$ 的负载电阻上产生的载波功率 P_c、边带功率 P_{SB} 和总平均功率 P_{av}。

(1) $i = 200\ \cos(2\pi\times10^7 t) + 60\ \cos(2\pi\times100t)\ \cos(2\pi\times10^7 t)$ mA；

(2) $u = 10\ \cos(634.28\times10^3 t) + 10\ \cos(621.72\times10^3 t)$ V。

5-4　调幅信号 u_s 的波形如图 P5-1 所示，判断其类型，写出时域表达式，并画出频谱。

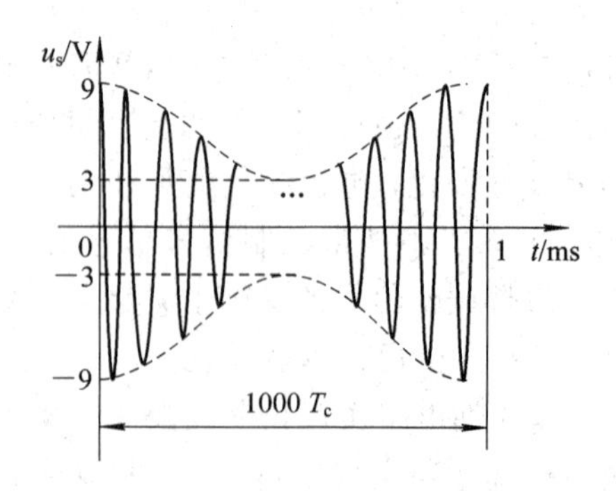

图 P5-1

5－5　调幅信号 u_s 的频谱如图 P5－2 所示，判断其类型，写出时域表达式，并画出波形。

5－6　调制信号 u_Ω 的波形如图 P5－3 所示，载波是频率为 1 MHz 的正弦波。

(1) 画出最大振幅为 4 V，最小振幅为 0 的普通调幅信号 u_{AM} 的波形。

(2) 画出最大振幅为 2 V 的双边带调幅信号 u_{DSB} 的波形。

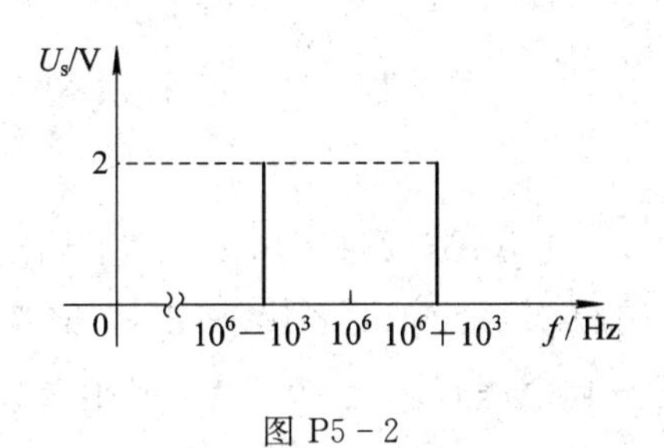

图 P5－2　　　　图 P5－3

5－7　晶体管的转移特性如图 P5－4 所示，当晶体管的输入电压 $u_{BE}=1+0.5\cos\omega_c t+0.5\cos\Omega t$ V 时，画出集电极电流 i_C 的频谱，说明该器件可以输出什么类型的调幅信号，写出其表达式，在 i_C 的频谱图上定性画出滤波器的幅频特性。

5－8　场效应管放大器如图 P5－5 所示，工作点在恒流区时，场效应管的转移特性为

$$i_D=10\left(1+\frac{u_{GS}}{4}\right)^2 \text{ mA}$$

直流电压源 $U_{GG}=-2$ V，调制信号 $u_\Omega=0.5\cos\Omega t$ V，载波 $u_c=1.5\cos\omega_c t$ V，LC 并联谐振回路的谐振频率 $\omega_0=\omega_c$，谐振电阻 $R_e=5$ kΩ，带宽 $BW_{BPF}=2\ \Omega$。计算输出电压 u_o。

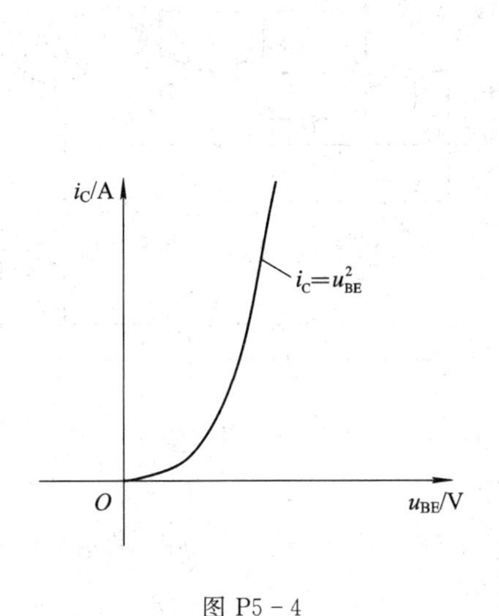

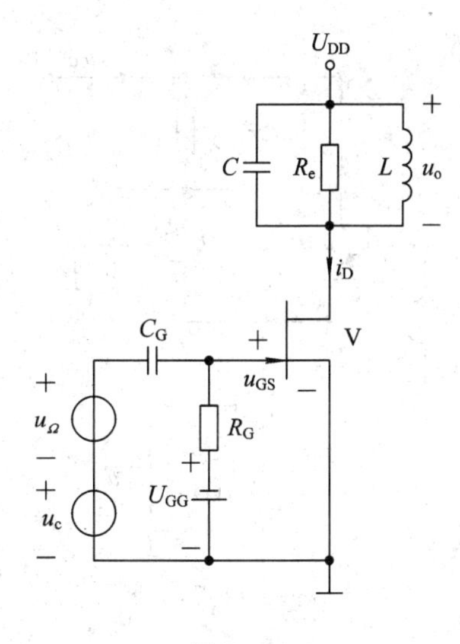

图 P5－4　　　　图 P5－5

5－9　振幅调制电路框图如图 P5－6(a)所示，输入电压 $u_1=2\cos 200\pi t$ V，u_2 波形如图 P5－6(b)所示。

(1) 画出乘法器的输出电压 u_{o1} 的波形和频谱。

(2) 为了获得载频为 1500 kHz 的调幅信号，在 u_{o1} 的频谱图上定性画出带通滤波器的幅频特性，写出输出电压 u_o 的表达式。

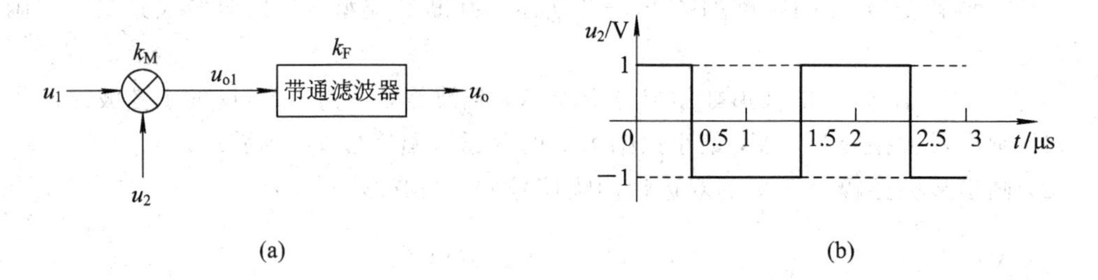

图 P5-6

5-10　差分对放大器如图 P5-7 所示，载波 $u_c=100\cos(10\pi\times10^6t)$ mV，调制信号 $u_\Omega=5\cos(2\pi\times10^3t)$ V，LC 并联谐振回路的谐振频率 $\omega_0=10\pi\times10^6$ rad/s，谐振电阻 $R_e=2$ kΩ，带宽 $BW_{BPF}=4\pi\times10^3$ rad/s，晶体管的导通电压 $U_{BE(on)}=0.7$ V，其他参数如图中所示。计算输出电压 u_o。

5-11　双差分对放大器如图 P5-8 所示，当输入电压 u_{i1} 和 u_{i2} 分别为载波 $u_c=U_{cm}\cos\omega_ct$ 和调制信号 $u_\Omega=U_{\Omega m}\cos\Omega t$ 时，输出电流 i_o 包含哪些频率分量？输出电压 u_o 是什么样的振幅调制信号？对滤波器的要求是什么？如果对调 u_c 和 u_Ω 的位置，结果又如何？

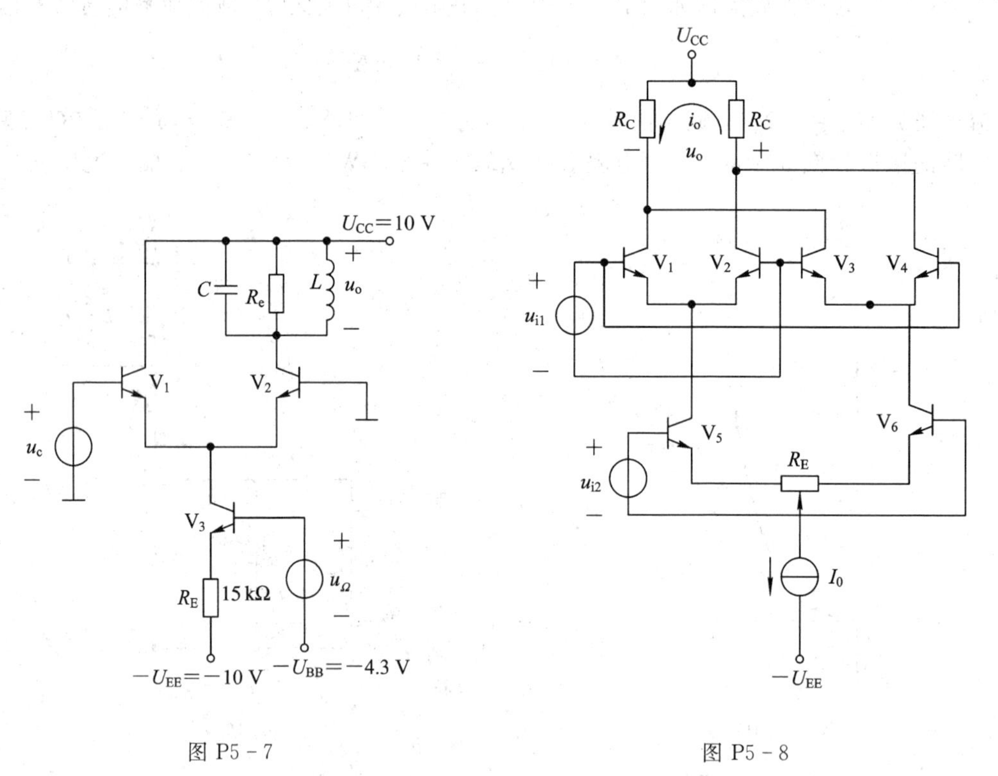

图 P5-7　　　　图 P5-8

5-12　图 P5-9 给出了四个二极管电路，载波 u_c 的振幅 U_{cm} 远大于调制信号 u_Ω 的振幅 $U_{\Omega m}$，u_c 和 u_Ω 的频率满足 $\omega_c\gg\Omega$。写出每个电路输出电压 u_o 的表达式，判断它们是否能够实现振幅调制。

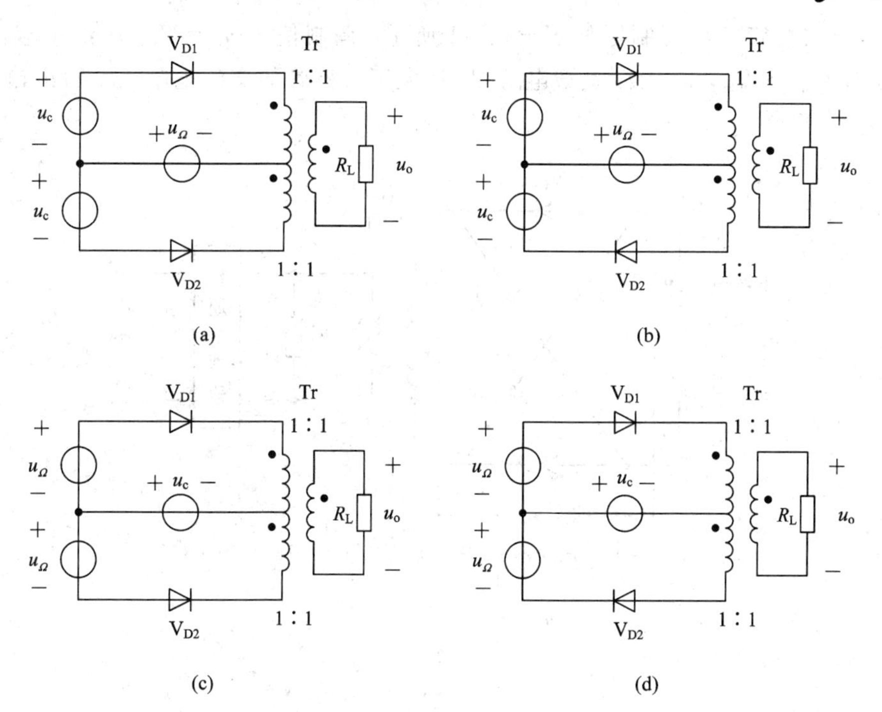

图 P5-9

5-13 图 P5-10 给出了四个二极管电路，载波 u_c 的振幅 U_{cm} 远大于调制信号 u_Ω 的振幅 $U_{\Omega m}$，u_c 和 u_Ω 的频率满足 $\omega_c \gg \Omega$。写出每个电路输出电压 u_o 的表达式，判断它们是否能够实现振幅调制。

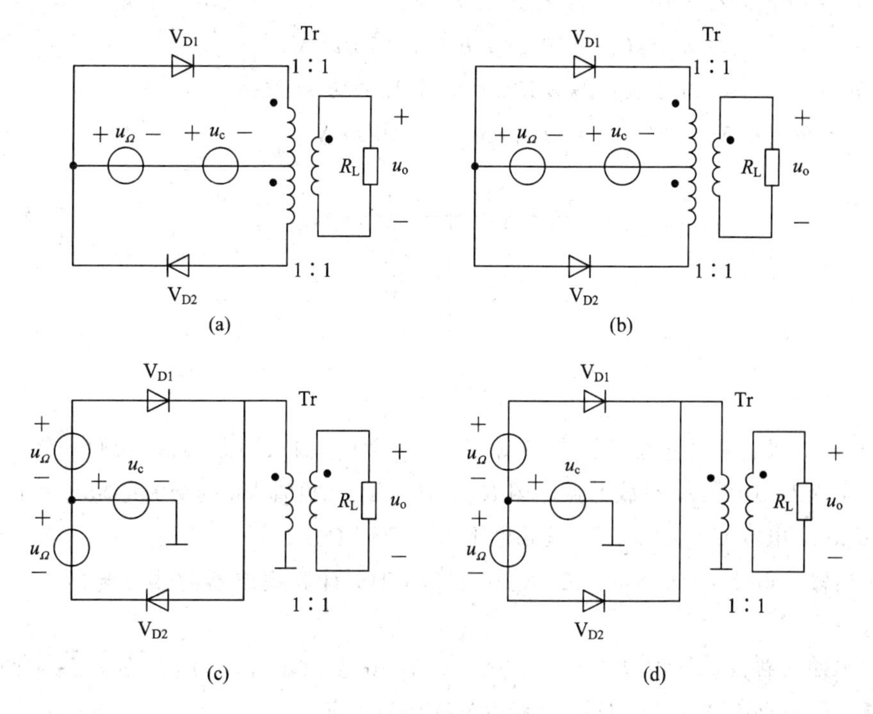

图 P5-10

5－14　二极管环形调制器如图 P5－11 所示，调制信号 $u_{\Omega}=U_{\Omega m}\cos\Omega t$，载波 $u_c=U_{cm}\cos\omega_c t$，$U_{cm}\gg U_{\Omega m}$，$\omega_c\gg\Omega$，负载电阻 R_L 远大于二极管的交流电阻 r_D。写出输出电压 u_o 的表达式。

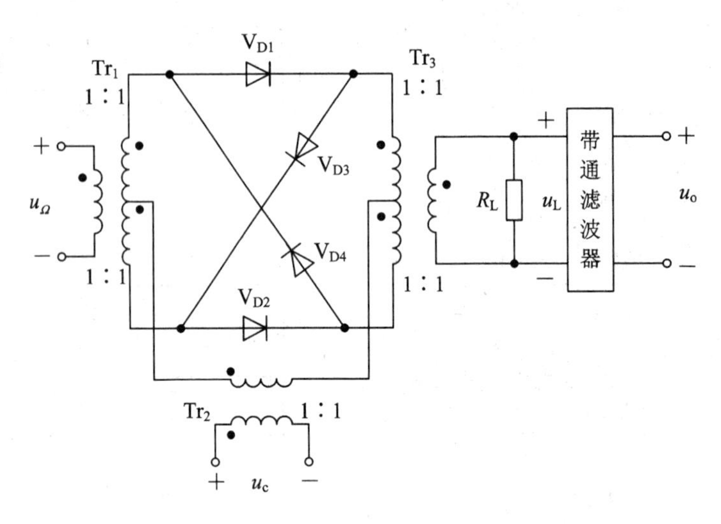

图 P5－11

5－15　二极管峰值包络检波器如图 P5－12 所示，计算以下输入电压获得的输出电压 u_o，并定性画出其波形。

(1) $u_i=10\cos(2\pi\times10^7 t)$ V；

(2) $u_i=10\cos(2\pi\times10^3 t)\cos(2\pi\times10^7 t)$ V；

(3) $u_i=6\times[1+0.5\cos(2\pi\times10^3 t)]\cos(2\pi\times10^7 t)$ V；

(4) $u_i=-6\times[1+0.5\cos(2\pi\times10^3 t)]\cos(2\pi\times10^7 t)$ V；

(5) $u_i=6\times[0.5+\cos(2\pi\times10^3 t)]\cos(2\pi\times10^7 t)$ V。

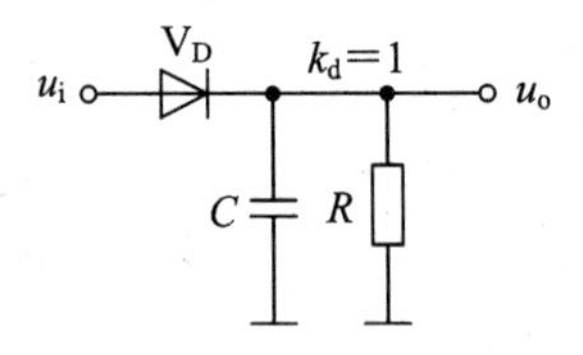

图 P5－12

5－16　二极管峰值包络检波器如图 P5－13 所示，输入回路的谐振频率 $f_0=10^6$ Hz，带宽 $BW_{BPF}\gg2\times10^3$ Hz，空载谐振电阻 $R_{e0}=10$ kΩ，二极管 V_D 的交流电阻 $r_D=100$ Ω，电阻 $R=10$ kΩ，电容 $C=0.01$ μF，负载电阻 $R_L=15$ kΩ。

(1) 当输入电流 $i_i=0.5\cos(2\pi\times10^6 t)$ mA 时，计算检波器的输入电压 u_i 和输出电压 u_o。

(2) 当输入普通调幅信号 $i_i=i_{AM}=0.5\times[1+0.5\cos(2\pi\times10^3 t)]\cos(2\pi\times10^6 t)$ mA 时，计算 u_o，判断会不会发生惰性失真或负峰切割失真。

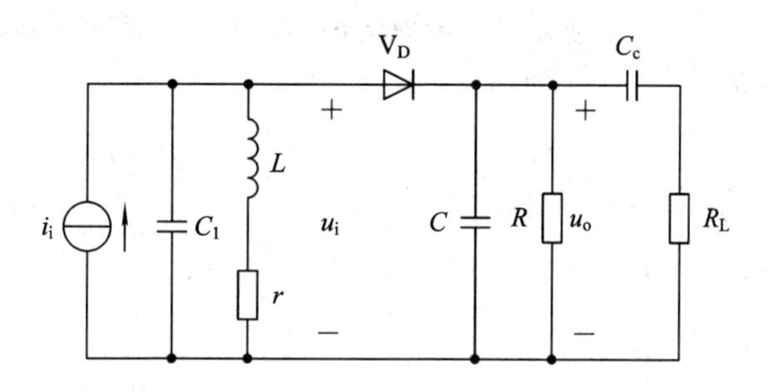

图 P5-13

5-17　并联型二极管包络检波器如图 P5-14 所示，输入回路的谐振频率 $f_0=10^7$ Hz，带宽 $BW_{BPF}\gg 2\times 10^4$ Hz，空载谐振电阻 $R_{e0}=5$ kΩ，二极管 V_D 的交流电阻 $r_D\approx 0$，电阻 $R_1=10$ kΩ，$R_2=10$ kΩ，输入电流 $i_i=i_{AM}=3\times[1+0.6\sin(2\pi\times 10^4 t)]\cos(2\pi\times 10^7 t)$ mA。计算输出电压 u_o。

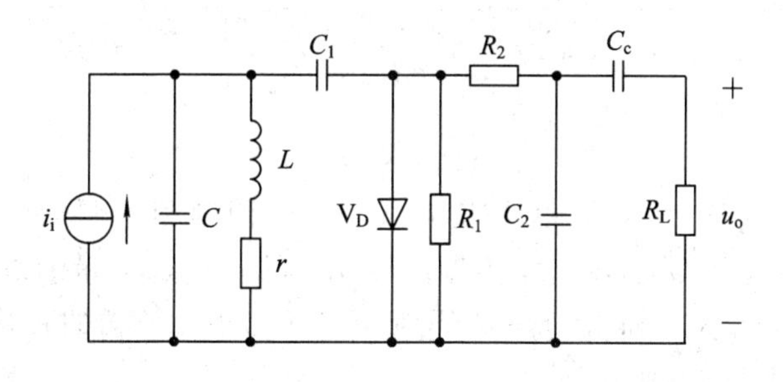

图 P5-14

5-18　图 P5-15 所示为两个二极管检波器，其中 u_s 为调幅信号，u_l 为本振信号。

(1) 分析电路能否实现同步检波。

(2) 当 $u_l=0$ 时，分析电路能否实现包络检波。

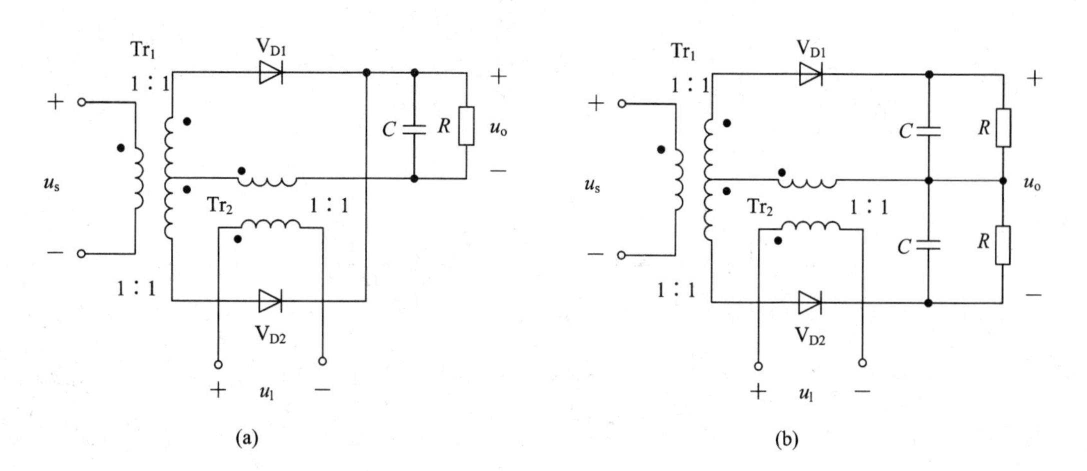

图 P5-15

5-19　图 P5-16(a)所示为双边带调幅信号的调制和解调的电路框图，调制信号 $u_\Omega=U_{\Omega m}\cos\Omega t$，载波和本振信号 $u_c=u_l=k_1(\omega_c t)$，带通滤波器和低通滤波器的幅频特性

$H_1(\omega)$和$H_2(\omega)$如图 P5－16(b)所示，不考虑滤波器的相移。写出各级输出电压$u_{o1}\sim u_{o3}$和u_o的表达式并画出波形。

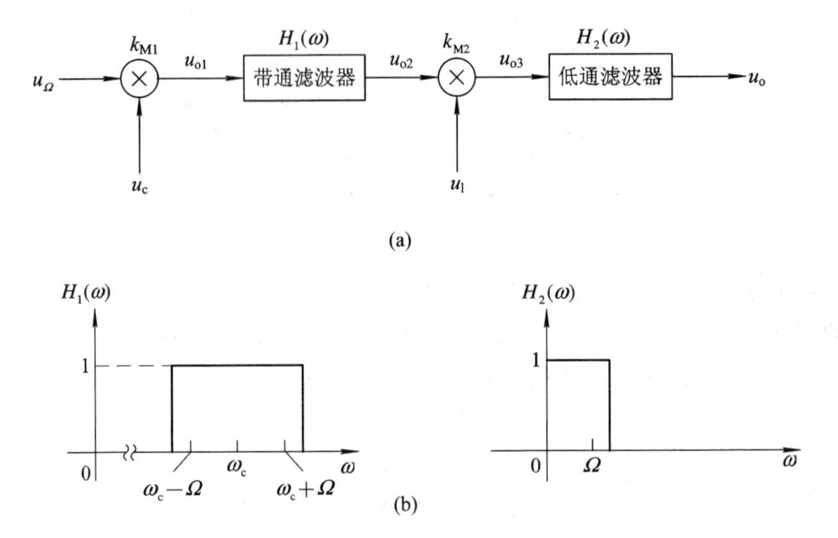

图 P5－16

5－20　图 P5－17(a)所示为单边带调幅信号的调制和解调的电路框图，调制信号$u_\Omega=U_{\Omega m}\cos\Omega t$，载波$u_c=U_{cm}\cos\omega_c t$，本振信号$u_l=U_{lm}\cos\omega_c t$，带通滤波器和低通滤波器的幅频特性$H_1(\omega)$和$H_2(\omega)$如图 P5－17(b)所示，不考虑滤波器的相移。写出各级输出电压$u_{o1}\sim u_{o3}$和u_o的表达式并画出波形。

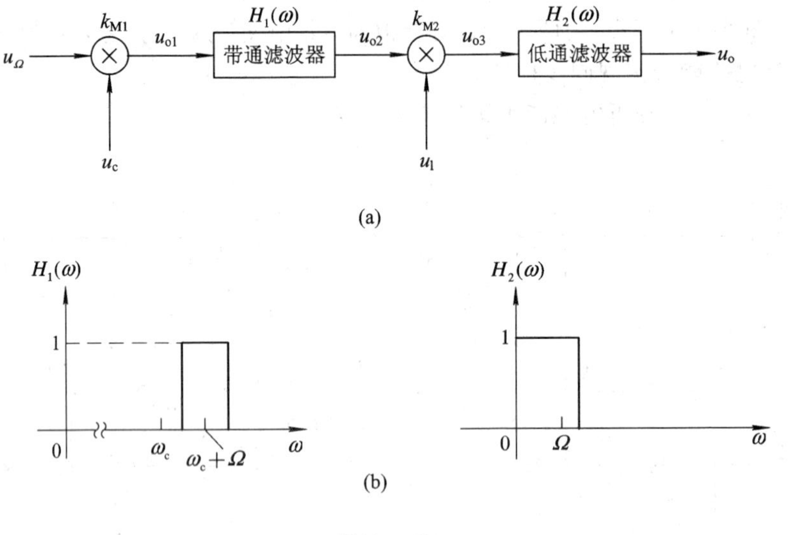

图 P5－17

第六章　混　频

在不改变调制信号信息的前提下，改变已调波的载波频率，这个过程称为混频。如果混频提高了载波的频率，则称为上混频；如果混频降低了载波的频率，则称为下混频。

无线电通信发射机中，可以首先产生中频已调波，再经由上混频提高载波的频率，得到高频已调波，馈入天线系统发射到信道中；接收机则可以首先通过天线和调谐回路得到高频已调波，对其下混频，降低载波的频率，得到中频已调波，经过中频放大后再检波。在信号的无线传输中，也需要在中继过程进行混频，改变已调波的载波频率，以适应不同信道的传输要求。

混频的典型应用为超外差接收机。例如，调幅接收机把 535～1605 kHz 频段内各个电台的调幅信号都下混频为 465 kHz 的中频信号，调频接收机则把 88～108 MHz 频段内各个电台的调频信号都下混频为 10.7 MHz 的中频信号。经过混频后，中频信号频率固定，便于针对该频率设计和优化中频放大器，可以在中频带宽内实现高增益，提高接收机的接收灵敏度。同时，中频信号的带宽相对较大，便于设计选择性较好的滤波器，提高接收机的选择性。另外，适当选择中频频率，能够提高接收机抗组合频率干扰的能力，提高接收质量。

6.1　混频信号

为了论述简明，混频前的已调波，不论是高频已调波还是中频已调波，统一记为 u_s，混频后的已调波统一记为 u_i，其载波频率记为 ω_i。

因为混频不影响调制信号对载波的作用，所以在时域上，如果混频前的已调波 u_s 是普通调幅信号，则混频后的已调波 u_i 的包络线没有变化，只是在包络线约束下的振荡频率（即载波频率）发生了变化，如图 6.1.1(a)所示，在频域上，混频与振幅调制和解调一样，实现频谱的线性搬移，如图 6.1.1(b)所示。混频前后已调波的频谱结构没有变化，只是中心的载波频率发生了改变。

在实现上，用乘法器将混频前的已调波 u_s 与本振信号 u_l 相乘，并通过带通滤波器滤波，就得到混频后的已调波 u_i，u_s 的载波频率 ω_c 和 u_l 的频率 ω_l 的和 $\omega_l+\omega_c$ 或差 $\omega_l-\omega_c$ 就是 u_i 的载波频率 ω_i，如图 6.1.2 所示。根据乘法器相乘的结果 $k_M u_s u_l$ 的频谱，选用其他中心频率 ω_0 的带通滤波器，可以得到其他载波频率的 u_i，如 $\omega_i=3\omega_l\pm\omega_c$。

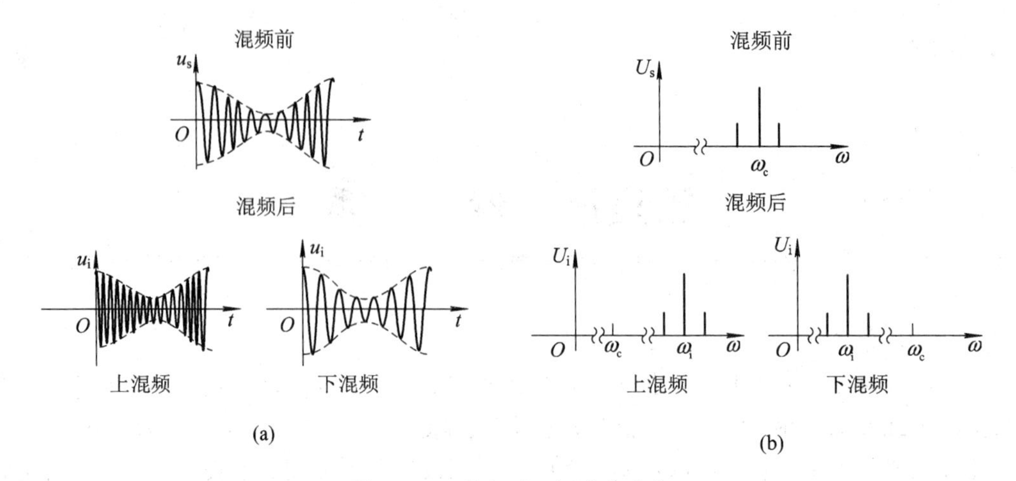

图 6.1.1 混频对已调波的改变

(a) 波形；(b) 频谱

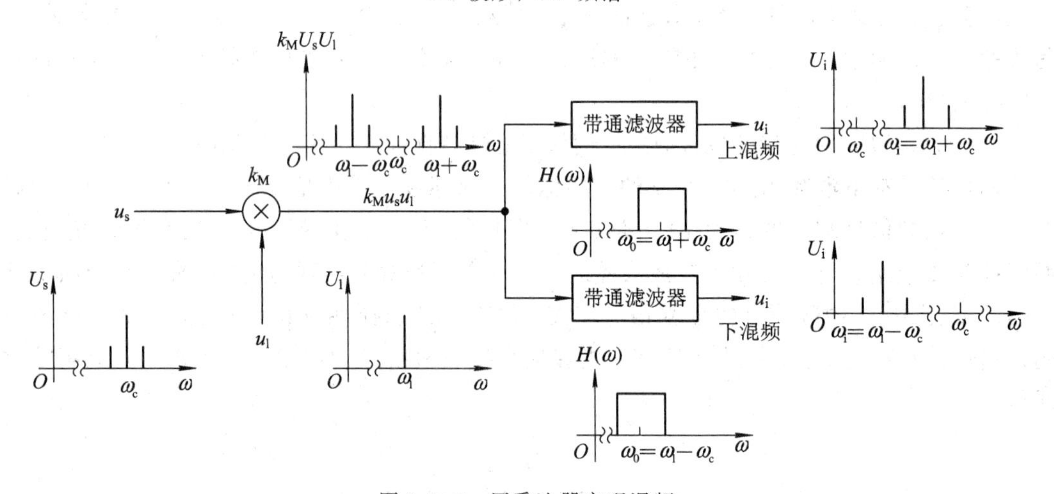

图 6.1.2 用乘法器实现混频

6.2 混 频 原 理

同振幅调制一样，混频用的乘法器可以采用非线性器件或线性时变电路的原理来实现。在接收机中，低噪声放大器送出的高频已调波是小信号，而本振信号相对是大信号，所以混频器的实现主要采用了线性时变电路的原理。

由于混频器位于接收机前端，是接收机噪声的主要来源之一，所以应该选择低噪声器件减少混频器的噪声。考虑到各种器件噪声的频域分布特点，不同信号频段混频器线性时变电路的实现形式不同，在中频和高频频段可以采用模拟乘法器和差分对放大器实现，在高频和甚高频频段可以采用晶体管放大器、场效应管放大器和双栅 MOSFET 放大器实现，在特高频、超高频和极高频频段则可以采用二极管实现。

6.2.1 晶体管放大器混频

晶体管放大器混频的原理电路如图 6.2.1 所示。以下混频为例，设高频已调波 $u_s=$

$u_{sm}\cos\omega_c t$（对普通调幅信号，时变振幅 $u_{sm}=U_{sm}(1+m_a\cos\Omega t)$，对双边带调制信号，$u_{sm}=U_{sm}\cos\Omega t$），本振信号 $u_l=U_{lm}\cos\omega_l t$，$U_{lm}\gg U_{sm}$，晶体管的工作状态取决于 u_l。使 LC 并联谐振回路的谐振频率 $\omega_0=\omega_i=\omega_l-\omega_c$，则集电极电流 i_C 中的中频电流可以滤波产生电压输出，得到中频已调波 u_i。下面确定中频电流。忽略晶体管的输出电压 u_{CE} 的影响，晶体管的转移特性，即 i_C 和晶体管的输入电压 u_{BE} 的关系可以表示为

$$i_C=f(u_{BE})=f(U_{BB}+u_l+u_s)$$

其中，U_{BB} 为基极回路的直流电压源。对 u_s 而言，$U_{BB}+u_l$ 是时变静态工作点 Q 对应的晶体管的输入电压，称为时变静态电压，在其附近将 i_C 展开成有关 u_s 的泰勒级数，并作线性近似，得

$$i_C\approx f(U_{BB}+u_l)+f'(U_{BB}+u_l)u_s=I_0(t)+g(t)u_s \tag{6.2.1}$$

式中，$I_0(t)$ 为时变静态电流，而 $g(t)$ 为时变电导，它们分别是 u_s 为零、交流输入电压仅有直流偏置电压和本振信号时有源器件的输出电流和交流跨导。

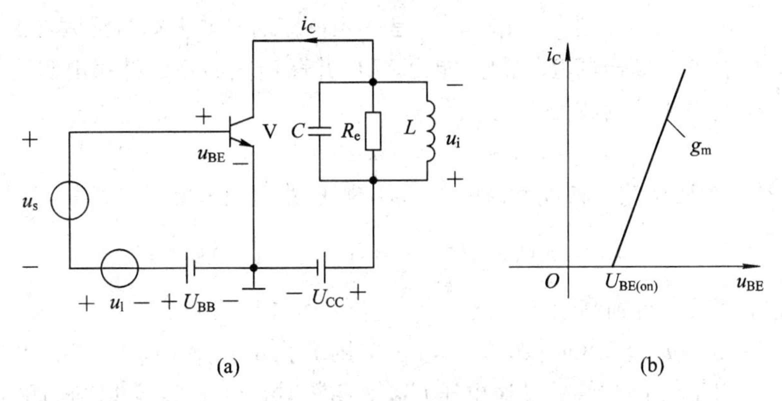

图 6.2.1　晶体管放大器混频

$I_0(t)$ 和 $g(t)$ 的波形如图6.2.2 所示，可以分别利用晶体管的转移特性和跨导特性，根据 u_l 的波形几何投影得到。

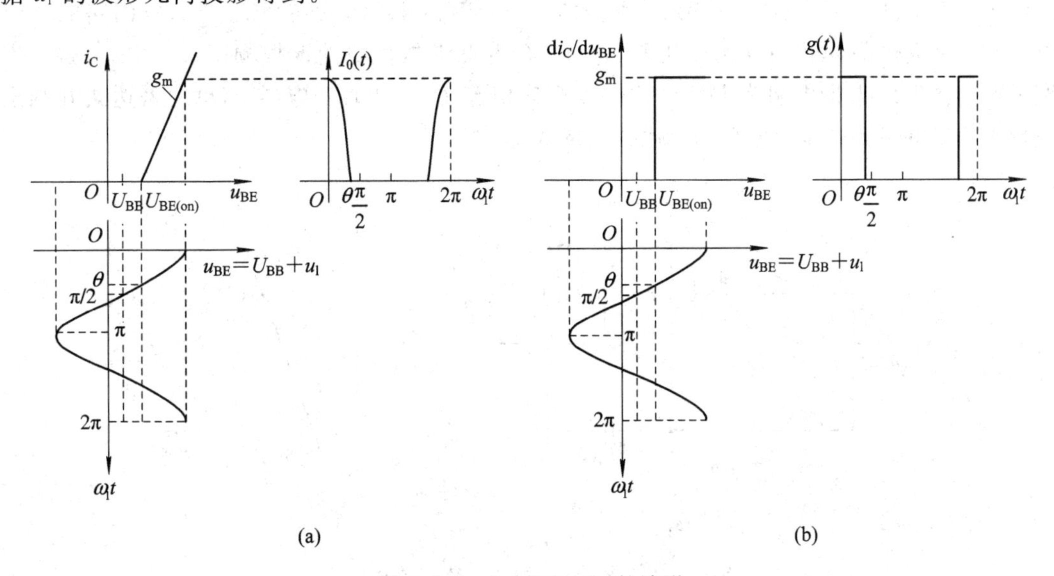

图 6.2.2　$I_0(t)$ 和 $g(t)$ 的波形

导通时，晶体管的转移特性曲线可以近似为直线，斜率为交流跨导 g_m，这时 $I_0(t)$为余弦脉冲，而 $g(t)$为矩形脉冲，通角都是 θ。进一步把 $g(t)$展开成傅立叶级数：

$$g(t) = g_0 + g_1 \cos\omega_l t + g_2 \cos2\omega_l t + \cdots$$

其中，各个频率分量的振幅分别为

$$g_0 = \frac{1}{2\pi}\int_{-\theta}^{\theta} g_m \, d\omega_l t = \frac{g_m\theta}{\pi}$$

$$g_n = \frac{1}{\pi}\int_{-\theta}^{\theta} g_m \cos n\omega_l t \, d\omega_l t = \frac{2g_m \sin n\theta}{n\pi} \quad (n = 1,\ 2,\ 3,\ \cdots)$$

将 $g(t)$的展开式代入式(6.2.1)，得

$$i_C = I_0(t) + g_0 u_s + g_1 u_s \cos\omega_l t + g_2 u_s \cos2\omega_l t + \cdots$$

其中，$g_1 u_s \cos\omega_l t = g_1 u_{sm} \cos\omega_c t \cos\omega_l t$ 产生中频电流：

$$i_i = \frac{1}{2} g_1 u_{sm} \cos(\omega_l - \omega_c)t = i_{im} \cos\omega_i t$$

记混频跨导 $g_c = g_1/2$，则 $g_c = i_{im}/u_{sm}$，是中频电流的时变振幅与混频前的已调波的时变振幅之比，代表了混频器的互导放大能力。LC 并联谐振回路的谐振电阻为 R_e，设其带宽 $BW_{BPF} \gg 2\Omega$，则中频已调波为

$$u_i = R_e i_i = R_e i_{im} \cos\omega_i t = u_{im} \cos\omega_i t$$

如果 u_s 是中频已调波，取 $\omega_0 = \omega_i = \omega_l + \omega_c$，则电路实现上混频。其中，高频电流：

$$i_i = \frac{1}{2} g_1 u_{sm} \cos(\omega_l + \omega_c)t = i_{im} \cos\omega_i t$$

其余结果表达式不变，得到高频已调波 u_i。

如果取 $\omega_0 = \omega_i = n\omega_l \pm \omega_c (n = 2,\ 3,\ 4,\ \cdots)$，则 i_i 由 $g_n u_s \cos n\omega_l t$ 产生，此时应取 $g_c = g_n/2$ 计算 i_{im}。当 U_{BB}和晶体管的导通电压 $U_{BE(on)}$ 相等时，$\theta = \pi/2$，可以利用单向开关函数，直接获得 i_C 经过两次级数展开的表达式，从而简化分析过程。

【例 6.2.1】 晶体管放大器上混频电路和晶体管的转移特性如图 6.2.3 所示。中频已调波 $u_s = U_{sm}(1 + m_a \cos\Omega t) \cos\omega_c t$，本振信号 $u_l = U_{lm} \cos\omega_l t$，$U_{lm} \gg U_{sm}$，基极回路的直流电压源 U_{BB} 提供晶体管的导通电压 $U_{BE(on)}$，LC 并联谐振回路的谐振频率 $\omega_0 = 3\omega_l + \omega_c$，带宽 $BW_{BPF} \gg 2\Omega$，谐振电阻为 R_e。写出时变静态电流 $I_0(t)$和时变电导 $g(t)$的表达式并画出波形，写出混频跨导 g_c 和高频已调波 u_i 的表达式。

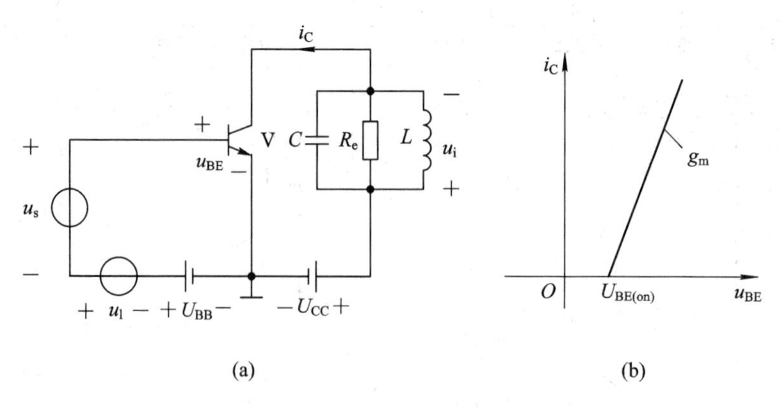

图 6.2.3 晶体管上混频电路和转移特性

解：因为 $U_{BB}=U_{BE(on)}$，所以在 $U_{lm}\gg U_{sm}$ 的条件下，晶体管的工作状态近似取决于 u_l 的正负。利用单向开关函数 $k_1(\omega_l t)$，集电极电流：

$$\begin{aligned}i_C &= g_m(u_{BE}-U_{BE(on)})k_1(\omega_l t) = g_m(U_{BB}+u_l+u_s-U_{BE(on)})k_1(\omega_l t)\\ &= g_m(u_l+u_s)k_1(\omega_l t) = g_m u_l k_1(\omega_l t)+g_m u_s k_1(\omega_l t)\\ &= I_0(t)+g(t)u_s \end{aligned}\tag{6.2.2}$$

其中：

$$I_0(t) = g_m u_l k_1(\omega_l t)$$
$$g(t) = g_m k_1(\omega_l t)$$

它们的波形如图 6.2.4 所示。

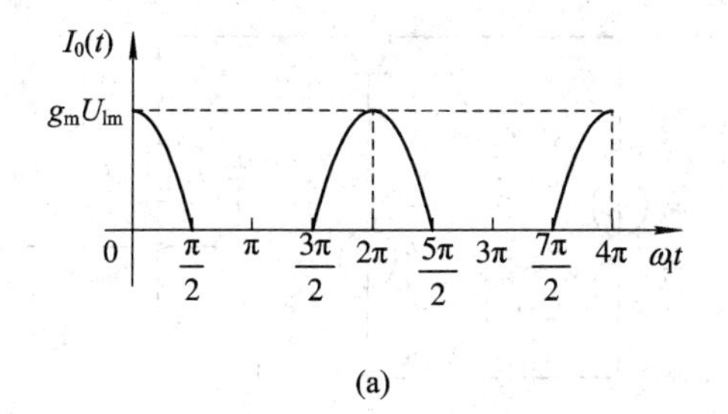

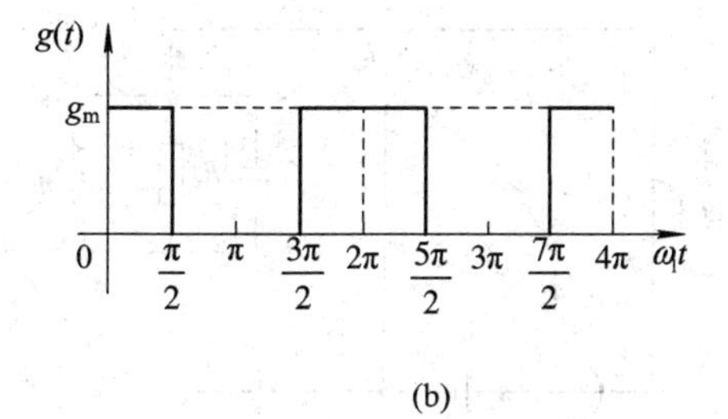

图 6.2.4　$I_0(t)$和 $g(t)$的波形

将 $k_1(\omega_l t)$的展开式代入式(6.2.2)，得：

$$i_C = I_0(t)+g_m\left(\frac{1}{2}+\frac{2}{\pi}\cos\omega_l t-\frac{2}{3\pi}\cos 3\omega_l t+\cdots\right)u_{sm}\cos\omega_c t$$

其中，时变振幅 $u_{sm}=U_{sm}(1+m_a\cos\Omega t)$。经过 LC 回路的滤波，i_C 中只有在 ω_0 附近的频率分量构成的高频电流生成有效电压，输出高频已调波。高频频率 $\omega_i=\omega_0=3\omega_l+\omega_c$，不难找到，$i_C$ 表达式中第二项的 g_m、$-(2/3\pi)\cos 3\omega_l t$ 和 $u_{sm}\cos\omega_c t$ 相乘产生高频电流，其时变振幅：

$$i_{im} = \frac{1}{2}g_m\left(-\frac{2}{3\pi}\right)u_{sm} = -\frac{1}{3\pi}g_m u_{sm}$$

混频跨导：

$$g_c = \frac{i_{im}}{u_{sm}} = -\frac{1}{3\pi}g_m$$

高频已调波：

$$u_i = R_e i_{im}\cos\omega_i t = R_e\left(-\frac{1}{3\pi}\right)g_m u_{sm}\cos\omega_i t$$

$$= -\frac{1}{3\pi}R_e g_m U_{sm}(1+m_a\cos\Omega t)\cos(3\omega_l+\omega_c)t$$

根据晶体管放大器的组态以及已调波和本振信号的输入位置，常用的晶体管混频电路有四种基本结构，如图 6.2.5 所示。图 6.2.5(a)和图(b)中，混频前的已调波 u_s 从基极输入，对其而言，电路为共发射极放大器，频率较低时，混频增益较大，输入阻抗也较大，因此在 u_s 频率较低时适用。u_s 频率较高时，需要用高频时混频增益和输入阻抗都较大的共基极放大器，如图 6.2.5(c)和图(d)所示。图 6.2.5(a)和图(c)中，u_s 和本振信号 u_l 直接耦合，当二者频率相对接近时，频率牵引现象比较严重，u_l 的频率受到 u_s 的干扰而发生变化，此时应该采用图(b)和图(d)的接法，从晶体管的另一个输入端引入 u_l。

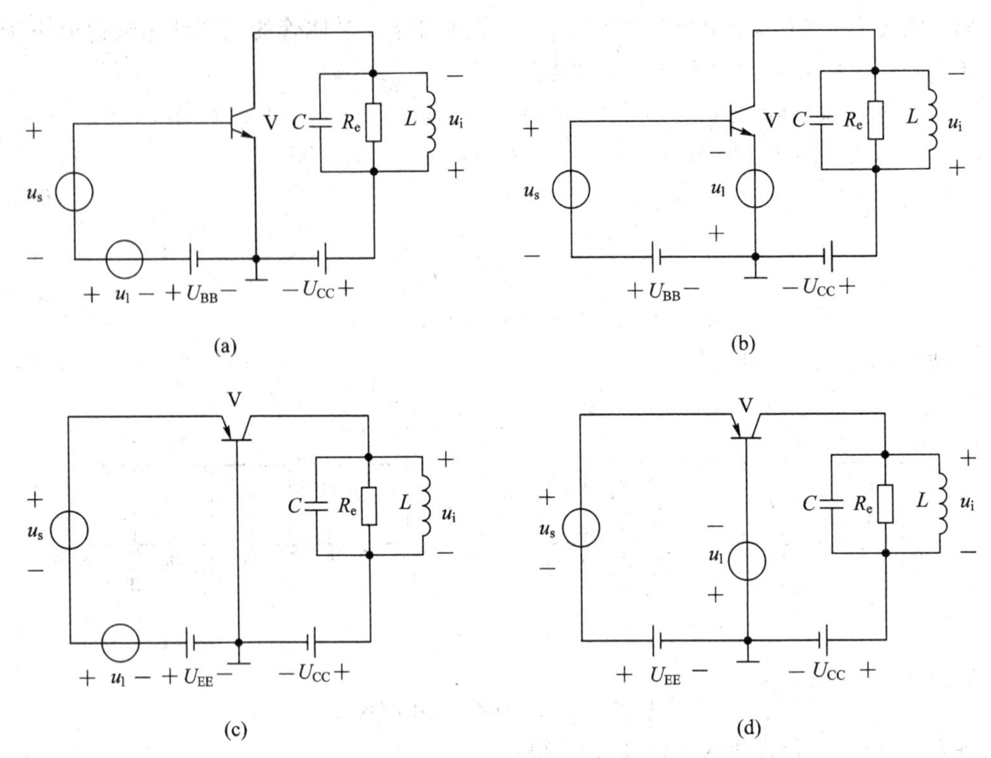

图 6.2.5　晶体管混频电路的基本结构

(a) 共发射极混频电路，u_s 和 u_l 耦合输入；(b) 共发射极混频电路，u_s 和 u_l 分别输入；

(c) 共基极混频电路，u_s 和 u_l 耦合输入；(d) 共基极混频电路，u_s 和 u_l 分别输入

6.2.2　场效应管放大器混频

作为平方律器件，场效应管混频漏极电流的泰勒级数展开式中没有关于已调波的高阶项，消除了高阶项产生的无用频率分量造成的失真。图 6.2.6 所示的原理电路中，场效应管的漏极电流：

$$i_D = f(u_{GS}) = f(U_{GG} + u_l + u_s)$$

其中，U_{GG} 为栅极回路的直流电压源。在时变静态电压 $U_{GG} + u_l$ 附近对 i_D 作基于泰勒级数

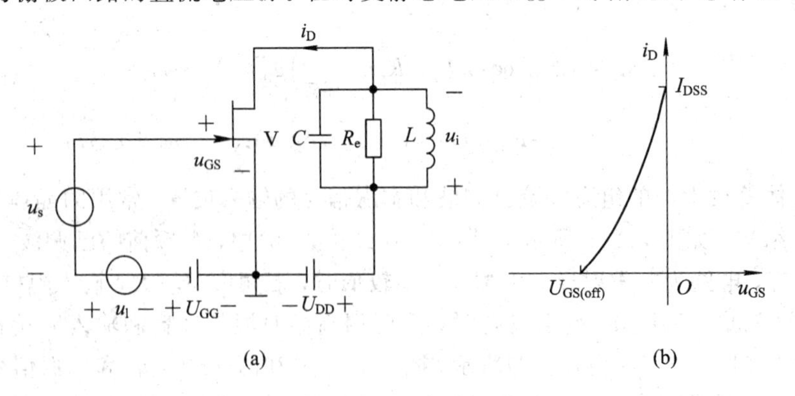

图 6.2.6　场效应管放大器混频

展开的线性近似，有

$$i_D \approx f(U_{GG}+u_l)+f'(U_{GG}+u_l)u_s = I_0(t)+g(t)u_s$$

场效应管的转移特性呈平方律，而跨导特性则呈线性。u_l 的波形经过几何投影得到的 $I_0(t)$ 和 $g(t)$ 的波形如图 6.2.7 所示。

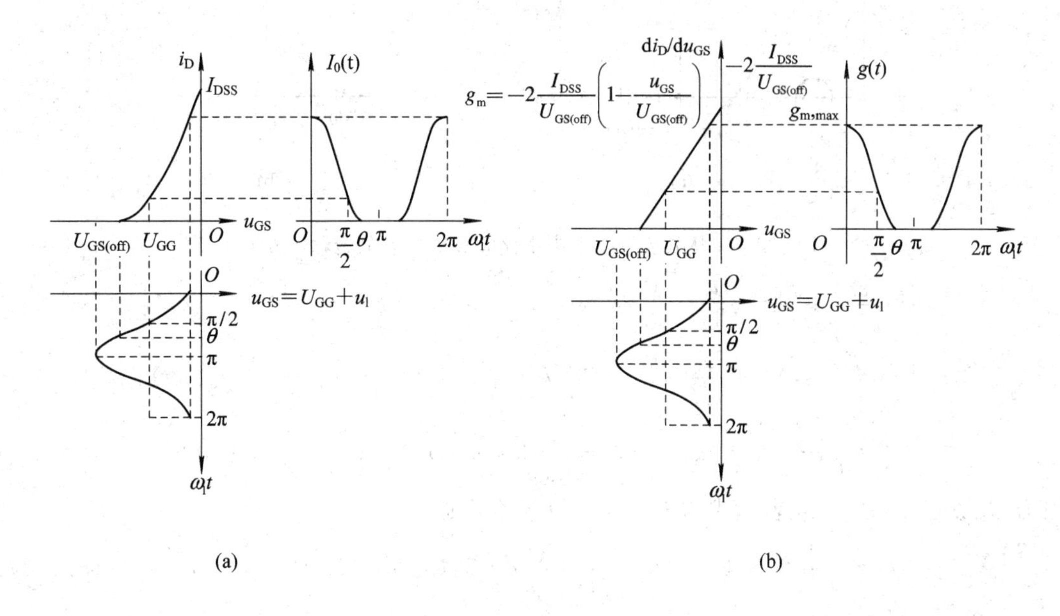

图 6.2.7　$I_0(t)$ 和 $g(t)$ 的波形

场效应管的 $g(t)$ 为余弦脉冲，通角为 θ。$g(t)$ 的表达式为

$$g(t) = g_{m,\max}\frac{\cos\omega_l t-\cos\theta}{1-\cos\theta}$$

利用余弦脉冲分解系数，可以得到 $g(t)$ 中各个频率分量的振幅：

$$g_n = g_{m,\max}\alpha_n(\theta)\quad (n=0,1,2,\cdots)$$

取混频跨导 $g_c=\frac{g_n}{2}=\frac{g_{m,\max}\alpha_n(\theta)}{2}(n=1,2,3,\cdots)$，则可以在 $\omega_0=\omega_i=n\omega_l\pm\omega_c$ 处取出中频电流或高频电流：

$$i_i = g_c u_{sm}\cos(n\omega_l\pm\omega_c)t=\frac{1}{2}g_{m,\max}\alpha_n(\theta)u_{sm}\cos(n\omega_l\pm\omega_c)t=i_{im}\cos\omega_i t$$

进而得到中频已调波或高频已调波 u_i。同晶体管混频一样，当 $U_{GG}=U_{GS(off)}$ 时，可以利用单向开关函数直接写出 i_D 的表达式。

【例 6.2.2】 场效应管放大器下混频电路和场效应管的转移特性如图 6.2.8 所示。高频已调波 $u_s=U_{sm}\cos\Omega t\cos\omega_c t$，本振信号 $u_l=U_{lm}\cos\omega_l t$，$U_{lm}\gg U_{sm}$，栅极回路的直流电压源 U_{GG} 提供场效应管的夹断电压 $U_{GS(off)}$，LC 并联谐振回路的谐振频率 $\omega_0=\omega_l-\omega_c$，带宽 $BW_{BPF}\gg 2\Omega$，谐振电阻为 R_e。写出时变静态电流 $I_0(t)$ 和时变电导 $g(t)$ 的表达式并画出波形，写出混频跨导 g_c 和中频已调波 u_i 的表达式。

解：因为 $U_{GG}=U_{GS(off)}$，所以在 $U_{lm}\gg U_{sm}$ 的条件下，场效应管的工作状态近似取决于 u_l 的正负。利用单向开关函数 $k_1(\omega_l t)$，漏极电流：

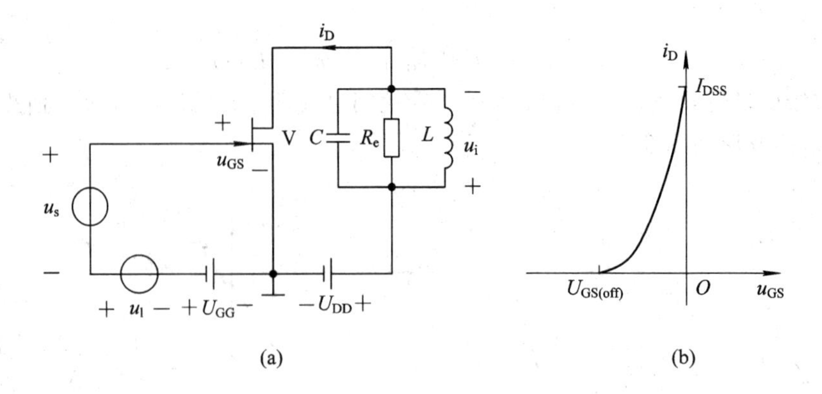

图 6.2.8 场效应管下混频电路和场效应管的转移特性

$$
\begin{aligned}
i_D &= I_{DSS}\left(1-\frac{u_{GS}}{U_{GS(off)}}\right)^2 k_1(\omega_1 t)\\
&= I_{DSS}\left(1-\frac{U_{GG}+u_1+u_s}{U_{GS(off)}}\right)^2 k_1(\omega_1 t) = I_{DSS}\left(-\frac{u_1+u_s}{U_{GS(off)}}\right)^2 k_1(\omega_1 t)\\
&= \frac{I_{DSS}}{U_{GS(off)}^2}u_1^2 k_1(\omega_1 t) + 2\frac{I_{DSS}}{U_{GS(off)}^2}u_1 u_s k_1(\omega_1 t) + \frac{I_{DSS}}{U_{GS(off)}^2}u_s^2 k_1(\omega_1 t)
\end{aligned}
$$

因为 $U_{lm} \gg U_{sm}$，所以 i_D 表达式的第三项可以忽略，则

$$
i_D \approx \frac{I_{DSS}}{U_{GS(off)}^2}u_1^2 k_1(\omega_1 t) + 2\frac{I_{DSS}}{U_{GS(off)}^2}u_1 u_s k_1(\omega_1 t) = I_0(t) + g(t)u_s \tag{6.2.3}
$$

其中：

$$
I_0(t) = \frac{I_{DSS}}{U_{GS(off)}^2}u_1^2 k_1(\omega_1 t),\quad g(t) = 2\frac{I_{DSS}}{U_{GS(off)}^2}u_1 k_1(\omega_1 t)
$$

它们的波形如图 6.2.9 所示。

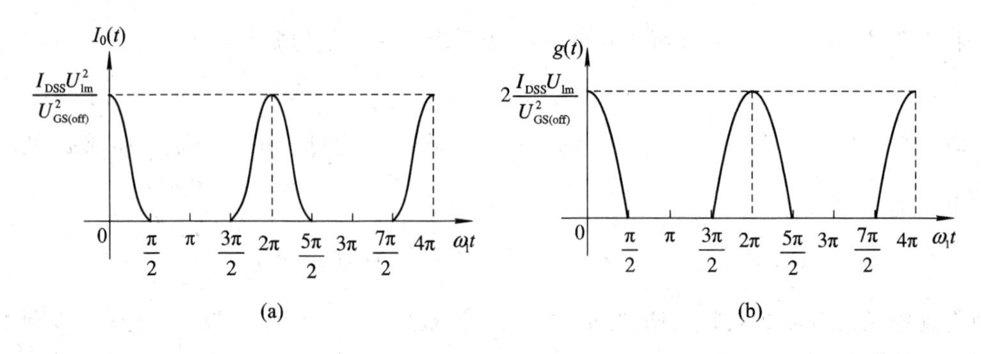

图 6.2.9 $I_0(t)$和 $g(t)$的波形

将 $u_1 = U_{lm}\cos\omega_1 t$ 和 $k_1(\omega_1 t)$的展开式代入式(6.2.3)，得

$$
i_D = I_0(t) + 2\frac{I_{DSS}}{U_{GS(off)}^2}U_{lm}\cos\omega_1 t\left(\frac{1}{2}+\frac{2}{\pi}\cos\omega_1 t - \frac{2}{3\pi}\cos 3\omega_1 t + \cdots\right)u_{sm}\cos\omega_c t
$$

其中，时变振幅 $u_{sm} = U_{sm}\cos\Omega t$。中频频率 $\omega_i = \omega_0 = \omega_1 - \omega_c$，$i_D$ 表达式中第二项的 $2\left(\frac{I_{DSS}}{U_{GS(off)}^2}\right)U_{lm}\cos\omega_1 t$、$\frac{1}{2}$和 $u_{sm}\cos\omega_c t$ 相乘产生中频电流，其时变振幅：

$$
i_{im} = \frac{1}{2}\times 2\frac{I_{DSS}}{U_{GS(off)}^2}U_{lm}\times\frac{1}{2}u_{sm} = \frac{1}{2}\frac{I_{DSS}}{U_{GS(off)}^2}U_{lm}u_{sm}
$$

混频跨导：

$$g_c = \frac{i_{im}}{u_{sm}} = \frac{1}{2}\frac{I_{DSS}}{U_{GS(off)}^2}U_{lm}$$

中频已调波：

$$u_i = R_e i_{im}\cos\omega_i t = R_e \frac{1}{2}\frac{I_{DSS}}{U_{GS(off)}^2}U_{lm}u_{sm}\cos\omega_i t$$

$$= \frac{1}{2}R_e \frac{I_{DSS}}{U_{GS(off)}^2}U_{lm}U_{sm}\cos\Omega t\cos(\omega_l - \omega_c)t$$

6.2.3 双栅 MOSFET 放大器混频

双栅 MOSFET 有两个栅极，分别用 G_1 和 G_2 表示，其电路符号和转移特性如图 6.2.10(a)所示，漏极电流受到栅源电压 u_{G1S} 和 u_{G2S} 的共同控制，记为 $i_D(u_{G1S}, u_{G2S})$。

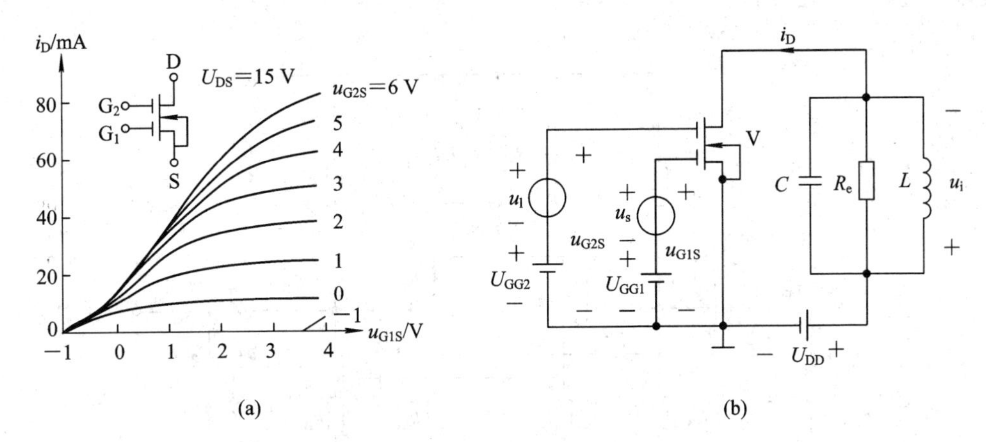

图 6.2.10 双栅 MOSFET 混频

(a) 双栅 MOSFET 的电路符号和转移特性；(b) 原理电路

双栅 MOSFET 混频原理电路如图 6.2.10(b)所示。图中，直流电压源 U_{GG1} 和 U_{GG2} 提供直流静态工作点 Q，保证双栅 MOSFET 工作在恒流区；混频前的已调波 u_s 输入 G_1，本振信号 u_l 输入 G_2。在 Q 附近将 $i_D(u_{G1S}, u_{G2S})$展开成有关 u_s 和 u_l 的泰勒级数，并作二阶近似，得

$$i_D(u_{G1S}, u_{G2S}) \approx i_D(U_{GG1}, U_{GG2}) + \left.\frac{\partial i_D(u_{G1S}, u_{G2S})}{\partial u_{G1S}}\right|_Q u_s + \left.\frac{\partial i_D(u_{G1S}, u_{G2S})}{\partial u_{G2S}}\right|_Q u_l$$
$$+ \frac{1}{2}\left.\frac{\partial^2 i_D(u_{G1S}, u_{G2S})}{\partial u_{G1S}^2}\right|_Q u_s^2 + \frac{1}{2}\left.\frac{\partial^2 i_D(u_{G1S}, u_{G2S})}{\partial u_{G2S}^2}\right|_Q u_l^2$$
$$+ \left.\frac{\partial^2 i_D(u_{G1S}, u_{G2S})}{\partial u_{G1S}\partial u_{G2S}}\right|_Q u_s u_l$$

其中，最后一项包含 $u_s u_l$，代表混频结果，其经 LC 并联谐振回路滤波输出混频后的已调波。

因为漏栅电容很小，所以双栅 MOSFET 混频电路的工作频率较高，而且混频前的已调波和本振信号从两个栅极分别输入，明显减小了二者之间的耦合，不容易发生频率牵引。

晶体管放大器混频和场效应管放大器混频的电路设计中，可以采用平衡对消技术实现平衡混频。

图 6.2.11 所示的晶体管放大器平衡混频原理电路中，晶体管 V_1 和 V_2 的特性相同，导通电压为 $U_{BE(on)}$，交流跨导为 g_m，V_1 和 V_2 发射结的直流偏置电压等于 $U_{BE(on)}$，V_1 的集电极电流：

$$i_{C1}=g_m(u_1-u_s)k_1(\omega_1 t)=g_m u_1 k_1(\omega_1 t)-g_m u_s k_1(\omega_1 t)$$

V_2 的集电极电流：

$$i_{C2}=g_m(-u_1+u_s)k_1(\omega_1 t-\pi)=-g_m u_1 k_1(\omega_1 t-\pi)+g_m u_s k_1(\omega_1 t-\pi)$$

流过 LC 并联谐振回路的输出电流：

$$i_o=i_{C1}+i_{C2}=g_m u_1 k_2(\omega_1 t)-g_m u_s k_2(\omega_1 t)=I_0(t)+g(t)u_s$$

与 i_{C1} 和 i_{C2} 相比，经过平衡对消，i_o 中没有了本振信号和混频前的已调波的频率分量，便于滤波取出混频后的已调波。

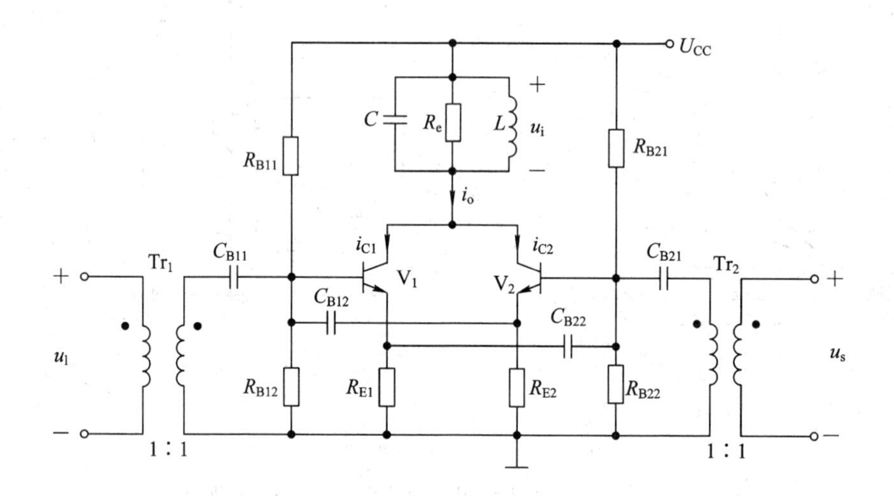

图 6.2.11 晶体管放大器平衡混频

推挽式场效应管放大器混频原理电路如图 6.2.12 所示。图中，结型场效应管 V_1 和 V_2 的特性相同，夹断电压为 $U_{GS(off)}$，饱和电流为 I_{DSS}，栅源直流偏置电压 U_{GG} 等于 $U_{GS(off)}$，V_1 的漏极电流：

$$i_{D1}=I_{DSS}\left(1-\frac{U_{GG}+u_1+u_s}{U_{GS(off)}}\right)^2 k_1(\omega_1 t)\approx\frac{I_{DSS}}{U_{GS(off)}^2}u_1^2 k_1(\omega_1 t)+2\frac{I_{DSS}}{U_{GS(off)}^2}u_1 u_s k_1(\omega_1 t)$$

V_2 的漏极电流：

$$i_{D2}=I_{DSS}\left(1-\frac{U_{GG}+u_1-u_s}{U_{GS(off)}}\right)^2 k_1(\omega_1 t)\approx\frac{I_{DSS}}{U_{GS(off)}^2}u_1^2 k_1(\omega_1 t)-2\frac{I_{DSS}}{U_{GS(off)}^2}u_1 u_s k_1(\omega_1 t)$$

i_{D1} 和 i_{D2} 表达式的第一项代表的两股电流在 LC 并联谐振回路中流向相反，产生的电压反向抵消；i_{D1} 和 i_{D2} 表达式的第二项代表的两股电流流向相同，构成 LC 回路中连续的输出电流：

$$i_o=2\frac{I_{DSS}}{U_{GS(off)}^2}u_1 u_s k_1(\omega_1 t)=g(t)u_s$$

与 i_{D1} 和 i_{D2} 相比，经过平衡对消，i_o 中完全去除了时变静态电流 $I_0(t)$，便于提取混频后的已调波。

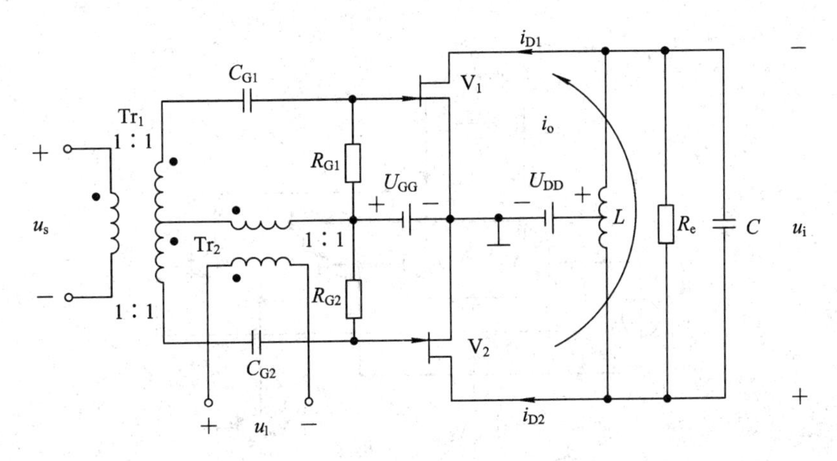

图 6.2.12 推挽式场效应管放大器混频

6.2.4 差分对放大器混频

振幅调制中用到的差分对放大器和双差分对放大器，在输入已调波和本振信号时，也可以实现混频。双端输出时，差分对放大器实现单平衡混频，而双差分对放大器则实现双平衡混频。

双端输出的差分对放大器混频原理电路如图 6.2.13 所示。参考例 5.3.1 可知，输出电流 i_o 与两个输入电压 u_1 和 u_2 的关系为

$$i_o = \frac{u_2 - U_{BE(on)} + U_{EE}}{2R_E}\ \text{th}\frac{u_1}{2U_T}$$

当 $u_1 = u_s = u_{sm}\cos\omega_c t$，$u_2 = u_l = U_{lm}\cos\omega_l t$ 时，如果 u_s 的振幅远小于热电压 U_T，则有

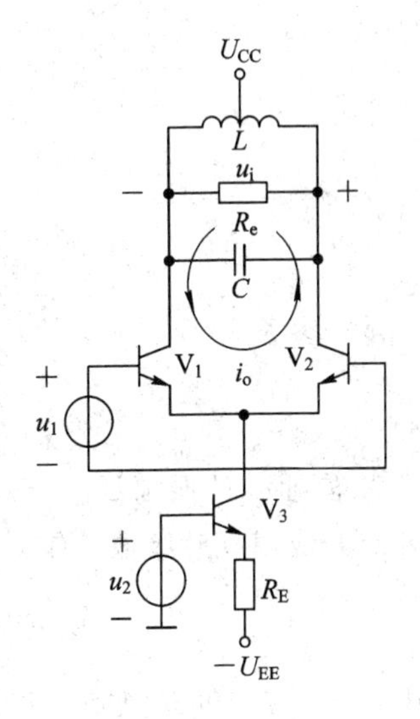

图 6.2.13 差分对放大器混频

$$i_o = \frac{u_l - U_{BE(on)} + U_{EE}}{2R_E}\ \text{th}\frac{u_s}{2U_T} \approx \frac{u_l - U_{BE(on)} + U_{EE}}{2R_E}\ \frac{u_s}{2U_T}$$

$$= \frac{u_l - U_{BE(on)} + U_{EE}}{4R_E U_T}u_s = g(t)u_s$$

如果交换 u_s 和 u_l 的位置，则因为 u_l 的振幅可以远大于 U_T，故有

$$i_o = \frac{u_s - U_{BE(on)} + U_{EE}}{2R_E}\ \text{th}\frac{u_l}{2U_T} \approx \frac{u_s - U_{BE(on)} + U_{EE}}{2R_E}k_2(\omega_l t)$$

$$= \frac{U_{EE} - U_{BE(on)}}{2R_E}k_2(\omega_l t) + \frac{1}{2R_E}k_2(\omega_l t)u_s$$

$$= I_0(t) + g(t)u_s$$

无论是哪种情况，i_o 均流过 LC 并联谐振回路，产生混频后的已调波。

【例 6.2.3】 双端输出的双差分对放大器上混频电路如图 6.2.14 所示。图中，本振信号 $u_l = 52\cos(2\pi \times 965 \times 10^3 t)$ mV，中频已调波 $u_s = 0.1\cos(2\pi \times 175 \times 10^3 t)$ V，电阻

$R_E = 1\ \mathrm{k\Omega}$，$LC$ 并联谐振回路的谐振频率 $f_0 = 1140\ \mathrm{kHz}$，谐振电阻 $R_e = 10\ \mathrm{k\Omega}$。计算高频已调波 u_i。

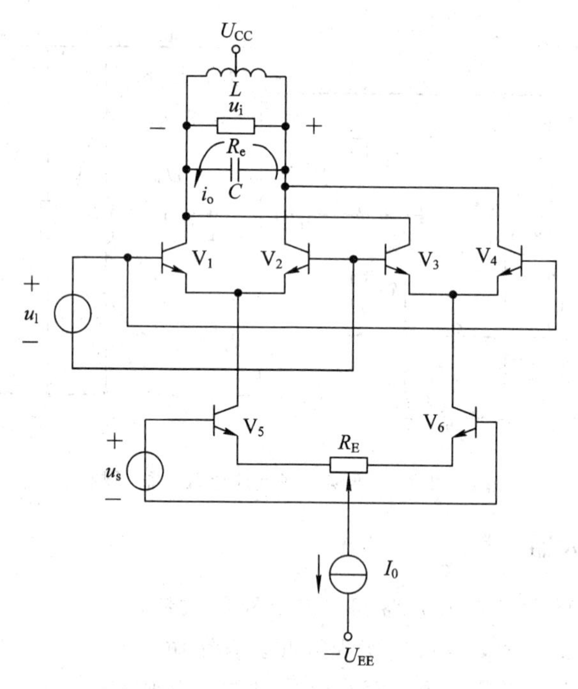

图 6.2.14　双差分对放大器上混频电路

解：参考式(5.3.9)，输出电流：

$$i_o = \frac{u_s}{R_E}\ \mathrm{th}\frac{u_l}{2U_T}$$

考虑到 u_l 的振幅 $U_{lm} = 52\ \mathrm{mV}$ 在 $U_T = 26\ \mathrm{mV}$ 和 $4U_T = 104\ \mathrm{mV}$ 之间，对双曲正切函数需要展开成傅立叶级数，有

$$\mathrm{th}\frac{u_l}{2U_T} = \sum_{n=1}^{\infty}\beta_{2n-1}\left(\frac{U_{lm}}{U_T}\right)\cos[(2n-1)\omega_l t]$$

其中，$\omega_l = 2\pi \times 965 \times 10^3\ \mathrm{rad/s}$，于是

$$i_o = \sum_{n=1}^{\infty}\frac{1}{2}\beta_{2n-1}\left(\frac{U_{lm}}{U_T}\right)\frac{U_{sm}}{R_E}\{\cos[(2n-1)\omega_l + \omega_s]t + \cos[(2n-1)\omega_l - \omega_s]t\}$$

其中，$U_{sm} = 0.1\ \mathrm{V}$，$\omega_s = 2\pi \times 175 \times 10^3\ \mathrm{rad/s}$。由于高频频率 $\omega_i = \omega_0 = 2\pi f_0 = \omega_l + \omega_s$，所以 i_o 中的高频电流：

$$i_i = \frac{1}{2}\beta_1\left(\frac{U_{lm}}{U_T}\right)\frac{U_{sm}}{R_E}\cos(\omega_l + \omega_s)t = 0.0406\cos(2\pi \times 1140 \times 10^3 t)\ \mathrm{mA}$$

高频已调波：

$$\begin{aligned} u_i &= R_e i_i = 10\ \mathrm{k\Omega} \times 0.0406\cos(2\pi \times 1140 \times 10^3 t)\ \mathrm{mA} \\ &= 0.406\cos(2\pi \times 1140 \times 10^3 t)\ \mathrm{V} \end{aligned}$$

6.2.5　二极管混频

晶体管放大器混频、场效应管放大器混频、差分对放大器混频和双差分对放大器混频

都称为有源混频，可以获得混频增益；二极管混频属于无源混频，存在混频损耗。二极管便于构成单平衡混频电路和双平衡混频电路，即环形混频电路，通过平衡对消技术，减少无用频率分量。

图 5.3.20 所示的二极管调幅原理电路中，把调制信号 u_Ω 和载波 u_c 分别换成混频前的已调波 u_s 和本振信号 u_l，就构成了二极管混频原理电路，如图 6.2.15 所示。

在 $U_{lm} \gg U_{sm}$，并忽略混频后的已调波反作用的前提下，二极管 V_D 的导通和截止近似取决于 u_l 的正负。忽略 V_D 的导通电压，V_D 的交流电阻为 r_D，设带通滤波器的输入电阻已并联折算入负载电阻 R_L，则 R_L 中的电流：

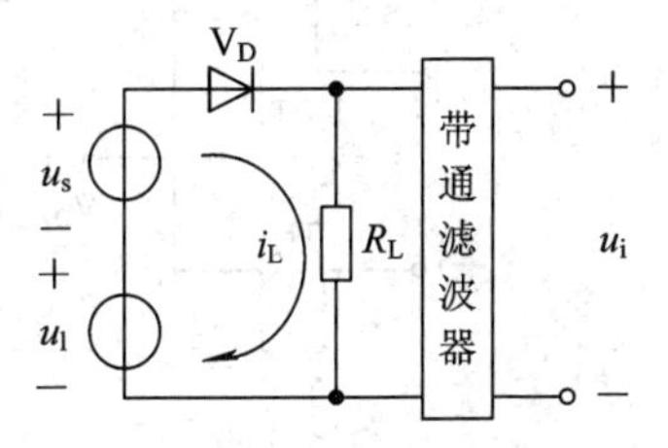

图 6.2.15　二极管混频

$$
\begin{aligned}
i_L &\approx \frac{u_s + u_l}{R_L + r_D} k_1(\omega_l t) \\
&= \frac{1}{R_L + r_D} k_1(\omega_l t) u_l + \frac{1}{R_L + r_D} k_1(\omega_l t) u_s \\
&= I_0(t) + g(t) u_s
\end{aligned}
\tag{6.2.4}
$$

其中：
$$I_0(t) = \frac{1}{R_L + r_D} k_1(\omega_l t) u_l, \quad g(t) = \frac{1}{R_L + r_D} k_1(\omega_l t)$$

把 $k_1(\omega_l t)$ 的展开式代入式(6.2.4)，得

$$
\begin{aligned}
i_L \approx &\frac{1}{R_L + r_D}\left(\frac{1}{2} + \frac{2}{\pi}\cos\omega_l t - \frac{2}{3\pi}\cos 3\omega_l t + \cdots\right) U_{lm}\cos\omega_l t \\
&+ \frac{1}{R_L + r_D}\left(\frac{1}{2} + \frac{2}{\pi}\cos\omega_l t - \frac{2}{3\pi}\cos 3\omega_l t + \cdots\right) u_{sm}\cos\omega_c t
\end{aligned}
\tag{6.2.5}
$$

因为 i_L 中包含许多频率分量，所以为了得到混频后的已调波，需要用带通滤波器滤波。以上混频为例，设带通滤波器的中心频率为高频频率，即 $\omega_0 = \omega_i = \omega_l + \omega_c$，则高频电流的时变振幅：

$$i_{im} = \frac{1}{2} \frac{1}{R_L + r_D} \frac{2}{\pi} u_{sm} = \frac{1}{\pi} \frac{1}{R_L + r_D} u_{sm}$$

高频已调波：

$$u_i = k_F R_L i_{im} \cos\omega_i t = \frac{1}{\pi} k_F \frac{R_L}{R_L + r_D} u_{sm} \cos(\omega_l + \omega_c) t$$

其中，k_F 为滤波器的增益。

【例 6.2.4】 二极管平衡下混频电路如图 6.2.16(a)所示，已知高频已调波为 $u_s = U_{sm}(1 + m_a \cos\Omega t)\cos\omega_c t$，本振信号 $u_l = U_{lm}\cos\omega_l t$，$U_{lm} \gg U_{sm}$，带通滤波器的中心频率即中频频率 $\omega_0 = \omega_i = 3\omega_l - \omega_c$。写出中频已调波 u_i 的表达式。

解：不考虑带通滤波器时，原电路的等效电路如图 6.2.16(b)所示。设二极管 V_{D1} 和 V_{D2} 的交流电阻为 r_D。当 $u_l > 0$ 时，V_{D1} 导通，V_{D2} 截止，R_L 中的电流：

$$i_L = \frac{u_s + u_l}{R_L + r_D}$$

当 $u_l < 0$ 时，V_{D1} 截止，V_{D2} 导通，R_L 中的电流：

$$i_L = \frac{-u_s + u_l}{R_L + r_D}$$

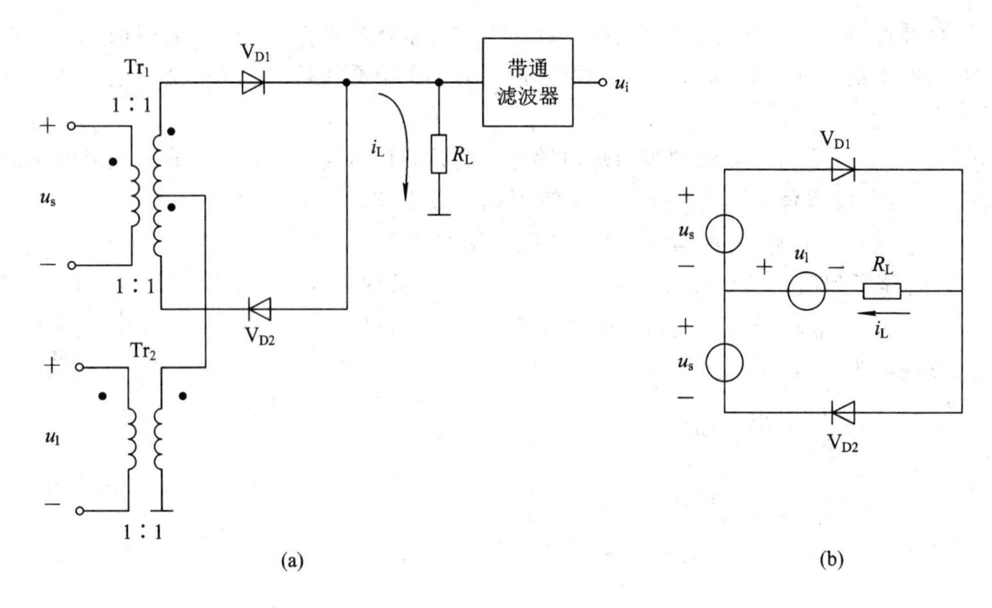

图 6.2.16　二极管平衡下混频
(a) 原电路；(b) 等效电路

在任意时刻，有

$$i_L=\frac{u_s k_2(\omega_l t)+u_l}{R_L+r_D}=\frac{1}{R_L+r_D}u_l+\frac{1}{R_L+r_D}k_2(\omega_l t)u_s$$

$$=\frac{1}{R_L+r_D}U_{lm}\cos\omega_l t+\frac{1}{R_L+r_D}\left(\frac{4}{\pi}\cos\omega_l t-\frac{4}{3\pi}\cos3\omega_l t+\frac{4}{5\pi}\cos5\omega_l t-\cdots\right)u_{sm}\cos\omega_c t$$

其中，时变振幅 $u_{sm}=U_{sm}(1+m_a\cos\Omega t)$。与式(6.2.5)比较，平衡对消去除了时变静态电流中的大部分频率分量和时变电导中的直流分量。经过带通滤波器，中频已调波：

$$u_i=k_F R_L\frac{1}{R_L+r_D}\frac{1}{2}\left(-\frac{4}{3\pi}\right)u_{sm}\cos\omega_i t$$

$$=-\frac{2}{3\pi}k_F\frac{R_L}{R_L+r_D}U_{sm}(1+m_a\cos\Omega t)\cos(3\omega_l-\omega_c)t$$

其中，k_F 为滤波器的增益。

【例 6.2.5】 二极管环形下混频电路如图 6.2.17(a)所示。图中，串联电阻 R_D 用来减小二极管伏安特性的非线性产生的失真，高频已调波 $u_s=U_{sm}\cos\Omega t\cos\omega_c t$，本振信号 $u_l=U_{lm}\cos\omega_l t$，$U_{lm}\gg U_{sm}$，带通滤波器的中心频率即中频频率 $\omega_0=\omega_i=\omega_l-\omega_c$。写出中频已调波 u_i 的表达式。

解：不考虑带通滤波器时，原电路的等效电路如图 6.2.17(b)所示。设二极管 V_{D1}～V_{D4}的交流电阻为 r_D。当 $u_l>0$ 时，V_{D1}和 V_{D3}导通，V_{D2}和 V_{D4}截止，等效电路简化为图 6.2.17(c)。当电压源 u_s 短接，只有两个电压源 u_l 时，两个 u_l 电压对称分配在两个二极管和它们的串联电阻上，此时 R_L 中的电流 $i_L'=0$；当两个 u_l 短接，只有 u_s 时，有

$$i_L''=\frac{1}{\frac{r_D+R_D}{2}+R_L}u_s=\frac{2}{2R_L+r_D+R_D}u_s$$

根据叠加定理，两个 u_l 和 u_s 同时存在时，R_L 中的电流：

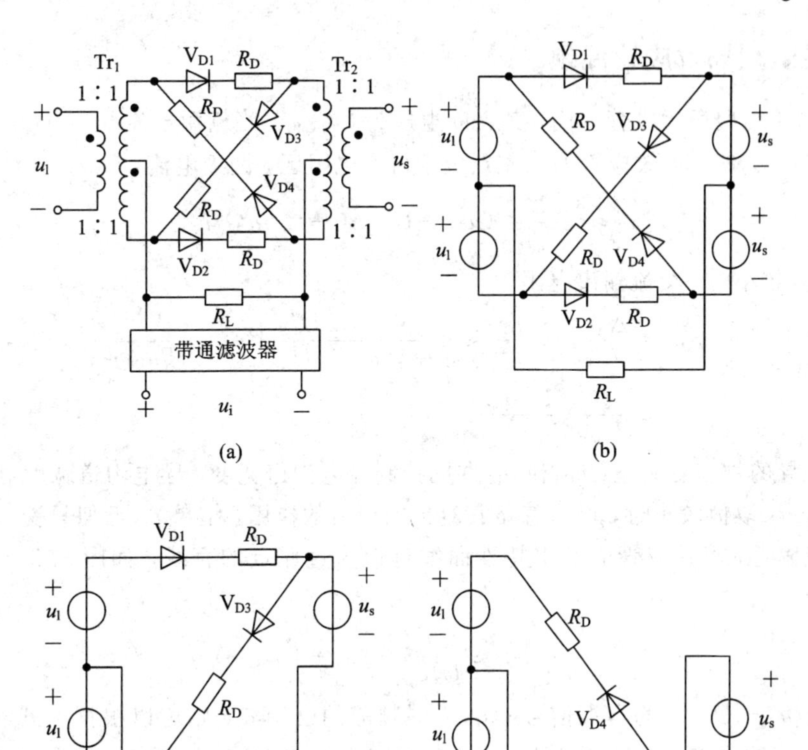

图 6.2.17 二极管环形混频

(a) 原电路；(b) 等效电路；(c) $u_l>0$ 时的等效电路；(d) $u_l<0$ 时的等效电路

$$i_L=i_L'+i_L''=\frac{2}{2R_L+r_D+R_D}u_s$$

当 $u_l<0$ 时，V_{D1} 和 V_{D3} 截止，V_{D2} 和 V_{D4} 导通，等效电路简化为图 6.2.17(d)。同样根据叠加定理可以得到：

$$i_L=-\frac{2}{2R_L+r_D+R_D}u_s$$

在任意时刻，有

$$\begin{aligned}i_L&=\frac{2}{2R_L+r_D+R_D}k_2(\omega_l t)u_s\\&=\frac{2}{2R_L+r_D+R_D}\left(\frac{4}{\pi}\cos\omega_l t-\frac{4}{3\pi}\cos3\omega_l t+\frac{4}{5\pi}\cos5\omega_l t-\cdots\right)u_{sm}\cos\omega_c t\end{aligned}$$

其中，时变振幅 $u_{sm}=U_{sm}\cos\Omega t$。

二极管环形混频器的平衡对消完全去除了时变静态电流以及时变电导中的直流分量，平衡对消效果更好。经过带通滤波器，中频已调波：

$$u_i=k_F R_L\frac{2}{2R_L+r_D+R_D}\frac{1}{2}\frac{4}{\pi}u_{sm}\cos\omega_i t=\frac{2}{\pi}k_F\frac{2R_L}{2R_L+r_D+R_D}U_{sm}\cos\Omega t\cos(\omega_l-\omega_c)t$$

6.2.6 电阻型场效应管混频

以 N 沟道结型场效应管为例，其夹断电压为 $U_{GS(off)}$，当栅源电压 $u_{GS}>U_{GS(off)}$，漏栅电压 $u_{DG}<-U_{GS(off)}$ 时，场效应管的工作点位于可变电阻区，漏极电流：

$$i_D \approx \frac{2I_{DSS}}{U_{GS(off)}^2}(u_{GS}-U_{GS(off)}-0.5u_{DS})u_{DS}$$

漏源电压 u_{DS} 较小时，交流输出电阻：

$$r_{DS}=\frac{\Delta u_{DS}}{\Delta i_D}\approx\frac{u_{DS}}{i_D}\approx\frac{U_{GS(off)}^2}{2I_{DSS}(u_{GS}-U_{GS(off)}-0.5u_{DS})}$$

$$\approx\frac{U_{GS(off)}^2}{2I_{DSS}(u_{GS}-U_{GS(off)})}$$

以上推导的物理意义是：u_{GS} 和 u_{DS} 共同控制导电沟道宽度，导电沟道宽度对 i_D 的作用体现为 r_{DS}，u_{DS} 取值较小时，可以忽略其对导电沟道的作用，结果 r_{DS} 近似只受 u_{GS} 控制。这说明在原点附近，场效应管的输出特性曲线近似为过原点的直线，如图 6.2.18(a)所示。此时：

$$i_D=\frac{1}{r_{DS}}u_{DS}\approx\frac{2I_{DSS}}{U_{GS(off)}^2}(u_{GS}-U_{GS(off)})u_{DS}$$

如果使 $u_{GS}-U_{GS(off)}$ 为本振信号，u_{DS} 为混频前的已调波，则可以根据上式实现二者相乘，并对 i_D 滤波取出混频后的已调波。原理电路如图 6.2.18(b)所示。图中，u_{GS} 包括直流电压源 U_{GG} 和本振信号 u_l，可以使 $U_{GG}=U_{GS(off)}$，于是 $u_{GS}-U_{GS(off)}=u_l$；L_1C_1 并联谐振回路调谐于 ω_c，给漏极提供混频前的已调波 u_s；L_2C_2 并联谐振回路则调谐于 ω_i，而失谐于 ω_c，所以对 u_s 相当于接地，$u_{DS}=u_s$；i_D 流过 L_2C_2 回路产生混频后的已调波 u_i。

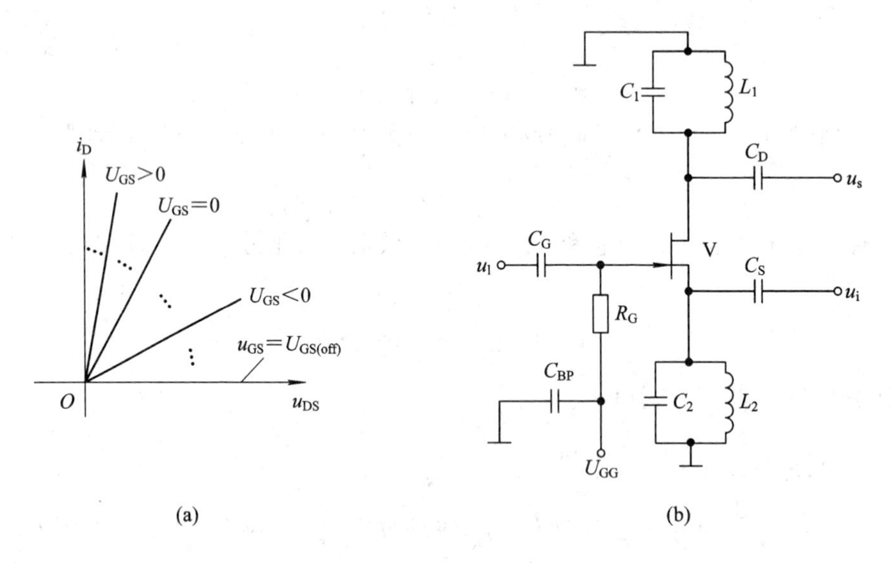

图 6.2.18 电阻型场效应管混频

(a) 原点附近场效应管的输出特性；(b) 原理电路

电阻型场效应管混频的输出回路上没有直流电压源，所以也称为无源场效应管混频，其主要优点是非线性失真小。

6.3 混频器的主要性能指标

混频器的性能可以用以下指标衡量。

(1) 混频增益和混频损耗。晶体管混频器和场效应管混频器是有源混频器，它们在混频的同时，还可以放大信号的功率，混频增益是混频后的已调波功率 P_i 与混频前的已调波功率 P_s 之比，即

$$K_c(\text{dB}) = 10\ \lg \frac{P_i}{P_s}$$

对无线电接收机，混频增益越大，输出信噪比就越大，接收灵敏度就越高。

二极管混频器是无源混频器，混频后信号功率会减小，混频损耗定义为混频前的已调波功率 P_s 与混频后的已调波功率 P_i 之比，即

$$L_c(\text{dB}) = 10\ \lg \frac{P_s}{P_i}$$

混频损耗主要是由电路匹配不佳致使功率反射、二极管 PN 结功率损耗以及混频中无关频率分量携带功率所造成的。

(2) 噪声系数。噪声系数定义为混频器的输入功率信噪比 P_s/P_{ni} 与输出功率信噪比 P_i/P_{no} 的比值：

$$\begin{aligned} N_F(\text{dB}) &= 10\ \lg \frac{P_s/P_{ni}}{P_i/P_{no}} = 10\ \lg \frac{P_s}{P_i} + 10\ \lg \frac{P_{no}}{P_{ni}} \\ &= -K_c + 10\ \lg \frac{P_{no}}{P_{ni}} \end{aligned} \tag{6.3.1}$$

由于混频器内部存在噪声源，如器件噪声和电阻热噪声，使得输出噪声功率 P_{no} 大于输入噪声功率 P_{ni}，所以 $10\ \lg(P_{no}/P_{ni})>0$，$N_F>-K_c$。N_F 越大，经过混频器后功率信噪比下降越明显，说明混频器内部噪声越大。

(3) 1 dB 压缩电平。混频前的已调波 u_s 的功率 P_s 远小于本振信号 u_l 的功率时，混频电路的线性时变工作状态近似只受 u_l 的控制，混频增益 K_c 基本不变，混频后的已调波 u_i 的功率 P_i 与 P_s 成线性关系，斜率即为 K_c。随着 P_s 的增大，混频电路的时变工作状态逐渐开始受到 u_s 的影响，变为非线性时变工作状态。滤波前，输出电流的表达式中出现了 u_s 的非线性项，如 u_s^2、u_s^3 等，它们分出了 u_s 的部分功率，导致 P_i 的增大变得缓慢，不再与 P_s 成线性关系，即 K_c 开始变小，如图 6.3.1 所示。当 P_i 比线性增大的情况小 1 dB 时，其值称为 1 dB 压缩电平，记做 P_{i1dB}。

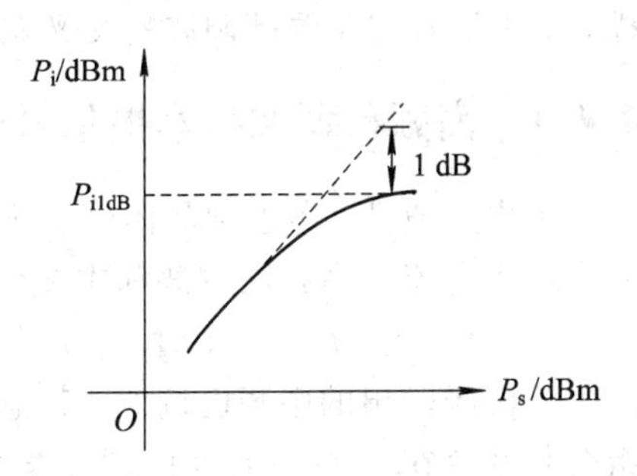

图 6.3.1 1 dB 压缩电平

P_{i1dB} 代表了混频电路的最大输出电平，其最小输出电平则取决于对功率信噪比的要求，可以根据式(6.3.1)，从要求的噪声系数算得。

(4) 输入三阶互调截点。混频电路输入两个已调波 u_{s1} 和 u_{s2}，它们的频率接近，即 $f_{s1}\approx f_{s2}$。随着 u_{s1} 和 u_{s2} 的功率增大，混频电路进入非线性时变工作状态，u_{s1} 和 u_{s2} 三阶互

调产生的 $u_{s1}^2u_{s2}$ 和 $u_{s1}u_{s2}^2$ 包含频率为 $2f_{s1}-f_{s2}\approx f_{s1}\approx f_{s2}$ 和 $2f_{s2}-f_{s1}\approx f_{s1}\approx f_{s2}$ 的频率分量，它们都可以经过混频，对 u_{s1} 或 u_{s2} 单独混频产生的输出造成干扰。

混频前的已调波功率 P_s 每增加 1 dB，混频后的已调波功率 P_i 即增加约 1 dB，而三阶互调的干扰功率 P_{i3} 则增加 3 dB，如图 6.3.2 所示。当 P_{i3} 等于 P_i 时，混频电路无法正常工作，此时的 P_s 称为输入三阶互调截点，记做 IIP_3。

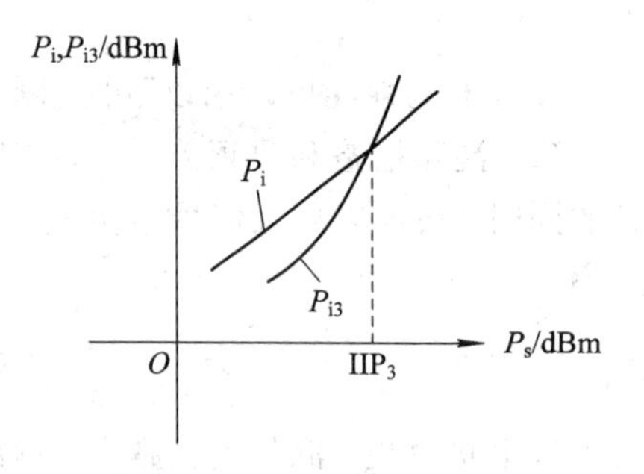

图 6.3.2 输入三阶互调截点

(5) 功率隔离度。理论上，混频器的本振信号、高频已调波和中频已调波三个端口之间应该彼此隔离，任一端口上的功率不应泄漏到其他端口。实际电路中，各个端口之间总有很小的功率泄漏，包括本振-高频端口功率泄漏、本振-中频端口功率泄漏以及高频-中频端口功率泄漏。功率隔离度用来衡量功率泄漏的程度，定义为本端口功率与泄漏到其他端口的功率之比，用分贝数表示，取值越大，表示两个端口之间的功率隔离度越好。

除以上指标外，为了克服组合频率干扰，混频电路中，混频前的已调波输入回路和混频后的已调波输出回路应该有良好的频率选择性，如采用高 Q 值的 LC 并联谐振回路或集中选频滤波器。

6.4 接收机混频电路的干扰和失真

混频电路是非线性电路，同时，下混频电路的高频已调波回路的频率选择性较差时，其他频率的干扰信号会窜入，这两个因素单独或共同作用，将会导致接收机混频电路存在四种干扰，即高频已调波与本振信号的组合频率干扰，干扰信号与本振信号的寄生通道干扰，干扰信号与高频已调波的交叉调制干扰，以及干扰信号之间的互调干扰。

6.4.1 高频已调波与本振信号的组合频率干扰

不失一般性，考虑到晶体管、场效应管转移特性和二极管伏安特性的非线性，混频电路中输出电流由高频已调波和本振信号的 n 阶项 $a_n u_1^p u_s^q$ 构成，其中 p、$q=0, 1, 2, \cdots$，阶数 $n=p+q$。当 $p=q=1$ 时，对应的二阶项包括有用的频率分量，频率为 $f_i=f_1-f_s$，将产生下混频输出的中频已调波。其他频率分量的频率可以表示为组合频率 $\pm pf_1\pm qf_s$，当组合频率落在 f_i 附近且在中频带宽 BW_{BPF} 之内时，就可以形成干扰，造成干扰啸声，影响混频后的输出，这种干扰称为组合频率干扰。产生组合频率干扰的条件为

$$f_i-\frac{BW_{BPF}}{2}<\pm pf_1\pm qf_s<f_i+\frac{BW_{BPF}}{2}$$

或

$$\pm pf_1\pm qf_s\approx f_i$$

下混频时，$f_1=f_i+f_s$，考虑到 $\pm pf_1\pm qf_s$ 可能的取值范围，上式可以简化为

$$f_s\approx\frac{p\pm 1}{q-p}f_i$$

该式决定了可能产生组合频率干扰的高频已调波的频率与中频频率的关系。

因为阶数 n 越高，组合频率分量的振幅越小，干扰就越弱，所以一般只考虑 $n\leqslant5$ 时的较强干扰。经分析，此时的干扰包括以下四种情况：

(1) $f_s\approx f_i$。此时有三组组合频率落在中频频率附近，它们分别对应于 $p=0$、$q=1$、$p=1$、$q=3$ 以及 $p=2$、$q=3$。

当 $p=0$、$q=1$ 时：

$$\pm pf_1+qf_s=f_s\approx f_i$$

当 $p=1$、$q=3$ 时：

$$-pf_1+qf_s=-f_1+3f_s=-(f_i+f_s)+3f_s\approx-(f_i+f_i)+3f_i=f_i$$

当 $p=2$、$q=3$ 时：

$$pf_1-qf_s=2f_1-3f_s=2(f_i+f_s)-3f_s\approx2(f_i+f_i)-3f_i=f_i$$

(2) $f_s\approx(2/3)f_i$。此时有一组组合频率落在中频频率附近，对应于 $p=1$、$q=4$，即

$$-pf_1+qf_s=-f_1+4f_s=-(f_i+f_s)+4f_s\approx-\left[f_i+\left(\frac{2}{3}\right)f_i\right]+4\times\left(\frac{2}{3}\right)f_i=f_i$$

(3) $f_s\approx2f_i$。此时有一组组合频率落在中频频率附近，对应于 $p=1$、$q=2$，即

$$-pf_1+qf_s=-f_1+2f_s=-(f_i+f_s)+2f_s\approx-(f_i+2f_i)+2\times2f_i=f_i$$

(4) $f_s\approx3f_i$。此时有一组组合频率落在中频频率附近，对应于 $p=2$、$q=3$，即

$$-pf_1+qf_s=-2f_1+3f_s=-2(f_i+f_s)+3f_s\approx-2(f_i+3f_i)+3\times3f_i=f_i$$

上述干扰中，$p=0$、$q=1$ 和 $p=1$、$q=2$ 的组合因为阶数 n 较低，所以干扰比较明显。为了避免或减弱组合频率干扰，可以通过选择平方律器件，或设置合适的直流静态工作点，使器件尽量工作在平方律范围内，从而消除或减小高阶项，也可以调低高频已调波和本振信号的振幅，从而减小组合频率分量的振幅。参照高频已调波的频率，选择适当的中频频率，使之避开上述(1)～(4)的情况，也是避免组合频率干扰的常用方法。

【例 6.4.1】 接收机的中频频率 $f_i=465$ kHz，中频带宽 $BW_{BPF}=8$ kHz，分别对 $f_{s1}=933$ kHz 和 $f_{s2}=921$ kHz 的高频已调波接收时，是否存在高频已调波与本振信号的组合频率干扰？

解：显然，$f_{s1}\approx2f_i$，$f_{s2}\approx2f_i$，在阶数 $n\leqslant5$ 的组合频率中，对应于 $p=1$、$q=2$ 的组合频率 $-f_1+2f_{s1}$ 和 $-f_1+2f_{s2}$ 将落在 f_i 附近。

对 $f_{s1}=933$ kHz 的高频已调波，组合频率：

$$\begin{aligned}-f_1+2f_{s1}&=-(f_i+f_{s1})+2f_{s1}\\&=-(465\text{ kHz}+933\text{kHz})+2\times933\text{ kHz}\\&=468\text{ kHz}\end{aligned}$$

与 f_i 的频差：

$$\Delta f_1=|-(f_1+2f_{s1})-f_i|=|468\text{ kHz}-465\text{ kHz}|=3\text{ kHz}$$

因为 $\Delta f_1<BW_{BPF}/2$，所以存在组合频率干扰，经过混频形成 3 kHz 的干扰哨声。

对 $f_{s2}=921$ kHz 的高频已调波，组合频率：

$$\begin{aligned}-f_1+2f_{s2}&=-(f_i+f_{s2})+2f_{s2}\\&=-(465\text{ kHz}+921\text{ kHz})+2\times921\text{ kHz}\\&=456\text{ kHz}\end{aligned}$$

与 f_i 的频差：

$$\Delta f_2 = |-(f_l + 2f_{s2}) - f_i| = |456\ \text{kHz} - 465\ \text{kHz}| = 9\ \text{kHz}$$

因为 $\Delta f_2 > BW_{BPF}/2$，所以该组合频率分量会被滤除，不形成干扰哨声。

6.4.2 干扰信号与本振信号的寄生通道干扰

除正常接收的高频已调波外，其他频率的干扰信号与本振信号的组合频率也可能落在中频带宽 BW_{BPF} 之内，造成接收机接收到干扰信号，这种干扰称为寄生通道干扰。设干扰信号的频率为 f_n，则发生寄生通道干扰的条件为

$$f_i - \frac{BW_{BPF}}{2} < \pm pf_l \pm qf_n < f_i + \frac{BW_{BPF}}{2}$$

将 $f_i = f_l - f_s$ 代入上式，得到以中频频率 f_i 对频率为 f_s 的高频已调波接收时，产生寄生通道干扰的干扰信号频率：

$$f_n \approx \frac{p}{q}f_s + \frac{p \pm 1}{q}f_i \tag{6.4.1}$$

p、q 取不同的值，可以得到多个 f_n，但是只有 $p+q \leqslant 5$ 时，干扰才比较明显。比较强的干扰包括中频干扰和镜像干扰。

1. 中频干扰

中频干扰对应 $p=0$、$q=1$。此时 $f_n \approx f_i$，即干扰信号频率就是中频频率。对中频干扰信号，混频器等同于放大器，使之顺利通过并最终造成干扰，而且由于混频器的放大增益大于混频增益，前者约为后者的 4～16 倍，所以中频干扰一旦存在，影响就比较明显。

中频干扰可以在混频前滤波去除，包括提高混频器输入回路的频率选择性，或者在前级高频放大器中接入中频带阻滤波器或高通滤波器，要求能够实现 30 dB 以上的中频抑制比。调幅广播的 $f_i = 465$ kHz，接收频率范围是 535～1605 kHz，所以不存在中频干扰。

2. 镜像干扰

镜像干扰对应 $p=1$，$q=1$。此时 $f_n \approx f_l + f_i$，而 $f_s = f_l - f_i$。不难看出，干扰信号是以本振频率为中心的已调波信号的镜像。镜像干扰信号经历与高频已调波同样的混频，且混频增益相同。

滤波同样也可以用来去除镜像干扰。为了提高滤波效果，可以增大中频频率来加大镜像干扰信号和高频已调波的频率差。

【例 6.4.2】 某接收机的接收频率范围是 2～30 MHz，中频频率 $f_i = 1.3$ MHz，当接收 $f_s = 2.65$ MHz 的电台信号时，举例说明还可能受到哪些频率的电台信号的寄生通道干扰。

解：由式(6.4.1)计算出的 f_n 只要落在接收机的接收频率范围内，该频率的电台信号就可能造成寄生通道干扰。

(1) $p=0$，$q=1$ 时，$f_n \approx f_i = 1.3$ MHz，因为 f_n 不在接收机的接收频率范围内，所以该频率的电台信号不造成中频干扰。

(2) $p=1$，$q=1$ 时，有

$$f_n \approx \frac{p}{q}f_s + \frac{p+1}{q}f_i = f_s + 2f_i = 2.65\ \text{MHz} + 2 \times 1.3\ \text{MHz} = 5.25\ \text{MHz}$$

该频率的电台信号可能造成镜像干扰。此时，也有

$$f_{\rm n} \approx \frac{p}{q}f_{\rm s} + \frac{p-1}{q}f_{\rm i} = f_{\rm s} = 2.65\ \text{MHz}$$

意味着同频率的其他电台信号可能造成寄生通道干扰。

(3) $p=1$，$q=2$ 时，有

$$f_{\rm n} \approx \frac{p}{q}f_{\rm s} + \frac{p+1}{q}f_{\rm i} = \frac{1}{2}f_{\rm s} + f_{\rm i} = \frac{1}{2}\times 2.65\ \text{MHz} + 1.3\ \text{MHz}$$
$$= 2.625\ \text{MHz}$$

该频率的电台信号可能造成寄生通道干扰。此时，也有

$$f_{\rm n} \approx \frac{p}{q}f_{\rm s} + \frac{p-1}{q}f_{\rm i} = \frac{1}{2}f_{\rm s} = \frac{1}{2}\times 2.65\ \text{MHz} = 1.325\ \text{MHz}$$

因为 $f_{\rm n}$ 不在接收机的接收频率范围内，所以该频率的电台信号不造成寄生通道干扰。

6.4.3 干扰信号与高频已调波的交叉调制干扰

设混频器的本振信号 $u_{\rm l}=U_{\rm lm}\cos\omega_{\rm l}t$，混频前的高频已调波 $u_{\rm s}=u_{\rm sm}\cos\omega_{\rm c}t$，同时混频器的输入端还存在干扰信号 $u_{\rm n}=u_{\rm nm}\cos\omega_{\rm n}t$，则输出电流中的四阶项展开式包括：

$$\begin{aligned}12a_4u_{\rm n}^2u_{\rm l}u_{\rm s} &= 12a_4u_{\rm nm}^2\cos^2\omega_{\rm n}tU_{\rm lm}\cos\omega_{\rm l}tu_{\rm sm}\cos\omega_{\rm c}t\\ &= 3a_4u_{\rm nm}^2(1+\cos2\omega_{\rm n}t)U_{\rm lm}u_{\rm sm}[\cos(\omega_{\rm l}+\omega_{\rm c})t+\cos(\omega_{\rm l}-\omega_{\rm c})t]\\ &= 3a_4u_{\rm nm}^2U_{\rm lm}u_{\rm sm}\cos(\omega_{\rm l}-\omega_{\rm c})t+\cdots\end{aligned}$$

展开结果中的第一项代表下混频获得的中频电流，但是该中频电流的时变振幅不仅与已调波的时变振幅 $u_{\rm sm}$ 有关，还正比于干扰信号的时变振幅 $u_{\rm nm}$ 的平方，于是经过检波，在接收到有用信号的同时，也会同时收到干扰信号，这种干扰称为交叉调制干扰。

交叉调制干扰的强度(即 $3a_4u_{\rm nm}^2U_{\rm lm}u_{\rm sm}$)与有用信号的强度(即 $u_{\rm sm}$)呈正比，当有用信号消失时，干扰也就不存在了。交叉调制干扰对干扰信号的频率没有要求，只要较强的干扰信号到达混频器，就会产生交叉调制干扰。

6.4.4 干扰信号之间的互调干扰

混频器的输入端存在多个不同频率的干扰信号时，其互调组合频率可能落在高频已调波频率附近，与高频已调波一起经过混频，造成干扰哨声，这种干扰称为互调干扰。

互调干扰要求同时存在两个以上的干扰信号，而且干扰信号的频率需要满足一定的关系。

交叉调制干扰和互调干扰都来源于输出电流的高阶项，所以其根本解决方法是应用平方律器件，或使器件工作在平方律范围内，以去除或减小高阶项。提高前级高频放大器抑制干扰的能力，减小干扰信号的强度，也可以减弱这两种干扰。

6.4.5 包络失真

随着高频已调波振幅的增大，混频电路从线性时变工作状态逐渐过渡到非线性时变工作状态，振幅增益随之减小，导致混频后中频已调波的时变振幅和混频前高频已调波的时变振幅不再维持正比，而表现为非线性关系，于是混频后中频已调波的包络线不能正确反映混频前高频已调波的包络线，造成包络失真。

6.4.6 强信号阻塞

当强干扰信号输入混频器时，干扰信号使混频电路的时变静态工作点进入非线性区，导致混频后中频已调波的功率下降，无法实现正常接收，造成强信号阻塞。例如，晶体管混频器在强干扰下，其时变静态工作点进入饱和区或截止区，混频增益明显减小甚至为零，影响中频已调波的功率。

6.5 集成器件与应用电路举例

混频电路可以用集成模拟乘法器如 MC1596 实现，也可以采用专用集成器件，如 AD8343、MAX9996 等。通过适当的设计可以使晶体管在实现混频的同时，构成正弦波振荡器，产生本振信号，供混频使用，这种结合了混频和本振信号产生的电路称为变频器。二极管混频器结构简单，输入动态范围大，线性好，噪声系数小，抗干扰能力强，端口之间的功率隔离度好，使用频带宽，特别适用于微波范围。应用于微波波段的二极管环形混频器已经做成了整体封装形式的系列产品，如 SRA-1。

6.5.1 AD8343 混频器

AD8343 高性能宽带有源混频器主要用于蜂窝基站、无线局域网、卫星转换器等，可以实现已调波频率到 2.5 GHz 的混频。AD8343 混频器的混频增益为 7.1 dB，噪声系数为 14.1 dB，1 dB 压缩电平为 2.8 dBm，输入三阶互调截点为 16.5 dBm，可以接收−10 dBm 的本振信号输入功率，输入阻抗为 50 Ω，直流输入电压为 5 V，标准直流输入电流为 50 mA，低功耗时降至 20 μA 以下。

AD8343 的内部电路如图 6.5.1 所示，包括直流偏置单元、本振驱动单元和混频核心单元。

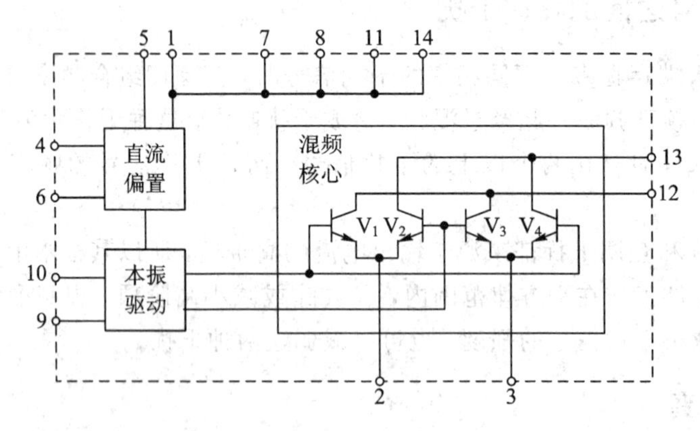

图 6.5.1 AD8343 的内部电路

图 6.5.1 中，混频前的已调波以一对反相信号形式通过交流耦合输入引脚 2、3，引脚 2、3 各自经过电阻直流接地，控制晶体管放大器的直流偏置电流；本振信号以一对反相信号形式通过交流耦合输入引脚 9、10；引脚 12、13 经过负载网络获得混频后的已调波，并

外接直流电压源；引脚 4 经过电容接地，旁路内部直流偏置电路的噪声；引脚 5 外接直流电压源；引脚 6 接地，使混频器工作，如果引脚 6 外接直流电压源，则进入低功耗状态；其余端为公共端，包括引脚 1、7、8、11、14，全部接地。

直流偏置单元为本振驱动单元和混频核心单元提供直流偏置。本振驱动单元包括一个三级限幅差动放大器，为混频核心单元的晶体管基极提供近似于方波的控制信号，决定晶体管 V_1～V_4 的工作状态是放大还是截止。在本振信号的前半周期，本振信号在引脚 10 产生正电压，同时在引脚 9 产生负电压，则 V_1 和 V_4 处于放大状态，V_2 和 V_3 处于截止状态。此时，V_1 和 V_4 分别对引脚 2、3 输入的一对反相已调波信号构成共基极放大器，在引脚 12、13 输出一对反相信号。在本振信号的后半周期，本振信号在引脚 10 产生负电压，同时在引脚 9 产生正电压，V_1～V_4 的工作状态翻转，处于放大状态的 V_2 和 V_3 分别放大引脚 2、3 输入的反相已调波，在引脚 12、13 再输出一对反相信号，其中每个信号的相位与本振信号前半周期时相反。这样就实现了已调波与本振信号决定的双向开关函数的相乘，并且由共基极放大器提供混频增益和端口隔离。

图 6.5.2 为一 AD8343 上混频电路，可将 150 MHz 的已调波混频为 1900 MHz 的已调波。图 6.5.2 中，通过使用 1∶1 的传输线变压器 Tr_1 构成的不平衡-平衡转换器把 150 MHz 已调波变为一对反相信号；电感 L_1、L_2 和电容 C_1 构成输入阻抗匹配网络，匹配 AD8343 的差模输入阻抗与传输线变压器的双端输出阻抗；电阻 R_1 和 R_2 为混频核心单元的晶体管发射极提供 18.5 mA 的偏置电流；由于 150 MHz 已调波的频率较高，所以给 R_1、R_2 支路上串联电感 L_3 和 L_4 以阻挡已调波信号，保证引脚 2、3 的输入电阻远远小于 R_1、R_2 支路；经过电感 L_5、L_6 和电容 C_2 构成的输出阻抗匹配网络，以及 1∶1 的传输线变压器 Tr_2 构成的平衡-不平衡转换器后，输出 1900 MHz 已调波；电感 L_7 和 L_8 用于阻挡已调波信号进入直流电压源 U_{CC}。

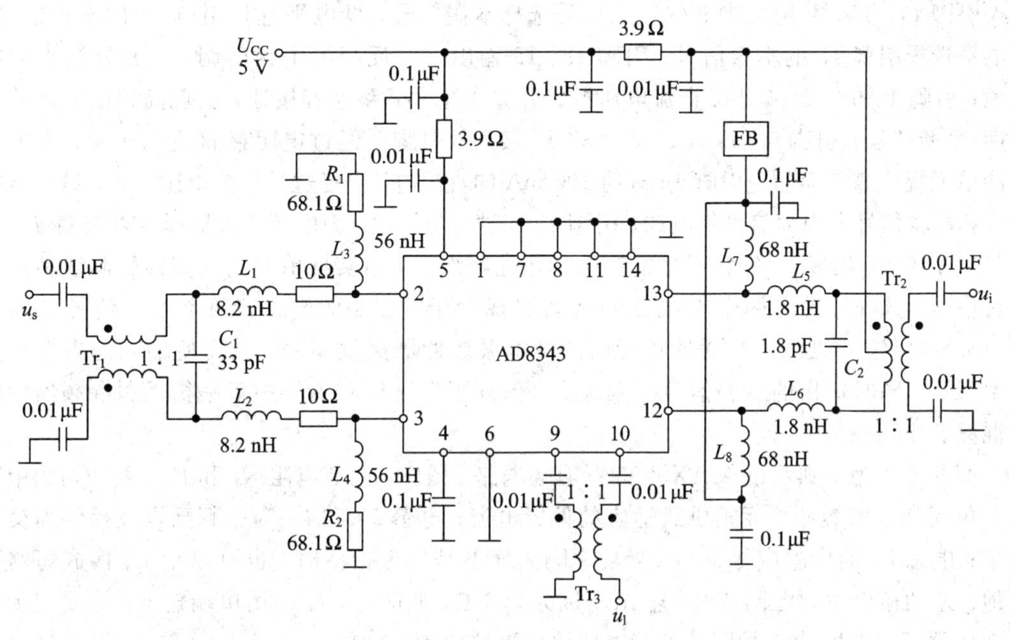

图 6.5.2　AD8343 的应用电路

6.5.2 MAX9996 混频器

MAX9996 混频器主要应用于 UMTS、WCDMA、DCS 和 PCS 基站的接收系统。混频前的高频已调波的频率范围为 1700～2200 MHz，本振信号的频率范围为 1900～2400 MHz，混频后的中频已调波的频率范围为 40～350 MHz。混频增益为 8.3 dB，噪声系数为 9.7 dB，1 dB 压缩电平为 12.6 dBm，输入三阶互调截点为 26.5 dBm，可以接收 －3～3 dBm 的低功率本振信号，输入阻抗为 50 Ω，直流输入电压为 5 V，标准直流输入电流为 206 mA。

MAX9996 的内部电路如图 6.5.3 所示，包括本振信号选择单元、本振缓冲单元、混频核心单元和中频放大单元。此外，MAX9996 内部还集成了不平衡-平衡转换和匹配电路。

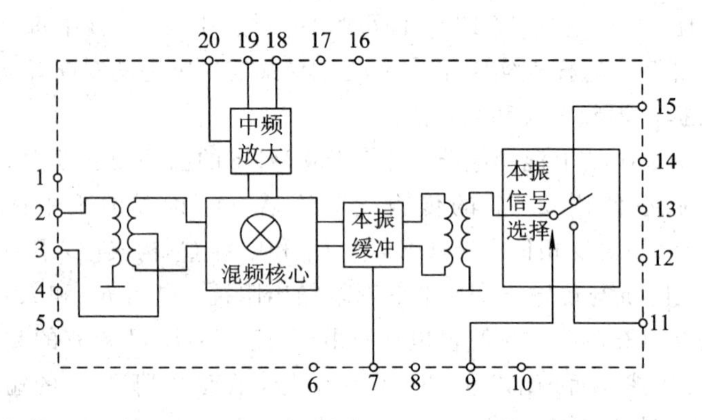

图 6.5.3 MAX9996 的内部电路

图 6.5.3 中，高频已调波通过交流耦合输入引脚 2；两个本振信号通过交流耦合分别输入引脚 11、15，并由引脚 9 的输入信号选择本振信号，低电平选择引脚 11 的本振信号，高电平选择引脚 15 的本振信号；引脚 18、19 输出一对反相的中频已调波，并外接直流电压源；引脚 1、6、8、14 外接直流电压源；引脚 3 经过旁路电容接地，实现高频已调波的不平衡-平衡转换；引脚 4、5、10、12、13、17 接地；引脚 7 经过电阻接直流电压源，为本振缓冲单元提供直流偏置；引脚 16 有约 100 mA 的直流电流，经过低内阻电感接地，减小本振信号和高频信号向中频信号的泄漏；引脚 20 经过电阻接地，为中频放大器提供直流偏置。

MAX9996 集成了平衡-不平衡转换和匹配网络，从而实现单端输入高频已调波和两个本振信号，选择开关在两个本振信号之间实现少于 50 ns 的转换，两个本振信号之间有 43 dB 的功率隔离度。本振缓冲单元由两级本振缓冲器提供驱动，从而使输入的本振信号功率很小，同时输出的本振信号振幅较大，保证了混频核心单元中双平衡无源混频器的线性混频。

图 6.5.4 为一典型的 MAX9996 下混频电路。图中，调节电阻 R_1 和 R_2，可分别为中频放大单元和本振缓冲单元提供最适宜的偏置电流；电感 L_1 和 L_2 为中频已调波提供高交流阻抗；电感 L_3 的内阻应尽量小，当功率隔离度不是关键指标时，也可以把 L_3 换成短路线接地。差动输出中频已调波时，输出阻抗为 200 Ω，此时，电路采用单端输出，需要用传输线变压器 Tr 完成 4∶1 的阻抗变换，把输出阻抗变为 50 Ω。

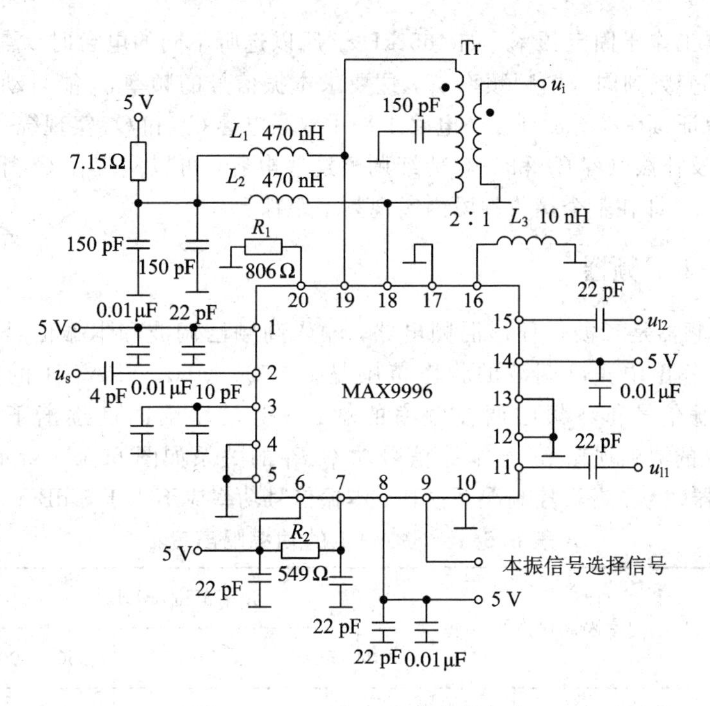

图 6.5.4 MAX9996 的应用电路

6.5.3 中波调幅收音机变频器

图 6.5.5 所示为典型的晶体管收音机变频器。晶体管 3AG1D 同时完成产生本振信号和混频功能。电容 C_3、C_{1B}和 C_5 构成电容支路，与变压器 Tr_2 的原边即电感 L_4 构成 L_4C 并联谐振回路，谐振于本振信号的频率。Tr_2 的副边即电感 L_3 构成正反馈支路，电感 L_2 对本振信号视为短路，L_5C_4 并联谐振回路谐振于中频频率，对本振信号也视为短路，所以晶体管、L_4C 回路和 L_3 构成共基组态变压器耦合式振荡器，产生本振信号，通过电容 C_6 加到晶体管的发射极上。电感 L_1、电容 C_{1A}和 C_2 构成的并联谐振回路对天线的感应电流选频，经过变压器 Tr_1 耦合得到高频已调波，通过电感 L_2 加到晶体管的基极上。混频产生的集电极电流经过 L_5C_4 并联谐振回路滤波，产生中频已调波，经过变压器 Tr_3 送到后级中频放大器。

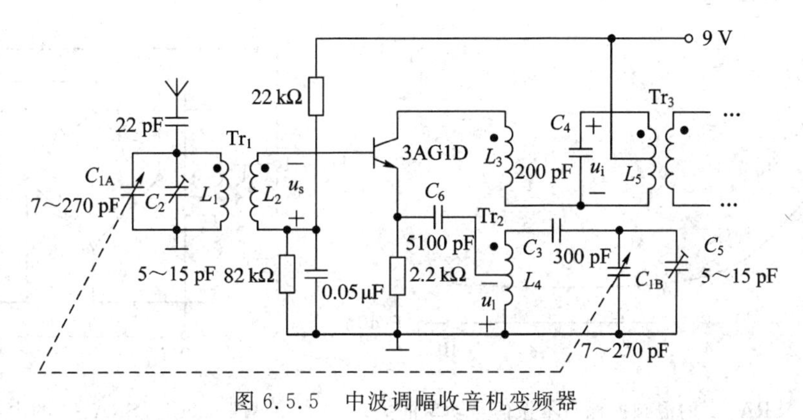

图 6.5.5 中波调幅收音机变频器

中频放大器工作于固定频率，如 465 kHz，所以选听不同的电台时，需要将不同频率的高频已调波都变频到同一中频频率 ω_i，这要求本振信号的频率 ω_l 能自动跟踪高频已调波的频率 ω_c，保证 $\omega_i = \omega_l - \omega_c$ 不变。电路中采用双联电容 C_{1A} 和 C_{1B} 实现统一调谐，并增添垫衬电容 C_3 以及补偿电容 C_2 和 C_5，精细调整这些电容，可以实现在 C_{1A} 和 C_{1B} 的可调范围内，$\omega_l \approx \omega_i + \omega_c$，即在整个接收频段内实现频率跟踪。

6.5.4 SRA-1 混频器

SRA-1 混频器是二极管环形混频电路，输入高频已调波和本振信号的频率范围是 0.5～500 MHz，输出中频已调波的频率范围是 0～500 MHz。SRA-1 的混频损耗小于 7.0 dB。随着本振信号和高频已调波频率的增加，其功率隔离度逐渐下降，具体见表 6.5.1。SRA-1 的混频损耗 L_c 与本振信号功率 P_l 的关系如图 6.5.6 所示。SRA-1 是 Level 7 的混频器，为了有效控制混频损耗，本振信号功率应不小于 7 dBm。

表 6.5.1 SRA-1 的功率隔离度

功率隔离度/dB		频率范围/MHz		
		0.5～5	5～250	250～500
本振-高频端口	典型值	50	45	35
	最小值	45	30	25
本振-中频端口	典型值	45	40	30
	最小值	35	25	20

SRA-1 的内部电路如图 6.5.7 所示。SRA-1 用作下混频时，高频已调波可以从引脚 7、8 之间输入；引脚 1、2 之间输入本振信号，输入阻抗都是 50 Ω；引脚 3、4 连接；引脚 5、6 连接；引脚 3、5 之间输出中频已调波。

图 6.5.8 所示为一 SRA-1 下混频电路。图中，晶体管 2N3904 和电容 C_1、C_2 以及石英谐振器构成并联型石英晶体振荡器，产生 10.686～10.731 MHz 的本振信号，输入 SRA-1，高频已调波频率范围为 7.005～7.035 MHz，经过混频和滤波，中频已调波的频率为 3.686 MHz。

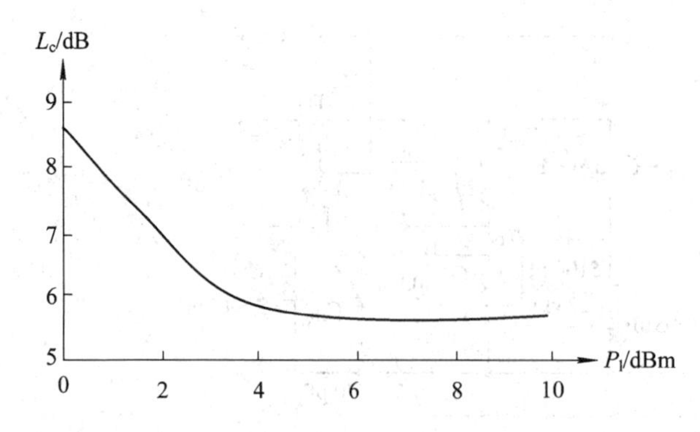

图 6.5.6 SRA-1 的混频损耗与本振信号功率的关系

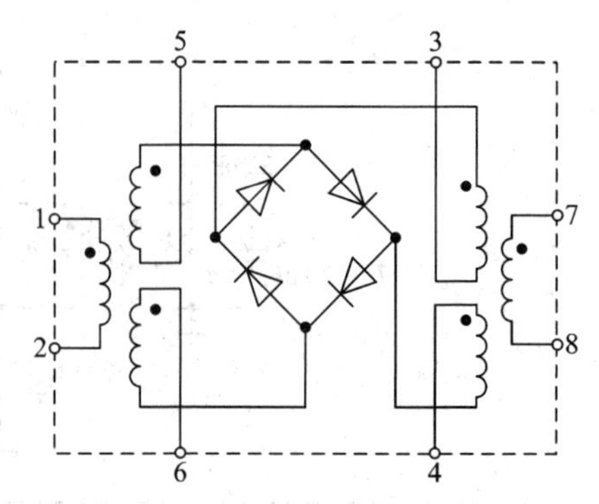

图 6.5.7 SRA-1 的内部电路

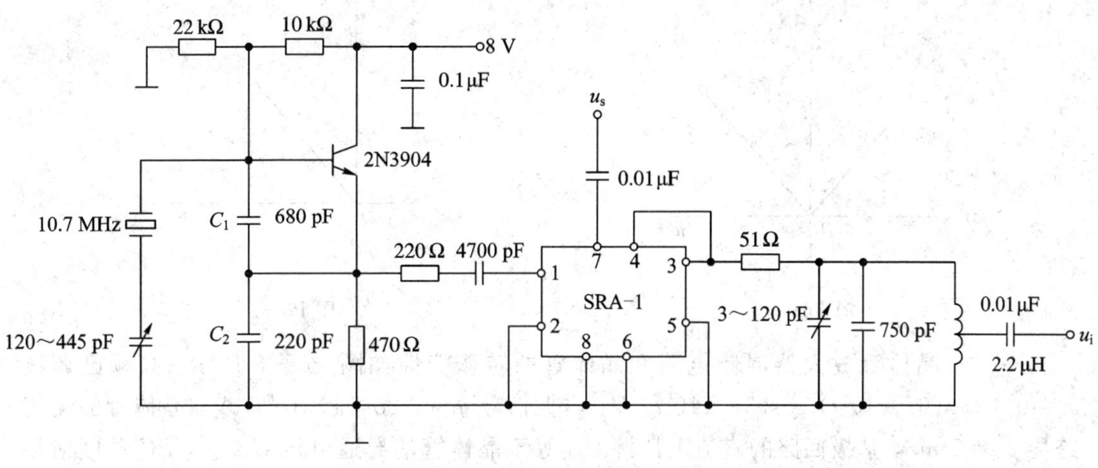

图 6.5.8 SRA-1 的应用电路

本章小结

本章讲述了混频的原理和电路、混频的主要性能指标、混频的干扰和失真。

(1) 混频与振幅调制和解调类似，通过乘法器实现信号频谱的线性搬移。频谱搬移前后，已调波的载频改变，但频谱结构不变。对于普通调幅信号和双边带调幅信号，混频前后已调波的包络线一样。

(2) 混频基本采用线性时变电路完成，关键参数包括时变静态电流和时变电导，以及体现混频器互导放大能力的混频跨导。混频可以通过晶体管放大器、场效应管放大器、双栅 MOSFET 放大器、差分对放大器和双差分对放大器实现，也可以通过二极管和电阻型场效应管实现。混频时可以采用平衡对消技术实现平衡混频。

(3) 混频的主要性能指标包括混频增益、混频损耗、噪声系数、1 dB 压缩电平、输入三阶互调截点和功率隔离度。

(4) 器件的非理想相乘特性和干扰信号的窜入会导致混频干扰，包括高频已调波与本振信号的组合频率干扰、干扰信号与本振信号的寄生通道干扰、干扰信号和高频已调波的交叉调制干扰，以及干扰信号之间的互调干扰。

思考题和习题

6-1 混频器件的转移特性如图 P6-1 所示，输入已调波 $u_s = U_{sm}\cos\omega_c t$，本振信号 $u_l = U_{lm}\cos\omega_l t$，$U_{lm} \gg U_{sm}$，器件的输入电压 $u = u_s + u_l$。求混频器对频率分别为 $\omega_l - \omega_c$ 和 $3\omega_l - \omega_c$ 的输出已调波的混频跨导 $g_{\omega_l - \omega_c}$ 和 $g_{3\omega_l - \omega_c}$。

6-2 混频器件的伏安特性如图 P6-2 所示，输入已调波 $u_s = U_{sm}(1 + m_a\cos\Omega t)\cos\omega_c t$，本振信号 $u_l = U_{lm}\cos\omega_l t$，$U_{lm} \gg U_{sm}$，器件的输入电压 $u = U_B + u_s + u_l$，U_B 为器件的直流偏置电压。分析混频跨导 g_c 和 U_B 的关系，并画出关系曲线。

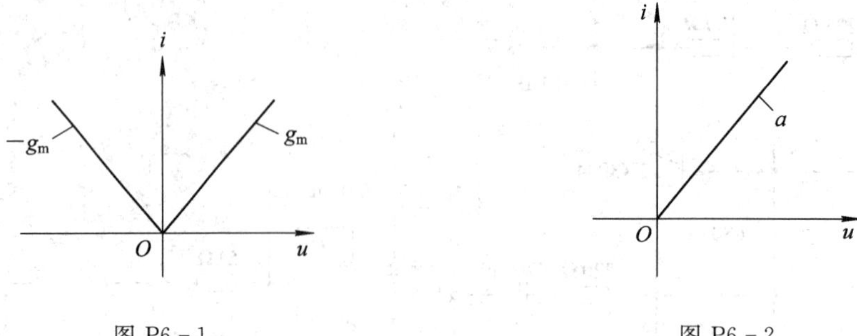

图 P6-1　　　　图 P6-2

6-3　晶体管放大器混频电路和晶体管的转移特性如图 P6-3 所示，高频已调波 $u_s=0.1\cos(2\pi\times10^3t)\cos(3\pi\times10^6t)$ V，本振信号 $u_l=2\cos(\pi\times10^6t)$ V，晶体管的交流跨导 $g_m=2$ mS，基极回路的直流电压源 U_{BB} 等于晶体管的导通电压 $U_{BE(on)}$，LC 并联谐振回路的谐振频率 $f_0=1$ MHz，谐振电阻 $R_e=10$ kΩ。

(1) 计算时变静态电流 $I_0(t)$ 和时变电导 $g(t)$，并画出波形。

(2) 计算混频跨导 g_c。

(3) 对 LC 回路的带宽 BW_{BPF} 有何要求？计算相应的中频已调波 u_i。

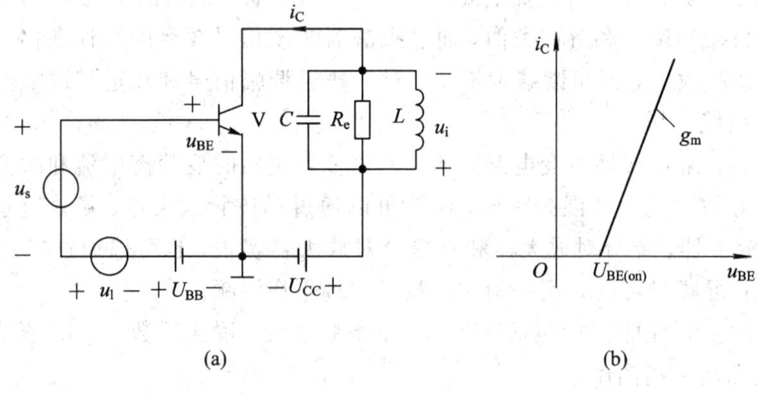

图 P6-3

6-4　场效应管放大器混频电路和场效应管的转移特性如图 P6-4 所示，高频已调波 $u_s=0.15\cos(2\pi\times10^3t)\cos(2\pi\times735\times10^3t)$ V，本振信号 $u_l=1.5\cos(2\pi\times1.2\times10^6t)$ V，场效应管的夹断电压 $U_{GS(off)}=-2$ V，饱和电流 $I_{DSS}=8$ mA，栅极回路的直流电压源 U_{GG} 等

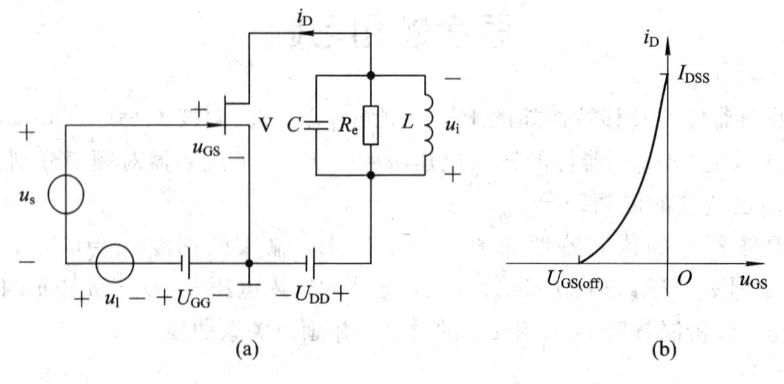

图 P6-4

于 $U_{GS(off)}$，LC 并联谐振回路的谐振频率 $f_0=465$ kHz，谐振电阻 $R_e=10$ kΩ。

(1) 计算时变静态电流 $I_0(t)$ 和时变电导 $g(t)$，并画出波形。

(2) 计算混频跨导 g_c。

(3) 对 LC 回路的带宽 BW_{BPF} 有何要求？计算相应的中频已调波 u_i。

6-5　差动放大器混频电路如图 P6-5 所示，本振信号 $u_l=2\cos(6\pi\times10^6 t)$ V，高频已调波 $u_s=2[1+0.5\sin(2\pi\times10^3 t)]\cos(5\pi\times10^6 t)$ V，LC 并联谐振回路的谐振频率 $\omega_0=\pi\times10^6$ rad/s，谐振电阻 $R_e=10$ kΩ，带宽 $BW_{BPF}=4\pi\times10^3$ rad/s，忽略晶体管的导通电压，其他参数如图所示。

(1) 计算时变静态电流 $I_0(t)$ 和时变电导 $g(t)$，并画出波形。

(2) 计算混频跨导 g_c。

(3) 计算中频已调波 u_i。

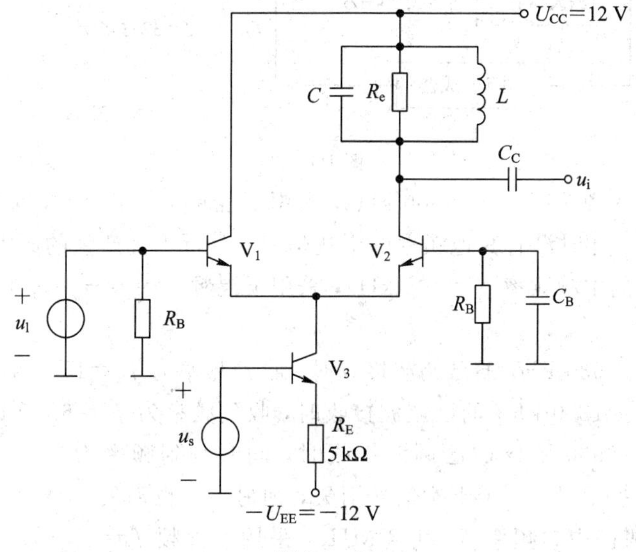

图 P6-5

6-6　二极管混频器如图 P6-6 所示，输入的高频已调波 $u_s=u_{sm}\cos\omega_c t$，V_{D1} 和 V_{D2} 为理想二极管，由本振信号 $u_l=U_{lm}\cos\omega_l t$ 控制其导通和截止，带通滤波器的中心频率即中频频率 $\omega_0=\omega_i=\omega_l-\omega_c$，增益 $k_F=1$。写出每个电路输出的中频已调波 u_i 的表达式。

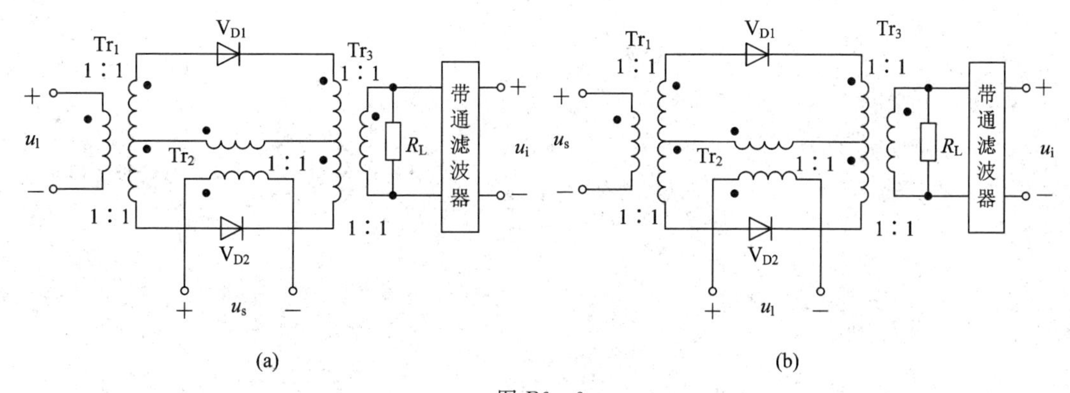

图 P6-6

6-7　同时发射两路信号 $u_{\Omega 1}$ 和 $u_{\Omega 2}$ 的无线电发射机框图如图 P6-7 所示，频率合成器产生各阶段需要的载波 u_c、本振信号 u_{l1} 和 u_{l2}。画出各阶段信号 u_A、u_B 和高频已调波 u_s 的频谱。

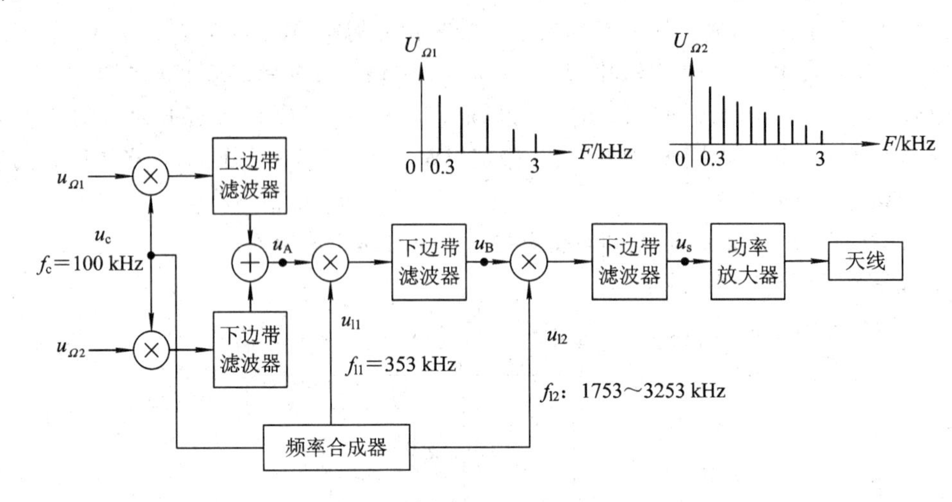

图 P6-7

6-8　接收机的中频频率 $f_i=500$ kHz，采用下混频 $f_i=f_l-f_s$，对 1.50 MHz 的已调波接收时受到干扰，此时没有其他频率的干扰信号，分析干扰产生的原因。

6-9　接收机的中频频率 $f_i=465$ kHz，采用下混频 $f_i=f_l-f_s$，判断以下情况的干扰类型：

(1) 对频率 $f_s=630$ kHz 的已调波接收时，收到频率为 $f_n=1560$ kHz 的干扰信号。

(2) 对频率 $f_s=1250$ kHz 的已调波接收时，收到频率为 $f_n=625$ kHz 的干扰信号。

(3) 对频率 $f_s=930$ kHz 的已调波接收时，同时收到频率为 $f_{n1}=700$ kHz 和 $f_{n2}=815$ kHz 的两个干扰信号，一个干扰信号消失，则另一个也消失。

6-10　接收机的中频频率 $f_i=1.3$ MHz，采用下混频 $f_i=f_l-f_s$，已调波频率 f_s 的范围为 2～30 MHz，现有一频率 $f_n=5.6$ MHz 的干扰信号窜入，举例说明接收机会在哪些频率上收到该干扰信号。

第七章　角度调制与解调

利用调制信号改变载波总相角的过程称为角度调制，其逆过程，即根据载波总相角的变化恢复调制信号的过程称为角度解调。由于总相角包括频率和相位两个基本参数，因此角度调制可以分别使已调波的频率或相位按调制信号规律变化，这样，角度调制又分为频率调制和相位调制，简称为调频和调相。

第五章在时域上对比了调频信号、调相信号和调幅信号的波形区别。在频域上，调幅把调制信号的频谱进行不失真的搬移，不改变各个频率分量的相对振幅和频差，称为线性频谱搬移；角度调制包括调频和调相，都属于非线性频谱搬移，它们把调制信号的每个频率分量变成载频附近的许多频率分量，形成明显大于调制信号的带宽，把调制信号的信息分散寄载于其中各个频率分量上。所以，调频和调相比调幅的抗干扰性能更好，从而获得了更广泛的应用，调频主要应用于广播、电视，而调相主要应用于数字通信。

7.1　调频信号和调相信号

我们首先研究调频信号和调相信号的时域表达式和参数，再以调频信号为代表，分析其频谱和功率分布的特点。

7.1.1　时域表达式和参数

为了分析方便，我们把载波表示为 $u_c=U_{cm}\cos(\omega_c t+\varphi)$，调制信号为单频信号，记为 $u_\Omega=U_{\Omega m}\cos\Omega t$。

1. 调频信号

调频信号的频率变化与调制信号呈正比，即

$$\Delta\omega(t)=k_f u_\Omega$$

其中，k_f 为调频比例常数，单位为 rad/(s・V)。k_f 只与调频电路有关，不随调制信号变化。$\Delta\omega(t)$的最大值：

$$\Delta\omega_m=k_f U_{\Omega m}$$

称为最大频偏，也叫做绝对最大频偏，其正比于调制信号的振幅。调频信号的频率是在载频 ω_c 的基础上加上 $\Delta\omega(t)$，即

$$\omega(t)=\omega_c+\Delta\omega(t)=\omega_c+k_f u_\Omega$$

习惯上仍然把总相角称为相位，则调频信号的相位为频率对时间的积分，即

$$\varphi(t)=\int^{t}\omega(t)\ \mathrm{d}t=\int^{t}(\omega_{c}+k_{f}u_{\Omega})\ \mathrm{d}t$$
$$=\int^{t}(\omega_{c}+k_{f}U_{\Omega m}\cos\Omega t)\ \mathrm{d}t=\int^{t}(\omega_{c}+\Delta\omega_{m}\cos\Omega t)\ \mathrm{d}t$$
$$=\omega_{c}t+\frac{\Delta\omega_{m}}{\Omega}\sin\Omega t+\varphi_{0}=\omega_{c}t+m_{f}\sin\Omega t+\varphi_{0}$$

其中，$m_f=\Delta\omega_m/\Omega$，称为调频指数，单位为 rad，代表调频信号的最大相偏，其正比于调制信号的振幅，而反比于调制信号的频率。调频信号一般有恒定的振幅 U_{sm}，可以表示为

$$u_{FM}=U_{sm}\cos(\omega_{c}t+m_{f}\sin\Omega t+\varphi_{0})\tag{7.1.1}$$

2. 调相信号

调相信号的相位变化正比于调制信号，即

$$\Delta\varphi(t)=k_{p}u_{\Omega}$$

其中，k_p 为调相比例常数，单位为 rad/V。k_p 是仅由调相电路决定的常数。$\Delta\varphi(t)$的最大值，即最大相偏记为

$$m_{p}=k_{p}U_{\Omega m}$$

称为调相指数，单位为 rad。调相信号的相位是在载波相位 $\omega_c t+\varphi_0$ 的基础上加上相位变化，即

$$\varphi(t)=\omega_{c}t+\varphi_{0}+\Delta\varphi(t)=\omega_{c}t+k_{p}u_{\Omega}+\varphi_{0}=\omega_{c}t+m_{p}\cos\Omega t+\varphi_{0}$$

调相信号的频率为相位对时间的导数：

$$\omega(t)=\frac{\mathrm{d}\varphi(t)}{\mathrm{d}t}=\omega_{c}-m_{p}\Omega\sin\Omega t=\omega_{c}-\Delta\omega_{m}\sin\Omega t$$

其中，$\Delta\omega_m=m_p\Omega$，为最大频偏，即绝对最大频偏，其正比于调制信号的振幅和频率。设调相信号的振幅为 U_{sm}，则调相信号表示为

$$u_{PM}=U_{sm}\cos(\omega_{c}t+m_{p}\cos\Omega t+\varphi_{0})\tag{7.1.2}$$

如果调制信号为正弦函数 $u_\Omega=U_{\Omega m}\sin\Omega t$，则调频信号和调相信号的表达式分别为

$$u_{FM}=U_{sm}\cos(\omega_{c}t-m_{f}\cos\Omega t+\varphi_{0})$$
$$u_{PM}=U_{sm}\cos(\omega_{c}t+m_{p}\sin\Omega t+\varphi_{0})$$

一般情况下，调制信号是许多频率分量合成的复杂信号，可以表示为 $u_\Omega=U_{\Omega m}f(t)$。其中，$U_{\Omega m}$是最大幅度，$|f(t)|\leqslant1$，代表归一化的波形函数。此时，调频信号和调相信号的表达式分别为

$$u_{FM}=U_{sm}\cos\left[\omega_{c}t+\Delta\omega_{m}\int^{t}f(t)\ \mathrm{d}t+\varphi_{0}\right]$$
$$u_{PM}=U_{sm}\cos\left[\omega_{c}t+m_{p}f(t)+\varphi_{0}\right]$$

其中，$\Delta\omega_m=k_fU_{\Omega m}$，$m_p=k_pU_{\Omega m}$。

不难理解，调频信号和调相信号的频率和相位都随时间变化，调频信号的频率变化正比于调制信号，相位变化则正比于调制信号对时间的积分；调相信号的相位变化正比于调制信号，频率变化则正比于调制信号对时间的导数。

7.1.2 频谱和功率分布

式(7.1.1)和式(7.1.2)除 m_f 和 m_p 外并无实质区别，意味着调频信号和调相信号具有

相似的频谱结构，所以下面只研究调频信号的频谱和功率分布。

为了简化分析，设调频信号的初始相位 $\varphi_0=0$，则

$$u_{\mathrm{FM}}=U_{\mathrm{sm}}\cos(\omega_c t+m_f\sin\Omega t)=U_{\mathrm{sm}}\mathrm{Re}[\mathrm{e}^{\mathrm{j}(\omega_c t+m_f\sin\Omega t)}]=U_{\mathrm{sm}}\mathrm{Re}(\mathrm{e}^{\mathrm{j}\omega_c t}\mathrm{e}^{\mathrm{j}m_f\sin\Omega t})\tag{7.1.3}$$

其中，$\mathrm{e}^{\mathrm{j}m_f\sin\Omega t}$ 是以 Ω 为周期的函数，所以可以展成傅立叶级数：

$$\mathrm{e}^{\mathrm{j}m_f\sin\Omega t}=\sum_{n=-\infty}^{\infty}\mathrm{J}_n(m_f)\mathrm{e}^{\mathrm{j}n\Omega t}\tag{7.1.4}$$

其中，傅立叶系数

$$\mathrm{J}_n(m_f)=\frac{1}{2\pi}\int_{-\pi}^{\pi}\mathrm{e}^{\mathrm{j}m_f\sin\Omega t}\ \mathrm{e}^{-\mathrm{j}n\Omega t}\ \mathrm{d}\Omega t$$

称为宗数为 m_f 的 n 阶第一类贝赛尔函数，由 m_f 和 n 共同决定其取值，如图 7.1.1 所示。

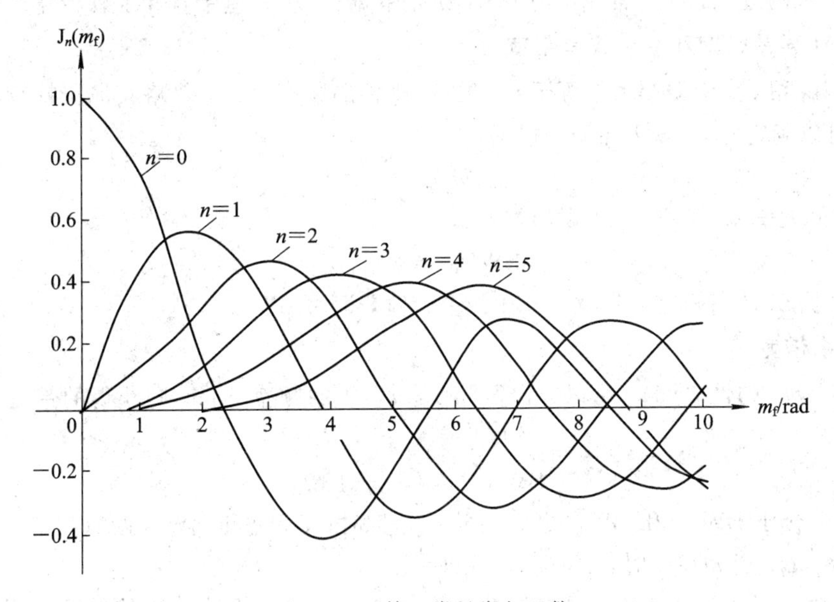

图 7.1.1　第一类贝赛尔函数

我们感兴趣的是 $\mathrm{J}_n(m_f)$ 的五个性质：

(1) 随着 m_f 的增加，$\mathrm{J}_n(m_f)$ 近似周期振荡，峰值不断下降。

(2) $\mathrm{J}_{-n}(m_f)=(-1)^n\mathrm{J}_n(m_f)(n>0)$。

(3) 当 $|n|>m_f+1$ 时，$\mathrm{J}_n(m_f)\approx0$。

(4) $\sum_{n=-\infty}^{\infty}\mathrm{J}_n^2(m_f)=1$。

(5) 当 $m_f\ll1$ 时，有 $\mathrm{J}_0(m_f)\approx1$，$\mathrm{J}_1(m_f)\approx m_f/2$，$\mathrm{J}_n(m_f)\approx0(|n|\geqslant2)$。

将式(7.1.4)代入式(7.1.3)，得到调频信号的傅立叶级数展开式：

$$\begin{aligned}u_{\mathrm{FM}}&=U_{\mathrm{sm}}\mathrm{Re}\left[\mathrm{e}^{\mathrm{j}\omega_c t}\sum_{n=-\infty}^{\infty}\mathrm{J}_n(m_f)\mathrm{e}^{\mathrm{j}n\Omega t}\right]\\&=U_{\mathrm{sm}}\sum_{n=-\infty}^{\infty}\mathrm{J}_n(m_f)\ \mathrm{Re}(\mathrm{e}^{\mathrm{j}\omega_c t+\mathrm{j}n\Omega t})=U_{\mathrm{sm}}\sum_{n=-\infty}^{\infty}\mathrm{J}_n(m_f)\ \mathrm{Re}[\mathrm{e}^{\mathrm{j}(\omega_c+n\Omega)t}]\\&=U_{\mathrm{sm}}\sum_{n=-\infty}^{\infty}\mathrm{J}_n(m_f)\cos(\omega_c+n\Omega)t\end{aligned}$$

角度调制实现频谱的非线性搬移，所以 u_{FM} 中产生了无穷多个频率分量，相邻频率分量的间隔为 Ω，每个频率分量的振幅为 $U_{sm}|J_n(m_f)|$。$J_n(m_f)$的性质(1)和(2)决定了角度调制具有以下特点：

(1) 各个频谱分量的振幅与调频指数 m_f 有关，随着 m_f 的增大，相对于载频分量，振幅较大的边频分量数目增加。载频分量的振幅也随 m_f 改变，对某些 m_f，载频分量振幅很小，甚至为零，所以可以设计适当的 m_f，减小载频功率，提高功率利用率。

(2) $n=\pm1, \pm2, \pm3, \cdots$对应的每对边频分量的振幅大小相等，$n$ 为奇数时相位相反，n 为偶数时相位相同。

虽然由无穷多个频率分量构成的调频信号的带宽理论上为无限大，但是因为各个频率分量的振幅随着$|n|$的增加总体呈下降趋势，所以如果忽略振幅较小的频率分量，则可以得到一个有限的近似带宽，常用的有 0.01 误差带宽、0.1 误差带宽和卡森带宽。

1. 0.01 误差带宽和 0.1 误差带宽

如果只保留 u_{FM} 中振幅大于等于 U_{sm} 的 0.01 倍的频率分量，忽略其他振幅较小的频率分量，则可以确定 0.01 误差带宽。根据：

$$|J_n(m_f)| \geqslant 0.01$$

决定$|n|$的最大值 n_{max}，则 0.01 误差带宽：

$$BW_{0.01} = 2n_{max}\Omega$$

类似地，根据 $0.1U_{sm}$确定的带宽为 0.1 误差带宽，记为 $BW_{0.1}$。

2. 卡森带宽

根据 $J_n(m_f)$的性质(3)，可以只保留$|n| \leqslant m_f+1$ 的频率分量，则获得的带宽为卡森带宽，即

$$BW_{CR} = 2(m_f+1)\Omega$$

BW_{CR}基本上介于 $BW_{0.01}$ 和 $BW_{0.1}$ 之间。当 $m_f \geqslant 1$ 时，BW_{CR} 和 $BW_{0.1}$ 近似相等；当 $m_f \ll 1$ 时，$BW_{CR} \approx 2\Omega$；当 $m_f \gg 1$ 时，$BW_{CR} \approx 2m_f\Omega = 2\Delta\omega_m$。

u_{FM}的功率是其各个频率分量携带的功率的叠加。设负载是 1 Ω 的单位电阻，则根据 $J_n(m_f)$的性质(4)可得：

$$P_{av} = \frac{1}{2}U_{sm}^2\sum_{n=-\infty}^{\infty}J_n^2(m_f) = \frac{U_{sm}^2}{2}$$

所以 u_{FM}的功率与载波 u_c 的功率相等，u_c 的功率只在载频分量上，u_{FM}把功率分担到了各个频率分量上。

当 $m_f \leqslant \frac{\pi}{6}$时，根据 $J_n(m_f)$的性质(5)和(2)，调频信号可以表示为

$$u_{FM} \approx U_{sm}\cos\omega_c t + \frac{1}{2}U_{sm}m_f\cos(\omega_c+\Omega)t - \frac{1}{2}U_{sm}m_f\cos(\omega_c-\Omega)t$$

其中只有载频分量、上边频分量和下边频分量，类似于普通调幅信号，但是下边频分量反相，带宽 $BW \approx 2\Omega$，此时的 u_{FM}称为窄带调频信号。$m_f > \pi/6$ 时，无论是 $BW_{0.01}$、$BW_{0.1}$，还是 BW_{CR}，都明显大于 2Ω，对应的 u_{FM}称为宽带调频信号。

【例 7.1.1】 调频信号 $u_{FM}=5\cos[(5\pi\times10^6 t)-2\cos(2\pi\times10^3 t)]$ V，调频比例常数 $k_f=10$ kHz/V。写出调制信号 u_Ω 的表达式，并求 u_{FM}的最大频偏 Δf_m 和卡森带宽 BW_{CR}。

解：u_{FM}的相位：

$$\varphi(t) = 5\pi \times 10^6 t - 2\cos(2\pi \times 10^3 t)\ \text{rad}$$

频率：

$$\begin{aligned} f(t) &= \frac{1}{2\pi}\frac{d\varphi(t)}{dt} = \frac{1}{2\pi}\frac{d}{dt}(5\pi \times 10^6 t - 2\cos 2\pi \times 10^3 t) \\ &= 2.5 \times 10^6 + 2 \times 10^3 \sin(2\pi \times 10^3 t)\ \text{Hz} \end{aligned}$$

频率变化：

$$\Delta f(t) = 2 \times 10^3 \sin(2\pi \times 10^3 t)\ \text{Hz}$$

所以，调制信号：

$$\begin{aligned} u_\Omega &= \frac{\Delta f(t)}{k_f} = \frac{2 \times 10^3 \sin(2\pi \times 10^3 t)\ \text{Hz}}{10\ \text{kHz/V}} \\ &= 0.2\sin(2\pi \times 10^3 t)\ \text{V} \end{aligned}$$

u_Ω 的频率 $F=1$ kHz。u_{FM}的最大频偏和卡森带宽分别为

$$\Delta f_m = 2 \times 10^3\ \text{Hz} = 2\ \text{kHz}$$

$$BW_{CR} = 2\left(\frac{\Delta f_m}{F} + 1\right)F = 2 \times \left(\frac{2\ \text{kHz}}{1\ \text{kHz}} + 1\right) \times 1\ \text{kHz} = 6\ \text{kHz}$$

调相信号的频谱和功率分布与调频信号相似，其表达式为

$$\begin{aligned} u_{PM} &= U_{sm}\cos(\omega_c t + m_p \cos\Omega t + \varphi_0) \\ &= U_{sm}\cos\left[\omega_c t + m_p \sin\left(\Omega t + \frac{\pi}{2}\right) + \varphi_0\right] \end{aligned}$$

与式(7.1.1)对比，不难看出，只要把调频信号频谱和功率公式中的 m_f 换成 m_p，出现 Ωt 的地方加上 $\pi/2$ 的相移，就得到了调相信号的有关公式。

【例 7.1.2】 用调制信号 $u_\Omega=0.2\sin(5\pi\times10^3 t)$ V 对载频 $f_c=6.5$ MHz 的余弦载波分别进行调频和调相，要求最大频偏 $\Delta f_m=50$ kHz。写出调频信号 u_{FM}和调相信号 u_{PM}的表达式，计算其卡森带宽 BW_{CR}。如果 u_Ω 的振幅减小为原来的一半，频率增加一倍，分析 u_{FM} 和 u_{PM}的带宽变化。

解：u_Ω 的频率 $\Omega=5\pi\times10^3$ rad/s，$F=\dfrac{\Omega}{2\pi}=2.5$ kHz。产生调频信号时，u_{FM}的频率：

$$\begin{aligned} \omega(t) &= \omega_c + \Delta\omega(t) = 2\pi f_c + 2\pi\Delta f_m \sin\Omega t \\ &= 2\pi \times 6.5\ \text{MHz} + 2\pi \times 50\ \text{kHz} \times \sin(5\pi \times 10^3 t) \\ &= 13\pi \times 10^6 + \pi \times 10^5 \sin(5\pi \times 10^3 t)\ \text{rad/s} \end{aligned}$$

相位：

$$\begin{aligned} \varphi(t) &= \int^t \omega(t)\,dt = \int^t [13\pi \times 10^6 + \pi \times 10^5 \sin(5\pi \times 10^3 t)]\,dt \\ &= 13\pi \times 10^6 t - 20\cos(5\pi \times 10^3 t) + \varphi_0\ \text{rad} \end{aligned}$$

设 u_{FM}的振幅为 U_{sm}，则

$$u_{FM} = U_{sm}\cos\varphi(t) = U_{sm}\cos[13\pi \times 10^6 t - 20\cos(5\pi \times 10^3 t) + \varphi_0]$$

产生调相信号时，调相指数 $m_p=\dfrac{\Delta f_m}{F}=\dfrac{50\ \text{kHz}}{2.5\ \text{kHz}}=20$ rad，u_{PM}的相位：

$$\varphi(t) = \omega_c t + \varphi_0 + \Delta\varphi(t) = 2\pi f_c t + m_p \sin\Omega t + \varphi_0$$
$$= 2\pi \times 6.5\ \text{MHz} \times t + 20\ \text{rad} \times \sin(5\pi \times 10^3 t) + \varphi_0$$
$$= 13\pi \times 10^6 t + 20\ \sin(5\pi \times 10^3 t) + \varphi_0\ \text{rad}$$

设 u_{PM}的振幅为 U_{sm}，则

$$u_{PM} = U_{sm}\cos\varphi(t) = U_{sm}\cos[13\pi \times 10^6 t + 20\ \sin(5\pi \times 10^3 t) + \varphi_0]$$

u_{FM}和 u_{PM}的卡森带宽：

$$\text{BW}_{CR} = 2\left(\frac{\Delta f_m}{F} + 1\right)F \approx 2\Delta f_m = 2 \times 50\ \text{kHz} = 100\ \text{kHz}$$

u_Ω 振幅减半，频率加倍后，u_{FM}的 $\Delta f_m = k_f U_{\Omega m}$减半，由上述计算知带宽为 60 kHz，$u_{PM}$的 $\Delta f_m = m_p F = k_p U_{\Omega m} F$ 不变，由上述计算知带宽为 110 kHz。

7.2 角度调制原理

调频从原理上分为直接调频和间接调频。直接调频的振荡和调频在同一级电路完成，原理简单，调频信号的频偏较大，但是频率稳定度较低；间接调频是把振荡和调频分在两级电路中分别完成，提高了调频信号的频率稳定度。

调频信号的带宽由调制信号的振幅决定，所以当调制信号是包含多个频率分量的复杂信号时，只要其最大幅度不变，调频信号就基本保持恒定的带宽。相对而言，调相信号的带宽取决于调制信号的最高频率。因为最高频率的分量出现的时间较少，所以调相信号的频带利用率较低。因此，连续波模拟调制中单独的调相应用较少，调相更多应用于间接调频中，即首先对调制信号 u_Ω 积分，其次用积分后的结果对载波 u_c 调相。这样，已调波的相位变化正比于 u_Ω 的积分，所以其频率变化正比于 u_Ω，从而成为调频信号 u_{FM}，电路框图如图 7.2.1 所示。

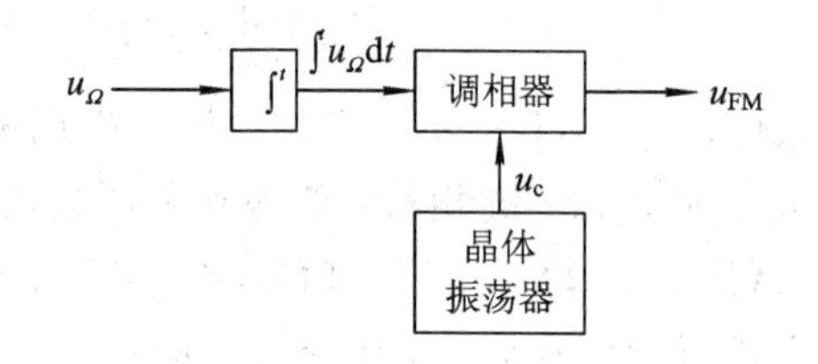

图 7.2.1 间接调频

7.2.1 直接调频

直接调频可以分为模拟调频积分方程法和似稳态调频法。

1. 模拟调频积分方程法

模拟调频积分方程法是指根据调频信号满足的积分方程，通过电路实现其中的每一步运算，然后依据等式建立闭合环路，产生调频信号。

首先推导调频积分方程。调频信号可以表示为

$$u_{FM} = U_{sm}\cos\int^t \omega(t)\ dt$$
$$= \int^t \left[U_{sm}\cos\int^t \omega(t)\ dt\right]'\ dt = \int^t U_{sm}\left[-\sin\int^t \omega(t)\ dt\right]\omega(t)\ dt$$
$$= -\int^t U_{sm}\left[\sin\int^t \omega(t)\ dt\right]\omega(t)\ dt \qquad (7.2.1)$$

因为

$$\left[\sin\int^{t}\omega(t)\,\mathrm{d}t\right]' = \left[\cos\int^{t}\omega(t)\,\mathrm{d}t\right]\omega(t)$$

所以：

$$\sin\int^{t}\omega(t)\,\mathrm{d}t = \int^{t}\left[\cos\int^{t}\omega(t)\,\mathrm{d}t\right]\omega(t)\,\mathrm{d}t$$

将上式代入式(7.2.1)，有：

$$\begin{aligned}
u_{\mathrm{FM}} &= -\int^{t}U_{\mathrm{sm}}\left\{\int^{t}\left[\cos\int^{t}\omega(t)\,\mathrm{d}t\right]\omega(t)\,\mathrm{d}t\right\}\omega(t)\,\mathrm{d}t \\
&= -\int^{t}\left\{\int^{t}\left[\omega(t)U_{\mathrm{sm}}\cos\int^{t}\omega(t)\,\mathrm{d}t\right]\mathrm{d}t\right\}\omega(t)\,\mathrm{d}t \\
&= -\int^{t}\left[\int^{t}\omega(t)u_{\mathrm{FM}}\,\mathrm{d}t\right]\omega(t)\,\mathrm{d}t \\
&= -\int^{t}\omega(t)\left[\int^{t}\omega(t)u_{\mathrm{FM}}\,\mathrm{d}t\right]\mathrm{d}t
\end{aligned} \tag{7.2.2}$$

上式就是 u_{FM} 满足的调频积分方程。

为了用电路实现调频积分方程，需要用两个乘法器、两个积分器和一个反相器，共 5 个模块构成闭合环路。频率 $\omega(t)$ 用控制电压 u_{ω} 取代，u_{ω} 与调制信号成线性关系，即

$$u_{\omega} = U_0 + ku_{\Omega}$$

电路框图如图 7.2.2 所示。图中，k_{M} 和 k_{I} 分别代表乘法器和积分器的增益。

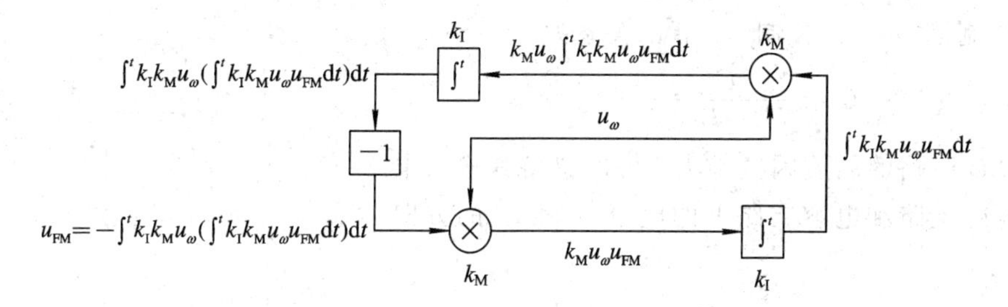

图 7.2.2　模拟调频积分方程法调频

该电路输出的调频信号：

$$u_{\mathrm{FM}} = -\int^{t}k_{\mathrm{I}}k_{\mathrm{M}}u_{\omega}\left(\int^{t}k_{\mathrm{I}}k_{\mathrm{M}}u_{\omega}u_{\mathrm{FM}}\,\mathrm{d}t\right)\mathrm{d}t$$

与式(7.2.2)比较可知，u_{FM}的 $\omega(t)$受到 u_{ω} 的控制，即

$$\begin{aligned}
\omega(t) &= k_{\mathrm{I}}k_{\mathrm{M}}u_{\omega} = k_{\mathrm{I}}k_{\mathrm{M}}(U_0 + ku_{\Omega}) \\
&= k_{\mathrm{I}}k_{\mathrm{M}}U_0 + k_{\mathrm{I}}k_{\mathrm{M}}ku_{\Omega} \\
&= \omega_{\mathrm{c}} + k_{\mathrm{f}}u_{\Omega}
\end{aligned}$$

由此决定了 u_{FM}的载频和调频比例常数，u_{FM}的振幅和初始相位则由积分器的积分常数决定。实际电路中，乘法器就用模拟乘法器，积分器采用电阻和电容构成的无源高频积分器，反相器则可以用反相放大器实现。

2. 似稳态调频法

调制信号的频率 Ω、调频信号的载频 ω_{c} 和最大频偏 $\Delta\omega_{\mathrm{m}}$ 满足似稳态条件 $\Omega \ll \omega_{\mathrm{c}}$ 和 $\Delta\omega_{\mathrm{m}} \ll \omega_{\mathrm{c}}$ 时，相对于载频，调频信号的频率变化非常缓慢，变化范围也很小，可以认为是似稳态的正弦信号，所以可以用正弦波振荡器产生。通过调制信号连续改变影响振荡频率

的参数，不断设立新的相位平衡条件，在相位稳定条件的作用下，振荡器通过反馈，连续调整振荡频率，不断跟随调制信号的变化，从而实现调频，这就是似稳态调频。为了保证调整下的振荡频率跟得上调制信号的变化，要求相对于载波，调制信号的变化不能太快，变化也不能太大，即必须满足上述似稳态条件。

似稳态调频法的数学模型是调频微分方程。调频微分方程可以独立由调频信号的表达式推导而来，也可以在调频积分方程(式(7.2.2))的基础上，等式两边对时间两次求导，经过整理得到。调频微分方程为

$$u_{\mathrm{FM}}-\frac{\omega'(t)u_{\mathrm{FM}}'}{\omega^{3}(t)}+\frac{u_{\mathrm{FM}}''}{\omega^{2}(t)}=0$$

为了便于电路实现，调频微分方程需要近似处理。在似稳态条件下，上式等号左边第二项在绝对值上远远小于第一项和第三项，并且取值接近于零，所以把第二项增加一倍或忽略，方程对应的电路功能不发生实质变化。由此衍生出两个似稳态调频微分方程：

$$u_{\mathrm{FM}}-2\frac{\omega'(t)u_{\mathrm{FM}}'}{\omega^{3}(t)}+\frac{u_{\mathrm{FM}}''}{\omega^{2}(t)}=0$$

$$u_{\mathrm{FM}}+\frac{u_{\mathrm{FM}}''}{\omega^{2}(t)}=0$$

这两个方程都可以用较简单的正弦波振荡器实现。例如，图 7.2.3 所示为一 LC 正弦波振荡器的 LC 并联谐振回路部分，决定振荡频率的参数包括电感 L 和电容 C。为了实现调频，设 C 受调制信号 u_{Ω} 的控制，二者的关系为

$$C=\frac{C_{\mathrm{Q}}}{(1+ku_{\Omega})^{2}}$$

设 LC 回路的品质因数很大，可以忽略其输入电流，由电感支路和电容支路上的电流 i_L 和 i_C 的方向可知：

$$i_L+i_C=\frac{1}{L}\int^{t}u_{\mathrm{o}}\,\mathrm{d}t+Cu_{\mathrm{o}}'=0$$

即

$$\int^{t}u_{\mathrm{o}}\,\mathrm{d}t+LCu_{\mathrm{o}}'=0$$

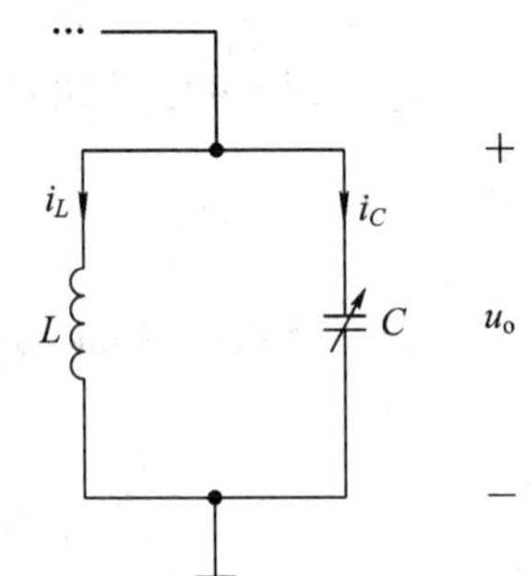

图 7.2.3　LC 正弦波振荡器实现似稳态调频法调频

等式两边对时间求导，并整理，就得到似稳态调频微分方程：

$$u_{\mathrm{o}}-2\frac{\omega'(t)u_{\mathrm{o}}'}{\omega^{3}(t)}+\frac{u_{\mathrm{o}}''}{\omega^{2}(t)}=0$$

所以该正弦波振荡器是以上似稳态调频微分方程的实现电路，输出电压 u_{o} 就是调频信号 u_{FM}，其频率：

$$\begin{aligned}\omega(t)&=\frac{1}{\sqrt{LC}}=\frac{1}{\sqrt{LC_{\mathrm{Q}}}}(1+ku_{\Omega})\\&=\frac{1}{\sqrt{LC_{\mathrm{Q}}}}+\frac{k}{\sqrt{LC_{\mathrm{Q}}}}u_{\Omega}\\&=\omega_{\mathrm{c}}+k_{\mathrm{f}}u_{\Omega}\end{aligned}$$

似稳态调频法不仅可以通过调制信号控制电容来实现，也可以通过调制信号控制电感

来实现。各种可控电抗元件中，最常用的是变容二极管。

变容二极管的电路符号如图 7.2.4(a)所示，它工作于反偏状态，所以结电容 C_j 主要是 PN 结的势垒电容。C_j 与反偏电压 u 的关系为

$$C_j = \frac{C_{j0}}{\left(1+\frac{u}{U_B}\right)^n}$$

其中，C_{j0} 是 $u=0$ 时的零偏结电容；U_B 是 PN 结的势垒电压；n 为变容指数，取值在 1/3～6 之间。上式描述的变容特性曲线如图 7.2.4(b)所示。为了获得实际所需的变容特性，可以给变容二极管串联或并联适当的电容，以改变曲线的位置和斜率。

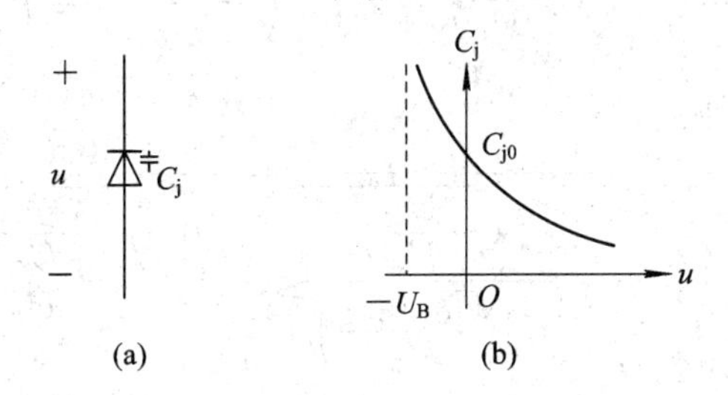

图 7.2.4　变容二极管

(a) 电路符号；(b) 变容特性

反偏电压 u 包括直流通路提供的直流反偏电压 U_Q 和从低频通路过来的调制信号 u_Ω。U_Q 确定直流静态工作点 Q 处的静态电容 C_{jQ}，叠加 u_Ω 后，C_j 以 C_{jQ} 为中心，随着 u_Ω 的变化而改变，如图 7.2.5 所示。C_j 作为电容支路上的全部或部分电容，改变 LC 并联谐振回路的谐振频率，从而实现调频。

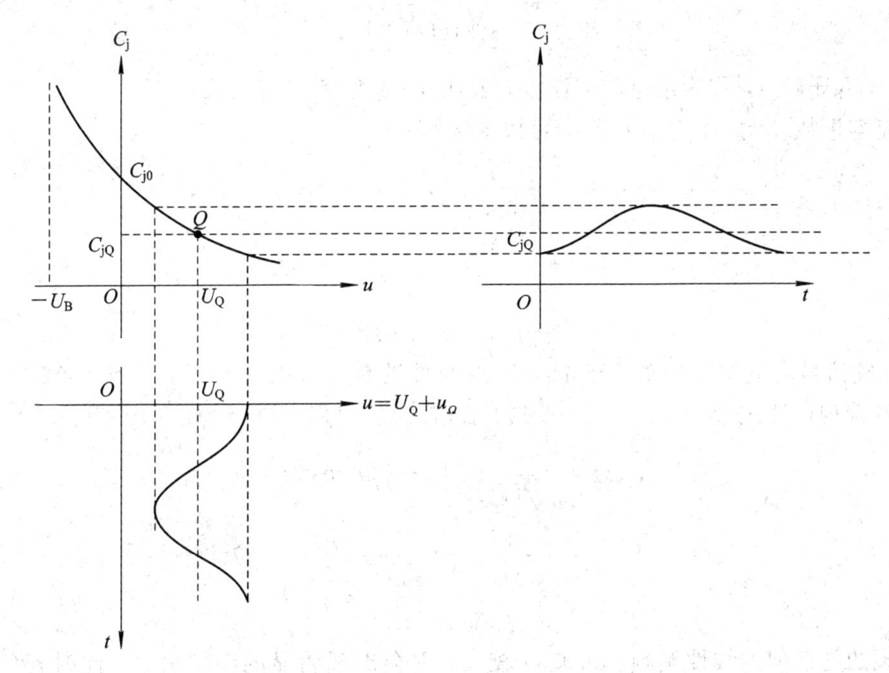

图 7.2.5　C_j 和 u_Ω 波形的几何投影关系

为了保证线性调频，基于似稳态调频法的变容二极管调频的结电容调制度应该小于 1，

因而这种电路只能产生窄带调频信号。根据变容二极管的电容接入系数，变容二极管调频分为全部接入式变容二极管调频和部分接入式变容二极管调频。

1）全部接入式变容二极管调频

在 LC 并联谐振回路中，如果变容二极管两端与电感支路并联，则其电容接入系数等于 1，这样的设计称为全部接入式变容二极管调频。此时，LC 回路的电容支路上只有一个变容二极管，反偏电压 $u=U_Q+u_\Omega$，振荡频率：

$$\omega(t)=\frac{1}{\sqrt{LC_j}}=\frac{1}{\sqrt{L\dfrac{C_{j0}}{\left(1+\dfrac{u}{U_B}\right)^n}}}=\frac{1}{\sqrt{L\dfrac{C_{j0}}{\left(1+\dfrac{U_Q+u_\Omega}{U_B}\right)^n}}}$$

$$=\frac{1}{\sqrt{L\dfrac{C_{j0}}{\left(1+\dfrac{U_Q}{U_B}\right)^n}\dfrac{\left(1+\dfrac{U_Q}{U_B}\right)^n}{\left(1+\dfrac{U_Q+u_\Omega}{U_B}\right)^n}}}=\frac{1}{\sqrt{L\dfrac{C_{j0}}{\left(1+\dfrac{U_Q}{U_B}\right)^n}}}\left(\frac{1+\dfrac{U_Q+u_\Omega}{U_B}}{1+\dfrac{U_Q}{U_B}}\right)^{\frac{n}{2}}$$

$$=\frac{1}{\sqrt{LC_{jQ}}}\left(1+\frac{u_\Omega}{U_B+U_Q}\right)^{\frac{n}{2}}=\frac{1}{\sqrt{LC_{jQ}}}\left(1+\frac{U_{\Omega m}\cos\Omega t}{U_B+U_Q}\right)^{\frac{n}{2}}$$

$$=\frac{1}{\sqrt{LC_{jQ}}}(1+m\cos\Omega t)^{\frac{n}{2}} \tag{7.2.3}$$

其中，静态电容：

$$C_{jQ}=\frac{C_{j0}}{\left(1+\dfrac{U_Q}{U_B}\right)^n}$$

$m=U_{\Omega m}/(U_B+U_Q)$，称为结电容调制度，表征 u_Ω 改变 C_j 的能力。

当变容指数 $n=2$ 时，式(7.2.3)可以继续写为

$$\begin{aligned}\omega(t)&=\frac{1}{\sqrt{LC_{jQ}}}(1+m\cos\Omega t)\\&=\frac{1}{\sqrt{LC_{jQ}}}+\frac{m}{\sqrt{LC_{jQ}}}\cos\Omega t\\&=\omega_c+\Delta\omega_m\cos\Omega t\end{aligned}$$

此时，调频信号的频率变化正比于 u_Ω，实现的是没有失真的线性调频。当 $n\neq2$ 时，如果 $m\ll1$，则利用 $(1+x)^n\approx1+nx(|x|\ll1)$，式(7.2.3)可以继续写为

$$\begin{aligned}\omega(t)&\approx\frac{1}{\sqrt{LC_{jQ}}}\left(1+\frac{n}{2}m\cos\Omega t\right)\\&=\frac{1}{\sqrt{LC_{jQ}}}+\frac{1}{\sqrt{LC_{jQ}}}\frac{n}{2}m\cos\Omega t\\&=\omega_c+\Delta\omega_m\cos\Omega t\end{aligned} \tag{7.2.4}$$

此时实现的是近似的线性调频。如果 m 较大，则会出现明显的频率失真。此时若(7.2.3)中括号部分作幂级数展开，则 $m\cos\Omega t$ 的高阶项会产生与 Ω 无关的量，与 1 叠加，会影响载频 ω_c 的取值。

分析变容二极管调频电路时，要根据交流通路，判断其所属正弦波振荡器的类型，找出振荡回路，确定变容二极管的位置，由直流通路和低频通路计算加在变容二极管上的直流反偏电压和调制信号，而后再计算振荡频率，适当近似处理，确定性能指标。

【例 7.2.1】 变容二极管调频电路如图 7.2.6(a)所示。变容二极管的结电容：

$$C_j=\frac{100}{(1+u)^2}\ \text{pF}$$

调制信号 $u_\Omega=20\cos(2\pi\times10^4 t)$ mV。画出该电路的交流通路，计算振荡频率 $\omega(t)$ 和最大频偏 $\Delta\omega_m$，设调频信号 u_{FM} 的振幅为 U_{sm}，写出其表达式。

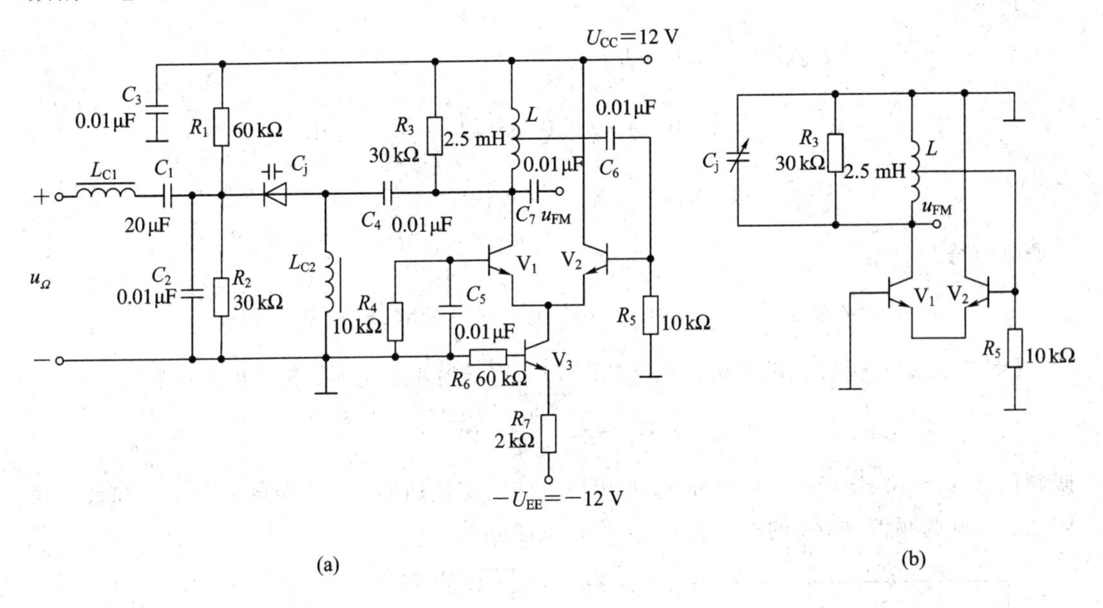

图 7.2.6　变容二极管调频电路
(a) 原电路；(b) 交流通路

解：交流通路如图 7.2.6(b)所示。该电路是在差分对振荡器的基础上实现的变容二极管直接调频电路。图 7.2.6(a)中，电阻 R_1 和 R_2 对电压源 U_{CC} 分压，获得变容二极管 C_j 的直流反偏电压 U_Q；低频的调制信号 u_Ω 通过高频扼流圈 L_{C1} 加到 C_j 上，L_{C1} 对高频信号开路；电容 C_1 隔离 u_Ω 和 U_Q；电容 C_2 和 C_3 对高频信号旁路，使 C_j 的左端和电感 L 的上端交流连通，它们各自的另一端通过电容 C_4 交流连通；高频扼流圈 L_{C2} 将 C_j 的非加载端直流电压置零，而对高频信号开路。

由直流通路得 C_j 的直流反偏电压：

$$U_Q=\frac{R_2}{R_1+R_2}U_{CC}=\frac{30\ \text{k}\Omega}{60\ \text{k}\Omega+30\ \text{k}\Omega}\times12\ \text{V}=4\ \text{V}$$

根据 C_j 的表达式可知，零偏结电容 $C_{j0}=100$ pF，势垒电压 $U_B=1$ V，变容指数 $n=2$，则静态电容：

$$C_{jQ}=\frac{C_{j0}}{\left(1+\dfrac{U_Q}{U_B}\right)^n}=\frac{100\ \text{pF}}{\left(1+\dfrac{4\ \text{V}}{1\ \text{V}}\right)^2}=4\ \text{pF}$$

振荡频率：

$$\omega(t)=\frac{1}{\sqrt{LC_{\mathrm{j}}}}=\frac{1}{\sqrt{LC_{\mathrm{jQ}}}}\left(1+\frac{u_{\Omega}}{U_{\mathrm{B}}+U_{\mathrm{Q}}}\right)^{\frac{n}{2}}$$

$$=\frac{1}{\sqrt{2.5\ \mathrm{mH}\times 4\ \mathrm{pF}}}\left(1+\frac{20\cos(2\pi\times 10^{4}t)\ \mathrm{mV}}{1\ \mathrm{V}+4\ \mathrm{V}}\right)^{\frac{2}{2}}$$

$$=10^{7}+4\times 10^{4}\cos(2\pi\times 10^{4}t)\ \mathrm{rad/s}$$

最大频偏：

$$\Delta\omega_{\mathrm{m}}=4\times 10^{4}\ \mathrm{rad/s}$$

相位：

$$\varphi(t)=\int^{t}\omega(t)\,\mathrm{d}t$$

$$=\int^{t}[10^{7}+4\times 10^{4}\cos(2\pi\times 10^{4}t)]\,\mathrm{d}t$$

$$=10^{7}t+\frac{2}{\pi}\sin(2\pi\times 10^{4}t)+\varphi_{0}\ \mathrm{rad}$$

则调频信号：

$$u_{\mathrm{FM}}=U_{\mathrm{sm}}\cos\varphi(t)=U_{\mathrm{sm}}\cos\left[10^{7}t+\frac{2}{\pi}\sin(2\pi\times 10^{4}t)+\varphi_{0}\right]$$

【例 7.2.2】 变容二极管调频电路如图 7.2.7(a)所示。变容二极管的结电容：

$$C_{\mathrm{j}}=\frac{200}{(1+u)^{2}}\ \mathrm{pF}$$

调制信号 $u_{\Omega}=10\sin(2\pi\times 10^{4}t)$ mV。画出该电路的交流通路，计算振荡频率 $\omega(t)$ 和最大频偏 $\Delta\omega_{\mathrm{m}}$，设调频信号 u_{FM} 的振幅为 U_{sm}，写出其表达式。

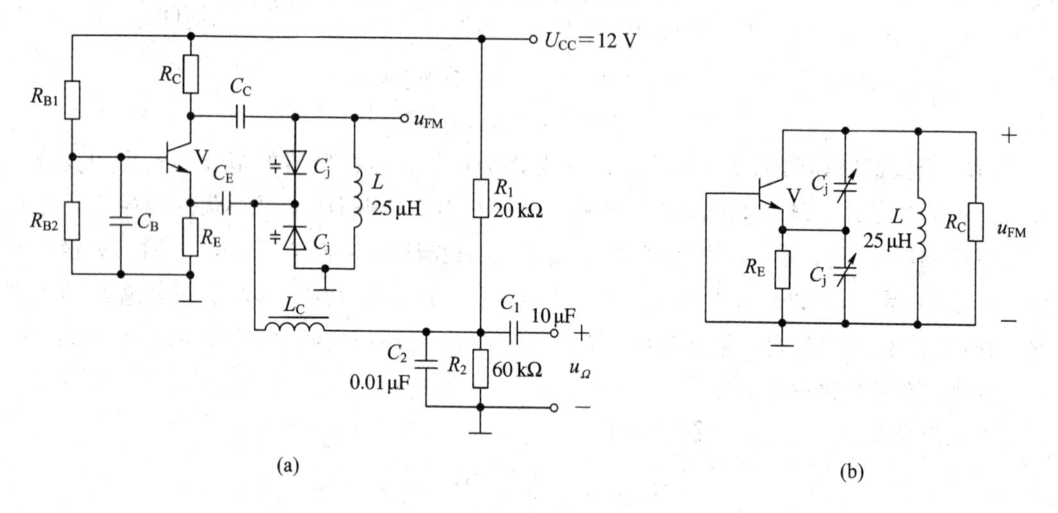

图 7.2.7 变容二极管调频电路

(a) 原电路；(b) 交流通路

解：交流通路如图 7.2.7(b)所示。该电路是在电容三端式振荡器基础上实现的双变容二极管直接调频电路，两个变容二极管 C_{j} 的参数一样，串联构成 LC 并联谐振回路的电容支路。电路中，电阻 R_1 和 R_2 对电压源 U_{CC} 分压获得 C_{j} 的直流反偏电压 U_{Q}；电容 C_2 对 u_{Ω} 开路；u_{Ω} 通过高频扼流圈 L_{C} 加到 C_{j} 上，L_{C} 对高频信号开路；电感 L 不但构成 LC 回路，

也使两个 C_j 的非加载端直流电压置零。

由直流通路得 C_j 的直流反偏电压：

$$U_Q = \frac{R_2}{R_1 + R_2} U_{CC} = \frac{60\ \text{k}\Omega}{20\ \text{k}\Omega + 60\ \text{k}\Omega} \times 12\ \text{V} = 9\ \text{V}$$

根据 C_j 的表达式可知，零偏结电容 $C_{j0}=200$ pF，势垒电压 $U_B=1$ V，变容指数 $n=2$，则静态电容：

$$C_{jQ} = \frac{C_{j0}}{\left(1+\dfrac{U_Q}{U_B}\right)^n} = \frac{200\ \text{pF}}{\left(1+\dfrac{9\ \text{V}}{1\ \text{V}}\right)^2} = 2\ \text{pF}$$

振荡频率：

$$\begin{aligned}\omega(t) &= \frac{1}{\sqrt{L\dfrac{C_j}{2}}} = \frac{1}{\sqrt{L\dfrac{C_{jQ}}{2}}}\left(1+\frac{u_\Omega}{U_B+U_Q}\right)^{\frac{n}{2}} \\ &= \frac{1}{\sqrt{25\ \mu\text{H} \times \dfrac{2\ \text{pF}}{2}}}\left[1+\frac{10\ \sin(2\pi \times 10^4 t)\ \text{mV}}{1\ \text{V}+9\ \text{V}}\right]^{\frac{2}{2}} \\ &= 2\times 10^8 + 2\times 10^5\ \sin(2\pi\times 10^4 t)\ \text{rad/s}\end{aligned}$$

最大频偏：

$$\Delta\omega_m = 2\times 10^5\ \text{rad/s}$$

相位：

$$\begin{aligned}\varphi(t) &= \int^t \omega(t)\ \text{d}t \\ &= \int^t [2\times 10^8 + 2\times 10^5\ \sin(2\pi\times 10^4 t)]\ \text{d}t \\ &= 2\times 10^8 t - \frac{10}{\pi}\cos(2\pi\times 10^4 t) + \varphi_0\ \text{rad}\end{aligned}$$

则调频信号：

$$u_{FM} = U_{sm}\cos\varphi(t) = U_{sm}\cos\left[2\times 10^8 t - \frac{10}{\pi}\cos(2\pi\times 10^4 t) + \varphi_0\right]$$

对比例 7.2.2 和例 7.2.1 可以发现，在其他参数一样时，采用双变容二极管可以使最大频偏变为原来的 $\sqrt{2}$ 倍，采用双变容二极管还可使每个二极管上的高频信号电压减小为原来的一半，从而减小了高频信号电压对结电容的影响。另外，两个变容二极管反向串联，寄生电容互相抵消，也减小了寄生调制效应。

2) 部分接入式变容二极管调频

全部接入式变容二极管调频电路中，除了直流电压和调制信号外，高频信号也全部加到了变容二极管上，从而影响了原来只随调制信号变化的振荡频率，同时也影响了振荡的振幅和频率稳定度。为了解决这个问题，应设法减小加到变容二极管上的高频信号。例 7.2.2 通过两个变容二极管对高频信号分压，可以在一定程度上减弱其不利影响。更常用的解决办法是采用部分接入式变容二极管调频，即在 LC 并联谐振回路中变容二极管与其他电容串联后构成电容支路，其电容接入系数小于 1。通过串联电容的分压，变容二极管上的高频信号得以减小，从而提高了调频质量。

图 7.2.8 所示的部分接入式变容二极管调频电路中，LC 回路的振荡频率：

$$\omega(t)=\frac{1}{\sqrt{LC_{\Sigma}}}$$

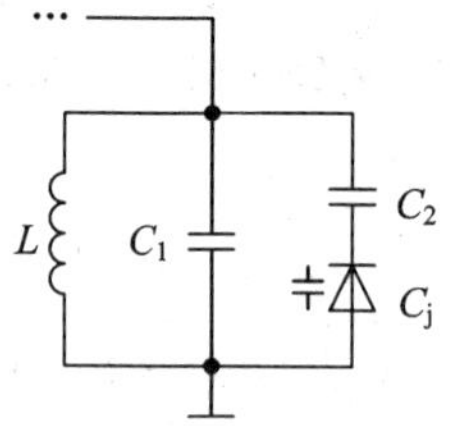

图 7.2.8 部分接入式变容二极管调频电路的 LC 并联谐振回路

电容支路的总电容：

$$C_{\Sigma}=C_1+\frac{C_2C_j}{C_2+C_j}$$

设

$$C_{\Sigma Q}=C_1+\frac{C_2C_{jQ}}{C_2+C_{jQ}}$$

$$p=\left(1+\frac{C_{jQ}}{C_2}\right)\left(1+\frac{C_1}{C_{jQ}}+\frac{C_1}{C_2}\right)$$

经过整理，在结电容调制度 $m\ll1$，且 $nm/p\ll1$ 时，$\omega(t)$的近似结果为

$$\begin{aligned}\omega(t)&=\frac{1}{\sqrt{LC_{\Sigma Q}}}\left(1+\frac{n}{2p}m\cos\Omega t\right)\\&=\frac{1}{\sqrt{LC_{\Sigma Q}}}+\frac{1}{\sqrt{LC_{\Sigma Q}}}\frac{n}{2p}m\cos\Omega t\\&=\omega_c+\Delta\omega_m\cos\Omega t\end{aligned}$$

与式(7.2.4)比较可以发现，因为 $p>1$，所以部分接入式变容二极管调频的相对最大频偏比全部接入式的要小，这是因为通过其他电容的串/并联，变容二极管对回路总电容的影响有所减小。因此，部分接入式变容二极管调频以减小相对最大频偏为代价，提高了调频质量。

7.2.2 间接调频

间接调频通过调相实现调频，所以首先研究调相。调相可以分为矢量合成法、相移法和时延法。相移法的典型应用是变容二极管调相。

1. 矢量合成法

调相信号可以表示为

$$\begin{aligned}u_{PM}&=U_{sm}\cos(\omega_ct+k_pu_{\Omega})\\&=U_{sm}\cos\omega_ct\cos k_pu_{\Omega}-U_{sm}\sin\omega_ct\sin k_pu_{\Omega}\end{aligned}$$

当$|k_pu_{\Omega}|\leqslant\pi/6$ 时，$\cos k_pu_{\Omega}\approx1$，$\sin k_pu_{\Omega}\approx k_pu_{\Omega}$，上式可以继续写为

$$\begin{aligned}u_{PM}&\approx U_{sm}\cos\omega_ct-U_{sm}k_pu_{\Omega}\sin\omega_ct\\&=U_{sm}\cos\omega_ct+U_{sm}k_pu_{\Omega}\cos\left(\omega_ct+\frac{\pi}{2}\right)\end{aligned}$$

这说明，u_{PM} 近似可以用两个矢量信号合成。第一个信号 $U_{sm}\cos\omega_c t$ 是载波，矢量长度为 U_{sm}，方向(即相位)为 $\omega_c t$；第二个信号 $U_{sm}k_p u_\Omega \cos(\omega_c t+\pi/2)$ 是双边带调制信号，矢量长度为 $U_{sm}k_p u_\Omega$，方向(即相位)为 $\omega_c t+\pi/2$。

图 7.2.9 所示为矢量合成法调相的矢量图。

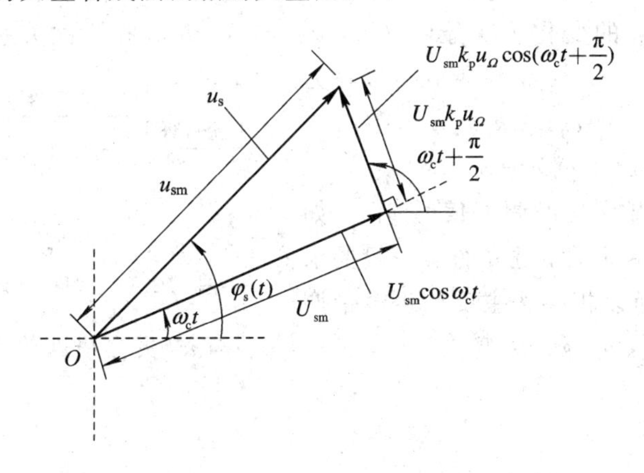

图 7.2.9　矢量合成法调相的矢量图

从图 7.2.9 中不难看出，合成矢量的长度，即已调波 u_s 的振幅为

$$u_{sm}=\sqrt{U_{sm}^2+(U_{sm}k_p u_\Omega)^2}=U_{sm}\sqrt{1+(k_p u_\Omega)^2}$$

合成矢量的方向，即 u_s 的相位为

$$\varphi_s(t)=\omega_c t+\arctan\frac{U_{sm}k_p u_\Omega}{U_{sm}}=\omega_c t+\arctan k_p u_\Omega$$

所以，u_s 可以写为

$$u_s=u_{sm}\cos\varphi_s(t)=U_{sm}\sqrt{1+(k_p u_\Omega)^2}\cos(\omega_c t+\arctan k_p u_\Omega)$$

此时的 u_s 和 u_{PM} 相比，存在寄生调幅和相位失真。只有当$|k_p u_\Omega|\leqslant\pi/6$ 时，$\sqrt{1+(k_p u_\Omega)^2}\approx 1$，$\arctan k_p u_\Omega\approx k_p u_\Omega$，于是

$$u_s\approx U_{sm}\cos(\omega_c t+k_p u_\Omega)=u_{PM}$$

因此，为了减小寄生调幅和相位失真，需要满足$|k_p u_\Omega|\leqslant\pi/6$ 的条件，即调相指数 $m_p=k_p U_{\Omega m}\leqslant\pi/6$。这说明矢量合成法只适用于产生窄带调相信号。矢量合成法调相的电路框图如图 7.2.10 所示。

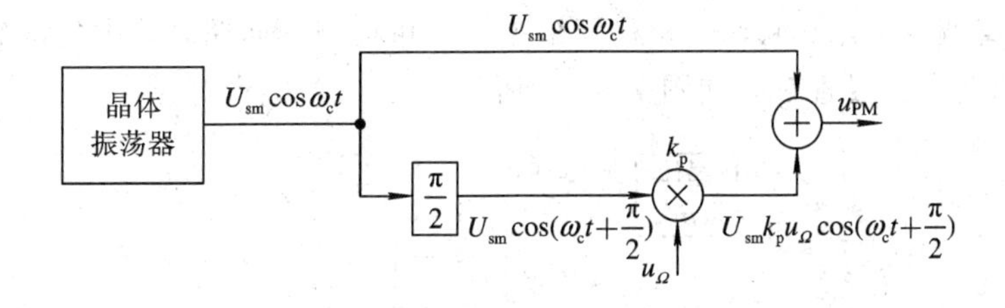

图 7.2.10　矢量合成法调相的电路框图

2. 相移法

相移法是指通过调制信号控制的相移网络对载波移相，得到调相信号。在实现上，可以是载波电流经过 LC 并联谐振回路产生相移，也可以是载波电压经过 RC 网络产生相移。

以前者为例，设相移网络的阻抗为 $Ze^{j\varphi}$，模 Z 和相角 φ 既与频率 ω 有关，同时也受调制信号 u_Ω 的控制，即 $Z=Z(\omega, u_\Omega)$，$\varphi=\varphi(\omega, u_\Omega)$。石英晶体振荡器产生的载波电流 $i_c=I_{cm}\cos\omega_c t$ 流过相移网络时，产生的已调波为

$$u_s = I_{cm}Z(\omega_c, u_\Omega)\cos[\omega_c t+\varphi(\omega_c, u_\Omega)]$$

如果 $Z(\omega_c, u_\Omega)$随 u_Ω 的变化不明显，$\varphi(\omega_c, u_\Omega)$与 u_Ω 近似成线性关系，即 $Z(\omega_c, u_\Omega)\approx Z(\omega_c)$，$\varphi(\omega_c, u_\Omega)\approx k_p u_\Omega+\varphi_0$，则上式可以写为

$$\begin{aligned}u_s &\approx I_{cm}Z(\omega_c)\cos(\omega_c t+k_p u_\Omega+\varphi_0)\\ &= U_{sm}\cos(\omega_c t+k_p u_\Omega+\varphi_0) = u_{PM}\end{aligned}$$

于是在相移网络输出端获得调相信号 u_{PM}，如图 7.2.11 所示。为了满足上述条件，一般要求 $m_p=k_p U_{\Omega m}\leqslant\pi/6$，所以相移法主要产生窄带调相信号；否则，$Z(\omega_c, u_\Omega)$随 u_Ω 变化明显，$\varphi(\omega_c, u_\Omega)$与 u_Ω 失去线性关系，会分别造成寄生调幅和相位失真。

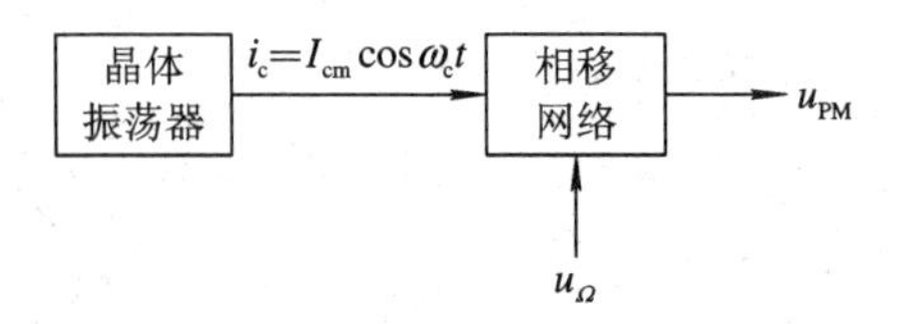

图 7.2.11　相移法调相的电路框图

3. 时延法

因为相位变化的相反值除以载频等于时延，所以调相也可以用时延网络实现。设时延网络的时延与调制信号呈正比，即 $\tau=ku_\Omega$，则石英晶体振荡器产生的载波 $u_c=U_{cm}\cos\omega_c t$ 经过时延网络，产生的已调波为

$$\begin{aligned}u_s &= U_{cm}\cos[\omega_c(t-\tau)] = U_{cm}\cos(\omega_c t-\omega_c\tau) = U_{cm}\cos(\omega_c t-\omega_c k u_\Omega)\\ &= U_{sm}\cos(\omega_c t+k_p u_\Omega) = u_{PM}\end{aligned}$$

于是在时延网络输出端获得调相信号 u_{PM}，如图 7.2.12 所示。这种方法可以用来产生宽带调相信号，相位变化仅受限于信号相位超前和滞后的允许范围，即 $m_p=k_p U_{\Omega m}<\pi$，对应的最大时延不应超过半个载波周期。

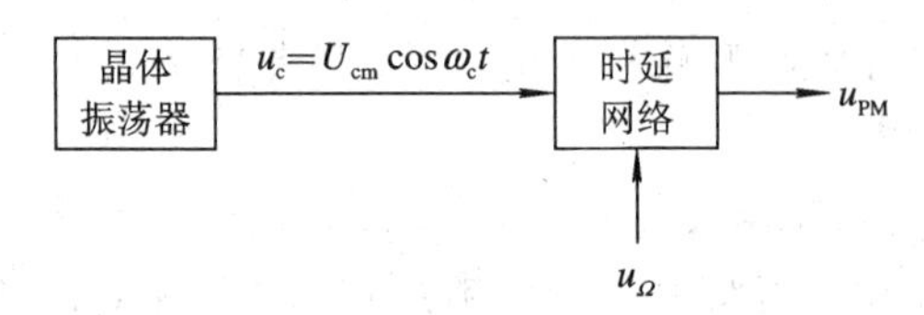

图 7.2.12　时延法调相的电路框图

4. 变容二极管调相

变容二极管调相采用相移法。相移网络是 LC 并联谐振回路，其中的电容支路为加载调制信号 u_Ω 的变容二极管 C_j，如图 7.2.13 所示。

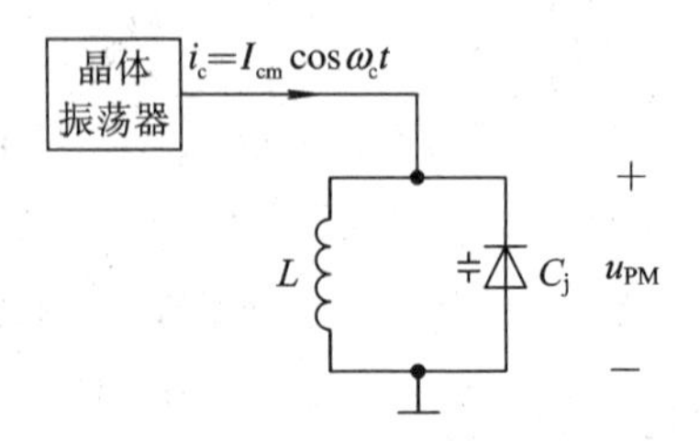

图 7.2.13　用作相移网络的变容二极管 LC 并联谐振回路

LC 回路的谐振频率 $\omega_0=1/\sqrt{LC_j}$ 受 u_Ω 的控制，设计当 $u_\Omega=0$ 时 $\omega_0=\omega_c$，即 $\omega_c=1/\sqrt{LC_{jQ}}$。以 u_Ω 为参考，LC 回路的阻抗 $Z(\omega_c,u_\Omega)e^{j\varphi(\omega_c,u_\Omega)}$ 的幅频特性和相频特性分别如图 7.2.14(a)、(b)所示。

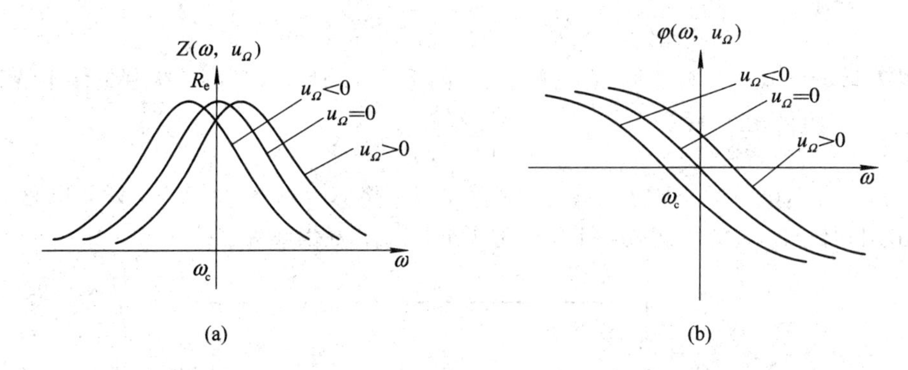

图 7.2.14　变容二极管 LC 并联谐振回路的频率特性
(a) 幅频特性；(b) 相频特性

首先研究幅频特性。随着 u_Ω 的变化，幅频特性曲线随之左右移动，ω_0 也不断改变。石英晶体振荡器提供的载波电流 $i_c=I_{cm}\cos\omega_c t$ 遇到的电阻是曲线在 ω_c 处的高度 $Z(\omega_c,u_\Omega)$。当 ω_0 的变化范围远小于 ω_c 时，这个高度变化不明显，取值近似为谐振电阻，即 $Z(\omega_c,u_\Omega)\approx Z(\omega_c)=R_e$，于是 u_{PM} 的振幅为 $U_{sm}=I_{cm}R_e$。

相频特性曲线也随着 u_Ω 的变化不断左右移动，从而连续改变 i_c 受到的相移，即曲线在 ω_c 处的高度 $\varphi(\omega_c,u_\Omega)$。已知：

$$\varphi(\omega_c,u_\Omega)\approx-\arctan 2Q_e\frac{\omega_c-\omega_0}{\omega_0}$$

其中，Q_e 为 LC 回路的品质因数。当 ω_0 的变化范围远小于 ω_c 时，有

$$\varphi(\omega_c,u_\Omega)\approx-2Q_e\frac{\omega_c-\omega_0}{\omega_0}\approx-2Q_e\frac{\omega_c-\omega_0}{\omega_c}$$

如果变容二极管的变容指数 $n=2$，或者 $n\neq2$ 且结电容调制度 $m\ll1$，则由参考式(7.2.4)可知

$$\omega_0\approx\omega_c+\omega_c\frac{n}{2}m\cos\Omega t$$

所以：

$$\varphi(\omega_c,u_\Omega)\approx Q_e nm\cos\Omega t$$

u_{PM} 的相位 $\varphi(t)=\omega_c t+\varphi(\omega_c,u_\Omega)=\omega_c t+Q_e nm\cos\Omega t$。于是，变容二极管调相得到的调相信号为

$$u_{PM}=I_{cm}R_e\cos(\omega_c t+Q_e nm\cos\Omega t)$$

在变容二极管调相的基础上，如果加到变容二极管上的 u_Ω 是积分后的调制信号，就可以实现变容二极管间接调频。此时，振荡频率：

$$\omega(t)=\frac{d\varphi(t)}{dt}=\omega_c-Q_e nm\Omega\sin\Omega t$$

最大频偏：

$$\Delta\omega_m = Q_e nm\Omega \tag{7.2.5}$$

调频指数：

$$m_f = \frac{\Delta\omega_m}{\Omega} = Q_e nm$$

【例 7.2.3】 变容二极管间接调频电路如图 7.2.15 所示。变容二极管的结电容：

$$C_j = \frac{100}{(1+u)^2}\ \text{pF}$$

载波电流 $i_c = 20\cos(100\times10^6 t)\ \mu\text{A}$，调制信号 $u_\Omega = 8\cos(20\times10^3 t)$ V。计算电感 L 的取值，写出调频信号 u_{FM} 的表达式，计算振荡频率 $\omega(t)$ 和最大频偏 $\Delta\omega_m$。

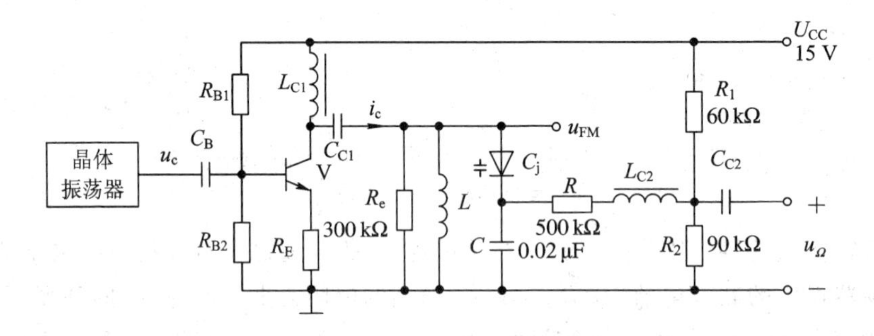

图 7.2.15　变容二极管间接调频电路

解：图 7.2.15 所示的电路中，石英晶体振荡器提供载波 u_c，经过晶体管放大器，生成载波电流 i_c，其振幅 $I_{cm}=20\ \mu\text{A}$。电阻 R 和电容 C 构成积分电路，对 u_Ω 积分，得到加到变容二极管上的调制信号：

$$\begin{aligned} u'_\Omega &= \frac{1}{RC}\int_0^t u_\Omega\,dt \\ &= \frac{1}{500\ \text{k}\Omega\times0.02\ \mu\text{F}}\int_0^t 8\cos(20\times10^3 t)\,dt \\ &= 40\sin(20\times10^3 t)\ \text{mV} \end{aligned}$$

其振幅 $U'_{\Omega m}=40$ mV。C_j 的直流反偏电压由电阻 R_1 和 R_2 对电压源 U_{CC} 分压获得：

$$U_Q = \frac{R_2}{R_1+R_2}U_{CC} = \frac{90\ \text{k}\Omega}{60\ \text{k}\Omega+90\ \text{k}\Omega}\times15\ \text{V} = 9\ \text{V}$$

根据 C_j 的表达式可知，零偏结电容 $C_{j0}=100$ pF，势垒电压 $U_B=1$ V，变容指数 $n=2$，则静态电容：

$$C_{jQ} = \frac{C_{j0}}{\left(1+\dfrac{U_Q}{U_B}\right)^n} = \frac{100\ \text{pF}}{\left(1+\dfrac{9\ \text{V}}{1\ \text{V}}\right)^2} = 1\ \text{pF}$$

由 i_c 的表达式可知载频：

$$\omega_c = \frac{1}{\sqrt{LC_{jQ}}} = \frac{1}{\sqrt{L\times1\ \text{pF}}} = 100\times10^6\ \text{rad/s}$$

解得：

$$L = 0.1\ \text{mH}$$

结电容调制度：

$$m = \frac{U'_{\Omega m}}{U_B + U_Q} = \frac{40\ \text{mV}}{1\ \text{V} + 9\ \text{V}} = 4 \times 10^{-3}$$

LC 回路的品质因数：

$$Q_e = \frac{R_e}{\omega_0 L} \approx \frac{R_e}{\omega_c L} = \frac{300\ \text{k}\Omega}{100 \times 10^6\ \text{rad/s} \times 0.1\ \text{mH}} = 30$$

调频信号：

$$\begin{aligned} u_{FM} &= I_{cm} R_e \cos(\omega_c t + Q_e nm \sin\Omega t) \\ &= 20\ \mu\text{A} \times 300\ \text{k}\Omega \times \cos[100 \times 10^6 t + 30 \times 2 \times 4 \times 10^{-3} \sin(20 \times 10^3 t)] \\ &= 6 \cos[10^8 t + 0.24 \sin(20 \times 10^3 t)]\ \text{V} \end{aligned}$$

u_{FM}的相位：

$$\varphi(t) = 10^8 t + 0.24 \sin(20 \times 10^3 t)\ \text{rad}$$

振荡频率：

$$\begin{aligned} \omega(t) &= \frac{\mathrm{d}\varphi(t)}{\mathrm{d}t} \\ &= \frac{\mathrm{d}}{\mathrm{d}t}[10^8 t + 0.24 \sin(20 \times 10^3 t)] \\ &= 10^8 + 4.8 \times 10^3 \cos(20 \times 10^3 t)\ \text{rad/s} \end{aligned}$$

最大频偏：

$$\Delta\omega_m = 4.8 \times 10^3\ \text{rad/s}$$

7.2.3 线性频偏扩展

从式(7.2.4)中可以看出，直接调频的相对最大频偏，即最大频偏与载频之比 $\Delta\omega_m/\omega_c$ 为一固定值，与元器件参数和信号取值有关，提高 ω_c 可以等比增大 $\Delta\omega_m$，但相对最大频偏不变。参考式(7.2.5)不难发现，间接调频的元器件参数和信号取值只决定了 $\Delta\omega_m$ 的取值，而与 ω_c 无关，所以减小 ω_c 可以提高相对最大频偏。

直接调频和间接调频都可以通过单独混频或先倍频再混频获得相对最大频偏 $\Delta\omega_m/\omega_c$ 较大的宽带调频信号。其中，混频改变 ω_c，而不改变 $\Delta\omega_m$，倍频将 ω_c 和 $\Delta\omega_m$ 改变同样的倍数。第一种方法只通过混频来扩展相对最大频偏。如图 7.2.16 所示，首先在较高的载频上直接调频产生相对最大频偏 $\Delta f_m/f_{c0}$ 较小的调频信号 u_{FM0} 作为输入，其次 u_{FM0} 和频率为 f_1 的本振信号 u_1 下混频，降低 f_{c0} 到需要的取值 $f_c = f_1 - f_{c0}$。在这个过程中，Δf_m 不变，这样就提高了输出调频信号 u_{FM} 的相对最大频偏 $\Delta f_m/f_c$。

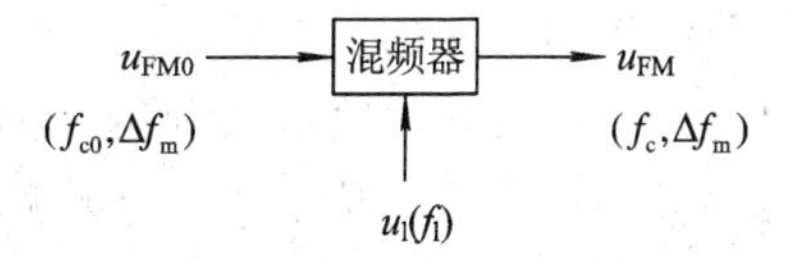

图 7.2.16 单独混频扩展相对最大频偏

【例 7.2.4】 直接调频限制相对最大频偏 $\Delta f_m/f_{c0} = 0.002$，通过图 7.2.16 所示的电路，要求产生载频 $f_c = 13.5$ MHz，最大频偏 $\Delta f_m = 75$ kHz 的输出调频信号 u_{FM}。确定输入调频信号 u_{FM0} 的载频 f_{c0} 和本振信号 u_1 的频率 f_1。

解：u_{FM0} 的载频：

$$f_{c0} = \frac{\Delta f_m}{0.002} = \frac{75\ \text{kHz}}{0.002} = 37.5\ \text{MHz}$$

u_l 的频率：

$$f_l = f_c + f_{c0} = 13.5\ \text{MHz} + 37.5\ \text{MHz} = 51\ \text{MHz}$$

第二种方法通过首先倍频、其次混频来扩展相对最大频偏。如图 7.2.17 所示，在较低的载频上间接调频产生相对最大频偏 $\Delta f_m / f_{c0}$ 较小的输入调频信号 u_{FM0}，接下来通过倍频，调频信号 u_{FM1} 的载频和最大频偏变为 Nf_{c0} 和 $N\Delta f_m$，之后 u_{FM1} 和频率为 f_l 的本振信号 u_l 下混频，降低 Nf_{c0} 到需要的取值 $f_c = f_l - Nf_{c0}$。在这个过程中，Δf_m 变为 $N\Delta f_m$，这样也提高了输出调频信号 u_{FM} 的相对最大频偏 $N\Delta f_m / f_c$。

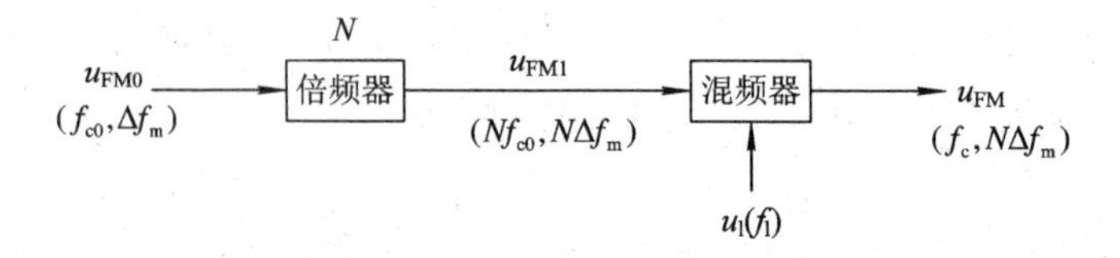

图 7.2.17　先倍频后混频扩展相对最大频偏

【例 7.2.5】 频偏扩展电路如图 7.2.17 所示，输入调频信号：

$$u_{FM0} = U_{sm}\cos\left[2\pi \times 2 \times 10^7 t + 2\pi \times 15 \times 10^3 \int^t f(t)\ dt\right]$$

输出调频信号：

$$u_{FM} = U_{sm}\cos\left[2\pi \times 80 \times 10^6 t - 2\pi \times 75 \times 10^3 \int^t f(t)\ dt\right]$$

计算倍频数 N 和本振信号 u_l 的频率 f_l。

解：由 u_{FM0} 的表达式得 u_{FM0} 的最大频偏 $\Delta f_m = 15$ kHz，由 u_{FM} 的表达式得 u_{FM} 的最大频偏 $N\Delta f_m = 75$ kHz，倍频数：

$$N = \frac{N\Delta f_m}{\Delta f_m} = \frac{75\ \text{kHz}}{15\ \text{kHz}} = 5$$

u_{FM0} 的载频 $f_{c0} = 20$ MHz，则 u_{FM1} 的载频：

$$Nf_{c0} = 5 \times 20\ \text{MHz} = 100\ \text{MHz}$$

u_{FM} 的载频 $f_c = 80$ MHz，则 u_l 的频率：

$$f_l = f_c + Nf_{c0} = 80\ \text{MHz} + 100\ \text{MHz} = 180\ \text{MHz}$$

单级倍频电路的倍频数有限，如晶体管倍频电路的倍频数为 3～5。更高的倍频数经常需要通过多级倍频电路级联(使各级倍频电路的倍频数相乘)来实现。同时，为了保证本振信号的频率稳定度，混频电路的本振频率不能很高，与倍频后的载频下混频，难以直接获得需要的载频。这时，可以用较低频率的本振信号混频产生较低的载频，并实现要求的相对最大频偏，再通过倍频，把载频提高到需要的数值，相对最大频偏不再改变，这样第二种方法在实际应用中，就构成了倍频-混频-再倍频的三级系统。图 7.2.18 所示为一采用该系统的 120 MHz 调频发射机的电路框图，通过倍频器级联分别实现了 $N_1 = 144$ 和 $N_2 = 16$ 的倍频数。当输入调频信号 u_{FM0} 的载频与最大频偏分别为 $f_{c0} = 200$ kHz 和 $\Delta f_m = 42.5$ Hz，本振信号 u_l 的频率 $f_l = 36.3$ MHz 时，计算得到输出调频信号 u_{FM} 的载频和最大频偏分别为 $f_c = 120$ MHz 和 $N_1 N_2 \Delta f_m = 97.9$ kHz。这一系统把调频信号的相对最大频偏从输入时的 2.13×10^{-4} 提高到了输出时的 8.16×10^{-4}。

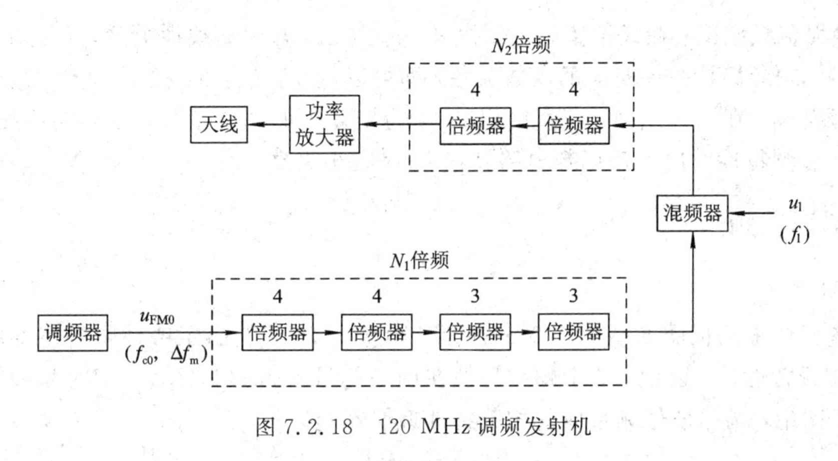

图 7.2.18　120 MHz 调频发射机

7.3　角度解调原理

对调频信号解调简称为鉴频，对调相信号解调简称为鉴相，它们分别把角度调制信号的频率变化和相位变化转变为输出电压的变化，从而恢复调制信号。

鉴频从原理上分为斜率鉴频、相位鉴频、脉冲计数鉴频和锁相环鉴频。斜率鉴频中，调频信号输入线性幅频特性网络，其增益与调频信号的频率变化成线性关系，则网络的输出为调频/调幅信号，再作为调幅信号进行检波，就可以取出调制信号。相位鉴频通过鉴相来实现鉴频，这需要把调频信号输入线性相频特性网络，其相移与调频信号的频率变化成线性关系，则网络的输出为调频/调相信号，再作为调相信号进行鉴相，就取出了调制信号。脉冲计数鉴频根据调频信号过零点的频率产生输出电压，频率高则输出电压大，频率低则输出电压小，从而得到调制信号。锁相环鉴频以反馈与控制为基础，能够实现低信噪比情况下对调频信号的解调，将在第九章介绍。

7.3.1　鉴频的性能指标

鉴频性能可以用以下指标衡量：

(1) 鉴频特性。鉴频特性指鉴频电路的输出电压 u_o 与调频信号的频率变化 $\Delta\omega(t)$ 之间的函数关系。一般情况下，鉴频特性曲线如图 7.3.1 所示，在原点附近其线性较好，而远离原点处则明显弯曲。

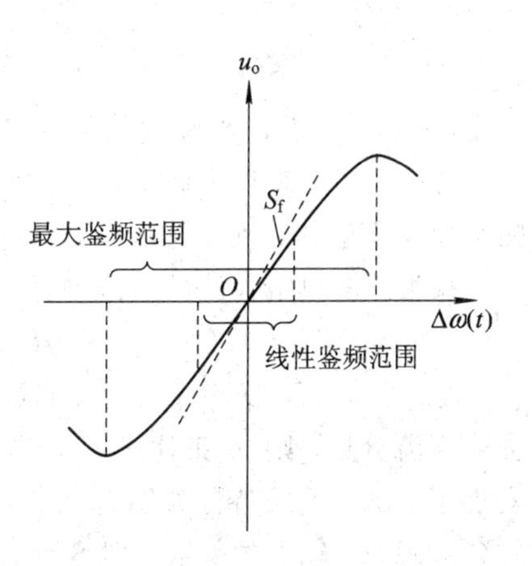

图 7.3.1　鉴频特性曲线

(2) 鉴频灵敏度。鉴频灵敏度的定义为

$$S_f = \left.\frac{\partial u_o}{\partial \Delta\omega(t)}\right|_{\Delta\omega(t)=0}$$

其几何意义为鉴频特性曲线在 $\Delta\omega(t)=0$ 处的斜率，S_f 取值越大，说明鉴频电路的输出电压对调频信号频率变化的反应越灵敏。

(3) 线性鉴频范围。线性鉴频范围指原点附近，鉴频特性曲线近似为直线的区域对应的 $\Delta\omega(t)$ 的取值范围。在该范围内，u_o 与 $\Delta\omega(t)$ 近似成线性关系，从而 u_o 与原来的调制信号相比基本没有失真。

(4) 最大鉴频范围。在线性鉴频范围之外，u_o 与 $\Delta\omega(t)$脱离线性关系，但是在 $\Delta\omega(t)$的一定范围内，二者仍是一一对应的函数关系，即可以从 u_o 确定唯一的 $\Delta\omega(t)$，这个范围称为最大鉴频范围。在该范围内，若直接把 u_o 作为恢复出的调制信号，则存在明显的失真，需要经过与鉴频特性对应的反函数电路修正 u_o 来减小失真。

7.3.2 斜率鉴频

1. 原理

斜率鉴频的电路框图如图 7.3.2(a)所示。图 7.3.2(b)给出了线性幅频特性网络的幅频特性和相频特性。一般地，要求幅频特性在调频信号频带内为线性，而对相频特性不作特别要求。图中，调频信号频带内的相频特性近似不变。

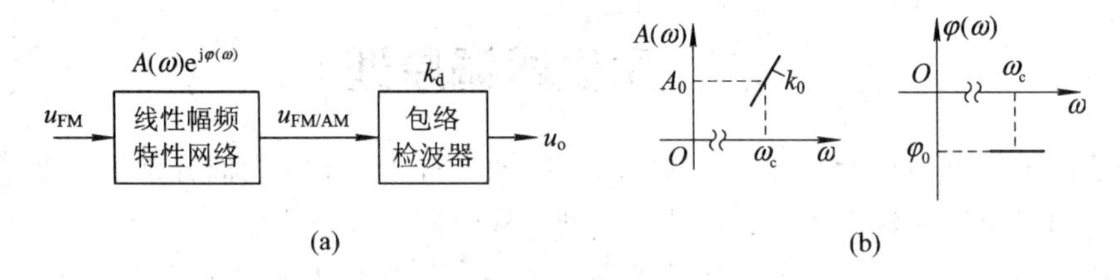

图 7.3.2 斜率鉴频

(a) 电路框图；(b) 线性幅频特性网络的频率特性

调频信号可以写为

$$u_{FM} = U_{sm}\cos\left(\omega_c t + \int^t \Delta\omega(t)\ dt\right) = U_{sm}\cos\left(\omega_c t + \int^t k_f u_\Omega\ dt\right)$$

线性幅频特性网络的幅频特性：

$$A(\omega) = A_0 + k_0[\omega(t) - \omega_c] = A_0 + k_0\Delta\omega(t) = A_0 + k_0 k_f u_\Omega$$

u_{FM}满足似稳态条件时，网络对瞬时频率为 $\omega(t)$的 u_{FM}的响应近似为对该频率的正弦稳态响应，输出的信号为

$$\begin{aligned} u_{FM/AM} &= (A_0 + k_0 k_f u_\Omega)U_{sm}\cos\left(\omega_c t + \int^t k_f u_\Omega\ dt + \varphi_0\right) \\ &= (A_0 U_{sm} + k_0 U_{sm} k_f u_\Omega)\cos\left(\omega_c t + \int^t k_f u_\Omega\ dt + \varphi_0\right) \end{aligned}$$

可见，$u_{FM/AM}$的振幅与调制信号呈线性关系。这样，$u_{FM/AM}$在频率上保留了调频信号的特点，又在振幅上表现出调幅信号的特征，从而成为调频/调幅信号。因为包络检波对信号的频率变化不敏感，所以可以只对 $u_{FM/AM}$的调幅特征进行包络检波。设包络检波的检波增益为 k_d，则检波输出为

$$\begin{aligned} u_o &= k_d(A_0 U_{sm} + k_0 U_{sm} k_f u_\Omega) \\ &= k_d A_0 U_{sm} + k_d k_0 U_{sm} k_f u_\Omega \qquad (7.3.1) \end{aligned}$$

去除直流分量，则 u_o 正比于 u_Ω，是恢复出的调制信号，实现了鉴频。鉴频特性如图 7.3.3 所示。鉴频灵敏度为式(7.3.1)中 $k_f u_\Omega$ 的系数，即 $S_f = k_d k_0 U_{sm}$，线性鉴频范围和最大鉴频范围分别取决于线性幅频特性网络的线性范围和单调变化范围。

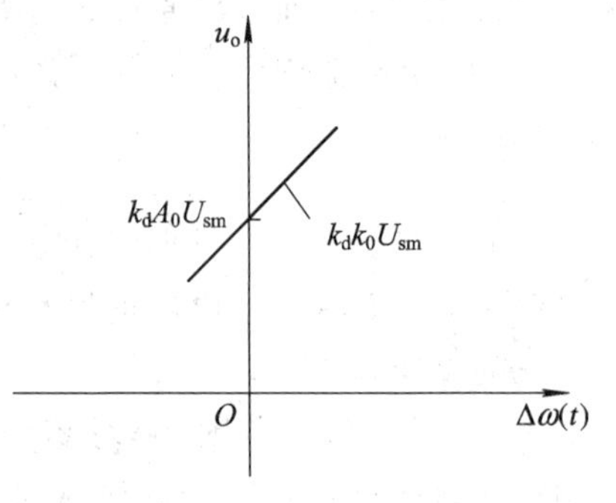

图 7.3.3 斜率鉴频的鉴频特性

2. 线性幅频特性网络

工作于失谐状态时，LC 并联谐振回路阻抗的幅频特性在较小的频带内与频率成线性关系，可以作为线性幅频特性网络来实现斜率鉴频，如图 7.3.4(a)所示。设计 LC 回路，使其阻抗的幅频特性 $Z(\omega)$在调频信号 u_{FM}的频带内线性较好，则可以在失谐回路两端获得调频/调幅信号 $u_{FM/AM}$，之后对 $u_{FM/AM}$包络检波，如图 7.3.4(b)和(c)所示。图 7.3.4(c)所示的 $u_{FM/AM}$经过包络检波，输出电压 u_o需要反相得到调制信号 u_Ω。

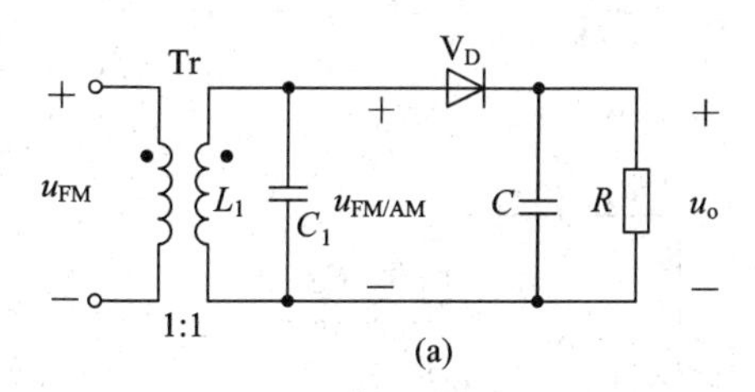

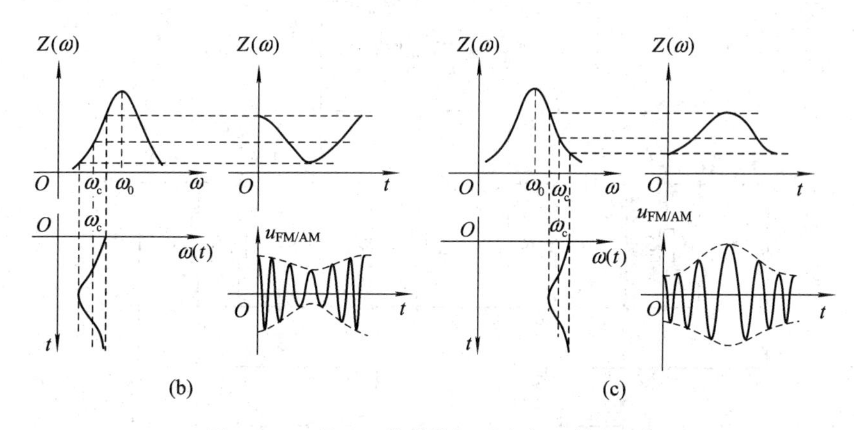

图 7.3.4　单 LC 并联谐振回路实现斜率鉴频

(a) 电路；(b) $\omega_0>\omega_c$ 的设计；(c) $\omega_0<\omega_c$ 的设计

单 LC 并联谐振回路的线性鉴频范围受其阻抗幅频特性的线性区的限制，为了使之能对频率变化更大的调频信号 u_{FM}解调时不产生明显失真，可以根据平衡对消原理，采用双 LC 并联谐振回路的设计，如图 7.3.5(a)所示。上、下失谐回路的谐振频率 ω_{01}和 ω_{02}对称分布在调频信号 u_{FM}的载频 ω_c 两边，间距为 $\Delta\omega$，如图 7.3.5(b)所示。适当选择 $\Delta\omega$，可以使

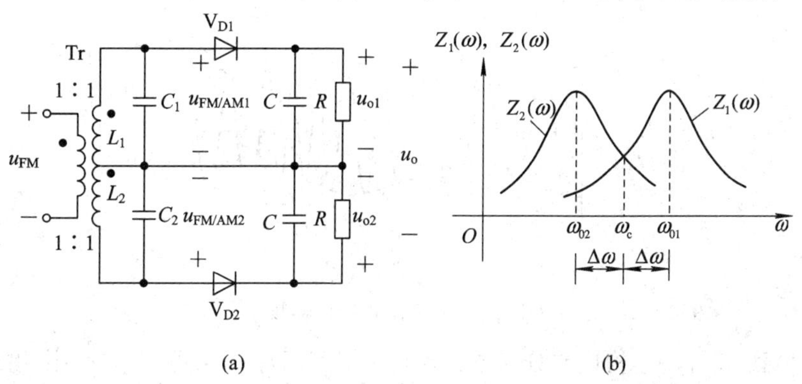

图 7.3.5　双 LC 并联谐振回路扩展线性鉴频范围

(a) 电路；(b) 幅频特性

上下回路的输出电压 u_{o1} 和 u_{o2} 中引起失真的频率分量基本上平衡对消，输出电压 u_o 在较大的 u_{FM} 频率变化范围内正比于 u_Ω。合适的 $\Delta\omega$ 可以使线性鉴频范围接近于$[\omega_{02}, \omega_{01}]$。

【例 7.3.1】 平衡式斜率鉴频电路和调频信号 u_{FM} 的波形如图 7.3.6 所示。图中，u_{FM} 的载频为 f_c，振幅 U_{sm} 远大于热电压 U_T，电感 L_1 和电容 C_1 构成的 LC 并联谐振回路的谐振频率为 f_{01}，电感 L_2 和电容 C_2 构成的 LC 回路的谐振频率为 f_{02}，$f_{01}-f_c=f_c-f_{02}$。说明电路的工作原理，并定性画出各个位置的信号 i_{C1}、i_{C2}、$u_{FM/AM1}$、$u_{FM/AM2}$、u_{o1}、u_{o2} 和 u_o 的波形。

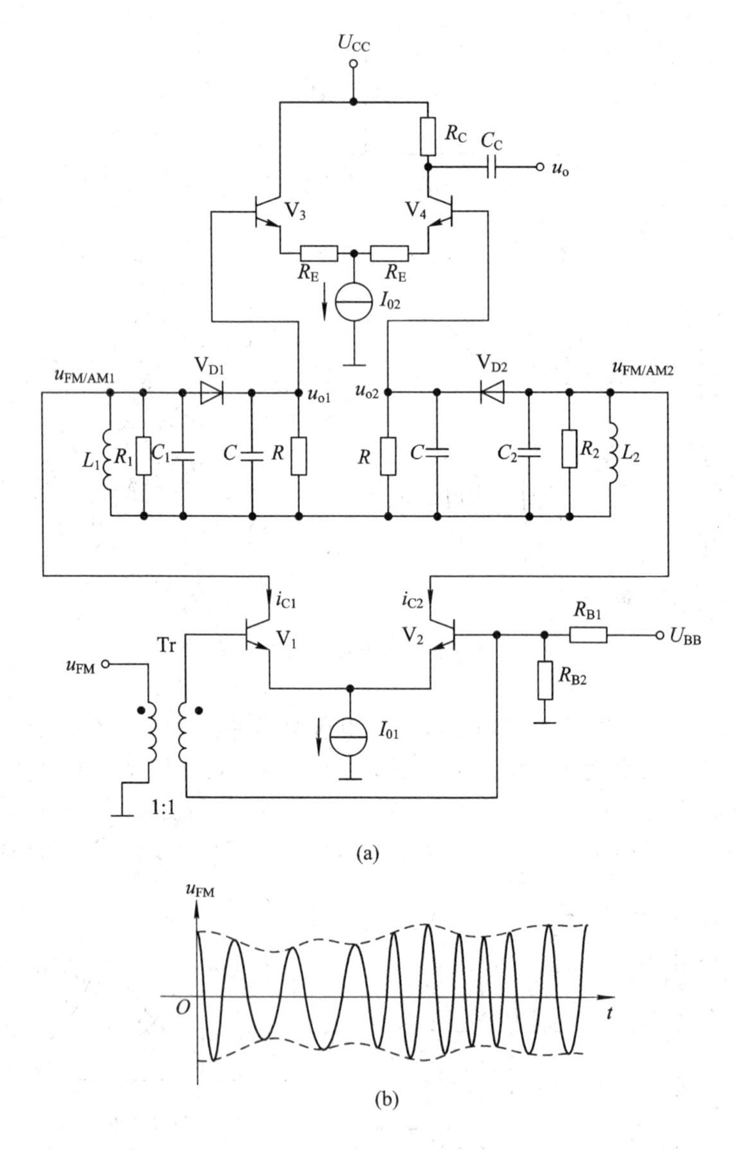

图 7.3.6 平衡式斜率鉴频

解：晶体管 V_1 和 V_2 构成差分对放大器，在 $U_{sm} \gg U_T$ 的条件下对 u_{FM} 限幅放大，得到一对等幅反相的集电极电流 i_{C1} 和 i_{C2}。i_{C1} 和 i_{C2} 分别流过工作于失谐状态的两个 LC 并联谐振回路，产生两个包络线反相的调频/调幅信号 $u_{FM/AM1}$ 和 $u_{FM/AM2}$，经过包络检波，产生输

出电压 u_{o1} 和 u_{o2}。u_{o1} 和 u_{o2} 中有相同的直流分量和反相的交流分量，经过晶体管 V_3 和 V_4 构成的差分对放大器，直流分量作为共模信号被抑制，交流分量作为差模信号被放大，最后得到单端输出电压 u_o。各个位置的信号波形如图 7.3.7 所示。

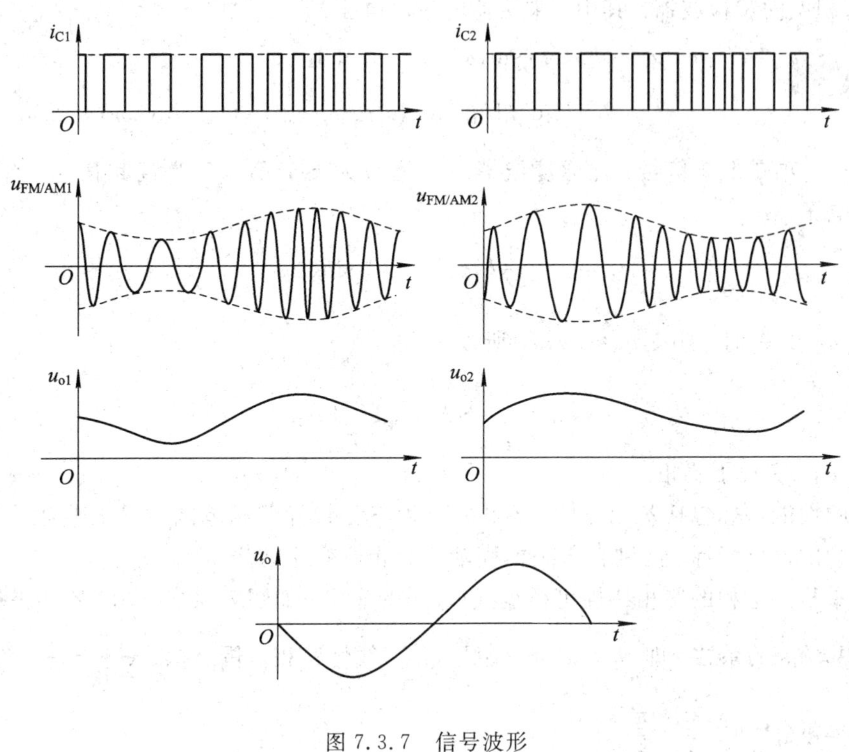

图 7.3.7　信号波形

7.3.3　相位鉴频

1. 原理

相位鉴频将调频信号变为调频/调相信号，对其鉴相恢复调制信号，实现鉴频。鉴相可以分为乘积型鉴相和叠加型鉴相，它们都用到与载波同频同相的本振信号，分别实现乘积型同步检波和叠加型同步检波。

1）乘积型鉴相

乘积型鉴相的电路框图如图 7.3.8 所示，本振信号 $u_l = U_{lm}\cos\omega_c t$，调相信号可以写为

$$u_{PM} = U_{sm}\cos[\omega_c t + \Delta\varphi(t)] = U_{sm}\cos(\omega_c t + k_p u_\Omega)$$

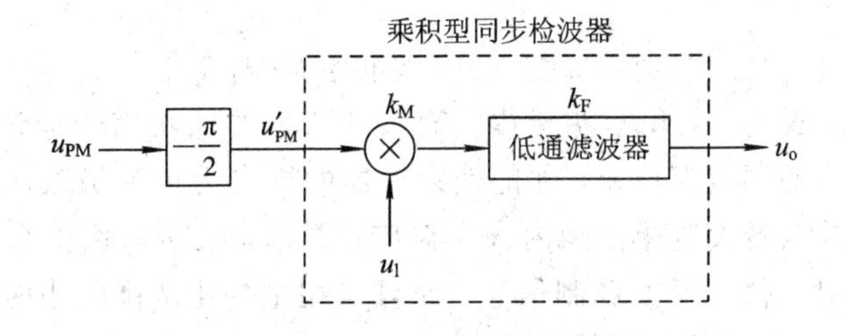

图 7.3.8　乘积型鉴相

经过$-\pi/2$的相移，u_{PM}变为

$$u'_{PM} = U_{sm}\cos\left(\omega_c t + k_p u_\Omega - \frac{\pi}{2}\right) = U_{sm}\sin(\omega_c t + k_p u_\Omega)$$

u'_{PM}输入乘积型同步检波器。其中，乘法器的输出电压：

$$\begin{aligned} u_o = k_M u'_{PM} u_l &= k_M U_{sm}\sin(\omega_c t + k_p u_\Omega) U_{lm}\cos\omega_c t \\ &= \frac{1}{2}k_M U_{sm} U_{lm}\sin k_p u_\Omega + \frac{1}{2}k_M U_{sm} U_{lm}\sin(2\omega_c t + k_p u_\Omega) \end{aligned}$$

等式右边第一项是低频信号，低通滤波器对其增益为k_F，第二项是高频信号，会被滤除。于是输出电压：

$$u_o = \frac{1}{2}k_F k_M U_{sm} U_{lm}\sin k_p u_\Omega \tag{7.3.2}$$

当$|k_p u_\Omega| \leqslant \frac{\pi}{6}$时，$\sin k_p u_\Omega \approx k_p u_\Omega$，所以：

$$u_o \approx \frac{1}{2}k_F k_M U_{sm} U_{lm} k_p u_\Omega \tag{7.3.3}$$

u_o正比于u_Ω，实现了鉴相。

鉴相的性能指标包括鉴相特性、鉴相灵敏度S_p、线性鉴相范围和最大鉴相范围，它们类似于鉴频的性能指标，区别在于坐标横轴改为相位变化$\Delta\varphi(t) = k_p u_\Omega$。

以上乘积型鉴相的鉴相特性可根据式(7.3.2)作出，如图7.3.9所示。鉴相灵敏度为式(7.3.3)中$k_p u_\Omega$的系数，即$S_p = 0.5k_F k_M U_{sm} U_{lm}$。线性鉴相范围$\Delta\varphi(t) \in \left[-\frac{\pi}{6}, \frac{\pi}{6}\right]$，最大鉴相范围$\Delta\varphi(t) \in \left[-\frac{\pi}{2}, \frac{\pi}{2}\right]$。

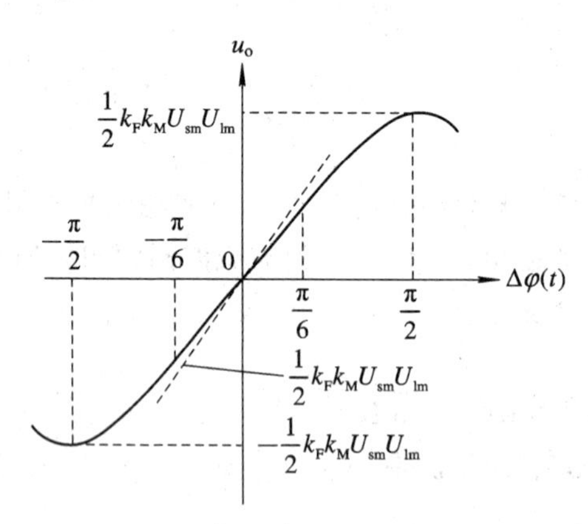

图 7.3.9　乘积型鉴相的鉴相特性

由以上分析可以看出，乘积型鉴相中，输入乘法器的调相信号应该与本振信号正交，即二者之间存在$\pi/2$的固定相位差，才能使乘法器的输出为正弦函数，输出电压与调制信号才能通过正弦函数在最大鉴相范围内一一对应；否则，乘法器输出余弦函数，会导致一个输出电压对应一对取值相反的调制信号，而且当相位变化范围较小时，余弦函数给出的输出电压几乎不变，从而无法实现鉴相。

2）叠加型鉴相

图 7.3.10 所示的叠加型鉴相的电路框图中，本振信号 $u_l=U_{lm}\cos\omega_c t$，调相信号 $u_{PM}=U_{sm}\cos[\omega_c t+\Delta\varphi(t)]=U_{sm}\cos(\omega_c t+k_p u_\Omega)$，$U_{sm}\ll U_{lm}$。为了避免输出电压 u_o 中出现调制信号 u_Ω 的余弦函数，首先对 u_{PM} 进行 $-\dfrac{\pi}{2}$ 的相移，得到 $u'_{PM}=U_{sm}\cos\left(\omega_c t+k_p u_\Omega-\dfrac{\pi}{2}\right)$，再输入叠加型同步检波器。所以，叠加型鉴相中，输入加法器的调相信号也与本振信号正交。叠加型同步检波时，u'_{PM} 与 u_l 叠加，得到调相/调幅信号 $u_{PM/AM}$，再作为调幅信号进行包络检波。

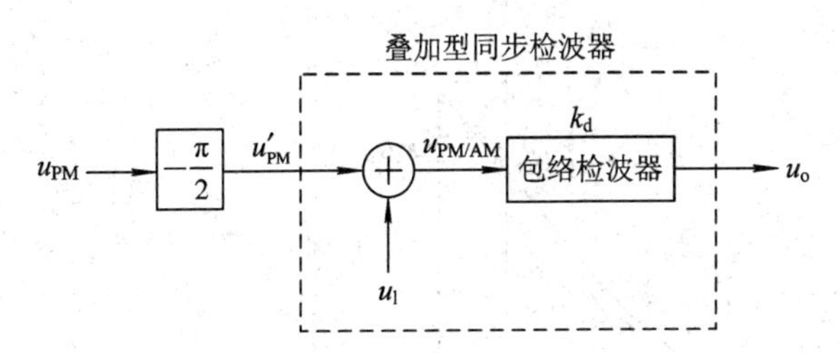

图 7.3.10　叠加型鉴相

应用于单边带调制信号的叠加型同步检波如图 7.3.11 所示，输出电压可以写为

$$u_o=k_d U_{lm}\sqrt{1+D^2}\sqrt{1+\frac{2D}{1+D^2}\cos\Omega t}\tag{7.3.4}$$

其中，$D=\dfrac{U_{sm}}{U_{lm}}$。图 7.3.10 中的叠加型同步检波与之比较，只是把 u_{SSB} 换成了 u'_{PM}，所以在式(7.3.4)的基础上，把 u_{SSB} 与 u_l 的相位差 Ωt 改为 u'_{PM} 与 u_l 的相位差 $k_p u_\Omega-\pi/2$，就得到了叠加型鉴相的输出电压：

$$\begin{aligned}u_o&=k_d U_{lm}\sqrt{1+D^2}\sqrt{1+\frac{2D}{1+D^2}\cos\left(k_p u_\Omega-\frac{\pi}{2}\right)}\\&=k_d U_{lm}\sqrt{1+D^2}\sqrt{1+\frac{2D}{1+D^2}\sin k_p u_\Omega}\end{aligned}$$

其中，$D\ll1$，所以上式可以近似写为

$$u_o\approx k_d U_{lm}(1+D\sin k_p u_\Omega)=k_d U_{lm}+k_d U_{sm}\sin k_p u_\Omega\tag{7.3.5}$$

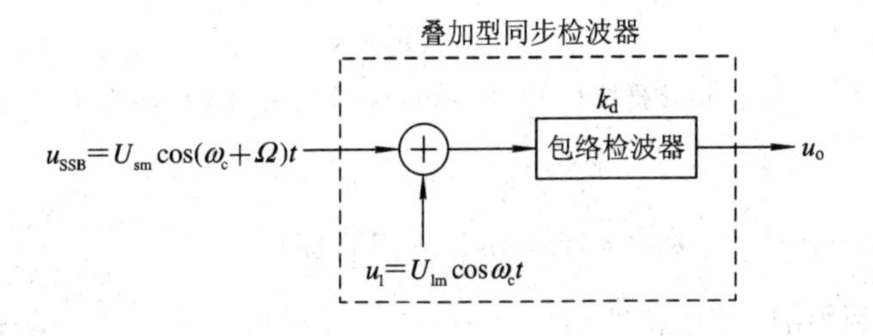

图 7.3.11　应用于单边带调制信号的叠加型同步检波

当 $|k_p u_\Omega|\leqslant\pi/6$ 时，$\sin k_p u_\Omega\approx k_p u_\Omega$，所以：

$$u_o\approx k_d U_{lm}+k_d U_{sm}k_p u_\Omega\tag{7.3.6}$$

去除直流分量后，u_o 正比于 u_Ω，实现了鉴相。

叠加型鉴相的鉴相特性根据式(7.3.5)作出，如图 7.3.12 所示。鉴相灵敏度为式(7.3.6)中 $k_p u_\Omega$ 的系数，即 $S_p = k_d U_{sm}$。线性鉴相范围 $\Delta\varphi(t) \in \left[-\frac{\pi}{6}, \frac{\pi}{6}\right]$，最大鉴相范围 $\Delta\varphi(t) \in \left[-\frac{\pi}{2}, \frac{\pi}{2}\right]$。

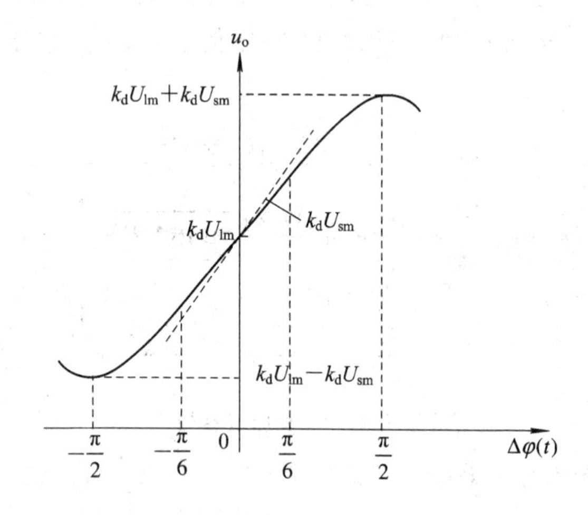

图 7.3.12　叠加型鉴相的鉴相特性

式(7.3.3)和式(7.3.6)说明，乘积型鉴相和叠加型鉴相都完成了两个信号的相位比较，根据调相信号 u_{PM} 与本振信号 u_l 的相位差 $k_p u_\Omega$ 产生输出电压 u_o。

通过鉴相实现鉴频的相位鉴频电路框图如图 7.3.13(a)所示。图 7.3.13(b)给出了线性相频特性网络的幅频特性和相频特性，要求在调频信号频带内幅频特性取值基本恒定，相频特性与信号的频率变化成线性关系。

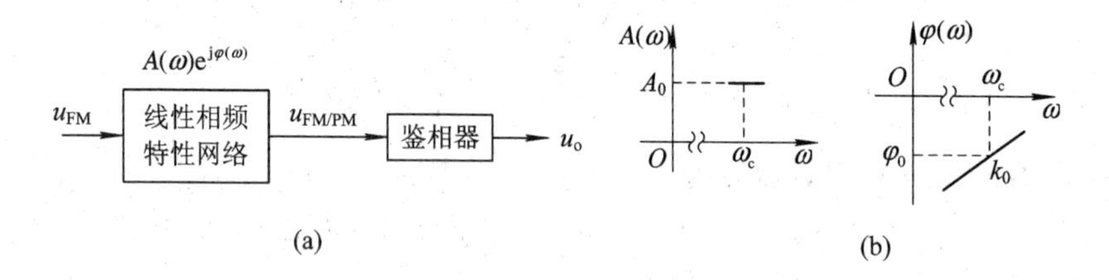

图 7.3.13　相位鉴频

(a) 电路框图；(b) 线性相频特性网络的频率特性

调频信号：

$$u_{FM} = U_{sm}\cos\left(\omega_c t + \int^t \Delta\omega(t)\,dt\right)$$

线性相频特性网络的相频特性：

$$\varphi(\omega) = k_0 \Delta\omega(t) + \varphi_0$$

满足似稳态条件时，网络的输出信号：

$$u_{FM/PM} = A_0 U_{sm}\cos\left(\omega_c t + \int^t \Delta\omega(t)\,dt + k_0\Delta\omega(t) + \varphi_0\right)$$

$u_{FM/PM}$在频率上保留了调频信号的特点，又在相位上表现出调相信号的特征，从而成为调频/调相信号。将$u_{FM/PM}$作为调相信号进行鉴相，并用u_{FM}代替鉴相器中的本振信号，则鉴相取出二者的相位差$k_0\Delta\omega(t)=k_0k_f u_\Omega$产生输出电压$u_o$，恢复调制信号$u_\Omega$。为了保证$u_{FM/PM}$和$u_{FM}$正交，线性相频特性网络的相频特性中，一般取$\varphi_0=-\pi/2$。鉴相采用乘积型鉴相或叠加型鉴相时，相应的相位鉴频分别称为乘积型相位鉴频和叠加型相位鉴频。

【例 7.3.2】 乘积型相位鉴频的电路框图和线性相频特性网络的频率特性如图 7.3.14 所示，调频信号：

$$u_{FM}=U_{sm}\cos\left[\omega_c t+\Delta\omega_m\int^t f(t)\,dt\right]$$

求输出电压u_o，画出鉴频特性曲线，确定鉴频灵敏度S_f、线性鉴频范围和最大鉴频范围。

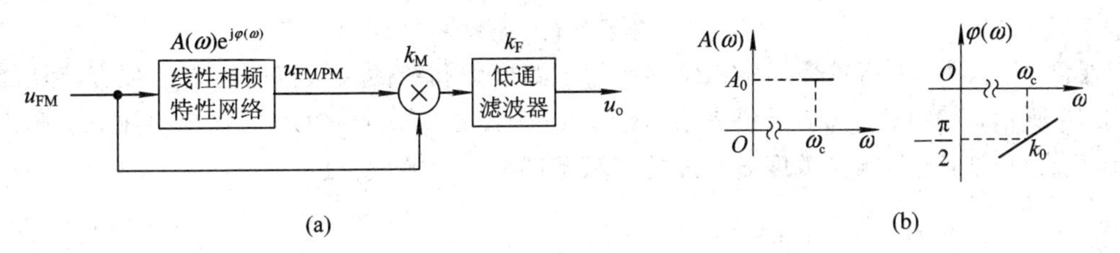

图 7.3.14　乘积型相位鉴频
(a) 电路框图；(b) 线性相频特性网络的频率特性

解：线性相频特性网络输出的调频/调相信号：

$$\begin{aligned}u_{FM/PM}&=A_0U_{sm}\cos\left[\omega_c t+\Delta\omega_m\int^t f(t)\,dt+k_0\Delta\omega(t)-\frac{\pi}{2}\right]\\&=A_0U_{sm}\sin\left[\omega_c t+\Delta\omega_m\int^t f(t)\,dt+k_0\Delta\omega(t)\right]\end{aligned}$$

乘法器的输出信号：

$$\begin{aligned}k_Mu_{FM/PM}u_{FM}&=k_MA_0U_{sm}\sin\left[\omega_c t+\Delta\omega_m\int^t f(t)\,dt+k_0\Delta\omega(t)\right]\\&\quad\cdot U_{sm}\cos\left[\omega_c t+\Delta\omega_m\int^t f(t)\,dt\right]\\&=\frac{1}{2}k_MA_0U_{sm}^2\sin[k_0\Delta\omega(t)]\\&\quad+\frac{1}{2}k_MA_0U_{sm}^2\sin\left[2\omega_c t+2\Delta\omega_m\int^t f(t)\,dt+k_0\Delta\omega(t)\right]\end{aligned}$$

经过低通滤波器，输出电压：

$$u_o=\frac{1}{2}k_Fk_MA_0U_{sm}^2\sin[k_0\Delta\omega(t)]$$

当$|k_0\Delta\omega(t)|\leqslant\pi/6$时，有：

$$u_o\approx\frac{1}{2}k_Fk_MA_0U_{sm}^2\,k_0\Delta\omega(t)\tag{7.3.7}$$

鉴频特性如图 7.3.15 所示，鉴频灵敏度$S_f=0.5k_Fk_MA_0U_{sm}^2k_0$，线性鉴频范围$\Delta\omega(t)\in\left[-\frac{\pi}{6k_0},\frac{\pi}{6k_0}\right]$，最大鉴频范围$\Delta\omega(t)\in\left[-\frac{\pi}{2k_0},\frac{\pi}{2k_0}\right]$。

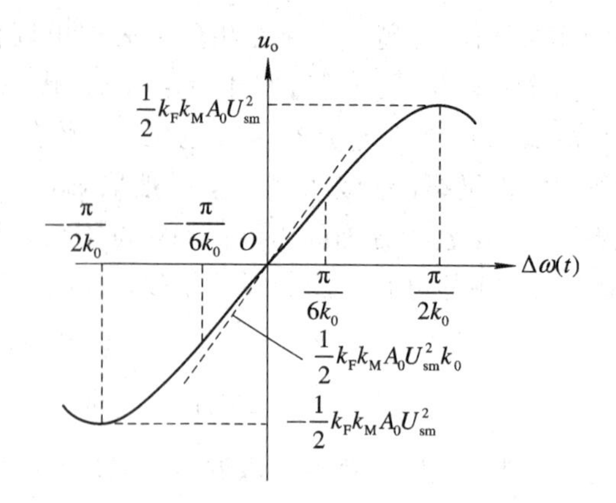

图 7.3.15 乘积型相位鉴频的鉴频特性

【例 7.3.3】 平衡式叠加型相位鉴频的电路框图和线性相频特性网络的频率特性如图 7.3.16 所示，其中 $A_0 \ll 1$，调频信号 $u_{FM}=U_{sm}\cos(\omega_c t+m_f\sin\Omega t)$。求输出电压 u_o，画出鉴频特性曲线，确定鉴频灵敏度 S_f、线性鉴频范围和最大鉴频范围。

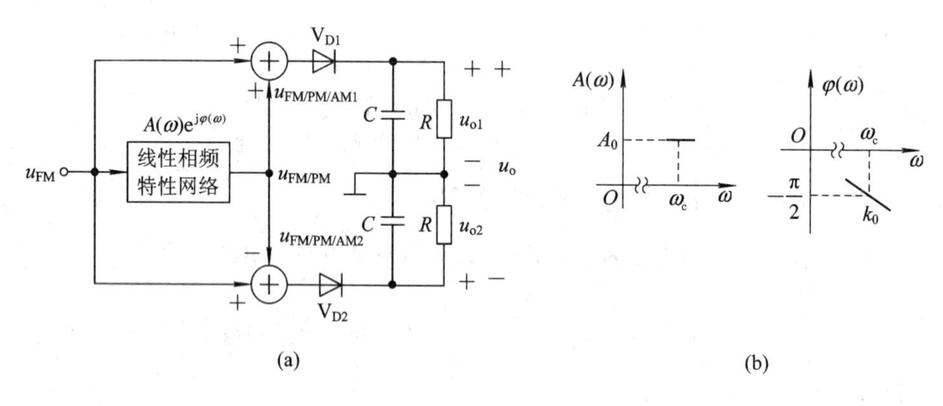

图 7.3.16 叠加型相位鉴频

(a) 电路框图；(b) 线性相频特性网络的频率特性

解：线性相频特性网络输出的调频/调相信号：

$$u_{FM/PM}=A_0U_{sm}\cos\left[\omega_c t+m_f\sin\Omega t+k_0\Delta\omega(t)-\frac{\pi}{2}\right]$$

上回路和下回路中，u_{FM} 与 $u_{FM/PM}$ 分别同相和反相叠加，得到调频/调相/调幅信号 $u_{FM/PM/AM1}$ 和 $u_{FM/PM/AM2}$，经过包络检波，上回路的输出电压：

$$\begin{aligned}u_{o1}&=k_dU_{sm}\sqrt{1+D^2}\sqrt{1+\frac{2D}{1+D^2}\cos\left[k_0\Delta\omega(t)-\frac{\pi}{2}\right]}\\&\approx k_dU_{sm}\{1+D\sin[k_0\Delta\omega(t)]\}\end{aligned}$$

下回路的输出电压：

$$\begin{aligned}u_{o2}&=k_dU_{sm}\sqrt{1+D^2}\sqrt{1-\frac{2D}{1+D^2}\cos\left[k_0\Delta\omega(t)-\frac{\pi}{2}\right]}\\&\approx k_dU_{sm}\{1-D\sin[k_0\Delta\omega(t)]\}\end{aligned}$$

其中，$D=\frac{A_0U_{sm}}{U_{sm}}=A_0\ll 1$。总输出电压：

$$u_o = u_{o1} - u_{o2} \approx 2k_d U_{sm} D \sin[k_0 \Delta\omega(t)] = 2k_d U_{sm} A_0 \sin[k_0 \Delta\omega(t)]$$

当$|k_0 \Delta\omega(t)| \leqslant \frac{\pi}{6}$时，有：

$$u_o \approx 2k_d U_{sm} A_0 k_0 \Delta\omega(t) \tag{7.3.8}$$

注意：图 7.3.16(b)中，$k_0<0$。

鉴频特性如图 7.3.17 所示，鉴频灵敏度 $S_f = 2k_d U_{sm} A_0 k_0$，线性鉴频范围 $\Delta\omega(t) \in \left[\frac{\pi}{6k_0}, -\frac{\pi}{6k_0}\right]$，最大鉴频范围 $\Delta\omega(t) \in \left[\frac{\pi}{2k_0}, -\frac{\pi}{2k_0}\right]$。

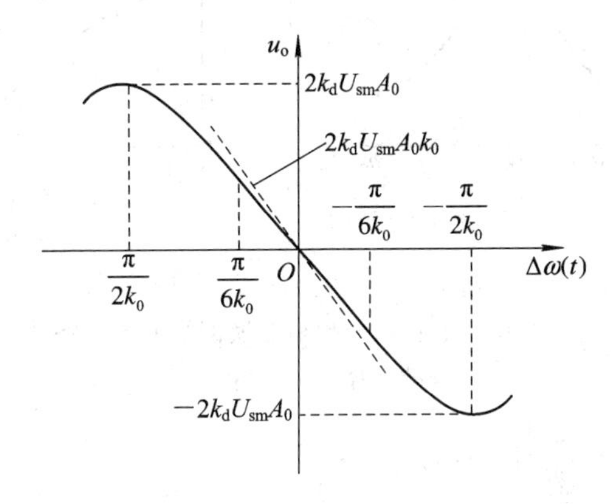

图 7.3.17　叠加型相位鉴频的鉴频特性

2. 线性相频特性网络

相位鉴频中的线性相频特性网络经常使用电感耦合频相变换或电容耦合频相变换来实现。

1) 电感耦合频相变换

图 7.3.18 所示的电感耦合频相变换网络中，两个 LC 并联谐振回路的元件(包括电感 L、电容 C 和电感内阻 r)参数相同，互感为 M，谐振频率 ω_0 等于调频信号 u_{FM} 的载频 ω_c，u_{FM}的频率为 $\omega(t)$。

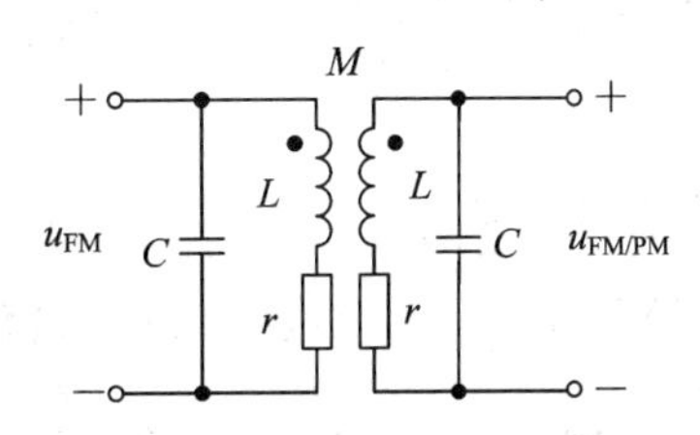

图 7.3.18　电感耦合频相变换网络

根据互感原理，网络传递函数的幅频特性和相频特性分别为

$$A(\omega) = \frac{Q_e}{\sqrt{1+\xi^2}} \frac{M}{L}$$

$$\varphi(\omega) = -\frac{\pi}{2} - \arctan\xi$$

其中，广义失谐量：

$$\xi = Q_e\left[\frac{\omega(t)}{\omega_0} - \frac{\omega_0}{\omega(t)}\right] \approx 2Q_e\,\frac{\omega(t)-\omega_0}{\omega_0}$$

$$= 2Q_e\,\frac{\omega(t)-\omega_c}{\omega_c} = 2Q_e\,\frac{\Delta\omega(t)}{\omega_c}$$

式中，Q_e 为品质因数。$A(\omega)$和 $\varphi(\omega)$随频率的变化如图 7.3.19 所示。

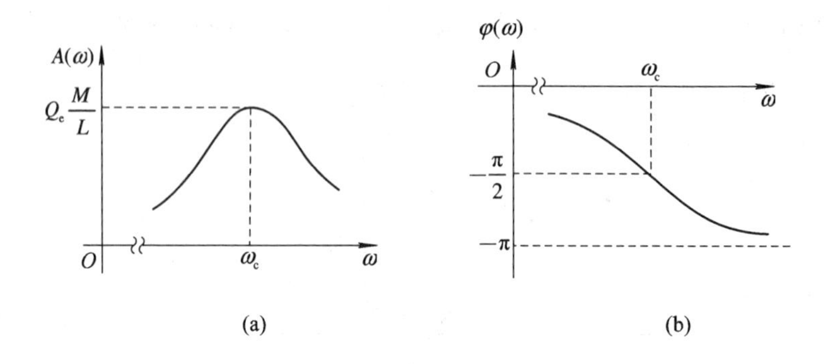

图 7.3.19 电感耦合频相变换网络的频率特性
(a) 幅频特性；(b) 相频特性

当$|\xi| \approx \left|\frac{2Q_e\Delta\omega(t)}{\omega_c}\right| \leqslant \frac{\pi}{6}$时，有：

$$\frac{1}{\sqrt{1+\xi^2}} \approx 1$$

$$\arctan\xi \approx \xi \approx 2Q_e\,\frac{\Delta\omega(t)}{\omega_c}$$

于是：

$$A(\omega) \approx Q_e\,\frac{M}{L}$$

$$\varphi(\omega) \approx -\frac{\pi}{2} - 2Q_e\,\frac{\Delta\omega(t)}{\omega_c}$$

网络的幅频特性取值近似恒定，相频特性与 u_{FM}的频率变化 $\Delta\omega(t)$近似成线性关系，网络为线性相频特性网络。

2) 电容耦合频相变换

图 7.3.20 所示的电容耦合频相变换网络中，电感 L、电容 C 和C_0 构成串联谐振回路，谐振频率 ω_0 等于调频信号 u_{FM}的载频 ω_c，u_{FM}的频率为 $\omega(t)$。

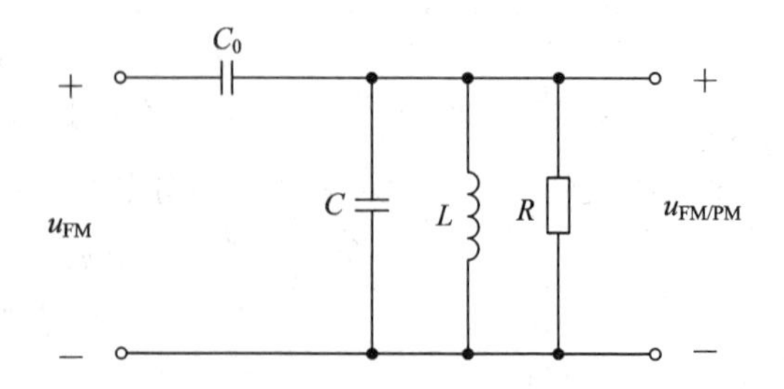

图 7.3.20 电容耦合频相变换网络

根据阻抗分压原理，网络传递函数的幅频特性和相频特性分别为

$$A(\omega)=\frac{\omega(t)RC_0}{\sqrt{1+\xi^2}}$$

$$\varphi(\omega)=\frac{\pi}{2}-\arctan\xi$$

其中，广义失谐量：

$$\xi\approx 2Q_e\frac{\Delta\omega(t)}{\omega_c}$$

式中，Q_e 为品质因数。$A(\omega)$和 $\varphi(\omega)$随频率的变化如图 7.3.21 所示。

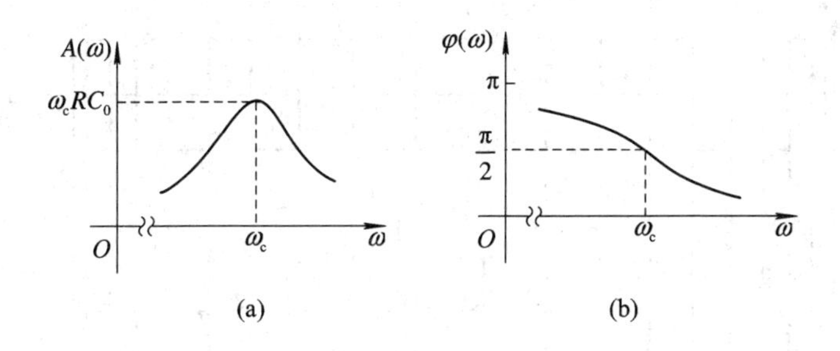

图 7.3.21　电容耦合频相变换网络的频率特性

（a）幅频特性；（b）相频特性

当$|\xi|=\left|\frac{2Q_e\Delta\omega(t)}{\omega_c}\right|\leqslant\frac{\pi}{6}$时，有：

$$\frac{1}{\sqrt{1+\xi^2}}\approx 1$$

$$\arctan\xi\approx\xi\approx 2Q_e\frac{\Delta\omega(t)}{\omega_c}$$

于是：

$$A(\omega)\approx\omega(t)RC_0\approx\omega_cRC_0$$

$$\varphi(\omega)\approx\frac{\pi}{2}-2Q_e\frac{\Delta\omega(t)}{\omega_c}$$

网络也成为符合要求的线性相频特性网络。

7.3.4　脉冲计数鉴频

线性幅频特性网络和线性相频特性网络的线性范围决定了斜率鉴频和相位鉴频只适用于解调窄带调频信号。对宽带调频信号的解调，可以采用脉冲计数鉴频。脉冲计数鉴频的优点是线性好，频带宽，不需要谐振回路，便于集成。

如图 7.3.22 所示，脉冲计数鉴频首先把调频信号 u_{FM} 限幅放大，变成调频方波信号 u_{o1}，再对 u_{o1} 微分，得到尖脉冲序列 u_{o2}，用 u_{o2} 中的正脉冲触发形成矩形脉冲序列 u_{o3}，因为各个脉冲的脉宽相等，出现频率又与 u_{FM}的频率一样，所以 u_{o3} 的时间平均值 u_o 反映了调制信号的变化规律，通过低通滤波取出即可。

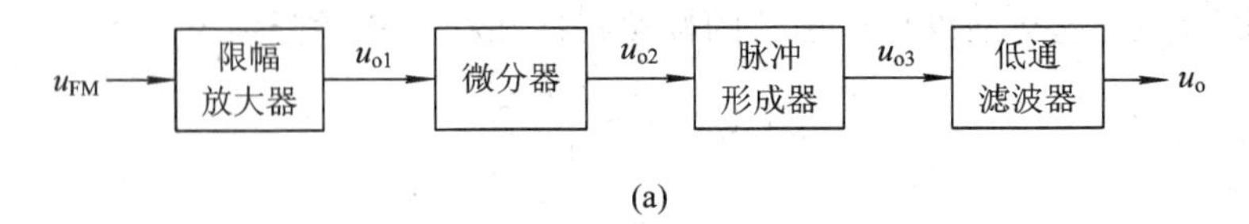

(a)

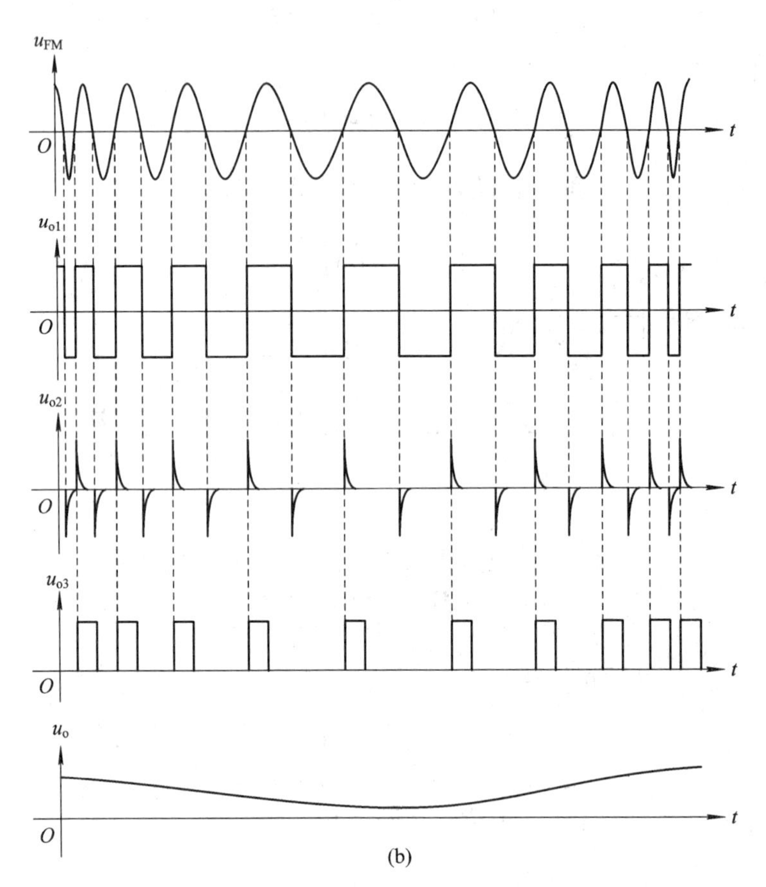

(b)

图 7.3.22 脉冲计数鉴频

(a) 电路框图；(b) 信号波形

设矩形脉冲的幅度为 A，脉宽为 τ，调频信号的频率 $f(t)=f_c+\Delta f(t)$，周期 $T(t)=1/f(t)$，则

$$u_o = k_F A \frac{\tau}{T(t)} = k_F A\tau[f_c + \Delta f(t)]$$

所以在一定范围内 u_o 与频率变化 $\Delta f(t)$ 成线性关系。当 $\Delta f(t)$ 较大时，相邻的矩形脉冲重叠，u_o 不再变化。为了保证实现鉴频，$T(t)$ 的最小值应该大于等于 τ，即

$$T_{\min}(t) = \frac{1}{f_c + \Delta f_m} \geqslant \tau$$

或

$$f_c + \Delta f_m \leqslant \frac{1}{\tau}$$

所以，脉冲计数鉴频的鉴频范围 $[0, f_c + \Delta f_m]$ 由 τ 决定，τ 越小，则鉴频范围越大。图7.3.23 所示为脉冲计

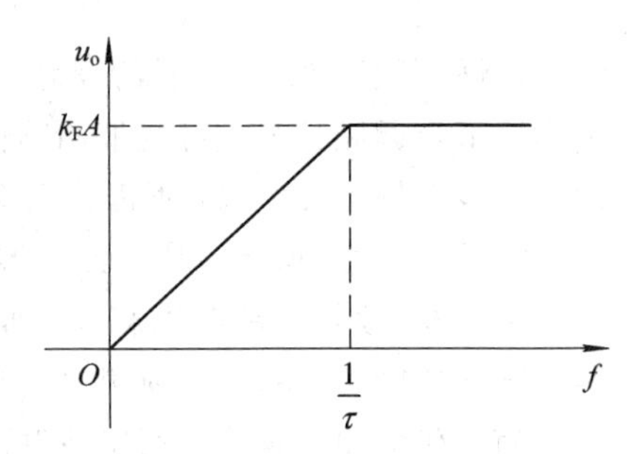

图 7.3.23 脉冲计数鉴频的鉴频特性

数鉴频的鉴频特性。

【例 7.3.4】 基于延时网络的脉冲计数鉴频器如图 7.3.24 所示。图中，调频信号 u_{FM} 经过限幅放大后得到的调频方波 u_{o1} 的幅度为 A，延时网络的延时为 τ。分析该电路的工作原理，画出各级输出电压 u_{o1} ～ u_{o4} 和 u_o 的波形，画出鉴频特性曲线，确定最大鉴频范围。

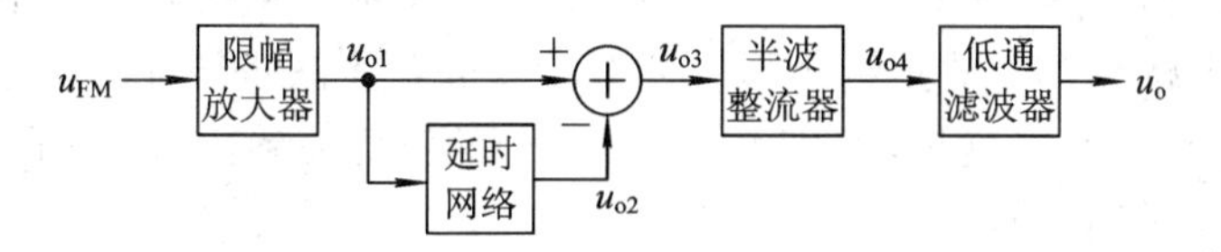

图 7.3.24　基于延时网络的脉冲计数鉴频器

解：通过延时相减，u_{o1} 每次过零，u_{o3} 就生成一个幅度为 $2A$、脉宽为 τ 的矩形脉冲，经过半波整流，得到 u_{o4}，其时间平均值反映了调制信号的变化规律，通过低通滤波器取出，得到 u_o。u_{o1} ～ u_{o4} 和 u_o 的波形如图 7.3.25 所示。

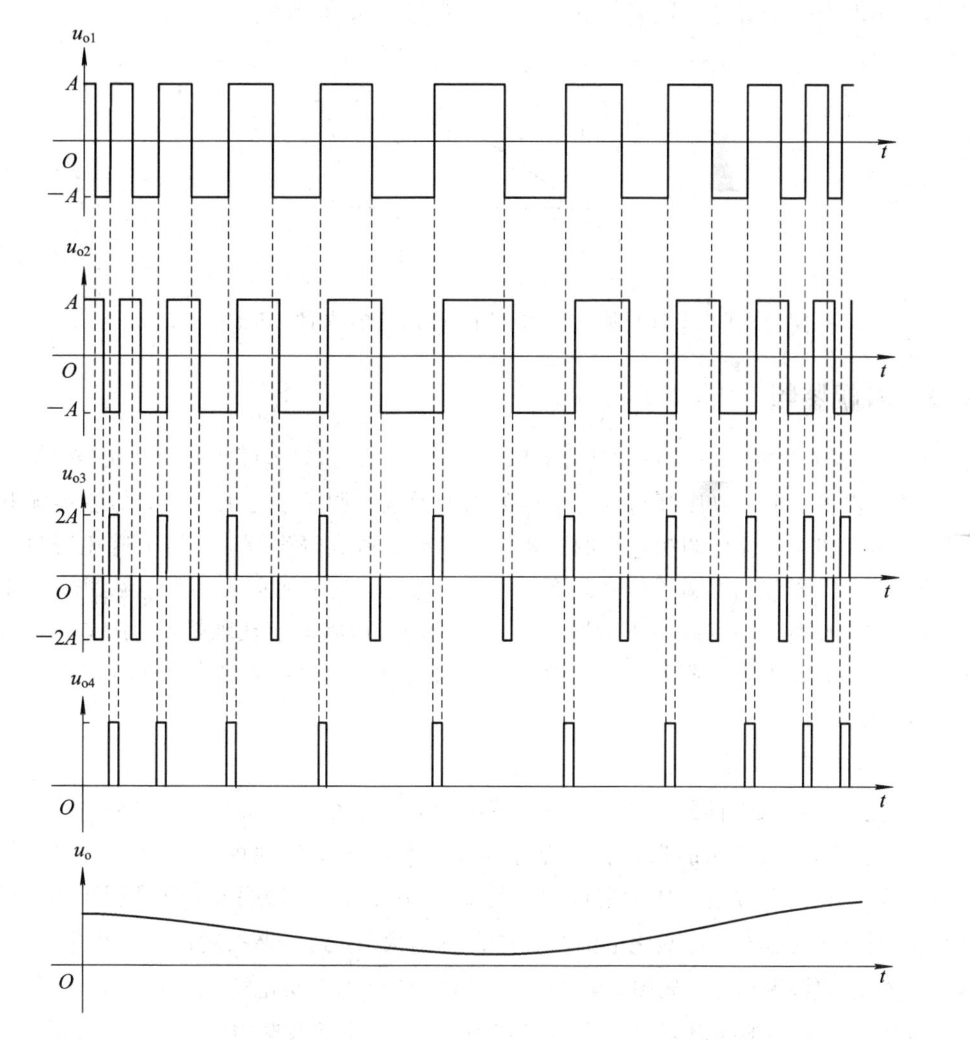

图 7.3.25　各级输出电压的波形

设调频信号的频率 $f(t)=f_c+\Delta f(t)$，周期 $T(t)=1/f(t)$，则

$$u_o = 2k_F A \frac{\tau}{T(t)} = 2k_F A\tau[f_c + \Delta f(t)]$$

随着 $\Delta f(t)$的增大，$T(t)$减小，u_{o3}中正负矩形脉冲逐渐接近，u_o上升，当 $\Delta f(t)$增大使得 $T(t)$减小到 2τ 时，u_{o3}中正负矩形脉冲相接，u_o取到最大值 $k_F A$。随着 $\Delta f(t)$的继续增大，$T(t)$进一步减小，u_{o3}的正负矩形脉冲开始重叠，重叠部分对消为零，脉宽减小，u_o下降。所以，为了保证实现鉴频，即维持 u_o和 $f(t)$的正比关系，$T(t)$的最小值应该大于等于 2τ，即

$$T_{\min}(t) = \frac{1}{f_c + \Delta f_m} \geqslant 2\tau$$

或

$$f_c + \Delta f_m \leqslant \frac{1}{2\tau}$$

基于延时网络的脉冲计数鉴频的鉴频特性如图 7.3.26 所示。

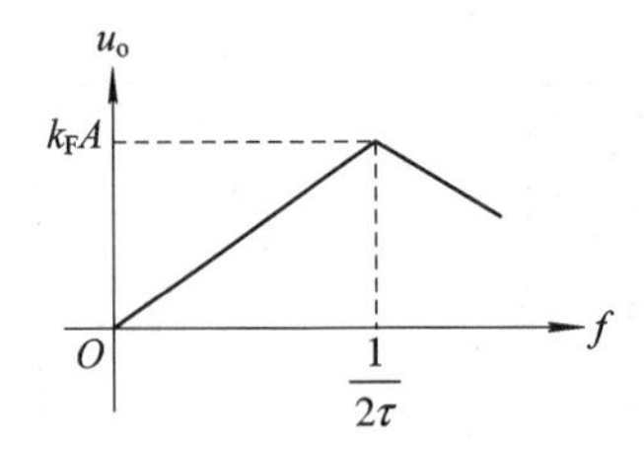

图 7.3.26 基于延时网络的脉冲计数鉴频的鉴频特性

7.3.5 限幅鉴频

由式(7.3.1)、式(7.3.7)和式(7.3.8)看出，无论是斜率鉴频、乘积型相位鉴频，还是叠加型相位鉴频，输出电压都与调频信号的振幅有关。调频信号的产生、信道传输和接收过程中，噪声和干扰会使调频信号的振幅发生变化，造成寄生调幅。为了避免寄生调幅对鉴频的影响，需要首先对调频信号限幅，然后再鉴频，这称为限幅鉴频。除了广泛使用的二极管双向限幅外，还可以利用谐振功率放大器的过压状态实现限幅，利用差分对放大器的转移特性实现限幅，或者采用专门设计的鉴频电路，如比例鉴频器，使输出电压与调频信号的振幅无关。

1. 谐振功率放大器限幅

由谐振功率放大器的放大特性可知，谐振功放工作在过压状态时，如果输入电压的振幅发生变化，则输出电压的振幅保持基本不变，利用这个特性可以实现对调频信号的限幅。将振幅变化的调频信号作为谐振功放的输入电压 u_b，其振幅 U_{bm}就是调频信号的变化振幅。保证谐振功放在 U_{bm}变化范围内工作在过压状态，这样谐振功放的输出电压 u_c就是振幅 U_{cm}恒定的调频信号，如图 7.3.27(a)所示。通过降低集电极回路电源电压 E_C，增大 LC 并联谐振回路的谐振电阻 R_e，都可以实现 U_{bm}较小时，谐振功放即进入过压状态，如图 7.3.27(b)所示。

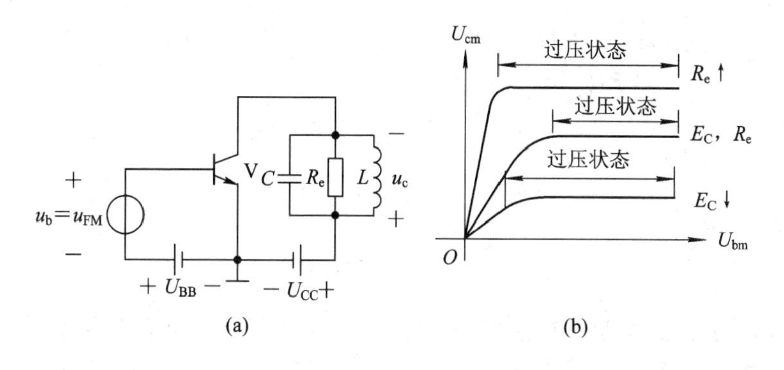

图 7.3.27 谐振功放的限幅作用

(a) 原理电路；(b) 放大特性

2. 差分对放大器限幅

差分对放大器在大信号状态工作时，输出电流是近似的方波信号。利用这个特点，可以首先放大调频信号 u_{FM}，使其振幅远大于热电压 U_T，这样差分对放大器的输出电流 i_C 的取值随着 u_{FM} 的振荡在 0 和电流源电流 I_0 之间变化，成为调频方波信号，再对其滤波，输出电压 u_o 就是振幅恒定的调频信号。这个过程如图 7.3.28 所示。

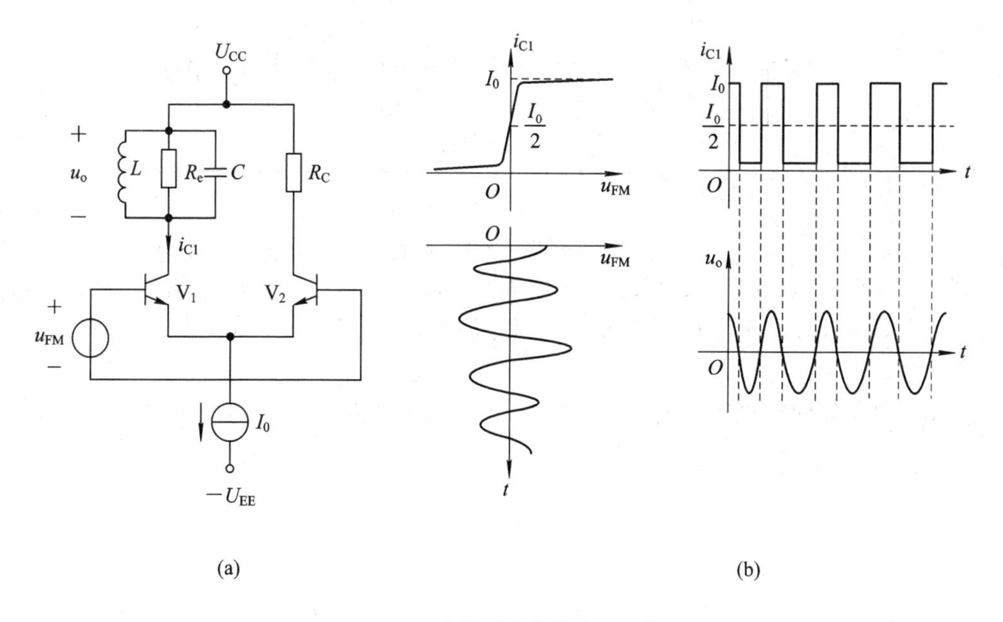

图 7.3.28 差分对放大器的限幅作用

(a) 原理电路；(b) 信号波形

3. 比例鉴频器

比例鉴频器如图 7.3.29 所示。电路中使用电感耦合频相变换网络获得调频/调相信号 $u_{FM/PM}$，电容 C_0 取值较大，对调频信号 u_{FM} 短路，u_{FM} 与 $u_{FM/PM}$ 分别同相和反相叠加，在上回路和下回路的输入端得到调频/调相/调幅信号 $u_{FM/PM/AM1}$ 和 $u_{FM/PM/AM2}$。设

$$u_{FM}=U_{sm}\cos\left[\omega_c t+\int^t\Delta\omega(t)\ \mathrm{d}t\right]$$

则 $u_{FM/PM/AM1}$ 和 $u_{FM/PM/AM2}$ 经过包络检波，电容 C_1 和 C_2 上的电压分别为

$$u_{C1}=k_{d}U_{sm}\sqrt{1+D^{2}}\sqrt{1+\frac{2D}{1+D^{2}}\cos\varphi(\omega)}$$

$$u_{C2}=k_{d}U_{sm}\sqrt{1+D^{2}}\sqrt{1-\frac{2D}{1+D^{2}}\cos\varphi(\omega)}$$

其中：

$$D=\frac{1}{2}A(\omega)\approx\frac{1}{2}Q_{e}\frac{M}{L}$$

$$\varphi(\omega)\approx-\frac{\pi}{2}-2Q_{e}\frac{\Delta\omega(t)}{\omega_{0}}$$

式中，品质因数 Q_e、互感 M、电感 L 和谐振频率 ω_0 都是电感耦合频相变换网络的参数。u_{C1} 和 u_{C2} 可以进一步写成：

$$u_{C1}=k_{d}U_{sm}\left\{1-D\sin\left[2Q_{e}\frac{\Delta\omega(t)}{\omega_{0}}\right]\right\}\tag{7.3.9}$$

$$u_{C2}=k_{d}U_{sm}\left\{1+D\sin\left[2Q_{e}\frac{\Delta\omega(t)}{\omega_{0}}\right]\right\}\tag{7.3.10}$$

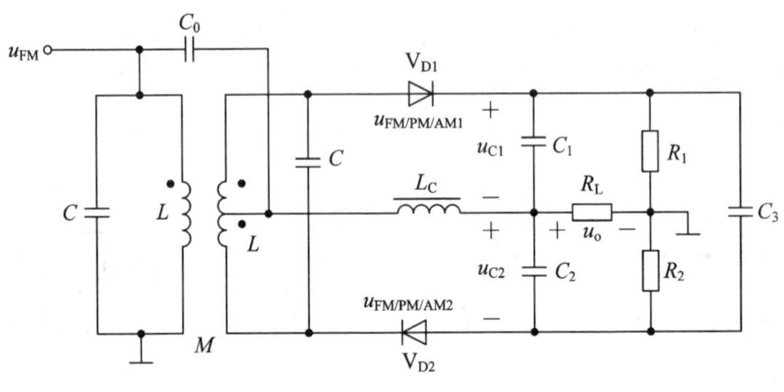

图 7.3.29 比例鉴频器

图 7.3.29 中，电容 C_3 取值较大，一般为几十微法，时间常数$(R_1+R_2)C_3$ 远大于调制信号的周期，所以可以认为 C_3 两端的电压基本不变，记为 U_{C3}。不难看出：

$$U_{C3}=u_{C1}+u_{C2}$$

取 $R_1=R_2=R$，则每个电阻上的电压都是 $U_{C3}/2$。负载电阻 R_L 上的输出电压：

$$u_{o}=u_{C2}-\frac{U_{C3}}{2}=u_{C2}-\frac{u_{C1}+u_{C2}}{2}=\frac{u_{C2}-u_{C1}}{2}$$

$$=\frac{u_{C2}+u_{C1}}{2}\frac{u_{C2}-u_{C1}}{u_{C2}+u_{C1}}=\frac{U_{C3}}{2}\frac{u_{C2}-u_{C1}}{u_{C2}+u_{C1}}$$

$$=\frac{U_{C3}}{2}\frac{1-\dfrac{u_{C1}}{u_{C2}}}{1+\dfrac{u_{C1}}{u_{C2}}}\tag{7.3.11}$$

因为 u_o 由比值 u_{C1}/u_{C2} 决定，所以该电路称为比例鉴频器。将式(7.3.9)和式(7.3.10)代入式(7.3.11)，有：

$$u_{o}=\frac{U_{C3}}{2}\frac{2k_{d}U_{sm}D\sin\left[2Q_{e}\dfrac{\Delta\omega(t)}{\omega_{0}}\right]}{2k_{d}U_{sm}}=\frac{U_{C3}}{2}D\sin\left[2Q_{e}\frac{\Delta\omega(t)}{\omega_{0}}\right]$$

$$\approx\frac{U_{C3}}{4}Q_{e}\frac{M}{L}\sin\left[2Q_{e}\frac{\Delta\omega(t)}{\omega_{0}}\right]$$

可见，比例鉴频器的输出电压与调频信号的振幅基本无关，减弱了寄生调幅对鉴频的影响。

7.4　集成器件与应用电路举例

集成电路技术的发展已经使调制信号的输入和放大、载波的产生和放大以及调频、倍频、功率放大等功能集成在一块芯片上，构成单片调频发射集成电路。调频信号的解调也普遍单片集成化，用一块芯片完成调频信号的放大、混频、检波以及调制信号的输出。单片调频发射和接收集成电路不但提高了调频通信的质量，如灵敏度和选择性，而且减小了元器件数量，减小了功耗，提高了效率，同时也提高了设备的可靠性，降低了成本。

7.4.1　MC2833 调频电路

MC2833 是单片调频发射集成电路，用来实现频率调制和倍频、调频信号的功率放大等功能，应用于无绳电话等调频通信设备。

图 7.4.1 所示的 MC2833 的应用电路用来产生 144.6 MHz 的语音调制调频信号。MC2833 包括话筒放大单元、可变电抗单元、射频振荡单元、缓冲单元、两个晶体管放大单

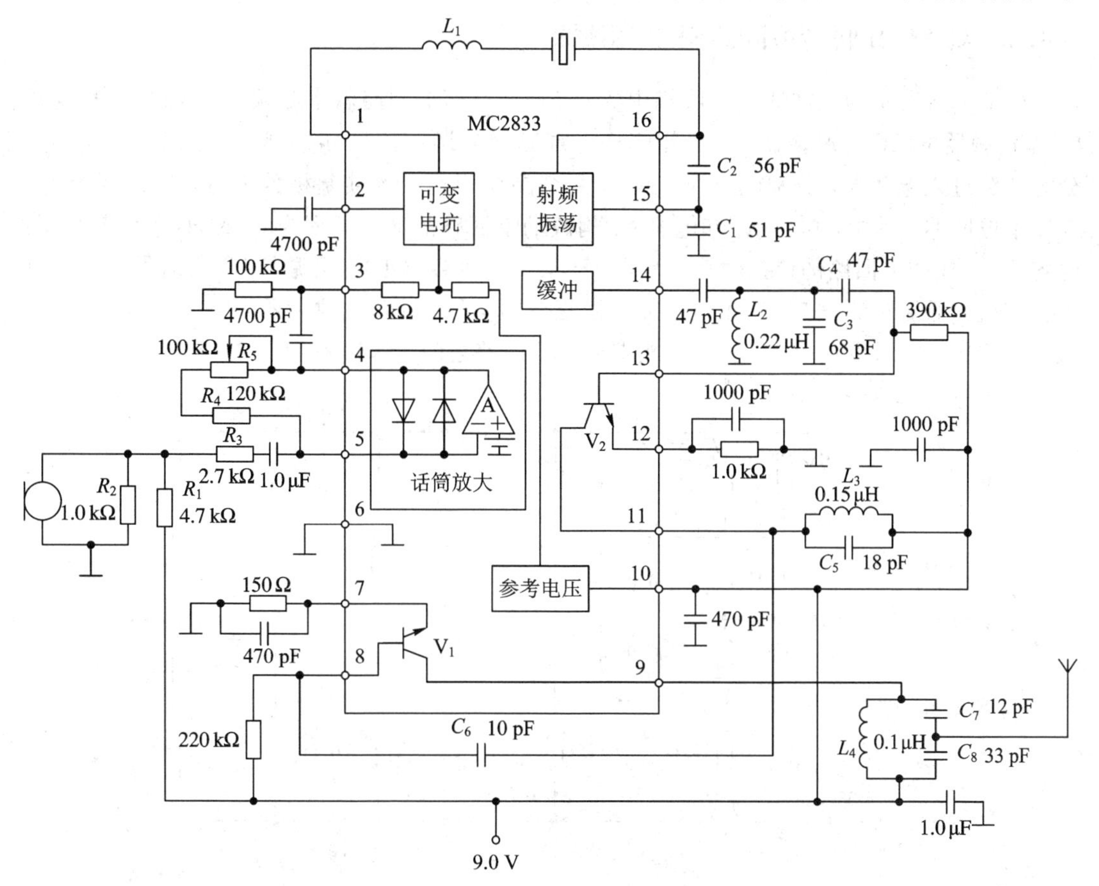

图 7.4.1　MC2833 的应用电路

元和参考电压单元。电阻 R_1 和 R_2 为驻极体提供直流偏置电压，语音信号由驻极体拾取，生成调制信号。调制信号输入引脚 5，经话筒放大单元放大后从引脚 4 输出。电阻 R_3、R_4 和 R_5 构成反馈网络，用于调整话筒放大器的增益。放大后的调制信号再从引脚 3 输入至可变电抗单元，改变电抗，从而改变射频振荡单元的振荡频率，实现调频。引脚 6 接地。引脚 10 外接直流电压源，决定参考电压单元输出的各路直流偏置电压，其中一路经过芯片内部 8 kΩ 和 4.7 kΩ 的电阻分压为可变电抗单元提供直流偏置。引脚 2 经过电容接地去耦。引脚 1、16 外接的基音为 12.05 MHz 的石英谐振器决定射频振荡器的中心频率，与石英谐振器串联的电感 L_1 用来扩展最大频偏。引脚 15、16 外接电容 C_1 和 C_2，与可变电抗单元、石英谐振器和射频振荡单元构成并联型石英晶体振荡器。射频振荡单元产生的调频信号经过缓冲单元，从引脚 14 输出。电感 L_2 和电容 C_3 构成的 LC 并联谐振回路的谐振频率为石英谐振器的三次泛音，实现三倍频。倍频后的调频信号经过电容 C_4 耦合输入引脚 13。晶体管 V_2、引脚 11 外接的电感 L_3 和电容 C_5 构成的 LC 并联谐振回路，以及引脚 12 的外接电路构成第一级谐振功率放大器，在放大调频信号功率的同时又实现二倍频。之后，调频信号经电容 C_6 耦合输入引脚 8。晶体管 V_1、引脚 9 外接的电感 L_4 与电容 C_7 和 C_8 构成的 LC 并联谐振回路，以及引脚 7 的外接电路构成第二级谐振功率放大器，在放大调频信号功率的同时再次实现二倍频。最后，调频信号被送入天线发射。

7.4.2 双 LC 并联谐振回路斜率鉴频器

图 7.4.2 所示为微波通信接收机中的双 LC 并联谐振回路斜率鉴频器。电感 L_0 和电容 C_0 是混频器的 LC 并联谐振回路，用于产生混频后的调频信号 u_{FM}，频率为 35 MHz。u_{FM} 分为两路进入鉴频器，分别经过 V_1 和 V_2 两个晶体管构成的共基极放大器，进入两个 LC 并联谐振回路。其中，电感 L_1 和电容 C_1 构成的上回路的谐振频率为 30 MHz，电感 L_2 和电容 C_2 构成的下回路的谐振频率为 40 MHz，两个回路各自输出调频/调幅信号，经过包络检波后，平衡对消，产生输出电压 u_o，恢复调制信号。共基极放大器隔离上、下回路，避免相互干扰，同时也在上、下回路和混频器 LC 回路之间起隔离作用。

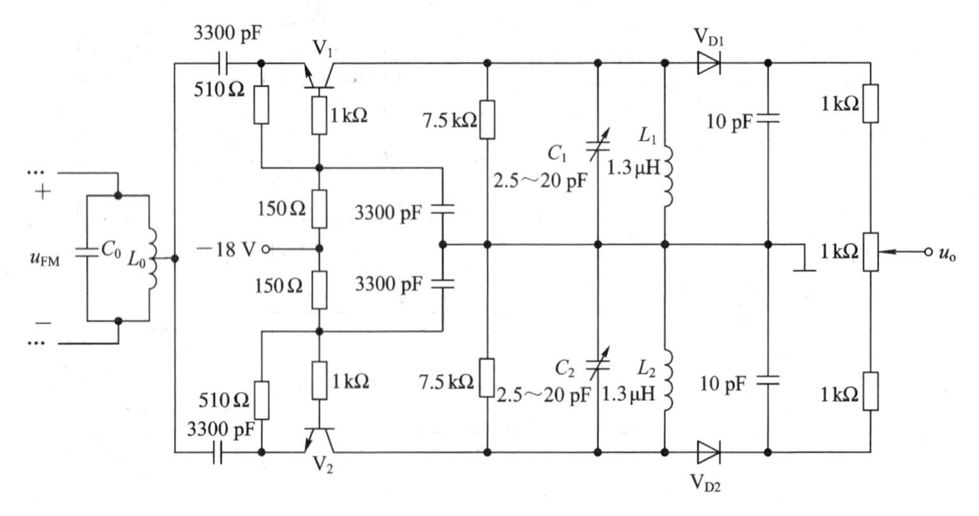

图 7.4.2 双 LC 并联谐振回路斜率鉴频器

7.4.3　差分峰值斜率鉴频器

集成电路中常用的斜率鉴频器是图 7.4.3(a)所示的差分峰值斜率鉴频器，其线性鉴频范围可达 300 kHz。电感 L 和电容 C_1、C_2 构成线性幅频特性网络，调频信号 u_{FM}经过该网络，产生两个调频/调幅信号 $u_{FM/AM1}$ 和 $u_{FM/AM2}$。LC_1 并联谐振回路的谐振频率 $f_{01}=(2\pi\sqrt{LC_1})^{-1}$，$LC_1C_2$ 串联谐振回路的谐振频率 $f_{02}=[2\pi\sqrt{L(C_1+C_2)}]^{-1}$。$u_{FM}$的频率 $f(t)$接近于 f_{01}时，LC_1 回路接近并联谐振，阻抗很大，所以此时 $u_{FM/AM1}$的振幅 U_{sm1}较大，而 $u_{FM/AM2}$的振幅 U_{sm2}相应较小；$f(t)$接近于 f_{02}时，LC_1C_2 回路接近串联谐振，阻抗很小，所以此时U_{sm1}较小，而 U_{sm2}相应较大。U_{sm1}和 U_{sm2}与 $f(t)$的关系如图 7.4.3(b)所示。图中，两条关系曲线基本以 u_{FM}的载频 f_c 为中心左右对称。调节 L、C_1 和 C_2 的取值，可以改变关系曲线的形状，从而改变中心频率和线性范围，提高两条曲线的对称性，以改善平衡对消质量，还可改变鉴频灵敏度等。注意：一般是固定 C_1 和 C_2，单独调节 L。

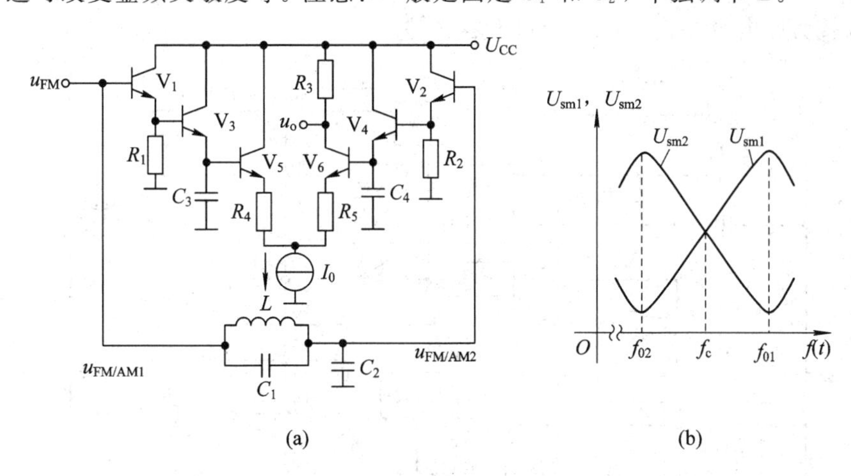

图 7.4.3　差分峰值斜率鉴频器

(a) 原理电路；(b) U_{sm1}、U_{sm2}与 $f(t)$的关系

晶体管 V_1 和 V_2 构成射随器，输入阻抗极大。晶体管 V_3、V_4 和电容 C_3、C_4 构成两个晶体管峰值包络检波器，分别对经过射随器的 $u_{FM/AM1}$和 $u_{FM/AM2}$实现包络检波，产生一对反相信号，输入晶体管 V_5 和 V_6 构成的差分对放大器，利用差分对放大器放大差模信号，抑制共模信号的特点，实现放大和平衡对消，最后得到输出电压 u_o，恢复调制信号。

7.4.4　MC3335 鉴频电路

MC3335 是单片鉴频集成电路，用来实现二次混频和乘积型相位鉴频等，应用于低功耗窄带调频语音或数据链接收机。MC3335 中，二次混频减小了功率损耗，显著提高了接收灵敏度和抑制镜像干扰的能力。

图 7.4.4 所示的 MC3335 鉴频电路接收 49.7 MHz 的调频信号。MC3335 包括两个本地振荡单元和混频单元、限幅放大单元、乘积型鉴相单元等。调频信号经过电容交流耦合输入引脚 1，另一个输入端即引脚 20 经过电容接地。第一个本地振荡单元通过接在引脚 18、19 的电感 L 和电容 C_1 构成的 LC 并联谐振回路控制振荡频率，将调频信号的频率降为10.7 MHz，经过放大后，从引脚 17 输出，用中心频率为 10.7 MHz 的陶瓷带通滤波器

滤波，再输入引脚16进行第二次混频。第二个本地振荡单元是基于共基组态电容三端式振荡器的并联型石英晶体振荡器，谐振回路包括引脚2、3外接的石英谐振器、电容 C_2 和 C_3，石英谐振器控制其振荡频率为10.245 MHz。第二个混频器从引脚4输出频率为455 kHz的调频信号，用中心频率为455 kHz的陶瓷带通滤波器滤波，再输入引脚6。经过限幅放大后，调频信号分为两路，一路直接输入乘积型鉴相器，另一路经过电容耦合频相变换网络产生正交调频/调相信号，也输入乘积型鉴相器。引脚11外接电容耦合频相变换网络的 LC 并联谐振回路部分。鉴相器的输出电压经过放大后，从引脚12输出，得到调制信号。如果调制信号是双极性数字基带信号，则还可以将其输入引脚13，由过零比较器从引脚14输出。引脚13、14之间可以接入大于120 kΩ的电阻，构成迟滞比较器，提高抗干扰的能力。存在调频信号而且调频信号功率足够大时，限幅放大单元开始限幅，其输出电流经过引脚9外接的电阻，产生大于0.64 V的直流电压，经过比较器，在引脚10输出一个电压 u_d，作为检测信号，说明可以接收到足够功率的调频信号。引脚5外接直流电压源。引脚15外接旁路电容。引脚7、8经过电容去耦。

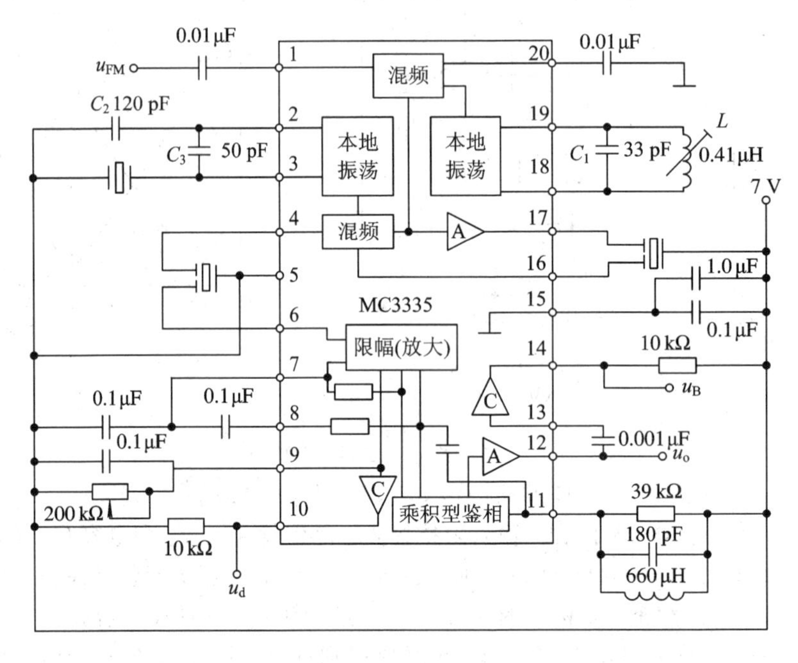

图 7.4.4　MC3335 的应用电路

7.5　PSpice 仿真举例

模拟调频微分方程的直接调频电路如图7.5.1所示。设 $t=0$ 时，电容的初始电压分别为：$U_{C2}=100$ mV，$U_{C1}=0$。瞬态分析时的参数设置为：终止时间=0.4 ms，开始时间=0，最大步长=10 ns。瞬态分析结果如图7.5.2所示。

如果对该电路进行模拟时不设电容的初值，则电路模拟波形就有一个起始振荡到稳定的过程，对此现象读者可以自己模拟观察。

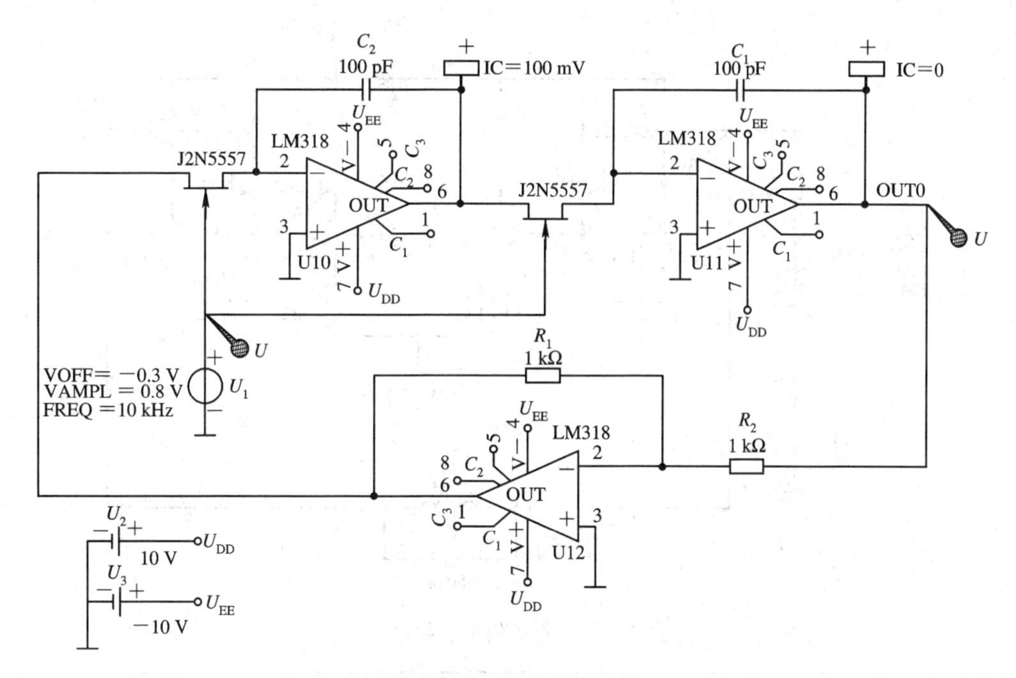

图 7.5.1　直接调频电路

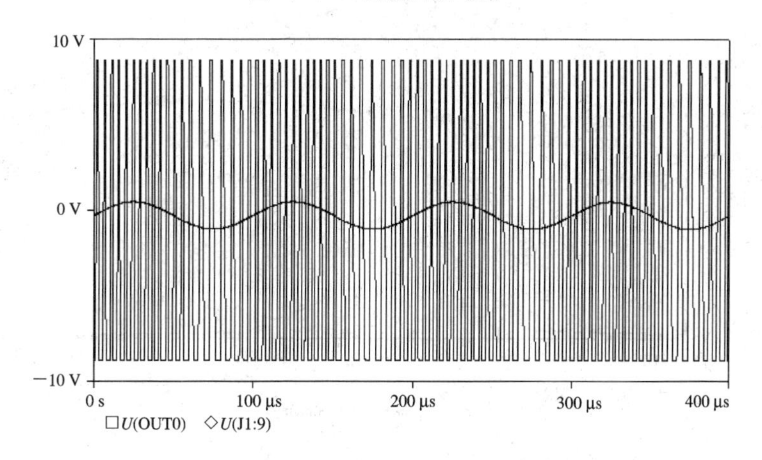

图 7.5.2　瞬态分析调频波形

集成斜率鉴频电路如图 7.5.3 所示。图中，L_1、C_1、C_2 构成线性幅频特性网络，网络的输入信号为 U_1，输出信号为 U_2；V_1、V_6 分别构成射极跟随器，以隔离后续电路对线性变换网络的影响；V_2、C_3 和 V_5、C_4 分别构成峰值包络检波器；V_3、V_4 构成差分放大器。鉴频输出取自 V_4 的集电极。

首先进行交流小信号频率特性分析，分析得到 L_1、C_1、C_2 线性幅频特性网络的幅频特性曲线，通过调整 L_1、C_1、C_2 的数值可模拟得到比较理想的 U_1、U_2 幅频特性曲线，如图 7.5.4 所示。

频率特性分析时的参数设置为：起始频率=100 kHz，终止频率=10 MHz，每倍频程的点数=10。

对电路进行瞬态分析，瞬态分析时的参数设置为：终止时间=2 ms，开始时间=0，最大步长=20 ns。瞬态分析结果如图 7.5.5 所示。

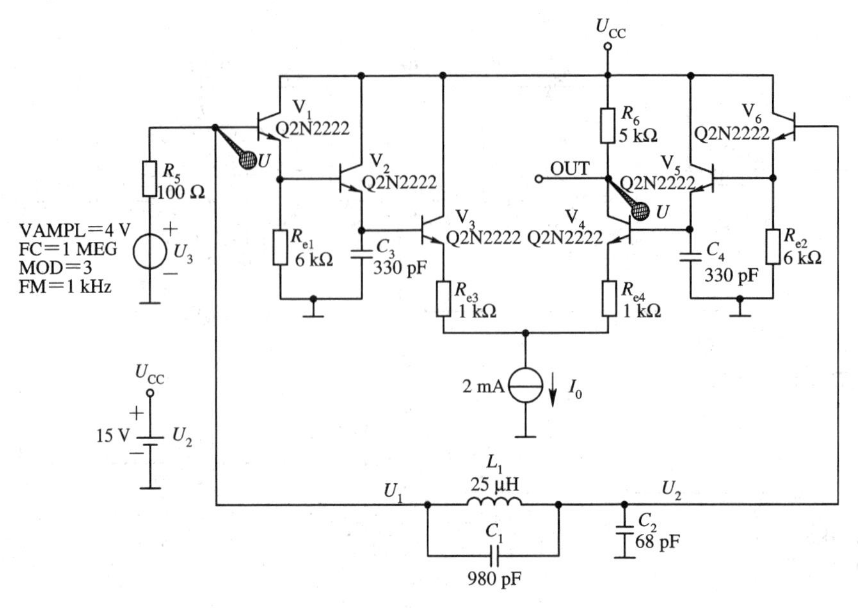

图 7.5.3　集成斜率鉴频电路

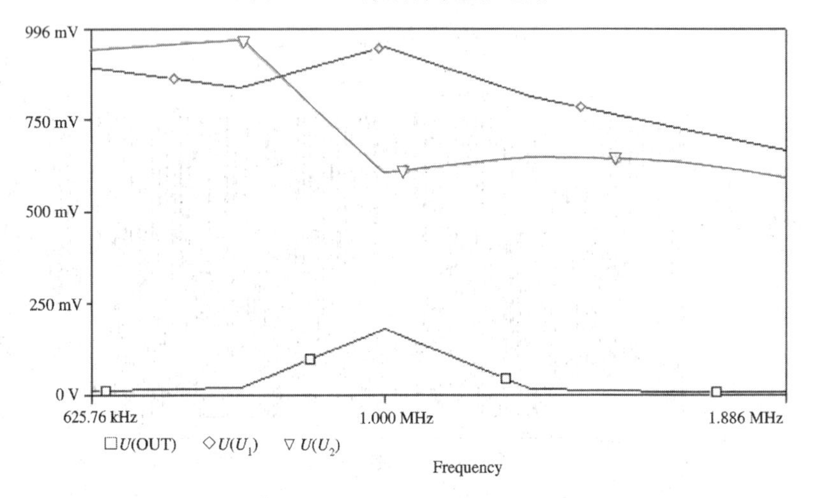

图 7.5.4　线性变换网络的幅频特性曲线

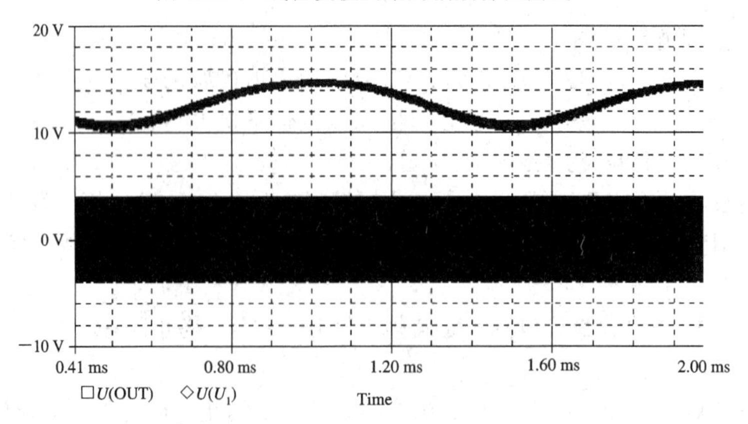

图 7.5.5　集成斜率鉴频电路瞬态分析结果波形

本章小结

本章讲述了调频信号和调相信号的特点、频率调制和相位调制的原理、变容二极管调频电路、扩展线性频偏的方法、鉴频和鉴相的原理及电路。

(1) 调频信号和调相信号的时域表达式分别体现了调制信号与频率变化和相位变化的直接关系，两种信号的时域参数一一对应。调频信号和调相信号的频谱及功率分布类似。非线性的频谱搬移会造成载频附近产生诸多频率分量，分解携带调制信号的信息。对频率分量适当取舍，可以得到有效带宽，包括0.01误差带宽、0.1误差带宽和卡森带宽。调相信号的频带利用率低于调频信号，在模拟通信中很少单独应用，主要用于间接调频。

(2) 调频分为直接调频和间接调频，前者又分为调频积分方程法和似稳态调频法。变容二极管调频通过调制信号改变变容二极管的结电容，实现频率受控的振荡，产生调频信号。在全部接入式和部分接入式变容二极管调频电路中，变容二极管分别作为 LC 并联谐振回路的全部电容或部分电容发挥变容作用。间接调频是对调制信号先积分，再用积分结果调相，从而实现调频。调相可以分为矢量合成法、相移法和时延法。应用变容二极管调相可以实现变容二极管间接调频。对调频信号进行倍频和混频，改变最大频偏和载频，可以扩展相对最大频偏，得到宽带调频信号。

(3) 调频信号和调相信号的解调分别称为鉴频和鉴相。鉴频分为斜率鉴频和相位鉴频。斜率鉴频利用线性幅频特性网络把调频信号变为调频/调幅信号，再作为调幅信号进行包络检波；相位鉴频利用线性相频特性网络把调频信号变为调频/调相信号，再作为调相信号进行鉴相。鉴相又分为乘积型鉴相和叠加型鉴相，分别用本振信号与调相信号相乘或相加，再分别低通滤波或包络检波。相位鉴频中，用调频信号取代本振信号，实现乘积型相位鉴频和叠加型相位鉴频。

(4) 鉴频采用的线性幅频特性网络中，比较常见的是失谐的 LC 并联谐振回路。线性相频特性网络经常使用电感耦合频相变换网络和电容耦合频相变换网络。鉴频容易受到寄生调幅的影响，因此需要对调频信号进行限幅鉴频，这可以通过多种电路实现。

思考题和习题

7-1 调制信号 u_Ω 的波形分别如图 P7-1(a)和图(b)所示，载波 $u_c=U_{cm}\cos\omega_c t$。

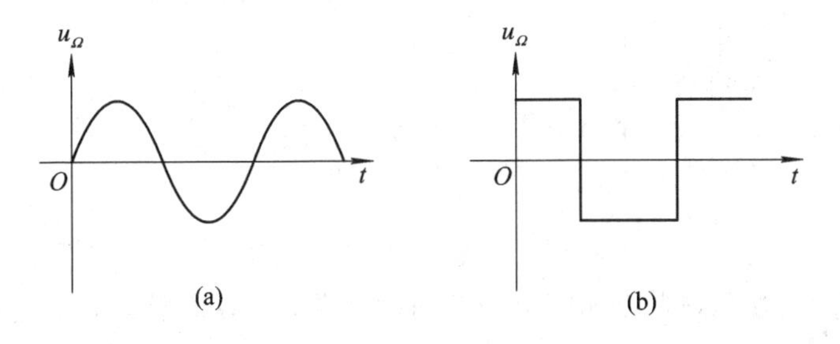

图 P7-1

（1）画出调频信号 u_{FM} 和调相信号 u_{PM} 的波形。

（2）画出 u_{FM} 的频率变化 $\Delta\omega(t)$ 和相位变化 $\Delta\varphi(t)$ 的波形。

（3）画出 u_{PM} 的 $\Delta\omega(t)$ 和 $\Delta\varphi(t)$ 的波形。

7－2　调制信号 $u_\Omega=2\cos(2\pi\times10^3t)$ V，载波 $u_c=5\cos(2\pi\times10^6t)$ V。

（1）调频时，调频比例常数 $k_f=2\pi\times10^4$ rad/(s・V)，设调频信号 u_{FM} 的振幅为 U_{sm}，写出 u_{FM} 的表达式。

（2）调相时，调相比例常数 $k_p=2$ rad/V，设调相信号 u_{PM} 的振幅为 U_{sm}，写出 u_{PM} 的表达式。

7－3　调制信号 $u_\Omega=2\sin(2\pi\times10^3t)$ V，载波 $u_c=10\cos(2\pi\times10^8t)$ V，要求调角信号的最大频偏 $\Delta f_m=20$ kHz，振幅 $U_{sm}=5$ V。分别写出符合要求的调频信号 u_{FM} 和调相信号 u_{PM} 的表达式。

7－4　调制信号 $u_\Omega=U_{\Omega m}\cos2\pi Ft$，计算以下各种情况中，调频信号 u_{FM} 和调相信号 u_{PM} 的最大频偏 Δf_m 和卡森带宽 BW_{CR}。

（1）$F=1$ kHz，调频指数 $m_f=12$ rad，调相指数 $m_p=12$ rad。

（2）$F=1$ kHz，$U_{\Omega m}$ 增加一倍。

（3）$F=2$ kHz，$U_{\Omega m}$ 增加一倍。

7－5　变容二极管调频电路如图 P7－2 所示，变容二极管的结电容：

$$C_j=\frac{100}{(1+u)^2}\ \text{pF}$$

调制信号 $u_\Omega=10\sin(2\pi\times10^3t)$ mV。

（1）画出该电路的交流通路。

（2）计算频率 $\omega(t)$ 和最大频偏 $\Delta\omega_m$。

（3）设调频信号 u_{FM} 的振幅为 U_{sm}，写出 u_{FM} 的表达式。

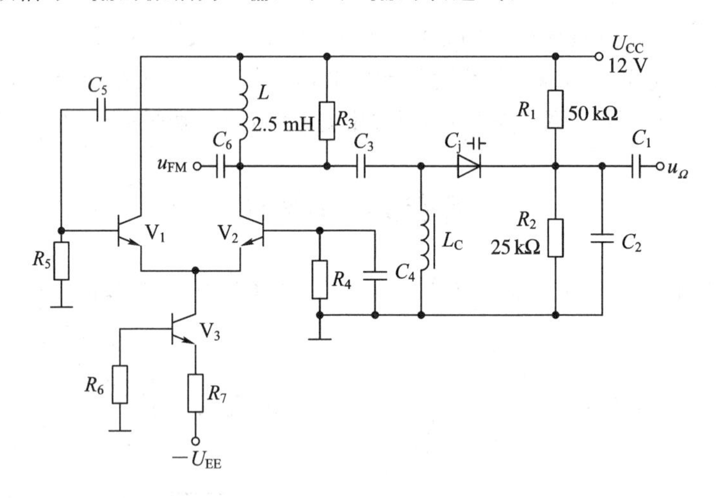

图 P7－2

7－6　变容二极管调频电路如图 P7－3 所示，两个变容二极管的结电容：

$$C_j=\frac{100}{(1+u)^2}\ \text{pF}$$

调制信号 $u_\Omega = 20\cos(2\pi\times10^4 t)$ mV。

（1）画出该电路的交流通路。

（2）计算频率 $\omega(t)$ 和最大频偏 $\Delta\omega_m$。

（3）设调频信号 u_{FM} 的振幅为 U_{sm}，写出 u_{FM} 的表达式。

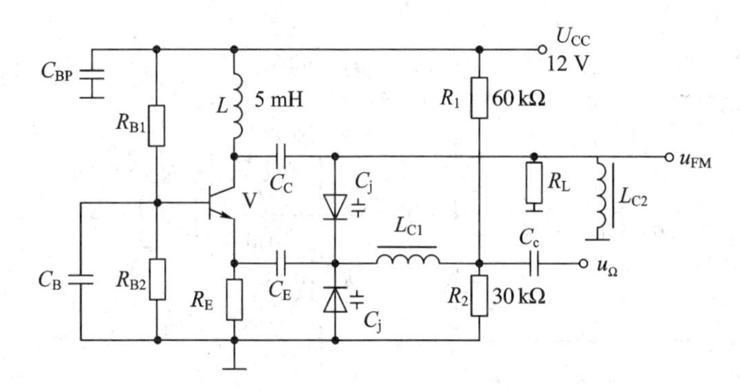

图 P7-3

7-7　变容二极管调频电路如图 P7-4 所示，变容二极管的结电容：

$$C_j = \frac{50}{(1+u)^2}\ \text{pF}$$

调制信号 $u_\Omega = 10\cos(2\pi\times10^4 t)$ mV，电感 L_1 和 L_2 之间没有互感。

（1）画出该电路的交流通路。

（2）计算频率 $\omega(t)$ 和最大频偏 $\Delta\omega_m$。

（3）设调频信号 u_{FM} 的振幅为 U_{sm}，写出 u_{FM} 的表达式。

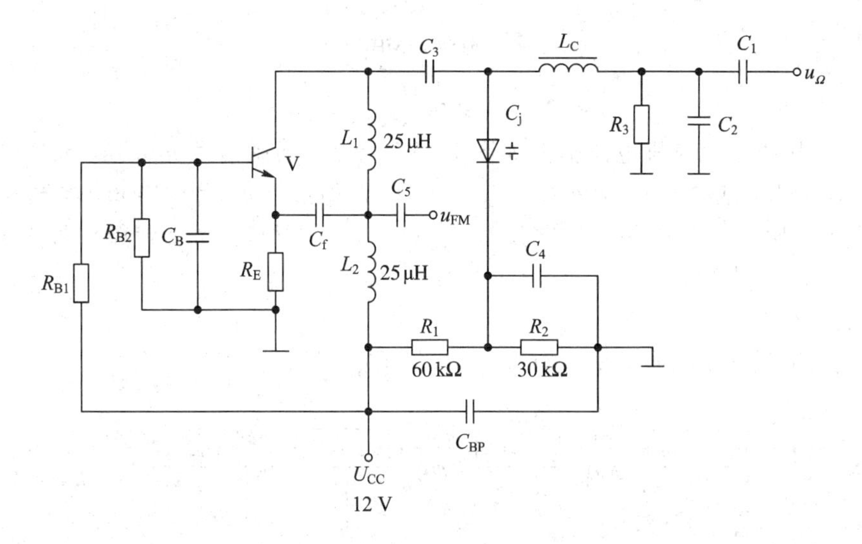

图 P7-4

7-8　变容二极管间接调频电路如图 P7-5 所示，两个变容二极管的结电容：

$$C_j = \frac{36}{(1+u)^2}\ \text{pF}$$

载波电流 $i_c=10\sin(100\times10^6 t)\ \mu A$，调制信号 u_Ω 经过积分器，输出电压 $u_\Omega'=9\cos(3\pi\times10^3 t)$ mV。

(1) 计算电感 L 的取值。

(2) 写出调频信号 u_{FM} 的表达式，计算振荡频率 $\omega(t)$ 和最大频偏 $\Delta\omega_m$。

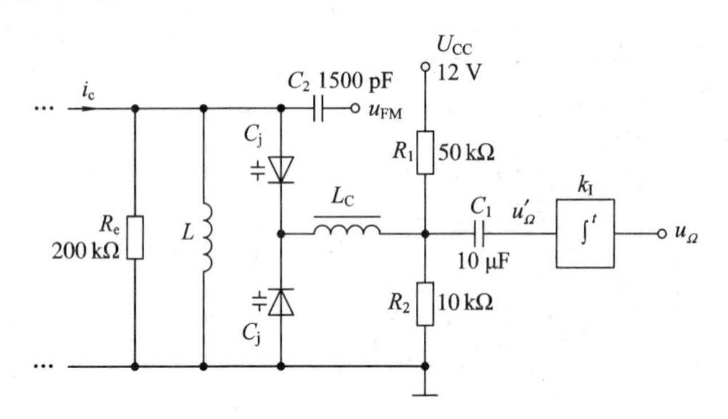

图 P7-5

7-9 频偏扩展电路框图如图 P7-6 所示，输入调频信号 u_{FM0} 的载频 $f_{c0}=10$ MHz，最大频偏 $\Delta f_m=15$ kHz，调制信号频率 $F=1$ kHz。

(1) 计算输出调频信号 u_{FM} 的载频 f_c 和最大频偏 $N\Delta f_m$。

(2) 确定放大器 1 和放大器 2 的中心频率 f_{01}、f_{02} 和带宽 BW_{BPF1}、BW_{BPF2}。

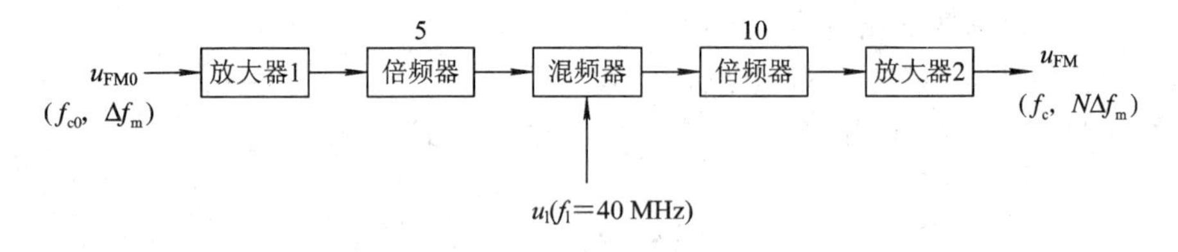

图 P7-6

7-10 某调频发射机电路框图如图 P7-7 所示，调制信号 u_Ω 的频率 F 的范围为 100 Hz～15 kHz，载波 u_c 的频率 $f_{c0}=0.1$ MHz，调相指数 $m_p=0.2$ rad，本振信号 u_l 的频率 $f_l=9.5$ MHz，混频器的输出频率 $f_2(t)=f_l-f_1(t)$。要求调频信号 u_{FM} 的载频 $f_c=100$ MHz，最大频偏 $N_1N_2\Delta f_m=75$ kHz。

(1) 计算倍频数 N_1 和 N_2。

(2) 写出各阶段的信号频率 $f_0(t)$、$f_1(t)$ 和 $f_2(t)$ 的表达式。

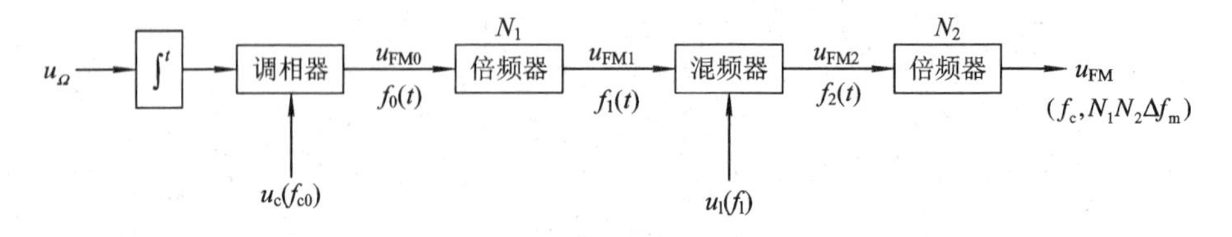

图 P7-7

7-11 调频信号 $u_{FM}=5\cos[2\pi\times10^6 t+12\cos(2\pi\times10^3 t)]$ V，鉴频灵敏度 $S_f=-5$ mV/kHz，线性鉴频范围为[−25 kHz, 25 kHz]。计算鉴频器的输出电压 u_o。

7-12 判断图 P7-8 中哪个电路可以实现对调频信号 u_{FM} 的鉴频。

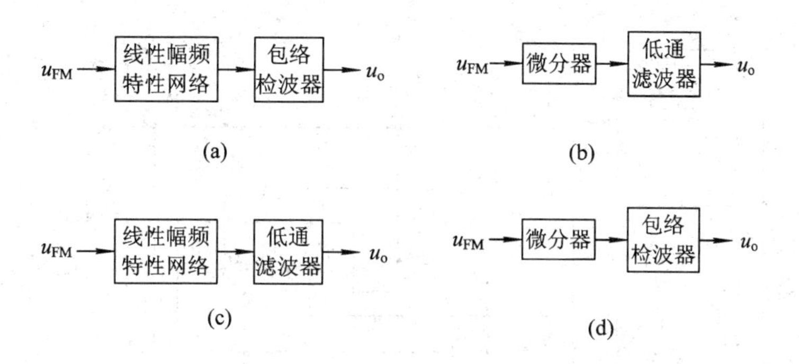

图 P7-8

7-13　晶体鉴频器如图 P7-9 所示，调频信号 u_{FM} 的频率位于石英谐振器的串联谐振频率和并联谐振频率之间，石英谐振器等效为一电感，在载频 f_c 处石英谐振器与电容 C_0 串联谐振。分析该电路的鉴频原理。

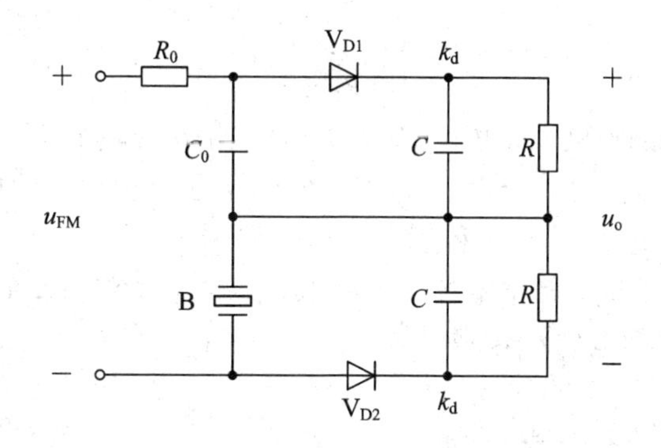

图 P7-9

7-14　鉴频器电路框图如图 P7-10(a)所示，网络 A 的频率特性如图 P7-10(b)所示，调频信号 $u_{FM}=U_{sm}\cos(\omega_c t-m_f\cos\Omega t)$。

(1) 说明网络 B 的功能。

(2) 写出各级输出电压 u_{o1} 和 u_o 的表达式。

(3) 画出鉴频特性曲线，确定鉴频灵敏度 S_f、线性鉴频范围和最大鉴频范围。

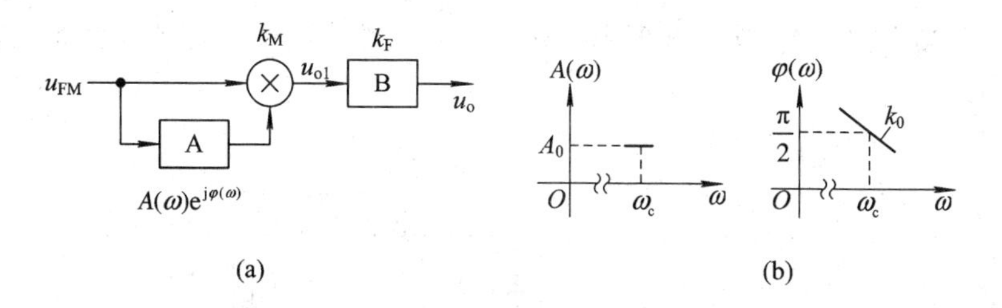

图 P7-10

7-15　鉴频电路如图 P7-11 所示，调频信号：

$$u_{FM}=U_{sm}\cos\left[\omega_c t+\Delta\omega_m\int^t f(t)\,dt\right]$$

分析电路的工作原理，写出输出电压 u_o 和鉴频灵敏度 S_f 的表达式。

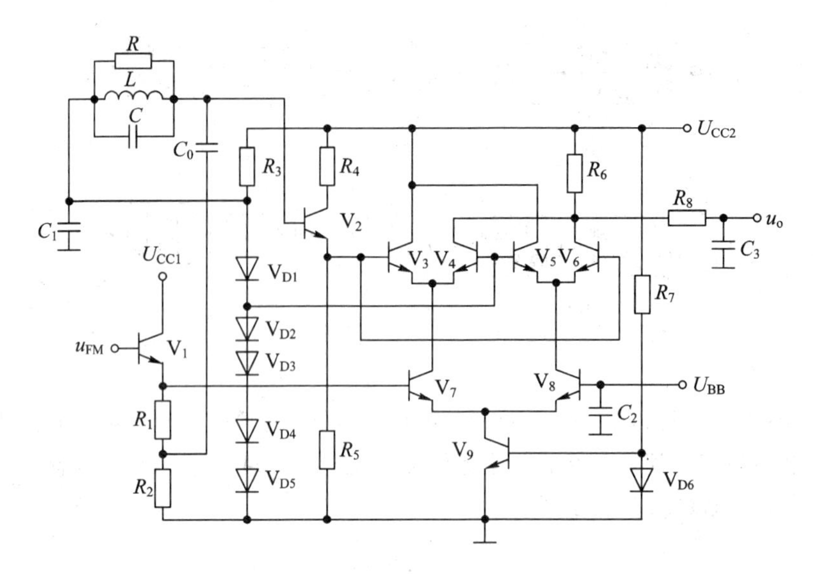

图 P7－11

7－16 鉴频器电路框图如图 P7－12(a)所示，网络 A 的频率特性如图 P7－12(b)所示，调频信号 $u_{FM}=U_{sm}\cos[10^7t+10\cos(3\times10^3t)]$，包络检波器的检波增益 $k_d\approx1$。

(1) 计算各级输出电压 u_{o1}、u_{o2} 和 u_o。

(2) 画出鉴频特性曲线，确定鉴频灵敏度 S_f、线性鉴频范围和最大鉴频范围。

(3) 说明对电阻 R 和电容 C 取值的要求。

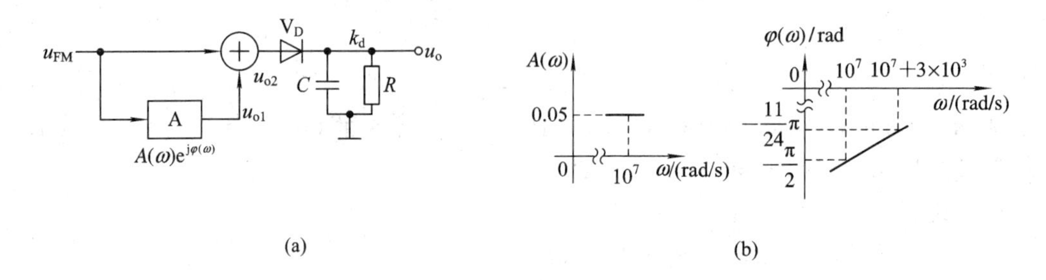

图 P7－12

7－17 鉴频电路如图 P7－13 所示，分析以下各种情况中，电路是否可以对调频信号 u_{FM} 实现鉴频。

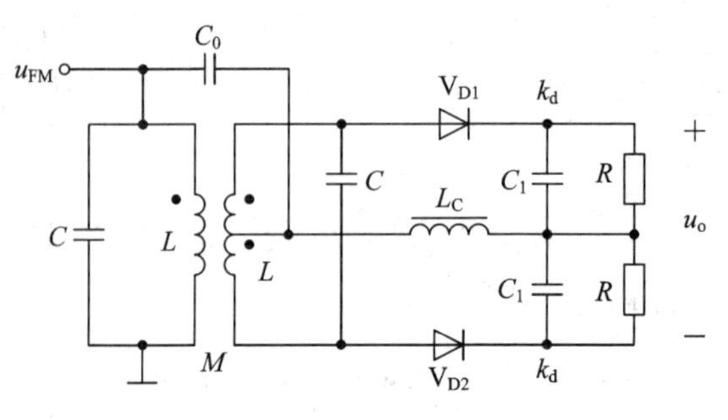

图 P7－13

(1) 二极管 V_{D1} 和 V_{D2} 同时反向接入电路。

(2) 只把 V_{D2} 反接。

(3) V_{D2} 损坏开路。

7-18　判断图 P7-14(a)和图(b)所示电路能否实现对已调波 u_s 的包络检波和鉴频，说明对上回路和下回路的谐振频率 ω_{01} 和 ω_{02} 取值的要求。

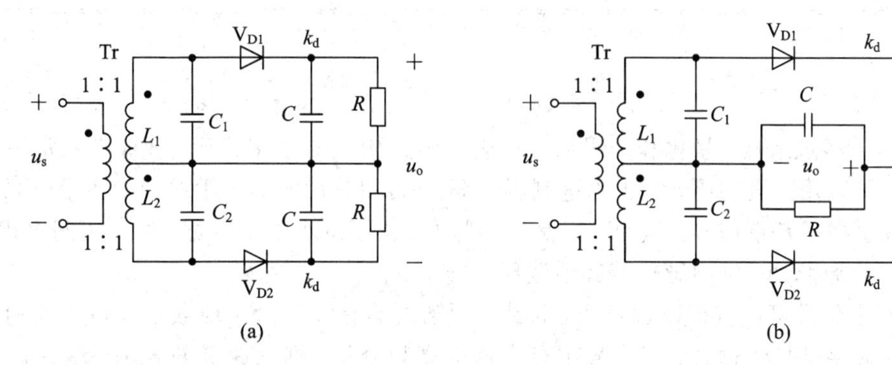

图 P7-14

7-19　判断以下哪组信号可以用如图 P7-15 所示的电路实现检波。

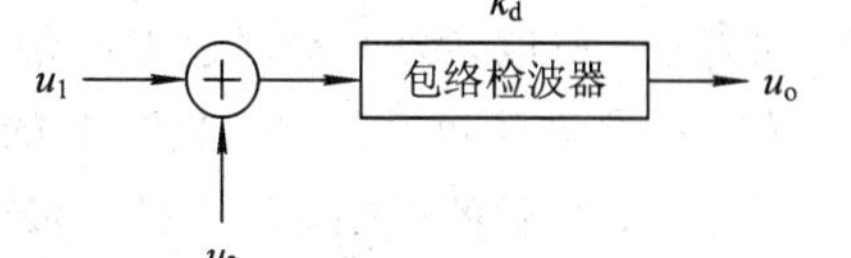

图 P7-15

(1) $u_1 = 2U_m \cos\Omega t \cos\omega_c t$，$u_2 = U_m \cos\omega_c t$。

(2) $u_1 = 0.01U_m \cos(\omega_c + \Omega)t$，$u_2 = U_m \cos\omega_c t$。

(3) $u_1 = 0.01U_m \cos(\omega_c t + k_p u_\Omega)$，$u_2 = U_m \cos\omega_c t$。

(4) $u_1 = 0.01U_m \sin\left[\omega_c t + \Delta\omega_m \int^t f(t)\,dt + k_0 \Delta\omega_m f(t)\right]$，

$u_2 = U_m \cos[\omega_c t + \Delta\omega_m \int^t f(t)\,dt]$。

7-20　检波电路如图 P7-16 所示。计算以下各组信号的输出电压 u_{o1}、u_{o2} 和 u_o。

(1) $u_1 = 2(1+0.6\sin\Omega t)\cos\omega_c t$ V，$u_2 = 0$。

(2) $u_1 = 1.2\cos\Omega t \cos\omega_c t$ V，$u_2 = 2\cos\omega_c t$ V。

(3) $u_1 = 0.2\sin(\omega_c t + m_f \sin\Omega t + 0.3\cos\Omega t)$ V，$u_2 = 4\cos(\omega_c t + m_f \sin\Omega t)$ V。

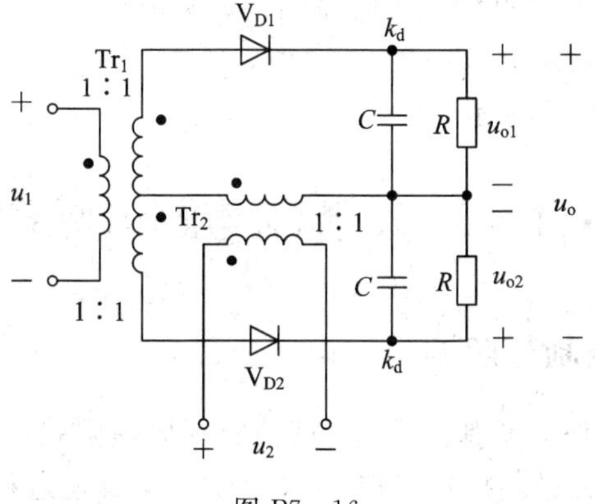

图 P7-16

第八章 数字调制与解调

模拟信号经过采样、量化和编码后，生成由码元构成的数字代码序列(码元常用二进制码元，也可以用八进制码元、十六进制码元等)，再用脉冲波形表示序列中各个码元的取值，就生成了数字基带信号。脉冲可以是矩形脉冲，为了减小信号带宽，避免码间串扰，也可以采用升余弦脉冲、钟型脉冲等其他波形。

数字基带信号可以直接通过绞线、排线、同轴线等有线信道实现数字设备之间的有线传输，称为数字基带传输。基带信号中存在部分高频分量，通信距离较长时，受衰减和色散影响较大，基带信号的低频分量和直流分量也受到信道中耦合电容和耦合变压器的衰减和阻挡。所以，为了实现远程通信，尤其是无线电通信，除了要求基带信号具有适合信道传输的合理频谱结构外，更主要的是应用数字调制和解调，即在发射端将基带信号作为调制信号，对载波调制，生成已调波，实现无线信道传输，在接收端对已调波解调，恢复基带信号，这个过程称为数字频带传输。

数字频带传输中，载波可以由正弦波振荡器产生，包括振幅、频率和相位三个基本参数。数字调制可以对这三个参数进行，分别实现振幅键控(ASK)调制、频移键控(FSK)调制和相移键控(PSK)调制。

数字基带信号的码元一般是二进制码元，对应的调制称为二进制调制，生成的已调波有两种离散状态。为了满足在有限带宽内高速传输数据的需要，许多现代数字通信系统采用多进制调制，对应的已调波有 M 种离散状态，与多进制码元一一对应。在二进制码元的基础上，为了获得多进制码元，发射机在调制前增加了 $2-M$ 电平转换电路，将二进制数字代码序列转换成多进制数字基带信号，接收机解调后，再通过 $M-2$ 电平转换电路将多进制数字基带信号转换回二进制数字代码序列。如果将每 N 位二进制码元编为一组进行电平转换，则每个多进制码元有 $M=2^N$ 种取值，当 $N=2, 3, 4, \cdots$ 时分别实现四进制调制、八进制调制、十六进制调制等。

8.1 ASK 调制与解调原理

8.1.1 二进制 ASK 调制与解调

二进制数字基带信号作为调制信号，对载波实现振幅调制，已调波用两种不同的振幅体现调制信号信息，称为二进制振幅键控(BASK)调制，其逆过程称为 BASK 解调。

1. BASK 信号

二进制数字基带信号可以表示为

$$u_{\mathrm{B}}=\sum_{k=-\infty}^{\infty}A_kg(t-kT_{\mathrm{B}})$$

其中，A_k 可以是 1 或 0，代表码元取值；$g(t)$代表单位脉冲波形，为了研究方便，这里设其为矩形脉冲，幅度为 1，持续时间为 0～T_{B}；T_{B} 为码元的时间宽度。当 $u_{\mathrm{B}}=1$ 时，代表 $A_k=1$；当 $u_{\mathrm{B}}=0$ 时，代表 $A_k=0$。设载波 $u_{\mathrm{c}}=U_{\mathrm{cm}}\cos\omega_{\mathrm{c}}t$，则 BASK 信号的表达式为

$$u_{\mathrm{BASK}}=\begin{cases}U_{\mathrm{sm}}\cos\omega_{\mathrm{c}}t & (A_k=1)\\ 0 & (A_k=0)\end{cases}$$

u_{BASK}波形如图 8.1.1 所示。

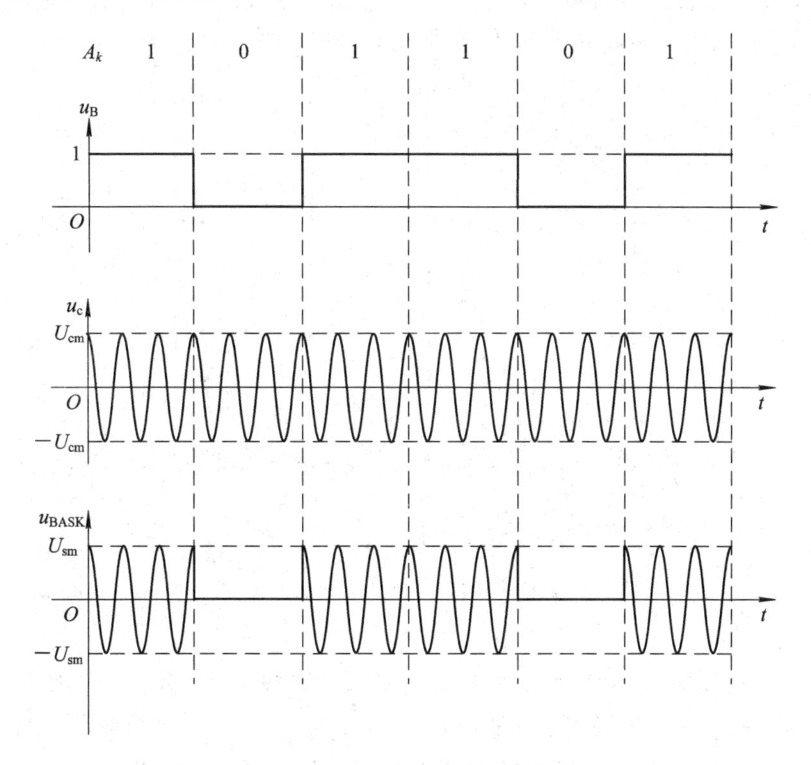

图 8.1.1　u_{BASK}的波形

用 $P(H_1)$和 $P(H_0)$分别代表发送 $A_k=1$ 和 $A_k=0$ 的概率，作为随机过程，二进制数字基带信号 u_{B} 的双边功率谱密度函数为

$$P_{\mathrm{B}}(f)=f_{\mathrm{B}}P(H_1)P(H_0)\mid G(f)\mid^2+P^2(H_1)\delta(f)$$

其中，$f_{\mathrm{B}}=1/T_{\mathrm{B}}$，为 u_{B} 的码元速率；$G(f)=T_{\mathrm{B}}\,\mathrm{Sa}(\pi fT_{\mathrm{B}})$，为 $A_k=1$ 对应的单位脉冲 $g(t)$的频谱密度函数。u_{B} 的功率谱包括连续谱和离散谱两部分，连续谱是 $g(t)$的统计贡献，离散谱是 u_{B} 统计意义上的直流分量的贡献。当 $P(H_1)=P(H_0)=0.5$，即 $A_k=1$ 和 $A_k=0$ 等概率发送时，u_{B} 的功率谱密度函数：

$$P_{\mathrm{B}}(f)=\frac{1}{4}T_{\mathrm{B}}\,\mathrm{Sa}^2(\pi fT_{\mathrm{B}})+\frac{1}{4}\delta(f)\tag{8.1.1}$$

在频域上，BASK 调制作为振幅调制，实现功率谱的线性搬移，即在保持功率谱形状和结构不变的基础上，把 u_{B} 的功率谱搬移到载频的左右两侧，如图 8.1.2 所示。BASK 信号的功率谱密度函数为

$$P_{\mathrm{BASK}}(f)=\frac{1}{4}[P_{\mathrm{B}}(f+f_{\mathrm{c}})+P_{\mathrm{B}}(f-f_{\mathrm{c}})]$$

将式(8.1.1)代入上式，得：

$$\begin{aligned}P_{\mathrm{BASK}}(f)=&\frac{T_{\mathrm{B}}}{16}\{\mathrm{Sa}^2[\pi(f+f_{\mathrm{c}})T_{\mathrm{B}}]+\mathrm{Sa}^2[\pi(f-f_{\mathrm{c}})T_{\mathrm{B}}]\}\\&+\frac{1}{16}[\delta(f+f_{\mathrm{c}})+\delta(f-f_{\mathrm{c}})]\end{aligned}\tag{8.1.2}$$

与 u_{B} 的功率谱一样，$P_{\mathrm{BASK}}(f)$也由连续谱和离散谱两部分构成。其中，离散谱可以用来提取同步信号，便于接收机实现乘积型同步检波；连续谱则决定了 u_{BASK}的带宽。如图 8.1.2 所示，用零点带宽度量，u_{BASK}的带宽为 u_{B} 带宽的两倍，即

$$\mathrm{BW}_{\mathrm{BASK}}=2f_{\mathrm{B}}$$

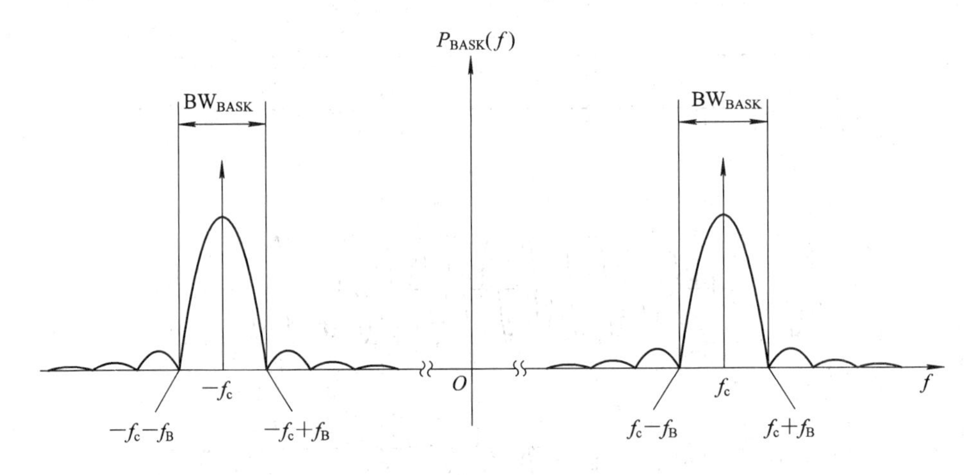

图 8.1.2 u_{BASK}的功率谱和带宽

2. BASK 调制

由图 8.1.1 可以看出，BASK 信号 u_{BASK}具有普通调幅信号的特点，又因为基带信号 u_{B} 是单级性信号，所以可以直接用乘法器使 u_{B} 和载波 $u_{\mathrm{c}}=U_{\mathrm{cm}}\cos\omega_{\mathrm{c}}t$ 相乘来产生 u_{BASK}，如图 8.1.3(a)所示。也可以用 u_{B} 控制的电子开关实现，当 $u_{\mathrm{B}}=1$ 时输出 u_{c}，当 $u_{\mathrm{B}}=0$ 时输出零，如图 8.1.3(b)所示，又称为开关键控(OOK)。

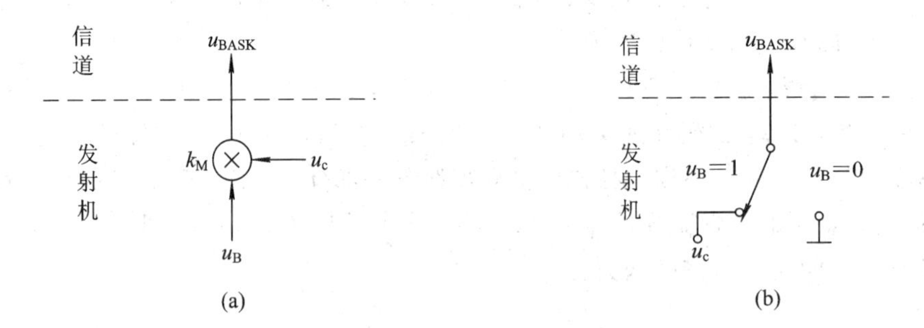

图 8.1.3 BASK 调制

(a) 乘法器实现；(b) 开关键控实现

3. BASK 解调

BASK 信号对噪声比较敏感，所以解调时需要对噪声滤波。作为调幅信号，BASK 信号的解调可以是包络检波或乘积型同步检波。考虑到频带内噪声依然存在，需要在检波后进行信号检测，以期准确恢复基带信号。

1）包络检波

BASK 信号的包络检波和信号检测的电路框图如图 8.1.4(a)所示，不计噪声干扰时各阶段的信号波形如图 8.1.4(b)所示。经过信道传输后，信道噪声对 BASK 信号 u_{BASK} 加性干扰，得到接收信号 u_{r}。接收机首先对其滤波，去除信号频带之外的噪声，得到包络检波的输入电压 u_{i}。包络检波的输出电压 u_{o} 经过采样和判决，恢复码元取值 A_k。图 8.1.4 中，u_{g} 为采样脉冲，实现零阶保持采样；η 为检测门限。采样得到 u_{o} 的取值 x，如果 $x>\eta$，则判决$A_k=1$；如果 $x<\eta$，则判决 $A_k=0$。

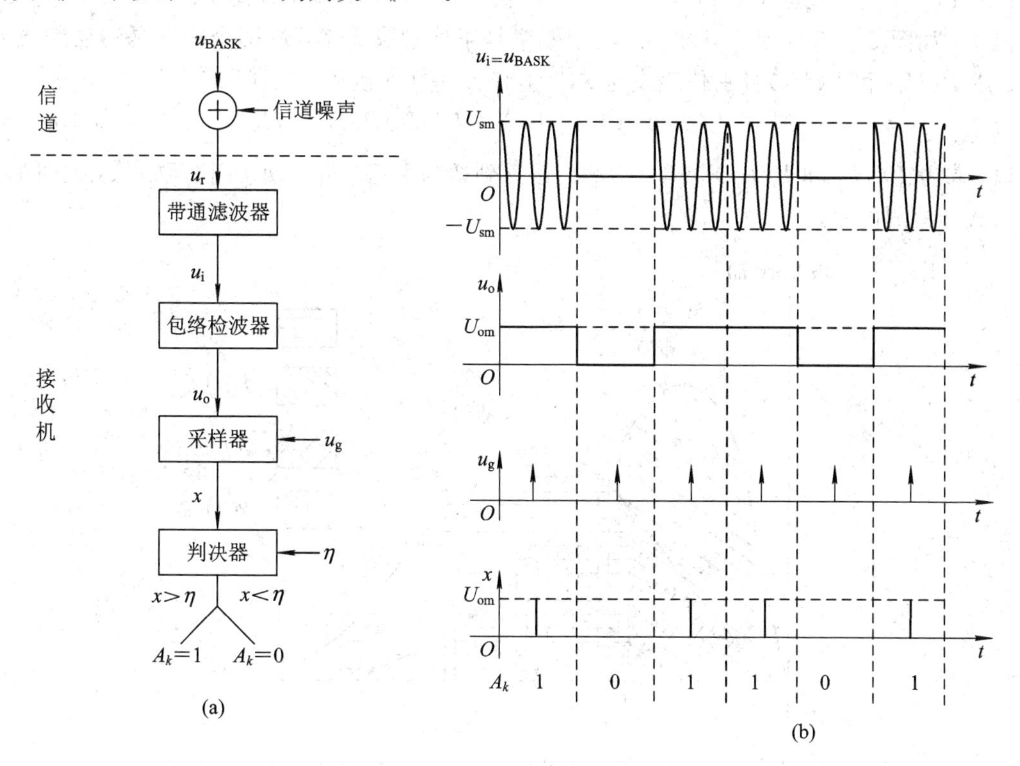

图 8.1.4　u_{BASK}的包络检波和信号检测

(a) 电路框图；(b) 信号波形

为了实现最佳信号检测，即以最小的误码率恢复 A_k，η 的选取非常重要。

设信道噪声为高斯白噪声，均值为零。信道噪声经过带通滤波，形成窄带高斯噪声 $n(t)$，其均值不变，方差为 σ_{n}^2。设带通滤波器的增益 $k_{\mathrm{F}}=1$，包络检波器的检波增益 $k_{\mathrm{d}}=1$。在假设 H_1 下，发送 $A_k=1$，此时 $u_{\mathrm{BASK}}=U_{\mathrm{sm}}\cos\omega_{\mathrm{c}}t$，包络检波器的输入电压 $u_{\mathrm{i}}=U_{\mathrm{sm}}\cos\omega_{\mathrm{c}}t+n(t)$，经过检波，根据正弦信号加窄带高斯噪声的统计特性，输出电压 u_{o} 的取值 x 服从莱斯分布，其概率密度函数(PDF)为

$$p(x \mid H_1)=\begin{cases}\dfrac{x}{\sigma_n^2}\exp\left(-\dfrac{x^2+U_{om}^2}{2\sigma_n^2}\right)I_0\left(\dfrac{U_{om}x}{\sigma_n^2}\right) & (x\geqslant 0)\\ 0 & (x<0)\end{cases}$$

其中，$U_{om}=U_{sm}$，为没有 $n(t)$ 时 u_o 的幅度；$I_0(U_{om}x/\sigma_n^2)$ 为宗数为 $U_{om}x/\sigma_n^2$ 的 0 阶第一类修正贝塞尔函数。在假设 H_0 下，发送 $A_k=0$，此时 $u_{BASK}=0$，$u_i=n(t)$，经过检波，根据窄带高斯噪声的统计特性，u_o 的取值 x 服从瑞利分布，其 PDF 为

$$p(x \mid H_0)=\begin{cases}\dfrac{x}{\sigma_n^2}\exp\left(-\dfrac{x^2}{2\sigma_n^2}\right) & (x\geqslant 0)\\ 0 & (x<0)\end{cases}$$

在同一坐标系中作出 $p(x|H_1)$ 和 $p(x|H_0)$，曲线下的面积代表了四种判决概率：$P(H_1|H_1)$ 是发送 $A_k=1$，判决 $A_k=1$ 的概率；$P(H_0|H_0)$ 是发送 $A_k=0$，判决 $A_k=0$ 的概率；$P(H_0|H_1)$ 是发送 $A_k=1$，判决 $A_k=0$ 的概率；$P(H_1|H_0)$ 是发送 $A_k=0$，判决 $A_k=1$ 的概率，如图 8.1.5 所示。显然，前两个概率是正确判决概率，后两个概率是错误判决概率。用 $P(H_1)$ 和 $P(H_0)$ 分别代表发送 $A_k=1$ 和 $A_k=0$ 的概率，则误码率为

$$P_e=P(H_1)P(H_0 \mid H_1)+P(H_0)P(H_1 \mid H_0) \tag{8.1.3}$$

所以，参考 $P(H_1)$ 和 $P(H_0)$，调整检测门限 η 到适当取值，可以使 P_e 降至最低，此时的 η 称为最佳检测门限。

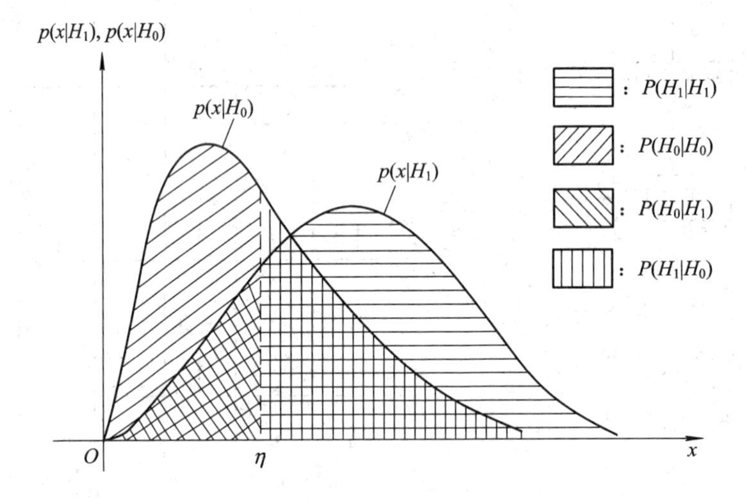

图 8.1.5 u_{BASK} 的包络检波中的 $p(x|H_1)$、$p(x|H_0)$ 和判决概率

错误判决概率：

$$\begin{aligned}P(H_0 \mid H_1)&=\int_{-\infty}^{\eta}p(x \mid H_1)\,dx=1-\int_{\eta}^{\infty}p(x \mid H_1)\,dx\\&=1-\int_{\eta}^{\infty}\frac{x}{\sigma_n^2}\exp\left(-\frac{x^2+U_{om}^2}{2\sigma_n^2}\right)I_0\left(\frac{U_{om}x}{\sigma_n^2}\right)dx\end{aligned} \tag{8.1.4}$$

$$\begin{aligned}P(H_1 \mid H_0)&=\int_{\eta}^{\infty}p(x \mid H_0)\,dx=\int_{\eta}^{\infty}\frac{x}{\sigma_n^2}\exp\left(-\frac{x^2}{2\sigma_n^2}\right)dx\\&=\exp\left(-\frac{\eta^2}{2\sigma_n^2}\right)\end{aligned} \tag{8.1.5}$$

一般情况下，发送 $A_k=1$ 和 $A_k=0$ 的概率相等，即 $P(H_1)=P(H_0)=1/2$，此时，

$P_e=0.5[P(H_0|H_1)+P(H_1|H_0)]$。观察图 8.1.5 中曲线下的面积可以看出，由 $p(x|H_1)=p(x|H_0)$确定的 η 满足 P_e 最小，从而实现了最佳信号检测。可以求得最佳检测门限：

$$\eta=\frac{U_{om}}{2}\sqrt{1+\frac{8\sigma_n^2}{U_{om}^2}}$$

将上式代入式(8.1.4)和式(8.1.5)，计算出两个错误判决概率，再代入式(8.1.3)，就计算出了误码率。设

$$r=\frac{P_s}{P_n}=\frac{U_{om}^2/2}{\sigma_n^2}=\frac{U_{om}^2}{2\sigma_n^2}$$

r 代表功率信噪比，即单位电阻上信号的平均功率 P_s 与噪声功率 P_n 之比。包络检波一般应用于 r 较大的接收机，此时，最佳检测门限 $\eta\approx 0.5U_{om}$，则

$$\begin{aligned}P(H_0\mid H_1)&=1-\int_\eta^\infty\frac{x}{\sigma_n^2}\exp\left(-\frac{x^2+U_{om}^2}{2\sigma_n^2}\right)\mathrm{I}_0\left(\frac{U_{om}x}{\sigma_n^2}\right)\mathrm{d}x\\&\approx\frac{1}{2}\operatorname{erfc}\frac{\sqrt{r}}{2}\end{aligned}$$

其中，函数 erfc(x)为标准高斯分布的补余误差函数，其取值随着 x 的增大而单调下降，可以根据积分下限 x 查表得到函数值。

$$P(H_1\mid H_0)=\exp\left(-\frac{\eta^2}{2\sigma_n^2}\right)\approx \mathrm{e}^{-\frac{r}{4}}$$

于是：

$$\begin{aligned}P_e&=P(H_1)P(H_0\mid H_1)+P(H_0)P(H_1\mid H_0)\\&=\frac{1}{2}\cdot\frac{1}{2}\operatorname{erfc}\frac{\sqrt{r}}{2}+\frac{1}{2}\mathrm{e}^{-\frac{r}{4}}=\frac{1}{4}\operatorname{erfc}\frac{\sqrt{r}}{2}+\frac{1}{2}\mathrm{e}^{-\frac{r}{4}}\\&\approx\frac{1}{2}\mathrm{e}^{-\frac{r}{4}}\end{aligned}$$

这就是等概率发送 $A_k=1$ 和 $A_k=0$，且功率信噪比较大时，包络检波的误码率。

2）乘积型同步检波

将图 8.1.4(a)中的包络检波器换成乘积型同步检波器，就实现了 u_{BASK} 的乘积型同步检波和信号检测，其电路框图和不计噪声干扰时各阶段的信号波形分别如图 8.1.6(a)和(b)所示。图中，本振信号 $u_l=U_{lm}\cos\omega_c t$。仍然设信道噪声是零均值高斯白噪声，$n(t)$为其经过带通滤波后的窄带高斯噪声，方差为 σ_n^2，带通滤波器的增益 $k_F=1$。在假设 H_1 下，发送 $A_k=1$，乘积型同步检波器的输入电压 $u_i=U_{sm}\cos\omega_c t+n(t)$，经过检波，输出电压 $u_o=U_{om}+n_L(t)$，其中，U_{om}为没有 $n(t)$时 u_o 的幅度；$n_L(t)$为 $n(t)$经过线性频谱搬移得到的低通高斯噪声，其均值和方差仍然不变，分别为零和 σ_n^2。所以，u_o 的取值 x 服从均值为 U_{om}，方差为 σ_n^2 的高斯分布，其 PDF 为

$$p(x\mid H_1)=\left(\frac{1}{2\pi\sigma_n^2}\right)^{\frac{1}{2}}\exp\left[-\frac{(x-U_{om})^2}{2\sigma_n^2}\right]$$

在假设 H_0 下，发送 $A_k=0$，此时乘积型同步检波器的输入电压 $u_i=n(t)$，经过检波，$u_o=n_L(t)$，所以，u_o 的取值 x 服从均值为零，方差为 σ_n^2 的高斯分布，其 PDF 为

$$p(x\mid H_0)=\left(\frac{1}{2\pi\sigma_n^2}\right)^{\frac{1}{2}}\exp\left[-\frac{x^2}{2\sigma_n^2}\right]$$

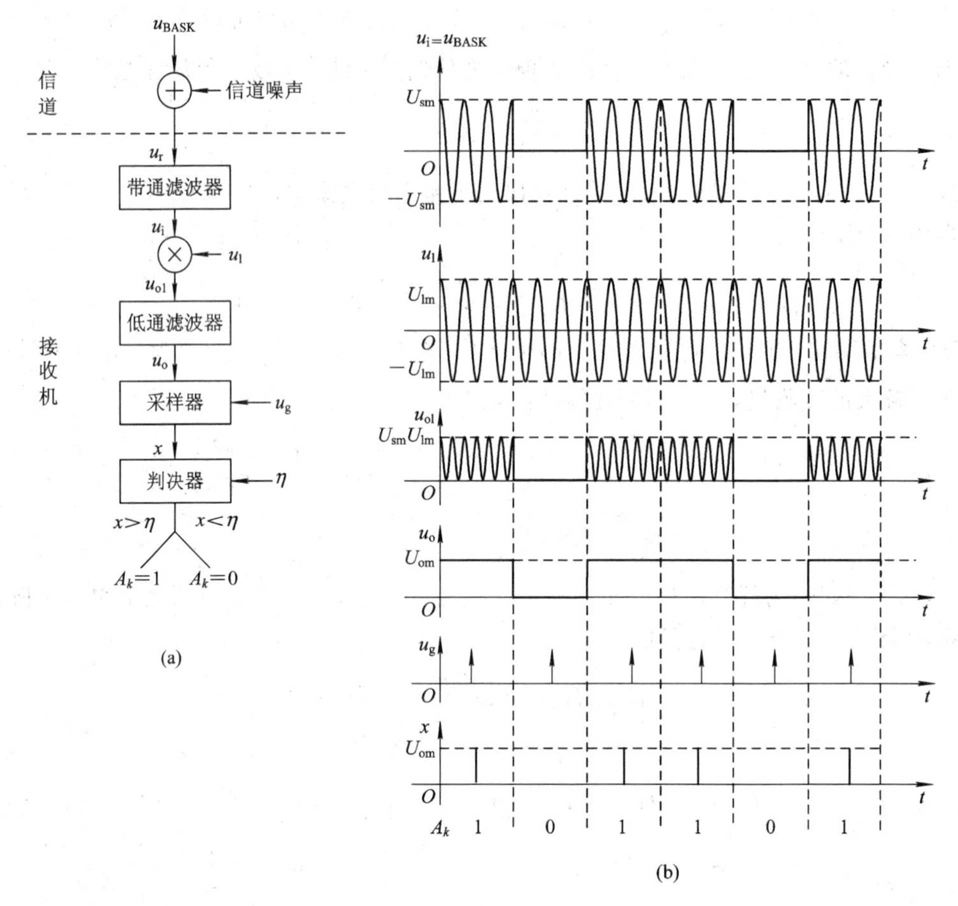

图 8.1.6 u_{BASK}的乘积型同步检波和信号检测

(a) 电路框图；(b) 信号波形

$p(x|H_1)$、$p(x|H_0)$和各种判决概率如图 8.1.7 所示，误码率 P_e 仍然根据式(8.1.3)计算。

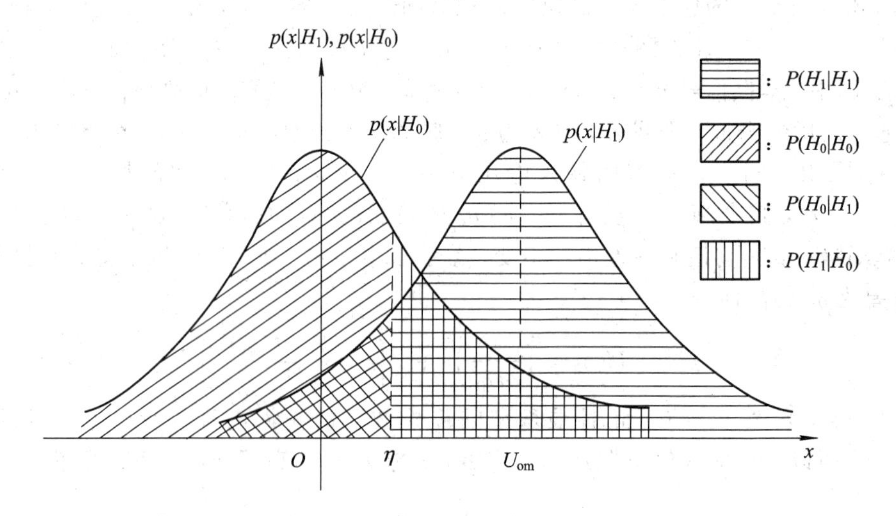

图 8.1.7 u_{BASK}的乘积型同步检波中的 $p(x|H_1)$、$p(x|H_0)$和判决概率

不难看出，使检测门限 $\eta=U_{om}/2$，则在 $P(H_1)=P(H_0)=1/2$ 时 P_e 最小，实现最佳信号检测。此时，错误判决概率：

$$P(H_0 \mid H_1)=P(H_1 \mid H_0)=\int_{\eta}^{\infty} p(x \mid H_0)\,\mathrm{d}x$$

$$=\int_{\frac{U_{om}}{2}}^{\infty}\left(\frac{1}{2\pi\sigma_n^2}\right)^{\frac{1}{2}}\exp\left(-\frac{x^2}{2\sigma_n^2}\right)\mathrm{d}x$$

作变量代换，设

$$y=\frac{x}{\sqrt{2}\sigma_n}$$

则

$$P(H_0 \mid H_1)=P(H_1 \mid H_0)=\int_{\frac{U_{om}}{2\sqrt{2}\sigma_n}}^{\infty}\left(\frac{1}{\pi}\right)^{\frac{1}{2}}\mathrm{e}^{-y^2}\,\mathrm{d}y$$

$$=\frac{1}{2}\operatorname{erfc}\frac{U_{om}}{2\sqrt{2}\sigma_n}$$

于是：

$$P_e=P(H_1)P(H_0 \mid H_1)+P(H_0)P(H_1 \mid H_0)$$

$$=\frac{1}{2}\cdot\frac{1}{2}\operatorname{erfc}\frac{U_{om}}{2\sqrt{2}\sigma_n}+\frac{1}{2}\cdot\frac{1}{2}\operatorname{erfc}\frac{U_{om}}{2\sqrt{2}\sigma_n}$$

$$=\frac{1}{2}\operatorname{erfc}\frac{U_{om}}{2\sqrt{2}\sigma_n}=\frac{1}{2}\operatorname{erfc}\frac{\sqrt{r}}{2}$$

当功率信噪比 r 较大时，上式可以写为

$$P_e\approx\frac{1}{\sqrt{\pi r}}\mathrm{e}^{-\frac{r}{4}}$$

图 8.1.8 给出了 BASK 解调中，包络检波和乘积型同步检波的误码率随功率信噪比的变化。显然，提高功率信噪比有助于减小误码率。功率信噪比一样时，就减小误码率而言，乘积型同步检波优于包络检波。

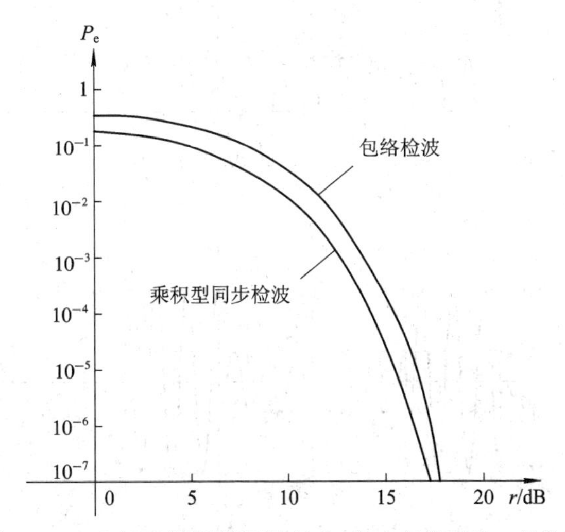

图 8.1.8　BASK 解调的误码率 P_e 和功率信噪比 r 的关系

8.1.2 多进制 ASK 调制与解调

多进制数字基带信号可以用不同幅度的矩形脉冲序列表示，即

$$u_{\mathrm{B}}=\sum_{k=-\infty}^{\infty}A_k g(t-kT_{\mathrm{B}})$$

其中，码元取值 $A_k=-(M-1)$，$-(M-3)$，…，-1，1，…，$M-3$，$M-1$，这样得到的是双极性基带信号；$g(t)$为单位矩形脉冲，持续时间为 $0\sim T_{\mathrm{B}}$；T_{B} 为码元的时间宽度。

u_{B} 对载波 $u_{\mathrm{c}}=U_{\mathrm{cm}}\cos\omega_{\mathrm{c}}t$ 调制得到的多进制 ASK(MASK)信号为

$$u_{\mathrm{MASK}}=\begin{cases}(M-1)U_{\mathrm{sm}}\cos(\omega_{\mathrm{c}}t-\pi) & (A_k=-(M-1))\\(M-3)U_{\mathrm{sm}}\cos(\omega_{\mathrm{c}}t-\pi) & (A_k=-(M-3))\\\vdots & \\U_{\mathrm{sm}}\cos(\omega_{\mathrm{c}}t-\pi) & (A_k=-1)\\U_{\mathrm{sm}}\cos\omega_{\mathrm{c}}t & (A_k=1)\\\vdots & \\(M-3)U_{\mathrm{sm}}\cos\omega_{\mathrm{c}}t & (A_k=M-3)\\(M-1)U_{\mathrm{sm}}\cos\omega_{\mathrm{c}}t & (A_k=M-1)\end{cases}$$

以四进制 ASK 调制为例，u_{MASK}的波形如图 8.1.9 所示。

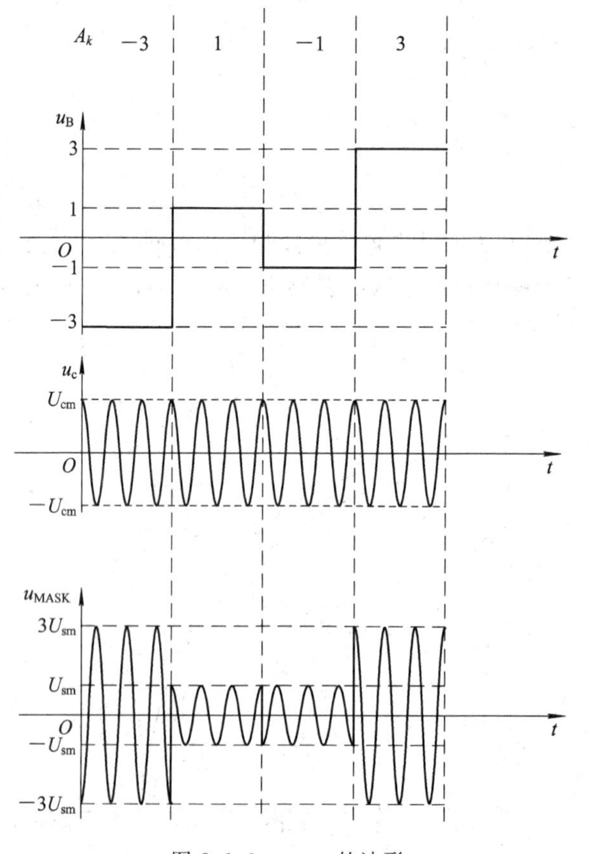

图 8.1.9 u_{MASK}的波形

u_{MASK}等于M个幅度为$U_{sm}\sim(M-1)U_{sm}$的 BASK 信号的叠加，各个 BASK 信号功率谱重叠，如图 8.1.10 所示。所以u_{MASK}的带宽与BASK信号的带宽相同，即$BW_{MASK}=2f_B$。其中，$f_B=1/T_B$，为u_B的码元速率。

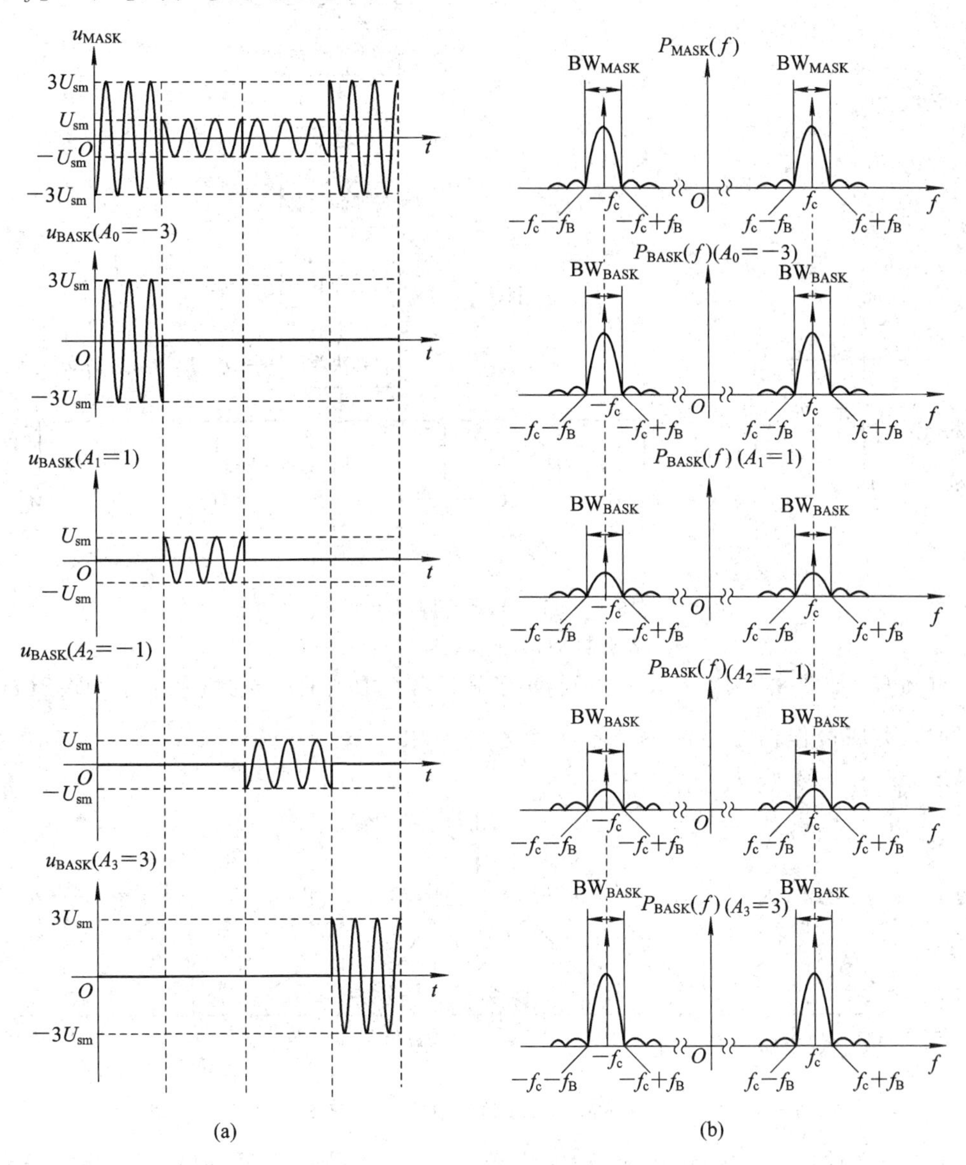

图 8.1.10　u_{MASK}的功率谱和带宽

u_{MASK}的实现过程如图 8.1.11(a)所示。首先，二进制数字代码序列经过 2-M 电平转换变为多进制数字基带信号u_B，再经过乘法器产生u_{MASK}。双极性基带信号生成的u_{MASK}是双边带调幅信号，对其解调可以采用乘积型同步检波，如图 8.1.11(b)所示。

在假设H_i的前提下，发送$A_k=i$，$i=-(M-1)$，…，-1，1，…，$M-1$，噪声是方差为σ_n^2的零均值高斯白噪声，经过乘积型同步检波后，输出电压u_o的取值x服从均值为iU_{om}、方差为σ_n^2的高斯分布，其 PDF 为

$$p(x \mid H_i)=\left(\frac{1}{2\pi\sigma_n^2}\right)^{\frac{1}{2}}\exp\left[-\frac{(x-iU_{om})^2}{2\sigma_n^2}\right]$$

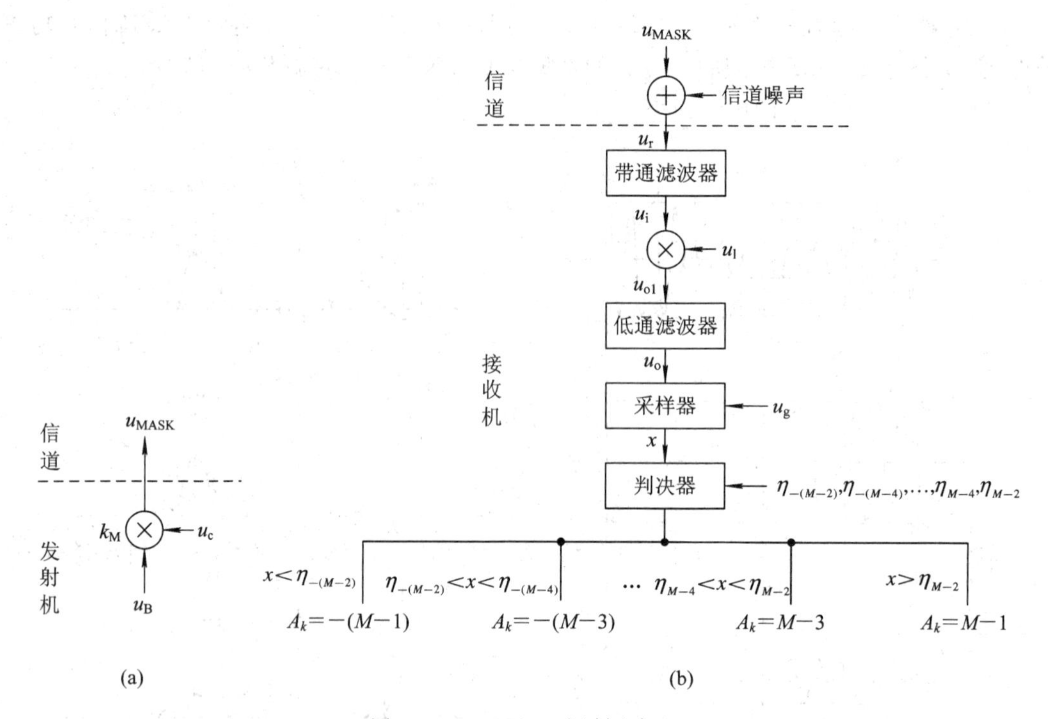

图 8.1.11 MASK 调制和解调

(a) 乘法器调制；(b) 乘积型同步检波和信号检测

$p(x|H_i)$如图 8.1.12 所示，图中给出了发送各个取值的 A_k 的概率相等，即 $P(H_i)=1/M$ 时，实现最佳信号检测的 $M-1$ 个检测门限：$\eta_{i+1}=(i+1)U_{om}$，$i=-(M-1)$，$-(M-3)$，…，$M-3$。

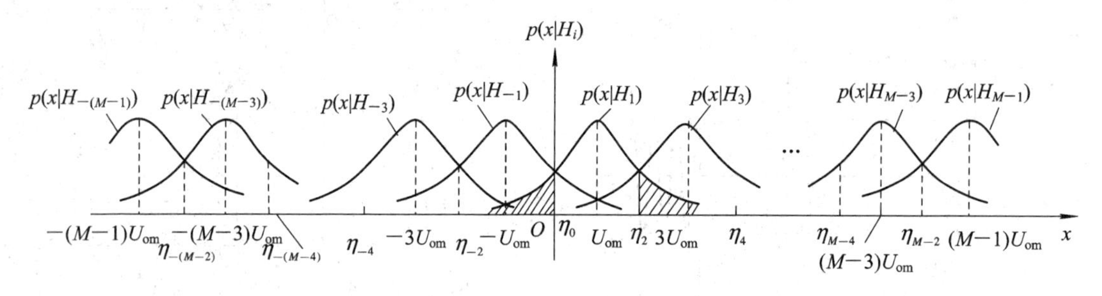

图 8.1.12 u_{MASK}的乘积型同步检波中的 $p(x|H_i)$和最佳检测门限

不失一般性，在假设 H_1 的前提下，发送 $A_k=1$，当 $\eta_0<x<\eta_2$ 时可以作出正确判决，而当$x<\eta_0$或 $x>\eta_2$ 时会作出错误判决。图 8.1.12 中，两个阴影部分面积相加即为发送 $A_k=1$ 时各种错误判决的概率之和，即

$$\begin{aligned}\sum_{\substack{j=-(M-1)\\ j\neq 1}}^{M-1} P(H_j \mid H_1) &= \int_{-\infty}^{\eta_0} p(x \mid H_1)\,\mathrm{d}x + \int_{\eta_2}^{\infty} p(x \mid H_1)\,\mathrm{d}x \\ &= 2\int_{\eta_2}^{\infty} p(x \mid H_1)\,\mathrm{d}x \\ &= 2\int_{2U_{om}}^{\infty} \left(\frac{1}{2\pi\sigma_n^2}\right)^{\frac{1}{2}} \exp\left[-\frac{(x-U_{om})^2}{2\sigma_n^2}\right]\mathrm{d}x\end{aligned}$$

作变量代换，设

$$y=\frac{x-U_{\mathrm{om}}}{\sqrt{2}\sigma_{\mathrm{n}}}$$

则

$$\sum_{\substack{j=-(M-1)\\ j\neq 1}}^{M-1} P(H_j \mid H_1)=2\int_{\frac{U_{\mathrm{om}}}{\sqrt{2}\sigma_{\mathrm{n}}}}^{\infty}\left(\frac{1}{\pi}\right)^{\frac{1}{2}}\mathrm{e}^{-y^2}\,\mathrm{d}y=\mathrm{erfc}\,\frac{U_{\mathrm{om}}}{\sqrt{2}\sigma_{\mathrm{n}}}$$

发送 $A_k=i(i=-(M-3),\cdots,-1,1,\cdots,M-3)$时的错误判决概率均由上式给出，即

$$\sum_{\substack{j=-(M-1)\\ j\neq i}}^{M-1} P(H_j \mid H_i)=\mathrm{erfc}\,\frac{U_{\mathrm{om}}}{\sqrt{2}\sigma_{\mathrm{n}}}\quad (i=-(M-3),\cdots,-1,1,\cdots,M-3)$$

发送 $A_k=i(i=-(M-1)$或$i=M-1)$时，因为只在一个方向上有检测门限，所以错误判决概率减半，即

$$\sum_{\substack{j=-(M-1)\\ j\neq i}}^{M-1} P(H_j \mid H_i)=\frac{1}{2}\,\mathrm{erfc}\,\frac{U_{\mathrm{om}}}{\sqrt{2}\sigma_{\mathrm{n}}}\quad (i=-(M-1),\,M-1)$$

这样，统计得到的误码率为

$$\begin{aligned}
P_{\mathrm{e}}&=\sum_{i=-(M-1)}^{M-1}P(H_i)\Big[\sum_{\substack{j=-(M-1)\\ j\neq i}}^{M-1}P(H_j \mid H_i)\Big]\\
&=\sum_{i=-(M-3)}^{M-3}P(H_i)\Big[\sum_{\substack{j=-(M-1)\\ j\neq i}}^{M-1}P(H_j \mid H_i)\Big]\\
&\quad+P(H_i)\Big[\sum_{\substack{j=-(M-1)\\ j\neq i}}^{M-1}P(H_j \mid H_i)\Big]\Big|_{i=-(M-1)}\\
&\quad+P(H_i)\Big[\sum_{\substack{j=-(M-1)\\ j\neq i}}^{M-1}P(H_j \mid H_i)\Big]\Big|_{i=M-1}\\
&=(M-2)\,\frac{1}{M}\,\mathrm{erfc}\,\frac{U_{\mathrm{om}}}{\sqrt{2}\sigma_{\mathrm{n}}}+\frac{1}{M}\cdot\frac{1}{2}\,\mathrm{erfc}\,\frac{U_{\mathrm{om}}}{\sqrt{2}\sigma_{\mathrm{n}}}+\frac{1}{M}\cdot\frac{1}{2}\,\mathrm{erfc}\,\frac{U_{\mathrm{om}}}{\sqrt{2}\sigma_{\mathrm{n}}}\\
&=\frac{M-1}{M}\,\mathrm{erfc}\,\frac{U_{\mathrm{om}}}{\sqrt{2}\sigma_{\mathrm{n}}}
\end{aligned}\tag{8.1.6}$$

不难判断，M的增加会增大误码率，而增大输出电压的取值间隔 $2U_{\mathrm{om}}$可以减小误码率。u_{MASK}的平均功率：

$$\begin{aligned}
P_{\mathrm{s}}&=\frac{1}{2M}\{[-(M-1)U_{\mathrm{om}}]^2+[-(M-3)U_{\mathrm{om}}]^2+\cdots+(-U_{\mathrm{om}})^2\\
&\quad+U_{\mathrm{om}}^2+\cdots+[(M-3)U_{\mathrm{om}}]^2+[(M-1)U_{\mathrm{om}}]^2\}\\
&=\frac{M^2-1}{6}U_{\mathrm{om}}^2
\end{aligned}$$

则平均功率信噪比：

$$r=\frac{P_{\mathrm{s}}}{P_{\mathrm{n}}}=\frac{\frac{M^2-1}{6}U_{\mathrm{om}}^2}{\sigma_{\mathrm{n}}^2}=\frac{M^2-1}{3}\,\frac{U_{\mathrm{om}}^2}{2\sigma_{\mathrm{n}}^2}$$

于是式(8.1.6)可以继续写为

$$P_e = \frac{M-1}{M}\ \mathrm{erfc}\sqrt{\frac{3}{M^2-1}r}$$

与 BASK 调制相比，在同样的带宽下，MASK 调制编码前二进制码元的速率提高到了 BASK 调制下的 lb$M$ 倍，从而显著提高了数据传输速率，但 MASK 调制的误码率也明显高于 BASK 调制。

8.2 FSK 调制与解调原理

8.2.1 二进制 FSK 调制与解调

二进制数字基带信号作为调制信号，对载波实现频率调制，已调波用两种不同的频率体现调制信号信息，称为二进制频移键控(BFSK)调制，其逆过程称为 BFSK 解调。

1. BFSK 信号

BFSK 信号的表达式为

$$u_{\mathrm{BFSK}} = \begin{cases} U_{\mathrm{sm}}\cos(\omega_c + \Delta\omega)t & (A_k = 1) \\ U_{\mathrm{sm}}\cos(\omega_c - \Delta\omega)t & (A_k = 0) \end{cases}$$

其中，$\Delta\omega$ 为相对于载频 ω_c 的频偏。u_{BFSK}的波形如图 8.2.1 所示，分为相位连续和相位不连续两种情况。

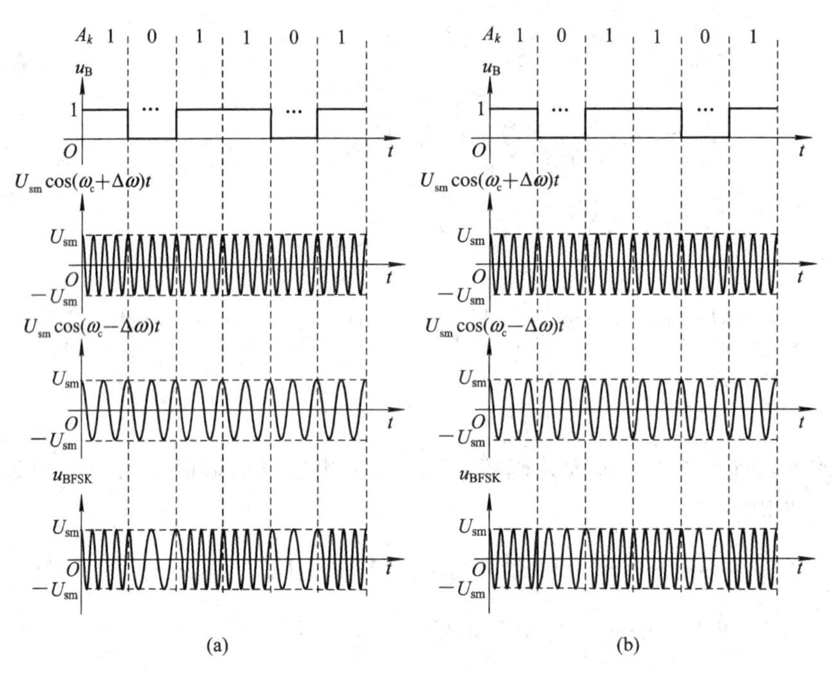

图 8.2.1 u_{BFSK}的波形

(a) 相位连续；(b) 相位不连续

用码元取值为 A_k 的基带信号 u_B 对频率为 $\omega_c+\Delta\omega$ 的载波 $u_{c1}=U_{\mathrm{sm}}\cos(\omega_c+\Delta\omega)t$ 进行 BASK 调制，得到 u_{BASK1}，再用码元取值为 $\overline{A}_k=1-A_k$ 的基带信号 $\bar{u}_B=1-u_B$ 对频率为 $\omega_c-\Delta\omega$ 的载波 $u_{c2}=U_{\mathrm{sm}}\cos(\omega_c-\Delta\omega)t$ 进行 BASK 调制，得到 u_{BASK2}，将 u_{BASK1} 和 u_{BASK2} 叠加就产生了 u_{BFSK}，如图 8.2.2(a)所示。基于这种理解，u_{BFSK}的功率谱是 u_{BASK1} 和 u_{BASK2} 的功

率谱的叠加，当 $P(H_1)=P(H_0)=0.5$，即 $A_k=1$ 和 $A_k=0$ 等概率发送时，参考式(8.1.2)，得：

$$
\begin{aligned}
P_{\mathrm{BFSK}}(f) &= P_{\mathrm{BASK1}}(f)+P_{\mathrm{BASK2}}(f)\\
&=\frac{T_{\mathrm{B}}}{16}\{\mathrm{Sa}^2[\pi(f+f_{\mathrm{c}}+\Delta f)T_{\mathrm{B}}]+\mathrm{Sa}^2[\pi(f-f_{\mathrm{c}}-\Delta f)T_{\mathrm{B}}]\\
&\quad+\mathrm{Sa}^2[\pi(f+f_{\mathrm{c}}-\Delta f)T_{\mathrm{B}}]+\mathrm{Sa}^2[\pi(f-f_{\mathrm{c}}+\Delta f)T_{\mathrm{B}}]\}\\
&\quad+\frac{1}{16}[\delta(f+f_{\mathrm{c}}+\Delta f)+\delta(f-f_{\mathrm{c}}-\Delta f)\\
&\quad+\delta(f+f_{\mathrm{c}}-\Delta f)+\delta(f-f_{\mathrm{c}}+\Delta f)]
\end{aligned}
$$

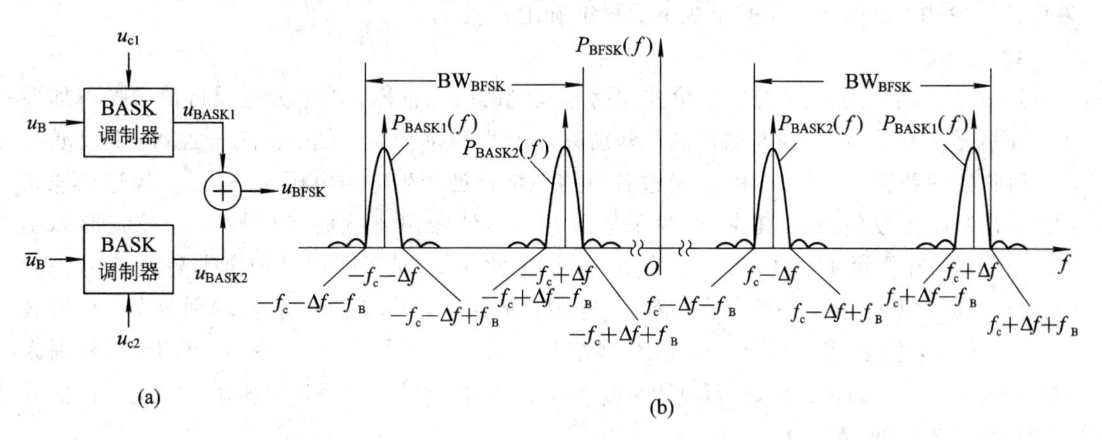

图 8.2.2　u_{BFSK}的功率谱和带宽

(a) 时域叠加产生 u_{BFSK}；(b) 频域叠加产生 $P_{\mathrm{BFSK}}(f)$

如图 8.2.2(b)所示，考虑到矩形脉冲的零点带宽，u_{BFSK}的带宽为

$$
\mathrm{BW}_{\mathrm{BFSK}}=2\Delta f+2f_{\mathrm{B}}
$$

2. BFSK 调制

BFSK 信号 u_{BFSK}可以通过直接调频电路如压控振荡器(VCO)实现，如图 8.2.3(a)所示。不加控制电压时，VCO 的振荡频率为载频 ω_{c}，前级电路将基带信号 u_{B} 转换成双极性控制电压 u_{Ω}，u_{Ω} 的振幅 $U_{\Omega\mathrm{m}}$与 VCO 的调频比例常数 k_{f} 决定了频偏 $\Delta\omega$，即 $\Delta\omega=k_{\mathrm{f}}U_{\Omega\mathrm{m}}$。当 $A_k=1$ 时，$u_{\Omega}=U_{\Omega\mathrm{m}}$，VCO 的振荡频率为 $\omega_{\mathrm{c}}+\Delta\omega$；当 $A_k=0$ 时，$u_{\Omega}=-U_{\Omega\mathrm{m}}$，VCO 的振荡频率为 $\omega_{\mathrm{c}}-\Delta\omega$。这种实现方法产生相位连续的 u_{BFSK}，但是频率稳定度较差，存在过渡频率，频率转换速率不能太高。u_{BFSK}也可以用频率键控实现，即用 u_{B} 控制的电子开关实现，

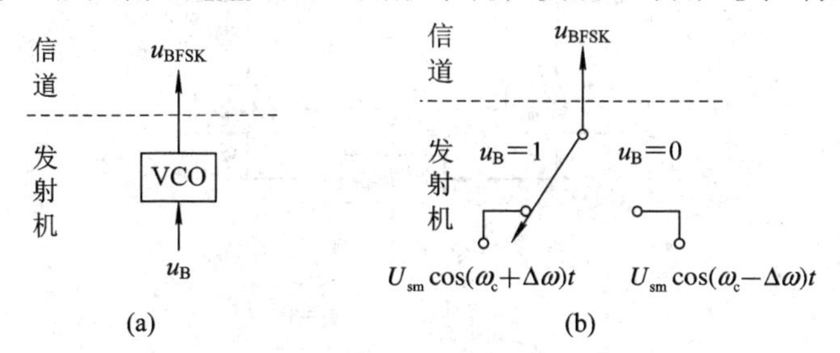

图 8.2.3　BFSK 调制

(a) 直接调频实现；(b) 频率键控实现

当 $A_k=1$ 时接通输出电压为 $U_{sm}\cos(\omega_c+\Delta\omega)t$ 的振荡器，当 $A_k=0$ 时接通输出电压为 $U_{sm}\cos(\omega_c-\Delta\omega)t$ 的振荡器，如图 8.2.3(b)所示。这种方法的优点是频率稳定度较好，没有过渡频率，频率转换速率可以做得很高，但是频率转换时，两个振荡器的输出电压不一定相等，所以产生的 u_{BFSK} 的相位一般不连续。

3. BFSK 解调

如前所述，BFSK 信号 u_{BFSK} 可以看做是基带信号 u_B 和 $\bar{u}_B$ 产生的两路 BASK 信号 u_{BASK1} 和 u_{BASK2} 的叠加，因此，解调 u_{BFSK} 时，可以采用 BASK 解调的方法，首先对 u_{BFSK} 滤波产生 u_{BASK1} 和 u_{BASK2}，然后对 u_{BASK1} 和 u_{BASK2} 作包络检波或乘积型同步检波，再对两路检波结果作信号检测，以期在噪声的干扰下尽量准确地恢复 u_B。

1）包络检波

图 8.2.4 所示为 u_{BFSK} 的包络检波和信号检测的电路框图。功率分配器将信道噪声加性干扰下的接收信号 u_r 分为左右两路，分别进入中心频率为 $\omega_c+\Delta\omega$ 和 $\omega_c-\Delta\omega$ 的带通滤波器，得到的两路输入电压 u_{i1} 和 u_{i2} 经过各自的包络检波产生输出电压 u_{o1} 和 u_{o2}，经过采样和判决，恢复码元取值 A_k，其中 u_g 为采样脉冲。不计噪声干扰时各阶段的信号波形如图 8.2.5 所示。在假设 H_1 的前提下，发送 $A_k=1$，此时 u_{o1} 是正弦信号加窄带高斯噪声 $n(t)$ 的包络，其取值 x_1 服从莱斯分布，而 u_{o2} 是 $n(t)$ 的包络，其取值 x_2 服从瑞利分布。在假设 H_0 的前提下，发送 $A_k=0$，u_{o1} 和 u_{o2} 交换统计特性。两种假设下 x_1 和 x_2 的 PDF 分别为 $p(x_1|H_1)$、$p(x_2|H_1)$、$p(x_1|H_0)$ 和 $p(x_2|H_0)$，如图 8.2.6(a)和(b)所示。实现最佳信号检测的判决准则可以设为

$$\begin{cases} x_1 > x_2 & \text{判决 } A_k = 1 \\ x_1 < x_2 & \text{判决 } A_k = 0 \end{cases}$$

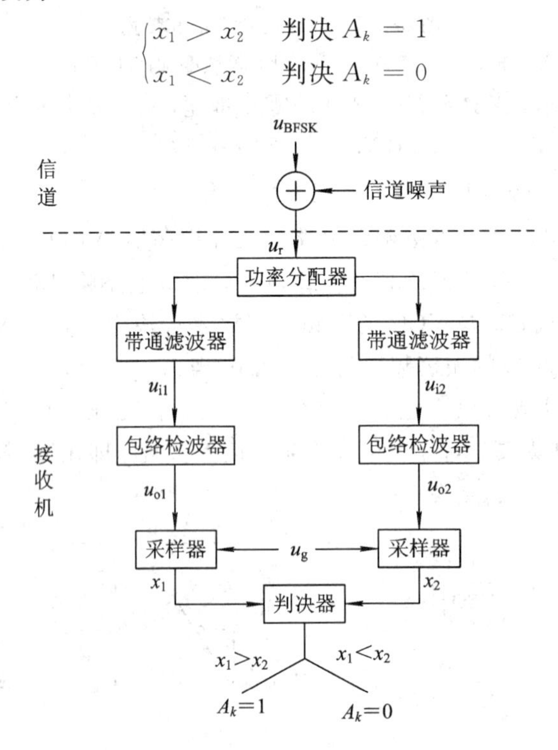

图 8.2.4　u_{BFSK} 的包络检波和信号检测的电路框图

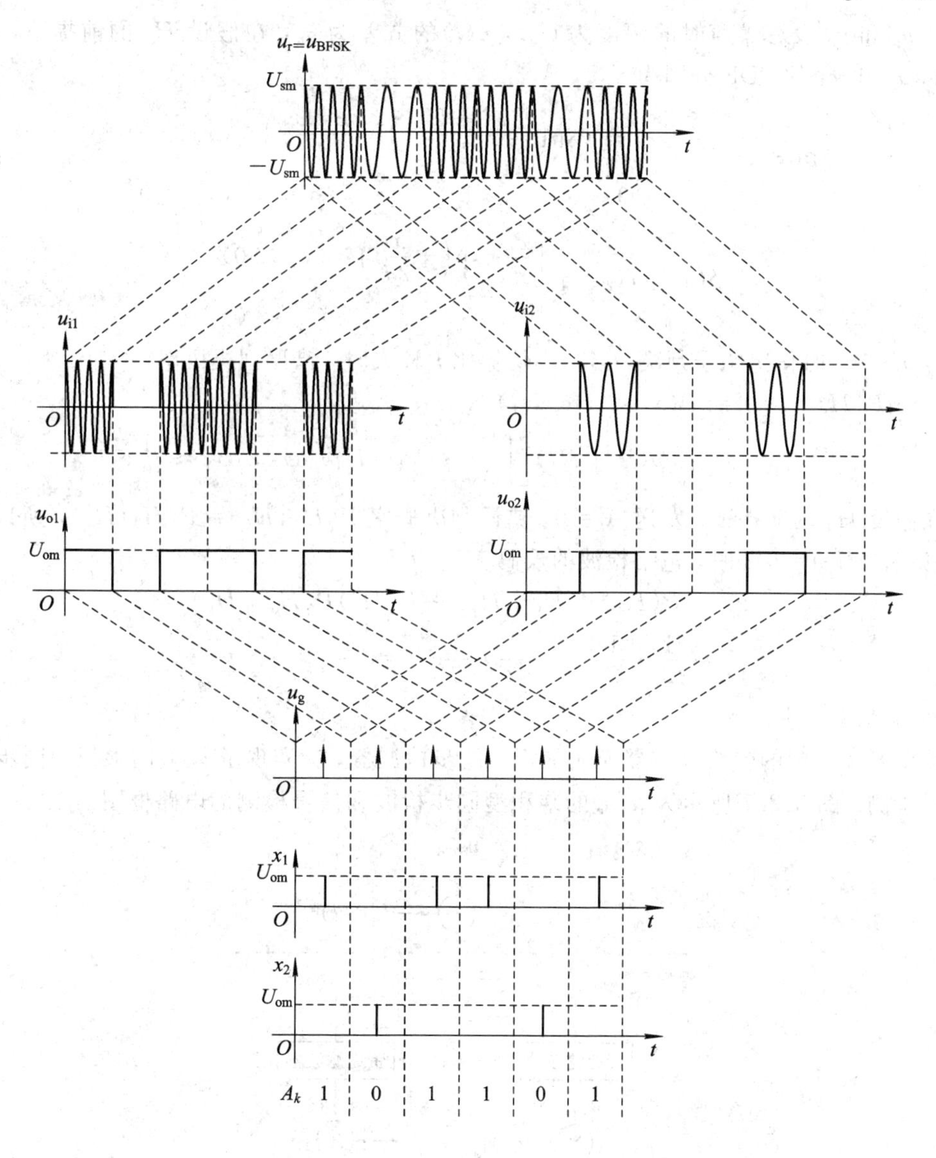

图 8.2.5　u_{BFSK}的包络检波和信号检测的信号波形

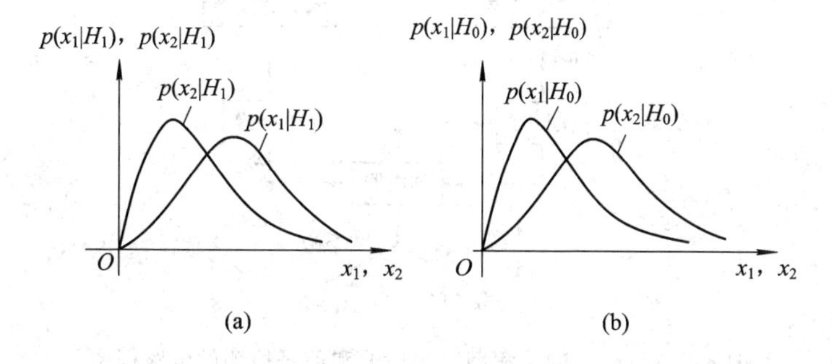

图 8.2.6　u_{BFSK}的包络检波中的 PDF

(a) $p(x_1|H_1)$和 $p(x_2|H_1)$；(b) $p(x_1|H_0)$和 $p(x_2|H_0)$

设 u_{o1} 和 u_{o2} 没有噪声时的幅度为 U_{om}，$n(t)$ 的方差为 σ_n^2，在假设 H_1 的前提下，发送 $A_k=1$，x_1 和 x_2 的 PDF 分别为

$$p(x_1 \mid H_1)=\begin{cases}\dfrac{x_1}{\sigma_n^2}\exp\left(-\dfrac{x_1^2+U_{om}^2}{2\sigma_n^2}\right)I_0\left(\dfrac{U_{om}x_1}{\sigma_n^2}\right) & (x_1\geqslant 0)\\ 0 & (x_1<0)\end{cases}$$

$$p(x_2 \mid H_1)=\begin{cases}\dfrac{x_2}{\sigma_n^2}\exp\left(-\dfrac{x_2^2}{2\sigma_n^2}\right) & (x_2\geqslant 0)\\ 0 & (x_2<0)\end{cases}$$

当 $x_1<x_2$ 时作出错误判决，当功率信噪比 r 较大时，错误判决概率：

$$\begin{aligned}P(H_0 \mid H_1) &= P(x_1<x_2 \mid H_1)\\ &=\int_0^{\infty}p(x_1 \mid H_1)\left[\int_{x_2-x_1}^{\infty}p(x_2 \mid H_1)\,dx_2\right]dx_1\approx\frac{1}{2}e^{-\frac{r}{2}}\end{aligned}$$

在假设 H_0 的前提下，发送 $A_k=0$，错误判决概率 $P(H_1|H_0)=P(H_0|H_1)$，所以，当 $P(H_1)=P(H_0)=1/2$ 时，包络检波的误码率：

$$\begin{aligned}P_e &= P(H_1)P(H_0 \mid H_1)+P(H_0)P(H_1 \mid H_0)\\ &\approx\frac{1}{2}\cdot\frac{1}{2}e^{-\frac{r}{2}}+\frac{1}{2}\cdot\frac{1}{2}e^{-\frac{r}{2}}=\frac{1}{2}e^{-\frac{r}{2}}\end{aligned}$$

2）乘积型同步检波

将图 8.2.4 中的包络检波器换成乘积型同步检波器，就实现了 u_{BFSK} 的乘积型同步检波和信号检测。图 8.2.7 所示为 u_{BFSK} 的乘积型同步检波和信号检测的电路框图。

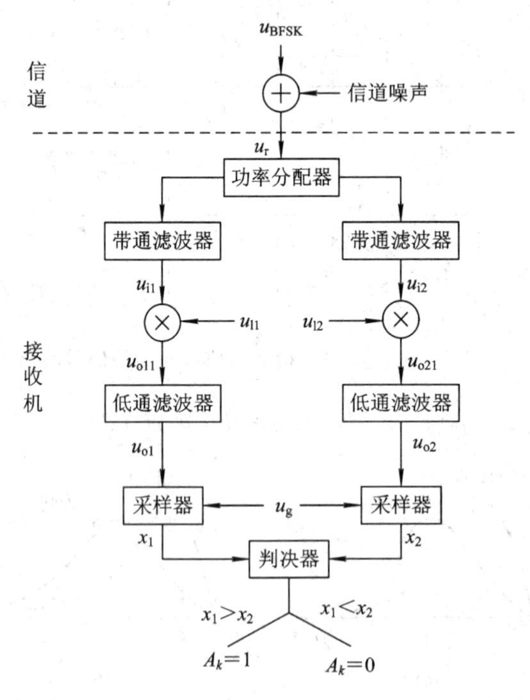

图 8.2.7　u_{BFSK} 的乘积型同步检波和信号检测的电路框图

图中，本振信号 $u_{l1}=U_{lm}\cos(\omega_c+\Delta\omega)t$，$u_{l2}=U_{lm}\cos(\omega_c-\Delta\omega)t$。不计噪声干扰时各阶段的信号波形如图 8.2.8 所示。

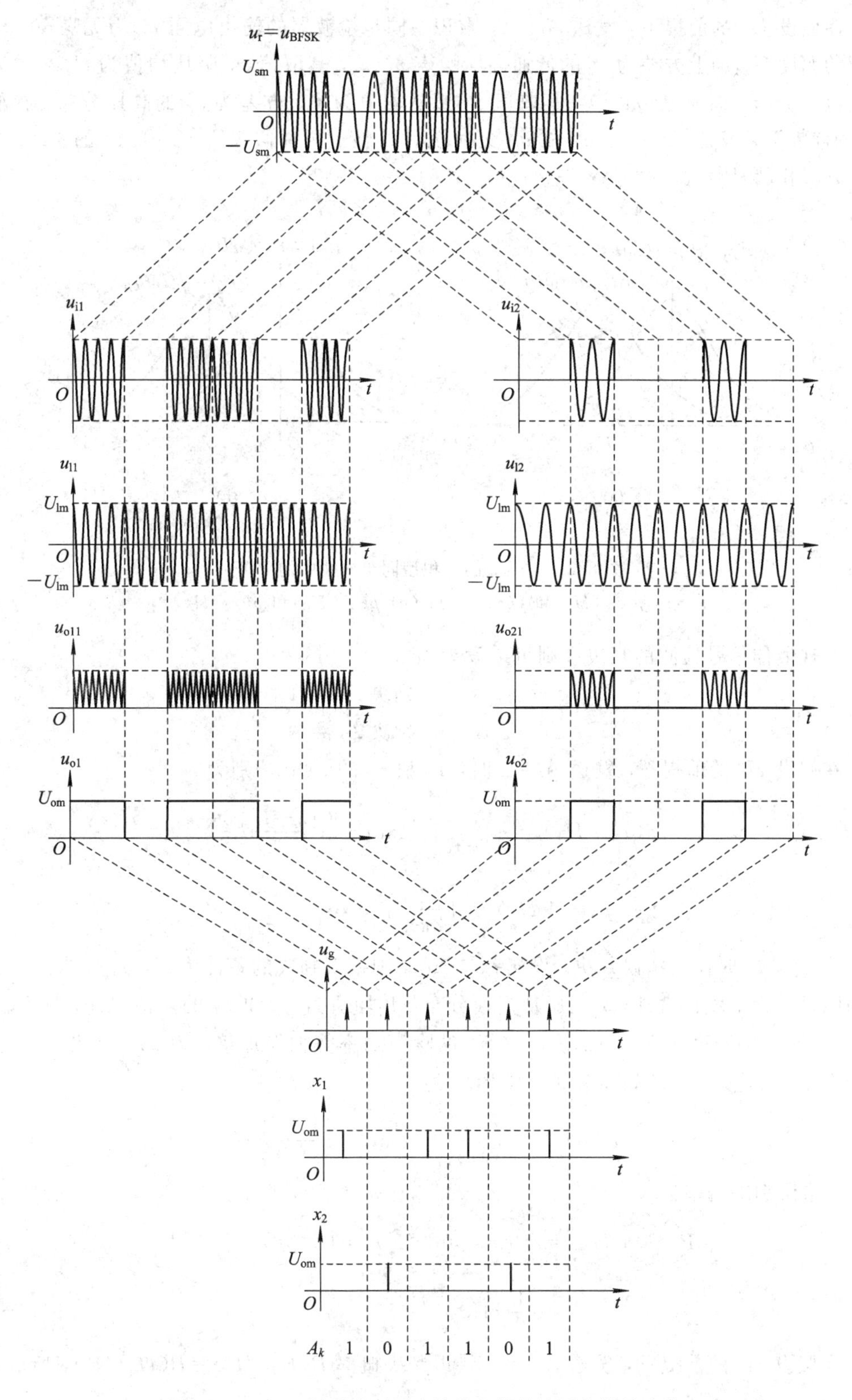

图 8.2.8　u_{BFSK}的乘积型同步检波和信号检测的信号波形

在假设 H_1 的前提下，发送 $A_k=1$，乘积型同步检波器的输出电压 u_{o1} 为无噪声时输出电压的幅度 U_{om} 加上方差为 σ_n^2 的低通高斯噪声 $n_L(t)$，其取值 x_1 服从均值为 U_{om}、方差为 σ_n^2 的高斯分布，而 u_{o2} 是 $n_L(t)$，其取值 x_2 服从均值为零、方差为 σ_n^2 的高斯分布。在假设 H_0 的前提下，发送 $A_k=0$，u_{o1} 和 u_{o2} 交换统计特性。两种假设下 x_1 和 x_2 的 PDF 如图 8.2.9(a)和(b)所示。

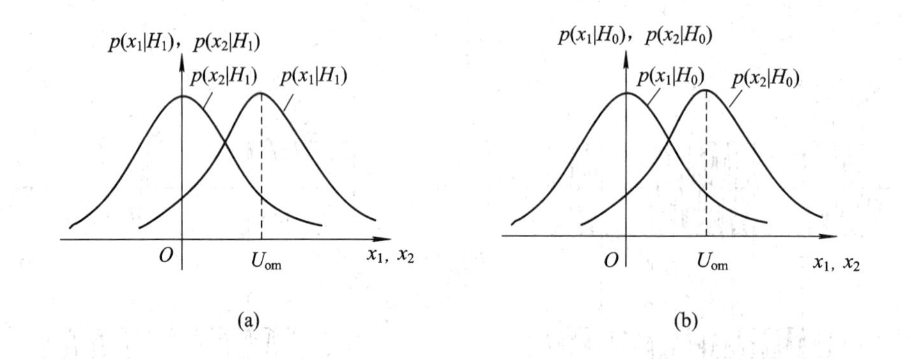

图 8.2.9 u_{BFSK} 的乘积型同步检波中的 PDF
(a) $p(x_1|H_1)$ 和 $p(x_2|H_1)$；(b) $p(x_1|H_0)$ 和 $p(x_2|H_0)$

实现最佳信号检测的判决准则可以设为

$$\begin{cases} x_1 > x_2 & \text{判决 } A_k = 1 \\ x_1 < x_2 & \text{判决 } A_k = 0 \end{cases}$$

在假设 H_1 的前提下，发送 $A_k=1$ 时，x_1 和 x_2 的 PDF 分别为

$$p(x_1 \mid H_1) = \left(\frac{1}{2\pi\sigma_n^2}\right)^{\frac{1}{2}} \exp\left[-\frac{(x_1 - U_{om})^2}{2\sigma_n^2}\right]$$

$$p(x_2 \mid H_1) = \left(\frac{1}{2\pi\sigma_n^2}\right)^{\frac{1}{2}} \exp\left(-\frac{x_2^2}{2\sigma_n^2}\right)$$

当 $x_1<x_2$ 时作出错误判决，设 $x=x_1-x_2$，则错误判决的条件为 $x<0$。作为两个高斯分布随机过程的线性叠加，x 也服从高斯分布，其均值为 x_1 和 x_2 的均值之差，即 U_{om}，x 的方差(即 x 的噪声功率)则因为 x_1 和 x_2 的噪声功率叠加而加倍，为 $2\sigma_n^2$，所以 x 服从均值为 U_{om}、方差为 $2\sigma_n^2$ 的高斯分布，其 PDF 为

$$p(x \mid H_1) = \left(\frac{1}{4\pi\sigma_n^2}\right)^{\frac{1}{2}} \exp\left[-\frac{(x - U_{om})^2}{4\sigma_n^2}\right]$$

于是，错误判决概率：

$$P(H_0 \mid H_1) = P(x < 0 \mid H_1) = \int_{-\infty}^{0} p(x \mid H_1)\,\mathrm{d}x$$

$$= \frac{1}{2}\,\mathrm{erfc}\sqrt{\frac{r}{2}}$$

在假设 H_0 的前提下，发送 $A_k=0$，错误判决概率 $P(H_1|H_0)=P(H_0|H_1)$，所以，当 $P(H_1)=P(H_0)=\frac{1}{2}$ 时，乘积型同步检波的误码率：

$$\begin{aligned}P_e &= P(H_1)P(H_0 \mid H_1) + P(H_0)P(H_1 \mid H_0)\\ &= \frac{1}{2}\cdot\frac{1}{2}\ \mathrm{erfc}\sqrt{\frac{r}{2}} + \frac{1}{2}\cdot\frac{1}{2}\ \mathrm{erfc}\sqrt{\frac{r}{2}}\\ &= \frac{1}{2}\ \mathrm{erfc}\sqrt{\frac{r}{2}}\end{aligned}$$

当功率信噪比 r 较大时，上式可以写为

$$P_e \approx \frac{1}{\sqrt{2\pi r}}e^{-\frac{r}{2}}$$

图 8.2.10 给出了 BFSK 解调中，包络检波和乘积型同步检波的误码率随功率信噪比的变化。图中，乘积型同步检波的误码率依然小于包络检波的误码率，而且两个误码率都随着功率信噪比的提高而减小。

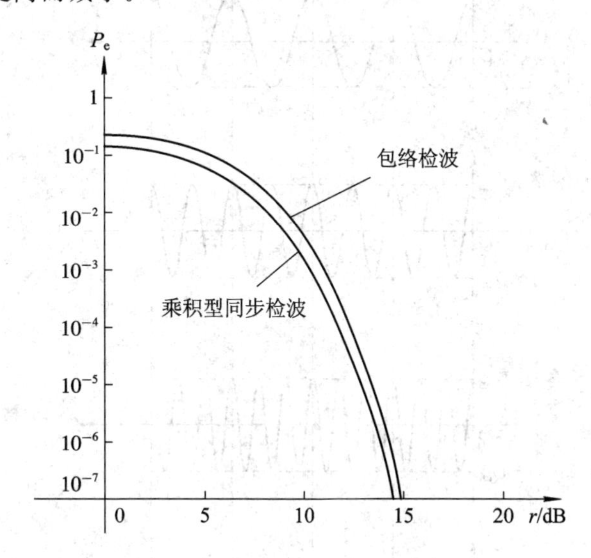

图 8.2.10　BFSK 解调的误码率 P_e 和功率信噪比 r 的关系

8.2.2　多进制 FSK 调制与解调

多进制数字基带信号 u_B 为单极性信号时，可以表示为

$$u_B = \sum_{k=-\infty}^{\infty} A_k g(t - kT_B)$$

其中，码元取值 $A_k=0, 1, \cdots, M-1$；$g(t)$为持续时间从 0 到 T_B 的单位矩形脉冲；T_B 为码元的时间宽度。利用 M 个不同频率的输出电压 $U_{sm}\cos\omega_{ci}t\,(i=0, 1, \cdots, M-1)$，$u_B$ 调制得到的多进制 FSK(MFSK)信号为

$$u_{MFSK} = \begin{cases} U_{sm}\cos\omega_{c0}t & (A_k = 0)\\ U_{sm}\cos\omega_{c1}t & (A_k = 1)\\ \vdots & \\ U_{sm}\cos\omega_{cM-1}t & (A_k = M-1)\end{cases}$$

以四进制 FSK 调制为例，u_{MFSK}的波形如图 8.2.11 所示。

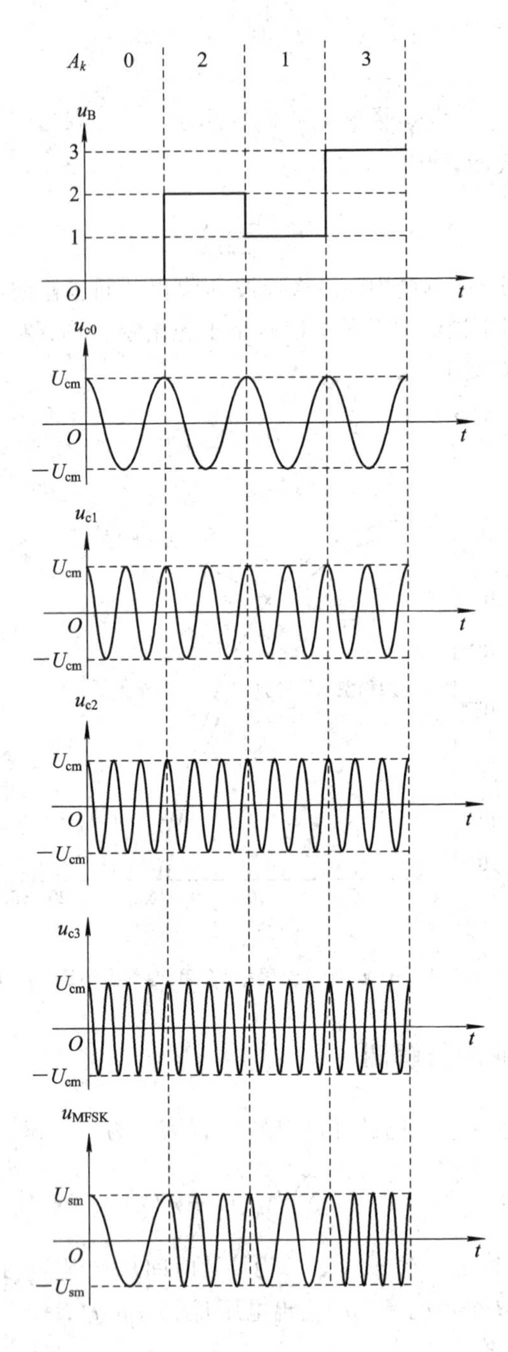

图 8.2.11　u_{MFSK}的波形

u_{MFSK}可以看做是 M 个频率分别为 ω_{ci}($i=0$，1，…，$M-1$)的 BASK 信号叠加而成的，所以 u_{MFSK}的带宽由其中的最低载频和最高载频决定，即 $BW_{MFSK}=(f_{cM-1}-f_{c0})+2f_B$，其中，$f_B=1/T_B$ 为 u_B 的码元速率，如图 8.2.12 所示。

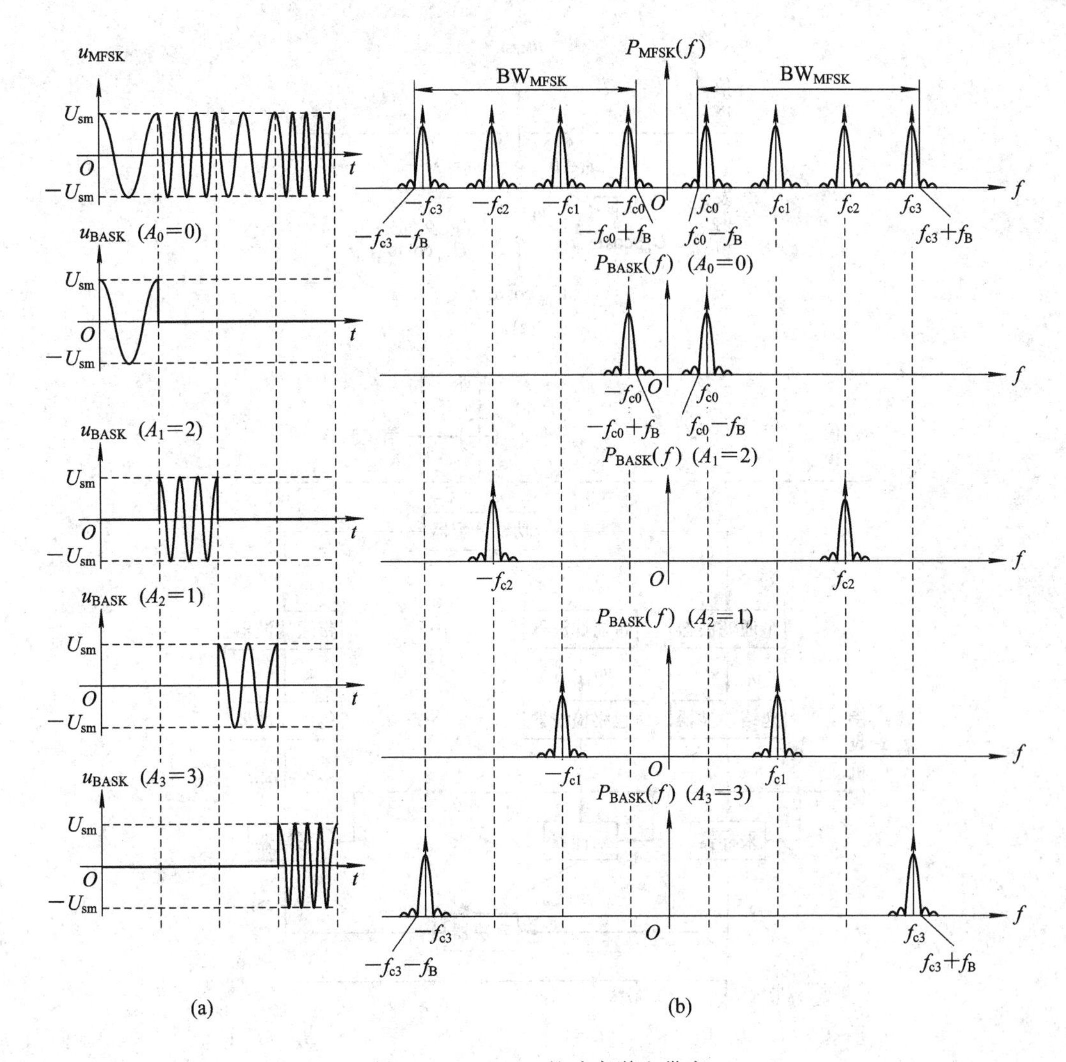

图 8.2.12　u_{MFSK}的功率谱和带宽

图 8.2.13(a)所示为 u_{MFSK}的实现过程。图中，二进制数字代码序列经过 2 - M 电平转换变为多进制数字基带信号，再经过频率键控产生 u_{MFSK}。u_{MFSK}的解调可以采用包络检波，如图 8.2.13(b)所示。通过比较各路输出电压的取值判决码元取值，可以实现最佳信号检测。

在假设 H_i 的前提下，发送 $A_k=i(i=0, 1, \cdots, M-1)$，信道噪声是零均值高斯白噪声，第 i 路包络检波器的输出电压 u_{oi}是正弦信号加方差为 σ_n^2 的窄带高斯噪声 $n(t)$的包络，取值 x_i 服从莱斯分布，其 PDF 为

$$p(x_i \mid H_i)=\begin{cases}\dfrac{x_i}{\sigma_n^2}\exp\left(-\dfrac{x_i^2+U_{om}^2}{2\sigma_n^2}\right)\mathrm{I}_0\left(\dfrac{U_{om}x_i}{\sigma_n^2}\right) & (x_i\geqslant 0)\\ 0 & (x_i<0)\end{cases}$$

其中，U_{om}是没有噪声时 u_{oi}的幅度。其余各路包络检波器的输出电压 $u_{oj}(j=0, 1, \cdots, M-1, j\neq i)$是 $n(t)$的包络，取值 x_j 服从瑞利分布，其 PDF 为

$$p(x_j \mid H_i)=\begin{cases}\dfrac{x_j}{\sigma_n^2}\exp\left(-\dfrac{x_j^2}{2\sigma_n^2}\right) & (x_j\geqslant 0)\\ 0 & (x_j<0)\end{cases}$$

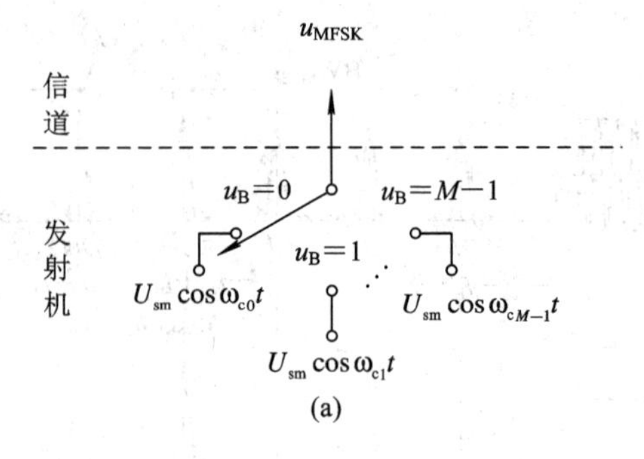

(a)

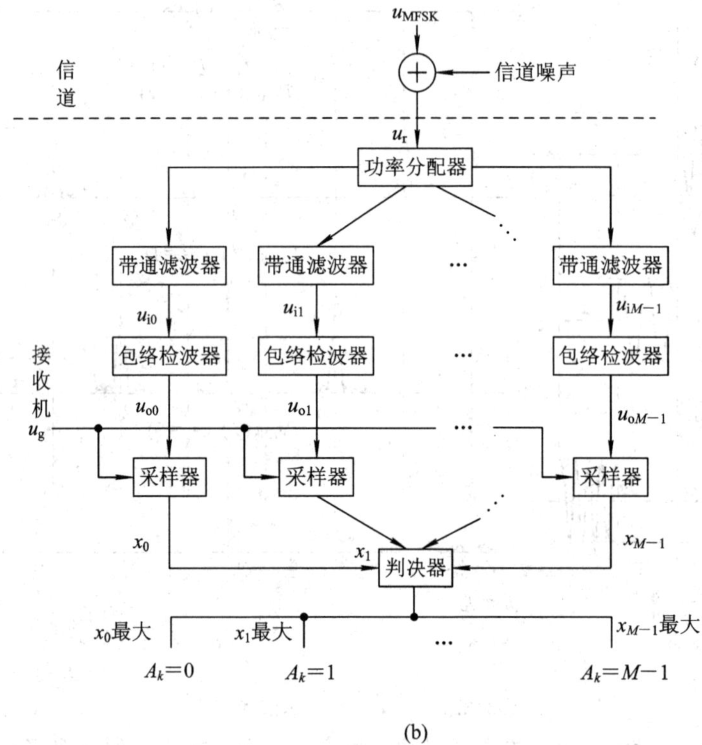

(b)

图 8.2.13 MFSK 调制和解调

(a) 频率键控调制；(b) 包络检波和信号检测

某路 $x_j>x_i$ 的概率为

$$P(x_j>x_i\mid H_i)=\int_{x_i}^{\infty}p(x_j\mid H_i)\,\mathrm{d}x_j=\mathrm{e}^{-\frac{x_i^2}{2\sigma_{\rm n}^2}}$$

任意一路 $x_j>x_i$ 的概率为 $1-[1-P(x_j>x_i\,|\,H_i)]^{M-1}$，此时会作出错误判决，误码率为

$$\begin{aligned}P_{\rm e}&=\int_0^{\infty}p(x_i\mid H_i)\{1-[1-P(x_j>x_i\mid H_i)]^{M-1}\}\,\mathrm{d}x_i\\&=\sum_{n=1}^{M-1}(-1)^{n-1}C_{M-1}^{n}\frac{1}{n+1}\mathrm{e}^{-\frac{nU_{\rm om}^2}{2(n+1)\sigma_{\rm n}^2}}\\&=\sum_{n=1}^{M-1}(-1)^{n-1}C_{M-1}^{n}\frac{1}{n+1}\mathrm{e}^{-\frac{n}{n+1}r}\end{aligned}$$

此级数的第一项为 P_e 的上限，即

$$P_e < \frac{M-1}{2}e^{-\frac{r}{2}}$$

与 BFSK 调制相比，MFSK 调制显著提高了数据传输速率，使二进制码元的速率提高到了 BFSK 调制下的 lb$M$ 倍，但 MFSK 调制的误码率也明显高于 BFSK 调制，而且带宽远大于 BFSK 调制，频带利用率较低。

8.3　PSK 调制与解调原理

8.3.1　二进制 PSK 调制与解调

二进制数字基带信号作为调制信号，对载波实现相位调制，已调波用两种不同的相位体现调制信号信息，称为二进制相移键控(BPSK)调制，其逆过程称为 BPSK 解调。

1. BPSK 信号

BPSK 信号有绝对相移和相对相移两种类型。绝对相移 BPSK 信号记为 u_{BPSK}，其相对于载波的相位 $\Delta\varphi_k=0$ 或 $\Delta\varphi_k=\pi$，分别代表码元取值 $A_k=1$ 和 $A_k=0$；相对相移 BPSK 信号记为 u_{DBPSK}，其通过相位变化代表 $A_k=1$ 和 $A_k=0$，$A_k=1$ 对应的 u_{DBPSK}起始相位与前一码元对应的起始相位相反，即 $\Delta\varphi_k=\pi$，$A_k=0$ 对应的 u_{DBPSK}起始相位与前一码元对应的起始相位相同，即 $\Delta\varphi_k=0$。无论是绝对相移还是相对相移，BPSK 信号只有两种相位，设载波 $u_c=U_{cm}\cos\omega_c t$，以绝对相移 BPSK 信号为例，其表达式为

$$u_{BPSK}=\begin{cases}U_{sm}\cos\omega_c t & (A_k=1)\\ U_{sm}\cos(\omega_c t+\pi) & (A_k=0)\end{cases}$$

BPSK 信号的波形如图 8.3.1 所示。一个码元的时间宽度中载波可以振荡多个周期，当一个码元中 u_{DBPSK}的相位变化为 π 的偶数倍时，若 $A_k=1$，则该码元对应的 u_{DBPSK}的起始相位与前一码元对应的 u_{DBPSK}的终止相位相反，若 $A_k=0$，则前后码元衔接时 u_{DBPSK}同相；当一个码元中 u_{DBPSK}的相位变化为 π 的奇数倍时，若 $A_k=1$，则码元衔接时 u_{DBPSK}相位连续，若 $A_k=0$，则 u_{DBPSK}反相。图 8.3.2 给出了 BPSK 信号的相位图，给出了信号的两种可能状态对应的振幅和相位。

无论是绝对相移还是相对相移，BPSK 信号可以看做是取值为 1 或 −1 的双极性调制信号 u_B 对载波 $u_c=U_{cm}\cos\omega_c t$ 调制产生的双边带调幅信号。当 $P(H_1)=P(H_0)=0.5$ 时，u_B 的功率谱密度函数为

$$P_B(f)=T_B\,\mathrm{Sa}^2(\pi f T_B)$$

其中，T_B 为 u_B 的码元时间宽度。作为双极性调制信号，$A_k=1$ 和 $A_k=0$ 等概率发送时，u_B 在统计意义上没有直流分量，所以 $P_B(f)$中没有离散谱。BPSK 信号的功率谱密度函数为

$$\begin{aligned}P_{BPSK/DBPSK}(f)&=\frac{1}{4}[P_B(f+f_c)+P_B(f-f_c)]\\&=\frac{T_B}{4}\{\mathrm{Sa}^2[\pi(f+f_c)T_B]+\mathrm{Sa}^2[\pi(f-f_c)T_B]\}\end{aligned}$$

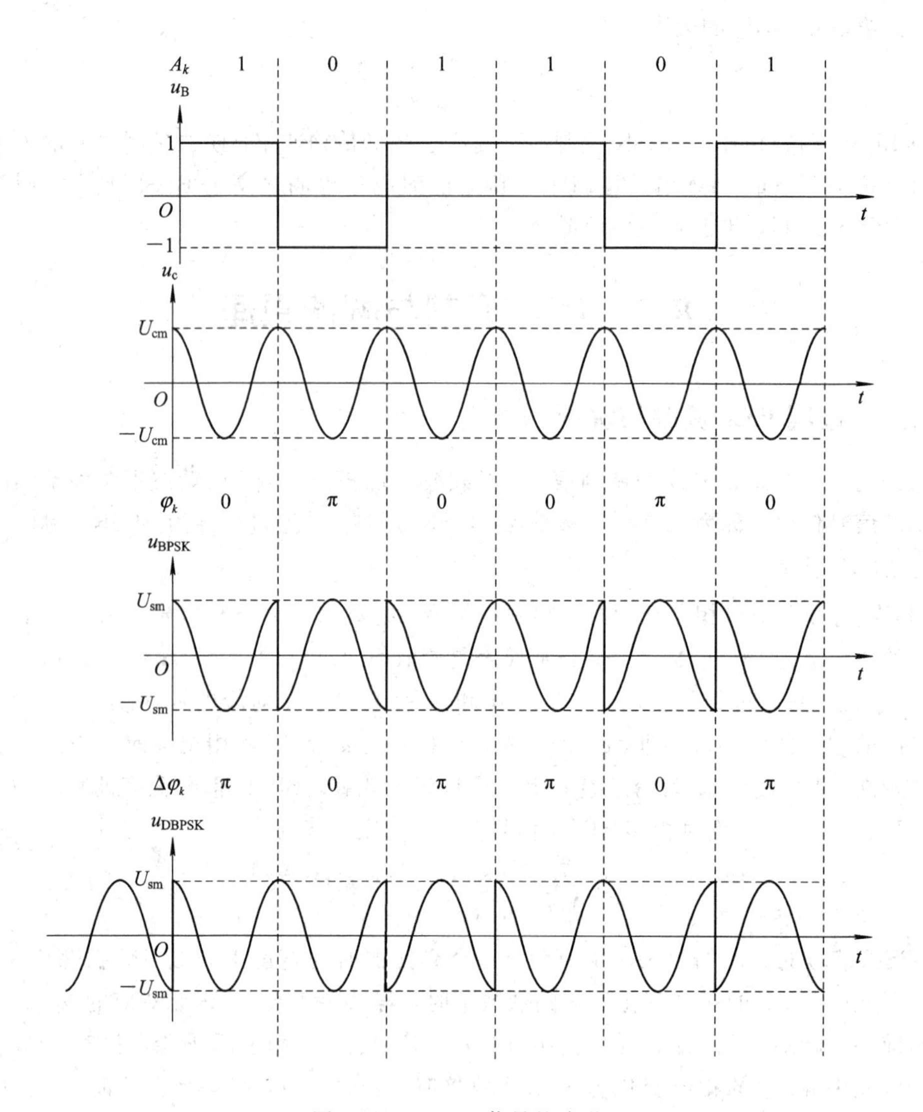

图 8.3.1 BPSK 信号的波形

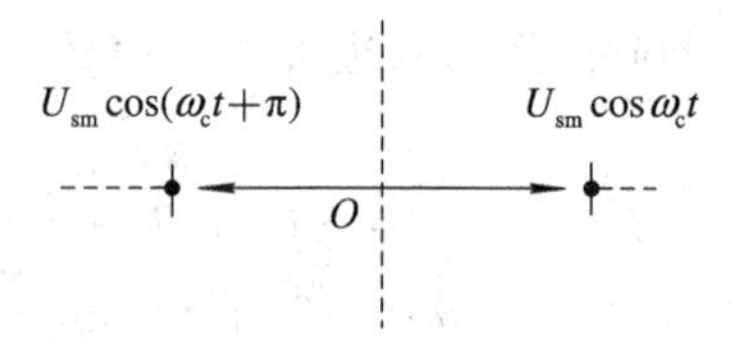

图 8.3.2 BPSK 信号的相位图

如图 8.3.3 所示，BPSK 信号的带宽 $BW_{BPSK/DBPSK}=2f_B$。其中，$f_B=1/T_B$，为 u_B 的码元速率。

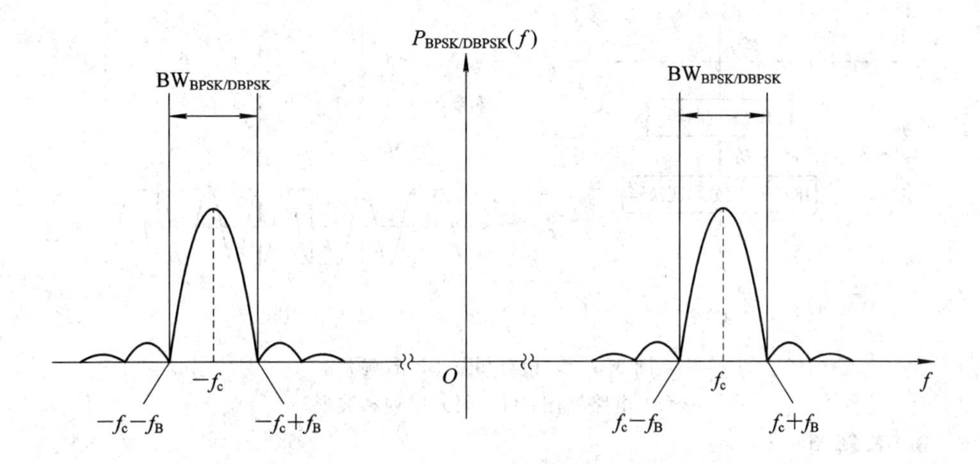

图 8.3.3　BPSK 信号的功率谱和带宽

2. BPSK 调制

作为双边带调幅信号，绝对相移 BPSK 信号 u_{BPSK} 可以用乘法器使双极性基带信号 u_B 和载波 $u_c=U_{cm}\cos\omega_c t$ 相乘来实现，如图 8.3.4(a)所示，其中：

$$u_B=\begin{cases}1 & (A_k=1)\\ -1 & (A_k=0)\end{cases}$$

这种方法称为直接调相法。也可以将载波 u_c 作为一路输入，经过移相器反相后的 $-u_c$ 作为另一路输入，通过数字逻辑电路，当 $A_k=1$ 时选择输出 u_c，当 $A_k=0$ 时选择输出 $-u_c$，则也可实现 u_{BPSK}，如图 8.3.4(b)所示，这种方法称为相位选择法。

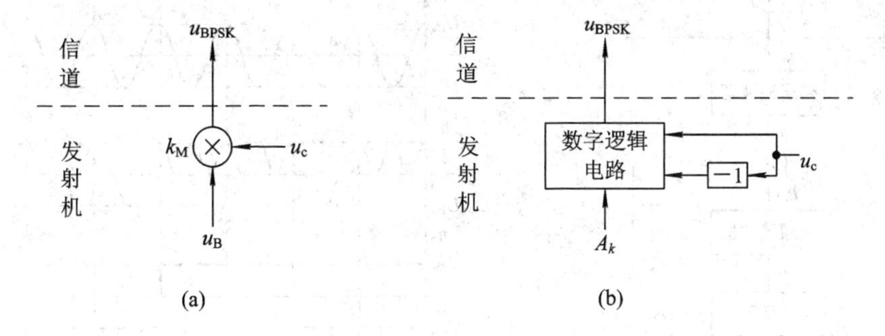

图 8.3.4　绝对相移 BPSK 调制

(a) 直接调相法实现；(b) 相位选择法实现

直接通过调制电路实现相对相移 BPSK 信号 u_{DBPSK} 比较复杂，一般采用间接方法，即首先利用差分编码电路将码元由原来的绝对码 A_k 变换为差分码 B_k，变换关系为

$$B_k=B_{k-1}\oplus A_k$$

再通过绝对相移 BPSK 调制，对 B_k 产生绝对调相信号，对 A_k 就实现了 u_{DBPSK}，如图 8.3.5 所示。

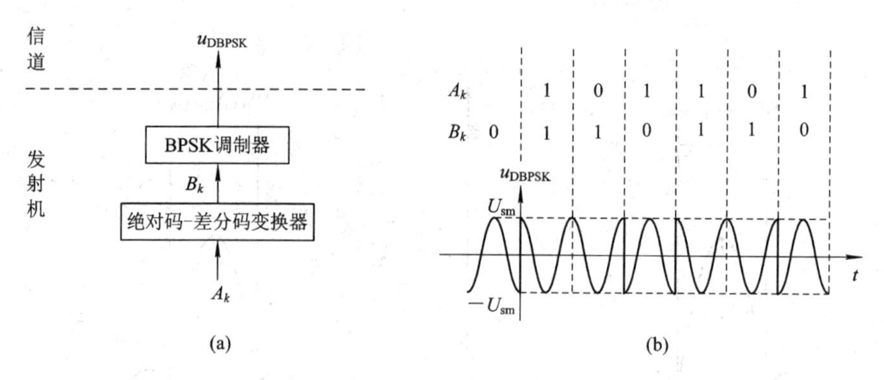

图 8.3.5 相对相移 BPSK 调制

(a) 电路框图；(b) 码元序列和波形

3. BPSK 解调

BPSK 信号的解调分为相干检波和差分相干检波。前者的实质是乘积型同步检波，需要接收机提供本地振荡信号；后者不需要本振信号，只用 BPSK 信号的延迟信号与自身相乘即可。

1）相干检波

绝对相移 BPSK 信号 u_{BPSK}的相干检波和信号检测的电路框图如图 8.3.6(a)所示。图中，本振信号 $u_l=U_{lm}\cos\omega_c t$。不计噪声干扰时各阶段的信号波形如图 8.3.6(b)所示。

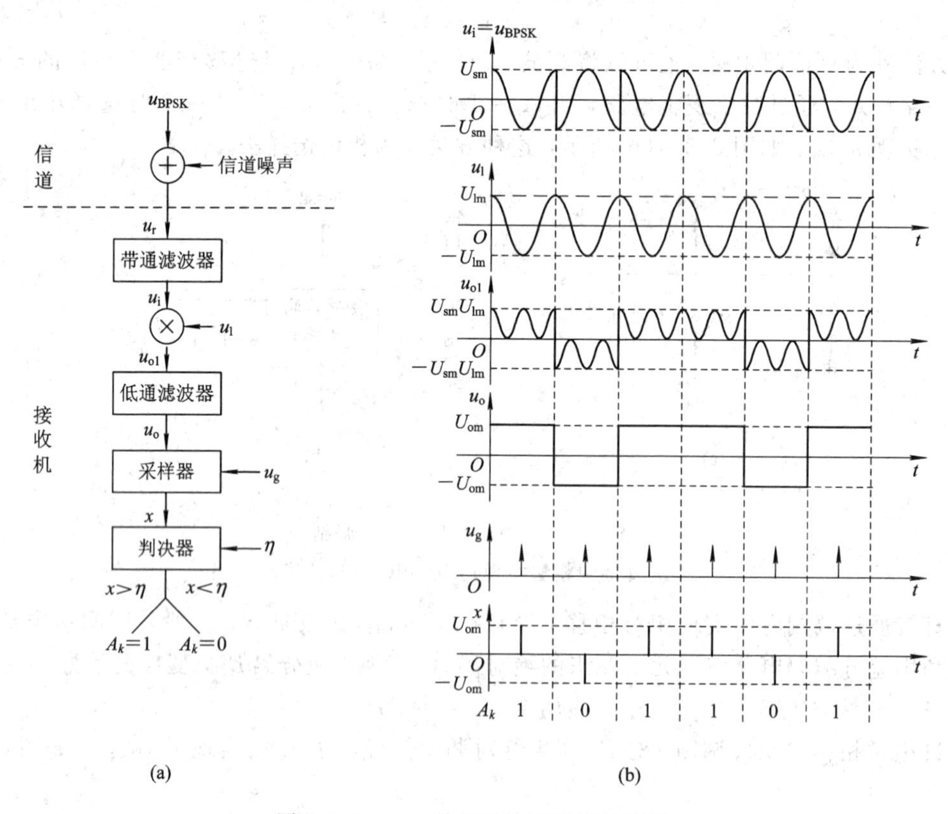

图 8.3.6 u_{BPSK}的相干检波和信号检测

(a) 电路框图；(b) 信号波形

无噪声时乘积型同步检波器的输出电压 u_o 的幅度为 U_{om}。在假设 H_1 的前提下，发送 $A_k=1$，u_o 的取值 x 服从均值为 U_{om}、方差为 σ_n^2 的高斯分布；在假设 H_0 的前提下，发送 $A_k=0$，x 服从均值为 $-U_{om}$、方差为 σ_n^2 的高斯分布。两种情况下 x 的 PDF 分别为

$$p(x \mid H_1)=\left(\frac{1}{2\pi\sigma_n^2}\right)^{\frac{1}{2}}\exp\left[-\frac{(x-U_{om})^2}{2\sigma_n^2}\right]$$

$$p(x \mid H_0)=\left(\frac{1}{2\pi\sigma_n^2}\right)^{\frac{1}{2}}\exp\left[-\frac{(x+U_{om})^2}{2\sigma_n^2}\right]$$

$p(x|H_1)$、$p(x|H_0)$ 和各种判决概率如图 8.3.7 所示。不难看出，当 $P(H_1)=P(H_0)=1/2$ 时，使 P_e 最小的最佳信号检测应该取最佳检测门限 $\eta=0$。

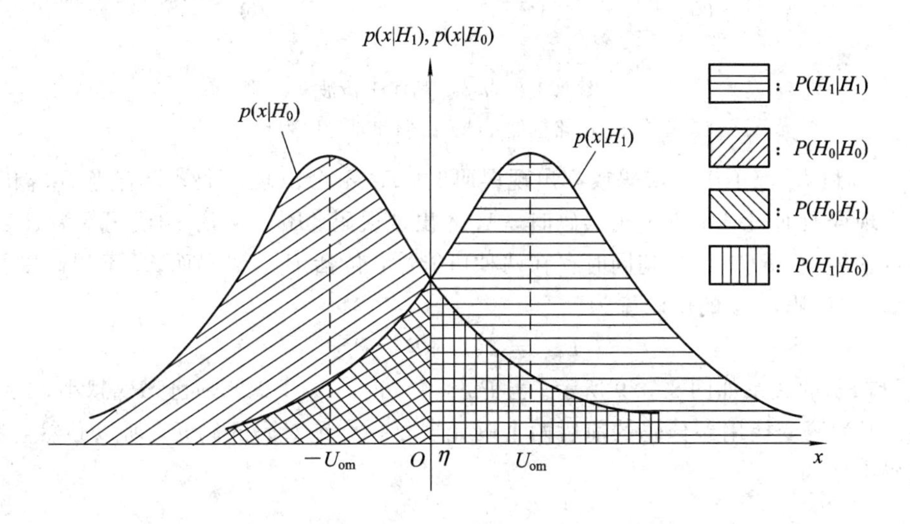

图 8.3.7　u_{BPSK} 的相干检波中的 $p(x|H_1)$、$p(x|H_0)$ 和判决概率

此时，错误判决概率 $P(H_1|H_0)=P(H_0|H_1)$，误码率：

$$\begin{aligned}P_e &= P(H_1)P(H_0 \mid H_1)+P(H_0)P(H_1 \mid H_0)\\ &=\frac{1}{2}[P(H_0 \mid H_1)+P(H_1 \mid H_0)]=P(H_1 \mid H_0)\\ &=\int_0^{\infty}p(x \mid H_0)\,dx=\int_0^{\infty}\left(\frac{1}{2\pi\sigma_n^2}\right)^{\frac{1}{2}}\exp\left[-\frac{(x+U_{om})^2}{2\sigma_n^2}\right]dx\\ &=\frac{1}{2}\operatorname{erfc}\sqrt{r}\end{aligned}\tag{8.3.1}$$

当功率信噪比 r 较大时，上式可以写为

$$P_e\approx\frac{1}{2\sqrt{\pi r}}e^{-r}$$

相对相移 BPSK 信号 u_{DBPSK} 也可以通过以上相干检波和信号检测来解调，但是需要对解调后的码元进行码变换，把结果从差分码 B_k 变换回原来的绝对码 A_k。变换关系为

$$A_k=B_{k-1}\oplus B_k$$

u_{DBPSK} 的相干检波如图 8.3.8 所示。

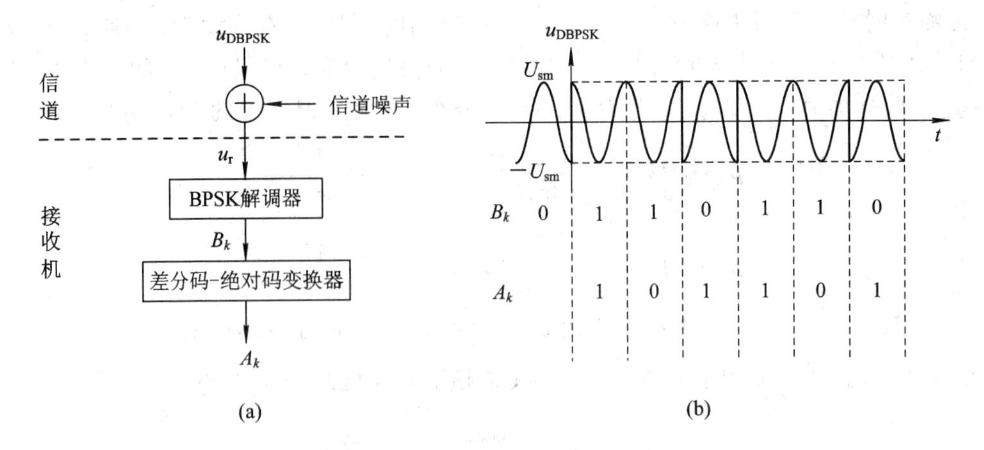

图 8.3.8　u_{DBPSK}的相干检波

(a) 电路框图；(b) 波形和码元序列

当 B_{k-1}和 B_k 都不出现误码或都出现误码时，A_k 不会出现误码；只有当 B_{k-1}和 B_k 中的一个出现误码而另一个不出现误码时，A_k 才出现误码。B_{k-1}或 B_k 的误码率为 P_{eB}，则不误码的概率为 $1-P_{eB}$。考虑到同时存在两种可能性，包括 B_{k-1}误码而 B_k 不误码以及 B_{k-1}不误码而 B_k 误码，A_k 的误码率为

$$P_{eA} = 2(1 - P_{eB})P_{eB}$$

P_{eA}和 P_{eB}的关系如图 8.3.9 所示。当 $P_{eB}<0.5$ 时，$P_{eA}>P_{eB}$，而且 P_{eB}越小，二者差异越明显。因为码变换用差分码的前后两个码元恢复一个绝对码的码元，所以必然会造成变化后误码率增加。

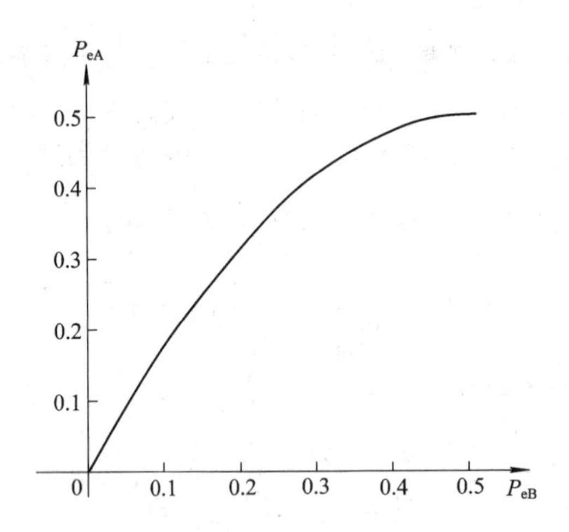

图 8.3.9　u_{DBPSK}相干检波的 P_{eA}随 P_{eB}的变化

2) 差分相干检波

相对相移 BPSK 信号 u_{DBPSK}更适合应用差分相干检波，将图 8.3.6(a)中的本振信号换成 u_{DBPSK}延迟一个码元时间宽度 T_B 的信号，就实现了差分相干检波和信号检测，其电路框图和不计噪声干扰时各阶段的信号波形分别如图 8.3.10(a)和图(b)所示。

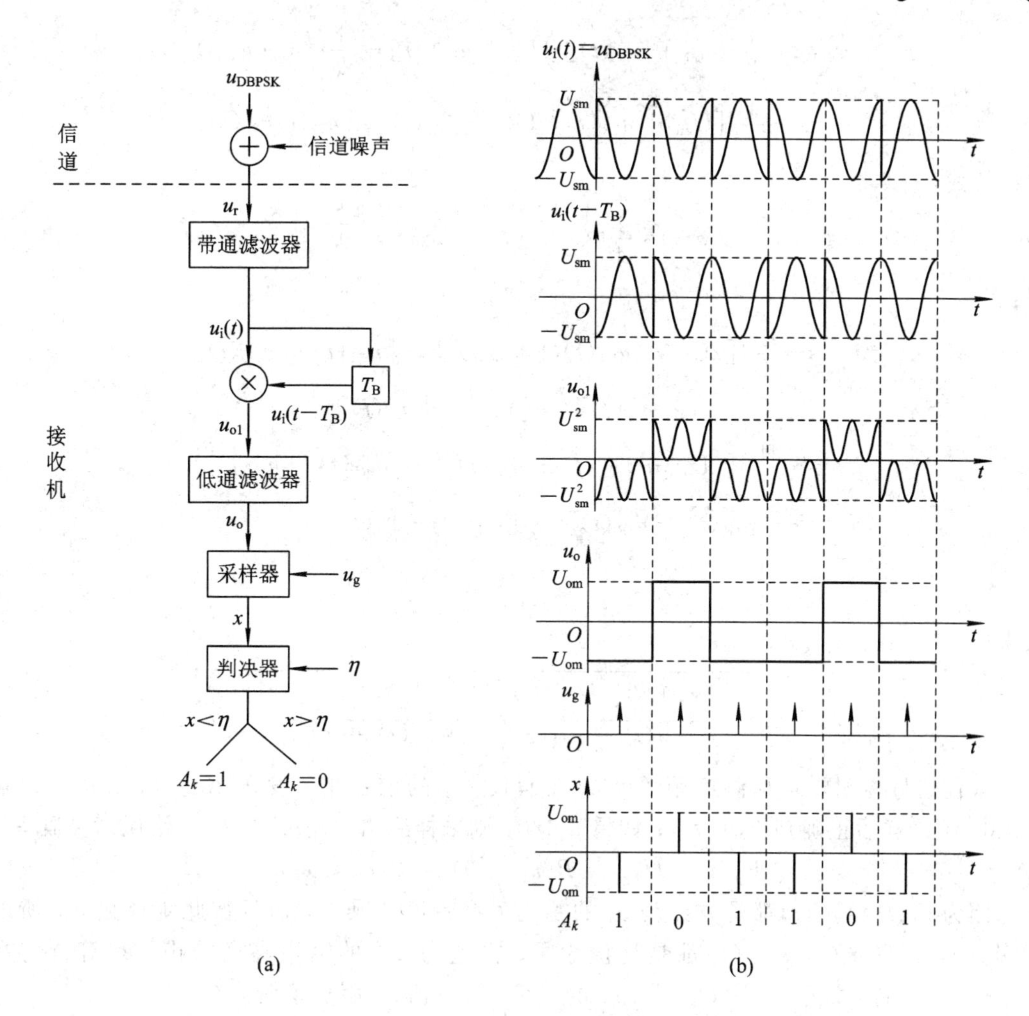

图 8.3.10 u_{DBPSK}的差分相干检波和信号检测

(a) 电路框图；(b) 信号波形

经过中心频率为 ω_c 的带通滤波器后，具有随机振幅 $a_n(t)$和随机相位 $\theta_n(t)$的窄带高斯噪声可以表示为

$$n(t) = a_n(t)\cos[\omega_c t + \theta_n(t)] = n_R(t)\cos\omega_c t - n_I(t)\sin\omega_c t$$

或

$$n(t) = a_n(t)\cos[\omega_c t + \pi + \theta_n(t)] = - n_R(t)\cos\omega_c t + n_I(t)\sin\omega_c t$$

其中，$n_R(t)=a_n(t)\cos\theta_n(t)$和 $n_I(t)=a_n(t)\sin\theta_n(t)$为 $n(t)$的一对正交分量。当 $A_k=1$ 时，图 8.3.10 中乘法器的输入电压 $u_i(t)$和 $u_i(t-T_B)$的相位差为 π。不妨设 $u_i(t)$和 $u_i(t-T_B)$的噪声分别为 $n_1(t)$和 $n_2(t)$，则有：

$$\begin{aligned} u_i(t) &= U_{sm}\cos\omega_c t + n_1(t) = U_{sm}\cos\omega_c t + n_{1R}(t)\cos\omega_c t - n_{1I}(t)\sin\omega_c t \\ &= [U_{sm} + n_{1R}(t)]\cos\omega_c t - n_{1I}(t)\sin\omega_c t \end{aligned}$$

$$\begin{aligned} u_i(t - T_B) &= U_{sm}\cos(\omega_c t + \pi) + n_2(t) = -U_{sm}\cos\omega_c t - n_{2R}(t)\cos\omega_c t + n_{2I}(t)\sin\omega_c t \\ &= -[U_{sm} + n_{2R}(t)]\cos\omega_c t + n_{2I}(t)\sin\omega_c t \end{aligned}$$

经过乘法器和低通滤波器后，输出电压：

$$u_o = -\frac{1}{2}[U_{sm} + n_{1R}(t)][U_{sm} + n_{2R}(t)] - \frac{1}{2}n_{1I}(t)n_{2I}(t)$$
$$= -\frac{1}{2}\{[U_{sm} + n_{1R}(t)][U_{sm} + n_{2R}(t)] + n_{1I}(t)n_{2I}(t)\}$$

根据等式：

$$xy = \frac{1}{4}[(x+y)^2 - (x-y)^2]$$

得：

$$u_o = -\frac{1}{8}\{[2U_{sm} + n_{1R}(t) + n_{2R}(t)]^2 - [n_{1R}(t) - n_{2R}(t)]^2 + [n_{1I}(t) + n_{2I}(t)]^2 - [n_{1I}(t) - n_{2I}(t)]^2\}$$
$$= -\frac{1}{8}\{[2U_{sm} + n_{1R}(t) + n_{2R}(t)]^2 + [n_{1I}(t) + n_{2I}(t)]^2 - [n_{1R}(t) - n_{2R}(t)]^2 - [n_{1I}(t) - n_{2I}(t)]^2\}$$
$$= -\frac{1}{8}(e_1^2 - e_2^2)$$

其中：

$$e_1 = \sqrt{[2U_{sm} + n_{1R}(t) + n_{2R}(t)]^2 + [n_{1I}(t) + n_{2I}(t)]^2}$$
$$e_2 = \sqrt{[n_{1R}(t) - n_{2R}(t)]^2 + [n_{1I}(t) - n_{2I}(t)]^2}$$

最佳信号检测要求检测门限 $\eta = 0$。在假设 H_1 的前提下，发送 $A_k = 1$，此时，如果 $u_o < 0$，则采样后正确判决 $A_k = 1$；如果 $u_o > 0$，则采样后错误判决 $A_k = 0$。错误判决概率：

$$P(H_0 \mid H_1) = P(u_o > 0) = P(e_1 < e_2)$$

因为 $n_1(t)$和 $n_2(t)$都是方差为 σ_n^2 的零均值窄带高斯噪声，而且彼此统计独立，所以 $n_1(t) + n_2(t)$和 $n_1(t) - n_2(t)$都是均值为零、方差为 $2\sigma_n^2$ 的窄带高斯噪声。e_1 等价为在 $n_1(t) + n_2(t)$的干扰下信号 $2U_{sm}\cos\omega_c t$ 的包络，其取值 x_1 服从莱斯分布：

$$p(x_1 \mid H_1) = \begin{cases} \dfrac{x_1}{2\sigma_n^2}\exp\left(-\dfrac{x_1^2 + 4U_{om}^2}{4\sigma_n^2}\right)\mathrm{I}_0\left(\dfrac{U_{om}x_1}{\sigma_n^2}\right) & (x_1 \geqslant 0) \\ 0 & (x_1 < 0) \end{cases}$$

e_2 则是 $n_1(t) - n_2(t)$的包络，其取值 x_2 服从瑞利分布：

$$p(x_2 \mid H_1) = \begin{cases} \dfrac{x_2}{2\sigma_n^2}\exp\left(-\dfrac{x_2^2}{4\sigma_n^2}\right) & (x_2 \geqslant 0) \\ 0 & (x_2 < 0) \end{cases}$$

当功率信噪比 r 较大时，错误判决概率：

$$P(H_0 \mid H_1) = P(e_1 < e_2)$$
$$= \int_0^\infty p(x_1 \mid H_1)\left[\int_{x_2 - x_1}^\infty p(x_2 \mid H_1)\,\mathrm{d}x_2\right]\mathrm{d}x_1 \approx \frac{1}{2}\mathrm{e}^{-r}$$

在假设 H_0 的前提下，发送 $A_k = 0$，错误判决概率 $P(H_1 | H_0) = P(H_0 | H_1)$。所以，当 $P(H_1) = P(H_0) = 1/2$ 时，u_{DBPSK}的差分相干检波的误码率：

$$P_e = P(H_1)P(H_0 \mid H_1) + P(H_0)P(H_1 \mid H_0)$$
$$\approx \frac{1}{2}\cdot\frac{1}{2}\mathrm{e}^{-r} + \frac{1}{2}\cdot\frac{1}{2}\mathrm{e}^{-r} = \frac{1}{2}\mathrm{e}^{-r}$$

图 8.3.11 对比了 BPSK 解调中 u_{BPSK} 的相干检波和 u_{DBPSK} 的差分相干检波的误码率。u_{DBPSK} 的差分相干检波中，因为前后码元噪声功率叠加，所以误码率大于 u_{BPSK} 的相干检波的误码率。提高功率信噪比依然有助于减小误码率。

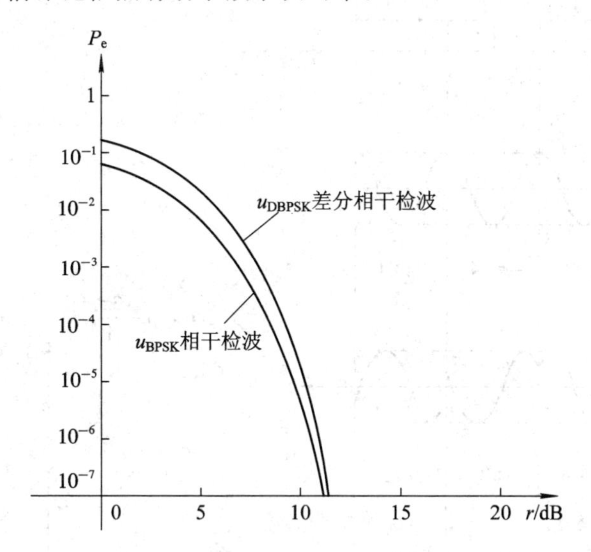

图 8.3.11 BPSK 解调的误码率 P_e 和功率信噪比 r 的关系

图 8.1.8、图 8.2.10 和图 8.3.11 取了同样的坐标范围，通过对比可以发现，在功率信噪比较大时，就误码率来看，BPSK 信号的通信质量最好，BASK 信号的通信质量最差，而 BFSK 信号的通信质量居中。

8.3.2 多进制 PSK——QPSK 调制与解调

多进制 PSK(MPSK)信号通过 M 种相位或相位变化来代表不同的码元取值，常见的是四进制 PSK(QPSK)信号。

1. QPSK 信号

绝对相移 QPSK 信号 u_{QPSK} 通过相对于载波 $u_c = U_{\text{cm}}\cos\omega_c t$ 的 4 种不同相位携带码元信息，其表达式为

$$u_{\text{QPSK}} = U_{\text{sm}}\cos(\omega_c t + \varphi_k) \qquad (8.3.2)$$

式中，相位 φ_k 的取值包括 $\pm\pi/4$，$\pm 3\pi/4$。两位连续码元构成双比特组码元(A_{1k}，A_{2k})，其 4 种取值与 φ_k 一一对应。有多种相位逻辑可以表征这种对应关系，表 8.3.1 给出了其中的一种。该相位逻辑决定的 u_{QPSK} 的波形和相位图分别如图 8.3.12 和图 8.3.13 所示。

表 8.3.1 QPSK 相位逻辑

(A_{1k}，A_{2k})	φ_k	$\Delta\varphi_k$	I	Q
(0，0)	$-3\pi/4$	0	-1	1
(0，1)	$-\pi/4$	$\pi/2$	1	1
(1，0)	$\pi/4$	π	1	-1
(1，1)	$3\pi/4$	$3\pi/2$	-1	-1

相对相移 QPSK 信号 u_{DQPSK} 通过相位变化体现双比特组码元(A_{1k}，A_{2k})的信息，4 个相位变化量 $\Delta\varphi_k$ 与(A_{1k}，A_{2k})的 4 种取值一一对应，如表 8.3.1 所示。变化前和变化后，相位 φ_k 的取值仍然只包括 $\pm\pi/4$ 或 $\pm 3\pi/4$，所以 u_{DQPSK} 的表达式也可以写为式(8.3.2)的形式，但是各时段 φ_k 的取值一般不同于 u_{QPSK}。图 8.3.12 和图 8.3.13 也分别给出了 u_{DQPSK} 的波形和相位图。

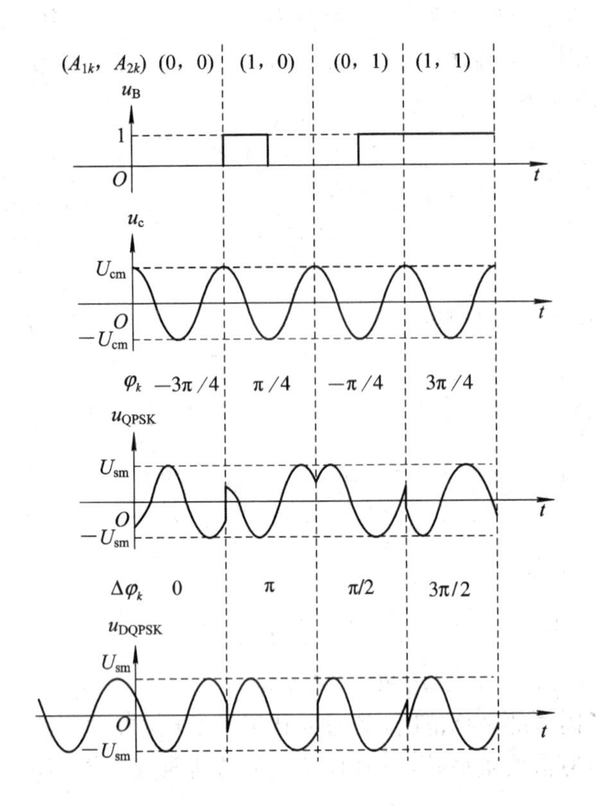

图 8.3.12　QPSK 信号的波形

图 8.3.13　QPSK 信号的相位图

式(8.3.2)可以写为

$$\begin{aligned} u_{QPSK} &= U_{sm}\cos(\omega_c t+\varphi_k) \\ &= U_{sm}\cos\omega_c t\cos\varphi_k - U_{sm}\sin\omega_c t\sin\varphi_k \\ &= I\cos\omega_c t + Q\sin\omega_c t \end{aligned}$$

其中，$I=U_{sm}\cos\varphi_k$，$Q=-U_{sm}\sin\varphi_k$，分别称为同相支路(I 支路)信号和正交支路(Q 支路)信号。不妨取 $U_{sm}=\sqrt{2}$，则(A_{1k}, A_{2k})与 I 和 Q 的码元-电平转换关系如表 8.3.1 所示。所以，u_{QPSK} 和 u_{DQPSK} 是两路正交的 BPSK 信号 $I\cos\omega_c t$ 和 $Q\sin\omega_c t$ 叠加而成的，其带宽与每路 BPSK 信号的带宽一样。但是，因为进行了双比特组码元的并行传输，每路 BPSK 信号的传输速率减半，带宽也只有原来的一半，所以 QPSK 信号的带宽 $BW_{QPSK/DQPSK}=f_B$。

2. QPSK 调制

绝对相移 QPSK 信号 u_{QPSK} 可以通过直接调相法或相位选择法实现。直接调相法基于双比特组码元(A_{1k}, A_{2k})，通过码元-电平转换根据表 8.3.1 产生 I 和 Q，分别通过乘法器调制一对正交载波 $\cos\omega_c t$ 和 $\sin\omega_c t$，生成两路正交的 BPSK 信号 $I\cos\omega_c t$ 和 $Q\sin\omega_c t$，叠加产生 u_{QPSK}，如图 8.3.14(a)所示。图 8.3.14(b)所示的相位图中，I 支路 BPSK 信号为 $\cos\omega_c t$ 或 $-\cos\omega_c t$，Q 支路 BPSK 信号为 $-\sin\omega_c t$ 或 $\sin\omega_c t$，在任何情况下，I 支路和 Q 支路的 BPSK 信号都是正交的，经过矢量合成可产生四种相位的 u_{QPSK}。相位选择法将载波 $\cos\omega_c t$ 经过 $\pm\pi/4$、$\pm 3\pi/4$ 四种相移后作为四路输入，通过数字逻辑电路，根据双比特组码元的四种取值选择一路输出，从而实现 u_{QPSK}，如图 8.3.15 所示。

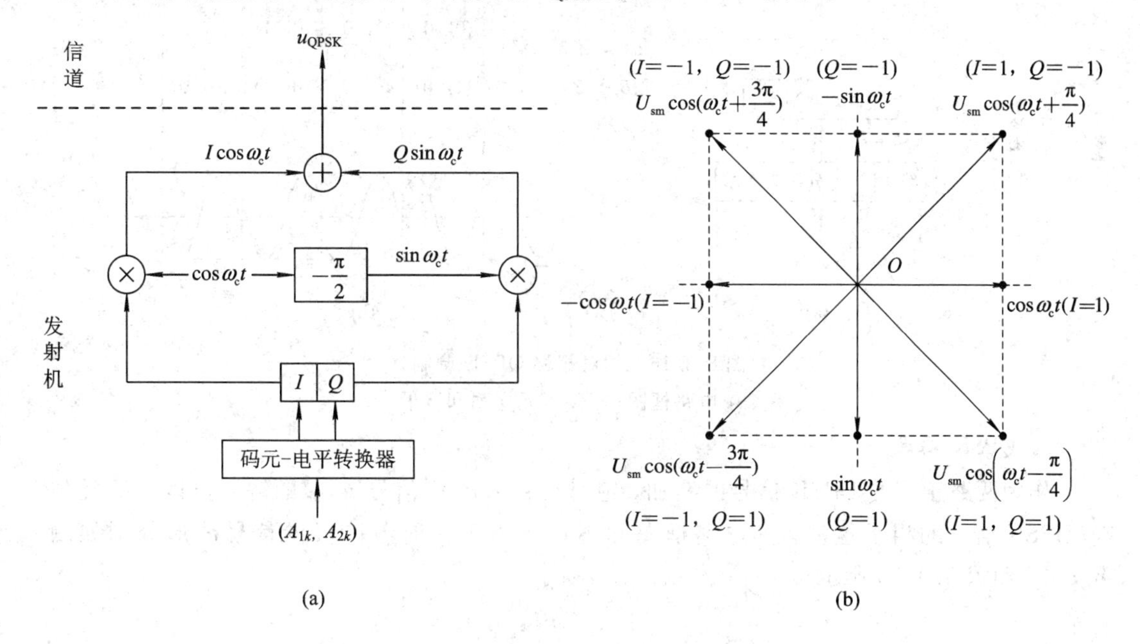

图 8.3.14　绝对相移 QPSK 调制——直接调相法
(a) 电路框图；(b) 矢量合成过程的相位图

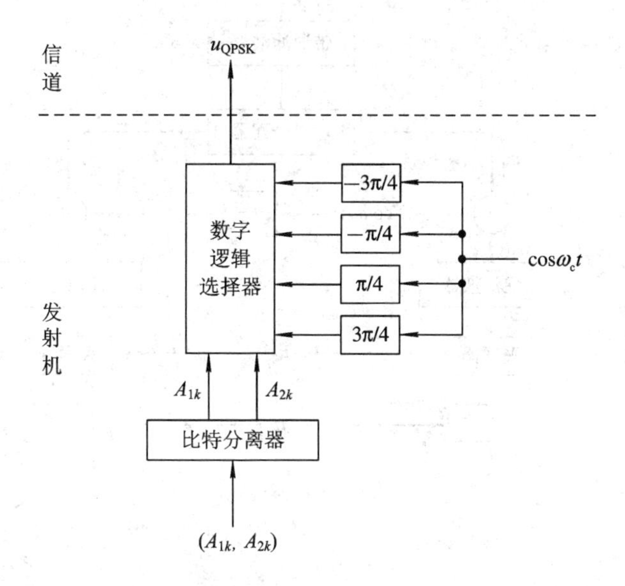

图 8.3.15　绝对相移 QPSK 调制——相位选择法

为了实现相对相移 QPSK 信号 u_{DQPSK}，首先利用差分编码电路将双比特组码元由原来的绝对码(A_{1k}，A_{2k})变换为差分码(B_{1k}，B_{2k})，变换关系为

$$\begin{cases} B_{1k} = A_{1k} \oplus B_{1k-1} \oplus (A_{2k} \cdot B_{2k-1}) \\ B_{2k} = A_{2k} \oplus B_{2k-1} \end{cases}$$

再通过绝对相移 QPSK 调制，就实现了 u_{DQPSK}，如图 8.3.16 所示。

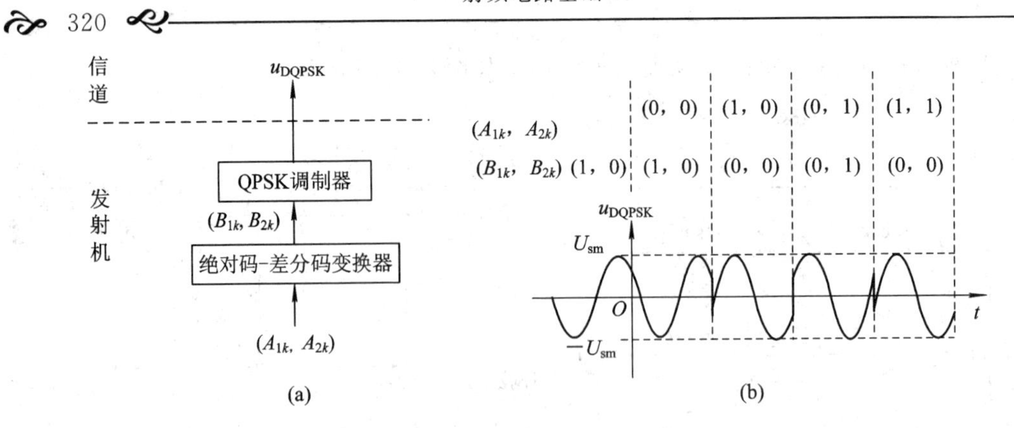

图 8.3.16　相对相移 QPSK 调制
(a) 电路框图；(b) 码元序列和波形

3. QPSK 解调

作为两路正交的 BPSK 信号的叠加，绝对相移 QPSK 信号 u_{QPSK} 的解调可以采用类似于 BPSK 信号的相干检波，其电路框图和不计噪声干扰时各阶段的信号波形分别如图 8.3.17 和图 8.3.18 所示。

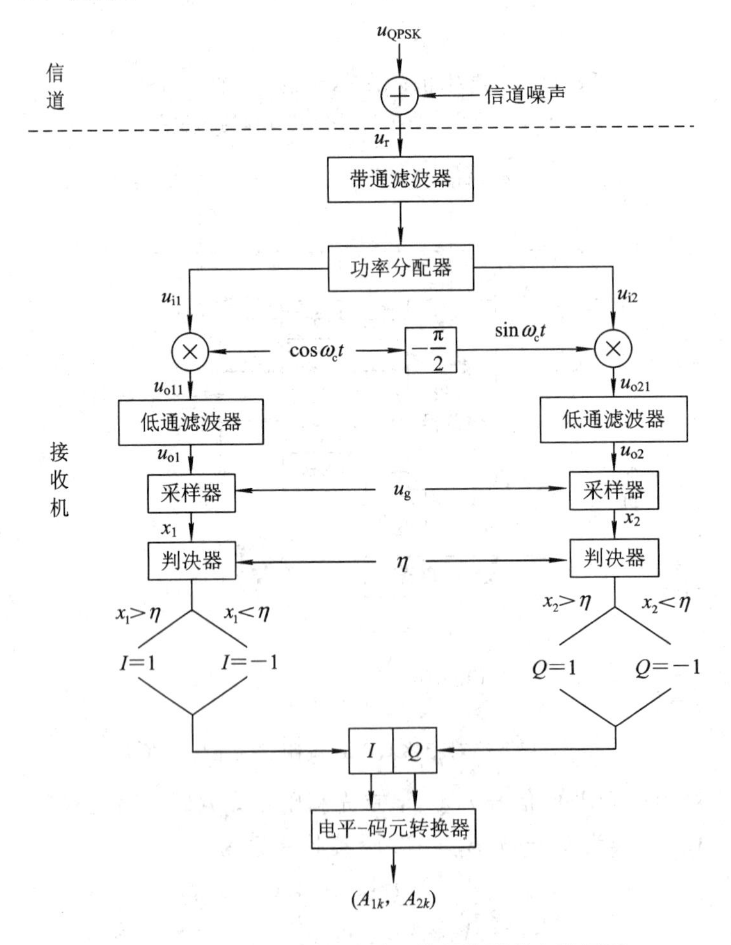

图 8.3.17　u_{QPSK} 的相干检波和信号检测的电路框图

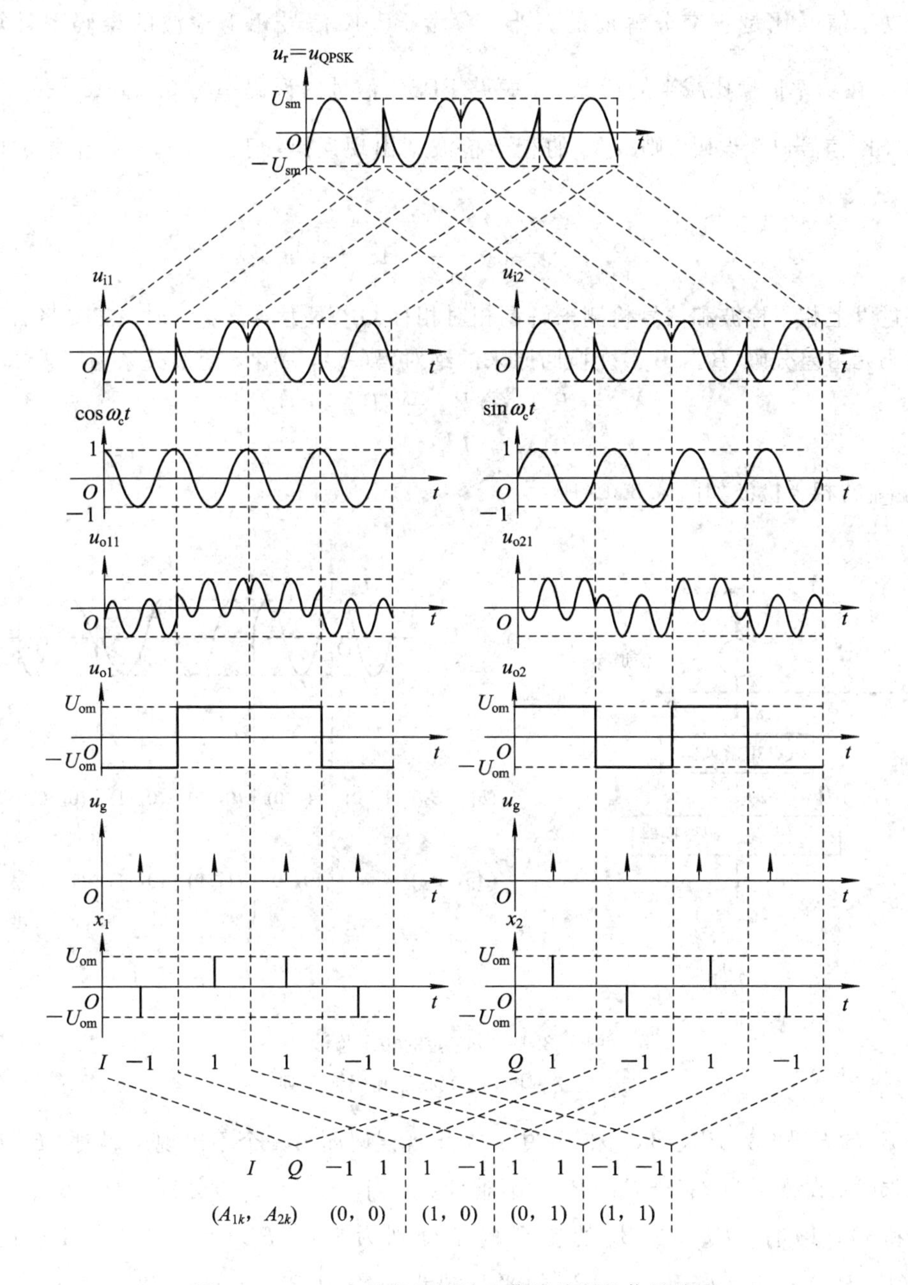

图 8.3.18　u_{QPSK}的相干检波和信号检测的信号波形

接收机中，受到信道噪声加性干扰的接收信号 u_r 首先经过带通滤波器，去除信号频带之外的噪声。然后，功率分配器将 u_r 分为左右两路，成为乘积型同步检波器的输入电压 u_{i1} 和 u_{i2}。乘积型同步检波器提供一对正交本振信号 $\cos\omega_c t$ 和 $\sin\omega_c t$。u_{i1} 和 u_{i2} 分别与 $\cos\omega_c t$ 和 $\sin\omega_c t$ 相乘。相乘结果经过低通滤波，得到输出电压 u_{o1} 和 u_{o2}。u_{o1} 和 u_{o2} 经过采样和判决，分别得到 I 和 Q。最后，电平-码元转换器根据 I 和 Q 恢复双比特组码元(A_{1k}，A_{2k})。

将 u_{QPSK} 分解为两路正交的 BPSK 信号，则每路 BPSK 信号的功率为 u_{QPSK} 功率的一半，并受到相应的噪声正交分量的干扰。噪声正交分量的方差与正交分解前的方差一样，所以每路的功率信噪比是正交分解前的一半。参考 BPSK 信号相干检波的误码率计算公式(8.3.1)，在功率信噪比减半的情况下，每路 BPSK 信号的误码率为 $0.5\ \mathrm{erfc}\sqrt{\frac{r}{2}}$。只要有一路 BPSK 信号出现误码，则 u_{QPSK} 的相干检波就出现误码，于是，u_{QPSK} 相干检波的误码率为

$$P_{\mathrm{e}} = 1 - \left(1 - \frac{1}{2}\ \mathrm{erfc}\sqrt{\frac{r}{2}}\right)^2$$

通过以上相干检波和信号检测来解调相对相移 QPSK 信号 u_{DQPSK} 时，需要将解调的双比特组码元由差分码(B_{1k}，B_{2k})变换回原来的绝对码(A_{1k}，A_{2k})，变换关系为

$$\begin{cases} A_{1k} = B_{1k-1} \oplus B_{1k} \oplus (B_{2k-1} \cdot B_{2k}) \\ A_{2k} = B_{2k-1} \oplus B_{2k} \end{cases}$$

u_{DQPSK} 的相干检波如图 8.3.19 所示。

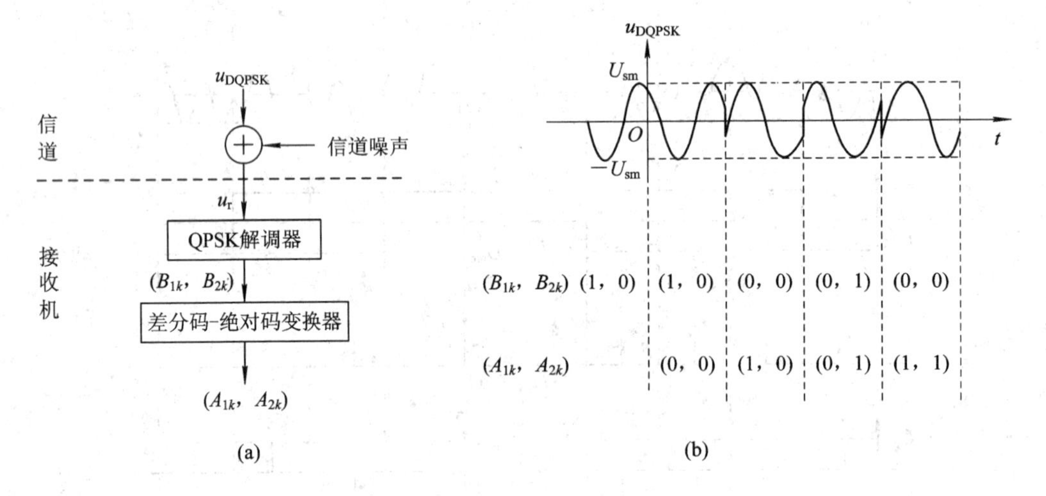

图 8.3.19 u_{DQPSK} 的相干检波
(a) 电路框图；(b) 波形和码元序列

设 B_k 的误码率为 P_{eB}，B_{1k-1} 和 B_{1k} 中一个出现误码而另一个不出现误码时，$B_{1k-1} \oplus B_{1k}$ 出现错误，错误概率为 $2(1-P_{\mathrm{eB}})P_{\mathrm{eB}}$。不难计算，当($B_{2k-1}$，$B_{2k}$)分别为(0，0)、(0，1)、(1，0)和(1，1)时，$B_{2k-1} \cdot B_{2k}$ 的错误概率分别为 P_{eB}^2、$P_{\mathrm{eB}}(1-P_{\mathrm{eB}})$、$(1-P_{\mathrm{eB}})P_{\mathrm{eB}}$ 和 $1-(1-P_{\mathrm{eB}})^2$，由此得 $B_{2k-1} \cdot B_{2k}$ 的平均错误概率为 $P_{\mathrm{eB}}(1-P_{\mathrm{eB}}/2)$。最后，只有当 $B_{1k-1} \oplus B_{1k}$ 和 $B_{2k-1} \cdot B_{2k}$ 中一个错误而另一个正确时，A_{1k} 才出现误码，所以 A_{1k} 的误码率为

$$P_{\mathrm{eA1}} = [1-2(1-P_{\mathrm{eB}})P_{\mathrm{eB}}]P_{\mathrm{eB}}\left(1-\frac{P_{\mathrm{eB}}}{2}\right) + 2(1-P_{\mathrm{eB}})P_{\mathrm{eB}}\left[1-P_{\mathrm{eB}}\left(1-\frac{P_{\mathrm{eB}}}{2}\right)\right]$$

当 B_{2k-1} 和 B_{2k} 中一个出现误码而另一个不误码时，A_{2k} 出现误码，误码率为

$$P_{\mathrm{eA2}} = 2(1-P_{\mathrm{eB}})P_{\mathrm{eB}}$$

P_{eA1}、P_{eA2} 和 P_{eB} 的关系如图 8.3.20 所示。由图 8.3.20 可知，A_{1k} 的误码率略大于 A_{2k} 的误码率，二者都高于码变换前的误码率。

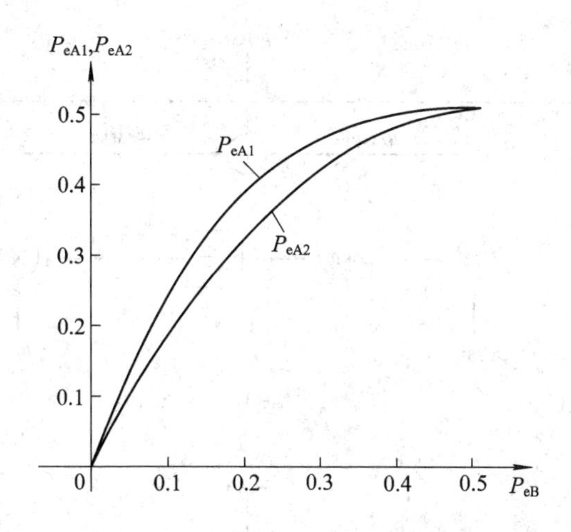

图 8.3.20　u_{DQPSK}相干检波的 P_{eA1}、P_{eA2}随 P_{eB}的变化

8.4　现代数字调制与解调

ASK、FSK、PSK 调制和解调是数字调制和解调的三种最基本方式，普遍具有带宽允许的码元速率较低，误码率较高的缺点。为了提高频带利用率，提高通信的抗干扰能力，以这三种基本数字调制和解调为基础，发展出了一系列改进的数字调制方式，广泛应用于现代数字通信中，包括正交振幅调制(QAM)、偏移 QPSK(OQPSK)调制和最小频移键控(MSK)调制等。

8.4.1　QAM

QAM 可以实现两路基带信号的同时传输。每路基带信号对载波进行 ASK 调制。两路载波正交，可以将两路 ASK 信号叠加后在同一频带内同时传输，从而提高了频带利用率。二进制 QAM 比 BASK 调制的频带利用率提高了一倍，采用多进制 QAM 则可以进一步提高频带利用率。

下面以多进制 QAM 为例说明 QAM 信号的调制和解调。两路码元取值分别为 A_k 和 B_k 的二进制数字基带信号经过 2－M 电平转换变为两路多进制双极性数字基带信号 u_{B1} 和 u_{B2}，经过乘法器与一对正交载波 $\cos\omega_c t$ 和 $\sin\omega_c t$ 分别相乘，得到两路 MASK 信号 u_{MASK1} 和 u_{MASK2}，二者叠加形成 QAM 信号 u_{QAM}，如图 8.4.1(a)所示。QAM 信号的解调采用相干检波，如图 8.4.1(b)所示。

四进制数字基带信号调制得到的 QAM 信号有 16 种状态，所以记为 16－QAM。16－QAM 信号的相位图如图 8.4.2(a)所示，信号的 16 种状态是两路四进制 MASK 信号叠加的结果。由图 8.4.2(a)可以看出，16－QAM 信号有 3 种振幅和 12 种相位。图 8.4.2(b)给出了二进制数字基带信号产生的 4－QAM 信号的相位图。如果两路基带信号分别是来自双比特组码元的 I 支路信号和 Q 支路信号，则此时 QAM 的结果与 QPSK 调制的结果一样。这说明可以只对一路基带信号实现 QAM，通过提高码元速率成倍增加频带利用率。

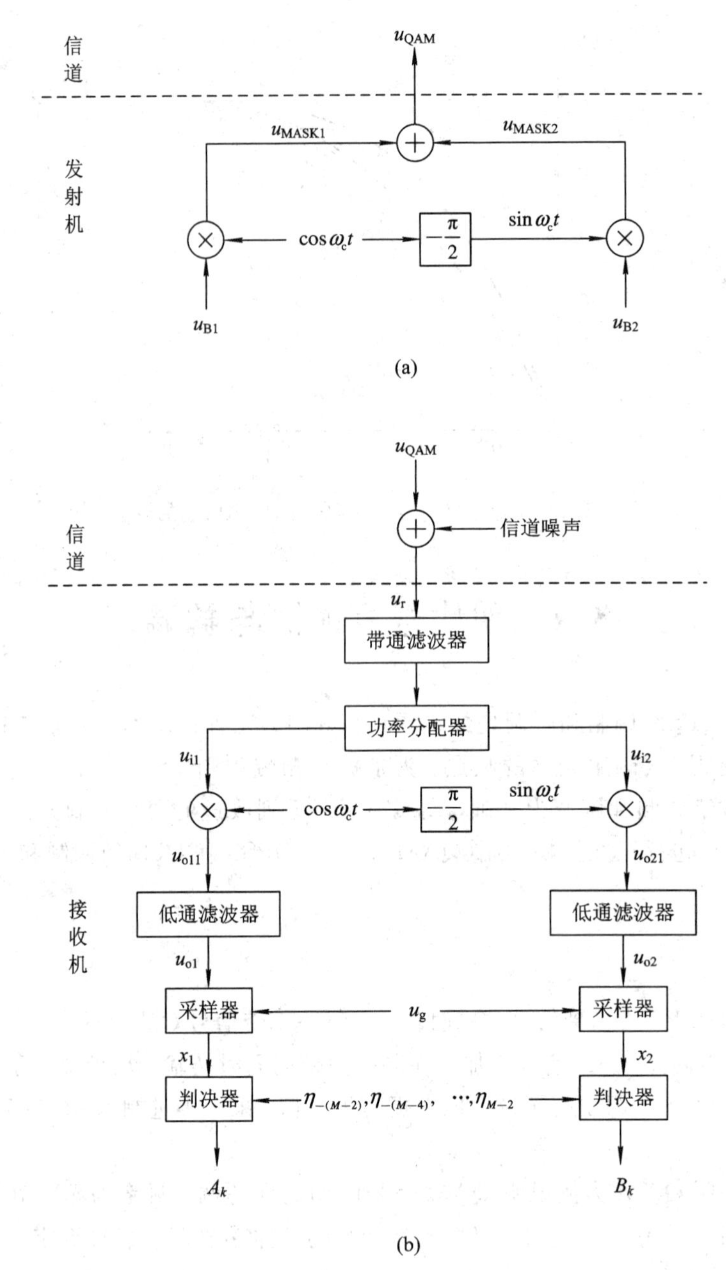

图 8.4.1 QAM

(a) 调制电路框图；(b) 解调电路框图

图 8.4.3(a)给出了一路基带信号的 8－QAM。图8.4.3(a)中，每三位连续码元构成的三比特组码元(A_{1k}，A_{2k}，A_{3k})经过码元-电平转换，得到 I 支路、Q 支路和控制支路(C 支路)信号 I、Q 和 C，再经过 2－4 电平转换，根据表 8.4.1 获得两路四种电压，分别调制一对正交载波 $\cos\omega_c t$ 和 $\sin\omega_c t$，叠加得到 8－QAM 信号 $u_{8\text{-}QAM}$。其相位图如图 8.4.3(b)所示。图 8.4.3(b)中给出了 $u_{8\text{-}QAM}$ 的 8 种状态对应的(A_{1k}，A_{2k}，A_{3k})的 8 种取值。$u_{8\text{-}QAM}$ 有 2 种振幅(即 U_{sm} 和 $3U_{sm}$)和 4 种相位(即 $\pm\pi/4$ 和 $\pm3\pi/4$)。如果 I 支路、Q 支路和 C 支路的码元速率与 BASK 调制时的码元速率相同，则 8－QAM 的码元速率提高到了 BASK 调制时的三倍。

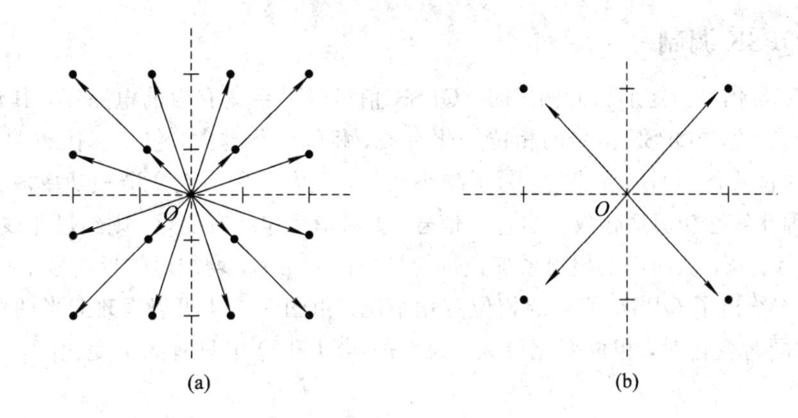

图 8.4.2 QAM 信号的相位图
(a) 16-QAM；(b) 4-QAM

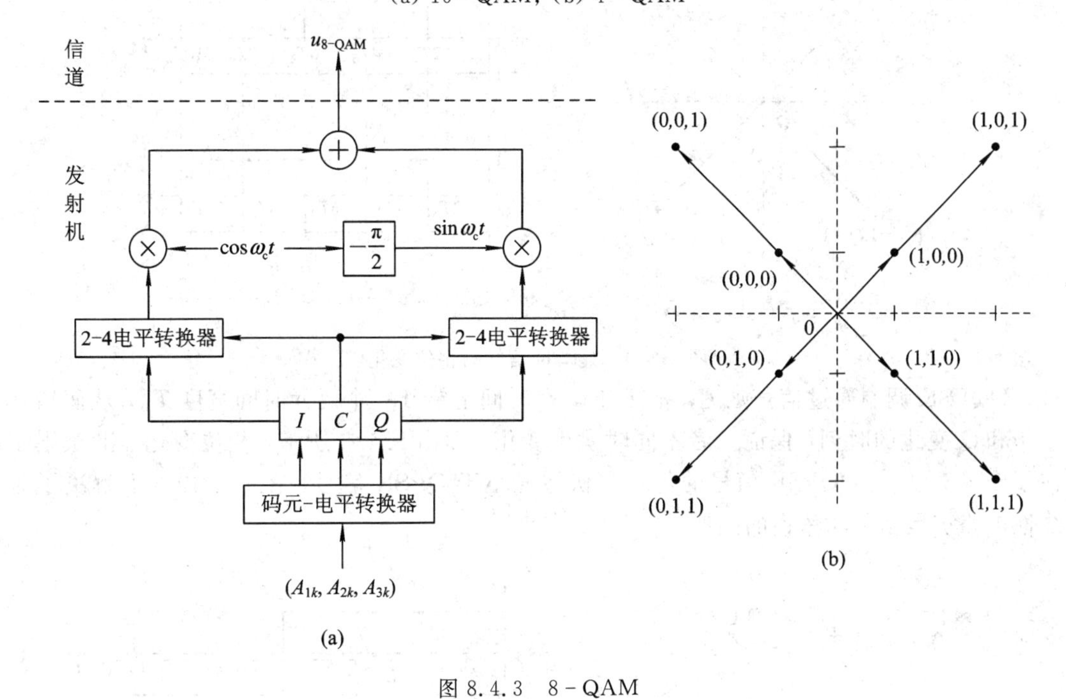

图 8.4.3 8-QAM
(a) 电路框图；(b) 相位图

表 8.4.1 2-4 电平转换

$I\ C\ /\ Q\ C$	电平
0 0	$-U_{sm}/\sqrt{2}$
0 1	$-3U_{sm}/\sqrt{2}$
1 0	$U_{sm}/\sqrt{2}$
1 1	$3U_{sm}/\sqrt{2}$

8.4.2 OQPSK 调制

当数字基带信号由矩形脉冲构成时，QPSK 信号经过带宽有限的电路后，其包络会产生起伏。起伏的程度与 QPSK 信号的相位变化有关，相位变化越大，包络起伏越明显。射频通信，尤其是便携式移动通信系统中，为了减小功耗，经常采用高效率谐振功率放大器放大信号功率。这种非线性功放适合放大恒包络信号。如果信号包络有变化，则经过非线性放大，信号的功率谱会变宽，从而产生超出系统频带的带外辐射功率，增加对临近信号干扰的可能性。

图 8.4.4 给出了 QPSK 信号的相位变化情况。由图 8.4.4 可以发现，当两个正交支路信号 I 和 Q 同时变化时，相位变化最大，为 $\pm\pi$；当 I 和 Q 中只有一个变化时，相位变化较小，为 $\pm\pi/2$。

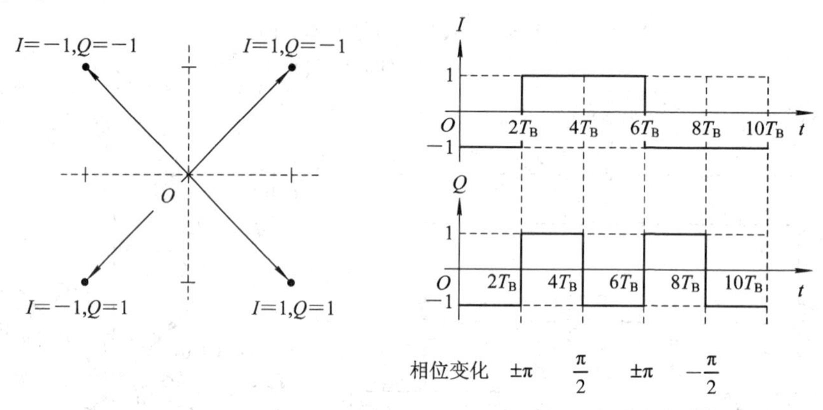

图 8.4.4 QPSK 信号的相位变化

OQPSK 调制通过信号延迟，把 I 和 Q 在时间上错开一个码元时间宽度 T_B，从而错开了 I 和 Q 变化的时刻，保证二者不同时发生变化，如图 8.4.5 所示，相位变化因此被限制在了 $\pm\pi/2$，从而 OQPSK 信号的包络起伏明显小于 QPSK 信号，在一定程度上解决了非线性电路扩展信号功率谱的问题。

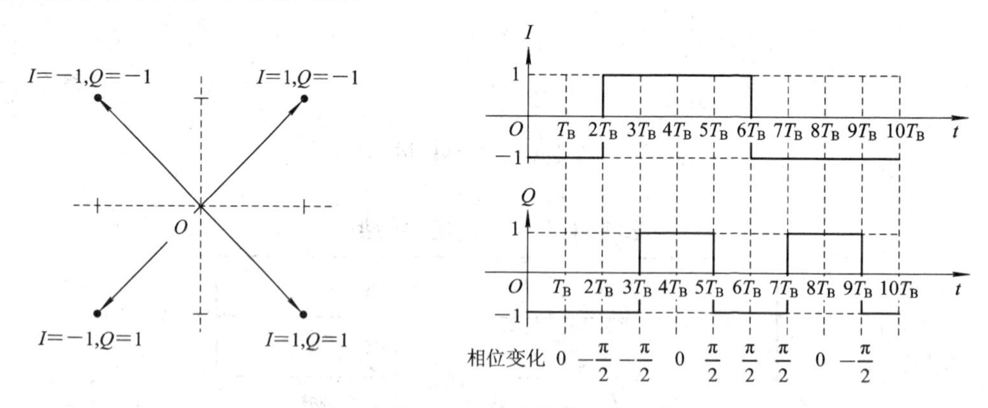

图 8.4.5 OQPSK 信号的相位变化

I 或 Q 的时间延迟并不影响其所属支路 BPSK 信号的带宽，所以 OQPSK 信号的带宽和 QPSK 信号的带宽相同。

在 QPSK 调制过程中给 I 或 Q 添加 T_B 的信号延迟，就实现了 OQPSK 信号 u_{OQPSK}，如图 8.4.6(a)所示。解调时，相应支路的采样时刻也需要延迟 T_B，如图 8.4.6(b)所示。

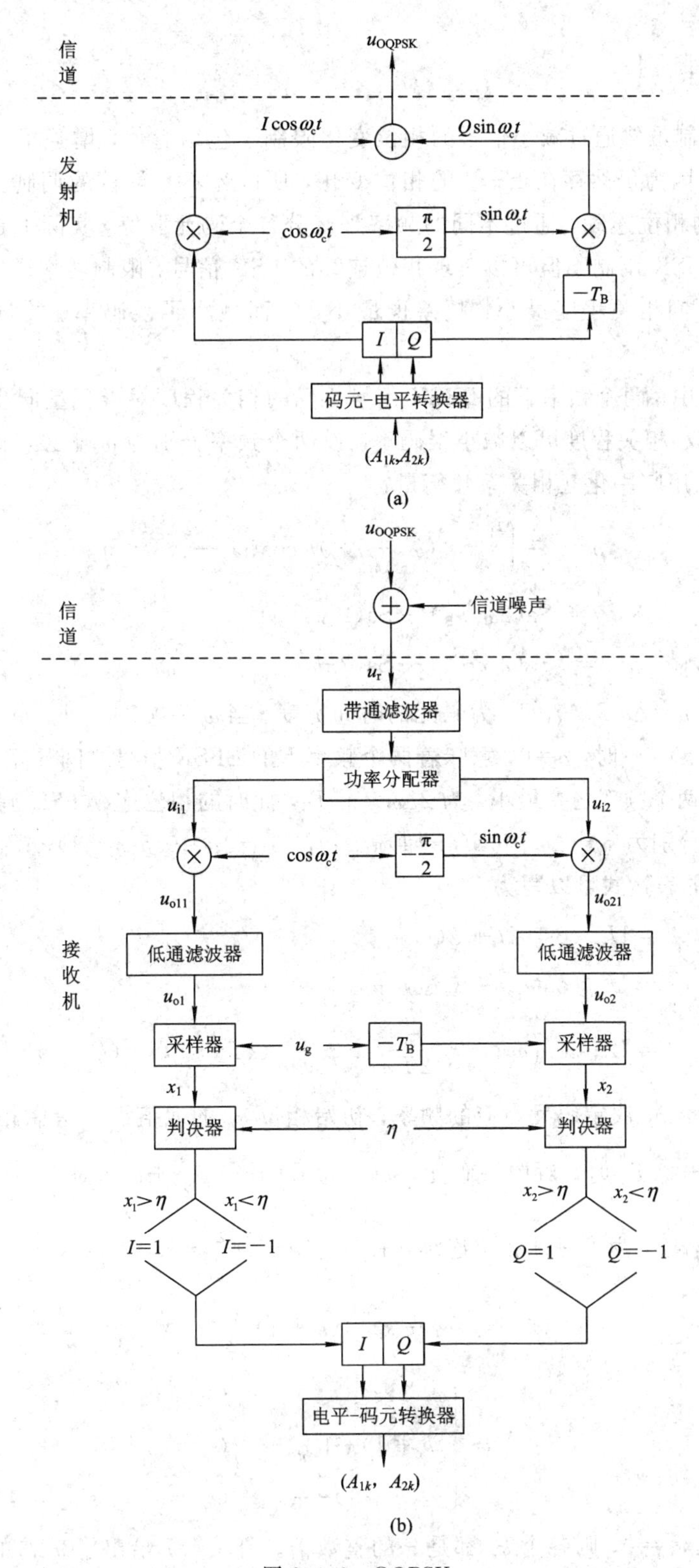

图 8.4.6　OQPSK

(a) 调制电路框图；(b) 解调电路框图

8.4.3 MSK 调制

OQPSK 调制虽然通过减小信号的相位变化限制了包络起伏，增强了对非线性电路的适应能力，但是因为仍然存在$\pm\pi/2$的相位变化，所以还不是最佳的调制。最佳的恒包络调制要求信号的相位连续，通过不同的频率来区分各个码元取值，实际上是要求相位连续的 FSK 调制。MSK 调制不但可以实现相位连续的 FSK 信号，限制功率谱扩展，而且各个频率下的信号之间相关程度最小，频差也最小，从而减小了误码率，并且提高了频带利用率。

BFSK 调制中，两个频率下的 BFSK 信号之间的相关程度对乘积型同步检波的误码率有明显影响，减小相关程度可以减小误码率。设两个频率分别为$\omega_c+\Delta\omega$和$\omega_c-\Delta\omega$，则上述相关程度可以用归一化互相关系数衡量：

$$\begin{aligned}\rho &= \frac{2}{T_B}\int_0^{T_B}\cos(\omega_c+\Delta\omega)t\cos(\omega_c-\Delta\omega)t\,dt\\ &= \mathrm{Sa}(2\omega_c T_B)+\mathrm{Sa}(2\Delta\omega T_B)\\ &= \mathrm{Sa}(2\omega_c T_B)+\mathrm{Sa}(2\pi h)\end{aligned}$$

其中，调制指数$h=\Delta\omega T_B/\pi$；T_B为码元的时间宽度。当$\omega_c=0.5m\pi/T_B(m=1, 2, 3, \cdots)$，且$h=0.5, 1, 1.5, \cdots$时，$\rho=0$，意味着两个频率下的 BFSK 信号之间的相关程度最小。其中，$h=0.5$时，两个频率之差最小，为$2\Delta\omega=\pi/T_B$，此时的相位连续 FSK 调制就称为 MSK 调制，两个频率分别为$\omega_c+\Delta\omega=0.5(m+1)\pi/T_B$和$\omega_c-\Delta\omega=0.5(m-1)\pi/T_B$。

MSK 信号的表达式可以写为

$$\begin{aligned}u_{MSK} &= U_{sm}\cos[\omega_c t+\varphi(t)]\\ &= U_{sm}\cos(\omega_c t+s_k\Delta\omega t+\varphi_k)\\ &= U_{sm}\cos\left(\omega_c t+s_k\frac{\pi}{2T_B}t+\varphi_k\right)\quad(kT_B\leqslant t<(k+1)T_B)\end{aligned}\tag{8.4.1}$$

其中，s_k取 1 或-1，决定码元对应的频率；初始相位φ_k的取值需要考虑相位$\varphi(t)$连续的要求，在$t=(k+1)T_B$时，对前一码元，$\varphi(t)$为$s_k(k+1)\frac{\pi}{2}+\varphi_k$，对后一码元，$\varphi(t)$则为$s_{k+1}(k+1)\frac{\pi}{2}+\varphi_{k+1}$。为了保证相位连续，有$s_{k+1}(k+1)\frac{\pi}{2}+\varphi_{k+1}=s_k(k+1)\frac{\pi}{2}+\varphi_k$，即

$$\begin{aligned}\varphi_{k+1} &= (s_k-s_{k+1})(k+1)\frac{\pi}{2}+\varphi_k\\ &= \begin{cases}\varphi_k & (s_k=s_{k+1})\\ (k+1)\pi+\varphi_k & (s_k=1,\ s_{k+1}=-1)\\ -(k+1)\pi+\varphi_k & (s_k=-1,\ s_{k+1}=1)\end{cases}\end{aligned}$$

如果最初取$\varphi_0=0$，则各个φ_k都是π的整数倍。图 8.4.7 给出了$\varphi(t)$的变化过程，称为相位路径。

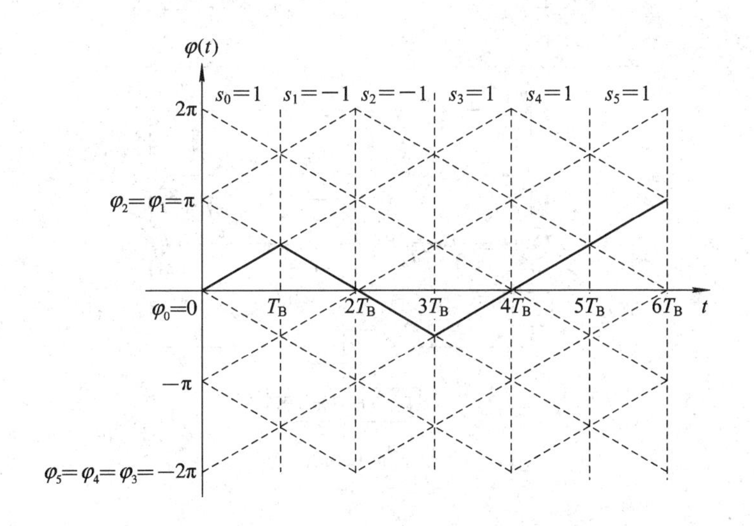

图 8.4.7　u_{MSK}的相位路径

式(8.4.1)可以展开为

$$\begin{aligned} u_{\text{MSK}} &= U_{\text{sm}} \cos\left(s_k \frac{\pi}{2T_{\text{B}}}t + \varphi_k\right) \cos\omega_c t - U_{\text{sm}} \sin\left(s_k \frac{\pi}{2T_{\text{B}}}t + \varphi_k\right) \sin\omega_c t \\ &= U_{\text{sm}} \cos\varphi_k \cos \frac{\pi}{2T_{\text{B}}}t \cos\omega_c t - U_{\text{sm}} s_k \cos\varphi_k \sin \frac{\pi}{2T_{\text{B}}}t \sin\omega_c t \\ &= I \cos \frac{\pi}{2T_{\text{B}}}t \cos\omega_c t + Q \sin \frac{\pi}{2T_{\text{B}}}t \sin\omega_c t \end{aligned}$$

其中，$I=U_{\text{sm}} \cos\varphi_k$，$Q=-U_{\text{sm}} s_k \cos\varphi_k$。不妨取$U_{\text{sm}}=1$，又因为$\varphi_k$是π的整数倍，$s_k$取1或−1，所以$I$和$Q$彼此独立地在1和−1之间取值，可以用双比特组码元(A_{1k}，A_{2k})产生。同时，u_{MSK}的相位满足：

$$\begin{cases} \cos\varphi(t) = I \cos \dfrac{\pi}{2T_{\text{B}}}t \\ \sin\varphi(t) = -Q \sin \dfrac{\pi}{2T_{\text{B}}}t \end{cases}$$

为了保证$\varphi(t)$连续，I的取值变化应该发生在$\cos \frac{\pi t}{2T_{\text{B}}}=0$，即$T_{\text{B}}$的奇数倍时刻，而$Q$的取值变化应该发生在$\sin \frac{\pi t}{2T_{\text{B}}}=0$，即$T_{\text{B}}$的偶数倍时刻，这就要求$I$和$Q$的变化时刻应该错开$T_{\text{B}}$。基于上述认识，可以设计出一种MSK调制的电路框图，如图8.4.8(a)所示。作为BFSK信号，u_{MSK}的解调可以采用与BFSK解调一样的包络检波，也可以采用如图8.4.8(b)所示的相干检波。乘积型同步检波给出的$I \cos \frac{\pi t}{2T_{\text{B}}}$和$Q \sin \frac{\pi t}{2T_{\text{B}}}$都是低频信号，因此不宜继续采用乘积型同步检波。为了取出I和Q，电路采用积分器，对两个低频信号分别在$\cos \frac{\pi t}{2T_{\text{B}}}$和$\sin \frac{\pi t}{2T_{\text{B}}}$的半个周期积分，结果的正负与$I$和$Q$的正负一致，所以根据积分结果能判决$I$和$Q$的取值。

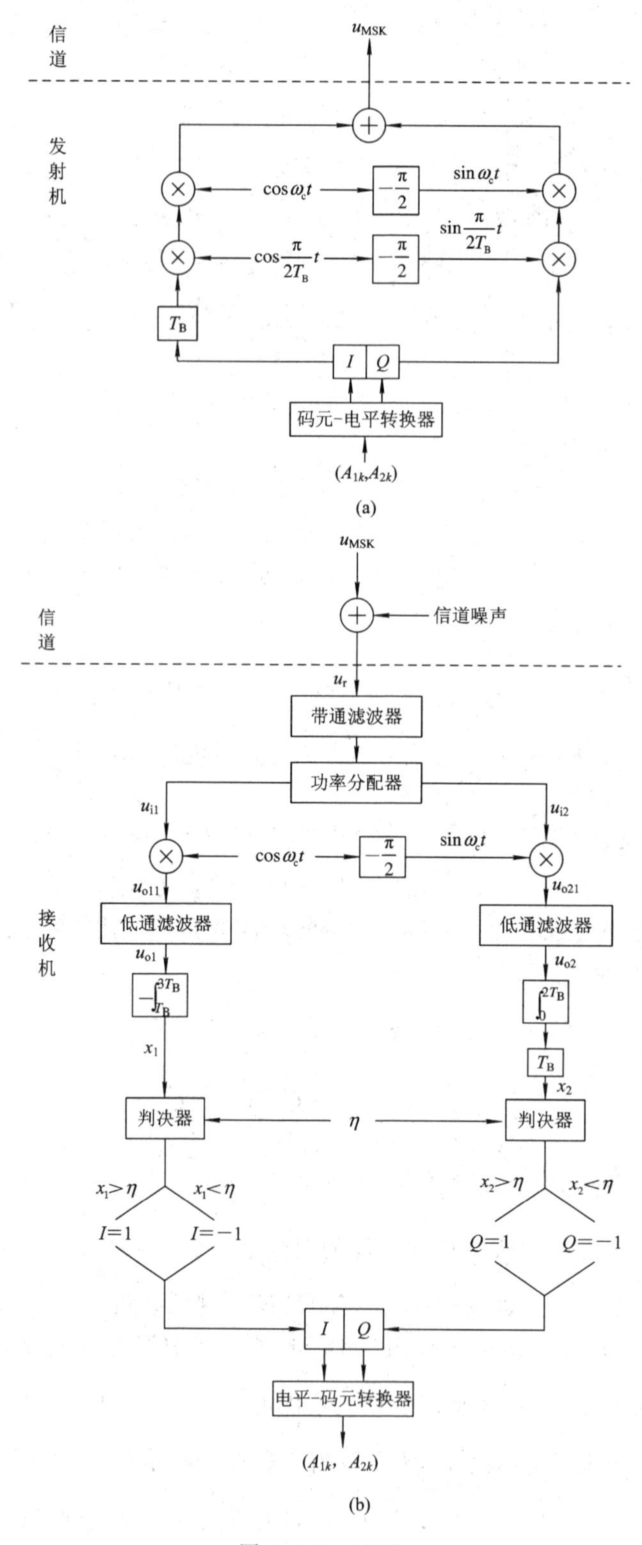

图 8.4.8 MSK

(a) 调制电路框图；(b) 解调电路框图

如果使矩形脉冲构成的基带信号通过高斯低通滤波器，再进行 MSK 调制，则称为高斯最小频移键控(GMSK)调制。如图 8.4.9 所示，与 MSK 信号相比，GMSK 信号的功率谱在主瓣外衰减得更明显。在便携式移动通信系统等对带外辐射功率有严格限制的场合，GMSK 调制得到了广泛的应用。

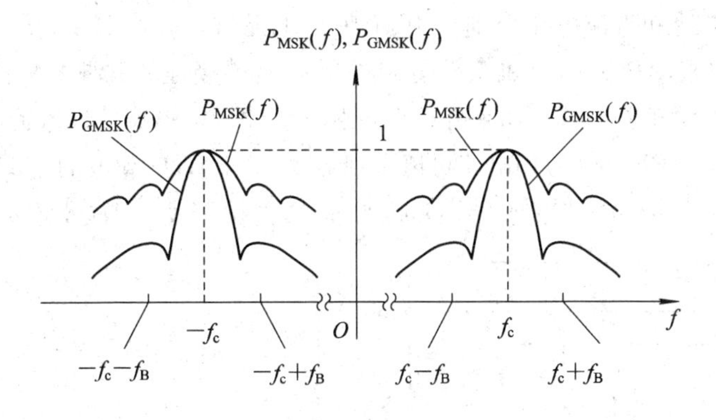

图 8.4.9　MSK 信号和 GMSK 信号的归一化功率谱

8.5　集成器件与应用电路举例

与模拟调制与解调相比，数字调制与解调的器件和电路可以根据具体应用设备的功能需要进行专门设计和优化，因而其功能特色明显，种类繁多，通用性和互换性则相对降低。具有良好线性度和宽动态范围的调制与解调集成器件和应用电路比较丰富。射频发射芯片如 cc1070 和 cc1150 等自带调制模块，可以通过修改配置寄存器的控制字实现多种数字调制方式，如 ASK、FSK 和 MSK 等。

基于 I/Q 信号的正交调制和解调，包括 QPSK、QAM、OQPSK 和 MSK，由于其频带利用率和抗干扰能力比较好，因而获得了较为广泛的应用，是现代通信和雷达系统的重要组成部分。

8.5.1　RF2422 正交调制器

RF2422 正交调制器对输入的 I/Q 信号和载波实现正交调制。I/Q 信号的频率可以到 250 MHz，I/Q 信号的直流分量一般为 3 V，交流分量振幅最大为 1 V，输入电阻为 30 kΩ。载波的频率范围为 800～2500 MHz，输入功率为 −6～6 dBm，频率高于 2 GHz 时，输入电阻为 50 Ω，频率较低时，因为允许很小的输入功率，所以一般不必考虑阻抗匹配。射频已调波的功率范围为−3～3 dBm，频率高于 2 GHz 时，输出电阻为 50 Ω，频率较低时输出电阻有较大变化，需要阻抗匹配网络提高功率传输效率。直流输入电压的范围为 4.5～6 V，工作时直流电压源提供 45 mA 的电流，低功耗时电流不超过 25 μA。

RF2422 的内部电路如图 8.5.1 所示，包括 I/Q 信号差分放大单元、载波相移单元、载波限幅放大单元、两个双平衡乘法单元、求和放大单元、射频放大单元以及功率控制单元。如果采用不平衡输入方式，则 I/Q 信号分别作为差模信号输入引脚 15、16，引脚 1、2 输入的参考电压分别等于 I/Q 信号的直流分量。如果采用平衡输入方式，则可以通过不平衡-平衡转换把一对反相的 I 信号分别输入引脚 16、1，把一对反相的 Q 信号分别输入引脚 15、2。

I/Q 信号经过差分放大后分别送入两个双平衡乘法单元。载波从引脚 6 输入，经过相移生成一对正交载波，分别经过限幅放大后输入两个双平衡乘法单元。双平衡乘法单元输出的两路正交信号经过求和与放大，得到的射频已调波从引脚 9 输出。引脚 3、4、5 为载波相移单元提供接地。引脚 7 外接直流电压源，为除射频放大单元以外的其余电路提供直流电压。射频放大单元的接地和直流电压分别由引脚 10、11 提供。引脚 12、13、14 为 I/Q 信号差分放大单元、载波限幅放大单元和双平衡乘法单元提供接地。引脚 8 外接直流电压源时，功率控制单元使器件正常工作，如果外接电压低于 1.2 V，则器件进入低功耗状态。

图 8.5.2 所示的 RF2422 应用电路可以实现对 2～2.5 GHz 载波的正交调制，载波 u_c 的输入和射频已调波 u_o 的输出都需要特性阻抗为 50 Ω 的微带线，以减小连接处的功率反射。

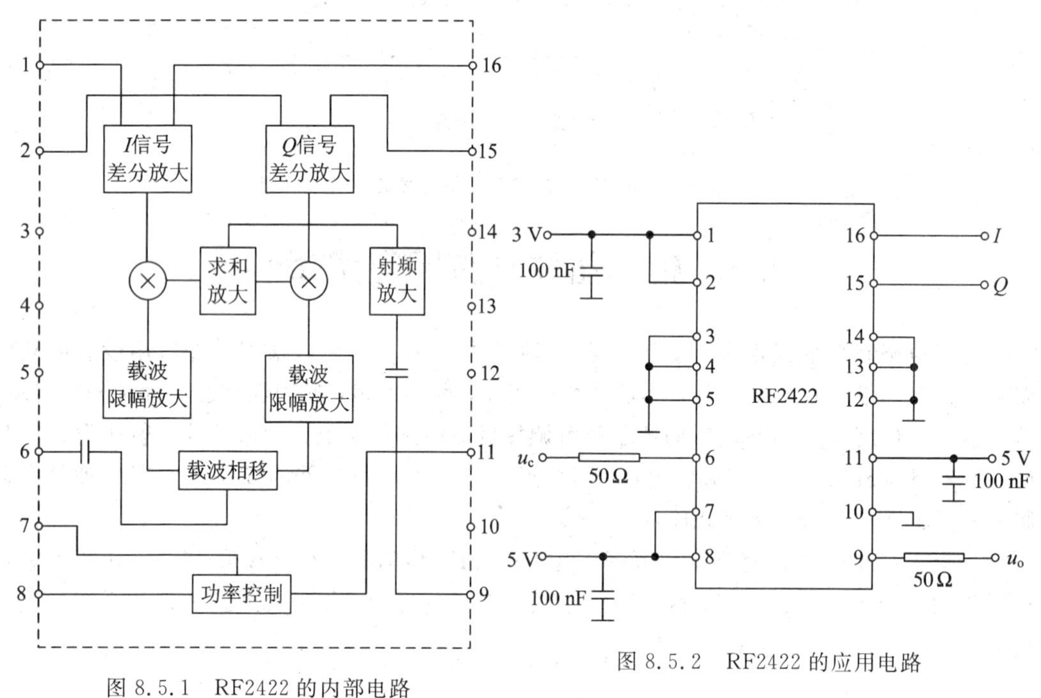

图 8.5.1　RF2422 的内部电路

图 8.5.2　RF2422 的应用电路

8.5.2　AD8348 正交解调器

AD8348 正交解调器对输入的中频已调波和本振信号实现正交解调，输出 I/Q 信号，并且可以选择对中频已调波进行可变增益放大，也可以选择对 I/Q 信号进行放大。中频已调波的频率为 50 MHz～1.0 GHz，信号带宽可以达到 60 MHz。如果输入可变增益放大器，则中频已调波的输入电阻为 150～230 Ω，典型值为 190 Ω，从中频已调波到 I/Q 信号，增益受到可变增益放大器的控制，范围为 −14～33 dB，增益的 3 dB 带宽最大为 500 MHz；如果不输入可变增益放大器，则中频已调波的输入电阻为 150～240 Ω，典型值为 200 Ω，从中频已调波到 I/Q 信号的增益为 12 dB。本振信号的频率范围为 200 MHz～4.0 GHz，输入功率为 −10～0 dBm，输入电阻为 320 Ω。I/Q 信号的振幅失衡不超过 0.3 dB，正交相位误差的均方根不超过 0.6°，输出电阻为 40 Ω，输出电流最大为 2.5 mA。对 I/Q 信号放大时，增益为 20 dB，放大后，I/Q 信号的峰-峰值一般为 2 V。直流输入电压的范围为 2.7～5.5 V，工作时直流电压源提供 48 mA 的电流，低功耗时电流不超过 65 μA。

AD8348的内部电路如图8.5.3所示，主要包括直流偏置单元、可变增益放大单元、增益控制单元、多路转换单元、两个吉尔伯特乘法单元、正交相位分离单元以及I/Q信号放大单元。中频已调波交流耦合输入引脚11，引脚10交流接地。增益控制电压输入引脚17，增益控制单元为可变增益放大单元提供精确的线性分贝增益控制和温度补偿，增益控制电压的范围为0.2～1.2 V，取值越大，增益越小。经过可变增益放大单元，中频已调波输入两个吉尔伯特乘法单元。中频已调波也可以不经过可变增益放大单元，直接经过引脚18、19以差模方式输入吉尔伯特乘法单元。引脚24的使能信号通过多路转换单元选择中频已调波，如果使能信号为5.5 V，则可变增益放大单元工作，吉尔伯特乘法单元接收经过放大的中频已调波；如果使能信号为零，则可变增益放大单元停止工作，吉尔伯特乘法单元接收直接输入的中频已调波。本振信号差模输入引脚1、28，正交相位分离单元对本振信号2分频，从而保证两路载波的振幅平衡和精确正交，两路正交载波分别输入两个吉尔伯特乘法单元。引脚13、16输入失调信号，补偿吉尔伯特乘法单元失调产生的直流输出电压(失调信号可以用I/Q信号经过积分电路反馈产生，也可以用数字信号经过D/A转换产生，实现外部控制)。吉尔伯特乘法单元的I/Q信号从引脚8、21输出，以便外围电路对其处理，如滤波。引脚5输入所有基带数字信号的直流分量，即直流共模电压。直流共模电压可以从引脚14输出的参考电压获得，也可以由外部其他设备如A/D转换器提供。I/Q信号分别经过引脚6、23输入I/Q信号放大单元实现差模放大，之前可以外接电路对I/Q信号滤波。如果交流耦合输入滤波后的I/Q信号，则需要用引脚14的参考电压经过1 kΩ的电阻提供直流共模电压。经过放大的I/Q信号分别从引脚3、4和25、26反相双端输出。引脚2、12、20为正交相位分离单元、可变增益放大单元、增益控制单元、直流偏置单元和I/Q信号放大单元提供直流电压，外接直流电压源时需要用电容去耦。上述单元经过引脚27、9、7、22接地。引脚15的门限电压为直流电压源电压的一半，外接高电压时器件正常工作，外接低电压时，器件进入低功耗状态。

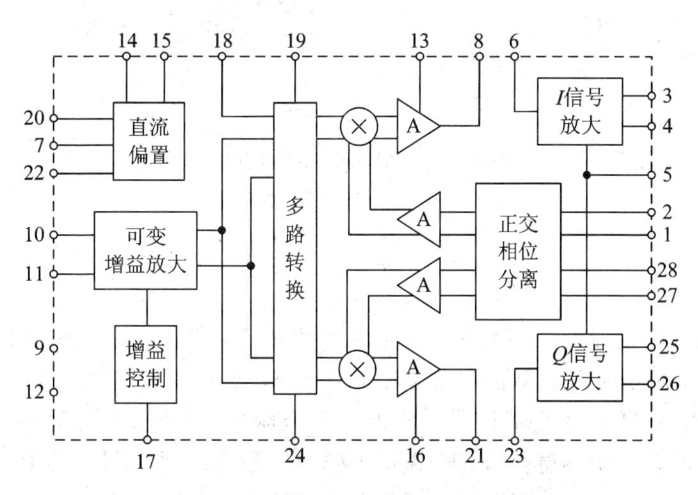

图8.5.3　AD8348的内部电路

图8.5.4所示的AD8348应用电路可以实现对50 MHz～1.0 GHz中频已调波的正交解调，信号带宽为75 MHz，解调增益为42 dB。引脚11输入中频已调波u_i时，考虑到引脚11、10之间的输入电阻一般为190 Ω左右，为了获得50 Ω的宽带输入电阻，需要用电

阻 R_1 和 R_2 构成 L 形网络实现阻抗匹配。本振信号 u_l 经过 1∶1 的传输线变压器 Tr_1 的不平衡-平衡转换，输入引脚 1、28，电阻 R_3 实现 50 Ω 的宽带输入电阻。引脚 18、19 输入 u_i 时，考虑到输入电阻的典型值为 200 Ω，所以通过一个 4∶1 阻抗变换的变压器 Tr_2，将输入电阻变为 50 Ω。放大后的 I/Q 信号输出时，需要接入 2 kΩ 以上的负载电阻。开关 S 用于选择是否对 u_i 实现可变增益放大。

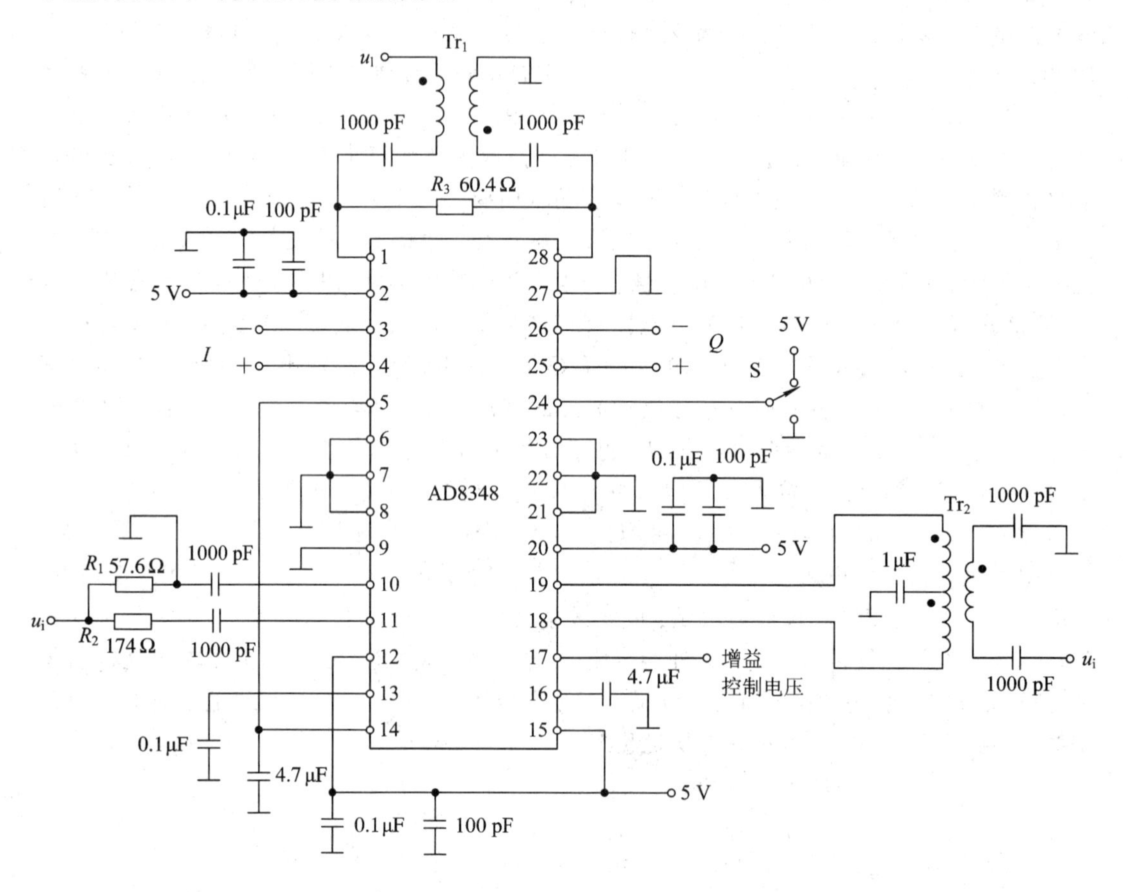

图 8.5.4 AD8348 的应用电路

本章小结

本章讲述了振幅键控调制与解调、频移键控调制与解调、相移键控调制与解调。

(1) 用数字基带信号改变载波的振幅、频率和相位，得到已调波，以及从已调波的振幅、频率和相位中恢复数字基带信号，分别称为振幅键控(ASK)调制与解调、频移键控(FSK)调制与解调以及相移键控(PSK)调制与解调。数字基带信号可以是二进制，也可以是多进制，多进制调制和解调可以提高数据传输速率，但误码率较高。

(2) ASK 调制用已调波的不同振幅携带数字基带信号的信息，可以通过乘法器或开关键控实现。ASK 信号的带宽为数字基带信号带宽的两倍。对 ASK 信号的解调可以用包络检波或乘积型同步检波，后者误码率较小。

(3) FSK调制用已调波的不同频率携带数字基带信号的信息。直接调频电路(如压控振荡器)可以实现相位连续的FSK信号，频率键控则生成相位不连续的FSK信号。FSK信号可以看做互补的ASK信号的叠加，所以对其中每一路ASK信号分别进行包络检波或乘积型同步检波，再对检波结果进行信号检测，就实现了FSK解调。

(4) PSK调制用已调波的不同相位携带数字基带信号的信息。PSK信号有绝对相移和相对相移两种。绝对相移PSK信号可以通过直接调相法和相位选择法实现；相对相移PSK信号通过绝对码-差分码变换后，再用绝对相移PSK调制产生。绝对相移PSK信号可以通过相干检波实现解调；相对相移PSK信号可以通过相干检波和差分码-绝对码变换实现解调，也可以直接通过差分相干检波解调。

(5) 现代数字通信为了提高频带利用率和降低误码率，普遍采用正交振幅调制(QAM)、偏移四进制PSK(OQPSK)调制和最小频移键控(MSK)调制等。QAM用数字基带信号同时改变已调波的振幅和相位；OQPSK调制通过错开正交支路信号的变化时刻减小了非线性系统对QPSK信号的功率谱扩展；MSK调制是恒包络相位连续的FSK调制，进一步减小了带外辐射。

思考题和习题

8-1　数字基带传输和数字频带传输的区别是什么？为什么需要采用数字频带传输？

8-2　多进制数字调制和二进制数字调制比较，其优点和缺点各是什么？

8-3　BASK调制和解调方法有哪些？简要描述BASK信号的功率谱结构。

8-4　BFSK调制方法有哪些？其特点各是什么？为什么BFSK信号的解调也可以采用包络检波或乘积型同步检波？

8-5　绝对相移BPSK与相对相移BPSK调制和解调的方法有哪些？举例描述绝对码与差分码的互相变换。

8-6　编写程序计算、作图比较BASK信号、BFSK信号和BPSK信号的各种解调方法的误码率与功率信噪比的关系。

8-7　简要说明直接调相法实现绝对相移QPSK信号的过程。

8-8　为什么QAM可以提高频带利用率？什么情况下4-QAM信号与QPSK信号相同？

8-9　OQPSK调制通过何种方式减小了非线性电路对信号功率谱的扩展？

8-10　MSK调制和FSK调制的关系是什么？MSK调制中，已调波的频率是如何确定的？相位连续又是怎样保证的？

第九章 反馈与控制

第二章到第八章讲述了射频电路的主要组成单元电路。理论上，这些单元电路可以构成一个完整的无线电接收机，包括天线、高频小信号放大器、混频器、中频放大器、检波器和输出变换器。实际应用中，由于受到各种因素的影响，单独由上述单元电路构成的无线电接收机还无法实现高质量的接收。例如，无线电远程通信中，不同的发射机距离接收机远近不同，信道的衰减也随时间和路径变化，这会使天线上的无线电信号有强有弱，导致接收端用户收到的语音和图像信号幅度有较大的起伏变化；高频已调波的频率漂移，或接收机本地振荡器频率不稳定，会造成本振信号频率漂移，进而造成中频已调波的频率偏离中频放大器的中心频率，导致中频放大器输出的中频已调波减弱甚至消失，影响语音和图像信号的接收质量。为了解决上述问题，提高无线电接收机的接收质量，需要在无线电接收机中添加控制电路，通过电路的自动调节，削弱甚至抵消各种不利因素的影响。因为自动控制是根据反馈原理实现的，所以称为反馈控制。

对正弦信号的接收和处理，需要控制的参数是振幅、频率和相位，相应地有三种反馈控制：自动增益控制、自动频率控制和自动相位控制。自动相位控制又称为锁相环。

9.1 自动增益控制

自动增益控制(Automatic Gain Control)简记为 AGC。接收机中，高频小信号放大器和中频放大器的输出电压振幅随着天线上无线电信号场强的大小而变化。信号场强大时，输出电压振幅大；场强小时，输出电压振幅小。在不同的使用条件下，无线电信号场强的变化可以达到1000倍甚至更高。信号场强较大时，接收机应该对其抑制，避免各级电压振幅过大，导致各个单元电路中的有源器件和输出变换器过载损坏。信号场强较小时，接收机应该对其有较大的增益，使各个单元电路得到有效的电压驱动。AGC 可以达到以上目的，保证信号场强变化很大时，接收机各级电压的振幅仅在一个允许的小范围内变化。

9.1.1 工作原理

放大器的输出电压振幅等于输入电压振幅与放大器增益的乘积。根据这一关系，当要求输入电压振幅变化而输出电压振幅基本不变时，放大器的增益需要根据输入电压振幅作相应变化，即输入电压振幅较大时增益减小，输入电压振幅较小时增益增大。在电路中，通过反馈环路实现放大器的增益自动跟随输入电压的振幅变化，即反馈环路产生一个随输入电压振幅改变的控制电压，再用控制电压调节接收机有关单元电路的增益。

具有 AGC 功能的超外差式调幅接收机的原理如图 9.1.1 所示。与第一章介绍的无线电远程通信接收机不同的是，在高频放大器、混频器和中频放大器这一通路的基础上增加了一个反馈环路，由 AGC 检波器和直流放大器构成反馈支路。接收普通调幅信号时，AGC 检波器对中频放大器输出的中频已调波 u_i 检波，取出载波振幅，与预先设定的参考电压 U_R 比较。当天线上的无线电信号较强，使得载波振幅大于 U_R 时，AGC 检波器输出一反映载波振幅的微小电压，经直流放大器生成控制电压，用以减小高频放大器和中频放大器的增益。天线上的无线电信号较弱，使得载波振幅小于 U_R 时，AGC 检波器输出为零，高频放大器和中频放大器以最大增益放大信号。

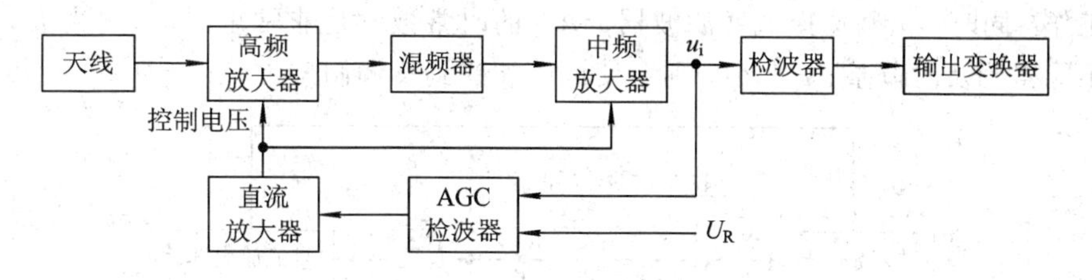

图 9.1.1 超外差式 AGC 调幅接收机

AGC 检波器与解调普通调幅信号的包络检波器不同，对包络检波输出的上包络线电压，需要滤除其中的调制信号，只取出反映载波振幅的直流电压；否则，控制信号中有调制信号，AGC 电路会把普通调幅信号的包络变化抑制掉，造成信息丢失。直流放大器的放大倍数越大，则高频放大器和中频放大器的增益控制越显著，中频已调波的振幅变化越小。

9.1.2 传输特性

没有 AGC 功能的接收机中，中频已调波 u_i 的振幅 U_{im} 随天线上无线电信号场强 E 的增大而增大，U_{im} 与 E 之间的传输特性如图 9.1.2 中的曲线①所示。具有 AGC 功能的接收机，其增益随 E 的增大而减小，传输特性如曲线②所示。当 E 位于 E_A 和 E_B 之间时，AGC 电路发挥功能，用于限制 U_{im} 的变化，在这个范围内，U_{im} 仍随着 E 的增大而略有增大，以产生必要的控制电压。下门限场强 E_A 与参考电压 U_R 以及高频放大器和中频放大器的最大增益有关，U_R 越大，E_A 也越大。当 E_A 为零时，即使对很弱的无线电信号，AGC 电路也发挥功能，如曲线③所示。这样得到的 U_{im} 很小，不利于提高接收机的灵敏度。因此，接收机一般通过 U_R 设置非零的 E_A，使无线电信号的场强较大时 AGC 电路才起作用，又称为延迟 AGC。E 变化范围一定时，U_{im} 的变化越小，则 AGC 的性能越好，通常就以此作为 AGC 的质量指标。例如，收音机的 AGC 指标为：输入电压振幅变化 26 dB 时，输出电压振幅的变化不超过 5 dB。在高级通信接收机中，AGC 指标为：输入电压振幅变化 60 dB 时，输出电压振幅的变化不超过 6 dB。

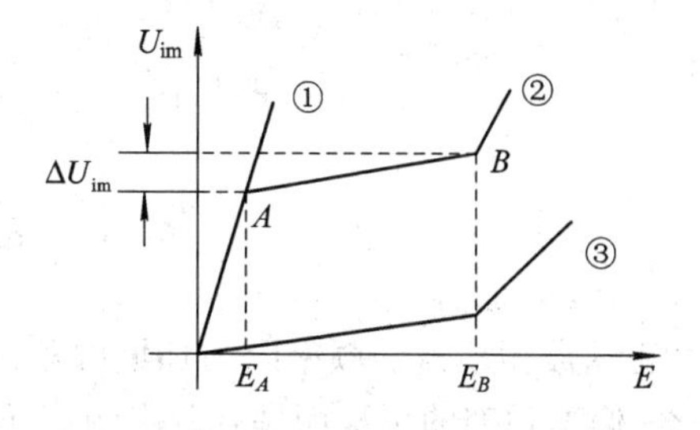

图 9.1.2 AGC 的传输特性

9.1.3 电路实现

图 9.1.3 所示为一个延迟式 AGC 的实现电路，包括包络检波器和低通滤波器。二极管 V_D 和电阻 R_1、电容 C_1 构成二极管峰值包络检波器，输出电压经过电阻 R_2 和电容 C_2 构成的低通滤波器，得到反映载波振幅的微小电压，输入直流放大器产生控制电压。电阻 R_3 和 R_4 对直流电压 $-U_{DD}$ 分压，获得参考电压 U_R，调节 R_4 可以改变 U_R。当天线上的无线电信号场强 E 很小时，中频已调波的振幅 U_{im} 也很小，由于 U_R 的存在，V_D 一直不导通，包络检波的输出电压为零，没有 AGC 功能。只有 E 大到一定程度，使 $U_{im}>U_R$ 后，AGC 电路才工作。同时，正确选择低通滤波器 R_2C_2 的时常数 τ 是非常重要的。τ 太大，接收机的增益不能得到及时调整；τ 太小，则会使调幅波受到反调制。

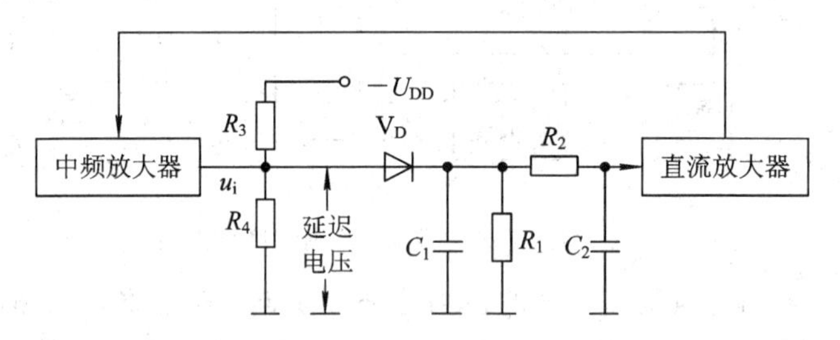

图 9.1.3 延迟式 AGC 的实现电路

可见，延迟式 AGC 的延迟特性是由参考电压 U_R 决定的，当 AGC 检波器输入信号 u_i 的幅度小于 U_R 时，检波器不工作，AGC 不起作用，接收机系统输出信号电压 u_o 与 u_i 成比例；当 u_i 的幅度大于 U_R 时，AGC 才起控制作用。其控制特性如图 9.1.4 所示。

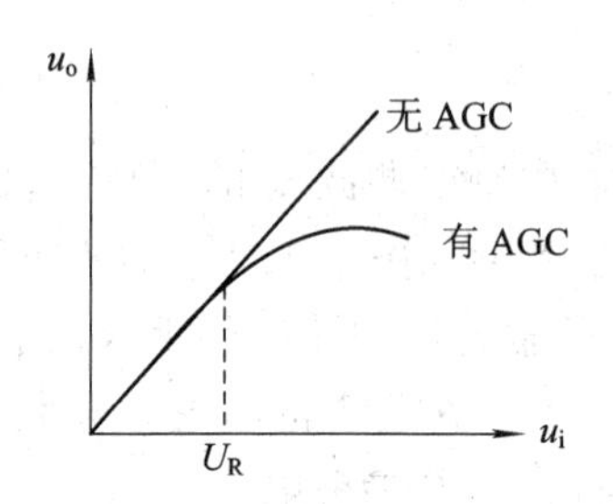

图 9.1.4 延迟式 AGC 控制特性

9.2 自动频率控制

正弦波振荡器的频率因为环境因素的作用和电路选频特性不理想会在工作过程中发生变化，偏离预期的标准频率，造成频率不稳定。除了采用克拉拨振荡器、席勒振荡器或石英晶体振荡器提高频率稳定度外，接收机经常采用反馈环路稳定频率，即自动频率控制(Automatic Frequency Control，AFC)，使本地振荡器的振荡频率自动稳定在预期的标准频率，这种方法也可以在调频接收机中用作对调频信号的解调。

9.2.1 工作原理

AFC 的工作原理如图 9.2.1 所示。图中，本地振荡器采用压控振荡器，根据控制电压确定本振信号的频率 f_l，当高频已调波的频率 f_s 或本振信号的频率 f_l 发生漂移时，控制电压随之变化，改变压控振荡器的振荡频率，即 f_l，使下混频输出的中频已调波的频率 $f_i = f_l - f_s$ 基本不变。f_i 和标准值之间的误差称为剩余频差。在本地振荡器频率控制和调频负反馈解调的 AFC 实现中，控制电压的产生方式不同。

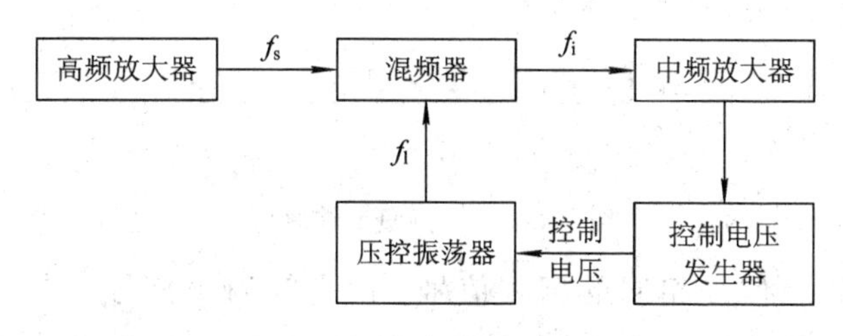

图 9.2.1　AFC 的工作原理

9.2.2　电路实现——本地振荡器频率控制

超外差式接收机利用本振信号与高频已调波进行下混频，将不同频率的高频已调波变换为固定频率的中频已调波，输入中频放大器。实际工作中，高频已调波的频率 f_s 漂移，或本振信号的频率 f_l 不稳定，都会使混频后的中频频率 f_i 偏离标准值，导致中频放大器工作在失谐状态，引起增益下降和信号失真等现象。采用 AFC 可以实现中频频率基本不变，提高中频放大器输出的中频已调波的质量。

图 9.2.2 所示为添加 AFC 功能的超外差式调幅接收机。

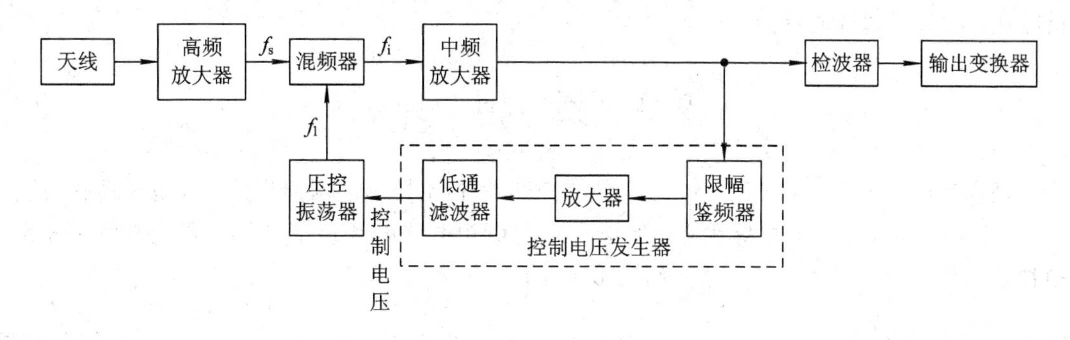

图 9.2.2　超外差式 AFC 调幅接收机

图中，限幅鉴频器、放大器和低通滤波器构成控制电压发生器。限幅鉴频器根据 f_i 的变化产生误差电压，经过放大器和低通滤波器后，生成控制电压。如果 f_i 增大，则降低压控振荡器的振荡频率 f_l，如果 f_i 减小，则升高 f_l，通过这样的负反馈，f_i 可以最终接近预期的标准频率。

9.2.3　电路实现——调频负反馈解调

调频负反馈解调如图 9.2.3 所示。

图中，限幅鉴频器和低通滤波器构成控制电压发生器，不但恢复调制信号，送入输出变换器，而且还把该调制信号作为控制电压，以改变压控振荡器的振荡频率 $f_l(t)$，于是压控振荡器也输出一个振荡频率按调制信号规律变化的调频信号。因此，混频器输入了两个

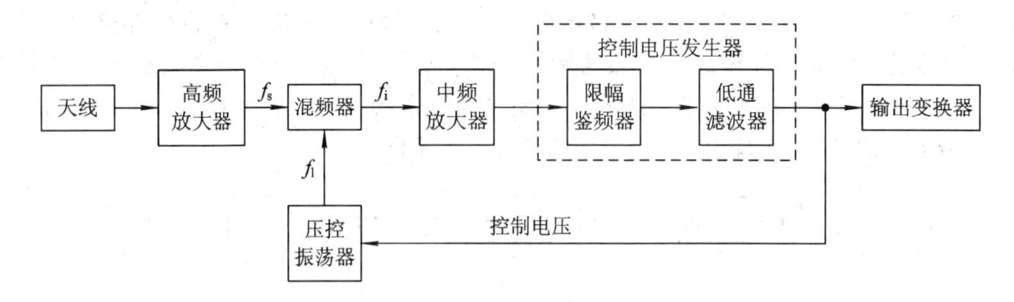

图 9.2.3　调频负反馈解调

载波频率不同，但调制信号相同的调频信号。设高频调频信号的频率为 $f_s(t)=f_c+\Delta f_m\cos\Omega t$，压控振荡器输出的调频信号的瞬时频率为$f_l(t)=f_{l0}+\Delta f_{lm}\cos\Omega t$，混频器输出的中频调频信号的瞬时频率：

$$\begin{aligned} f_i(t) &= f_l(t)-f_s(t)=(f_{l0}-f_c)-(\Delta f_m-\Delta f_{lm})\cos\Omega t \\ &= f_{i0}-\Delta f_{im}\cos\Omega t \end{aligned}$$

式中，f_{i0}和 Δf_{im}分别为中频已调波的载频和最大频偏。可见，中频已调波仍然为不失真的调频信号，只是最大频偏由 Δf_m 减小到 Δf_{im}，通过中频放大器和限幅鉴频器后也可以解调出调制信号。

因为中频调频信号的最大频偏减小，所以带宽也减小，可以用通频带较窄的中频放大器放大。这样，进入中频放大器，再输入限幅鉴频器的噪声功率将随之减小，从而提高了信噪比，改善了解调质量。

9.3　锁　相　环

锁相环(Phase Locked Loop，PLL)是实现自动相位控制的反馈环路，因为其具有功能多样，性能优异，便于集成等优点，所以在现代射频电路中获得了广泛应用。锁相环分为模拟锁相环和数字锁相环，本章介绍模拟锁相环。

9.3.1　工作原理

锁相环包括三个基本部分：鉴相器、环路低通滤波器和压控振荡器，如图 9.3.1 所示。锁相环的输入电压为 $u_i(t)$，输出电压为 $u_o(t)$，以压控振荡器的固有振荡频率为参考，$u_i(t)$和 $u_o(t)$的相位分别为 $\varphi_1(t)$和 $\varphi_2(t)$。$u_i(t)$和 $u_o(t)$输入鉴相器，在其内部，$\varphi_1(t)$和 $\varphi_2(t)$相减得到相位差 $\varphi_e(t)=\varphi_1(t)-\varphi_2(t)$，鉴相器的输出电压 $u_d(t)$为 $\varphi_e(t)$的函数。$u_d(t)$输入环路低通滤波器，去除可能引起非线性失真的频率分量和其他干扰，输出控制电压 $u_c(t)$，$u_c(t)$调节压控振荡器，使其瞬时振荡频率即 $u_o(t)$的频率 ω_o 向 $u_i(t)$的频率 ω_i 靠拢。

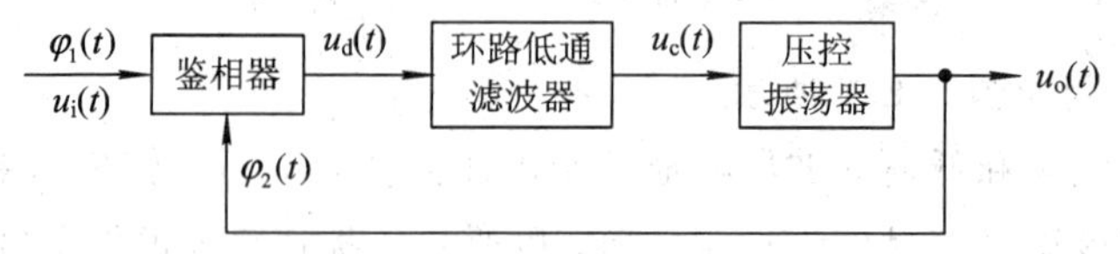

图 9.3.1　锁相环的结构

系统运行一段时间后将达到稳定，$\varphi_e(t)$不再变化，成为一恒定值，ω_o 和 ω_i 相等，此时锁相环进入锁定状态。

9.3.2　基本电路

为了分析锁相环的性能，首先研究鉴相器、环路低通滤波器和压控振荡器的传输特性，建立它们的数学模型，然后在此基础上建立锁相环的数学模型。

1. 鉴相器

如第七章所讲，鉴相器是相位比较电路，输出电压表示了两个输入电压之间的相位差，在锁相环中，这两个输入电压分别是锁相环的输入电压 $u_i(t)$和输出电压 $u_o(t)$。以压控振荡器的固有振荡频率 ω_0 作为参考，$u_i(t)$和 $u_o(t)$可以分别写为

$$u_i(t) = U_{im}\cos(\omega_i t + \varphi_i) = U_{im}\cos[\omega_0 t + (\omega_i - \omega_0)t + \varphi_i] = U_{im}\cos[\omega_0 t + \varphi_1(t)]$$

$$u_o(t) = U_{om}\cos(\omega_o t + \varphi_o) = U_{om}\cos[\omega_0 t + (\omega_o - \omega_0)t + \varphi_o] = U_{om}\cos[\omega_0 t + \varphi_2(t)]$$

鉴相器的输出电压：

$$u_d(t) = U_{dm}\sin[\varphi_1(t) - \varphi_2(t)] = U_{dm}\sin\varphi_e(t)$$

根据上式，鉴相器的鉴相特性和数学模型分别如图 9.3.2(a)和(b)所示。

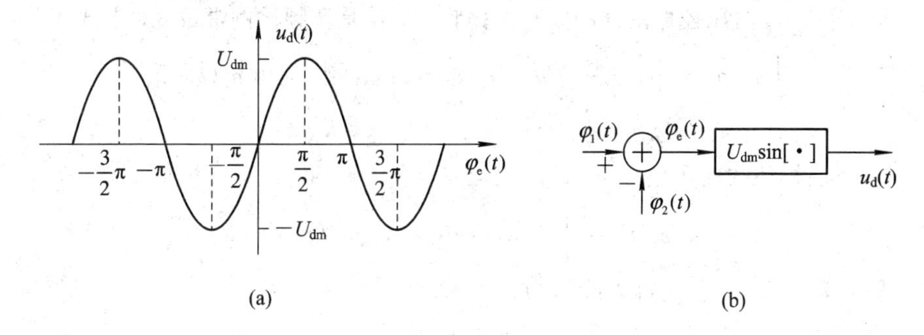

图 9.3.2　鉴相器

(a) 鉴相特性；(b) 数学模型

2. 环路低通滤波器

环路低通滤波器对鉴相器的输出电压 $u_d(t)$滤波，输出控制电压 $u_c(t)$。锁相环的环路低通滤波器通常是形式简单的模拟电路。在一些特殊情况下，也采用微处理器的设计。图 9.3.3 所示为三种常见的环路低通滤波器。

它们的滤波性能可以用复频域上的传递函数描述，分别为：

$$F(s) = \frac{1}{1 + s\tau}$$

$$F(s) = \frac{1 + s(\tau_1 + \tau_2)}{s\tau_1} \tag{9.3.1}$$

$$F(s) = \frac{1 + s\tau_2}{1 + s(\tau_1 + \tau_2)}$$

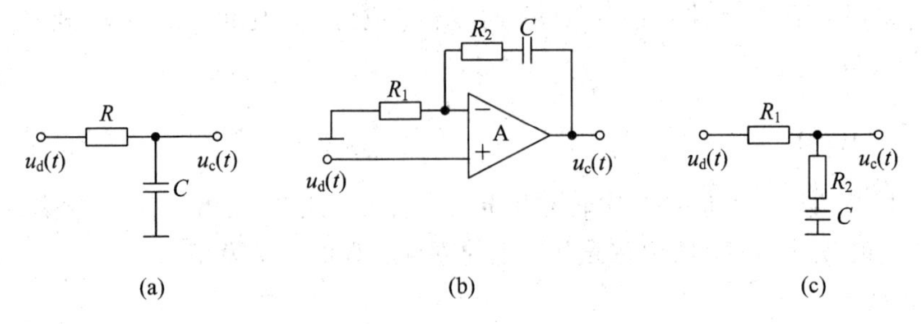

图 9.3.3　环路低通滤波器

(a) 简单 RC 滤波器；(b) 有源比例积分滤波器；(c) 无源比例积分滤波器

其中，$\tau=RC$，$\tau_1=R_1C$，$\tau_2=R_2C$。

环路低通滤波器的数学模型如图 9.3.4 所示。

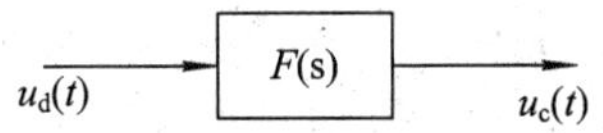

$u_d(t)$ → $F(s)$ → $u_c(t)$

图 9.3.4　环路低通滤波器的数学模型

3. 压控振荡器

压控振荡器的瞬时振荡频率 ω_o 和控制电压 $u_c(t)$ 之间近似为线性关系，是一种调频电路，ω_o 可以写为

$$\omega_o=\omega_0+k_f u_c(t)$$

其中，ω_0 是 $u_c(t)=0$ 时压控振荡器的固有振荡频率；k_f 是调频比例常数。对上式积分，得：

$$\begin{aligned}\int^t \omega_o\,\mathrm{d}t &= \int^t [\omega_0+k_f u_c(t)]\,\mathrm{d}t=\int^t \omega_0\,\mathrm{d}t+\int^t k_f u_c(t)\,\mathrm{d}t\\ &=\omega_0 t+\varphi_2(t)\end{aligned}$$

其中，$\varphi_2(t)$ 为锁相环的输出电压 $u_o(t)$ 的相位：

$$\varphi_2(t)=\int^t k_f u_c(t)\,\mathrm{d}t=k_f\int^t u_c(t)\,\mathrm{d}t$$

利用积分算子 1/s，上式可以改写为

$$\varphi_2(t)=\frac{k_f}{s}u_c(t)$$

压控振荡器的压控特性和数学模型分别如图 9.3.5(a)和(b)所示。

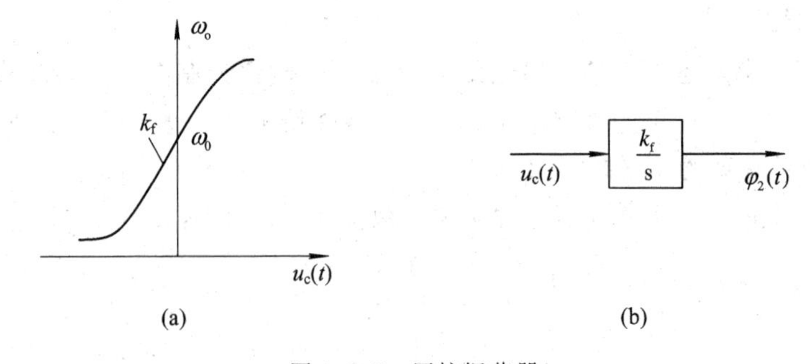

图 9.3.5　压控振荡器

(a) 压控特性；(b) 数学模型

9.3.3 基本方程

将鉴相器、低通滤波器和压控振荡器的数学模型连接起来，就得到了锁相环的数学模型，如图 9.3.6 所示。

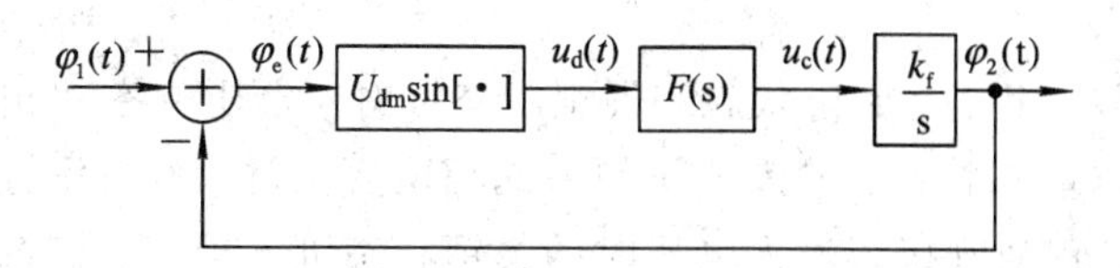

图 9.3.6 锁相环的数学模型

在时域上，锁相环的信号相位满足相位基本方程

$$\varphi_e(t)=\varphi_1(t)-\varphi_2(t)=\varphi_1(t)-\frac{k_f}{s}F(s)U_{dm}\sin\varphi_e(t)$$

例如，在环路低通滤波器是如图 9.3.3(b)所示的有源比例积分滤波器的情况下，将式(9.3.1)代入相位基本方程，得：

$$\varphi_e(t)=\varphi_1(t)-\varphi_2(t)=\varphi_1(t)-\frac{k_f}{s}\frac{1+s(\tau_1+\tau_2)}{s\tau_1}U_{dm}\sin\varphi_e(t)$$

$$\varphi_2(t)=\frac{k_f}{s}\frac{1+s(\tau_1+\tau_2)}{s\tau_1}U_{dm}\sin\varphi_e(t)$$

$$\begin{aligned}\tau_1 s^2\varphi_2(t)&=k_fU_{dm}[1+(\tau_1+\tau_2)s]\sin\varphi_e(t)\\&=k_fU_{dm}[\sin\varphi_e(t)+(\tau_1+\tau_2)s\sin\varphi_e(t)]\end{aligned}$$

算子 s 代表微分运算，所以将 s 换为$\frac{d}{dt}$，s^2 换为$\frac{d^2}{dt^2}$，就得到了信号相位满足的微分方程：

$$\begin{aligned}\tau_1\frac{d^2\varphi_2(t)}{dt^2}&=k_fU_{dm}\left[\sin\varphi_e(t)+(\tau_1+\tau_2)\frac{d}{dt}\sin\varphi_e(t)\right]\\&=k_fU_{dm}\left[\sin\varphi_e(t)+(\tau_1+\tau_2)\cos\varphi_e(t)\frac{d\varphi_e(t)}{dt}\right]\end{aligned}$$

将相位基本方程两边微分，即乘以微分算子 s，得到锁相环的频率基本方程：

$$s\varphi_e(t)=s\varphi_1(t)-s\varphi_2(t)=s\varphi_1(t)-k_fF(s)U_{dm}\sin\varphi_e(t)$$

上式也可以写为

$$\Delta\omega_e(t)=\Delta\omega_1(t)-\Delta\omega_2(t)$$

其中，$\Delta\omega_1(t)=s\varphi_1(t)=\frac{d\varphi_1(t)}{dt}=\omega_i-\omega_0$，为锁相环的输入电压 $u_i(t)$的频率和压控振荡器的固有振荡频率之差，称为固有频差；$\Delta\omega_2(t)=s\varphi_2(t)=\frac{d\varphi_2(t)}{dt}=\omega_o-\omega_0$，为压控振荡器的瞬时振荡频率和固有振荡频率之差，称为控制频差；$\Delta\omega_e(t)=s\varphi_e(t)=\frac{d\varphi_e(t)}{dt}=\frac{d\varphi_1(t)}{dt}-\frac{d\varphi_2(t)}{dt}=(\omega_i-\omega_0)-(\omega_o-\omega_0)=\omega_i-\omega_o$，为 $u_i(t)$的频率和压控振荡器的瞬时振荡频率之差，称为瞬时频差。

频率基本方程表明，在任何时刻，锁相环都满足：

瞬时频差＝固有频差－控制频差

开始工作的瞬间，控制频差为零，固有频差等于瞬时频差。随着锁相环控制作用的增强，控制频差逐渐增加，瞬时频差逐渐减小。最后，控制频差等于固有频差，瞬时频差为零，锁相环进入锁定状态。

9.3.4 主要特性

锁相环有两个基本状态：锁定状态和失锁状态。输入电压频率和相位不变时，锁相环在锁定状态下表现出静态特性；输入电压频率或相位变化时，锁相环通过跟踪过程保持锁定状态，通过捕捉过程从刚接入输入电压时的失锁状态进入锁定状态。跟踪过程和捕捉过程中，锁相环分别表现出跟踪特性与捕捉特性。

1. 静态特性

输入电压频率和相位不变时，锁相环在锁定状态下的静态特性可以从以下三个方面来说明。

(1) 瞬时频差为零。锁定状态下，锁相环的输入电压 $u_i(t)$ 和输出电压 $u_o(t)$ 的频率差 $\Delta\omega_e(t)=\omega_i-\omega_o=0$，即 $u_i(t)$ 和 $u_o(t)$ 的频率相等。

(2) 相位差恒定。锁定状态下，$u_i(t)$ 和 $u_o(t)$ 的相位差 $\varphi_e(t)=\varphi_1(t)-\varphi_2(t)$ 为一常数，但不一定为零，称为稳态相位差，记为 $\varphi_{e\infty}$。此时，鉴相器的输出电压 $u_d(t)=U_{dm}\sin\varphi_{e\infty}$，是直流电压，对其而言，环路低通滤波器的传递函数为 $F(0)$。又因为锁定时瞬时频差为零，所以根据锁相环的频率基本方程，有：

$$\Delta\omega_1(t)=\Delta\omega_2(t)=k_f F(0)U_{dm}\sin\varphi_{e\infty}$$

由此可以得到稳态相位差：

$$\varphi_{e\infty}=\arcsin\frac{\Delta\omega_1(t)}{k_f F(0)U_{dm}}=\arcsin\frac{\Delta\omega_1(t)}{A_{\Sigma 0}} \tag{9.3.2}$$

其中，$A_{\Sigma 0}=k_f F(0)U_{dm}$ 为锁相环的直流增益。$|A_{\Sigma 0}|$ 越大或 $|\Delta\omega_1(t)|$ 越小，则 $|\varphi_{e\infty}|$ 越小。当 $|A_{\Sigma 0}|$ 不够大时，可以在环路低通滤波器和压控振荡器之间添加放大器。为了实现正确的鉴相，由式(9.3.2)可知，$-\pi/2\leqslant\varphi_{e\infty}\leqslant\pi/2$。

(3) 同步带。锁相环在锁定状态下，维持瞬时频差为零和相位差恒定的 $\Delta\omega_1(t)$ 的最大取值范围称为同步带，记为 $\Delta\omega_H$。如果压控振荡器的振荡频率范围和环路低通滤波器的通频带足够宽，则同步带仅由鉴相器决定，根据式(9.3.2)，应有 $|\Delta\omega_1(t)|\leqslant|A_{\Sigma 0}|$，所以同步带为

$$\Delta\omega_H=2|A_{\Sigma 0}|$$

2. 跟踪特性

在锁定状态的基础上，如果输入电压的频率或相位发生变化，锁相环通过自身调节维持锁定状态的过程称为跟踪过程。跟踪特性表示锁相环跟随输入电压频率或相位的能力。跟踪过程中，锁相环可以简化为线性系统，利用传递函数分析跟踪特性。

1) 锁相环的线性数学模型和传递函数

跟踪过程中，输入电压 $u_i(t)$ 和输出电压 $u_o(t)$ 的相位差 $\varphi_e(t)=\varphi_1(t)-\varphi_2(t)$ 一般满足 $|\varphi_e(t)|\leqslant\pi/6$。此时，鉴相器的输出电压可以作如下近似：

$$u_d(t)=U_{dm}\sin\varphi_e(t)\approx U_{dm}\varphi_e(t)$$

将以上近似结果代入锁相环的频率基本方程，用拉氏变换后的 $\varphi_1(s)$、$\varphi_2(s)$ 和 $\varphi_e(s)$ 代替

$\varphi_1(t)$、$\varphi_2(t)$和$\varphi_e(t)$，并设$k=k_f U_{dm}$，则得到锁相环的线性频率基本方程：

$$s\varphi_e(s)=s\varphi_1(s)-kF(s)\varphi_e(s)$$

即

$$\varphi_e(s)=\varphi_1(s)-\frac{kF(s)}{s}\varphi_e(s)$$

该方程对应的数学模型如图 9.3.7 所示。

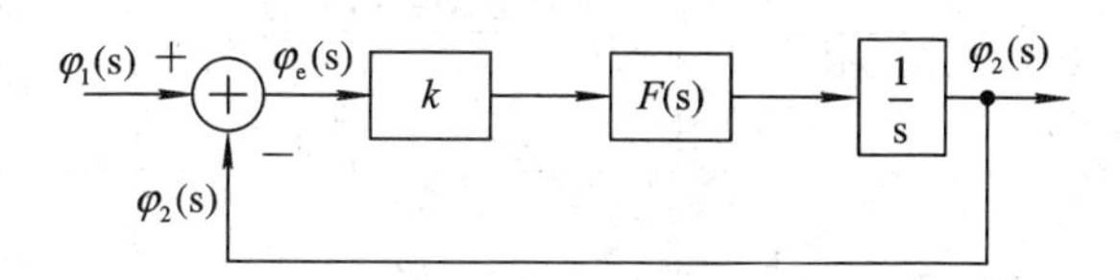

图 9.3.7　锁相环的线性数学模型

此时，锁相环是线性系统。线性系统的传递函数定义为初始条件为零时，复频域上系统输出的响应函数与系统输入的驱动函数之比。用锁相环的$\varphi_1(s)$作为驱动函数，$\varphi_2(s)$和$\varphi_e(s)$分别作为响应函数，可以定义锁相环的三种传递函数。

当图 9.3.7 所示的反馈支路打开时，有：

$$\varphi_2(s)=\frac{kF(s)}{s}\varphi_1(s)$$

则锁相环的开环传递函数：

$$H_o(s)=\frac{\varphi_2(s)}{\varphi_1(s)}=\frac{kF(s)}{s}$$

当反馈支路闭合时，根据图 9.3.7，有：

$$\varphi_2(s)=\frac{kF(s)}{s}\varphi_e(s)=\frac{kF(s)}{s}[\varphi_1(s)-\varphi_2(s)]$$

由此得到锁相环的闭环传递函数：

$$H(s)=\frac{\varphi_2(s)}{\varphi_1(s)}=\frac{kF(s)}{s+kF(s)}$$

研究锁相环闭环时，$\varphi_1(t)$引起$\varphi_e(t)$，应该使用误差传递函数$H_e(s)$，根据锁相环的线性频率基本方程，不难得到：

$$H_e(s)=\frac{\varphi_e(s)}{\varphi_1(s)}=\frac{s}{s+kF(s)}$$

以上给出了锁相环三种传递函数的一般形式。锁相环传递函数的具体结果与环路低通滤波器的传递函数$F(s)$有关。表 9.3.1 给出了三种环路低通滤波器对应的锁相环传递函数。

表 9.3.1　锁相环传递函数

环路低通滤波器	简单 RC 滤波器 $F(s)=\frac{1}{1+s\tau}$ $\tau=RC$	有源比例积分滤波器 $F(s)=\frac{1+s(\tau_1+\tau_2)}{s\tau_1}$ $\tau_1=R_1C$，$\tau_2=R_2C$	无源比例积分滤波器 $F(s)=\frac{1+s\tau_2}{1+s(\tau_1+\tau_2)}$ $\tau_1=R_1C$，$\tau_2=R_2C$

续表

$H_o(s)$	$\dfrac{\omega_n^2}{s^2+2\xi\omega_n s}$	$\dfrac{\omega_n^2+2\xi\omega_n s}{s^2}$	$\dfrac{s\omega_n\left(2\xi-\dfrac{\omega_n}{k}\right)+\omega_n^2}{s\left(s+\dfrac{\omega_n^2}{k}\right)}$
$H(s)$	$\dfrac{\omega_n^2}{s^2+2\xi\omega_n s+\omega_n^2}$	$\dfrac{\omega_n^2+2\xi\omega_n s}{s^2+2\xi\omega_n s+\omega_n^2}$	$\dfrac{s\omega_n\left(2\xi-\dfrac{\omega_n}{k}\right)+\omega_n^2}{s^2+2\xi\omega_n s+\omega_n^2}$
$H_e(s)$	$\dfrac{s^2+2\xi\omega_n s}{s^2+2\xi\omega_n s+\omega_n^2}$	$\dfrac{s^2}{s^2+2\xi\omega_n s+\omega_n^2}$	$\dfrac{s\left(s+\dfrac{\omega_n^2}{k}\right)}{s^2+2\xi\omega_n s+\omega_n^2}$
ω_n，ξ	$\omega_n^2=\dfrac{k}{\tau}$ $\xi=\dfrac{1}{2\sqrt{k\tau}}$	$\omega_n^2=\dfrac{k}{\tau_1}$ $\xi=\dfrac{1}{2}\sqrt{\dfrac{k}{\tau_1}}(\tau_1+\tau_2)$	$\omega_n^2=\dfrac{k}{\tau_1+\tau_2}$ $\xi=\dfrac{1+k\tau_2}{2\sqrt{k(\tau_1+\tau_2)}}$

表中，ω_n 称为无阻尼自由振荡频率；ξ 称为阻尼系数。

锁相环的跟踪特性主要表现为两种响应：一种是输入信号频率或相位发生阶跃变化时系统的输出响应，称为系统的瞬态响应，适用于数字调制和解调中的频移键控信号与相移键控信号的频率及相位跟踪；另一种是输入信号频率或相位发生正弦变化时系统的输出响应，称为系统的正弦稳态响应，适用于模拟调制和解调中调频与调相信号的频率及相位跟踪。

2）跟踪特性——瞬态响应

对于输入信号的频率突变或相位突变的跟踪过程，锁相环经历从突变前的相位差调整到突变后新的稳态相位差的变化过程。瞬态响应研究相位差变化过程中的三个量，包括相位差的最大瞬时跳变值、新的稳态相位差的取值以及稳定的时间。新的稳态相位差越小，趋于稳定的时间越短，表示锁相环的跟踪特性越好。

新的稳态相位差可以借助锁相环的误差传递函数求解。首先，求突变前相位差的拉氏变换 $\varphi_e(s)$。根据输入电压的相位 $\varphi_1(t)$，求出 $\varphi_1(s)$，再根据误差传递函数 $H_e(s)$，得：

$$\varphi_e(s)=\varphi_1(s)H_e(s)$$

其次，求 $\varphi_e(t)$随时间的变化特性。经过拉氏反变换，得：

$$\varphi_e(t)=L^{-1}\varphi_e(s)=L^{-1}[\varphi_1(s)H_e(s)]$$

最后，求突变后新的稳态相位差 $\varphi_{e\infty}$。根据拉氏变换的终值定理，得：

$$\varphi_{e\infty}=\lim_{t\to\infty}\varphi_e(t)=\lim_{s\to 0}s\varphi_e(s)$$

根据 $\varphi_{e\infty}$ 的结果可以评估锁相环的跟踪性能，$\varphi_{e\infty}$ 越小，则锁相环的跟踪性能越好。

3）跟踪特性——正弦稳态响应

用有源比例积分滤波器作为锁相环的环路低通滤波器，将其闭环传递函数和误差传递函数中的 s 换为 jΩ，则得到频域上的闭环频率响应和误差频率响应：

$$H(\mathrm{j}\Omega)=\frac{\omega_{\mathrm{n}}^{2}+2\mathrm{j}\xi\omega_{\mathrm{n}}\Omega}{(\omega_{\mathrm{n}}^{2}-\Omega^{2})+2\mathrm{j}\xi\omega_{\mathrm{n}}\Omega}$$

$$H_{\mathrm{e}}(\mathrm{j}\Omega)=\frac{-\Omega^{2}}{(\omega_{\mathrm{n}}^{2}-\Omega^{2})+2\mathrm{j}\xi\omega_{\mathrm{n}}\Omega}$$

$H(\mathrm{j}\Omega)$和 $H_{\mathrm{e}}(\mathrm{j}\Omega)$的频率特性分别如图 9.3.8(a)和(b)所示。

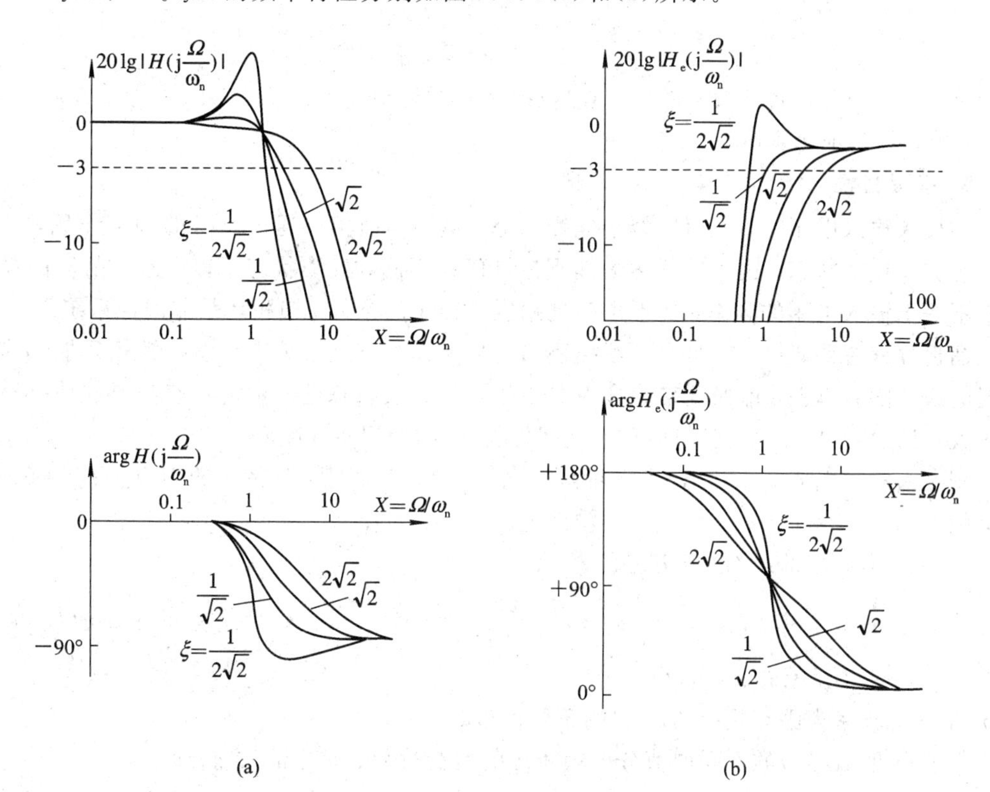

图 9.3.8　$H(\mathrm{j}\Omega)$和 $H_{\mathrm{e}}(\mathrm{j}\Omega)$的频率特性

(a) $H(\mathrm{j}\Omega)$的幅频特性和相频特性；(b) $H_{\mathrm{e}}(\mathrm{j}\Omega)$的幅频特性和相频特性

$H(\mathrm{j}\Omega)$和 $H_{\mathrm{e}}(\mathrm{j}\Omega)$分别具有低通和高通特性。根据 $H(\mathrm{j}\Omega)$，可以求出锁相环的 3 dB 带宽：

$$\mathrm{BW_{PLL}}=\left[1+2\xi^{2}+\sqrt{1+(1+2\xi^{2})^{2}}\right]^{\frac{1}{2}}\omega_{\mathrm{n}}$$

ω_{n} 和 ξ 越大，则 $\mathrm{BW_{PLL}}$也越大。

研究锁相环的正弦稳态响应时，输入电压的频率或相位按正弦规律变化。以压控振荡器的固有振荡频率 ω_0 为参考，输入电压可以写为

$$u_{\mathrm{i}}(t)=U_{\mathrm{im}}\cos(\omega_0 t+m\sin\Omega t)$$

输入电压相位：

$$\varphi_1(t)=m\sin\Omega t$$

锁相环的输出电压相位 $\varphi_2(t)$和相位差 $\varphi_{\mathrm{e}}(t)$可以根据 $H(\mathrm{j}\Omega)$和 $H_{\mathrm{e}}(\mathrm{j}\Omega)$计算，表示为

$$\varphi_2(t)=m\,|\,H(\mathrm{j}\Omega)\,|\,\sin[\Omega t+\arg H(\mathrm{j}\Omega)]$$

$$\varphi_{\mathrm{e}}(t)=m\,|\,H_{\mathrm{e}}(\mathrm{j}\Omega)\,|\,\sin[\Omega t+\arg H_{\mathrm{e}}(\mathrm{j}\Omega)]$$

当 $\Omega \ll BW_{PLL}$ 时，$|H(j\Omega)| \approx 1$，$\arg H(j\Omega) \approx 0$，$|H_e(j\Omega)| \approx 0$，$\arg H_e(j\Omega) \approx \pi$，于是：

$$\varphi_2(t) \approx m \sin\Omega t = \varphi_1(t)$$

$$\varphi_e(t) \approx 0$$

此时，锁相环实现跟踪；当 $\Omega \gg BW_{PLL}$ 时，$|H(j\Omega)| \approx 0$，$\arg H(j\Omega) \approx -\pi/2$，$|H_e(j\Omega)| \approx 1$，$\arg H_e(j\Omega) \approx 0$，于是：

$$\varphi_2(t) \approx 0$$

$$\varphi_e(t) \approx m \sin\Omega t$$

此时，锁相环不能实现跟踪。

3. 捕捉特性

刚接入输入电压时，锁相环处于失锁状态，其后，锁相环通过自身的调节作用，从失锁状态进入锁定状态，这个过程称为捕捉。与跟踪不同，失锁状态下，压控振荡器的振荡频率不等于输入电压的频率，也不再满足相位差很小的条件，锁相环是非线性系统。

捕捉过程主要研究三个问题：锁相环如何从失锁状态进入锁定状态？锁相环能够实现捕捉的最大固有频差，即捕捉带为多大？锁相环从失锁状态进入锁定状态需要的捕捉时间为多大？捕捉带越大，捕捉时间越短，说明锁相环的捕捉特性越好。

刚接入输入电压 $u_i(t)$ 时，锁相环输出电压的频率为压控振荡器的固有振荡频率 ω_0，固有频差 $\Delta\omega_1(t) = \omega_i - \omega_0$，鉴相器的输出电压：

$$\begin{aligned} u_d(t) &= U_{dm} \sin\varphi_e(t) = U_{dm} \sin[\varphi_1(t) - \varphi_2(t)] \\ &= U_{dm} \sin\left(\int^t \omega_i \, dt - \int^t \omega_0 \, dt\right) = U_{dm} \sin\int^t (\omega_i - \omega_0) \, dt = U_{dm} \sin\int^t \Delta\omega_1(t) \, dt \\ &= U_{dm} \sin[\Delta\omega_1(t) t] \end{aligned}$$

$u_d(t)$ 是振荡频率为固有频差 $\Delta\omega_1(t)$ 的正弦信号。

以下根据 $\Delta\omega_1(t)$ 的不同取值分析锁相环的捕捉过程、捕捉带和捕捉时间。

(1) 当 $|\Delta\omega_1(t)|$ 很大，远在环路低通滤波器的通频带之外时，$u_d(t)$ 不能通过环路低通滤波器，环路低通滤波器输出的控制电压 $u_c(t) \approx 0$，压控振荡器不受控制，振荡频率就是固有振荡频率，即 $\omega_o = \omega_0$，此时不能实现捕捉。

(2) 当 $|\Delta\omega_1(t)|$ 很小，在环路低通滤波器的通频带之内时，$u_d(t)$ 可以通过环路低通滤波器，控制电压 $u_c(t) = F[j\Delta\omega_1(t)]U_{dm} \sin[\Delta\omega_1(t) t]$，$u_c(t)$ 控制压控振荡器，使 ω_o 在 ω_0 附近按正弦规律变化：

$$\omega_o = \omega_0 + k_f u_c(t) = \omega_0 + k_f F[j\Delta\omega_1(t)]U_{dm} \sin[\Delta\omega_1(t) t]$$

由于 $|k_f F[j\Delta\omega_1(t)]|U_{dm}$ 足够大，因此 ω_o 的变化范围包括 $u_i(t)$ 的频率 ω_i。ω_o 按正弦规律变化的一个周期内，一旦等于 ω_i，锁相环即进入锁定状态，ω_o 不再变化，就实现了捕捉。这种在控制电压正弦变化一个周期内就实现捕捉的过程称为快捕过程。ω_o 的最大变化幅度 $|k_f F[j\Delta\omega_1(t)]|U_{dm}$ 是能够实现快捕的最大固有频差，称为快捕带，记为 $\Delta\omega_c$。$\Delta\omega_c$ 满足：

$$\Delta\omega_c = |k_f F[j\Delta\omega_c(t)]| U_{dm}$$

快捕的捕捉时间 t_c 近似为瞬态响应时间，如图 9.3.9 所示。

(3) 当 $|\Delta\omega_1(t)|$ 介于上述(1)、(2)两种情况之间时，即 $|\Delta\omega_1(t)|$ 位于环路低通滤波器的通频带附近，且 $|\Delta\omega_1(t)| > \Delta\omega_c$ 时，环路低通滤波器对 $u_d(t)$ 有较大衰减，但没有完全衰减到 $u_c(t) = 0$，锁相环也不能实现快速捕获。不妨假设 $\omega_i > \omega_0$，使得 $\Delta\omega_1(t) > \Delta\omega_c$，此时，

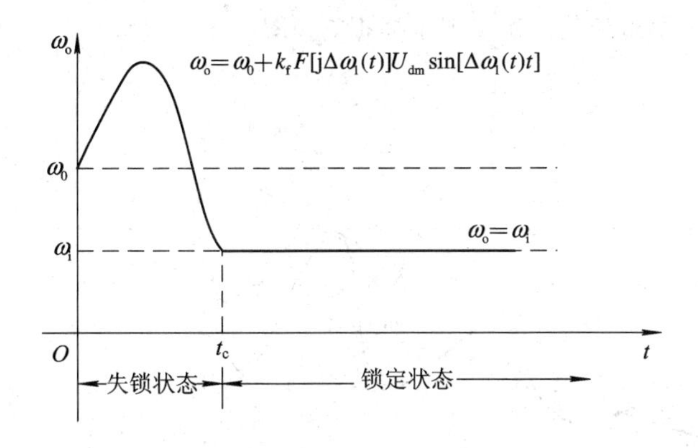

图 9.3.9 快捕的捕捉过程

$u_c(t)$控制压控振荡器，使 ω_o 在 ω_0 附近变化，经过反馈，瞬时频差 $\Delta\omega_e(t)=\omega_i-\omega_o$ 也将随时间变化，$u_c(t)>0$ 时，ω_o 增大，$\Delta\omega_e(t)$减小，作为 $\Delta\omega_e(t)$的时间积分，相位差 $\varphi_e(t)$随时间增加较慢，而 $u_c(t)<0$ 时，ω_o 减小，$\Delta\omega_e(t)$增大，$\varphi_e(t)$随时间增加较快，如图9.3.10(a)所示。

这样，鉴相器的输出电压 $u_d(t)=U_{dm}\sin\varphi_e(t)$不再是正弦信号，而变为正半周持续时间长、负半周持续时间短的不对称波形，如图 9.3.10(b)所示。

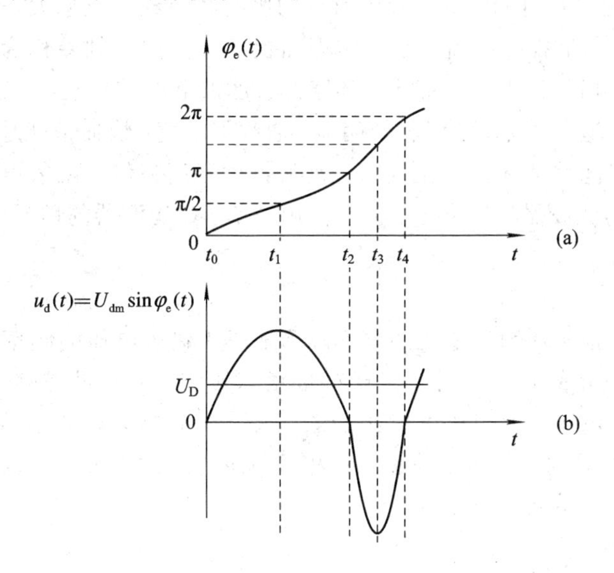

图 9.3.10 频率牵引时的 $\varphi_e(t)$和 $u_d(t)$

(a) $\varphi_e(t)$的波形；(b) $u_d(t)$的波形

该不对称波形说明 $u_d(t)$包含直流分量 U_D，可以通过环路低通滤波器使压控振荡器的平均振荡频率 ω_{oav}向 ω_i 靠拢，称为频率牵引。经过频率牵引，新的 $\Delta\omega_i(t)$虽然因为 ω_o 的变化而发生变化，但是 ω_{oav}向 ω_i 靠拢将使得 $\Delta\omega_i(t)$小于原来的取值，更加靠近环路低通滤波器的通频带，环路低通滤波器对 $u_d(t)$的衰减变小，$u_c(t)$的变化更大，从而增大了 ω_o 的变化幅度，导致 $u_c(t)>0$ 和 $u_c(t)<0$ 时 $\varphi_e(t)$随时间增加的速度差别更明显，$u_d(t)$包含了更大的直流分量，ω_{oav}也进一步接近 ω_i。随着这一过程的循环进行，最终因为 ω_{oav}不断接近 ω_i 以及 ω_o 变化幅度不断增大，ω_o 可以变化到 ω_i，锁相环进入快捕过程。一旦 $\omega_o=\omega_i$，锁相环

即进入锁定状态，ω_o不再变化，就实现了捕捉，如图 9.3.11 所示。

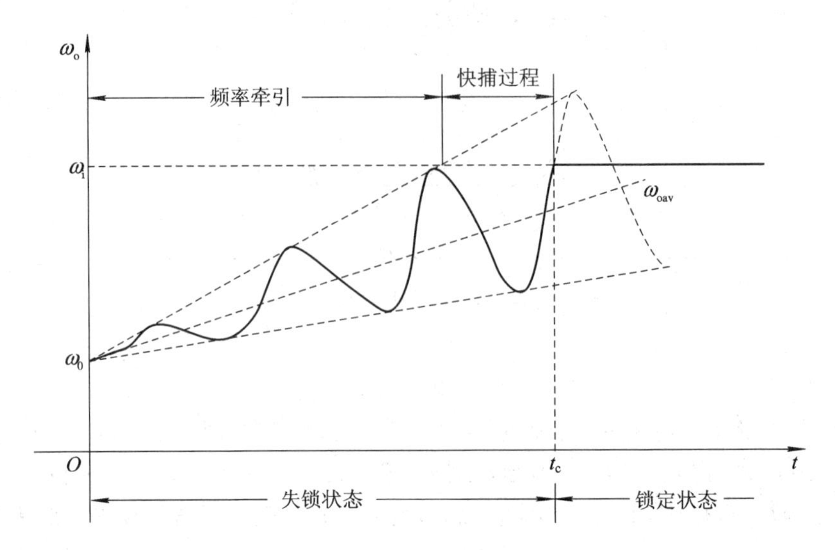

图 9.3.11　有频率牵引的捕捉过程

对有频率牵引的捕捉过程而言，因为频率牵引的时间比快捕过程的时间长得多，所以捕捉时间主要是指频率牵引的时间。起始时刻的固有频差绝对值越大，锁相环就需要越多的反馈完成频率牵引，捕捉时间就越长。实现捕捉的最大固有频差称为捕捉带。显然，因为频率牵引的作用，捕捉带大于快捕带，环路低通滤波器的带外衰减和通频带对捕捉带的影响很大，带外衰减越小，频率牵引就越明显，通频带越宽，快捕带就越宽，这都拓宽了捕捉带。有源比例积分滤波器和无源比例积分滤波器由于高频传递函数没有衰减到零，因此用它们作为环路低通滤波器时，捕捉带大于使用简单 RC 滤波器的情况。

9.3.5　典型应用

在锁定状态下，锁相环输出电压的频率准确地等于输入电压的频率，所以利用锁相环能够实现对信号无误差的频率跟踪，实现窄带跟踪接收，把淹没在噪声中的信号提取出来。用载波作为输入电压，锁相环可以实现载频稳定的调频；用调频信号作为输入电压，锁相环可以实现对微弱调频信号的解调。锁相环也可以通过添加分频器、倍频器和混频器实现频率合成，得到一系列输出频率。

1. 窄带跟踪接收

窄带跟踪接收主要应用于空间通信技术。从人造卫星和宇宙飞船上向地面发射信号时，飞行器的高速运动会使信号产生明显的多普勒频移，另外，发射机振荡器自身也有频率稳定度不佳带来的频率漂移，这会导致接收信号可能产生较大的频率误差。例如，信号频率在 110 MHz 时，多普勒频移可能在±3 kHz 左右，接收这样的信号时，如果用普通的调谐，则接收带宽至少应为 6 kHz，才能保证收到信号。但信号本身的带宽很窄，只有6 Hz 左右。这样，接收带宽就是信号带宽的 1000 倍。因为噪声功率与接收带宽成正比，所以比起接收带宽等于信号带宽的情况，调谐接收需要接收 1000 倍的噪声功率，才能收到同样的信号功率。空间通信中，因为能量有限，飞行器上使用低功率发射机，地面接收的信号功率很微弱，为了提高信噪比，不允许采用调谐接收。如果使用锁相环通过频率跟踪，实现窄带跟踪接收，就可以解决这一问题。窄带跟踪接收机能跟踪信号频率进行接收，而且带宽很窄，这样就大大提高了信噪比，比调谐接收的信噪比提高了 30～40 dB。

图 9.3.12 是窄带跟踪接收的原理框图，包含一个窄带跟踪锁相环，用来解调信噪比很低的单频调制信号生成的调频信号。

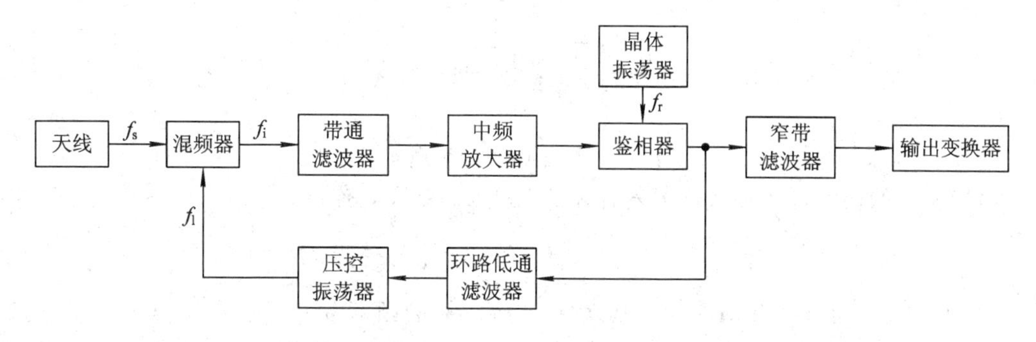

图 9.3.12 窄带跟踪接收

频率为 f_s 的高频调频信号与压控振荡器产生的频率为 f_l 的本振信号经过混频器，输出频率为 f_i 的中频调频信号，经过带通滤波器和中频放大器后，鉴相器将其与一个来自晶体振荡器的频率为 f_r 的参考信号比较相位，实现解调。解调出来的单频调制信号通过窄带滤波器输出。环路低通滤波器的带宽很窄，调制信号不能进入反馈支路。当 f_s 发生漂移时，鉴相器输出一个直流电压，进入反馈支路，控制压控振荡器，改变 f_l，使混频后的中频调频信号的频偏逐渐减小，锁相环进入锁定状态后，频偏为零。因此，窄带跟踪锁相环实现了本振信号的频率和高频调频信号的频率产生同样的变化，保证中频调频信号的频率不变。

AFC 也可以实现窄带跟踪接收，但是与锁相环窄带跟踪接收不同。AFC 通过鉴频器，最终根据中频调频信号的剩余频差产生压控振荡器的控制电压，所以中频调频信号的频率与标准值之间不能实现严格相等；锁相环通过鉴相器，最终根据中频调频信号和参考信号的稳态相位差产生压控振荡器的控制电压，中频调频信号的频率与参考信号的标准频率之间的瞬时频差为零。所以，锁相环可以实现更为理想的窄带跟踪接收。

2. 调频与鉴频

图 9.3.13 所示为锁相环调频的原理。鉴相器的输出电压与调制信号 u_Ω 相加，得到控制电压，改变压控振荡器的振荡频率，使其按调制信号规律变化，得到调频信号 u_{FM}。环路低通滤波器的带宽很窄，调制信号不能得到反馈，锁相环只对压控振荡器的振荡频率起作用，使 u_{FM} 的载频稳定在晶体振荡器的振荡频率上，从而克服了直接调频的频率稳定度不

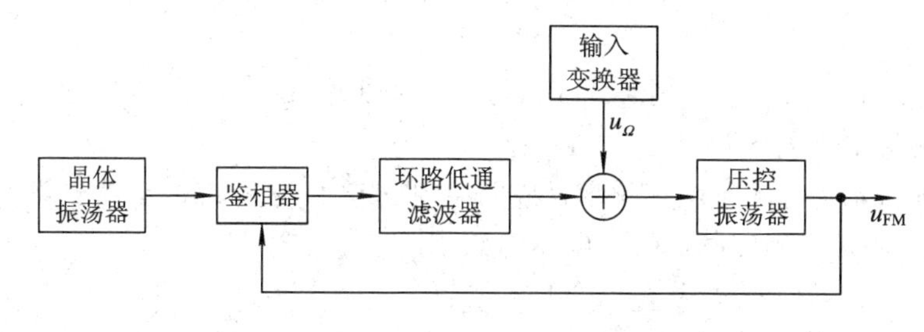

图 9.3.13 锁相环调频原理

高的缺点。

图 9.3.14 所示为锁相环鉴频的原理。

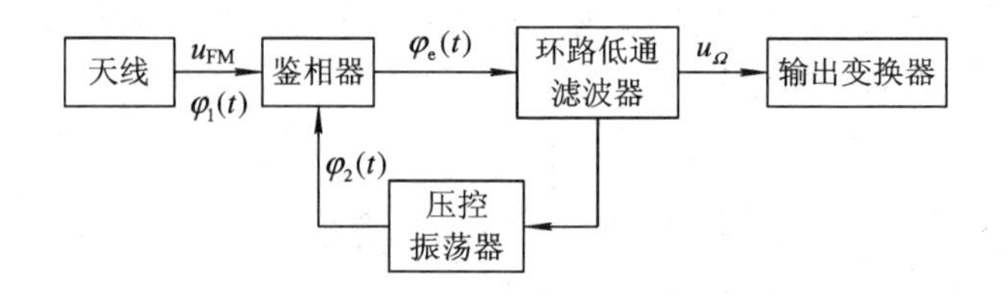

图 9.3.14 锁相环鉴频原理

将锁相环的误差传递函数作为复合算子，根据其定义，有：

$$\varphi_e(t) = H_e(s)\varphi_1(t) = \frac{s}{s + kF(s)}\varphi_1(t)$$

其中，$\varphi_1(t)$是 u_{FM}的相位，算子 s 对其微分，得到 u_{FM}的频率 $\omega(t)$；算子$[s+kF(s)]^{-1}$代表锁相环的滤波作用，当$\omega(t)$变化不大时，$[s+kF(s)]^{-1}$基本不变，于是 $\varphi_e(t)$和 $\omega(t)$近似成正比，当$|\varphi_e(t)|\leqslant\pi/6$ 时，鉴相器的输出电压 $u_d(t)=U_{dm}\sin\varphi_e(t)\approx U_{dm}\varphi_e(t)$，所以 $u_d(t)$也与 $\omega(t)$成正比，即与 u_Ω 呈线性关系，经过环路低通滤波器后可得到恢复的调制信号 u_Ω。

锁相环鉴频适用于对信噪比较低的微弱调频信号的解调。但是，一旦进入失锁状态，鉴频效果将明显变差。所以，为了实现不失真的解调，要求锁相环的捕捉带大于调频信号的最大频偏，环路低通滤波器的带宽也大于调制信号的带宽。

3. 频率合成

频率合成是指将标准频率作为参考，经过频率的加、减、乘、除运算得到一系列输出频率。用于频率合成的锁相环有倍频锁相环、分频锁相环和混频锁相环。

1）倍频锁相环频率合成

图 9.3.15 所示为倍频锁相环频率合成的原理。其中，锁相环的反馈支路上添加了一个分频器，分频数为 N，f_r 为参考频率，f_o 为输出频率。当锁相环进入锁定状态时，鉴相器的两个输入频率应该相等，即 $f_r=f_o/N$，则

$$f_o = Nf_r$$

从而实现了输出频率是参考频率的 N 倍，即 N 倍频率合成。

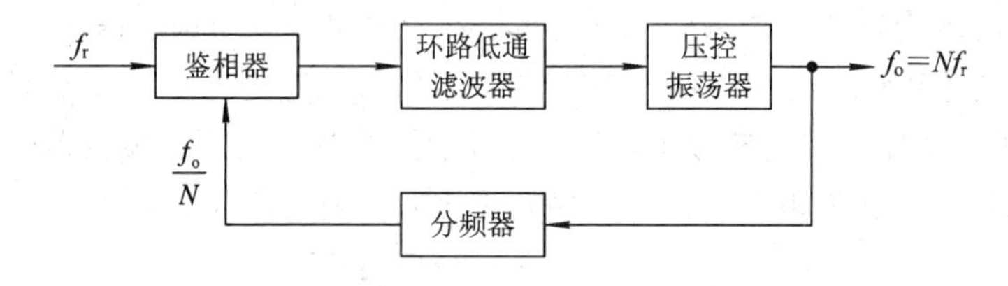

图 9.3.15 倍频锁相环频率合成

2）分频锁相环频率合成

图 9.3.16 所示为分频锁相环频率合成的原理。其中，锁相环的反馈支路上添加了一个倍频器。当锁相环进入锁定状态时，$f_r=Nf_o$，则

$$f_o = \frac{f_r}{N}$$

此时，输出频率是参考频率的 $1/N$。

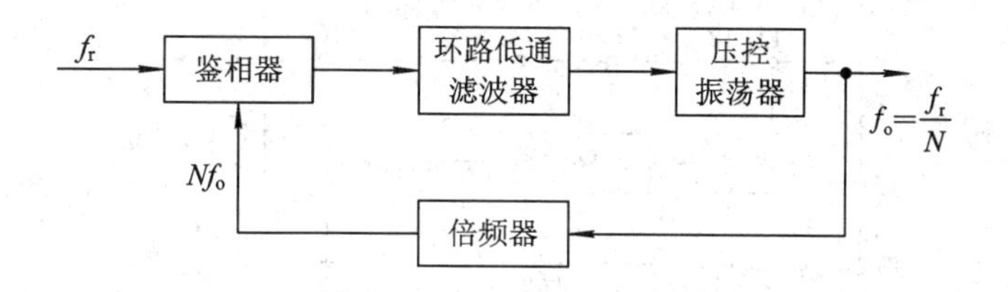

图 9.3.16　分频锁相环频率合成

3）混频锁相环频率合成

图 9.3.17 所示为混频锁相环频率合成的原理。其中，锁相环的反馈支路上添加了一个混频器，本振信号的频率为 f_1，混频后的频率为 $f_o \pm f_1$。当锁相环进入锁定状态时，$f_r = f_o \pm f_1$，则

$$f_o = f_r \mp f_1$$

从而实现了输出频率是参考频率与本振频率的相减或相加的结果。

利用锁相环实现的频率合成称为间接频率合成。这种频率合成具有很好的窄带跟踪特性，可以精确地选择频率，抑制杂散频率，从而避免了大量使用滤波器，有利于系统的集成化和小型化。

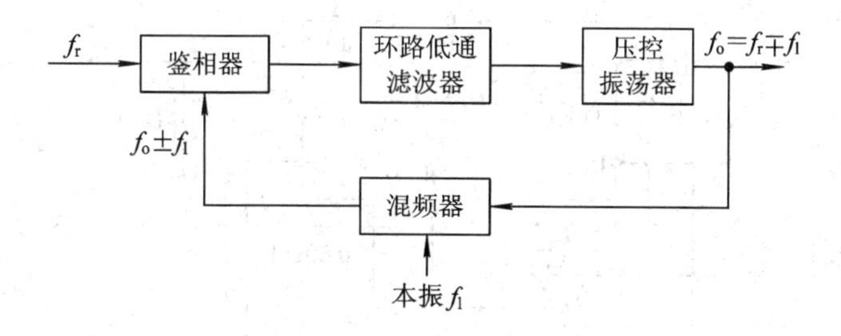

图 9.3.17　混频锁相环频率合成

9.4　集成器件与应用电路举例

模拟集成锁相环的典型型号有高频频段的 NE561、NE562 和 NE564，以及超高频频段的 μPC1477C 等。其中，NE562 是目前广泛使用的模拟集成锁相环，可用于调频信号的调制与解调、载波提取、数据同步、倍频和移频等。

NE562 的最高工作频率为 30 MHz，最大同步带为 $\pm 0.15 f_0$（f_0 是压控振荡器的固有振荡频率），工作电压为 16～30 V，典型工作电流为 12 mA。NE562 的内部电路如图 9.4.1 所示，主要包括鉴相单元、环路滤波单元、限幅单元和压控振荡单元。可以在压控振荡单元和鉴相单元之间插入分频器或混频器来实现频率合成。图 9.4.1 中，引脚 2、15 输入相位比较信号；外围电路产生偏置参考电压，输入引脚 1，为内部吉尔伯特乘法单元提供偏置电流；引脚 13、14 外接电容和电阻网络，与引脚之间的 6 kΩ 输入电阻构成环路低通滤波器；引脚 11、12 经过电容交流耦合输入参考信号，如果对调频信号解调，则引脚 11、12 输入调频信号；引脚 9 获得音频输出，并通过引脚 10 外接的电容实现去加重；引脚 5、6 外接电容，确定压控振荡器的固有振荡频率；压控振荡器从引脚 3、4 输出一对反相方波；引脚 7 的外接电压可以调整锁相环的同步带；引脚 16 外接电压源；引脚 8 接地。

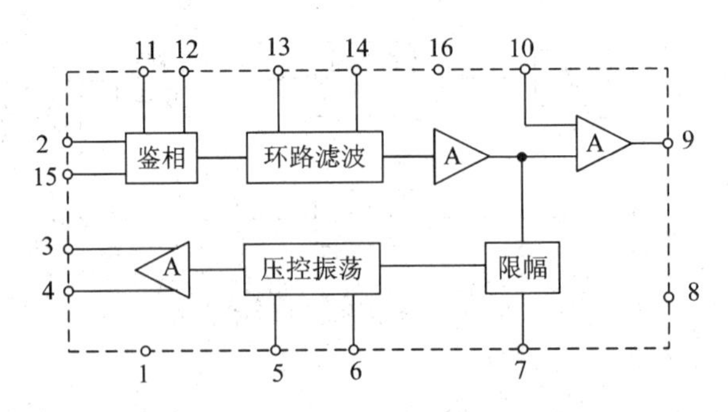

图 9.4.1 NE562 的内部电路

图 9.4.2 为 NE562 倍频锁相环频率合成电路。参考信号 u_r 的频率为 200 kHz，调节可调电容 C_1 确定压控振荡单元的固有振荡频率为 2 MHz，电容 C_2 与 6 kΩ 输入电阻构成环路低通滤波器。压控振荡单元的两路输出中：一路作为 2 MHz 的输出电压 u_o；另一路进入反馈支路，经过 1/10 分频后产生相位比较信号，并经过电阻 R_1、R_2 和电容 C_3 构成的网络产生偏置参考电压。

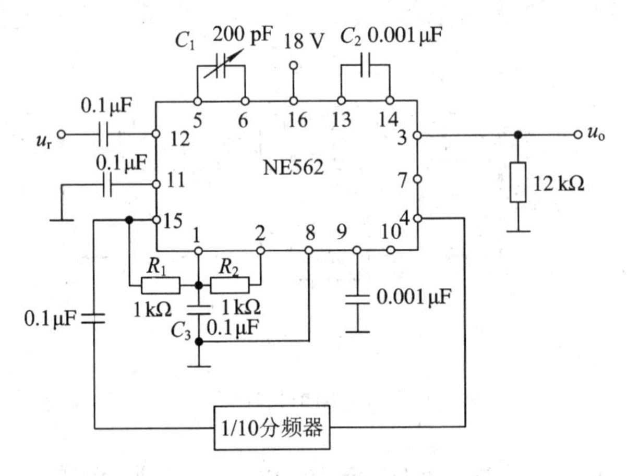

图 9.4.2 NE562 的应用电路

本 章 小 结

本章讲述了自动增益控制、自动频率控制和锁相环，重点分析了锁相环的工作原理、数学模型和典型应用。

(1) 自动增益控制、自动频率控制和锁相环分别通过电压比较、频率比较和相位比较产生误差信号，经过低通滤波，必要时还可以放大误差信号，生成控制电压，控制放大器的增益或压控振荡器的振荡频率，使输出电压的振幅、频率或相位稳定在预先设置的范围，或者跟踪输入电压的参数。

(2) 接收不同场强的无线电信号时，自动增益控制通过反馈环路，根据信号场强控制接收机前端放大器的增益，保证中频已调波的振幅基本不随信号场强变化或者仅在一个允许的小范围内变化。

(3) 高频已调波的频率漂移和本振信号的频率漂移会造成中频已调波发生频率偏移。接收机的自动频率控制通过反馈环路，根据频率变化的方向做反向修正，保证中频已调波的频率基本不变。

（4）锁相环包括鉴相器、环路低通滤波器和压控振荡器三个基本组成部分。在接入输入电压后，锁相环通过捕捉特性从失锁状态进入锁定状态。在锁定状态下，输出电压和输入电压的频率相等，相位差恒定。输入电压频率和相位不变时，锁相环表现为静态特性；输入电压频率或相位变化时，锁相环表现为跟踪特性。相位基本方程和频率基本方程描述了锁相环各级电压的相位和频率关系，据此可以分析静态特性、跟踪特性和捕捉特性，确定同步带、快捕带和捕捉带。跟踪过程中，相位差较小，锁相环近似为线性系统；捕捉过程中，锁相环是非线性系统。利用频率跟踪能力，锁相环可以实现提高信噪比的窄带跟踪接收、高频率稳定度的调频、微弱调频信号的解调以及频率合成等。

思考题和习题

9-1　接收机为什么要采用 AGC 和 AFC?

9-2　超外差式 AGC 调幅接收机怎样减小中频已调波振幅随信号场强的变化？其中的 AGC 检波器有什么特点？

9-3　本地振荡器频率控制中，AFC 怎样减小中频已调波频率的变化？调频负反馈解调中，AFC 怎样改善解调质量？

9-4　锁相环跟踪过程和捕捉过程的区别是什么？同步带和捕捉带的区别是什么？

9-5　为什么在窄带跟踪接收时，锁相环优于 AFC?

9-6　已知锁相环的鉴相器输出电压振幅 $U_{dm}=0.8$ V，压控振荡器的调频比例常数 $k_f=30$ kHz/V，固有振荡频率 $f_0=3$ MHz，环路低通滤波器的传递函数 $F(0)=1$。进入锁定状态后，控制频差 $f_o-f_0=15$ kHz。计算锁相环的输入电压频率 f_i、稳态相位差 $\varphi_{e\infty}$ 和控制电压 $u_c(t)$。

9-7　刚接入输入电压 $u_i(t)=U_{im}\cos(1.002\times10^6\times2\pi t)$时，锁相环的输出电压为 $u_o(t)=U_{om}\cos(10^6\times2\pi t)$，锁相环进入锁定状态后，测得稳态相位差 $\varphi_{e\infty}=\pi/6$ rad。写出锁定状态下 $u_o(t)$的表达式，并计算同步带 $\Delta\omega_H$。

9-8　已知锁相环的参数为 $U_{dm}=1$ V，$k_f=5\times10^4$ rad/(s·V)。环路低通滤波器采用图 9.3.3(b)所示的有源比例积分滤波器，其中的电阻 $R_1=125$ kΩ，$R_2=1$ kΩ，电容 $C=10$ μF，锁相环的输入电压 $u_i(t)=U_{im}\cos(10^6\times2\pi t)$，压控振荡器的固有振荡频率 $\omega_0=1.005\times10^6\times2\pi$ rad/s。写出进入锁定状态后锁相环的输出电压 $u_o(t)$的表达式并计算快捕带 $\Delta\omega_c$。

9-9　图 P9-1 所示为倍频锁相环构成的频率合成器，参考频率 $f_r=13.56$ MHz，如果要求输出频率 $f_o=108.48$ MHz，则分频数 N 为多少？

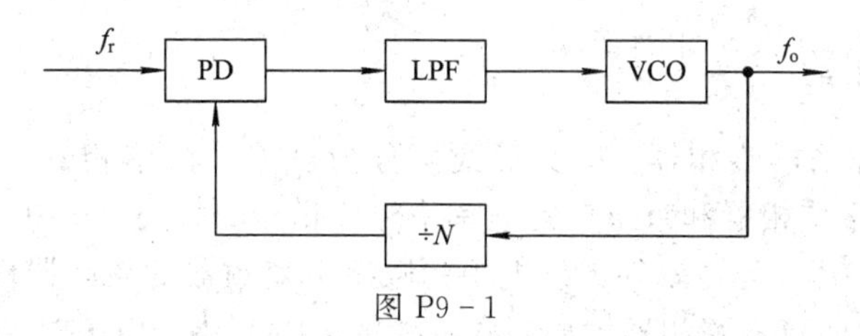

图 P9-1

第十章 数字频率合成

数字频率合成技术就是把一个或者多个高稳定度、高准确度的参考频率，经过各种信号处理技术，生成具有同等稳定度和准确度的各种离散频率。参考频率可由晶体振荡器产生，合成的离散频率与参考频率有严格的比例关系，并具有同等的稳定度和准确度。频率合成技术是实现高性能频率源的重要手段，频率源的性能是影响雷达、电子对抗、仪器仪表等系统性能的关键。

目前，主流的数字频率合成技术主要有数字锁相环频率合成技术和直接数字频率合成技术。

10.1 数字锁相环

随着数字电子技术的飞速发展，数字锁相环(DPLL)也在不断改进和发展，其应用也更加广泛。要深入理解数字锁相环，需具备随机过程、信息论、数字信号处理等各方面的知识。本章只介绍 DPLL 的基本原理。

DPLL 是由三部分组成的，分别为：采样鉴相器、数字环路滤波器和数控振荡器(DCO)。其基本结构如图 10.1.1 所示，输入信号被采样并与环路输出的本地估算信号作相位比较，产生一个跟两者相位误差成比例的数字样本序列。该序列由数字环路滤波器加以平滑得到控制信号去控制数控振荡器的周期。只要环路设计得当，经过反复的反馈调节控制，环路总是迫使输出本地估算信号的相位逼近输入信号的相位，最终使环路锁定。

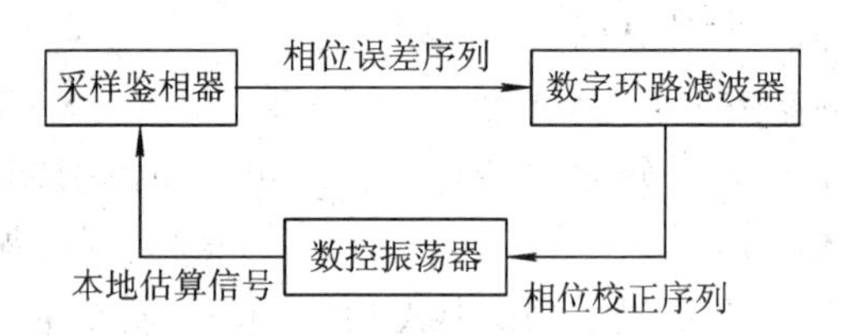

图 10.1.1 数字锁相环的基本结构

数字锁相环的环路各部件的实现方法很多，其结构也是千变万化，接下来分别讨论其各个部件。

10.1.1 数字鉴相器

数字鉴相器又称采样鉴相器，按其形式可分为过零采样鉴相器、触发器型数字鉴相器、超前-滞后型数字鉴相器和奈奎斯特速率采样鉴相器四大类。其中，奈奎斯特速率采样鉴相器的应用较为广泛，且是软件无线电中的数字下变频器的核心器件，故而本节将对其着重讨论。其他类型的数字鉴相器主要用在一般的 DPLL 中，用于时钟的恢复和提取等方面，在此不作讨论，有兴趣的读者可以参考相关著作。

奈奎斯特速率采样鉴相器的原理框图如图 10.1.2(a)所示，它由 A/D 转换器和数字乘法器组成。输入的模拟正弦信号 u_1 加到 A/D 转换器中，在时钟速率上被周期地取样并数字化。由数控振荡器产生的 N 位数字信号 u_2 被提取为正弦波，如图 10.1.2(b)所示。数字化的信号 u_1 和 u_2 一起加到数字乘法器中，经过乘法器的高速运算后，其输出的相位误差 φ_e 也是正弦波形。再经数字环路滤波器后，输出平均值$\overline{\varphi}_e$。

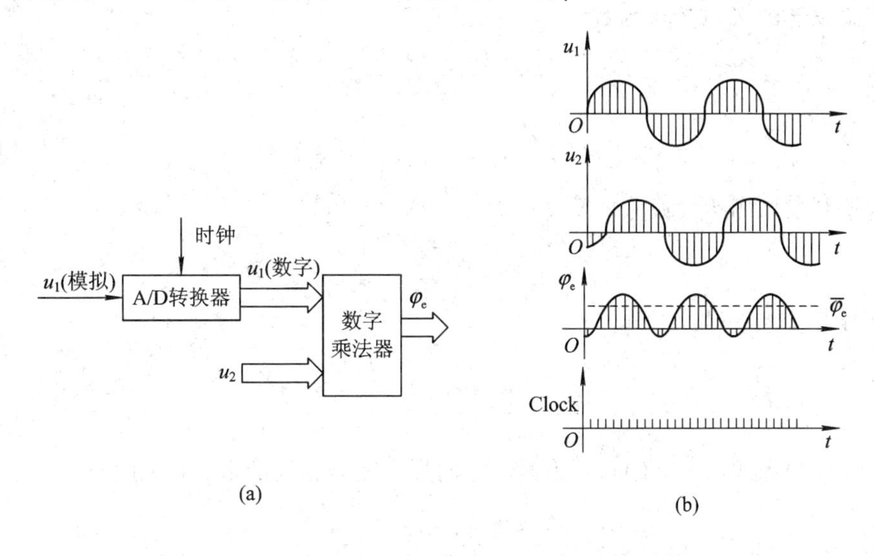

图 10.1.2　奈奎斯特采样速率鉴相器的原理框图及波形

(a) 原理框图；(b) 波形图

10.1.2　数字环路滤波器

数字环路滤波器在环路中对输入噪声起抑制作用，并且对环路的校正速度起调节作用。对于不同形式的数字锁相环，其数字环路滤波器的结构形式都不尽相同。下面仅对数字环路滤波器的典型结构作一些简单分析。

常见的数字环路滤波器结构如图 10.1.3 所示，它跟模拟的有源比例积分器有着直接对应的关系。由图 10.1.3 可以导出数字滤波器的差分方程，再利用 Z 变换就可导出其 Z 域传递函数。

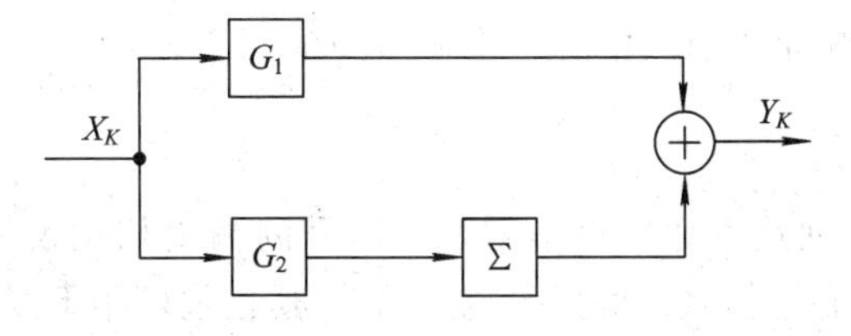

图 10.1.3　数字环路滤波器结构

其差分方程：

$$Y_K = G_1 X_K + G_2 \sum_{i=0}^{K} X_i$$

而
$$Y_{K-1}=G_1X_{K-1}+G_2\sum_{i=0}^{K-1}X_i$$
将上面两式相减，得
$$Y_K-Y_{K-1}=G_1X_K-G_1X_{K-1}+G_2X_K$$
再进行 Z 变换，得
$$Y(Z)-Z^{-1}Y(Z)=(G_1+G_2)X(Z)-G_1Z^{-1}X(Z)$$
则该数字滤波器的 Z 域传递函数为
$$H(Z)=\frac{Y(Z)}{X(Z)}=\frac{G_1+G_2-G_1Z^{-1}}{1-Z^{-1}}=\frac{(G_1+G_2)Z-G_1}{Z-1}$$
$$=G_1+G_2\frac{Z}{Z-1}\tag{10.1.1}$$
又由于模拟有源比例积分器的传输函数为
$$F(s)=\frac{\tau_2}{\tau_1}+\frac{1}{s\tau_1}$$
对上式进行 Z 变换，得
$$F(Z)=\frac{\tau_2}{\tau_1}+\frac{1}{\tau_1}\frac{Z}{Z-1}=\frac{\left(\frac{\tau_2+1}{\tau_1}\right)Z-\frac{\tau_2}{\tau_1}}{Z-1}\tag{10.1.2}$$
对比式(10.1.1)和式(10.1.2)可以发现，它们具有完全相同的形式，为此便有：
$$G_1=\frac{\tau_2}{\tau_1},\quad G_2=\frac{1}{\tau_1}$$
以上关系便是模拟环路滤波器和数字环路滤波器直接对应的参数关系。

10.1.3 数控振荡器

数控振荡器(DCO)在数字锁相环中的作用和地位相当于模拟锁相环中的压控振荡器(VCO)，但它输出的是脉冲序列，其周期受数字环路滤波器送来的校正信号控制。DCO 的特点是前一采样时刻得到的校正信号将改变下一个采样时刻的脉冲时间位置。也就是说，它应满足下面的递推关系：
$$T(j)=T_0-C(j-1)$$
式中，$T(j)$为第 j 个采样时刻的数控振荡器的周期；$C(j-1)$为第 $j-1$ 个采样时刻的数字环路滤波器输出的校正信号对数控振荡器序列控制引起的校正量；T_0 为无校正信号时数控振荡器的周期，即其脉冲序列的中心频率所对应的周期，为
$$T_0=\frac{2\pi}{\omega_0}$$
DCO 输出的脉冲序列是本地估算信号，该信号的输出相位及其变换规律是主要的研究对象。本地估算信号相对于中心角频率 ω_0 而言，其相位可用下式表示：
$$\varphi_2(K)=\sum_{j=1}^{K}\omega_0C(j-1)\tag{10.1.3}$$
类推有：
$$\varphi_2(K-1)=\sum_{j=1}^{K-1}\omega_0C(j-1)\tag{10.1.4}$$

将式(10.1.3)与式(10.1.4)相减，得

$$\varphi_2(K)-\varphi_2(K-1)=\omega_0 C(K-1) \tag{10.1.5}$$

对式(10.1.5)进行 Z 变换，得

$$\varphi_2(Z)-Z^{-1}\varphi_2(Z)=\omega_0 Z^{-1}C(Z)$$

于是，可得到 DCO 在 Z 域中的传递函数：

$$K_{\mathrm{D}}(Z)=\frac{\varphi_2(Z)}{C(Z)}=\frac{\omega_0 Z^{-1}}{1-Z^{-1}}=\omega_0 Z^{-1}\frac{Z}{Z-1}$$

显然，$Z/(Z-1)$为理想积分，它相当于模拟锁相环中 VCO 的 S 域传递函数中的 1/s；Z^{-1} 表示延迟一个采样周期。由此可见，DCO 也是数字锁相环路中的一个固有积分环节。在离散系统中，积分表现为求和，即

$$\frac{Z}{Z-1}=\sum_{n=0}^{\infty}Z^{-n}=1+Z^{-1}+Z^{-2}+\cdots$$

将上式表示的求和再延迟一个采样周期，则

$$Z^{-1}\frac{Z}{Z-1}=\sum_{n=1}^{\infty}Z^{-n}=Z^{-1}+Z^{-2}+\cdots \tag{10.1.6}$$

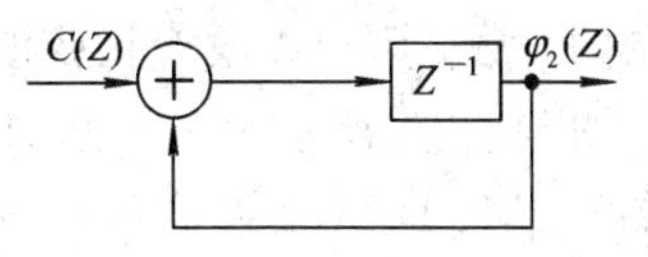

图 10.1.4　数控振荡器的结构

如果数控振荡器的 Z 域传递函数中的常数部分并入环路总增益中考虑，则根据式(10.1.6)可以画出数控振荡器的结构图，如图 10.1.4 所示。

10.1.4　数字锁相环频率合成

最基本的数字锁相频率合成技术仍然是将标准频率源的输入频率通过倍频器、分频器、混频器进行加、减、乘、除运算，得到各种所需频率。数字锁相环加入数字分频器构成的频率合成系统可由微处理器控制，形成智能化的数字频率合成系统。

数字锁相环频率合成系统的工作原理是：锁相环对高稳定度的基准频率(通常由晶体振荡器直接或经分频后提供)进行精确锁定，在环路中插入一可变分频器(可以是可编程的)，通过编程改变分频器的分频比，使环路总的分频比为 N(可通过编程改变)，从而使环路稳定地输出 N 倍的基准频率，而整个程序和系统的控制完全可以由微处理器来完成。基本的数字锁相环频率合成系统的结构如图 10.1.5 所示。

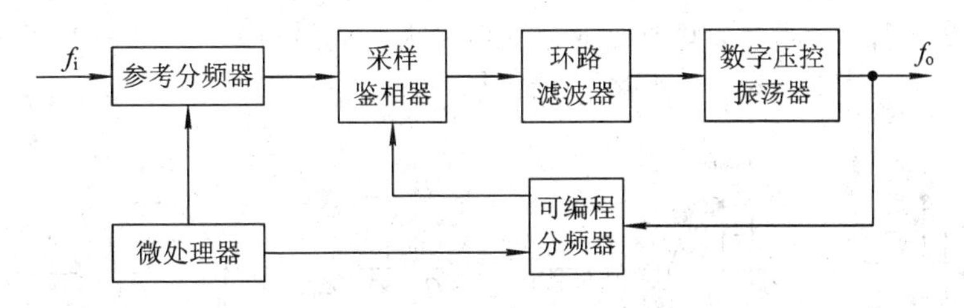

图 10.1.5　数字锁相环频率合成系统

当前许多数字锁相环频率合成器的集成电路都已把参考分频器、可编程分频器，甚至微处理器集成到一个单芯片上，使得可靠性、稳定性更高，集成度更高。

10.2 直接数字频率合成

除了锁相环外，还有一种重要的实现频率合成的方法——直接数字频率合成(DDS)。DDS的主要优点是其输出频率、相位和幅度能够在数字处理器的控制下精确而快速的变换，还具有极微小的频率调谐和相位分辨率能力，并且可编程和全数字化，控制灵活方便。

10.2.1 直接数字频率合成的工作原理

DDS是根据正弦函数的产生，从相位出发，由不同的相位给出不同的电压幅度，即相位-正弦幅度变换，最后滤波输出所需要的频率。具体来说，就是利用一个专门存放有代表正弦幅值的二进制数的ROM(称为正弦查表ROM)，按一定的时钟节拍从该ROM中读出这些值，然后经过D/A转换并滤波，就可得到一个模拟正弦波。若改变读数的节拍频率或取点的个数，则可以改变正弦波的频率，达到频率合成的目的。

图10.2.1所示为一典型的DDS原理框图，它包括的基本部件有：相位累加器、正弦查表ROM、D/A变换器及低通滤波器。

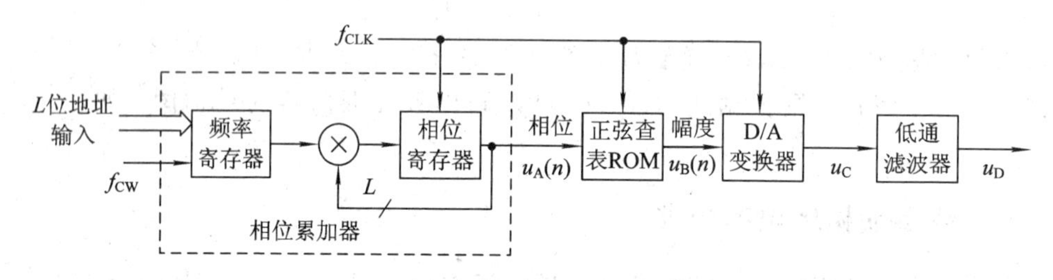

图10.2.1 DDS原理框图

相位累加器类似于一个简单的计数器，它是由L位存储数字相位增量字的频率寄存器、后接L位的全加器和相位寄存器组成的。输入的数字相位增量字(可来自微处理器)的变化受频率控制字f_{CW}的控制，当其进入频率寄存器后，在每个参考时钟周期内，加法器将其值与相位寄存器的输出值累加再送入寄存器。在同样的时间内，寄存器再将每个累加后的值$u_A(n)$作为地址线传递给正弦查表ROM。接下来，正弦查表ROM根据输入的地址值将该地址中代表正弦幅值的数据$u_B(n)$输出给D/A变换器。D/A变换器产生一系列以时间脉冲速率抽样的电压阶跃u_C，最后再经低通滤波器平滑输出正弦波u_D。各部分的输出波形如图10.2.2所示。当然，只要改变累加器输入数值的频率，也就改变了输出正弦波的频率。

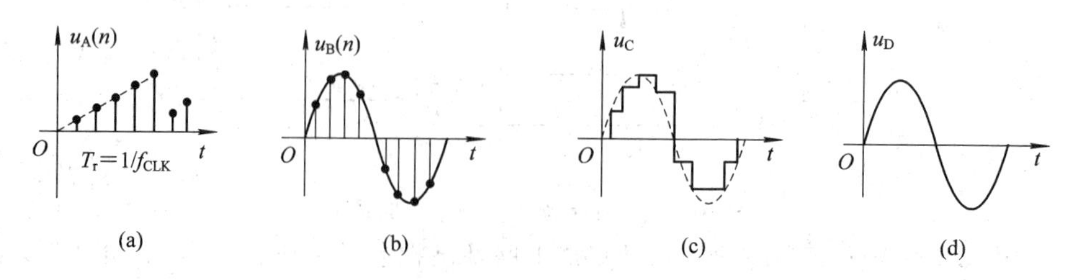

图10.2.2 DDS各部分输出波形

(a) 相位累加器的输出；(b) 正弦查表ROM的输出；(c) DAC的输出；(d) LPF的输出

为了便于理解，可以认为直接数字频率合成的实质就是以参考频率源对相位进行等可控间隔采样。

我们知道，理想的正弦波信号 $S(t)$ 可以表示成：

$$S(t) = A\cos(2\pi ft + \varphi_0)$$

上式说明信号 $S(t)$ 在振幅 A 和初始相位 φ_0 确定后，频率可由瞬时相位 $\varphi(t)$ 确定，即

$$\varphi(t) = 2\pi ft \tag{10.2.1}$$

DDS 就是利用了式(10.2.1)中 $\varphi(t)$ 与时间 t 成线性关系的原理来进行频率合成的。也就是说，在时间 $t=\Delta t$ 间隔内，正弦信号的相位增量 $\Delta\varphi$ 与频率 f 构成一一对应关系，即对式(10.2.1)两端进行微分运算后可得：

$$\frac{\mathrm{d}\varphi}{\mathrm{d}t} = 2\pi f$$

显然，通过上面的讨论，很容易得到下面的公式：

$$f = \frac{\omega}{2\pi} = \frac{\Delta\varphi}{2\pi\Delta t} \tag{10.2.2}$$

其中，$\Delta\varphi$ 为一个采样间隔 Δt 之间的相位增量，且 $\Delta t = 1/f_{\mathrm{CLK}}$。所以，式(10.2.2)又可改写为

$$f = \frac{f_{\mathrm{CLK}}\Delta\varphi}{2\pi} \tag{10.2.3}$$

由式(10.2.3)可见，如果可以控制 $\Delta\varphi$，就可以控制不同的频率输出。$\Delta\varphi$ 受频率控制字 f_{CW} 的控制，即 $\Delta\varphi = 2\pi f_{\mathrm{CW}}/2^L$，所以，改变 f_{CW} 就可以得到不同的频率输出 f_{o}，于是有如下的直接数字频率合成(DDS)调谐方程：

$$f_{\mathrm{o}} = \frac{f_{\mathrm{CW}}}{2^L} f_{\mathrm{CLK}}$$

当 $f_{\mathrm{CW}}=1$ 时，则有

$$f_{\mathrm{o}} = \frac{f_{\mathrm{CLK}}}{2^L} \tag{10.2.4}$$

需要注意的是，虽然根据奈奎斯特准则允许输出的最高频率为 $f_{\mathrm{CLK}}/2$，但在实际应用中，由于受低通滤波器的限制，一般输出的最高频率约为 $f_{\mathrm{CLK}} \times 40\%$。

为了说明 DDS 相位量化的工作原理，可以将正弦波的一个 $0\sim 2\pi$ 完整周期内的相位变化用相位圆图来表示，其相位与幅度一一对应，即相位圆图上的每一点均对应输出一个特定的幅度值，如图 10.2.3 所示。

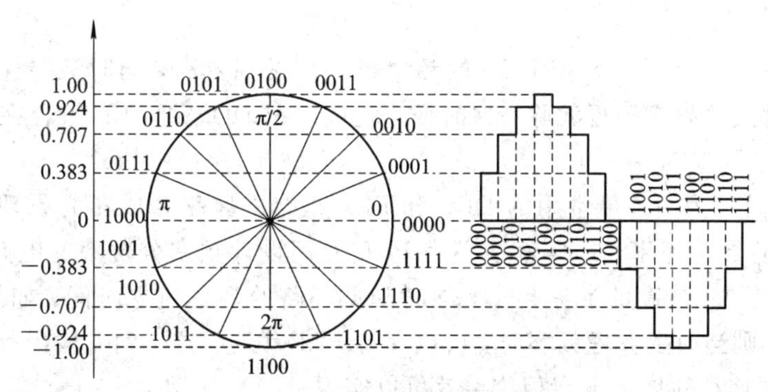

图 10.2.3　相位码与幅度码的对应关系

一个 L 位的相位累加器对应相位圆图上 2^L 个相位点，其最低相位分辨率为 $2\pi/2^L$。在图 10.2.3 中，$L=4$，共有 $2^4=16$ 个相位值与 16 个幅度值相对应，该幅度值存储于 ROM 中，在频率控制字的作用下，相位累加器给出不同的相位码(一般用其高位作为地址码)去对该 ROM 进行寻址，完成相位到幅度的变换。

10.2.2 直接数字频率合成的特点

与锁相环(PLL)频率合成法相比，DDS 具有如下特点：

(1) DDS 的频率分辨率在相位累加器的位数 L 足够大时，理论上可以获得相应的分辨精度，这是传统方法难以实现的。

(2) 由于 DDS 中无需相位反馈控制，因此频率建立及频率切换快，并且与频率分辨率、频谱纯度相互独立，这一点明显优于 PLL。

(3) DDS 的相位误差主要依赖于时钟的相位特性，相位误差小。另外，DDS 的相位是连续变化的，形成的信号具有良好的频谱。

(4) DDS 的失真度(THD)除受 D/A 变换器本身的噪声影响外，还与离散点数 N 和 D/A 变换器字长有着密切关系。设 q 为均匀量化间隔，则其近似数学关系为

$$\mathrm{THD}=\sqrt{\left(1+\frac{q^2}{6}\right)\left(\frac{\pi/N}{\sin(\pi/N)}\right)^2-1}\times 100\%$$

按上式计算，当取样点数为 1024 点时，失真度约为 0.26%。

当然，DDS 由于其本身的限制，特别在射频段应用时有以下局限性。

(1) 最高输出频率受限。由于直接数字频率合成系统其内部 D/A 变换器和 ROM 的工作速度有限，因此其输出的最高频率有限。目前采用 CMOS、TTL、ECL 工艺制造的 DDS 芯片的工作频率范围一般为数十兆赫兹到 400 兆赫兹左右，而采用 GaAs 工艺的芯片其工作频率可达 2 GHz 左右。

(2) 输出的杂散信号较多。由式(10.2.4)可知，取较大的 L 值时，就可以做到极高的频率分辨率。在实际工程中，常取 $L=32$ 或 48。若 L 位全部用来寻址 ROM，则需要 2^{32} 或 2^{48} 存储量的 ROM，这是不现实的。因此，常常用其高 W 位来寻址 ROM 中的数据，这样就要舍去低 B 位($B=L-W$)。这种相位舍位引起的误差就是杂散的主要来源。另外，由 ROM 有限字长引起的幅度量化误差和 D/A 变换器的非线性也是 DDS 的杂散分量的来源。

10.2.3 DDS 与 PLL 的组合

在实际应用中，有时需要把 DDS 的频率范围扩展到更高，同时又要保证小的步进能力；有时需要对杂散频率进行滤除。这时候，就可以把 DDS 和 PLL 组合在一起构成频率合成器。

图 10.2.4 所示为一种最常用的 DDS 和 PLL 组合的频率合成器的原理框图。DDS 为 PLL 提供可变的参考频率，这样就不必为 PLL 专门设计频率分辨率的电路了。于是，对 PLL 而言就可以使用较高的参考频率，同时降低环路的频率建立时间。如果 DDS 以线性斜升频率输出，则当改变参考频率时，可以保持 PLL 锁定。这个斜升输出频率通过一个不变速率的固定值连续地增加数字相位字就可以实现。

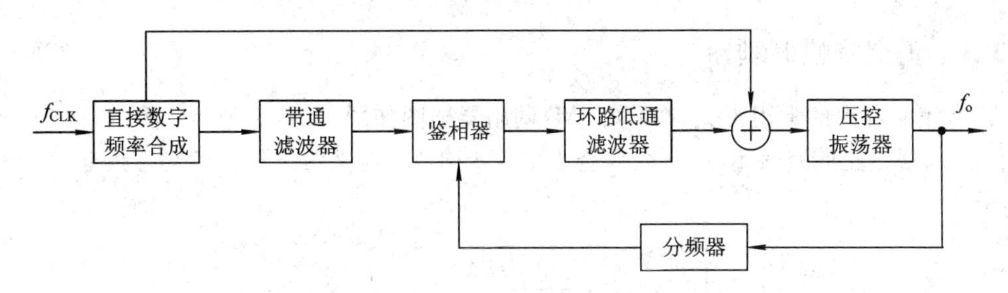

图 10.2.4　DDS 和 PLL 组合的频率合成器

这种组合频率合成器的优点是：对于较小的环路带宽也能保持锁定，滤除参考频率的边带。在环路带宽内，参考频率的倍增以 20 lg$N$ 的规律降低相位噪声和杂散频谱。这种组成频率合成器的缺点是频率转换的时间较长。

另外，还可以将 DDS 作为 PLL 的可编程分频器，其基本原理框图如图 10.2.5 所示。若 DDS 的 $L=32$，则分频倍数 N 为 $2\sim2^{32}$。

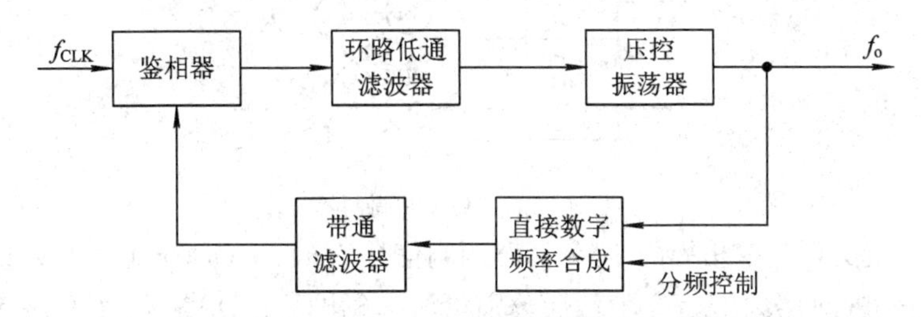

图 10.2.5　DDS 作为 PLL 的可编程分频器的原理

10.3　具有调制能力的直接数字频率合成系统

直接数字频率合成是一种数字信号控制的设备，通过其进行数字调制是简单而可行的。把振幅调制(AM)、频率调制(FM)和相位调制(PM)加到 DDS 中，在奈奎斯特频带限制内使用这些基本的调制技术就可以合成任何需要的已调波。图 10.3.1 给出了具有调制能力的基本直接数字频率合成系统。

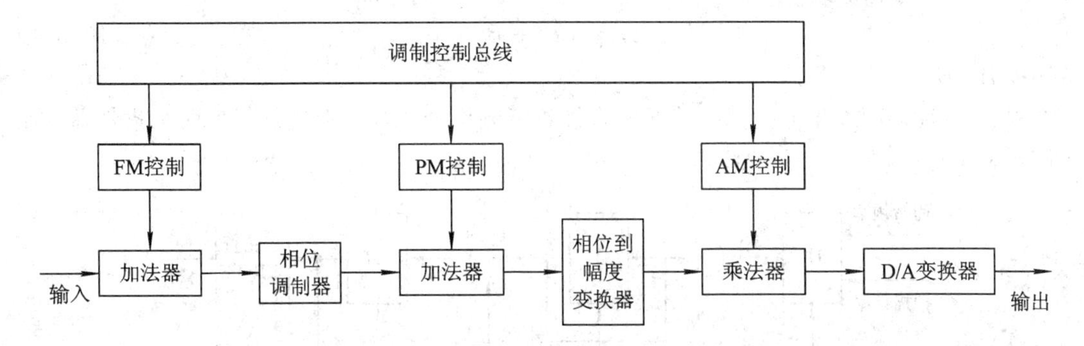

图 10.3.1　具有调制能力的基本直接数字频率合成系统

图 10.3.1 中，FM 是通过控制加在相位累加器前的加法器来实现的，PM 是通过控制加在相位累加器和正弦查表 ROM(完成相位到幅度的变换)之间的加法器来实现的，AM 是通过控制加在正弦查表 ROM 和 D/A 变换器之间的乘法器来实现的。

10.3.1 正交调幅调制器

具有正交输出的常用正交调幅(QAM)调制器框图如图10.3.2所示。图中，正交DDS由相位累加器、正弦查表ROM、余弦查表ROM构成，提供两路相互正交且频率相等的载波信号。

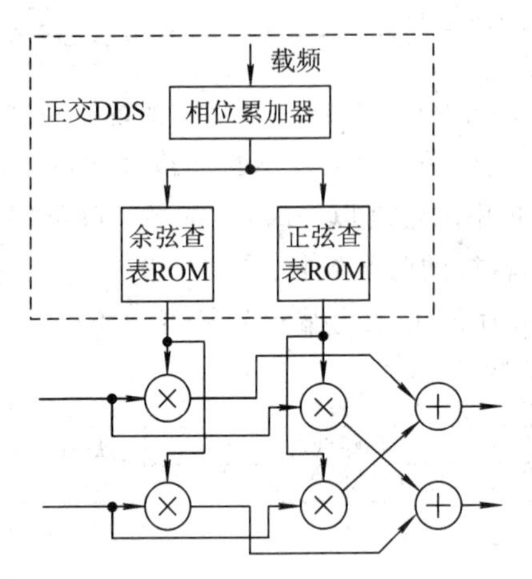

图10.3.2 QAM调制器

可见，相互正交且频率相等的I、Q两路调制信号$I(n)$、$Q(n)$分别与正交DDS提供的两路正交载波信号进行两次乘法运算，然后分别相加，输出两路QAM信号$I_o(n)$和$Q_o(n)$：

$$I_o(n) = I(n)\cos(\omega_c n) + Q(n)\sin(\omega_c n)$$

$$Q_o(n) = Q(n)\cos(\omega_c n) - I(n)\sin(\omega_c n)$$

10.3.2 数字线性调频器DDS

DDS还可以用来扫描振荡频率，进而实现数字线性调频发生器。线性调频发生器产生一个完全合成的FM信号，于是就实现了普通模拟VCO技术不可能达到的线性和精度。线性调频波形的合成得益于二次时基能够在加法器中以较高的速度产生数字信号。也就是说，此时的瞬时相位是：

$$\varphi(t) = Ct^2 + Bt + A \qquad (10.3.1)$$

其中，A、B、C为系数。

数字线性调频发生器类似于普通的直接数字频率合成器，不过还要加两个累加器，如图10.3.3所示。

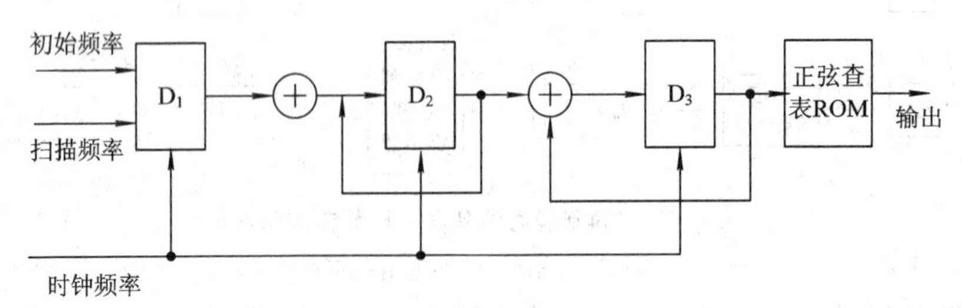

图10.3.3 数字线性调频器DDS

扫描时钟速率和初始频率存放在寄存器 D_1 中，两个累加器的输出分别存储于寄存器 D_2 和 D_3 中，如表 10.3.1 所示。

表 10.3.1　数字线性调频器 DDS 的寄存器设置

时钟周期	D_1（存放速率）	D_2（存放频率）	D_3（存放相位）
初始值	$2C$	$C+B$	A
第 1 个时钟周期	$2C$	$3C+B$	$C+B+A$
第 2 个时钟周期	$2C$	$5C+B$	$4C+2B+A$
第 3 个时钟周期	$2C$	$7C+B$	$9C+3B+A$
第 n 个时钟周期	$2C$	$(2n+1)C+B$	$n^2C+nB+A$

表 10.3.1 表明了二次时基产生的过程。寄存器初始化之后，D_2（或 D_3）在每个时钟周期的结果等于前一个时钟周期储存在其自身和 D_1（或 D_2）中的数据和。当用 nT 代替式(10.3.1)中的 t 时，即可得到离散的瞬时相位。初始频率 B 和扫描速率 C 异步地装入各自的寄存器，并存在那里直到接收线性调频触发信号为止。

10.4　集成器件与应用电路举例

数字锁相环频率合成可利用数字锁相环集成器件来实现，如 CD4046 等，也可利用 PLL 频率合成器集成器件来实现，如 PE3239 等。直接数字频率合成可通过微处理器以不同频率的速度去读存储器中的数据来实现，也可利用专用的 DDS 集成器件来实现，如 AD9852 等。

10.4.1　PE3239 频率合成器

PE3239 是一种高性能 PLL 频率合成器集成电路，工作频率可达 2.2 GHz。该芯片具有工作频带宽、工作电压低、功耗小、工作温度范围大、相位噪声特性非常好等特点。PE3239 主要应用于通信电子、航空航天、蜂窝/PCS 基站和 LMDS/MMDS/WLL 基站等。

图 10.4.1 给出了 PE3239 的内部电路。PE3239 内部含有 10/11 双模前置分频器、模/数选择电路、M 计数器、R 计数器、数据控制逻辑电路、鉴相器和锁相检测电路。M 计数器和 R 计数器的控制字可通过串行或并行接口在数据控制逻辑电路中编程，也可直接从接口输入。

PE3239 的主分频通道由 10/11 双模前置分频器、模/数选择电路和 9 bit M 计数器组成，可根据用户所定义的“M”和“A”值去除输入频率 f_{in}。其输出频率：

$$f_p = \frac{f_{in}}{10(M+1)+A}$$

当环路锁定时，f_{in} 与参考频率 f_r 的关系是：

$$f_{in} = [10(M+1)+A] \times \frac{f_r}{R+1}$$

这里要求 $A \leqslant M+1$，$M \neq 0$。

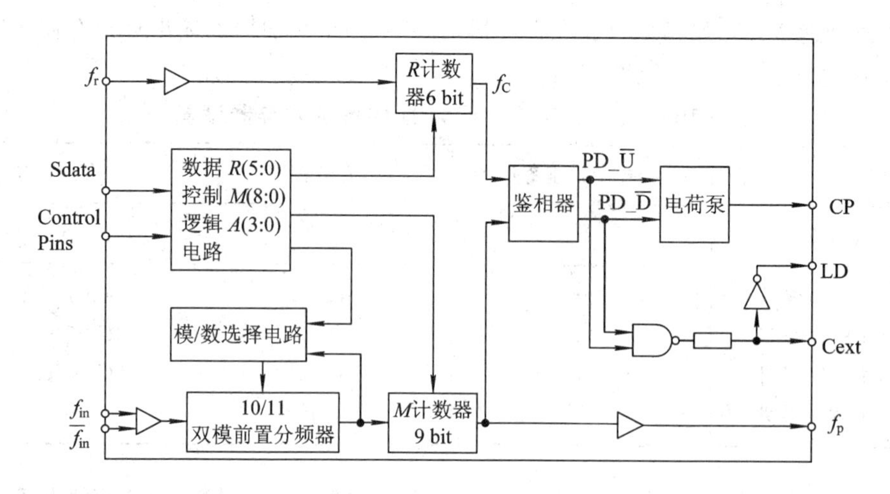

图 10.4.1 PE3239 的内部电路

R 计数器对参考频率 f_r 分频得到 PD 的比较频率 f_C，且 $f_C=f_r/(R+1)$，要求 $R\geqslant 0$。PD 由 f_p 和 f_C 的上升沿触发，它有 PD_$\overline{U}$ 和 PD_$\overline{D}$ 两个输出。如果 f_p 的频率或相位超前 f_C，则 PD_$\overline{D}$ 输出负脉冲；如果 f_p 的频率或相位滞后 f_C，则 PD_$\overline{U}$ 输出负脉冲，且其脉冲宽度与 f_p 和 f_C 两信号之间的相差成正比。接下来 PD_$\overline{U}$ 和 PD_$\overline{D}$ 就输入到了电荷泵。电荷泵不仅有环路滤波器的作用，而且还能将反映两信号相位差的脉冲 PD_$\overline{U}$、PD_$\overline{D}$ 转换为体现相位差大小的平均电压脉冲 CP。

PE3239 可以编程控制分频倍数、模/数选择等，于是可以由微处理器或可编程逻辑器件来对其输入数据和操纵其控制寄存器。

图 10.4.2 给出了用 PE3239 构成的频率合成器电路。图中，引脚 1 为电源输入端 VDD，引脚 2 为使能端$\overline{\text{ENH}}$，引脚 3 为读/写握手端 SWR，引脚 4 为串行数据输入端 Sdata，引脚 5 为串行数据时钟 Sclk，引脚 7 为控制信号输入端 FSELS，引脚 11 为输出频率反馈输入端 f_{in}，引脚 19 为接地端 GND，引脚 13 为 PD_$\overline{U}$、PD_$\overline{D}$ 的与非输出端 Cext，引脚 14 为 Cext 的反向输出端 LD，引脚 17 为平均电压脉冲输出端 CP，引脚 20 为参考频率输入端 f_r，引脚 15 输出串行数据。

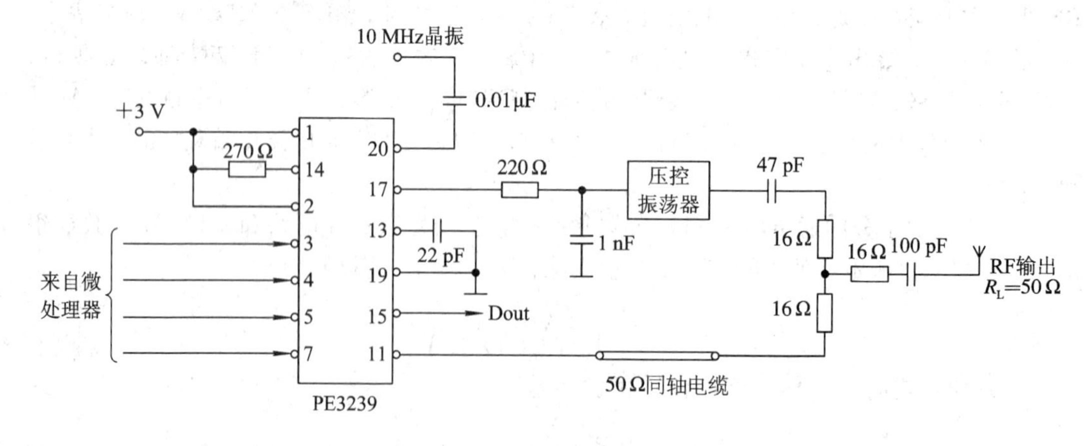

图 10.4.2 PE3239 的应用电路

10.4.2　AD9852 基本时钟发生器

AD 公司的 DDS 集成芯片 AD9852 的功能更加强大，除具有 DDS 的基本功能外，还可实现线性调制。AD9852 封装小，由 3.3 V 单电源供电，使用十分方便。但由于该器件功耗较大(普通工作模式下约为 1.5 W)，因此应用时应特别注意散热，避免芯片由于过热而损坏。

AD9852 含有内部 300 MHz DDS、12 位 DDS D/A、12 位控制 D/A、4～20 倍可编程参考时钟倍频器、相位累加器内部的两个 48 位可编程频率寄存器和两个 14 位可编程相位偏移寄存器、单引脚 FSK 和 BPSK 数据接口、100 MHz 的 2 线或 3 线 SPI 兼容串行接口，以及 100 MHz 8 位并行接口。AD9852 在 100 MHz 时具有 80 dB SFDR 的动态性能，具有 12 位调幅及可编程整形功能，可输出 FSK、BPSK、PSK、AM 等信号。AD9852 的内部电路如图 10.4.3 所示。

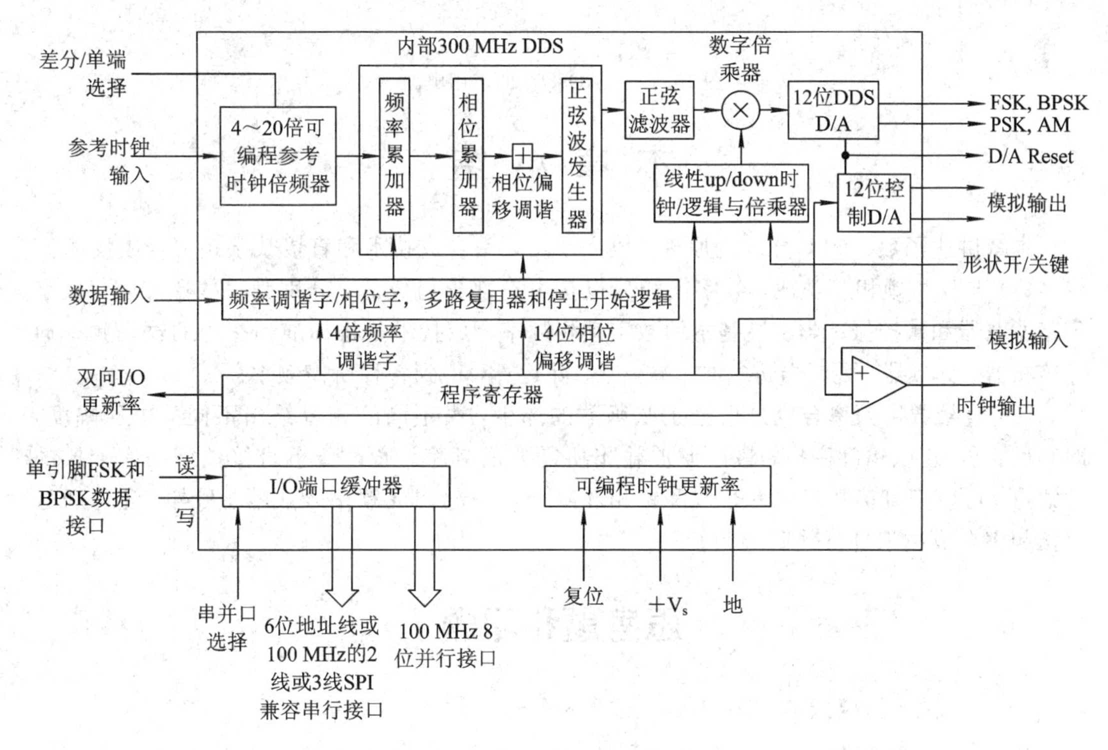

图 10.4.3　AD9852 的内部电路

图 10.4.4 所示的是用 AD9852 构成的基本时钟发生器。图中，引脚 1～8 为并行数据输入端 D0～D7，引脚 69 为时钟输入端 CLK，引脚 71 为复位端 REST，引脚 48、49 分别为 DAC 的输出端 IOUT、IOUTB，引脚 42、43 分别为内部比较器输入端 VINP、VINN。图 10.4.4 中，DAC 的输出 IOUT 驱动一个 200 Ω、40 MHz 的低通滤波器，而滤波器后又接了一个 200 Ω 的电阻，使等效负载为 100 Ω。该滤波器滤除了高于 40 MHz 的频率分量，其输出接到内部比较器输入端 VINP。DAC 的两个输出端 IOUT、IOUTB 间的 100 kΩ 分压输出被 470 pF 电容去耦后，用作内部比较器的参考电压(由 VINN 端输入)。在 ADC 采样时钟频率由微处理器软件控制锁定到系统时钟时，由 AD9852 构成的时钟发生器就可以

方便地提供这样的时钟。

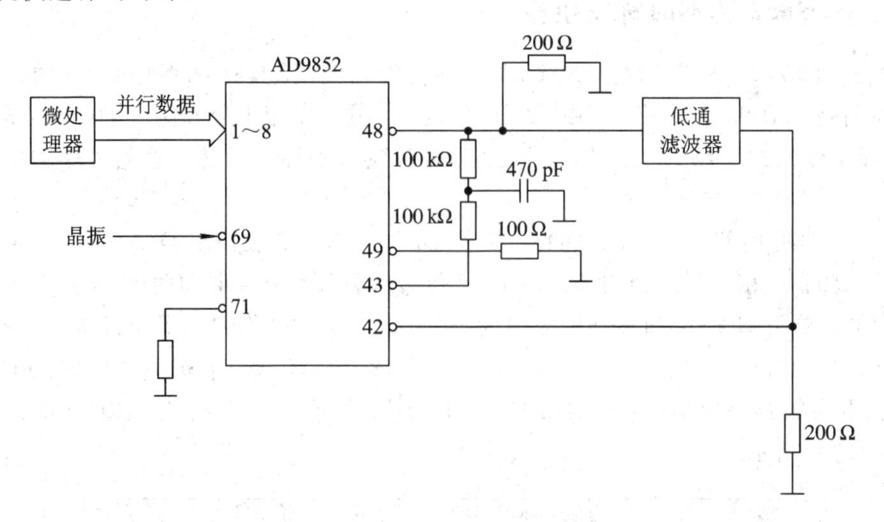

图 10.4.4　AD9852 的应用电路

本 章 小 结

本章讲述了数字频率合成的原理、数字锁相频率合成技术和直接数字频率合成技术。

(1) 与模拟锁相环类似，数字锁相环也是由三部分组成的，分别为采样鉴相器、数字环路滤波器和数控振荡器。最基本的数字锁相频率合成技术是将标准频率源的输入频率通过倍频器、分频器、混频器进行加、减、乘、除运算，得到各种所需频率。

(2) 直接数字频率合成是根据正弦函数的产生，由不同的相位给出不同的电压幅度，即利用相位-正弦幅度变换，最后滤波输出所需要的频率。通过分析直接数字频率合成的优缺点，可以把直接数字频率合成和锁相环组合在一起构成频率合成器。另外，还可通过直接频率合成技术进行数字调制。

思考题和习题

10-1　试比较模拟锁相环与数字锁相环的异同点。

10-2　数字环路滤波器在数字锁相环路中有哪些作用？

10-3　数字锁相环频率合成系统的工作原理是什么？

10-4　在直接数字频率合成系统中，是如何进行相位量化的？

10-5　在图 10.2.1 中，若 $L=8$，$f_{CW}=(00111000)_2$，则直接数字频率合成器在一个输出周期内相当于多少个参考时钟周期？

10-6　为什么要把 DDS 和 PLL 组合在一起构成频率合成器？

10-7　利用直接频率合成技术是如何实现调频的？它与普通模拟 VCO 技术实现调频相比有哪些优点？

附录 A　余弦脉冲分解系数

峰值为 $x_{\max}$，通角为 θ，频率为 ω 的余弦脉冲 x 的波形如图 A-1 所示。

在一个周期内，即 $-\pi\leqslant\omega t\leqslant\pi$ 的范围内，x 的表达式为

$$x=\begin{cases} x_{\max}\dfrac{\cos\omega t-\cos\theta}{1-\cos\theta} & (-\theta\leqslant\omega t\leqslant\theta) \\ 0 & (\text{其他}) \end{cases}$$

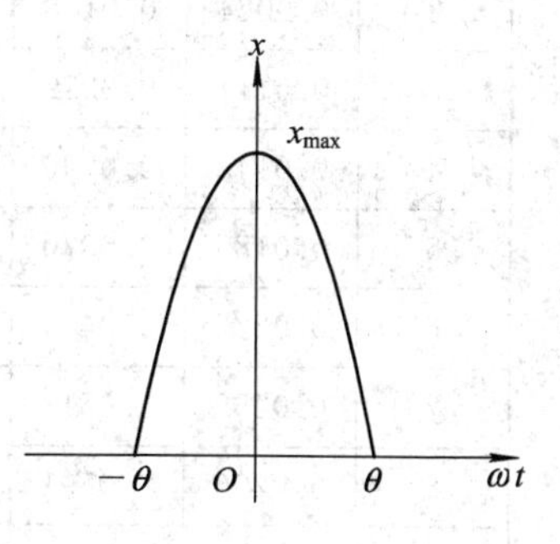

图 A-1　余弦脉冲

x 包含许多频率分量，可以写成各个频率分量叠加的形式：

$$x=X_0+X_{1m}\cos\omega t+\cdots+X_{nm}\cos n\omega t+\cdots$$

其中，X_0 为 x 的直流分量；$X_{1m}\cos\omega t$ 为 x 的基波分量；$X_{nm}\cos n\omega t$ 为 x 的 n 次谐波分量，$n=2,3,4,\cdots$。上式为 x 的傅立叶级数展开式，可以根据傅立叶系数求解 X_0，X_{1m}，…，X_{nm}，…，即 x 的直流分量的幅度以及基波分量和各次谐波分量的振幅。可以发现，各个频率分量的幅度或振幅都可以表示为余弦脉冲的峰值和通角的某个函数的乘积，即 $X_0=x_{\max}\alpha_0(\theta)$，$X_{1m}=x_{\max}\alpha_1(\theta)$，…，$X_{nm}=x_{\max}\alpha_n(\theta)$，…，其中：

$$\alpha_0(\theta)=\frac{\sin\theta-\theta\cos\theta}{\pi(1-\cos\theta)}$$

$$\alpha_1(\theta)=\frac{\theta-\sin\theta\cos\theta}{\pi(1-\cos\theta)}$$

$$\alpha_n(\theta)=\frac{2\sin n\theta\cos\theta-2n\sin\theta\cos n\theta}{n(n^2-1)\pi(1-\cos\theta)}\quad(n=2,3,4,\cdots)$$

这些有关通角 θ 的函数 $\alpha_0(\theta)$，$\alpha_1(\theta)$，…，$\alpha_n(\theta)$，…称为余弦脉冲分解系数。

图 A-2 所示为常用的 $\alpha_0(\theta)$、$\alpha_1(\theta)$、$\alpha_2(\theta)$ 和 $\alpha_3(\theta)$ 在 $0\leqslant\theta\leqslant180°$ 范围内的函数曲线，具体取值在表 A-1 中列出。

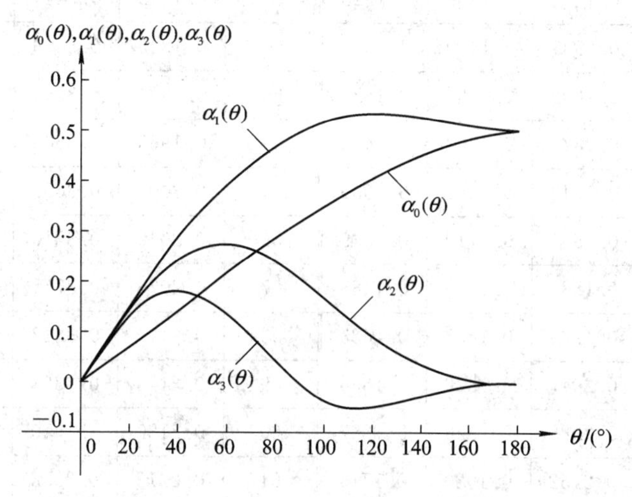

图 A-2　余弦脉冲分解系数的函数曲线

表 A-1　余弦脉冲分解系数的取值

θ/(°)	$\alpha_0(\theta)$	$\alpha_1(\theta)$	$\alpha_2(\theta)$	$\alpha_3(\theta)$	θ/(°)	$\alpha_0(\theta)$	$\alpha_1(\theta)$	$\alpha_2(\theta)$	$\alpha_3(\theta)$
0	0.0000	0.0000	0.0000	0.0000	31	0.1142	0.2219	0.2030	0.1740
1	0.0037	0.0074	0.0074	0.0074	32	0.1179	0.2286	0.2078	0.1762
2	0.0074	0.0148	0.0148	0.0148	33	0.1215	0.2352	0.2125	0.1782
3	0.0111	0.0222	0.0222	0.0222	34	0.1252	0.2417	0.2170	0.1799
4	0.0148	0.0296	0.0296	0.0295	35	0.1288	0.2482	0.2214	0.1814
5	0.0185	0.0370	0.0369	0.0368	36	0.1324	0.2547	0.2256	0.1825
6	0.0222	0.0444	0.0442	0.0440	37	0.1361	0.2610	0.2297	0.1834
7	0.0259	0.0518	0.0515	0.0511	38	0.1397	0.2674	0.2336	0.1841
8	0.0296	0.0591	0.0588	0.0582	39	0.1433	0.2737	0.2373	0.1844
9	0.0333	0.0665	0.0660	0.0652	40	0.1469	0.2799	0.2409	0.1845
10	0.0370	0.0738	0.0731	0.0720	41	0.1505	0.2861	0.2443	0.1844
11	0.0407	0.0811	0.0802	0.0788	42	0.1541	0.2922	0.2475	0.1839
12	0.0444	0.0884	0.0873	0.0854	43	0.1577	0.2982	0.2506	0.1833
13	0.0481	0.0957	0.0942	0.0918	44	0.1613	0.3042	0.2534	0.1823
14	0.0518	0.1030	0.1011	0.0981	45	0.1649	0.3102	0.2562	0.1811
15	0.0555	0.1102	0.1080	0.1043	46	0.1685	0.3160	0.2587	0.1797
16	0.0592	0.1174	0.1147	0.1103	47	0.1721	0.3218	0.2610	0.1780
17	0.0629	0.1246	0.1214	0.1161	48	0.1756	0.3276	0.2632	0.1761
18	0.0666	0.1318	0.1279	0.1217	49	0.1792	0.3332	0.2652	0.1740
19	0.0702	0.1389	0.1344	0.1271	50	0.1828	0.3388	0.2671	0.1717
20	0.0739	0.1461	0.1408	0.1323	51	0.1863	0.3444	0.2687	0.1691
21	0.0776	0.1531	0.1470	0.1373	52	0.1899	0.3499	0.2702	0.1663
22	0.0813	0.1602	0.1532	0.1420	53	0.1934	0.3552	0.2715	0.1634
23	0.0850	0.1672	0.1592	0.1466	54	0.1969	0.3606	0.2726	0.1602
24	0.0886	0.1742	0.1652	0.1509	55	0.2005	0.3658	0.2735	0.1569
25	0.0923	0.1811	0.1710	0.1549	56	0.2040	0.3710	0.2743	0.1534
26	0.0960	0.1880	0.1766	0.1588	57	0.2075	0.3761	0.2749	0.1497
27	0.0996	0.1949	0.1822	0.1623	58	0.2110	0.3812	0.2753	0.1459
28	0.1033	0.2017	0.1876	0.1656	59	0.2145	0.3861	0.2756	0.1419
29	0.1069	0.2085	0.1929	0.1687	60	0.2180	0.3910	0.2757	0.1378
30	0.1106	0.2152	0.1980	0.1715	61	0.2215	0.3958	0.2756	0.1336

续表一

$\theta/(^\circ)$	$\alpha_0(\theta)$	$\alpha_1(\theta)$	$\alpha_2(\theta)$	$\alpha_3(\theta)$	$\theta/(^\circ)$	$\alpha_0(\theta)$	$\alpha_1(\theta)$	$\alpha_2(\theta)$	$\alpha_3(\theta)$
62	0.2250	0.4005	0.2753	0.1293	93	0.3278	0.5068	0.2008	−0.0105
63	0.2284	0.4052	0.2749	0.1248	94	0.3309	0.5089	0.1969	−0.0137
64	0.2319	0.4098	0.2743	0.1203	95	0.3340	0.5109	0.1930	−0.0168
65	0.2353	0.4143	0.2736	0.1156	96	0.3371	0.5128	0.1890	−0.0198
66	0.2388	0.4187	0.2727	0.1109	97	0.3402	0.5147	0.1850	−0.0225
67	0.2422	0.4230	0.2717	0.1061	98	0.3432	0.5164	0.1809	−0.0252
68	0.2456	0.4273	0.2705	0.1013	99	0.3463	0.5181	0.1768	−0.0277
69	0.2490	0.4315	0.2691	0.0964	100	0.3493	0.5197	0.1727	−0.0300
70	0.2524	0.4356	0.2676	0.0915	101	0.3523	0.5213	0.1686	−0.0322
71	0.2558	0.4396	0.2660	0.0866	102	0.3553	0.5227	0.1644	−0.0342
72	0.2592	0.4435	0.2642	0.0816	103	0.3583	0.5241	0.1603	−0.0360
73	0.2626	0.4473	0.2623	0.0767	104	0.3612	0.5254	0.1561	−0.0378
74	0.2660	0.4511	0.2602	0.0717	105	0.3642	0.5266	0.1519	−0.0393
75	0.2693	0.4548	0.2580	0.0668	106	0.3671	0.5278	0.1478	−0.0407
76	0.2727	0.4584	0.2557	0.0619	107	0.3700	0.5288	0.1436	−0.0420
77	0.2760	0.4619	0.2533	0.0570	108	0.3729	0.5298	0.1395	−0.0431
78	0.2793	0.4654	0.2507	0.0521	109	0.3758	0.5307	0.1353	−0.0441
79	0.2826	0.4687	0.2481	0.0473	110	0.3786	0.5316	0.1312	−0.0449
80	0.2860	0.4720	0.2453	0.0426	111	0.3815	0.5324	0.1271	−0.0456
81	0.2892	0.4751	0.2424	0.0379	112	0.3843	0.5331	0.1230	−0.0461
82	0.2925	0.4782	0.2394	0.0333	113	0.3871	0.5337	0.1190	−0.0465
83	0.2958	0.4813	0.2363	0.0288	114	0.3898	0.5343	0.1150	−0.0468
84	0.2990	0.4842	0.2331	0.0244	115	0.3926	0.5348	0.1110	−0.0469
85	0.3023	0.4870	0.2298	0.0200	116	0.3953	0.5352	0.1071	−0.0470
86	0.3055	0.4898	0.2265	0.0158	117	0.3980	0.5356	0.1032	−0.0469
87	0.3087	0.4925	0.2230	0.0117	118	0.4007	0.5359	0.0994	−0.0467
88	0.3119	0.4951	0.2195	0.0077	119	0.4034	0.5362	0.0956	−0.0464
89	0.3151	0.4976	0.2159	0.0038	120	0.4060	0.5363	0.0919	−0.0459
90	0.3183	0.5000	0.2122	0.0000	121	0.4086	0.5365	0.0882	−0.0454
91	0.3215	0.5023	0.2085	−0.0036	122	0.4112	0.5365	0.0846	−0.0448
92	0.3246	0.5046	0.2047	−0.0071	123	0.4138	0.5365	0.0810	−0.0441

续表二

$\theta/(^\circ)$	$\alpha_0(\theta)$	$\alpha_1(\theta)$	$\alpha_2(\theta)$	$\alpha_3(\theta)$	$\theta/(^\circ)$	$\alpha_0(\theta)$	$\alpha_1(\theta)$	$\alpha_2(\theta)$	$\alpha_3(\theta)$
124	0.4163	0.5365	0.0775	-0.0434	155	0.4800	0.5157	0.0084	-0.0076
125	0.4188	0.5364	0.0741	-0.0425	156	0.4814	0.5147	0.0075	-0.0068
126	0.4213	0.5362	0.0708	-0.0416	157	0.4828	0.5138	0.0066	-0.0061
127	0.4238	0.5360	0.0675	-0.0406	158	0.4842	0.5128	0.0058	-0.0054
128	0.4262	0.5357	0.0643	-0.0396	159	0.4855	0.5119	0.0051	-0.0047
129	0.4286	0.5354	0.0611	-0.0385	160	0.4868	0.5110	0.0044	-0.0041
130	0.4310	0.5350	0.0581	-0.0373	161	0.4880	0.5101	0.0038	-0.0036
131	0.4334	0.5346	0.0551	-0.0361	162	0.4891	0.5092	0.0032	-0.0031
132	0.4357	0.5342	0.0522	-0.0349	163	0.4902	0.5084	0.0027	-0.0026
133	0.4380	0.5337	0.0494	-0.0337	164	0.4913	0.5076	0.0023	-0.0022
134	0.4403	0.5331	0.0466	-0.0324	165	0.4923	0.5068	0.0019	-0.0018
135	0.4425	0.5326	0.0439	-0.0311	166	0.4932	0.5060	0.0015	-0.0015
136	0.4447	0.5320	0.0414	-0.0298	167	0.4941	0.5052	0.0012	-0.0012
137	0.4469	0.5313	0.0389	-0.0284	168	0.4950	0.5045	0.0010	-0.0009
138	0.4490	0.5306	0.0365	-0.0271	169	0.4957	0.5039	0.0007	-0.0007
139	0.4511	0.5299	0.0341	-0.0258	170	0.4965	0.5033	0.0006	-0.0006
140	0.4532	0.5292	0.0319	-0.0244	171	0.4971	0.5027	0.0004	-0.0004
141	0.4553	0.5284	0.0298	-0.0231	172	0.4977	0.5022	0.0003	-0.0003
142	0.4573	0.5276	0.0277	-0.0218	173	0.4982	0.5017	0.0002	-0.0002
143	0.4593	0.5268	0.0257	-0.0205	174	0.4987	0.5013	0.0001	-0.0001
144	0.4612	0.5259	0.0238	-0.0193	175	0.4991	0.5009	0.0001	-0.0001
145	0.4631	0.5250	0.0220	-0.0180	176	0.4994	0.5006	0.0000	0.0000
146	0.4650	0.5241	0.0203	-0.0168	177	0.4997	0.5003	0.0000	0.0000
147	0.4668	0.5232	0.0186	-0.0156	178	0.4998	0.5001	0.0000	0.0000
148	0.4686	0.5223	0.0171	-0.0145	179	0.5000	0.5000	0.0000	0.0000
149	0.4703	0.5214	0.0156	-0.0134	180	0.5000	0.5000	0.0000	0.0000
150	0.4720	0.5204	0.0142	-0.0123					
151	0.4737	0.5195	0.0129	-0.0113					
152	0.4753	0.5185	0.0117	-0.0103					
153	0.4769	0.5176	0.0105	-0.0094					
154	0.4785	0.5166	0.0094	-0.0085					

附录 B　自变量为余弦函数的双曲正切函数的傅立叶系数

峰值为 $x_{\max}$，频率为 ω 的余弦信号 x 作为自变量的双曲正切函数 th($x/2$)的取值随时间周期变化，由于函数的非线性，函数值的波形发生改变，如图 B－1 所示。

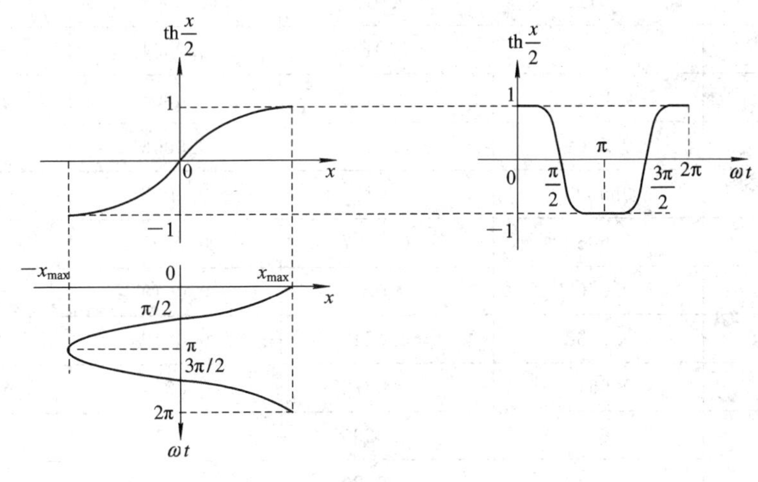

图 B－1　双曲正切函数对波形的非线性改变

th($x/2$)包含许多频率分量，可以写成各个频率分量叠加的形式：

$$\text{th}\,\frac{x}{2} = \sum_{n=1}^{\infty} \beta_{2n-1}(x_{\max})\cos(2n-1)\omega t$$

该傅立叶级数展开式中只有基波分量和奇次谐波分量。其中，傅立叶系数：

$$\beta_{2n-1}(x_{\max}) = \frac{1}{\pi}\int_{-\pi}^{\pi} \text{th}\,\frac{x}{2}\cos(2n-1)\omega t\ \mathrm{d}\omega t$$

图 B－2 所示为常用的 $\beta_1(x_{\max})$、$\beta_3(x_{\max})$、$\beta_5(x_{\max})$和 $\beta_7(x_{\max})$在 $1 \leqslant x_{\max} \leqslant 4$ 范围内的函数曲线，具体取值在表 B－1 中列出。

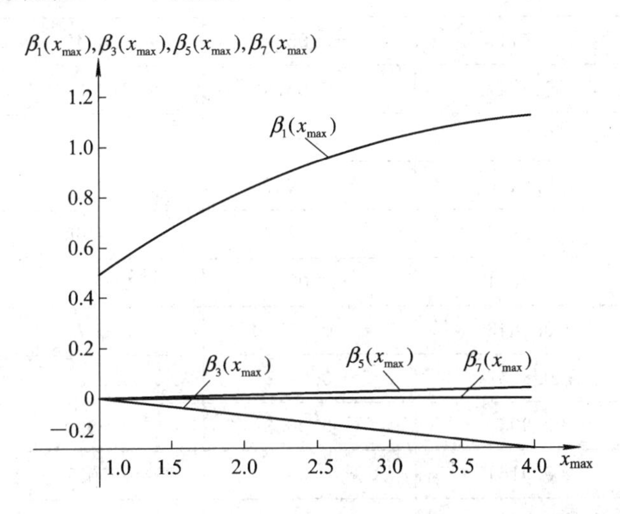

图 B－2　自变量为余弦函数的双曲正切函数的傅立叶系数函数曲线

表 B-1　自变量为余弦函数的双曲正切函数的傅立叶系数的取值

x_{max}	$\beta_1(x_{max})$	$\beta_3(x_{max})$	$\beta_5(x_{max})$	$\beta_7(x_{max})$
1.00	0.4711	−0.0092	0.0002	−0.0000
1.05	0.4919	−0.0106	0.0003	−0.0000
1.10	0.5122	−0.0120	0.0003	−0.0000
1.15	0.5322	−0.0135	0.0004	−0.0000
1.20	0.5517	−0.0152	0.0005	−0.0000
1.25	0.5709	−0.0169	0.0006	−0.0000
1.30	0.5898	−0.0188	0.0007	−0.0000
1.35	0.6082	−0.0207	0.0009	−0.0000
1.40	0.6262	−0.0228	0.0010	−0.0000
1.45	0.6438	−0.0249	0.0012	−0.0001
1.50	0.6610	−0.0272	0.0014	−0.0001
1.55	0.6779	−0.0295	0.0016	−0.0001
1.60	0.6943	−0.0320	0.0018	−0.0001
1.65	0.7103	−0.0345	0.0021	−0.0001
1.70	0.7259	−0.0371	0.0023	−0.0001
1.75	0.7412	−0.0398	0.0026	−0.0002
1.80	0.7560	−0.0425	0.0030	−0.0002
1.85	0.7705	−0.0453	0.0033	−0.0002
1.90	0.7846	−0.0482	0.0037	−0.0003
1.95	0.7983	−0.0512	0.0041	−0.0003
2.00	0.8117	−0.0542	0.0045	−0.0004
2.05	0.8247	−0.0573	0.0050	−0.0004
2.10	0.8373	−0.0605	0.0055	−0.0005
2.15	0.8496	−0.0637	0.0060	−0.0006
2.20	0.8615	−0.0669	0.0065	−0.0006
2.25	0.8731	−0.0702	0.0071	−0.0007
2.30	0.8843	−0.0735	0.0077	−0.0008
2.35	0.8952	−0.0769	0.0083	−0.0009
2.40	0.9059	−0.0803	0.0090	−0.0010
2.45	0.9161	−0.0837	0.0097	−0.0011
2.50	0.9261	−0.0871	0.0104	−0.0013

续表

x_{max}	$\beta_1(x_{max})$	$\beta_3(x_{max})$	$\beta_5(x_{max})$	$\beta_7(x_{max})$
2.55	0.9358	−0.0906	0.0111	−0.0014
2.60	0.9452	−0.0941	0.0119	−0.0015
2.65	0.9544	−0.0976	0.0127	−0.0017
2.70	0.9632	−0.1011	0.0136	−0.0019
2.75	0.9718	−0.1046	0.0144	−0.0020
2.80	0.9801	−0.1081	0.0153	−0.0022
2.85	0.9882	−0.1116	0.0162	−0.0024
2.90	0.9960	−0.1152	0.0172	−0.0026
2.95	1.0035	−0.1187	0.0181	−0.0028
3.00	1.0109	−0.1222	0.0191	−0.0031
3.05	1.0180	−0.1257	0.0201	−0.0033
3.10	1.0249	−0.1292	0.0212	−0.0036
3.15	1.0315	−0.1327	0.0222	−0.0038
3.20	1.0380	−0.1362	0.0233	−0.0041
3.25	1.0443	−0.1396	0.0244	−0.0044
3.30	1.0504	−0.1431	0.0255	−0.0047
3.35	1.0562	−0.1465	0.0267	−0.0050
3.40	1.0619	−0.1499	0.0278	−0.0053
3.45	1.0675	−0.1533	0.0290	−0.0056
3.50	1.0728	−0.1567	0.0302	−0.0060
3.55	1.0780	−0.1600	0.0314	−0.0063
3.60	1.0830	−0.1633	0.0327	−0.0067
3.65	1.0879	−0.1666	0.0339	−0.0071
3.70	1.0926	−0.1698	0.0352	−0.0075
3.75	1.0971	−0.1731	0.0365	−0.0079
3.80	1.1016	−0.1763	0.0377	−0.0083
3.85	1.1059	−0.1794	0.0390	−0.0088
3.90	1.1100	−0.1826	0.0404	−0.0092
3.95	1.1140	−0.1857	0.0417	−0.0096
4.00	1.1179	−0.1887	0.0430	−0.0101

参 考 文 献

[1] 高如云，等．通信电子线路．西安：西安电子科技大学出版社，2008.
[2] 张企民．通信电子线路．2 版．学习指导．西安：西安电子科技大学出版社，2004.
[3] 杨霓清，等．高频电子线路．北京：机械工业出版社，2007.
[4] 严国萍，龙占超．通信电子线路．北京：科学出版社，2006.
[5] 黄智伟．通信电子电路．北京：机械工业出版社，2007.
[6] 谢嘉奎，宣月清，冯军．电子线路非线性部分．北京：高等教育出版社，2000.
[7] 杨金法，王以孝．非线性电子线路．合肥：中国科学技术大学出版社，1993.
[8] 张肃文．高频电子线路．北京：高等教育出版社，2004.
[9] 孙肖子，等．现代电子线路和技术实验简明教程．北京：高等教育出版社，2009.
[10] 孙肖子，等．模拟电子电路及技术基础．西安：西安电子科技大学出版社，2008.
[11] 陈邦媛．射频通信电路．北京：科学出版社，2006.
[12] Davis W A，Agarwal K K．射频电路设计．李福乐，等译．北京：机械工业出版社，2005.
[13] Lee T H．CMOS 射频集成电路设计．余志平，等，译．北京：电子工业出版社，2004.
[14] 黄智伟．射频集成电路芯片原理与应用电路设计．北京：电子工业出版社，2004.
[15] 樊昌信，等．通信原理．北京：国防工业出版社，1995.
[16] 赵树杰，赵建勋．信号检测与估计理论．北京：清华大学出版社，2005.
[17] 张欣．扩频通信数字基带信号处理算法及其 VLSI 实现．北京：科学出版社，2004.
[18] 白居宪．直接数字频率合成．西安：西安交通大学出版社，2007.
[19] 中航雷达与电子设备研究院．雷达系统．北京：国防工业出版社，2005.
[20] 康东，石喜勤，李勇鹏．射频识别(RFID)核心技术与典型应用开发案例．北京：人民邮电出版社，2008.
[21] 贾新章．OrCAD/PSpice 9 实用教程．西安：西安电子科技大学出版社，1999.
[22] 赵雅兴．电子线路 PSPICE 分析与设计．天津：天津大学出版社，1995.